普通高等教育“十四五”规划教材

面向21世纪课程教材
Textbook Series for 21st Century

畜产食品加工学

第2版

李洪军　张兰威　马美湖◎主编
周光宏◎主审

中国农业大学出版社
·北京·

内 容 简 介

民以食为天。随着中国社会经济的发展，消费者对食品加工与食品安全的要求越来越高，食品工业与人民生活质量密切相关，是满足人民日益增长的美好生活的民生基石。我国食品工业的任务不断变化。在新时代中国特色社会主义建设背景下，人们对食品的需求已经从基本的保障供给向营养健康转变。随着人工智能、大数据、云计算、物联网、基因编辑、生物技术和先进制造等技术领域的兴起与深度交叉融合发展，我国食品科技日新月异，食品科学发展任重道远。

畜产食品加工学学科涉及畜牧科学、微生物学、食品化学和食品工程原理等，是主要研究畜禽产品加工原理与工艺技术的综合性应用学科。本教材由肉与肉制品、乳与乳制品和蛋与蛋制品 3 篇构成，是食品科学与工程专业的必选专业课程的教材。教材内容系统，既包括丰富的科学理论，又集成了应用技术，将理论与实践有机地结合起来。通过对本教材的学习，学生能够掌握肉、蛋、乳产品加工的基本原理和基本方法，充分了解产品质量与加工条件和加工方法的关系，培养自己在畜产食品加工科研和产品开发等方面的专业能力。

图书在版编目（CIP）数据

畜产食品加工学 / 李洪军，张兰威，马美湖主编. —2 版. —北京：中国农业大学出版社，2020.9
ISBN 978-7-5655-2397-7

Ⅰ. ①畜… Ⅱ. ①李… ②张… ③马… Ⅲ. ①畜产品-食品加工-高等学校-教材 Ⅳ. ①TS251

中国版本图书馆 CIP 数据核字（2020）第 141125 号

书 名 畜产食品加工学 第 2 版
作 者 李洪军 张兰威 马美湖 主编

策划编辑 王笃利 宋俊果 **责任编辑** 何美文
封面设计 郑 川
出版发行 中国农业大学出版社
社 址 北京市海淀区圆明园西路 2 号 **邮政编码** 100193
电 话 发行部 010-62733489，1190 读者服务部 010-62732336
编辑部 010-62732617，2618 出 版 部 010-62733440
网 址 http://www.caupress.cn **E-mail** cbsszs @ cau.edu.cn
经 销 新华书店
印 刷 涿州市星河印刷有限公司
版 次 2021 年 2 月第 2 版 2021 年 2 月第 1 次印刷
规 格 889 mm×1 194 mm 16 开本 22 印张 660 千字 插页 4
定 价 69.00 元

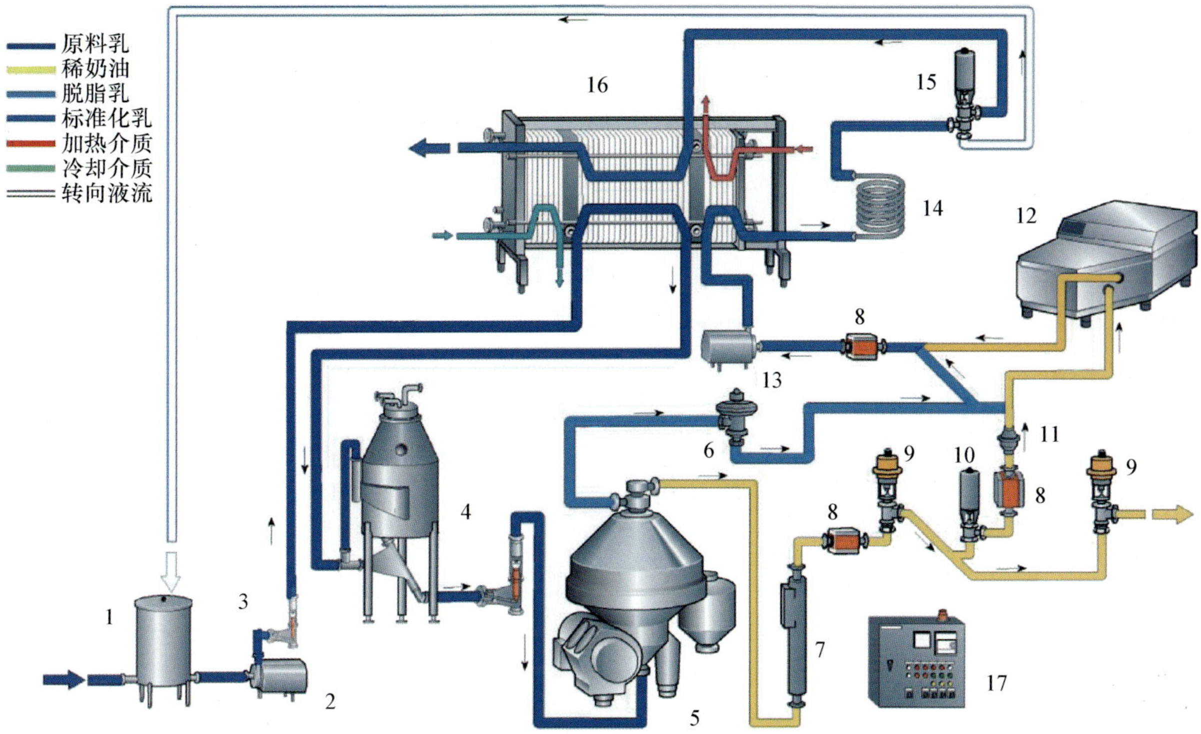

1. 平衡槽；2. 物料泵；3. 流量控制器；4. 除氧器；5. 稀奶油分离机；6. 衡压阀；7. 流量传感器；8. 密度传感器；9. 调节阀；10. 关闭阀；11. 检测阀；12. 均质机；13. 升压泵；14. 保温管；15. 转换阀；16. 板式换热器；17. 过程控制器

彩图 1　巴氏杀菌乳生产线

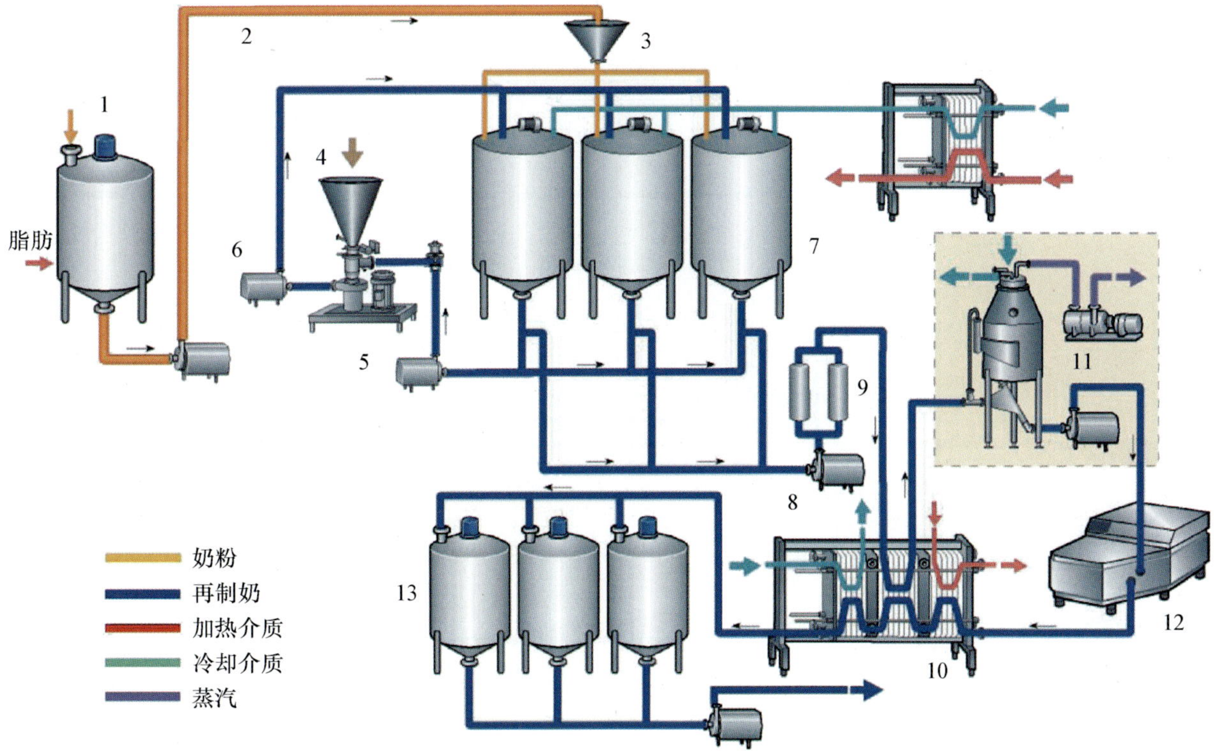

1. 脂肪罐；2. 脂肪保温管；3. 脂肪称重漏斗；4. 水粉混合器；5. 循环泵；6. 增压泵；7. 混料罐；8. 排料泵；9. 过滤器；10. 板式热交换器；11. 真空脱气罐；12. 均质机；13. 缓冲罐

彩图 2　带有脂肪混入混料缸的再制乳生产线

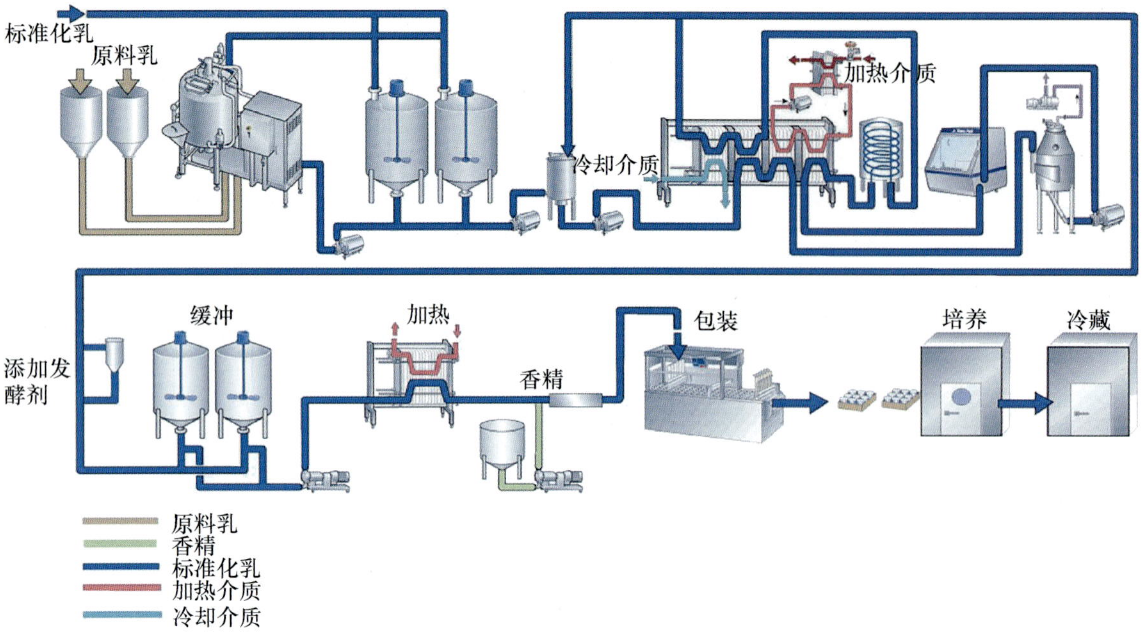

彩图 3　凝固型酸乳的生产线

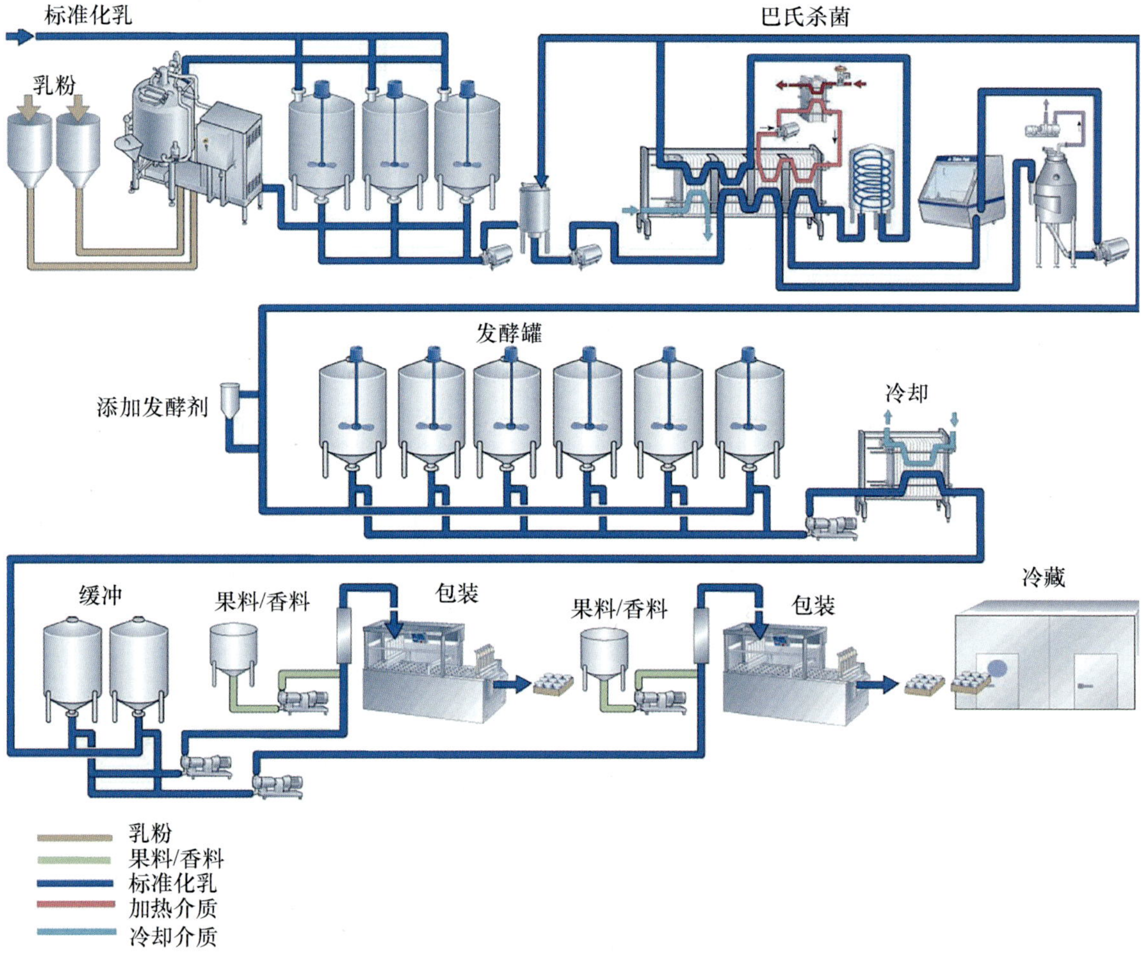

彩图 4　搅拌型酸乳的生产线

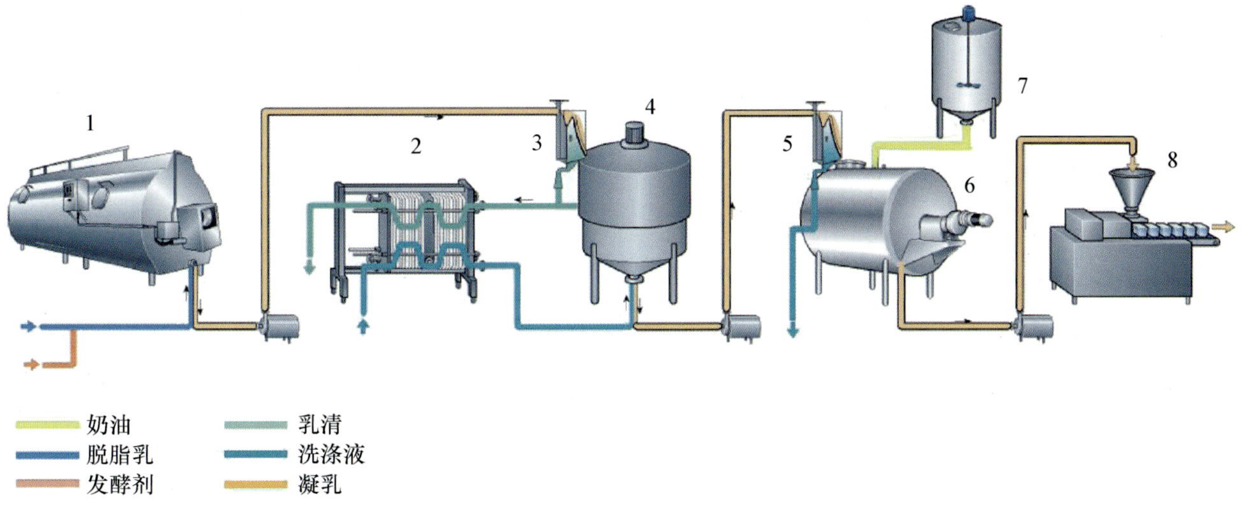

1. 干酪槽；2. 板式热交换器；3. 乳清过滤器；4. 冷却和洗缸；5. 水过滤器；6. 加奶油器；7. 着装缸；8. 灌装机

彩图 5　农家干酪的机械化生产线

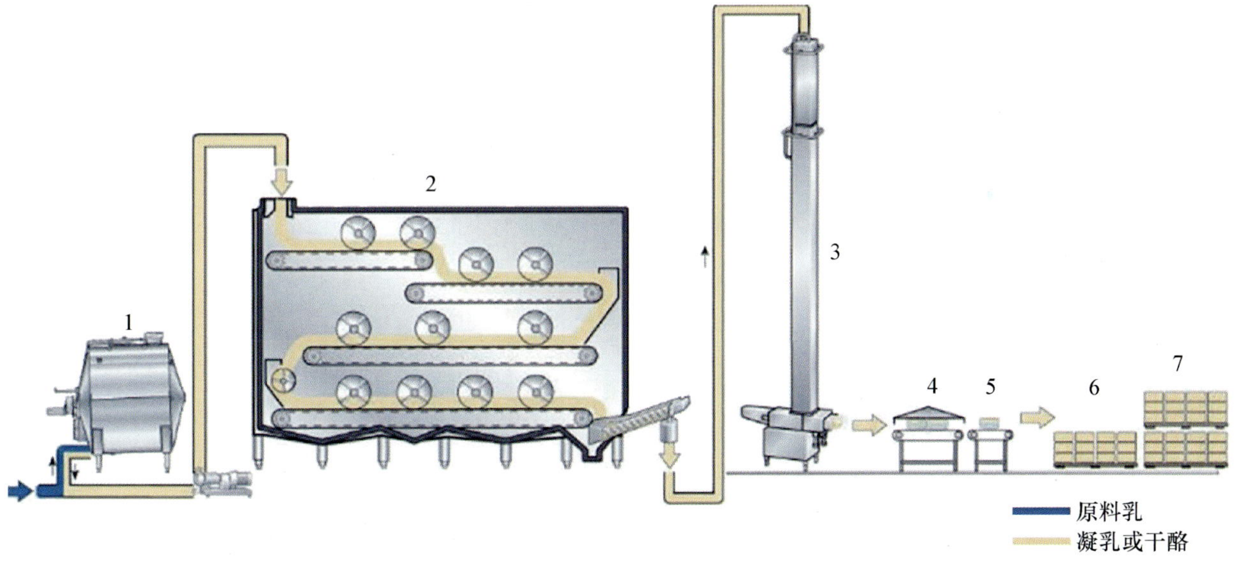

1. 干酪槽；2. 切达机；3. 坯块成型及装袋机；4. 真空密封；5. 称重；6. 排架；7. 成熟贮存

彩图 6　切达干酪的机械化生产线

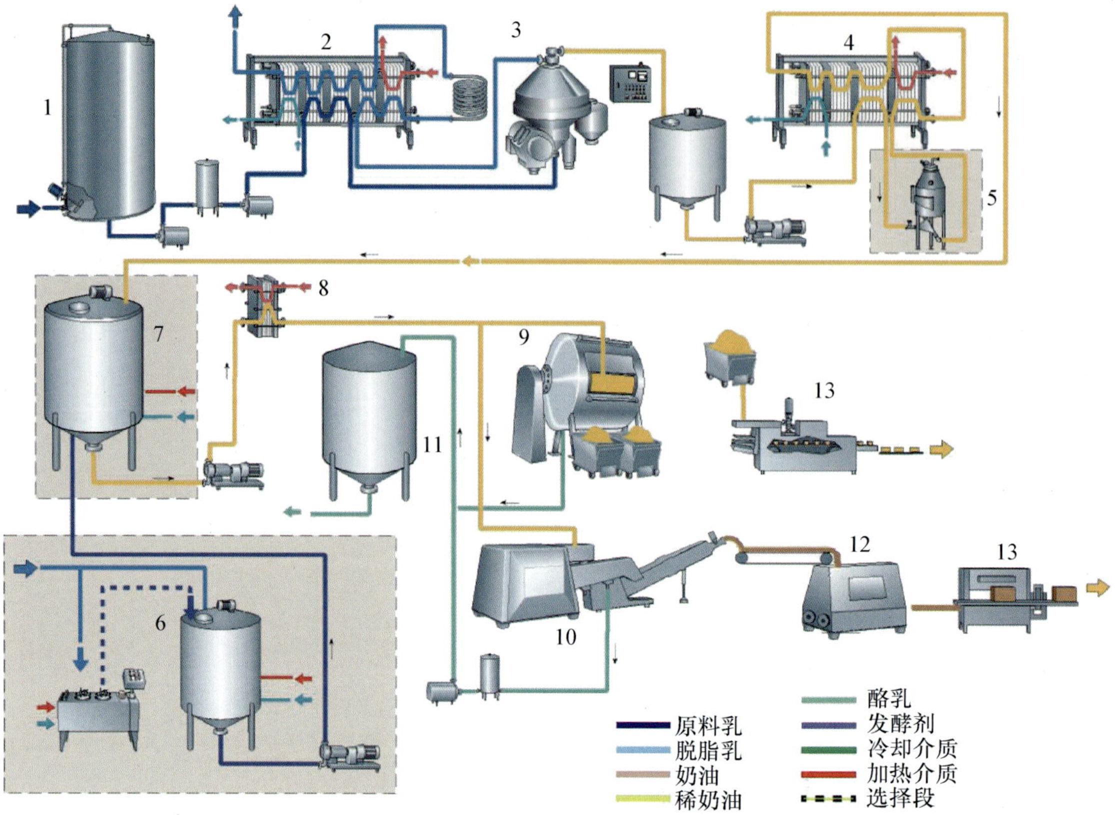

1. 原料贮藏罐；2. 板式热交换器（预热）；3. 奶油分离机；4. 板式热交换器（巴氏杀菌）；5. 真空脱气（机）；6. 发酵剂制备系统；7. 稀奶油的成熟和发酵；8. 板式热交换器（温度处理）；9. 批量奶油压炼机；10. 连续压炼机；11. 酪乳暂存罐；12. 带传送的奶油仓；13. 包装机

彩图 7　批量和连续生产发酵奶油的生产线

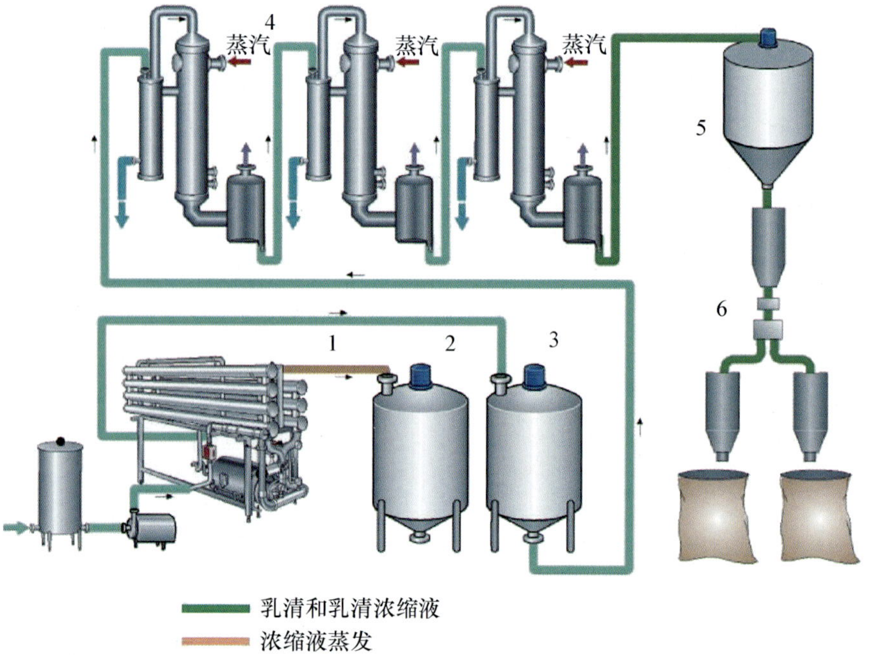

1. 超滤设备；2. 渗透收集罐；3. 乳清滤液缓冲缸；4. 蒸发器；5. 干燥；6. 包装

彩图 8　利用超滤法生产乳清蛋白浓缩物的加工线

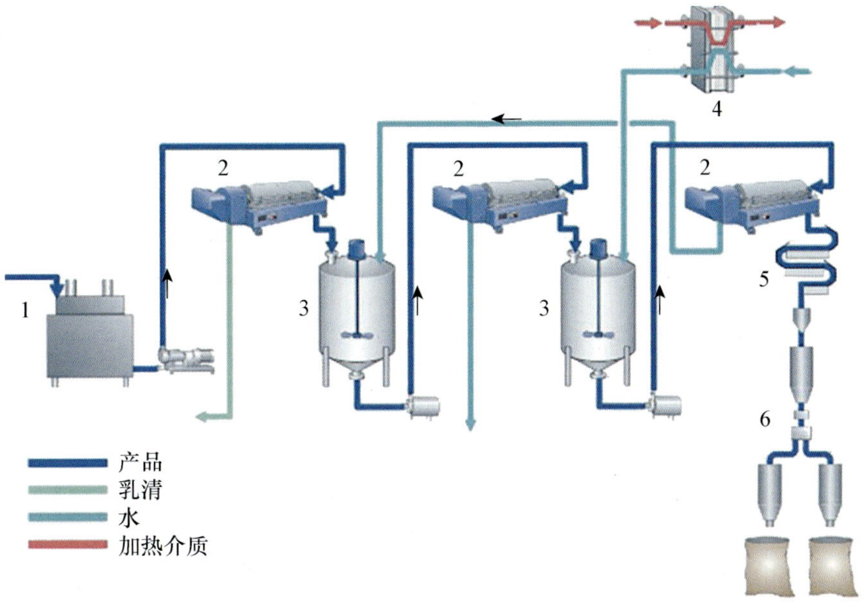

1. 干酪素生产容器；2. 离心机；3. 洗缸；4. 热交换器；5. 干燥；6. 粉碎过筛及包装

彩图 9　酸法干酪素的生产线

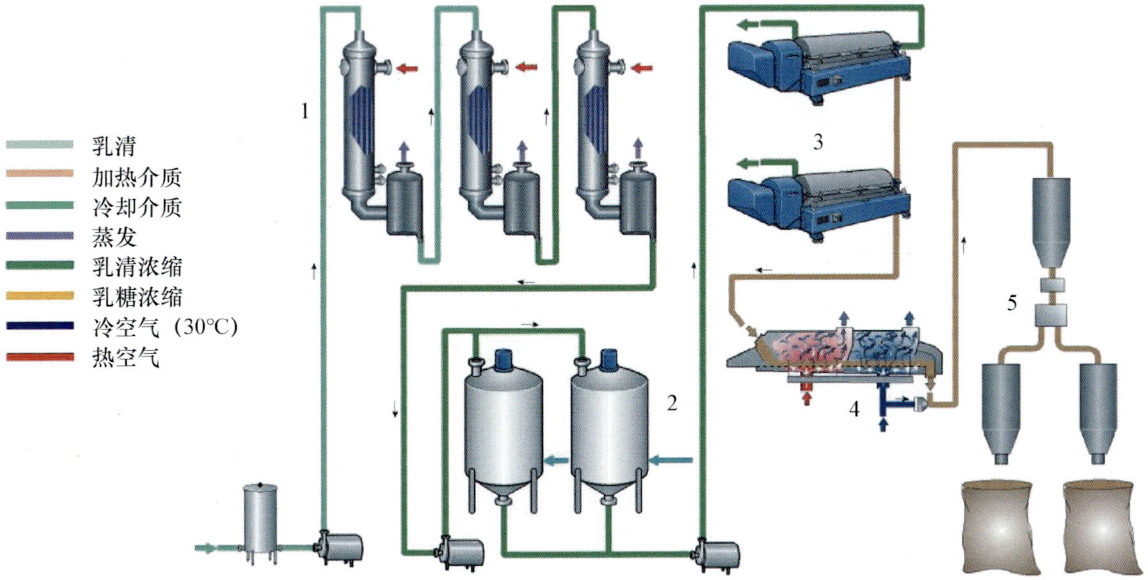

1. 浓缩缸；2. 结晶缸；3. 离心机；4. 流化床；5. 包装

彩图 10　乳糖的生产线

全国高等学校食品类专业系列教材

编审指导委员会委员

（按姓氏拼音排序）

第2版编审人员

主　编　李洪军（西南大学）
张兰威（中国海洋大学）
马美湖（华中农业大学）

副主编　双　全（内蒙古农业大学）
李晓东（东北农业大学）
杨　华（天津农学院）
金永国（华中农业大学）
田建军（内蒙古农业大学）
尚永彪（西南大学）

参　编（排名不分先后）
夏杨毅（西南大学）
李少博（中国农业科学院）
谢跃杰（重庆第二师范学院）
付　丽（河南牧业经济学院）
范荣波（青岛农业大学）
黄业传（西南科技大学）
王　宁（河南牧业经济学院）
朱迎春（山西农业大学）
刘纪红（华中农业大学）
向小乐（长沙理工大学）
郭春锋（西北农林科技大学）
妥彦峰（大连工业大学）
盛　龙（华中农业大学）
明　建（西南大学）
王兆明（合肥工业大学）
马　玲（山西农业大学）
许　倩（塔里木大学）
李　春（东北农业大学）
高文庚（运城学院）
艾明艳（塔里木大学）
付　星（华中农业大学）
薛　山（闽南师范大学）
李延华（浙江工商大学）
李述刚（合肥工业大学）
张英春（哈尔滨工业大学）

主　审　周光宏（南京农业大学）

第 1 版编写人员

周光宏（南京农业大学）
张兰威（东北农业大学）
李洪军（西南农业大学）
马美湖（湖南农业大学）

出版说明
（代总序）

岁月如梭，食品科学与工程类专业系列教材自启动建设工作至现在的第 4 版或第 5 版出版发行，已经近 20 年了。160 余万册的发行量，表明了这套教材是受到广泛欢迎的，质量是过硬的，是与我国食品专业类高等教育相适宜的，可以说这套教材是在全国食品类专业高等教育中使用最广泛的系列教材。

这套教材成为经典，作为总策划，我感触颇多，翻阅这套教材的每一科目、每一章节，浮现眼前的是众多著作者们汇集一堂倾心交流、悉心研讨、伏案编写的景象。正是大家的高度共识和对食品科学类专业高等教育的高度责任感，铸就了系列教材今天的成就。借再一次撰写出版说明（代总序）的机会，站在新的视角，我又一次对系列教材的编写过程、编写理念以及教材特点做梳理和总结，希望有助于广大读者对教材有更深入的了解，有助于全体编者共勉，在今后的修订中进一步提高。

一、优秀教材的形成除著作者广泛的参与、充分的研讨、高度的共识外，更需要思想的碰撞、智慧的凝聚以及科研与教学的厚积薄发。

20 年前，全国 40 余所大专院校、科研院所，300 多位一线专家教授，覆盖生物、工程、医学、农学等领域，齐心协力组建出一支代表国内食品科学最高水平的教材编写队伍。著作者们呕心沥血，在教材中倾注平生所学，那字里行间，既有学术思想的精粹凝结，也不乏治学精神的光华闪现，诚所谓学问人生，经年积成，食品世界，大家风范。这精心的创作，与敷衍的粘贴，其间距离，何止云泥！

二、优秀教材以学生为中心，擅于与学生互动，注重对学生能力的培养，绝不自说自话，更不任凭主观想象。

注重以学生为中心，就是彻底摒弃传统填鸭式的教学方法。著作者们谨记“授人以鱼不如授人以渔”，在传授食品科学知识的同时，更启发食品科学人才获取知识和创造知识的思维与灵感，于润物细无声中，尽显思想驰骋，彰耀科学精神。在写作风格上，也注重学生的参与性和互动性，接地气，说实话，“有里有面”，深入浅出，有料有趣。

三、优秀教材与时俱进，既推陈出新，又勇于创新，绝不墨守成规，也不亦步亦趋，更不原地不动。

首版再版以至四版五版，均是在充分收集和尊重一线任课教师和学生意见的基础上，对新增教材进行科学论证和整体规划。每一次工作量都不小，几乎覆盖食品学科专业的所有骨干课程和主要选修课程，但每一次修订都不敢有丝毫懈怠，内容的新颖性，教学的有效性，齐头并进，一样都不能少。具体而言，此次修订，不仅增添了食品科学与工程最新发展，又以相当篇幅强调食品工艺的具体实践。每本教材，既相对独立又相互衔接互为补充，构建起系统、完整、实用的课程体系，为食品科学与工程类专业教学更好服务。

四、优秀教材是著作者和编辑密切合作的结果，著作者的智慧与辛劳需要编辑专业知识和奉献精神的融入得以再升华。

同为他人作嫁衣裳，教材的著作者和编辑，都一样的忙忙碌碌，飞针走线，编织美好与绚丽。这套教材的编辑们站在出版前沿，以其炉火纯青的编辑技能，辅以最新最好的出版传播方式，保证了这套教材的出版质量和形式上的生动活泼。编辑们的高超水准和辛勤努力，赋予了此套教材蓬勃旺盛的生命力。而这生命力之源就是广大院校师生的认可和欢迎。

第 1 版食品科学与工程类专业系列教材出版于 2002 年，涵盖食品学科 15 个科目，全部入选“面向 21 世纪课程教材”。

第 2 版出版于 2009 年，涵盖食品学科 29 个科目。

第 3 版（其中《食品工程原理》为第 4 版）500 多人次 80 多所院校参加编写，2016 年出版。此次增加了《食品生物化学》《食品工厂设计》等品种，涵盖食品学科 30 多个科目。

需要特别指出的是，这其中，除 2002 年出版的第 1 版 15 部教材全部被审批为“面向 21 世纪课程教材”外，《食品生物技术导论》《食品营养学》《食品工程原理》《粮油加工学》《食品试验设计与统计分析》等为“十五”或“十一五”国家级规划教材。第 2 版或第 3 版教材中，《食品生物技术导论》《食品安全导论》《食品营养学》《食品工程原理》4 部为“十二五”普通高等教育本科国家级规划教材，《食品化学》《食品化学综合实验》《食品安全导论》等多个科目为原农业部“十二五”或农业农村部“十三五”规划教材。

本次第 4 版（或第 5 版）修订，参与编写的院校和人员有了新的增加，在比较完善的科目基础上与时俱进做了调整，有的教材根据读者对象层次以及不同的特色做了不同版本，舍去了个别不再适合新形势下课程设置的教材品种，对有些教材的题目做了更新，使其与课程设置更加契合。

在此基础上，为了更好满足新形势下教学需求，此次修订对教材的新形态建设提出了更高的要求，出版社教学服务平台“中农 De 学堂”将为食品科学与工程类专业系列教材的新形态建设提供全方位服务和支持。此次修订按照教育部新近印发的《普通高等学校教材管理办法》的有关要求，对教材的政治方向和价值导向以及教材内容的科学性、先进性和适用性等提出了明确且具针对性的编写修订要求，以进一步提高教材质量。同时为贯彻《高等学校课程思政建设指导纲要》文件精神，落实立德树人根本任务，明确提出每一种教材在坚持食品科学学科专业背景的基础上结合本教材内容特点努力强化思政教育功能，将思政教育理念、思政教育元素有机融入教材，在课程思政教育润物细无声的较高层次要求中努力做出各自的探索，为全面高水平课程思政建设积累经验。

教材之于教学，既是教学的基本材料，为教学服务，同时教材对教学又具有巨大的推动作用，发挥着其他材料和方式难以替代的作用。教改成果的物化、教学经验的集成体现、先进教学理念的传播等都是教材得天独厚的优势。教材建设既成就了教材，也推动着教育教学改革和发展。教材建设使命光荣，任重道远。让我们一起努力吧！

罗云波

2021 年 1 月

[illegible]

[illegible]

罗云辉

2021年1月

第 2 版前言

《畜产食品加工学》自 2002 年 8 月第 1 版出版以来，已多次印刷，发行 35 000 多册。教材内容符合新形势下的教改精神，推广效果良好，教材被中国农业大学、西南大学、华中农业大学、东北农业大学、内蒙古农业大学等数十家高校采用，受到师生的广泛好评。编者有深厚的食品科学基础和与时俱进的食品科学理论知识，在编写中将畜产品与食品科学有机结合。《畜产食品加工学》既是众多院校食品科学与工程、食品质量与安全、动物科学及其相关本科专业的专业课程教材，也是行业内公认的优秀教材。在此，我们衷心感谢南京农业大学周光宏教授为此教材的编写出版作出的重大贡献。

自“十三五”以来，我国食品工业迅速发展，新技术、新工艺、新产品不断涌现，为满足广大师生和技术人员需要，我们对第 1 版教材进行了必要的修订。修订版的内容由肉与肉制品、乳与乳制品和蛋与蛋制品 3 篇构成。教材既包括丰富的科学理论，又将应用技术进行了系统集成，将理论与实践有机地结合起来。教材内容编写分工如下。

第 1 篇：李洪军、夏杨毅、杨华、尚永彪、明建、双全、黄业传、艾明艳、马玲、薛山、谢跃杰、付丽、王兆明；第 2 篇：张兰威、田建军、李晓东、李春、高文庚、范荣波、许倩、朱迎春、郭春锋、李延华、妥彦峰、张英春；第 3 篇：马美湖、金永国、刘纪红、李述刚、付星、盛龙、王宁、向小乐。最后由李洪军、王兆明和李少博审改统稿，周光宏主审。

第 2 版教材编写历时 5 年，20 余所高等院校一线教师参与编写，教材内容既有基础畜产品理论知识，又有食品加工原理、方法技术和食品安全分析内容，符合现代畜产食品加工学的发展现状和方向。教材包容性强，适应性广，由浅入深，层层相扣，很好地反映了现代畜产品加工理论和应用技术，可满足大专院校食品相关专业师生、科学研究人员、企事业单位技术人员需求。

限于编者水平，教材中错误和不妥之处在所难免，恳请读者批评指正。

编　者

2021 年 1 月

第1版前言

畜产食品加工学是食品科学与工程学科的一个分支，重点研究肉品、乳品和蛋品的加工原理与加工技术，是食品科学与工程本科专业的主干课程。

随着我国改革开放的不断深入，国家的综合实力逐渐增强，经济水平显著提高，从整体上看，我国人民的生活水平正在向“小康”发展。近年来，畜产食品的消费量明显上升。相应地，我国相关高等院校开设了肉制品加工学、乳制品加工学、蛋制品加工学、畜产食品加工学、畜产品加工学或相关课程，为此我们编写了这本教材，以满足广大学生、教师和畜产食品加工行业科技工作者、企业技术人员的需要。

本教材内容分肉品加工、乳品加工和蛋品加工3篇，系统地介绍了畜产食品的原料特性、贮藏保鲜、食用品质及检验、加工原理和主要畜产品的加工配方和工艺等。内容深入浅出，逻辑性强，涵盖范围广，部分内容涉及学科的前沿。为方便教学和读者理解，书中还包含大量插图。

作者特别感谢徐幸莲、彭增起和赵改名等在编写工作中提供的帮助。尽管作者在编写和统稿过程中尽了很大努力，但还会存在一些缺点和错误，恳请读者不吝赐教。

编著者

2002年5月

目　录

第1篇　肉与肉制品

第2篇 乳与乳制品

第 3 篇 蛋与蛋制品

第1篇

肉与肉制品

第1章
肉的组织结构与化学组成

学习目的与要求

了解肉的组织结构特点及其与肉品品质的关系；掌握肉的化学组成成分、营养价值及其影响因素。

1.1 肉的形态结构

1.1.1 肌肉组织

肌肉组织在组织学上可分为三类，即骨骼肌、平滑肌和心肌。从数量上讲，骨骼肌占绝大多数。骨骼肌在显微镜下观察有明暗相间的条纹，因而又被称为横纹肌（图 1-1）。骨骼肌的收缩受中枢神经系统的控制，所以又叫随意肌，而心肌与平滑肌称为非随意肌。与肉品加工有关的主要是骨骼肌，所以将侧重介绍骨骼肌的构造。下面提到的肌肉是指骨骼肌，骨骼肌的结构、横断面及纵断面分别见图 1-2 和图 1-3。

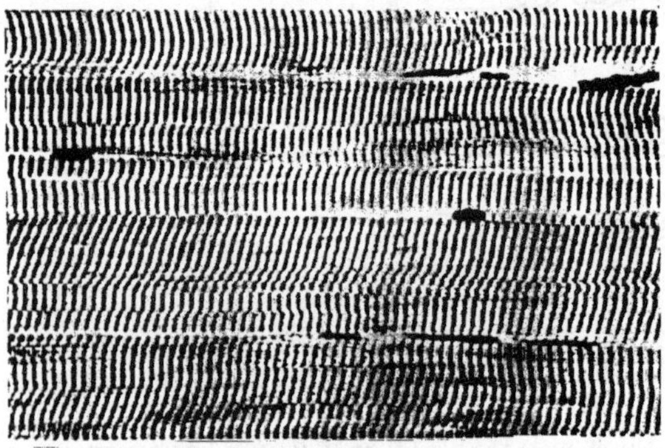

图 1-1　肌肉纤维的显微结构

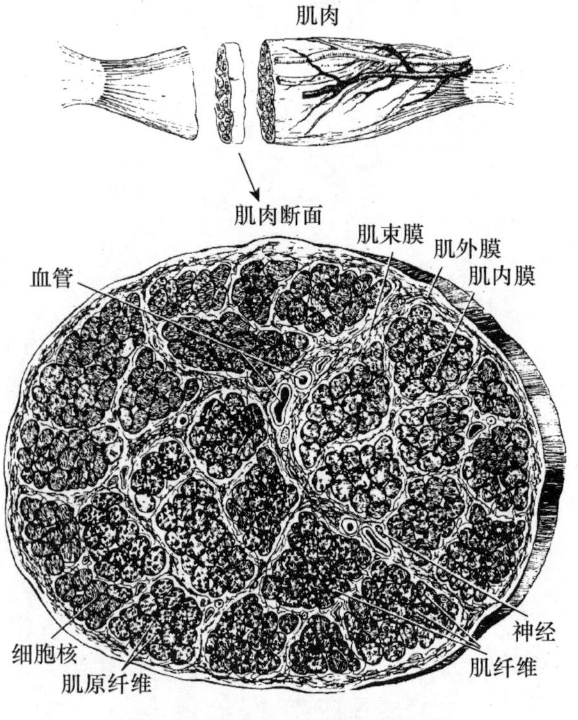

图 1-2　骨骼肌的结构及横断面

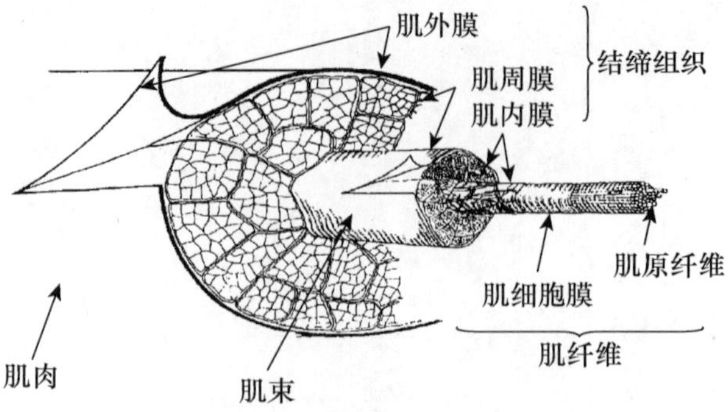

图 1-3　骨骼肌纵断面

1.1.1.1 宏观结构

家畜体上约有 300 块形状、大小各异的肌肉，但其基本结构是一样的（图 1-5）。肌肉的基本构造单位是肌纤维，肌纤维与肌纤维之间被一层很薄的结缔组织膜围绕隔开，此膜叫肌内膜（endomysium）。每 50～150 条肌纤维聚集成束，称为初级肌束（primary bundle）。初级肌束被一层结缔组织膜所包裹，此膜叫肌束膜（perimysium）。由数十条初级肌束集结在一起并由较厚的结缔组织膜包围就形成了次级肌束（或叫二级肌束）。次级肌束外面也由一层肌束膜包裹。由许多二级肌束集结在一起形成肌肉块，其外面包有一层较厚的结缔组织膜，称为肌外膜（epimysium）。这些分布在肌肉中的结缔组织膜既起着支撑的作用，又起着保护作用，血管、神经通过三层膜穿行其中，伸入到肌纤维的表面，以提供营养和传导神经冲动。此外，还有脂肪沉积其中，从而使肉呈现大理石样纹理。

1.1.1.2 微观结构

（1）肌纤维

与其他组织一样，肌肉组织也是由细胞构成的，但肌细胞是一种相当特殊化的细胞，呈长线状，不分枝，二端逐渐尖细，因此也叫肌纤维（muscle fiber）。肌纤维直径为 10～100 μm，长度为 1～40 mm，最长可达 100 mm。肌纤维的结构见图 1-4。

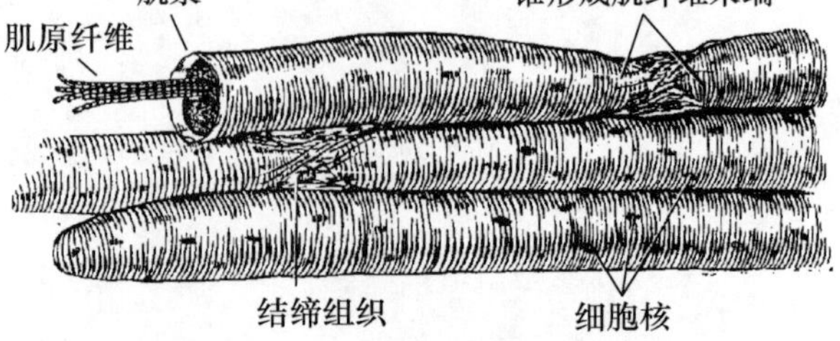

图 1-4　肌纤维的结构

（2）肌膜

肌纤维本身具有的膜叫肌膜（sarcolemma），它是由蛋白质和脂质组成的，具有很好的韧性，因而可承受肌纤维的伸长和收缩。肌膜的构造、组成和性质，与体内其他细胞膜的相似。肌膜向内凹陷形成网状的管，叫作横小管（transverse tubules），通常称为 T 系统（T-system）或 T 小管（T-tubules）。

（3）肌原纤维

肌原纤维（myofibrils）是肌细胞独有的细胞器，占肌纤维固形成分的 60%～70%，是肌肉的伸缩装置。它呈细长的圆筒状结构，直径为 1～2 μm，其长轴与肌纤维的长轴相平行并浸润于肌质中。一个肌纤维含有 1 000～2 000 根肌原纤维。肌原纤维又由肌丝（myofilament）组成，肌丝可分为粗丝（thick myofilament）和细丝（thin myofilament）。两者均平行整齐地交替排列于整个肌原纤维。由于粗丝和细丝在某一区域形成重叠，在电镜下观察时从而呈现出明暗相间的横纹，这也是“横纹肌”名称之来源。光线较暗的区域称为暗带（A 带），光线较亮的区域称为明带（I 带）。I 带的中央有一条暗线，称为“Z 线”，它将 I 带从中间分为左右两半；A 带的中央也有一条暗线，称为“M 线”，它将 A 带分为左右两半。在 M 线附近有一颜色较浅的区域，称为“H 区”。把两个相邻 Z 线间的肌原纤维称为肌节（sarcomere），它包括一个完整的 A 带和两个位于 A 带两侧的 1/2 I 带。肌节是肌原纤维的重复构造单位，也是肌肉收缩的基本机能单位。肌节的长度是不恒定的，它取决于肌肉所处的状态。当肌肉收缩时，肌节变短；松弛时，肌节变长。哺乳动物肌肉放松时，典型的肌节长度为 2.5 μm。

构成肌原纤维的粗丝和细丝不仅大小、形态不同，而且它们的组成性质和在肌节中的位置也不同。粗丝主要由肌球蛋白组成，故又称为“肌球蛋白丝”（myosin filament），直径约为 10 nm，长约为 1.5 μm。A 带主要由平行排列的粗丝构成，另外有部分细丝插入。每条粗丝中段略粗，形成光镜下的中线及 H 区。粗丝上有许多横突伸出，这些横突实际上是肌球蛋白分子的头部。横突与插入的细丝相对。细丝主要由肌动蛋白分子组成，所以又称为“肌动蛋白丝”（actin filament），直径为 6～8 nm，自 Z 线向两旁各伸展约 1.0 μm。I 带主要由细丝构成，每条细丝从 Z 线上伸出，插入粗丝间一定距离。在细丝与粗丝交错穿插的区域，粗丝上的横突（6 条）分别与 6 条细丝相对。因此，从肌原纤维的横断面上看 I 带只有细丝，呈六角形分布。由于两种微丝交错穿插，所以在 A 带可以看到以 1 条粗丝为中心，有 6 条细丝呈六角形包绕在周围。而 A 带的 H 区则只有粗丝呈三角形排列。肌纤维分类见二维码 1-1。

二维码 1-1　肌纤维分类

（4）肌质

肌纤维的细胞质称为肌质（sarcoplasm），填充于肌原纤维间和核的周围，是细胞内的胶体物质，含 75%～80%水分。肌质内富含肌红蛋白、酶、肌糖原及其代谢产物和无机盐类等。骨骼肌的肌质内有发达的线粒体，说明骨骼肌的代谢十分旺盛，习惯上把肌纤维内的线粒体称为“肌粒”。

肌质中还有一些特殊的结构，在 A 带与 I 带过渡处的水平位置上，有一条横行细管，即横小管，又称为 T 小管，是肌纤维膜上内陷的漏斗状结构延续而成的。另外，在肌质内有肌质网（sarcoplasmic reticulum），相当于普通细胞中的滑面内质网，呈管状和囊状，交织于肌原纤维之间。其中有一对束状管，平行分布于横管的两侧，称为终末池（terminal cisternae），它们将横管夹于其中，共同组成三联管（triad）。沿着肌原纤维的方向，终末池纵向形成肌小管（sarcotubule），又叫纵行管，覆盖 A 带。纵行管在 H 区处，由纤细的分枝形成合网。

肌质中还有一种重要的细胞器叫溶酶体（lysosomes），它是一种小胞体，内含有多种能消化细胞和细胞内容物的酶。在这种酶系中，能分解蛋白质的酶称为组织蛋白酶（cathepsin），有几种组织蛋白酶均对某些肌肉蛋白质有分解作用，它们对肉的成熟具有很重要的意义。

（5）肌细胞核

骨骼肌纤维为多核细胞，但因其长度变化大，所以每条肌纤维所含核的数目不定，一条几厘米的肌纤维可能有数百个核。核呈椭圆形，位于肌纤维的周边，紧贴在肌纤维膜下，呈有规则的分布，核长约为 5 μm。

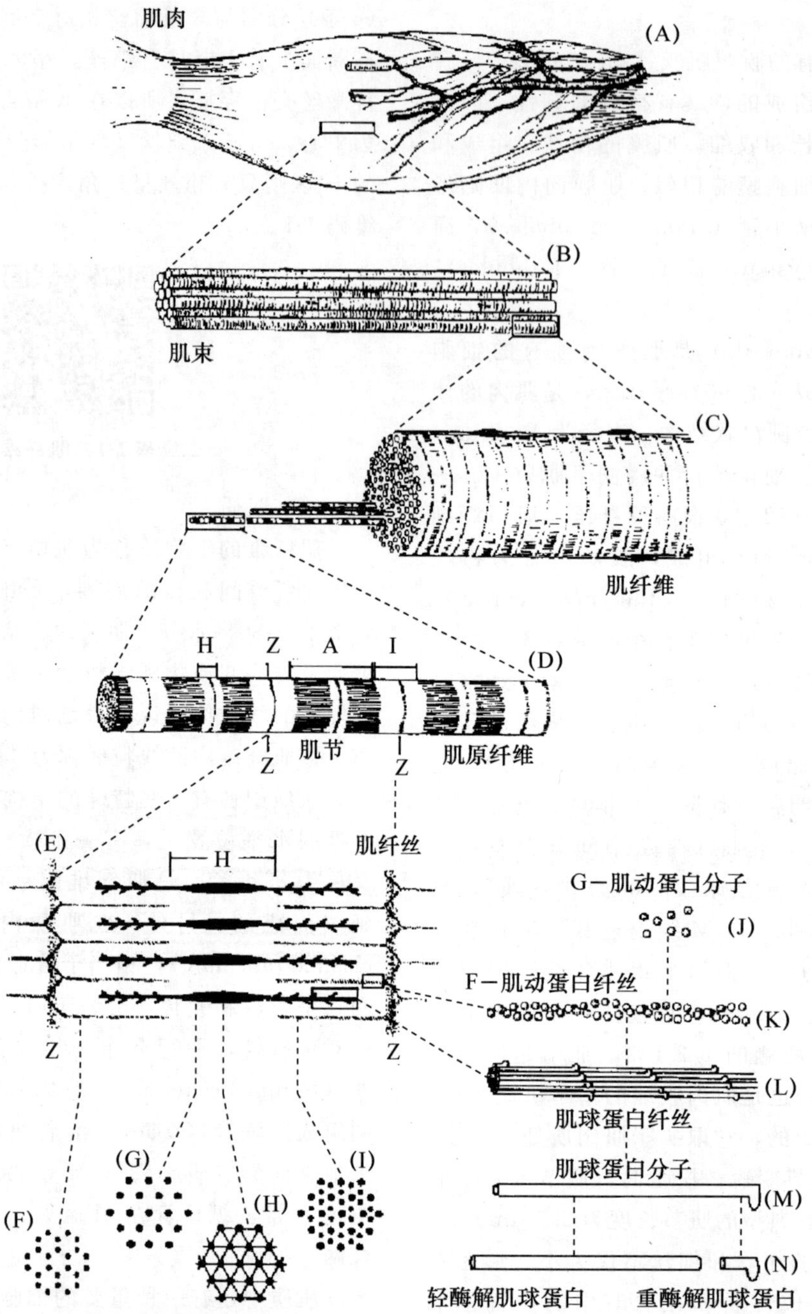

（A）肌肉；（B）肌束；（C）肌纤维；（D）肌原纤维；（E）肌节；（F）-（I）肌节各组成部分的横切面；（J）肌动蛋白分子；（K）肌动蛋白纤丝；（L）肌球蛋白纤丝；（M）、（N）肌球蛋白分子

图 1-5 肌肉的宏观及微观结构

1.1.2 结缔组织

结缔组织是将动物体内不同部分连接和固定在一起的组织，分布于体内各个部位，构成器官、血管和淋巴管的支架；包围和支撑着肌肉、筋腱和神经束；将皮连接于机体。

结缔组织由少量的细胞和大量的细胞外基质构成，后者的性质变异很大，可以是柔软的胶体，也可以是坚韧的纤维，在软骨，它的质地如橡皮，在骨骼中因充满钙盐而变得非常坚硬。肉中的结缔组织是由基质、细胞和细胞外纤维组成的，胶原纤维和弹性纤维都属于细胞外纤维。结缔组织有固定细胞和游动细胞两种细胞。固定细胞包括成纤维细胞、间充质细胞和脂肪细胞；游动细胞主要参与机体修复，包括嗜酸细胞、乳腺细胞、淋巴细胞和巨噬细胞。

1.1.2.1　结缔组织细胞

结缔组织含有多种细胞，其中成纤维细胞、间充质细胞与肉品质量关系密切。成纤维细胞的形状有梭状、星状等，大部分为细长的梭状，成纤维细胞产生用于合成结缔组织胞外成分的物质，这些物质释放到细胞外基质后合成胶原蛋白和弹性蛋白。弹性蛋白的合成途径可能与此类似。

间充质细胞呈梭形，略小于成纤维细胞，它有可能发展成为纤维细胞，也有可能变为储存脂肪的细胞，即成脂肪细胞，这种细胞位于疏松结缔组织的基质中靠近血管的位置，当开始储存脂肪后，就变成了脂肪细胞。

1.1.2.2　基质和纤维

如前所述，结缔组织中细胞很少，占很大比例的是细胞外的基质和纤维。

（1）结缔组织基质

结缔组织基质（ground substance）是由黏稠的蛋白多糖构成的。蛋白多糖是一类大分子化合物，由轴蛋白和许多氨基葡聚糖（黏多糖）结合而成。基质中还有结缔组织代谢产物和底物，如胶原蛋白和弹性蛋白的前体物。氨基葡聚糖中最典型的是透明质酸和硫酸软骨素。透明质酸非常黏稠，存在于骨节和结缔组织纤维之间，硫酸软骨素则存在于软骨、筋腱和骨骼中。这两种物质加上有关蛋白起到润滑、连接作用，在软骨和骨骼中成为结构支撑物质。

（2）纤维

纤维和肌纤维不一样，结缔组织的纤维存在于细胞外，所以又称细胞外纤维（extracellular fibers）。细胞外纤维可以构成致密结缔组织，也可以构成网状的疏松结缔组织。细胞外纤维的主要成分包括胶原纤维和弹性纤维。

①胶原纤维　胶原纤维主要由胶原蛋白组成。胶原蛋白是动物体内最多的一种蛋白质，占动物体中总蛋白的 20%～25%，是结缔组织的主要结构蛋白，筋腱的主要组成成分，也是软骨和骨骼的组成成分之一。胶原蛋白的生成和结构见图 1-6。

②胶原蛋白交联　胶原蛋白的不溶性和坚韧性是其分子间的交联（cross-link），特别是成熟交联所致的。交联是由胶原蛋白分子特定结构形成的，并整齐地排列于纤维分子之间的共价化学键。如果没有交联，胶原蛋白将失去力学强度，可溶解于中性盐溶液。随着动物年龄的增加，肌肉结缔组织中的交联，尤其是成熟交联的比例增加，这也是动物年龄增大，其肉嫩度下降的原因。

③其他蛋白　除胶原蛋白（纤维）外，结缔组织中的纤维还有弹性蛋白和网状蛋白。弹性蛋白是一种具有高弹性的纤维蛋白，其在韧带和血管中分布较多，在肌肉中一般只有胶原蛋白的 1/10，但在半腱肌中，其比例可达到胶原蛋白的 40%。网状蛋白的形状和组成与胶原蛋白的相似，但含有 10%左右的脂肪，主要存在于肌内膜。

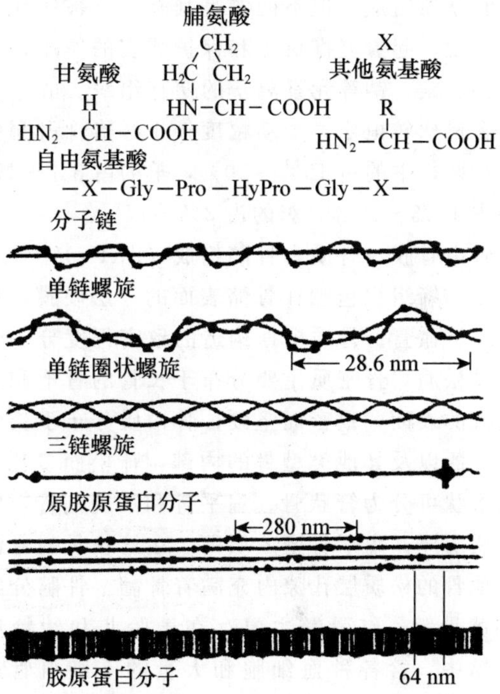

图 1-6　原胶原蛋白分子结构及胶原蛋白纤丝的生成

1.1.3　脂肪组织

脂肪的构造单位是脂肪细胞，脂肪细胞或单个或成群地借助于疏松结缔组织连在一起，细胞中心充满脂肪滴，细胞核被挤到周边。脂肪细胞外层有一层膜，膜由胶状的原生质构成，细胞核即位于原生质中。脂肪细胞是动物体内最大的细胞，直径为 30～120 μm，最大者可达 250 μm，脂肪细胞越大，里面的脂肪滴越多，因而出油率也越高。脂肪细胞的大小与畜禽的肥育程度及不同部位有关，如肥育牛肾周围的脂肪细胞直径为 90 μm，而瘦牛的只有 50 μm；又如猪皮下脂肪细胞的直径为 152 μm，而腹腔脂肪的为 100 μm。

脂肪在体内的蓄积根据动物种类、品种、年龄和肥育程度不同而异。猪多蓄积在皮下、肾周围及大网膜；羊多蓄积在尾根及肋间；牛主要蓄积在肌肉内；鸡蓄积在皮下、腹腔及肌胃周围。脂肪蓄积在肌束内最为理想，这样的肉呈大理石样纹理，肉质较好。脂肪在活体组织内起着保护组织器官和提供能量的作用，在肉中，脂肪是风味的前体物质之一。

1.1.4 骨组织

骨组织和结缔组织一样，也是由细胞、纤维性成分和基质组成，但不同的是其基质已被钙化。所以很坚硬，起着支撑机体和保护器官的作用，同时又是钙、镁、钠等元素离子的储存组织。成年动物骨骼含量比较恒定，变动幅度较小。猪骨占胴体的5%～9%，牛的占15%～20%，羊的占8%～17%，兔的占12%～15%，鸡的占8%～17%。

骨由骨膜、骨质和骨髓构成（图1-7），骨膜是由致密结缔组织包围在骨骼表面的一层硬膜，里面有神经、血管。骨质根据构造的致密程度分为骨密质和骨松质，骨密质主要分布于长骨的骨干和其他类型骨的表面，致密而坚硬；骨松质分布于长骨的内部、骺以及其他类型骨的内部，疏松而多孔。骨骼按形状可分为管状骨、扁平骨和不规则骨，管状骨密质层厚，扁平骨密质层薄。在管状骨的骨髓腔及其他骨的松质层孔隙内充满着骨髓。骨髓分红骨髓和黄骨髓，红骨髓主要存在于胎儿和幼龄动物的骨骼中，含各种血细胞和大量的毛细血管；成年动物的骨骼中黄骨髓含量较多，其主要成分是脂类。

骨的化学成分中，水分占40%～50%，胶原蛋白占20%～30%，无机质占20%，无机质成分主要是钙和磷。将骨骼粉碎可以制成骨粉，作为饲料添加剂，此外还可熬出骨油和骨胶。利用超微粒粉碎机制成的骨泥，是肉制品的良好添加剂，也可用在其他食品中以强化钙和磷。

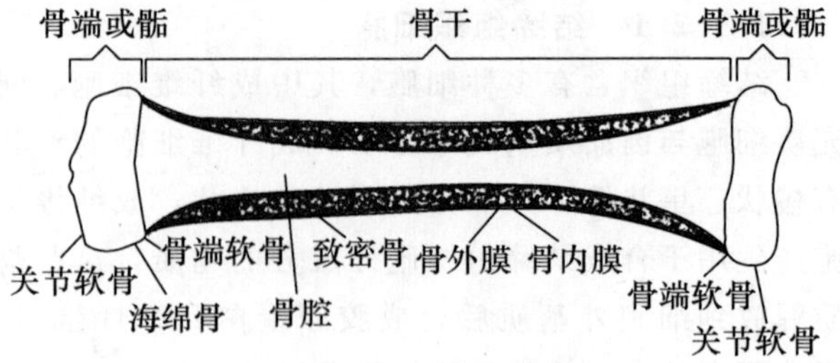

图1-7 骨骼示意图

1.2 肉的化学组成

动物胴体主要由肌肉、脂肪、结缔组织、骨骼四部分组成，其中后二者比较恒定，变化比较大的是肌肉和脂肪。专门的肉用型畜禽，肌肉发达，瘦肉占胴体的比例也高，肉牛、瘦型猪、肉用山羊的肌肉占胴体的比例均可达60%以上。脂肪比例则因品种和肥育程度不同而差异很大，如瘦肉型猪的脂肪占胴体的比例一般在25%左右，而肥猪的则可高达40%以上；在家禽中，鸭比较容易蓄积皮下脂肪，其皮脂占胴体的比例可高达35%以上。

一般来说，猪、牛、羊的分割肉块的含水量为55%～70%，粗蛋白含量为15%～20%，脂肪含量为10%～30%。家禽肉的水分含量在73%左右，胸肉含脂肪少，为1%～2%，粗蛋白含量约为23%，而腿肉的脂肪含量在6%左右，粗蛋白含量为18%～19%。从化学组成上分析，肉主要由蛋白质、脂肪、水分、浸出物、维生素和矿物质6种成分组成，肌肉的典型化学组成见表1-1，其中哺乳动物骨骼肌的化学组成见表1-2。

表1-1 成年哺乳动物肌肉的化学组成

成分	含量/%	成分	含量/%
水分	75.0	脂类	2.5
蛋白质	19.0	碳水化合物	1.2
肌纤维	11.5	可溶性无机物和非蛋白含氮物	2.3
肌质	5.5	含氮物	1.65
结缔组织和小胞体	2.0	无机物	0.65
		维生素	微量

表 1-2　哺乳动物骨骼肌的化学组成

化学物质	含量/%	化学物质	含量/%
水分（65%～80%）	75.0	磷脂	1.0
蛋白质（16%～22%）	18.5	脑苷	0.5
肌原纤维蛋白	9.5	胆固醇	0.5
肌球蛋白	5.0	非蛋白含氮物	1.2
肌动蛋白	2.0	肌酸与磷酸肌酸	0.5
原肌球蛋白	0.8	核苷酸类（ATP、ADP 等）	0.3
肌原蛋白	0.8	游离氨基酸	
M 蛋白	0.4	肽（鹅肌肽、肌肽等）	0.3
C 蛋白	0.2	其他物质（IMP、NAD、NADP、尿素等）	0.1
α-肌动蛋白素	0.2	碳水化合物（0.5%～1.5%）	1.0
β-肌动蛋白素	0.1	糖原（0.5%～1.3%）	0.8
肌质蛋白	6.0	葡萄糖	0.1
可溶性肌质蛋白和酶类	5.5	代谢中间产物（乳酸等）	0.1
肌红蛋白	0.3	无机成分	1.0
血红蛋白	0.1	钾	0.3
细胞色素和呈味蛋白	0.1	总磷	0.2
结缔组织蛋白	3.0	硫	0.2
胶原蛋白	1.5	氯	0.1
网状蛋白	0.1	钠	0.1
弹性蛋白	1.4	其他（包括镁、钙、铁、铜、锌、锰等）	0.1
其他不可溶蛋白			
脂类（1.5%～13.0%）	3.5		
中性脂肪（0.5%～1.5%）	1.5		

1.2.1　水分

水分是肉中含量最多的成分，不同组织的水分含量差异很大，肌肉的含水量为 70%，皮肤的为 60%，骨骼的为 12%～15%，脂肪组织含水甚少，所以动物越肥，其胴体水分含量越低。肉品中的水分含量及其持水性能直接关系到肉及肉制品的组织状态、品质，甚至风味。

1.2.1.1　水分存在状态

肉中的水分并非像纯水那样以游离状态存在，其存在的形式大致可以分为以下 3 种。

(1) 自由水

指存在于细胞外间隙中能自由流动的水，它们不依电荷基团而定位排序，仅靠毛细管作用力而保持，自由水约占总水分的 15%。

(2) 结合水

这部分水约占水分总量的 5%，由肌肉蛋白质亲水基所吸引的水分子形成一紧密结合的水层。结合水通过本身的极性与蛋白质亲水基的极性而结合，水分子排列有序，不易受肌肉蛋白质结构或电荷变化的影响，甚至在施加严重外力条件下，也不能改变其与蛋白质分子紧密结合的状态。该水层无溶剂特性，冰点很低（−40℃），不能为微生物所利用。

(3) 不易流动水

肌肉中 80%的水分是以不易流动水状态存在于纤丝、肌原纤维及肌细胞膜之间的。此水层距离蛋白质亲水基较远，水分子虽然有一定朝向性，但排列不够有序。不易流动水容易受蛋白质结构和电荷变化的影响，肉的保水性能主要取决于肌肉对此类水的保持能力。不易流动水能溶解盐及溶质，在−1.5～0℃结冰。

1.2.1.2　水分活度

水分活度反映了水分与肉制品结合的强弱以及能被微生物有效利用的程度，因而水分活度比水分存在状态在实际中的应用意义更大。新鲜肉的水分活度为 0.97～0.98，鱼肉的为 0.98～0.99，灌肠的为 0.96 左右，干肠的为 0.65～0.85。微生物的生长主要取决于肉制品中的有效水分即水分活度的高低，水分活度高的肉制品容易被微生物利用，进而产品容易腐败变质，因而通常以水分活度预测产品的保质期，而以保水性评价产品的品质。

1.2.2　蛋白质

肌肉中蛋白质约占 20%，分为 3 类：肌原纤维蛋白，占总蛋白的 40%～60%；肌质蛋白，占 20%～30%；结缔组织蛋白，约占 10%。这些蛋白质的含量因动物种类、解剖部位等不同而有一定差异。动物骨骼肌中不同种类蛋白质的含量见表 1-3。

表 1-3 动物骨骼肌中不同种类蛋白质的含量 %

蛋白质种类	哺乳动物	禽类	鱼肉
肌原纤维蛋白	49～55	60～65	65～75
肌质蛋白	30～34	30～34	20～30
结缔组织蛋白	10～17	5～7	1～3

1.2.2.1 肌原纤维蛋白

肌原纤维蛋白（myofibrillar protein）是构成肌原纤维的蛋白质，支撑着肌纤维的形状，因此也称为结构蛋白或不溶性蛋白质。肌原纤维蛋白主要包括肌球蛋白、肌动蛋白、肌动球蛋白、原肌球蛋白和肌钙蛋白等。肌球蛋白的结构参见图 1-8，肌原纤维蛋白质的种类和含量见表 1-4。

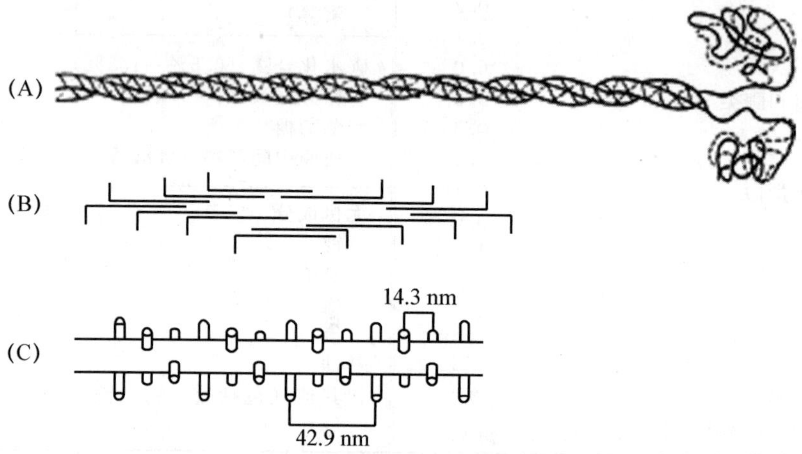

（A）一个肌球蛋白分子；（B）在一条粗丝中的肌球蛋白；（C）一条粗丝

图 1-8 肌球蛋白的结构

表 1-4 肌原纤维蛋白质的种类和含量

蛋白质名称	含量/%
肌球蛋白	50～55
肌动蛋白	20
原肌球蛋白	4～5
肌钙蛋白	5～6
C 蛋白	2
M 蛋白	2～3
α-肌动素	2
β-肌动素	<1
γ-肌动素	<1
I 蛋白	<1

（1）肌球蛋白

肌球蛋白（myosin）是肌肉中含量最高也是最重要的蛋白质，约占肌肉总蛋白质的 1/3，占肌原纤维蛋白的 50%～55%。肌球蛋白是粗丝的主要成分，构成肌节的 A 带，相对分子质量为 470 000～510 000，形状很像“豆芽”，由两条肽链相互盘旋构成。在酶的作用下，肌球蛋白裂解为两个部分，即由头部和一部分尾部构成的重酶解肌球蛋白（heavy meromyosin，HMM）和尾部的轻酶解肌球蛋白（light meromyosin，LMM）。肌球蛋白不溶于水或微溶于水，可溶解于离子强度为 0.3 以上的中性盐溶液，等电点为 5.4。肌球蛋白可形成具有立体网络结构的热诱导凝胶。在 pH 5.6 加热到 35℃时，肌球蛋白就可形成热诱导凝胶。当 pH 接近 6.8～7.0 时，加热到 70℃才能形成凝胶。肌球蛋白的溶解性和形成凝胶的能力与其所在溶液的 pH、离子强度、离子类型等有密切的关系。肌球蛋白形成热诱导凝胶的特性是非常重要的工艺特性，直接影响碎肉或肉糜类制品的质地、保水性和风味等。

肌球蛋白在饱和 NaCl 或 $(NH_4)_2SO_4$ 溶液中可盐析沉淀。肌球蛋白的头部有 ATP 酶活性，可以分解 ATP，并可与肌动蛋白结合形成肌动球蛋白，这一特性与肌肉的收缩直接有关。

（2）肌动蛋白

肌动蛋白约占肌原纤维蛋白的 20%，是构成细丝的主要成分，细丝的结构见图 1-9。肌动蛋白（actin）只由一条多肽链构成，其相对分子质量为 41 800～61 000。肌动蛋白能溶于水及稀的盐溶液，在半饱和 $(NH_4)_2SO_4$ 溶液中可盐析沉淀，等电点为4.7。肌动蛋白有2种存在形式，即珠状肌动蛋白（G）和纤维状肌动蛋白（F），后者与原肌球蛋白等结合成细丝，参与肌肉的收缩。但是肌动蛋白不具备凝胶形成能力。

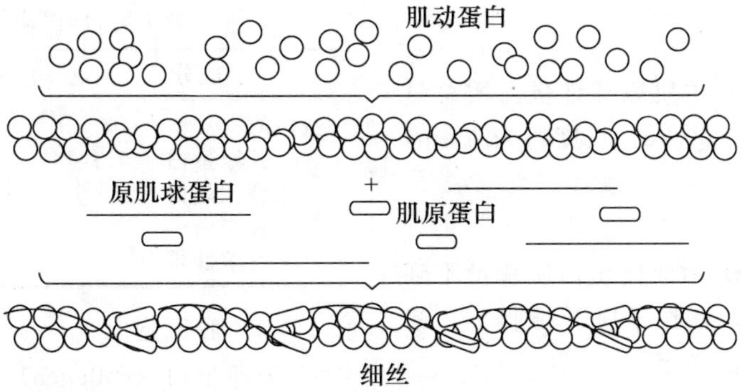

图1-9 细丝的结构

（3）肌动球蛋白

肌动球蛋白（actomyosin）是肌动蛋白与肌球蛋白的复合物。肌动球蛋白的黏度很高，具有明显的流动双折射现象，由于其聚合度不同，因而分子质量不定。肌动蛋白与肌球蛋白的结合比例为1∶（2.5～4）。肌动球蛋白也具有ATP酶活性，但与肌球蛋白不同，Ca^{2+}和Mg^{2+}都能使之激活。肌动球蛋白能形成热诱导凝胶，影响肉制品的工艺特性。

（4）原肌球蛋白

原肌球蛋白（tropomyosin）占肌原纤维蛋白的4%～5%，为杆状分子，构成细丝的支架。1分子的原肌球蛋白结合7分子的肌动蛋白和1分子的肌钙蛋白，相对分子质量为65 000～80 000。

（5）肌钙蛋白

肌钙蛋白（troponin）又叫肌原蛋白，占肌原纤维蛋白的5%～6%。肌钙蛋白对Ca^{2+}有很高的敏感性，每一个蛋白分子具有4个Ca^{2+}结合位点。肌钙蛋白沿着细丝以38.5 nm的周期结合在原肌球蛋白分子上，分子质量为69～80 ku。肌原蛋白有3个亚基，它们各有自己的功能特性。它们分别是：钙结合亚基，分子质量为18～21 ku，是Ca^{2+}的结合部位；抑制亚基，分子质量为20.5～24 ku，能高度抑制肌球蛋白中ATP酶的活性，从而阻止肌动蛋白与肌球蛋白结合；原肌球蛋白结合亚基，分子质量为30～37 ku，能结合原肌球蛋白，起连接的作用。

（6）M蛋白

M蛋白（M protein）占肌原纤维蛋白的2%～3%，分子质量为160 ku，存在于M线上，其作用是将粗丝连接在一起，以维持粗丝的排列（稳定A带的格子结构）。

（7）C蛋白

C蛋白占肌原纤维蛋白的2%，分子质量为135～140 ku。它是粗丝的一个组成部分，结合于LMM部分，按42.9～43.0 nm的周期结合在粗丝上。C蛋白的功能是维持粗丝的稳定，并有调节横桥的功能。

（8）肌动素

肌动素（actinin）占蛋白质的2.5%，分为α、β和γ三种类型。α-肌动素为Z线上的主要蛋白质，分子质量为190～210 ku，由两条肽链组成，在Z线上起着固定邻近细丝的作用。β-肌动素的分子质量为62～71 ku，位于细丝的自由端上，有阻止肌动蛋白连接起来的作用，因而可能与控制细丝长度有关。γ-肌动素的分子质量为70～80 ku，能与F-肌动蛋白结合，从而阻止肌动蛋白聚合成F-肌动蛋白。

（9）I蛋白

I蛋白（I-protein）存在于A带，在肌动球蛋白缺乏Ca^{2+}时，它会阻止Mg^{2+}激活ATP酶的活性，但若Ca^{2+}存在，则不会如此。因此，I蛋白可以阻止休止状态的肌肉水解ATP。

1.2.2.2 细胞骨架蛋白

细胞骨架蛋白（cytoskeletal protein）主要包括肌联蛋白、肌间线蛋白、伴肌动蛋白及纽蛋白。

（1）肌联蛋白

肌联蛋白（connectin）占肌肉蛋白质总量的10%，富有弹性，长度为900～1 000 nm，直径为4～5 nm，分子质量为700～1 000 ku，位于Z线以外的整个肌节，起连接两个相邻Z线的作用。

（2）肌间线蛋白

肌间线蛋白（desmin）的分子质量为55 ku，位于Z线周围，连接邻近的细丝。肌肉中尚存在其他多种蛋白质，如F蛋白、细丝蛋白、55 000 u蛋白、波形蛋白和联丝蛋白等。对这些蛋白质的结构和功能尚不完全明了。

（3）伴肌动蛋白

伴肌动蛋白（nebulin）占肌原纤维蛋白质总量的5%，分子质量为600～800 ku，长度约为1 μm，构成I带中心Z线。

（4）黏着斑蛋白

黏着斑蛋白（vinculin）占肌肉蛋白质总量不到1%，分子质量为130 ku，存在于肌纤维膜下，起连接肌纤维膜和肌原纤维的作用。

1.2.2.3 肌质蛋白

肌质蛋白（myogen）是指在肌纤维中环绕并渗透到肌原纤维的液体和悬浮于其中的各种有机物、无机物以及亚细胞结构的细胞器等。通常把肌肉磨碎压榨便可挤出肌质，其中主要包括肌溶蛋白、肌红蛋白（myoglobin）、肌球蛋白（globulin X）、肌粒蛋白（granule protein）和肌质酶等。肌质蛋白的主要功能是参与肌细胞中的物质代谢。

（1）肌红蛋白

肌红蛋白是一种复合性的色素蛋白质，由一分子的珠蛋白和一个血色素结合而成，为肌肉呈现红色的主要成分，分子质量为17 ku，等电点为6.78，关于此蛋白的结构和性能在本篇第5章将有详细叙述。

（2）肌质酶

肌质中还存在大量可溶性肌质酶，其中糖酵解酶占2/3以上。白肌纤维中糖酵解酶含量比红肌纤维多5倍，这是因为白肌纤维主要依靠无氧的糖酵解产生能量，而红肌纤维则以氧化产生能量，所以红肌纤维中的糖酵解酶含量少，而红肌纤维中肌红蛋白、乳酸脱氢酶含量高。

（3）肌溶蛋白

肌溶蛋白是一种清蛋白，存在于肌原纤维中，因溶于水，故容易从肌肉中分离出来。肌溶蛋白在52℃即凝固。

（4）肌粒蛋白

肌粒蛋白主要为三羧酸循环酶系及脂肪氧化酶系，这些蛋白质定位于线粒体中。在离子强度为0.2以上的盐溶液中溶解，在0.2以下则呈不稳定的悬浮液。

1.2.2.4 结缔组织蛋白

结缔组织由肌内膜、肌束膜、肌外膜和筋腱构成，其本身由有形成分和无形的基质组成，前者主要有3种，即胶原蛋白、弹性蛋白和网状蛋白，它们是结缔组织中的主要蛋白质。

表1-5 结缔组织蛋白质的含量 %

成分	白色结缔组织	黄色结缔组织
蛋白质	34.2	40.6
胶原蛋白	30.0	7.5
弹性蛋白	2.5	32.0
黏蛋白	1.5	0.5
可溶性蛋白	0.2	0.6

（1）胶原蛋白

胶原蛋白（collagen）是构成胶原纤维的主要成分，约占胶原纤维固形物的85%。胶原蛋白呈白色，是一种多糖蛋白，含有少量的半乳糖和葡萄糖。甘氨酸是其最重要的组成成分，占到总氨基酸的1/3，其次是羟脯氨酸和脯氨酸，两者之和也有1/3，其中羟脯氨酸的含量较稳定，一般在13%～14%，所以可以通过测定它来推算胶原蛋白的含量。

胶原蛋白性质稳定，具有很强的延伸力，不溶于水及稀溶液，在酸或碱溶液中可以膨胀。不易被一般蛋白酶水解，但可被胶原酶水解。胶原蛋白遇热会发生收缩，热缩温度随动物的种类不同有较大差异，一般鱼类的为45℃，哺乳动物的为60～65℃。当加热温度大于热收缩温度时，胶原蛋白就会逐渐变为明胶，变为明胶的过程并非水解的过程，而是氢键断开，原胶原分子的三条螺旋被解开，溶于水中，当冷却时就会形成明胶。明胶易被酶水解，也易被消化。在肉品加工中，利用胶原蛋白的这一性质加工肉冻类制品。

（2）弹性蛋白

弹性蛋白（elastin）因含有色素残基而呈黄色，分子质量为70 ku，约占弹性纤维固形物的75%，占胶原纤维的7%。弹性蛋白中90%的氨基酸是非极性的，加上赖氨酸残基上的交联，造成其高度不可溶性，所以也称其为硬蛋白。它对酸、碱、盐都稳定，不被胃蛋白酶、胰蛋白酶水解，可被弹性蛋白酶（存于胰腺中）水解。和胶原蛋白以及网状蛋白不一样，加热不能使弹性蛋白分解，因而其营养价值甚低。

（3）网状蛋白

网状蛋白（reticulin）的氨基酸组成与胶原蛋白的相似，但它与含有豆蔻酸的脂肪结合，因此区别于胶原蛋白，网状蛋白呈黑色，而胶原蛋白呈棕色。网状蛋白水解后，可产生与胶原蛋白同样的肽类。网状蛋白对酸和碱都比较稳定。

1.2.2.5 氨基酸

蛋白质是由氨基酸组成的，蛋白质的营养价值高低取决于各种氨基酸的比例。肌肉蛋白质的氨基酸组成与人体中的非常接近，含有人体必需的所有氨基酸，所以肉类蛋白质的营养价值要高于植物性蛋白质，鲜肉蛋白质的氨基酸组成见表 1-6。

表 1-6 鲜肉蛋白质的氨基酸组成

名称	分类	牛肉/g	猪肉/g	羊肉/g
异亮氨酸	必需	5.1	4.9	4.8
亮氨酸	必需	8.4	7.5	7.4
赖氨酸	必需	8.4	7.8	7.6
蛋氨酸	必需	2.3	2.5	2.3
苯丙氨酸	必需	4.0	4.1	3.9
苏氨酸	必需	4.0	5.1	4.9
色氨酸	必需	1.1	1.4	1.3
缬氨酸	必需	5.7	5.0	5.0
精氨酸	新生儿必需	6.6	6.4	6.9
组氨酸	新生儿必需	2.9	3.2	2.7
半胱氨酸	非必需	1.4	1.3	1.3
丙氨酸	非必需	6.4	6.3	6.3
天冬氨酸	非必需	8.8	8.9	8.5
谷氨酸	非必需	14.4	14.5	14.4
甘氨酸	非必需	7.1	6.1	6.7
脯氨酸	非必需	5.4	4.6	4.8
丝氨酸	非必需	3.8	4.0	3.9
酪氨酸	非必需	3.2	3.0	3.2

注：表中数据指每 100 g 粗蛋白中的含量。

加工可能使某些氨基酸利用率下降，如牛肉氨基酸利用率在加热 70℃时为 90%，而在 160℃时只有 50%。又如罐装牛肉中可利用赖氨酸的损失数量和加工的程度存在一种线性关系。罐装食品保存时间太长，氨基酸利用率会变得很低。应指出，在指定的有效期内一般不会有变化。烟熏和加盐也会使氨基酸利用价值轻微下降。冻干肉在－20℃时保存 1 年，则有 5 %的可利用赖氨酸损失掉。

1.2.3 脂肪

脂肪是肌肉中仅次于蛋白质的另一个重要组织，对肉的食用品质影响甚大，肌肉内脂肪的多少直接影响肉的多汁性和嫩度，脂肪酸的组成在一定程度上决定了肉的风味。家畜的脂肪组织中 90%为中性脂肪，7%～8%为水分，蛋白质占 3%～4%，此外还有少量的磷脂和固醇。肌肉组织内的脂肪含量变化很大，少到 1%，多到 20%，这主要取决于畜禽的肥育程度。另外，也受品种、解剖部位、年龄等的影响。肌肉中的脂肪含量和水分含量呈负相关，脂肪越多，水分越少，反之亦然。

1.2.3.1 中性脂肪

中性脂肪是由一分子甘油与三分子脂肪酸结合而成的酯，即甘油三酯。脂肪酸可分为两类，即饱和脂肪酸和不饱和脂肪酸。饱和脂肪酸分子链中不含有双键，不饱和脂肪酸含有一个以上的双键，由于脂肪酸的不同，所以动物脂肪都是混合甘油酯。含饱和脂肪酸多则熔点和凝固点高，脂肪组织比较硬、坚挺。含不饱和脂肪酸多则熔点和凝固点低，脂肪比较软。因此，脂肪酸的性质决定了脂肪的性质。肉中脂肪含有 20 多种脂肪酸，最主要的有 4 种，即棕榈酸和硬脂酸两种饱和脂肪酸及油酸和亚油酸两种不饱和脂肪酸。一般反刍动物的硬脂酸含量较高，而亚油酸含量低，这也是牛、羊脂肪较猪、禽脂肪坚硬的主要原因。

亚油酸（C18：2）、亚麻酸（C18：3）和花生四烯酸（C20：4）等不饱和脂肪酸是人体细胞壁、线粒体和其他部位的组分，人体不能合成，必须从食物中摄取，因此又称为必需脂肪酸。禾谷类种子富含此类不饱和脂肪酸，尤其是其亚油酸的含量大约是肉类食物的 20 倍。植物性食物的碘价（反映不饱和程度）约为 120，而肉类食物的碘价大约为 60。

肌肉组织和器官中多不饱和脂肪酸及胆固醇含量的对比数据列于表 1-7。显然，猪瘦肉中亚油酸的含量比牛肉和羊肉中的都高出许多。这样的物种差异也表现在肾和肝上。所有物种的肝和肾中都含有一定量的不饱和脂肪酸。

1.2.3.2 磷脂和固醇

磷脂的结构和中性脂肪相似，只是其中 1～2 个脂肪酸被磷酸取代，磷脂在组织脂肪中比例较高，另外，磷脂中的不饱和脂肪酸比中性脂肪多，最高可达 50%以上。磷脂主要包括卵磷脂、脑磷脂、神经磷脂以及其他磷脂类，卵磷脂多存在于内脏器官，脑磷脂大部分存在于脑神经和内脏器官，以上两种磷脂在肌肉中较少。胆固醇除在脑中存在较多外，还广泛存在于动物体内，见表 1-7。

表 1-7　肉和器官中多不饱和脂肪酸和胆固醇的含量

来源	多不饱和脂肪酸/g					胆固醇/g
	C18：2	C18：3	C20：3	C22：5	C20：4	
猪肉	7.4	0.9	微量	微量	微量	69
牛肉	2.0	1.3	微量	1.0	微量	59
羊肉	2.5	2.5	—	—	微量	79
大脑	0.4		1.5	4.2	3.4	2 200
猪肾	11.7	0.5	0.6	6.7	微量	410
牛肾	4.8	0.5	微量	2.6		400
羊肾	8.1	4.0	0.5	7.1	微量	400
猪肝	14.7	0.5	1.3	14.3	2.3	260
牛肝	7.4	2.5	4.6	6.4	5.6	270
羊肝	5.0	3.8	0.6	5.1	3.0	430

注：表中数据指每 100 g 总脂肪中的含量。

1.2.4　浸出物

浸出物是指除蛋白质、盐类、维生素外能溶于水的可浸出性物质，包括含氮浸出物和无氮浸出物。

1.2.4.1　含氮浸出物

含氮浸出物为非蛋白质的含氮物质，如游离氨基酸、磷酸肌酸、核苷酸类及肌苷、尿素等。这些物质为肉滋味的主要来源，如 ATP 除供给肌肉收缩的能量外，还会逐级降解为肌苷酸，后者是肉鲜味的成分。又如磷酸肌酸分解成肌酸，肌酸在酸性条件下受热则为肌酐，可增强熟肉的风味。肉中主要含氮浸出物的含量见表 1-8。

表 1-8　肉中主要含氮浸出物的含量　　mg

含氮浸出物	含量（以 100 g 计）	含氮浸出物	含量（以 100 g 计）
肌苷	250.0	磷酸肌酸	67.0
氨基酸	85.0	尿素	9.9
肌苷酸	76.8	ATP	8.7

1.2.4.2　无氮浸出物

无氮浸出物为不含氮的可浸出性有机化合物，包括碳水化合物和有机酸。

碳水化合物包括糖原、葡萄糖和核糖。有机酸主要是乳酸及少量的甲酸、乙酸、丁酸和延胡索酸等。糖原主要存在于肝和肌肉中，肌肉中含 0.3%～0.8%，肝中含 2%～8%，马肉肌糖原含量在 2%以上。宰前动物疲劳或受到刺激则肉中糖原贮备少。肌糖原含量的多少，对肉的 pH、保水性和颜色等均有影响，并且影响肉的贮藏性能。

1.2.5　维生素

肉中主要的维生素为 B 族维生素，食肉是人们获取此类维生素的主要途径之一，特别是烟酸。据报道，在英国，人们摄取的烟酸有 40%来自肉类。另外，动物器官中含有大量的维生素，尤其是脂溶性维生素，如动物肝是维生素 A 的良好食物来源。生肉和器官组织中的维生素含量分别列于表 1-9 和表 1-10。

表 1-9　100 g 生肉中的维生素含量

维生素	牛肉	小牛肉	猪肉	腌猪肉	羊肉
维生素 A/IU	微量	微量	微量	微量	微量
维生素 B_1/mg	0.07	0.10	1.00	0.40	0.15
维生素 B_2/mg	0.20	0.25	0.20	0.15	0.25
烟酸/mg	5.0	7.0	5.0	1.5	5.0
泛酸/mg	0.4	0.6	0.6	0.3	0.5
生物素/μg	3.0	5.0	4.0	7.0	3.0
叶酸/mg	10	5	3	0	3
维生素 B_6/mg	0.3	0.3	0.5	0.3	0.4
维生素 B_{12}/mg	2	0	2	0	2
维生素 C/mg	0	0	0	0	0
维生素 D/IU	微量	微量	微量	微量	微量

表 1-10　100 g 器官组织中的维生素含量

维生素	脑	羊肾	牛肾	猪肾	羊肝	牛肝	猪肝	羊肺	牛肺	猪肺
维生素 A/IU	微量	100	150	110	20 000	17 000	10 000	—	—	—
维生素 B_1/mg	0.07	0.49	0.37	0.32	0.27	0.23	0.31	0.11	0.11	0.19
维生素 B_2/mg	0.02	1.80	2.10	1.90	3.30	3.10	3.00	0.50	0.40	0.30
烟酸/mg	3.0	8.3	6.0	7.5	14.2	13.4	14.8	4.7	4.0	3.4
生物素/μg	2	37	24	32	41	33	39	—	6	—
叶酸/μg	6	31	77	42	220	330	110	—	—	—
维生素 B_6/mg	0.10	0.30	0.32	0.25	0.42	0.83	0.68	—	—	—
维生素 B_{12}/mg	9	55	31	14	84	110	25	5	3	—
维生素 C/mg	23	7	10	14	10	23	13	31	39	13
维生素 D/μg	微量	—	—	—	0.50	1.13	1.13	—	—	—

1.2.6　矿物质

肌肉中含有大量的矿物质，尤以钾、磷含量最多。在腌肉过程中由于加入了食盐，所以钠占主导地位。几种肉和肉制品中矿物质的含量见表 1-11。

表 1-11　100 g 肉和肉制品中矿物质含量　mg

肉种类	钠	钾	钙	镁	铁	磷	铜	锌
生牛肉	69	334	5	24.5	2.3	276	0.1	4.3
烤牛肉	67	368	9	25.2	3.9	303	0.2	5.9
生羊肉	75	246	13	18.7	1.0	173	0.1	2.1
烤羊肉	102	305	18	22.8	2.4	206	0.2	4.1
生猪肉	45	400	4	26.1	1.4	223	0.1	2.4
烤猪肉	59	258	8	14.9	2.4	178	0.2	3.5
生腌猪肉	975	268	14	12.3	0.9	94	0.1	2.5

烹调后矿物质含量上升，这主要是由于水分损失和调味料中矿物质被添加所致。牛肉中铁的含量最高，这是由于牛肉中肌红蛋白的含量高于羊肉和猪肉。各种器官组织中矿物质含量的数据列于表 1-12。肾和肝中的铁、铜和锌的含量远高于肌肉组织。猪肾和肝中铁和铜的值显著高于牛和羊的值。

表 1-12　100 g 器官组织中的矿物质含量　mg

器官组织	钠	钾	钙	镁	铁	磷	铜	锌
脑	140	270	12	15.0	1.6	340	0.3	1.2
羊肾	220	270	10	17.0	7.4	240	0.4	2.4
牛肾	180	230	10	15.0	5.7	230	0.4	1.9
猪肾	190	290	8	19.0	5.0	270	0.8	2.6
羊肝	76	290	7	19.0	9.4	370	8.7	3.9
牛肝	81	320	6	19.0	7.0	360	2.5	4.0
猪肝	87	320	6	21.0	21.0	370	2.7	6.9

肉的化学成分受动物种类、年龄、肉的部位、性别、营养状况、加工贮藏等因素的影响。具体见二维码 1-2。

二维码 1-2　影响肉化学组成的因素

思考题

1. 简述肌肉的构造。
2. 什么是肌节？
3. 红肌纤维与白肌纤维的区别及其与肉品质的关系有哪些？
4. 简述肉的营养价值。
5. 影响动物体化学成分的因素有哪些？

第2章

屠宰分割及卫生检验

学习目的与要求

认识畜禽屠宰分割及卫生检验的重要性；了解屠宰加工的设计、设施及卫生要求；掌握畜禽屠宰、分割、检验、分级的基本要求和工艺操作要点。

2.1 屠宰厂及其设施

屠宰厂的设计与设施，直接影响到食品的产量与卫生质量，要求经济上合理、技术上先进，使产品在产量和质量上均达到规定的标准，并在“三废”治理及环境保护等方面符合国家的有关法律规定。

2.1.1 屠宰厂设计原则

肉用畜禽的屠宰不仅与肉的品质和卫生状况有密切的关系，而且对环境卫生也有很大影响。因此屠宰厂不论规模大小和设备条件如何，在厂址的选择上均应遵循国家现行规定，内部的布局设施必须合乎卫生原则。屠宰厂的建造应服从下列 3 个原则：①经济；②有效的布局和分区；③高度的卫生水平。其中卫生状况最为重要。

2.1.1.1 厂址选择

屠宰厂的厂址应地势高燥，水源充足，交通方便，无有害气体、灰沙及其他污染源，便于排放污水。应远离住宅区、医院、学校、水源及其他公共场所，距离至少 500 m，应尽量避免位于居民区的下游和下风向或者是上游和上风向，以免被污染和造成污染。地下水位不得近于地面 1.5 m，以保证场地干燥和清洁。

2.1.1.2 布局

屠宰厂内应设有下列车间：宰前饲养管理车间、屠宰加工车间、冷却间、肉制品加工间、冷库、病畜隔离及急宰间、副产品加工车间等。屠宰厂各车间的布局要合理，既要互相联系又要互相隔离，要按照原料—半成品—成品的顺序流水作业，不能互相接触或逆行操作，以免交叉污染。厂内除生产车间外，还应有制冷、供电、供水及污水处理等设施和行政区及生活区。具体要求如下：

① 饲养区、生产作业区应与生活区分开设置。

② 运送活畜与成品出厂不得共用一个大门和厂内通道，厂区应分别设人员进出、成品出厂和活畜进厂大门。

③ 生产车间一般应按饲养、屠宰、分割、加工、冷藏的顺序合理设置。

④ 污水与污物处理设施应在距离生产区和生活区 100 m 以上的下风处。

2.1.2 屠宰设施及其卫生要求

2.1.2.1 厂房与设施

(1) 结构

要求厂房与设施必须结构合理、坚固，便于清洗和消毒。必须设有防止蚊、蝇、鼠及其他害虫侵入或隐匿的设施，以及防烟雾、灰尘的设施。

(2) 高度

厂房应能满足生产作业、设备安装与维修、采光与通风的需要，如屠宰车间的天棚高度应不低于 6 m。

(3) 地面

应使用防水、防滑、不吸潮、可冲洗、耐腐蚀、无毒的材料；坡度应为 1%～2%（屠宰车间应在 2%以上）；表面无裂缝、无局部积水，易于清洗和消毒；设明地沟且应呈弧形，设排水口且须设网罩。

(4) 墙壁

应使用防水、不吸潮、可冲洗、无毒、淡色的材料；墙内面应贴不低于 2 m 的浅色瓷砖；顶角、墙角、墙与地面的夹角均应呈弧形，便于清洗。

(5) 天花板

表面涂层应光滑，不易脱落，防止污物积聚。

(6) 门窗

所有门、窗及其他开口必须安装易于拆卸和清洗的纱门、纱窗或压缩空气幕，内窗台须下斜 45°或采用无窗台结构。

(7) 厂房楼梯及其他辅助设施

应便于清洗、消毒，避免引起食品污染。

(8) 屠宰车间

屠宰车间流程的顺序如屠宰、放血、去内脏、修整胴体等，必须是连续的流水作业。必须设有兽医卫生检验设施，包括同步检验、对号检验、旋毛虫检验、内脏检验、化验室等。

(9) 待宰车间

待宰车间的圈舍容量一般应为日屠宰量的 1 倍。圈舍内应防寒、隔热、通风，并应设有饲喂、宰前淋浴等设施。车间内应设有健畜圈、疑似病畜圈、病畜隔离圈、急宰间和兽医工作室。

(10) 待宰区

待宰区应设肉畜装卸台和车辆清洗、消毒等设施，并设良好的污水排放系统。

(11) 冷库

生产冷库一般应设有预冷间(0～4℃)、冻结间(−23℃以下)和冷藏间(−18℃以下)。所有冷库应安装温度自动记录仪或温度湿度计。

(12) 设备、工器具和容器

接触肉品的设备、工器具和容器，应使用无毒、无气味、不吸水、耐腐蚀、经得起反复清洗与消毒的材料制作；其表面应平滑、无凹坑和裂缝。便于拆卸、清洗和消毒。

2.1.2.2 卫生设施

(1) 废弃物临时存放设施

应在远离生产车间的适当地点设置废弃物临时存放设施。盛装废弃物的容器不得与盛装肉品的容器混用。废弃物容器应选用便于清洗、消毒的材料，如不锈钢或其他不渗水的材料制作，能防止害虫进入，并能避免废弃物污染厂区和道路。不同的容器应有明显的标志。

(2) 废水、废气处理系统

必须设有废水、废气处理系统，并保持其良好状态。废水、废气的排放应符合国家环境保护的规定。生产车间的下水道口须设地漏、铁箅。废气排放口应设在车间外的适当地点。

(3) 更衣室、淋浴室、厕所

必须设有与职工人数相适应的更衣室、淋浴室、厕所。粪便排泄管不得与车间内的污水排放管混用。

(4) 洗手、清洗、消毒设施

①生产车间进口处及车间内的适当地点，必须设置非手动式热水和冷水的流水洗手设施，并备有洗手剂。

②应设有工器具、容器和固定设备的清洗、消毒设施，并应有充足的冷、热水源。

③车库、车棚内应设有车辆清洗设施。

④活畜进口处及病畜隔离间、急宰间、化制车间的门口，必须设车轮、鞋靴消毒池。如活牲畜进厂处，应设有与门同宽，长 3 m，深 10～15 cm，能排放消毒液的消毒池，以便出入车辆消毒。

2.1.2.3 采光、照明

车间内应有充足的自然光线或人工照明，生产车间的照度应在 300 lx 以上，操纵台、检验台的照度不应低于 540 lx。吊挂在肉品上方的灯具，必须装有安全防护罩，以防灯具破碎而污染肉品。

2.1.2.4 通风和温控装置

车间内应有良好的通风、排气装置，及时排除被污染的空气和水蒸气。空气流动的方向必须从非污染作业区流向污染作业区，不得逆流。车间换气频率为每小时 1～3 次，交换的次数取决于悬挂新鲜肉的数量和外部湿度。通风口应装有纱网或用其他保护性的耐腐蚀材料制作的网罩。纱网或网罩应便于装卸和清洗。分割肉车间及其成品冷却间、成品库应有降温或调节温度的设施。

2.1.2.5 供、排水的卫生要求

车间供水应充足，备有冷、热两种水，水质须经当地卫生部门检验，符合饮用水的卫生标准。为了及时排除屠宰车间的污物，保持生产地面的清洁和防止产品污染，必须建造完善的排水系统。地面斜度适中并有足够的排水孔，保证排水的畅通无阻，既保证污水充分排出，又要防止碎肉块及污物等进入排水系统，以利于污水的净化处理。屠宰厂排出的污水是典型的有机混合物，具有较高的生物需氧量(biological oxygen demand，BOD)，BOD 值越高，说明水体污染越严重。屠宰污水必须经过处理后方可排放。其处理方法包括机械处理和生物处理，一般先经机械处理后，再经生物处理。水体经净化处理达到相应的质量标准后方可直接排入城市污水系统。

2.2 宰前检验

畜禽的宰前检验与管理是保证肉品卫生质量的重要环节之一。它在贯彻执行病、健隔离，病、健分宰，防止肉品污染和提高肉品卫生质量方面，起着重要的把关作用。通过宰前临床检查，可以初步确定畜禽的健康状况，尤其是能够发现许多在宰后难以发现的传染病，如破伤风、狂犬病、李氏杆菌病、脑炎、胃肠炎、脑棘球蚴病、口蹄疫以及某些中毒性疾病。从而做到及早发现，及时处理，减少损失，还可以防止牲畜疫病的传播。此外，合理的宰前管理不仅能保障畜禽健康，降低病死率，而且也是获得优质肉品的重要措施。

2.2.1 检验步骤和方法

2.2.1.1 检验步骤和程序

当待屠宰畜禽由产地运到屠宰加工企业以后，在未卸下车船之前，兽医检验人员向押运员索阅

当地兽医部门签发的检疫证明书，核对牲畜的种类和头数，了解产地有无疫情和途中病死情况。经过初步视检和调查了解，认为基本合格时，允许卸下，赶入预检圈。病畜禽或疑似病畜禽赶入隔离圈，按《肉品卫生检验试行规程》中有关规定处理。

2.2.1.2　检验方法

多采用群体检查和个体检查相结合的办法。其具体做法可归纳为动、静、食 3 个环节和看、听、摸、检 4 个要领。首先从大群中挑出有病或不正常的畜禽，然后再逐头检查，必要时应用病原学诊断和免疫学诊断的方法。一般对猪、羊、禽等的宰前检验都应用群体检查为主，辅以个体检查；对牛、马等大家畜的宰前检验则以个体检查为主，辅以群体检查。

2.2.2　病畜处理

宰前检验发现病畜时，根据疾病的性质、病势的轻重以及有无隔离条件等做如下处理。

2.2.2.1　禁宰

经检查确诊为炭疽、鼻疽、牛瘟等恶性传染病的牲畜，采取不放血法扑杀。肉尸不得食用，只能工业用或销毁。其同群全部牲畜，立即进行测温。体温正常者在指定地点急宰，并认真检验；不正常者予以隔离观察，确诊为非恶性传染病的方可屠宰。

2.2.2.2　急宰

确认为无碍肉食卫生且有死亡危险的一般病畜，应立即屠宰。

2.2.2.3　缓宰

经检查确认为一般性传染病，且有治愈希望者，或患有疑似传染病而未确诊的牲畜，应予以缓宰。宰前检查结束后，兽医人员应详细记录宰前检验的结果及处理情况，以备统计查考。

2.2.3　宰前管理

2.2.3.1　宰前休息

屠畜宰前休息有利于放血，消除应激反应，减少动物体内瘀血现象，提高肉的商品价值。

2.2.3.2　宰前禁食、供水

待屠宰畜禽在宰前 12～24 h 断食。断食时间必须适当，一般牛、羊宰前断食 24 h，猪 12 h，家禽 18～24 h。断食时，应供给足量的饮水，使畜体进行正常的生理机能活动。但在宰前 2～4 h 应停止给水，以防止待屠宰畜禽倒挂放血时胃内容物从食道流出而污染胴体。

2.2.3.3　宰前淋浴

用 20℃温水喷淋畜体 2～3 min，以清洗体表污物。淋浴可降低体温，抑制兴奋，促使外周毛细血管收缩，提高放血质量。

2.3　屠宰工艺

畜禽经致昏，放血，去除毛皮、内脏和头、蹄，最后形成胴体的过程叫作屠宰加工。屠宰加工的方法和程序叫屠宰工艺，其生产流程见图 2-1。

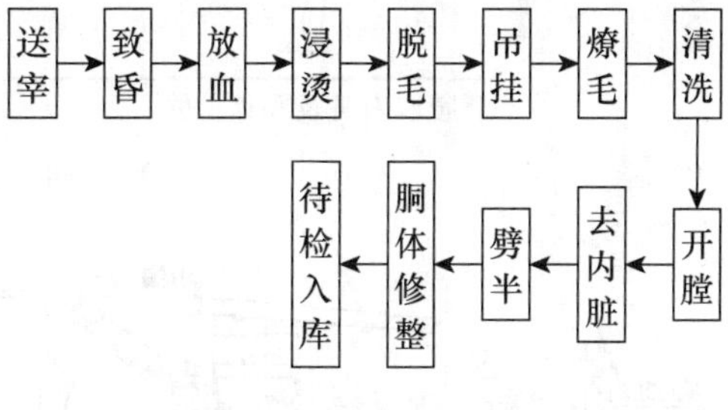

图 2-1　畜禽屠宰生产流程

2.3.1　家畜屠宰工艺

2.3.1.1　工艺流程

家畜屠宰工艺流程见图 2-2。猪、牛、羊的屠宰加工流程分别见图 2-3、图 2-4、图 2-5。

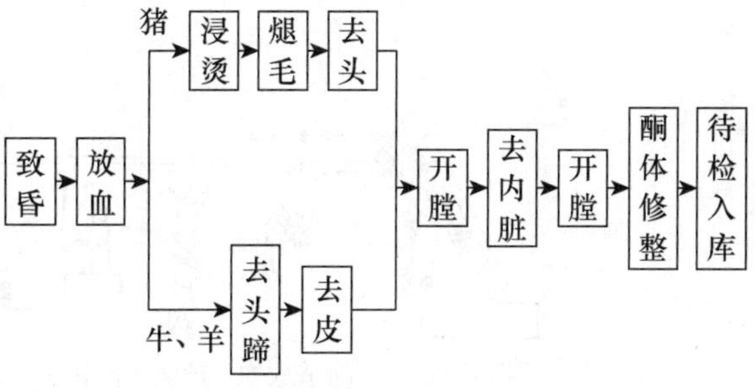

图 2-2　家畜屠宰工艺流程

2.3.1.2　工艺要点

（1）致昏

应用物理（如机械、电击、枪击）和化学方法（通入 CO_2），使家畜在宰杀前短时间内处于昏迷状态，谓之致昏，也叫击晕。击晕的主要目的是让动物失去知觉、减少痛苦；另一方面可避免动物在宰杀时挣扎而消耗过多的糖原，以保证肉质。致昏对肉质的影响见二维码 2-1。

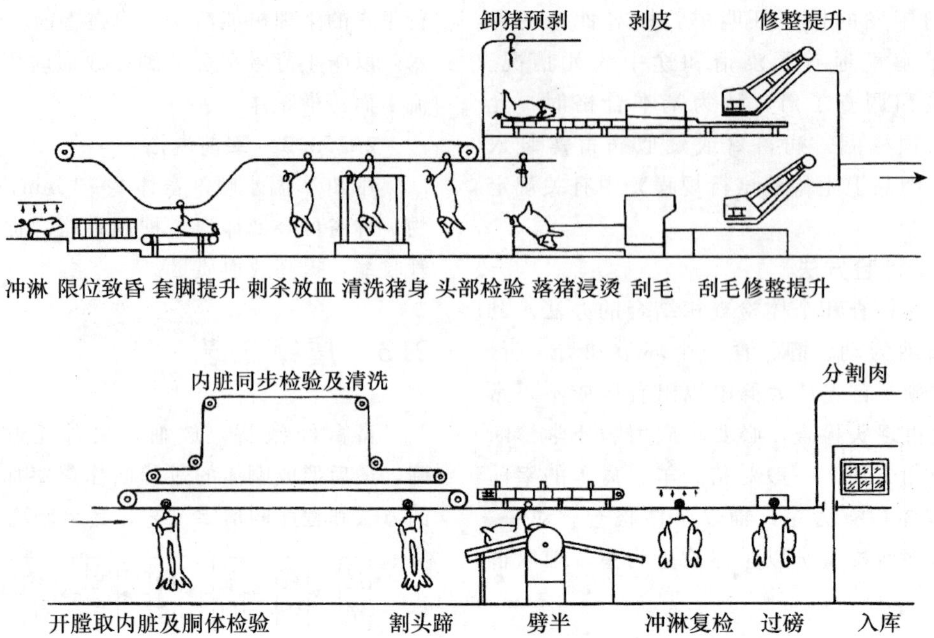

图 2-3 猪的屠宰加工流程

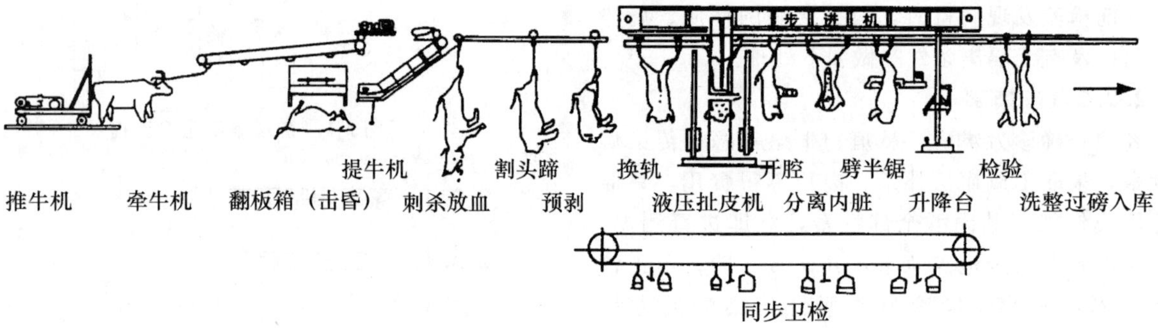

图 2-4 牛屠宰加工流程

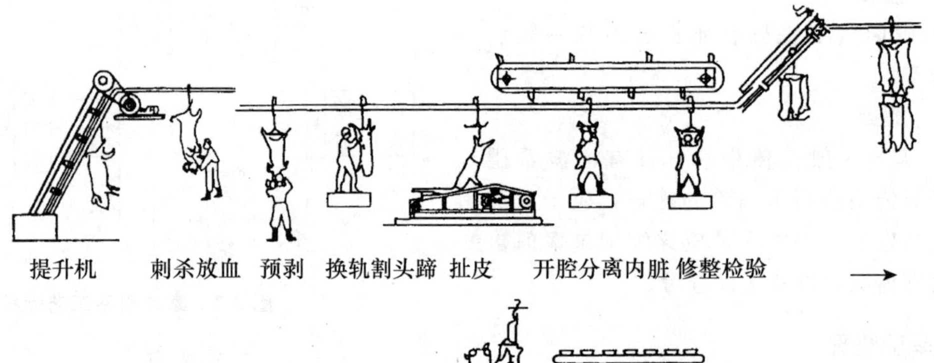

图 2-5 羊屠宰加工流程

二维码 2-1 致昏对肉质的影响

①电击晕　又称“麻电”，通过电流麻痹动物中枢神经，使其晕倒。电击晕可导致肌肉强烈收缩，心跳加剧，便于放血。电击晕是目前最常见的致昏法。常用的电击晕的电流强度、电压、频率以及作用时间列于表 2-1。荷兰电击晕机的介绍见二

维码 2-2。猪、牛自动麻电装置分别见图 2-6、图 2-7。

二维码 2-2　荷兰电击晕机

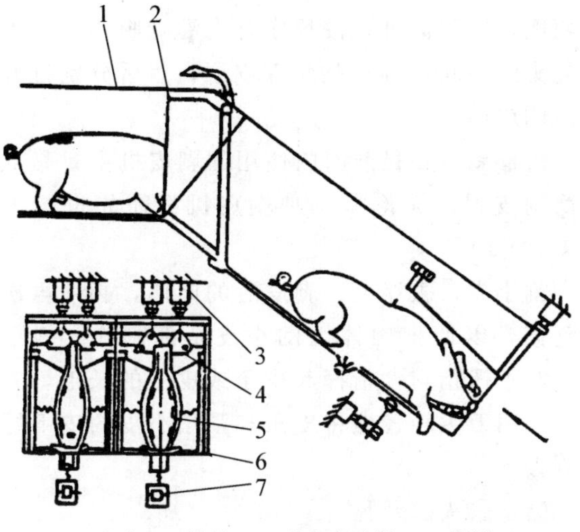

1. 机架；2 铁门；3. 磁力牵引器；4. 挡板；5. 触电板；6. 底板；7. 自动插销

图 2-6　猪自动麻电装置模式图

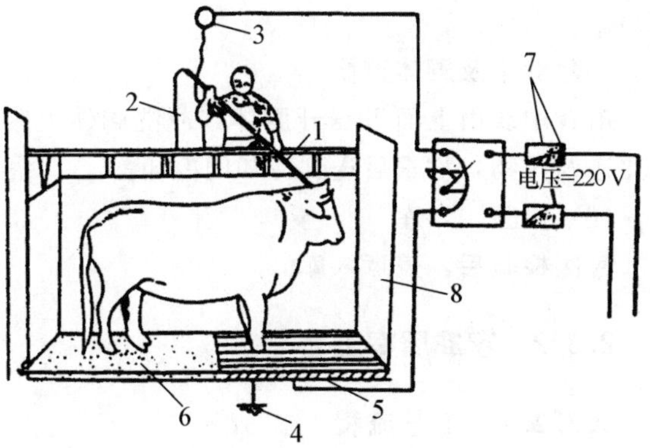

1. 麻电杆；2. 电线；3. 插座；4. 地线；5. 通电铁板；6. 橡皮板；7. 安全装置；8. 自动翻板

图 2-7　牛自动麻电装置示意图

表 2-1　畜禽屠宰时的电击晕条件

畜禽	电压/V	电流强度/A	麻电时间/s
猪	70～100	0.5～1.0	1～4
牛	75～120	1.0～1.5	5～8
羊	90	0.2	3～4
兔	75	0.75	2～4
家禽	65～85	0.1～0.2	3～4

②二氧化碳麻醉法　动物在 65%～85% CO_2 通道中经历 15～45 s 即能达到麻醉状态，完全失去知觉，并可维持 2～3 min。采用此法，动物无紧张感，可减少体内糖原消耗，有利于保持肉品质量，但此法成本高。二氧化碳麻醉工艺过程和原理见二维码 2-3。

二维码 2-3　二氧化碳麻醉工艺过程和原理

③机械击晕　一般用于牛的屠宰，用专用气枪枪击牛前额正中部，使其处于昏迷状态。

(2) 放血

致昏后，将家畜的后腿吊挂在滑轮的套脚或铁链上，经滑车轨道运到放血处进行刺杀放血。应快速放血，最好不超过 30 s，以免引起肌肉出血。放血有刺颈放血、切颈放血、心脏放血 3 种常用方法。

生猪一般采用颈部血管放血法。进刀的位置：纵的位置是在猪的颈部正中线及食道的左侧 2 cm 处，横的位置是颈部第一对肋骨水平线下 3.5～4.5 cm，这个纵与横的交叉点就是进刀放血的部位。持刀时，将刀刃向上，斜面夹角为 15°～20°，按其刺杀部位，准确地刺入颈部并用刀往上捅，以切断颈部血管。这种刺杀放血的方法，要求技术性较高，刺杀时略有不慎则易造成放血困难。这种刺杀放血的刀口小，污染面积小。每刺杀一次，刀需在 82℃的热水中消毒一次。

目前，更先进的刺杀放血方法是空心刀刺杀采血，利用多刀旋转采血机进行，由旋转拨盘、负压抗凝剂自动控制装置、空心刀固定装置和采血贮存罐等部分组成。要想使血液的采出率高，必须保持采血机收集系统内有足够的负压，负压采血时还必须与抗凝剂自动控制装置协调一致。于是采血机旋转，空心刀刺入猪体后，采血时间内空心刀不脱落。应用空心刀刺杀时，其部位仍和通常刺杀部位一样。另外，采血和刺杀放血的设备卫生消毒非常重要，在连续化生产过程中，要经常保持刀具的卫生，以减少污染。每日工人工作完后，要彻底清洗、消毒一遍。

卧式刺杀放血方法便于刺杀，易于收集血液，而且可以减少对后腿的拉伤。

(3) 浸烫、煺毛或剥皮

家畜放血后开膛前，猪需要进行浸烫、煺毛，也可以剥皮。牛、羊需剥皮。

①猪的浸烫和煺毛　放血后的猪由悬空轨道上卸入浸烫池进行浸烫，保持适当的时间，使毛根及周围毛囊的蛋白质受热变性，毛根和毛囊易于分离。同时，毛经过浸烫后变软，增加了韧性，褪毛时不易折断，可连根拔起。水温过高或过低，都对褪毛的质量产生不利影响。如水温过低，毛根、毛囊、表皮与真皮之间不起变化，无法褪毛脱皮；如水温过高，蛋白质迅速变性，皮肤收缩，导致毛囊收缩，无法褪毛，表皮与真皮结合在一起，无法分离。所谓“烫生烫熟”就是指浸烫时水温过低或过高而产生的产品质量次的结果。保持猪体在烫毛池内大约 5 min，池内最初水温 70℃为宜，随后保持在 60～66℃。

冷凝式蒸汽烫洗法是目前国内外先进的烫毛方法，其原理是热蒸汽在胴体表面冷凝，形成 60℃的湿热气流，喷射在胴体表面，达到烫毛的目的。该方法的优点为：改善肉质，避免胴体间交叉污染，胴体内部无污染，工艺更完美，污水均匀排放，无排水高峰，减少能源费用。采用此法可节省加热费用 30%，节省水费 90%，减少污水 90%。

猪浸烫完毕后即由捞耙或传送带自动送进刮毛机。刮毛机有立式三轴刮毛机、卧式四轴滚动刮毛机和拉式刮毛机 3 种类型。立式三轴刮毛机除支架外，机身内有 3 个滚筒，呈“品”字形。滚轴上安装软硬刮刨，各朝不同方向旋转。机身外有温水箱，向机内喷水。猪尸烫好后，被翻进 3 个滚轴之间，边上下滚动，边刮去鬃毛，然后拉动操纵杆，猪身从机内滚出，但耳根、四肢夹裆残毛仍需人工刮除。

刮毛后进行体表检验，合格的屠体用烤炉或用火喷射，温度达 1 000℃以上，时间 10～15 s，可起到高温灭菌的作用。而后用刮刀刮去焦毛，故称之为刮黑。最后进行清洗、褪毛检验，从而完成非清洁区的操作。更多国外先进的浸烫、脱毛方法见二维码 2-4。

二维码 2-4　更多国外先进的浸烫、脱毛方法

②剥皮　牛、羊经放血后先进行去头、蹄工序，然后剥皮。

剥皮前的辅助操作包括割头、割尾巴，割前后爪，挑裆、挑门圈。所谓挑裆，是指在屠体胸腹腔部正中间，用刀挑破皮肤，直至离肛门 1 cm 处。挑门圈就是用刀将皮肤与肛门分离。

人工预剥：人工预剥是为了解决剥皮机不能剥到皮肤的问题。预剥时，操作人员站立在猪体的左右两侧，使猪仰卧，按程序首先沿胸腹中线（即两排乳头的中间）挑开胸腹部皮层，然后分别挑开四肢内侧皮层。

机器剥皮：目前国内使用的剥皮机主要是立式滚筒剥皮机。无论哪一种剥皮机都需先进行人工预剥。

割小皮、去浮毛：剥皮后的肉体，必须再次进行整修，以便把肉体上的小皮全部割除。割小皮时，左手拇指与食指捏起皮角或皮上的长毛，右手持刀，用刀尖轻轻地将皮角和紧贴小皮的皮下层慢慢割去。

(4) 去头、开膛

①去头　在猪的第一颈椎或枕骨髁处将其头去除。在牛、羊的枕骨和寰椎之间将其头去除。

②开膛去内脏　切开腹腔，将腹内脏和胸内脏取出。

(5) 劈半及胴体整修

沿背中线由上而下锯开胴体，冲洗胴体上附着的血迹及污物，称重后送到冷却间冷却。

(6) 检验、入库

兽医检验后，盖章入库。

2.3.2　家禽屠宰工艺

2.3.2.1　工艺流程

家禽屠宰工艺流程见图 2-8。

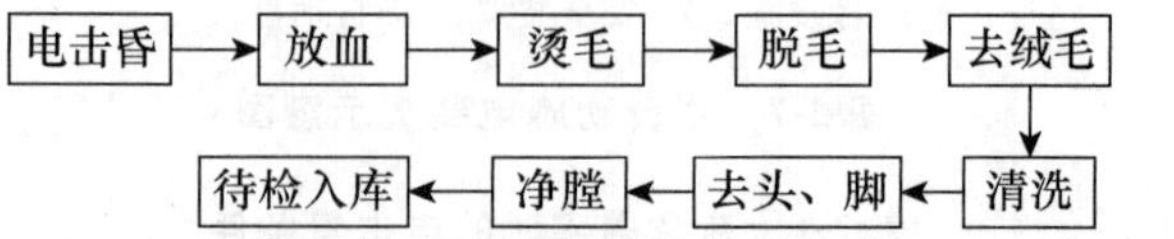

图 2-8　家禽屠宰工艺流程

2.3.2.2　工艺要点

(1) 电击昏

电击昏条件：电压为 35～50 V，电流为 0.5 A 以下，时间（通过电击昏槽时间）为 8 s 以下（鸡）或 10 s 左右（鸭）。

(2) 宰杀放血

宰杀家禽时，必须保证放血充分，放血方法有以下3种：断颈放血法、口腔放血法、动脉放血法，其中动脉放血法较好。

(3) 烫毛

烫毛是为了更有利于脱毛，烫毛方式共有3种：半热烫、次热烫、强热烫。在实际操作中，应注意下列事项：要严格掌握水温和浸烫时间；热水应保持清洁；未死或放血不全的禽尸，不能进行烫毛，否则会降低产品价值。常采用的方法有：高温法（71～82℃，5～10 s)，中温法（58～65℃，30～75 s)，低温法（50～54℃，90～120 s)。在国内，烫鸡通常采用（65℃，35 s)，烫鸭用（60～62℃，120～150 s)，使用转筒式热水浸烫机时多用中温法。

(4) 脱毛

机械脱毛主要利用橡胶指束的拍打与摩擦作用脱除羽毛。因此，必须调整好橡胶指束与屠体之间的距离。距离过近，会因过度拍打屠体而导致骨折、禽皮破裂或翅尖出血；距离太远，则可能导致脱毛不全，影响速度。另外应掌握好处理时间。

(5) 去绒毛

禽体经浸烫、脱毛后，尚残留有绒毛，其去除方法有3种：钳毛、松香拔毛、火焰喷射机烧毛。

(6) 清洗、去头、切脚

① 清洗屠体　脱毛去绒后，在去内脏之前须充分清洗干净。

② 去头、切脚　是否去头、切脚要视市场需求而定。

(7) 净膛

禽类内脏的取出形式有：全净膛，将脏器全部取出；半净膛，仅拉出全部肠管以及胆和胰。

(8) 检验、修整

净膛后，经检验、修整、包装，在－24℃库温下冷却12～24 h，使肉温达到－12℃，即可贮藏。

2.4 宰后检验

2.4.1 检验方法

宰后检验的方法以感官检查和剖检为主，必要时辅之以实验室检验。

2.4.1.1 视检

即观察肉尸的皮肤、肌肉、胸腹膜等组织及各种脏器的色泽、形态、大小、组织状态等是否正常。这种观察可为进一步剖检提供线索。如结膜、皮肤和脂肪发黄，表明有黄疸可疑，应仔细检查肝和造血器官，甚至剖检关节的滑液囊及韧带等组织。如喉颈部肿胀，应考虑检出炭疽和巴氏杆菌病。某些疾病（如猪瘟、猪丹毒、猪肺疫、痘症等）可通过观察皮肤的变化发现。

2.4.1.2 剖检

借助检验器械，剖开以观察肉尸、组织、器官的隐蔽部分或深层组织的变化。这对淋巴结、肌肉、脂肪、脏器和所有病变组织的检查以及疾病的发现和诊断是非常重要的。

2.4.1.3 触检

借助检验器械，触压或用手触摸，判断组织、器官的弹性和软硬度，以便发现软组织深部的结节病灶。

2.4.1.4 嗅检

对于不显特征变化的各种局外气味和病理性气味，均可用嗅觉判断出来。如屠畜生前患尿毒症，肉组织必带有尿味；芳香类药物中毒或芳香类药物治疗后不久屠宰的畜肉，则带有特殊的药味。

在宰后检验中，检验人员在剖检组织脏器的病损部位时，还要采取措施防止病料污染产品、地面、设备、器具以及卫检人员的手。卫检人员应备两套检验刀具，以便遇到病料污染时可用另一套消过毒的刀具替换。在清除病变组织后，应立即将被污染的刀具置于消毒液中消毒。

2.4.2 程序与要点

在屠宰加工的流水作业中，宰后检验的各项内容被安插在加工过程中。一般分为头部、内脏及肉尸3个基本检验环节。屠宰猪时，须增设皮肤与旋毛虫检验两个环节。

2.4.2.1 头部检验

对于牛头的检查，首先观察唇、齿龈及舌面。注意有无水泡、溃疡或烂斑（检查牛瘟、口蹄疫等)。触摸舌体，观察上下颌的状态（检查放线菌)。剖开咽喉内侧淋巴结和扁桃体（检查结核、炭疽）及舌肌和内外咬肌（检查囊尾蚴)。对于羊头，一般不剖检淋巴结，主要检查皮肤、唇及口腔黏膜，注意有无痘疮或溃疡等病变。猪头的检查分两步进行：第一步在放血之后浸烫之前进行，剖检两侧颌下淋巴结，其主要目的是检查猪的局限性咽炭疽；第二步与肉尸检验一道进行，先剖检两侧外咬肌（检查囊尾蚴），然后检查咽喉黏膜、会厌软骨和扁桃体，必要时剖检颌下副淋巴结（检查炭疽），同时观察鼻盘、唇和齿龈的状态（检查口蹄疫、水泡病）。

2.4.2.2　内脏检验

非离体检验目前主要用于猪。按照脏器在畜体内的自然位置，由后向前分别进行。离体检验可根据脏器摘出的顺序，一般由胃肠开始，依次检查脾、肺、心、肝、肾、乳房、子宫或睾丸。

2.4.2.3　肉尸检验

首先判定其放血程度，这是评价肉品卫生质量的重要标志之一。放血不良的特征是：肌肉颜色发暗，皮下静脉血液滞留。

在判定肉尸放血程度的同时，尚须仔细检查皮肤、皮下组织、肌肉、脂肪、胸腹膜、骨骼，注意有无出血、皮下和肌肉水肿、肿瘤、外伤、肌肉色泽异常、四肢病变等症状。并剖开两侧咬肌，检查有无囊尾蚴。对于猪，要剖检浅腹股沟淋巴结，必要时剖检深颈淋巴结。对于牛、羊，要剖检股前淋巴结、肩胛前淋巴结，必要时还要剖检腰下淋巴结。

2.4.2.4　皮肤检验

皮肤检验对于检出猪瘟、猪丹毒等病有重要意义。对于家禽，主要检验皮肤病变。

2.4.2.5　旋毛虫检验

检验内脏时，割取左右横膈膜脚肌两块，每块约 10 g，按胴体编号，用于旋毛虫检验。

胴体经上述初步检验后，还须经过一道复检（即终点检验）。这项工作通常与胴体的打等级、盖检印结合起来进行。当单凭感官检查不能做出确诊时，应进行细菌学、病理组织学等检验。

2.4.3　检后处理

胴体和内脏经过卫生检验后，可按 4 种情况分别做出如下处理。一是正常肉品的处理：胴体和内脏经检验确认来自健康牲畜，在肉联厂或屠宰厂加盖“兽医验讫”印后即可出厂销售；二是患有一般传染病、轻症寄生虫病和病理损伤的胴体及内脏的处理：根据病损性质和程度，经过各种无害处理后，使传染性、毒性消失或使寄生虫全部死亡者，可以有条件地食用；三是患有严重传染病、寄生虫病、中毒和严重病理损伤的胴体及内脏的处理：不能食用，可以用于炼制工业油或骨肉粉；四是患有炭疽病、鼻疽、牛瘟等《肉品卫生检验规程》所列的烈性传染病的胴体和内脏的处理：必须用焚烧、深埋、湿化（通过湿化机）等方法予以销毁。

2.5　胴体分割

肉的分割是指按不同国家、不同地区的分割标准将胴体进行分割，以便进一步加工或直接供给消费者。

2.5.1　猪胴体分割

2.5.1.1　中国猪胴体分割方法

我国猪胴体分割方法通常将半胴体分为肩、背、腹、臀、腿几大部分（图 2-9）。

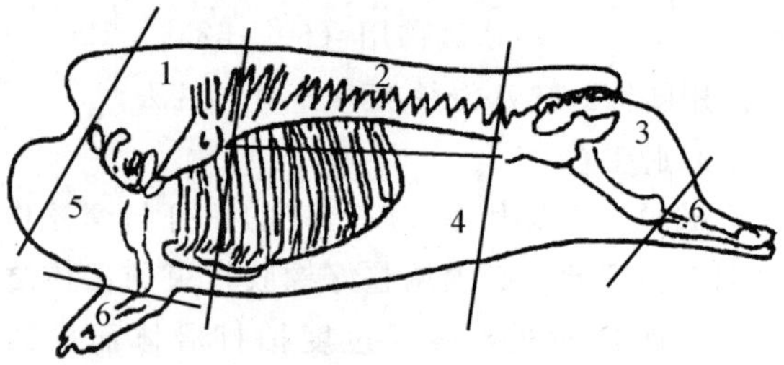

1. 肩颈肉；2. 背腰肉；3. 臀腿肉；4. 肋腹肉；5. 前颈肉；6. 肘子肉

图 2-9　我国猪胴体部位分割图

（1）肩颈肉

俗称前槽、夹心、前臂肩。前端从第 1 颈椎，后端从第 4～5 胸椎或第 5～6 根肋骨间，与背线成直角切断。下端如做火腿则从腕关节截断，如做其他制品则从肘关节切断，并剔除椎骨、肩胛骨、臂骨、胸骨和肋骨。

（2）臀腿肉

俗称后腿、后臀肩。从最后腰椎与荐椎结合部和背线成直线垂直切断，下端则根据不同用途进行分割：如做分割肉、鲜肉出售，从膝关节切断，剔除腰椎、荐椎骨、股骨、去尾；如做火腿则保留小腿后蹄。

（3）背腰肉

俗称外脊、大排、硬肋、横排。前面去掉肩颈部，后面去掉臀腿部，余下的中段肉体从脊椎骨下 4～6 cm 处平行切开，上部即为背腰部。

（4）肋腹肉

俗称软肋、五花。与背腰部分离，切去奶脯即是。

（5）前臂和小腿肉

俗称肘子、蹄髈。前臂上从肘关节、下从腕关节切断，小腿上从膝关节、下从跗关节切断。

(6) 前颈肉

从第 1～2 颈椎处或第 3～4 颈椎处切断。

2.5.1.2　美国猪胴体分割方法

美国猪胴体分割方法将半胴体分为颊部肉、前腿肉、肩部肉、肋排、通脊、肋腹和后腿肉等（图 2-10）。

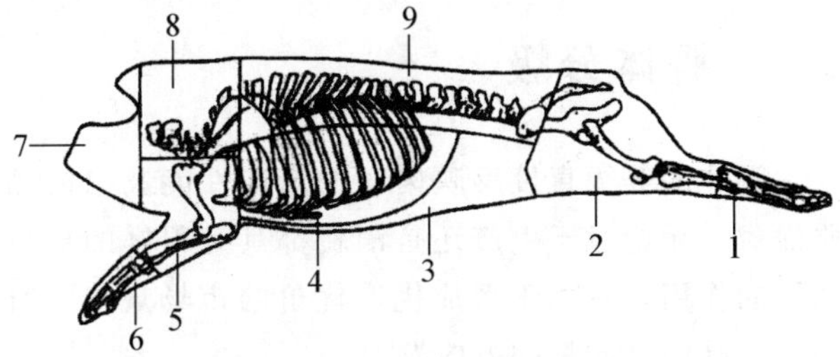

1. 后腿肉；2. 腿部肉；3. 肋腹肉；4. 肋排肉；5. 肩肉
6. 前腿肉；7. 颊部肉；8. 肩胛肉；9. 通脊肉

图 2-10　美国猪胴体部位分割图

2.5.1.3　德国猪胴体分割方法

德国猪胴体分割法见图 2-11。

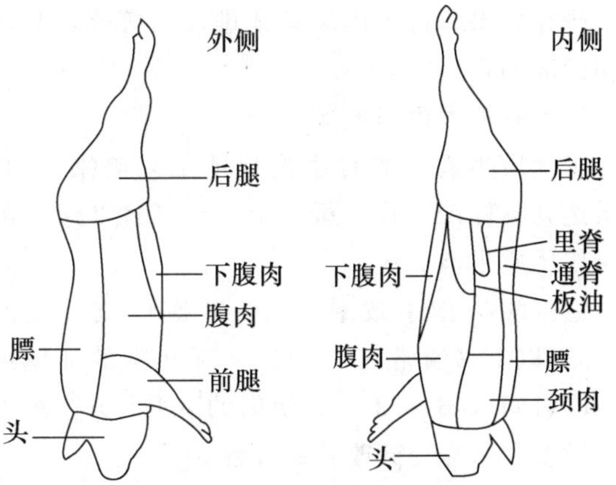

图 2-11　德国猪胴体分割图

2.5.2　牛、羊胴体分割

2.5.2.1　牛胴体的分割方法

(1) 我国牛胴体分割方法

我国牛胴体的分割方法是在总结了国内不同分割方法的基础上，结合各课题研究成果，并考虑到与国际接轨而制定的。将标准的牛胴体二分体首先分割成臀腿肉、腹部肉、腰部肉、胸部肉、肋部肉、肩颈肉、前腿肉、后腿肉共 8 个部分（图 2-12）。

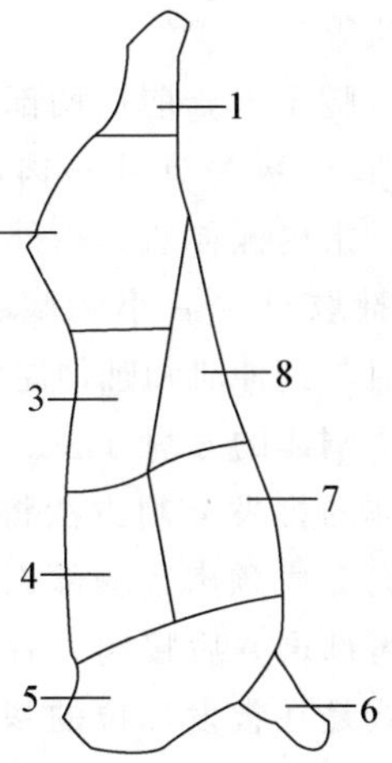

1. 后腿肉；2. 臀腿肉；3. 腰部肉；4. 肋部肉
5. 肩颈肉；6. 前腿肉；7. 胸部肉；8. 腹部肉

图 2-12　我国牛胴体部位分割图

在此基础上，将牛胴体进一步分割成里脊、外脊、眼肉、上脑、辣椒条、胸肉、臀肉、米龙、牛霖、大黄瓜条、小黄瓜条、腹肉、腱子肉等 13 块不同的肉块。详见国家标准文件《牛胴体及鲜肉分割》(GB/T 27643—2011)。

①里脊　又称牛柳，取自牛胴体腰部内侧带有完整里脊头的净肉。

②外脊　又称西冷，取自牛胴体第 6 腰椎外横截至第 12～13 胸椎椎窝中间处垂直横截，沿背最长肌下缘切开的净肉，主要是背最长肌。

③眼肉　取自牛胴体第 6 胸椎到第 12～13 胸椎间的净肉。前端与上脑相连，后端与外脊相连，主要包括背阔肌、背最长肌、肋间肌等。

④上脑　取自牛胴体最后颈椎到第 6 胸椎间的净肉。前端在最后颈椎后缘，后端与眼肉相连，主要包括背最长肌、斜方肌等。

⑤辣椒条　位于肩胛骨外侧，从肱骨头与肩胛骨结节处紧贴冈上窝取出的形如辣椒状的净肉，主要是冈上肌。

⑥胸肉　位于胸部，主要包括胸升肌和胸横肌等。

⑦臀肉　位于后腿外侧靠近股骨一端，主要包括臀中肌、臀深肌、股阔筋膜张肌等。

⑧米龙　位于后腿外侧，主要包括半膜肌、股薄肌等。

⑨牛霖　位于股骨前面及两侧，被阔筋膜张肌覆盖，主要是臀股四头肌。

⑩大黄瓜条　位于后腿外侧，沿半腱肌股骨边缘取下的长而宽大的净肉，主要是臀股二头肌。

⑪小黄瓜条　位于臀部，沿臀股二头肌边缘取下的形如管状的净肉，主要是半腱肌。

⑫腹肉　位于腹部，主要包括肋间内肌、肋间

外肌和腹外斜肌等。

⑬腱子肉　腱子肉分前后两部分，牛前腱取自牛前小腿肘关节至腕关节外净肉，包括腕桡侧伸肌、指总伸肌、指内侧伸肌、指外侧伸肌和腕尺侧伸肌等。后牛腱取自牛后小腿膝关节至跟腱外净肉，包括腓肠肌、趾伸肌和趾伸屈肌等。

(2) 美国牛胴体的分割方法

美国牛胴体的批发分割方法将胴体分成以下9个部分：前腿肉、肩颈肉、胸部肉、肋部肉、前腰肉、腹部肉、臀部肉、后腰肉、后腿肉（图2-13）。其零售切割方式是在批发部位的基础上进行再分割而得到零售分割肉块的。

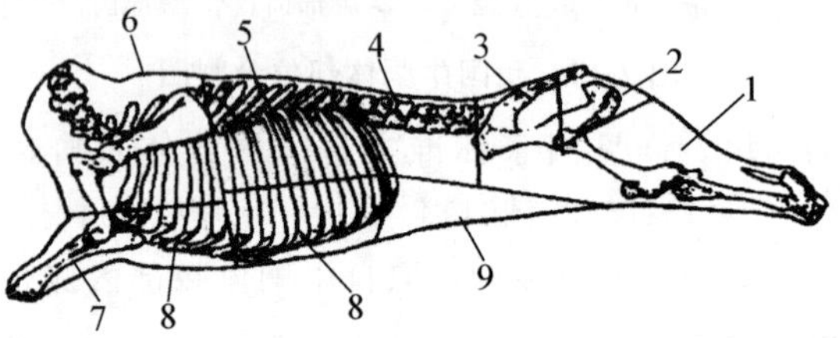

1. 后腿肉；2. 臀部肉；3. 后腰肉；4. 前腰肉；5. 肋部肉
6. 肩颈肉；7. 前腿肉；8. 胸部肉；9. 腹部肉

图 2-13　美国牛胴体的分割图

2.5.2.2　羊胴体的分割方法

以美国羊胴体的分割方法为例，羊胴体可被分割成后腿肉、腰部肉、腹部肉、胸部肉、肋部肉、前腿肉、颈部肉、肩部肉。在部位肉的基础上再进一步分割成零售肉块。羊胴体部位分割图见图2-14。

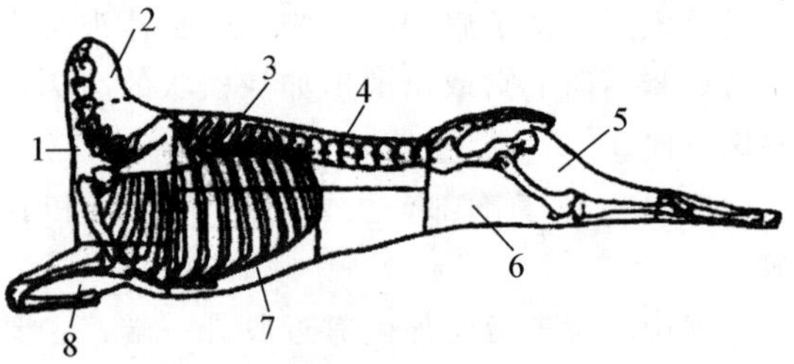

1. 肩部肉；2. 颈部肉；3. 肋部肉；4. 腰部肉
5. 后腿肉；6. 腹部肉；7. 胸部肉；8. 前腿肉

图 2-14　美国羊胴体部位分割图

2.5.3　禽肉分割

对于禽肉分割，目前国内尚无统一标准。禽肉的分割方法有3种：平台分割法、悬挂分割法和按片分割法。前两种适合于鸡，后一种适合于鹅、鸭。通常，鹅分割为头、颈、爪、胸、腿等8件，躯干部分分割为1号胸肉、2号胸肉、1号腿肉和2号腿肉4块；鸭肉分割为6件，躯干部分分割为1号鸭肉和2号鸭肉两块。鸡胴体分割的标准可参见GB/T 24864—2010。

日本对肉鸡的分割很细，分为主品种、副品种和二次品种3大类共30种产品，在我国大体上分为腿部、胸部、翅爪及脏器类。

2.6　胴体分级

胴体的等级直接反映肉畜的产肉性能及肉的品质优劣，无论对于生产还是消费都具有很好的规范和导向作用，有利于形成优质优价的市场规律，有助于产品向高质量的方向发展。

2.6.1　牛胴体分级标准

2.6.1.1　中国牛胴体分级标准

由南京农业大学等单位承担的国家“九五”重点科技攻关课题提出了我国牛肉等级评定方法和标准，研究成果获得了国家科技进步二等奖，具体方法和标准如下。

(1) 有关术语的定义

①优质牛肉　肥育牛按规范工艺屠宰、加工，品质达到本标准中优2级以上（包括优2级）的牛肉叫作优质牛肉。

②排酸　指牛被宰杀后，其胴体或分割肉在−1.5℃以上（通常在1～4℃）无污染的环境内放置一段时间（48～72 h），使肉的pH上升，酸度下降，嫩度和风味得到改善的过程。

③生理成熟度　反映牛的年龄。评定时根据胴体脊椎骨（主要是最末3根胸椎）脊突末端软骨的骨化程度来判断，骨化程度越高，牛的年龄越大。除了依据骨化判定外，也可依照门齿来判断年龄。

(2) 指标及评定方法

胴体冷却后，在充足的光线下，在第12～13胸肋间眼肌切面处对下列指标进行评定。

①大理石纹　对照大理石纹图片确定眼肌横切面处的大理石纹等级。共有4个标准图片，分为极丰富（1级）、丰富（2级）、少量（3级）和几乎没有（4级）。在两级之间设半级，如间于2级和3级之间为2.5级。

②生理成熟度　根据脊椎骨末端软骨的骨化程度判断，骨化程度越高，牛的年龄越大。骨化分为A、B、C、D和E 5个等级，A级最年轻，E级在

72 月龄以上。

③颜色　对照肉色等级图片判断眼肌切面处颜色的等级。分为 6 级，1 级最浅，6 级最深，其中 3 级和 4 级为最佳肉色。

④眼肌面积　在第 12～13 胸肋间的眼肌切面处用方格网直接测出眼肌的面积。具体方法见图 2-15。

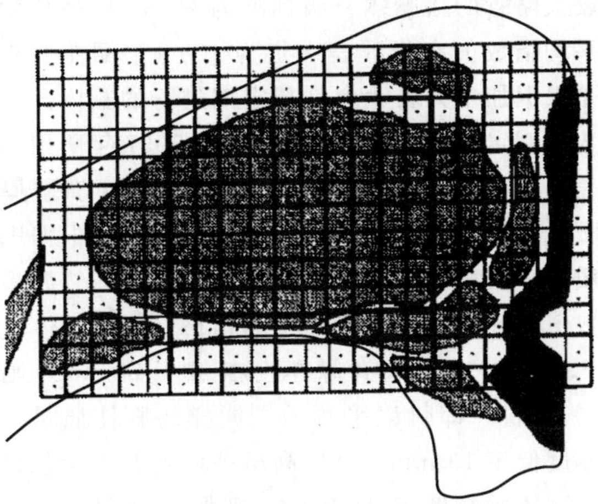

图 2-15　眼肌面积测定方法示意图

⑤背膘厚度的测定　在第 12～13 胸肋间的眼肌切面处，从靠近脊柱一侧算起，在眼肌长度的 3/4 处垂直于外表面测量背膘的厚度。具体测定方法见图 2-16。

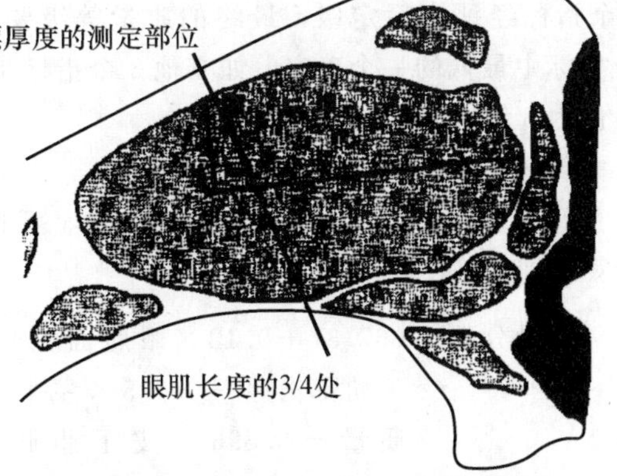

图 2-16　背膘厚度测定方法示意图

(3) 胴体的等级标准确定

①质量级　主要由大理石纹和生理成熟度决定，并参考肉的颜色进行微调。原则上是大理石纹越丰富、生理成熟度越低，即年龄越小、级别越高；否则反之。本标准牛胴体质量等级与大理石纹和生理成熟度的关系见图 2-17。

生理成熟度 / 门齿变化 / 大理石纹等级	A（不超过24月龄）	B（24~36月龄）	C（36~48月龄）	D（48~72月龄）	E（72月龄以上）
	无或出现第一对永久门齿	出现第二对永久门齿	出现第三对永久门齿	出现第四对永久门齿	永久门齿磨损较重
1级（极丰富）	特级	特级	特级	特一级	特二级
1.5级（1级和2级之间）	特级	特级	特级	特一级	特二级
2级（丰富）	特级	特一级	特一级	特一级	特二级
2.5级（2级和3级之间）	特一级	特一级	特一级	特二级	特二级
3级（少量）	特一级	特二级	特二级	特二级	普通级
3.5级（3级和4级之间）	特二级	特二级	普通级	普通级	普通级
4级（几乎没有）	特二级	特二级	普通级	普通级	普通级

图 2-17　我国牛胴体质量等级与大理石纹和生理成熟度的关系

其具体评定方法是先根据大理石纹和生理成熟度确定等级，然后对照颜色进行调整。当等级由大理石纹和生理成熟度 2 个指标确定后，若肉的颜色过深或过浅，则要对原来的等级酌情进行调整，一般来说要在原来等级的基础上降一级。

②产量级　初步选定由胴体质量、眼肌面积和背膘厚度测算出肉率，出肉率越高等级越高。眼肌面积与出肉率成正比，眼肌面积越大，出肉率越高；而背膘厚度与出肉率成反比。

2.6.1.2　日本牛胴体分级标准

日本牛胴体分级标准也包括质量级和产量级两方面，最后将二者结合起来得出最终等级。

(1) 质量级

质量级包括大理石纹、肉的色泽、肉的质地和脂肪色泽4个指标。每个指标均分为5级。大理石纹从1级到5级越丰富越好；肉的色泽从1级到5级由劣到好；肉的质地由致密度和纹理两个因素决定，从1级到5级由劣到好；脂肪的色泽越白越好。4个指标经评定后定级，最终的质量等级要按照4个指标中最低的一个确定，如其他3个指标是5级，肉色为3级，则最终等级为3级。

(2) 产量级

产量级是以出肉率为衡量标准的，可按下式计算。

$$\text{产量分数}=(67.37+0.13\times\text{眼肌面积}+0.667\times\text{肋部肉厚}-0.025\times\text{左半冷胴体质量}-0.896\times\text{皮下脂肪厚度})\times100\%$$

根据产量分数将胴体产量级分为3级：A级在72%以上；B级在69%～72%之间；C级在69%以下。结合胴体质量级和产量级，最终牛胴体的等级标准见表2-2，共分15个等级，A5最高，C1最低。

表 2-2 日本牛胴体最终等级确定标准

产量级	质量级				
	5	4	3	2	1
A	A5	A4	A3	A2	A1
B	B5	B4	B3	B2	B1
C	C5	C4	C3	C2	C1

2.6.2 猪胴体分级标准

我国原有的标准现已废弃不用，现行标准尚未制定，下面介绍国外的一些分级标准以供参考。

2.6.2.1 加拿大猪胴体分级标准

加拿大用胴体的背膘厚度和胴体质量2个指标定出胴体指数值，并以此值定活猪的价格。以加拿大安大略省的猪胴体分级标准为例，其商品猪的胴体平均指数值在指数表中定为100%。胴体的指数值是根据加拿大农业食品部定期进行的胴体分割研究数据制定的。表2-3是安大略省1997年所用的指数表。每头猪屠宰后都要测定胴体质量、背膘厚度和腰肌厚度等数据以求得它的质量等级，根据胴体的质量以及背膘厚度查出胴体的指数值。然后根据指数值来计算出某头猪的实际价格。如猪胴体质量在80.0～89.9 kg，背膘厚度在40～44 mm，则以100%付价，即付以平均价。同样的胴体质量，背膘厚度低于19 mm，则以高出平均值14%的价格收购。胴体质量低于64.9 kg，则按10%付价，等于拒绝收购。该胴体分级系统的优点是利用价格来指导养猪生产者生产瘦肉率高的商品猪。

2.6.2.2 日本猪胴体分级标准

日本猪胴体分为带皮和剥皮半胴体2种等级。主要以半胴体质量、第9～13胸椎处最薄的皮下脂肪厚度、外观和肉质3个方面作为判定要素。其中主要包括胴体的匀称性、长度是否适当、肌肉附着情况、有无损伤、肉质及坚实性、肉的色泽、脂肪色泽及质地、脂肪的沉着等指标。

表 2-3 加拿大安大略省猪胴体分级指数表（1997年3月31日生效） %

背膘厚度/mm	胴体质量/kg								
	40.0～64.9	65.0～69.9	70.0～74.9	75.0～79.9	80.0～84.9	85.0～89.9	90.0～94.9	95.0～99.9	≥100
<19	10	50	100	110	114	114	114	104	70
20～40	10	50	96	107	112	113	112	101	70
25～29	10	50	92	106	111	112	111	97	70
30～34	10	50	88	103	108	110	108	93	70
35～39	10	50	85	99	104	104	101	87	70
40～44	10	50	83	90	100	100	97	85	70
>45	10	50	82	88	94	94	94	82	70

根据上述指标，日本将猪半胴体分为极好、好、中等、差4个等级。

2.6.2.3 美国猪胴体分级标准

美国猪胴体先按照性别特征分为阉公猪、小母猪、母猪、小公猪、公猪共5类。其中进行分级的只有阉公猪、小母猪和母猪，对公猪胴体不进行分级。

美国猪胴体的等级主要根据肉和脂肪的质量及4个主要分割部位肉块的产量来综合确定，包括最后肋骨处的皮下脂肪厚度和肌肉发育情况2个指标，并建有专门的等级计算公式，将上述2个指标代人公式即可算出等级。

等级＝(4×皮下脂肪厚度)－
(1×肌肉发育程度)

其中，肌肉发育程度以 1 ＝肌肉丰满，2 ＝肌肉发育中等，3 ＝肌肉较薄表示。对阉公猪和小母猪来说，最终等级共分为 U. S. NO. 1、U. S. NO. 2、U. S. NO. 3、U. S. NO. 4 4 级。母猪分为 U. S. NO. 1、U. S. NO. 2、U. S. NO. 3、Medium、Cull 5 级。公猪与小公猪则不分级。

2. 6. 3 羊胴体分级标准

美国羊胴体的等级包括质量级和产量级 2 个部分。

2. 6. 3. 1 质量级

质量级的指标包括生理成熟度、腹部肉中脂肪条纹、胴体的结构等级、精肉及脂肪的坚挺度。根据各指标的综合情况，可将胴体分为特选、优选、普通、可用、等外共 5 级（图 2-18）。

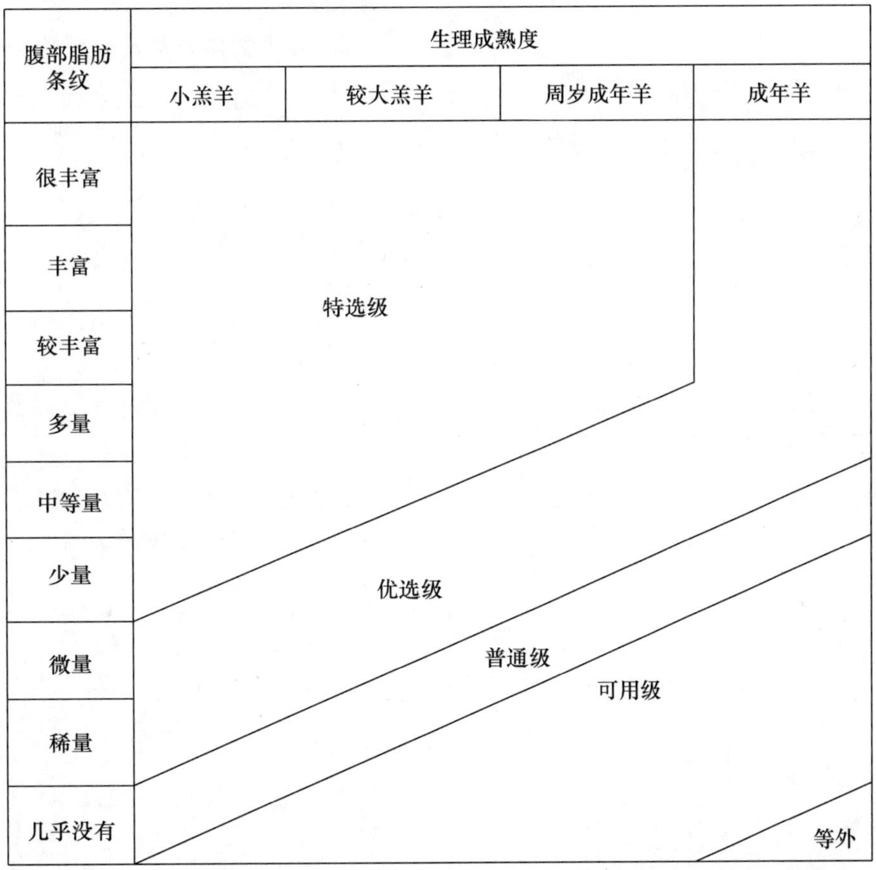

图 2-18 美国羊胴体腹部脂肪条纹的多少、生理成熟度与胴体质量等级的关系

2. 6. 3. 2 产量级

羊胴体产量级反映的是胴体主要精修肉块的百分比，主要决定因素是第 12～13 肋间眼肌上方调整后的脂肪厚度，其计算公式如下：

产量级＝0.4＋(10×调整后的脂肪厚度)

式中：脂肪厚度以英寸为单位（1 英寸＝2.54 cm）。

产量级分为 1～5 共 5 级。产量级与脂肪厚度间的简单关系见表 2-4。

表 2-4 美国羊胴体产量级与脂肪厚度

产量级	脂肪厚度	产量级	脂肪厚度
1	0.00～0.15 英寸（0.00～0.38 cm）	4	0.36～0.45 英寸（0.90～1.14 cm）
2	0.16～0.25 英寸（0.39～0.64 cm）	5	0.45 英寸以上（1.14 cm 以上）
3	0.26～0.35 英寸（0.65～0.89 cm）		

主要肉块的产率可由胴体质量、脂肪厚度、眼肌面积等计算，公式如下：

主要肉块的产率＝49.936－0.848×胴体质量－4.376×调整后的脂肪厚度－3.530×体壁厚度＋2.456×眼肌面积

式中：胴体质量以磅为单位（1磅＝0.453 6 kg），脂肪厚度以英寸为单位；体壁厚度以英寸为单位；眼肌面积以平方英寸为单位。

思考题

1. 屠宰厂的建造原则有哪些？屠宰加工车间的布局应注意哪些事项？

2. 畜禽宰前为什么要休息、禁食、饮水？有何具体要求？

3. 畜禽宰前电击昏有何好处？不同的畜禽对电压、电流及电击昏时间有何要求？

4. 畜禽宰后检验的具体内容有哪些？检验后的肉主要有几种处理方法？

5. 简述胴体分割及分级的必要性。

第3章

肌肉生物化学及宰后变化

学习目的与要求

了解肌肉的收缩特点、肌肉宰后的理化变化以及微生物与肉品腐败变质之间的关系；掌握相关的基本概念、肌肉宰后成熟的过程以及引起肉品腐败变质的微生物因素。

3.1 肌肉收缩

3.1.1 收缩形式

3.1.1.1 等长收缩

等长收缩（isometric contraction）又称为静力收缩，是指固定肌肉两端，在使肌肉长度不缩短的状态下的收缩。等长收缩是机体中常见的收缩形式，它对机体各部位的固定和身体姿势的维持起着重要的作用。

3.1.1.2 等张收缩

等张收缩（isotonic contraction）是骨骼肌中向心收缩的一种，是指使肌肉在一定负荷的条件下进行的收缩。在等张收缩时，肌肉要抵抗负荷而发生收缩，即产生运动，从而对外做功。

3.1.2 收缩机制

3.1.2.1 肌肉收缩的神经调控

（1）神经的结构

神经系统调节机体的所有生理活动。骨骼肌的收缩运动就是通过神经中枢（大脑或脊髓）的兴奋引起神经冲动，通过神经纤维传导到轴突终端刺激肌纤维而引发的。现代电子显微镜技术已经证明每一条骨骼肌的肌纤维都由特殊的神经细胞所支配。运动神经细胞一般通过 6 个功能部分来实现神经细胞的调节和控制功能。

（2）神经细胞与肌细胞

神经细胞与肌细胞膜具有接受指令性变化去完成其沿着膜自身传导电兴奋的机能。这种特殊的功能是通过控制细胞膜对 Na^+ 和 K^+ 的渗透性来实现的。在静息状态下，由于肌细胞膜对 Na^+、K^+ 及 Cl^- 等离子有选择性透过和主动运输作用，肌细胞膜内外因正负离子不平衡而存在电位差，即静息膜电位。当神经兴奋传导至肌细胞膜时，则引起膜电位的瞬时降低或去极化（depolarization），即引起肌肉兴奋，兴奋沿肌纤维的传导可以诱发肌肉收缩。

（3）神经–肌肉触点与冲动传导

神经轴突纤维（运动神经）上的刺激首先传递到轴突末端，再通过神经–肌肉触点（运动终板），以乙酰胆碱为神经递质传递到肌细胞，并引起肌细胞兴奋（去极化）和兴奋传导，从而引发肌肉收缩。神经兴奋过后，神经末梢释放的乙酰胆碱很快被组织中的乙酰胆碱酯酶水解，从而解除肌纤维兴奋和肌肉收缩。

3.1.2.2 骨骼肌的收缩

（1）骨骼肌收缩的原理

骨骼肌收缩的“滑动学说”：掌握肌球蛋白粗丝如何在肌动蛋白细丝上滑动是理解骨骼肌收缩原理的关键。首先，当乙酰胆碱刺激细胞膜产生的电位冲动传导到包围肌纤维的肌质网时，刺激肌质网使储存在其中的 Ca^{2+} 释放出来，细胞内 Ca^{2+} 浓度的升高诱发结合在肌球蛋白头部的 Pi（磷酸）被释放出去，促使肌球蛋白-ADP 复合体与肌动蛋白的结合；同时，肌球蛋白头部通过摆动轴由 90°摆动成 45°，带动肌动蛋白细丝移动，形成肌肉收缩，这时结合在肌球蛋白头部的 ADP 被释放出去。ADP 释放出去后，肌球蛋白头部的能量供应已经全部用尽，肌动蛋白与肌球蛋白处于一种牢固的结合状态，被称为尸僵复合体。如果没有 ATP 补充，这种尸僵状态将会持续下去，动物屠宰后的肌肉死后尸僵就是这个原理。但是在活体肌肉中，不断有 ATP 供应，当肌球蛋白分子头部结合 ATP 后，引发肌动蛋白-肌球蛋白结合的弱化，并使肌球蛋白头部从肌动蛋白中脱离；肌球蛋白的头部具有 ATP 酶活性和肌动蛋白的结合点，ATP 和肌动蛋白结合点竞争性地结合肌球蛋白头部，当有大量的 ATP 存在时，ATP 结合在肌球蛋白头部，从而抑制肌动蛋白与肌球蛋白复合体的形成。

另外，ATP 酶的活性中心是半胱氨酸的巯基，Mg^{2+} 是抑制剂，Ca^{2+} 是激活剂。当肌球蛋白头部的 ATP 被分解时，促使肌球蛋白头部活化，并通过摆动轴产生摆动性。但是分解产物 ADP 和 Pi 仍然结合在肌球蛋白分子中。肌球蛋白头部的摆动使其恢复到垂直于肌动蛋白细丝的排列状态，从而完成一次收缩。

Ca^{2+} 对肌肉收缩的调节是通过与肌动蛋白细丝上的肌钙蛋白的结合来实现的。肌钙蛋白由 3 个亚单位 TN-C、TN-I 和 TN-T 组成：其中 TN-C 可以和 Ca^{2+} 结合；TN-I 抑制肌球蛋白与肌动蛋白的结合；TN-T 将两个亚单位结合在肌动蛋白上。当 Ca^{2+} 增加时，TN-C 与 Ca^{2+} 结合，从而促使肌钙蛋白中的 3 个亚单位的结构改变，解除 TN-I 对肌球蛋白结合肌动蛋白的抑制作用，使原肌球蛋白向肌动蛋白的槽内移动，暴露出与肌球蛋白头部的结合点，促使肌动蛋白和肌球蛋白形成复合体；同时ATP酶被Ca^{2+}激活，分解ATP供给肌肉收缩所需的能量。

（2）骨骼肌的松弛

骨骼肌的松弛过程是指肌肉静息状态重新建立的过程。收缩后的肌肉要恢复静息状态，各项生理生化指标必须达到静息状态的要求值。Ca^{2+}浓度的降低是经过肌质网膜将胞液Ca^{2+}降低到静息状态水平的。Ca^{2+}的回收需要通过肌质网膜上的Ca^{2+}泵实现，并需要克服逆浓度梯度差运输的能量。运送到肌质网中的Ca^{2+}被储存在终末池里，待下次刺激到来时再释放。当肌质中Ca^{2+}浓度降低后，肌球蛋白头部和肌动蛋白的结合被拆开，从而使肌钙蛋白释放出束缚在其上的Ca^{2+}。随着肌钙蛋白Ca^{2+}的丧失，原肌球蛋白越过横桥处恢复原位，从而阻止肌球蛋白头部与肌动蛋白细丝的结合，张力消失，这时依靠存在于肌肉中的弹性蛋白的拉力使肌原纤维被动地互相滑动，恢复到静息状态。

3.2 肌肉宰后变化

动物经过屠宰放血后，体内平衡被打破，机体抵抗外界因素影响、维持体内环境、适应各种不利条件的能力丧失而导致死亡。但是，维持生命以及各个器官、组织的机能并没有同时停止，各种细胞仍在进行各种活动。机体的死亡引起呼吸与血液循环的停止、氧气供应的中断，首先使肌肉组织内的各种需氧性生物化学反应停止，并转变成厌氧性活动。因此，肌肉在死后所发生的各种反应与活体肌肉中发生的完全处于不同状态，性质也不同，研究这些特性对了解肉的性质、肉的品质改善以及指导肉制品的加工有着重要的作用。肌肉的宰后变化主要包括物理变化和化学变化。

3.2.1 物理变化

动物的放血标志着肌肉宰后一系列物理和化学变化的开始。血液是机体输送包括氧气在内的各种营养物和代谢废物进出肌肉的主要运输工具，而放血就等于切断了肌肉组织与其他器官以及外界环境的一切沟通，从而使肌肉形成了一个崭新的环境：氧气阻断、肌肉内代谢物蓄积、糖原分解、ATP减少和肌肉内环境的改变。

3.2.1.1 肌肉伸缩性的逐渐丧失

刚刚屠宰后的肌肉，如果给它一定的负荷，肌纤维就会伸长，去掉负荷，肌纤维会恢复原状，显示出和活体肌肉同样的伸缩性。但是随着宰后时间的延长，这种伸缩性会逐渐减弱，直至消失。宰后肌肉之所以有这种性质，是因为刚刚屠宰后的肌肉中有充足的ATP，使肌质网中的Ca^{2+}得以回收，从而抑制了肌动蛋白与肌球蛋白的不可逆性结合。因此，ATP在维持肌肉的伸缩性上起着可缩剂的作用。当给肌肉以外力时，肌动蛋白微丝从肌球蛋白微丝间滑出，肌肉伸张；当外力撤出时，肌动蛋白微丝又滑入肌球蛋白微丝之间，恢复原位。

宰后肌肉伸缩性的维持受许多环境条件的影响，一般保持温度越高（生理范围内），肌肉内ATP以及肌糖原分解、消失得越快，肌肉伸缩性的消失也越快。

3.2.1.2 肌肉的宰后缩短（收缩）

刚刚屠宰的肌肉会顺着肌纤维的方向缩短，而横向变粗。如果肌肉仍连接在骨骼上，肌肉只能发生等长性收缩，肌肉内部产生拉力。肌肉的宰后缩短，是由肌纤维中的细丝在粗丝之间的滑动而引起的，收缩的原理与活体肌肉一致，但与活体肌肉相比，此时的肌肉失去了伸缩性，即只能收缩，不能松弛。收缩是因为肌肉中残存ATP，不能松弛是因为其静息状态无法重新建立（参见“骨骼肌的松弛”）。最终肌肉的解僵松弛依靠的是肌肉蛋白质的分解，和活体肌肉的松弛不是一个原理。

肌肉的宰后缩短程度与温度有很大关系。一般来说，在15℃以上，与温度呈正相关，温度越高，肌肉收缩越剧烈。如果夏季在室外屠宰，没有冷却设施，其肉就会变得很老；在15℃以下，肌肉的收缩程度与温度呈负相关，也就是说，温度越低，收缩程度越大，所谓的冷收缩（cold shortening）就是在低温条件下形成的。经测定，在2℃条件下肌肉的收缩程度与在40℃时的一样大。此外，动物屠宰后由于肌糖原快速酵解而需要释放大量的热，如果此时环境温度过高或胴体表层脂肪过厚而影响热的散发（如肥膘较厚的猪胴体），尤其是在人为提高肌糖原的酵解速度时（如电刺激），肌肉也容易发生收缩现象，称为热收缩（heat shortening）。Honikel等（1986）研究表明，如果肌肉的pH下降至6.0以下而肌肉的温度仍高于30℃，就会引起明显的热收缩。热收缩的本质是低pH和高温结合使肌肉蛋白质发生变性收缩，与猪 PSE（pale，soft，exudative）肉的情形相似。

3.2.1.3 解冻僵直

如果宰后迅速冷冻，这时肌肉还没有达到最大僵直，在肌肉内仍有糖原和 ATP。在解冻时，残存的糖原和 ATP 作为能量使肌肉收缩形成僵直，这种现象称为解冻僵直（thaw rigor）。此时达到僵直的速度要比鲜肉在同样环境时快得多，收缩激烈，肉变得更硬，并有很多的肉汁流出，这种现象称为解冻僵直收缩。因此，为了避免解冻僵直收缩现象，最好是在肉的最大僵直后期进行冷冻。

3.2.2 化学变化

肌糖原是大分子碳水化合物在肌肉中的储存形式，宰后肌肉肉质的变化一直是肉类领域关注的重要课题。糖原按分布部位可以分为肝糖原和肌糖原，肌糖原与运动状态有关，在休息期占肌肉的 0.1%～1%。畜禽个体宰后，肌糖原会酵解转化为乳酸，在一定时间内改变胴体的 pH，同时对肉品的持水力、剪切力、肉色等品质产生一定的影响。

肌肉中有 10 多种酶参与肌糖原的分解与能量产生，活体体内的能量代谢主要通过一系列的有氧分解最终产生 CO_2、H_2O 和 ATP。但是，放血后肌肉内形成厌氧环境，肌糖原的分解代谢则由原来的有氧氧化转为无氧酵解，产生乳酸。

3.2.2.1 ATP 的降解与僵直产热

死后肌肉中肌糖原分解产生的能量转移给 ADP 以生成 ATP。ATP 又经 ATP 分解酶分解成 ADP 和磷酸，同时释放出能量。机体死亡之后，这些能量不能用于体内各种化学反应和运动，只能转化成热量。同时，死后呼吸停止，产生的热量不能及时排出而是蓄积在体内，造成体温上升，即形成僵直产热。

死后 ATP 在肌质中的分解是一系列的反应，它由多种分解酶参与，其反应过程如下：

$$\text{ATP} \xrightarrow{\text{ATPase}} \text{ADP} + \text{H}_3\text{PO}_4$$

$$2\text{ADP} \xrightarrow{\text{肌激酶}} \text{ADP} + \text{AMP}$$

$$\text{AMP} \xrightarrow{\text{腺苷酸脱氨酶}} \text{IMP} + \text{NH}_3$$

$$\text{IMP} \longrightarrow \text{肌苷}$$

IMP（次黄嘌呤核苷酸）是重要的呈味物质，对肌肉死后及其成熟过程中风味的改善起着重要的作用。由 ATP 转化成 IMP 的反应在肌肉达到僵直以前一直在产生，在僵直期达到最高峰，但是其最高浓度不会超过 ATP 的浓度。

3.2.2.2 pH 下降

宰后肌肉内 pH 的下降是由肌糖原的无氧酵解产生乳酸以及 ATP 分解产生的磷酸根离子等造成的，通常当 pH 降到 5.4 左右时，就不再继续下降。因为肌糖原无氧酵解过程中的酶会被 ATP 降解时产生的氨气和肌糖原无氧酵解时产生的酸所抑制而失活，使肌糖原不能再继续分解，乳酸也不能再产生。这时的 pH 是死后肌肉的最低 pH，称为极限 pH。正常饲养并正确屠宰的动物，即便是达到极限 pH 其肌肉内仍有肌糖原存在。但是，如果屠宰前激烈运动或被注射肾上腺类物质，屠宰前的肌糖原大量消耗，死后肌糖原就会在达到极限 pH 之前耗尽，从而产生高极限 pH 肉。

肉的保水性与 pH 有密切的关系。种种试验表明，当 pH 从 7.0 下降到 5.0 时，保水性也随之下降；在极限 pH 时，肉的保水性最差。由此也能看出，死后肌肉的 pH 降低是肉的保水性变差的主要原因。肌肉充分成熟后，保水性有所增加。

薛山等报道，一般来说，畜禽肌肉 pH 从宰后的 7.0 可下降到 5.3～5.8。其研究的伊拉兔宰后 36 h 背最长肌（LD）和左后腿肌（LL）的肌糖原含量均下降显著（$P<0.05$），二者分别从屠宰初期的（2.61±0.50）mg/g 和（2.77±0.55）mg/g 减少为宰后 36 h 的（0.94±0.05）mg/g 和（0.99±0.07）mg/g。与此同时，伊拉兔 LD 和 LL 的 pH 分别从宰后初期的 6.91±0.02 和 6.85±0.04 下降至 5.62±0.09 和 5.61±0.09。在此期间，随着 pH 的下降，伊拉兔肉品品质指标也发生了相应的改变，如剪切力、亮度 L^* 值、红度 a^* 值降低；蒸煮损失、滴水损失、总损失、b^* 值和 C^* 值升高。Choe 等认为高肌糖原含量的肌肉宰后糖酵解速率快，表面色泽较白，滴水损失高，蛋白质变性程度高。此外，也有研究表明，肌糖原含量及组分是影响肉质的重要因素，并与脂肪沉积有一定相关性，但与血液指标无关。

3.2.3　宰后僵直

3.2.3.1　宰后僵直的机理

在刚刚宰后的肌肉中，各种细胞内的生物化学等反应仍在继续进行，但是由于放血带来了体液平衡的破坏、供氧的停止，整个细胞内很快变成无氧状态，从而使葡萄糖及肌糖原的有氧分解（最终氧化成 CO_2、H_2O 和 ATP）很快变成无氧酵解而产生乳酸。在有氧条件下，每个葡萄糖分子可以产生 39 个 ATP 分子，而无氧酵解则只能产生 3 分子 ATP，从而使 ATP 的供应受阻。体内（肌肉内）ATP 的消耗造成宰后肌肉内的 ATP 含量迅速下降。由于 ATP 水平的下降和乳酸浓度的提高（pH 降低），肌质网膜上的 Ca^{2+} 泵的功能丧失，使肌质网中 Ca^{2+} 逐渐释放而得不到回收，致使肌质 Ca^{2+} 浓度升高，引起肌动蛋白沿着肌球蛋白的滑动收缩；另一方面引起肌球蛋白头部的 ATP 酶活化，加快 ATP 浓度下降；同时 ATP 的丧失促使肌动蛋白细丝和肌球蛋白粗丝之间结合，形成不可逆性的肌动球蛋白（actomyosin），从而引起肌肉的连续且不可逆的收缩。收缩达到最大程度时即形成了肌肉的宰后僵直，也称尸僵。宰后僵直所需要的时间与动物的种类、肌肉的种类和性质以及宰前状态等都有一定的关系，因此，在现代法医学上，僵尸时间也常作为判断尸体死亡的时间证据。

达到宰后僵直时期的肌肉在进行加热等处理时会变硬，肉的保水性差，加热损失多，肉的风味差，不适合于肉制品加工。但是，达到宰后僵直后的肉如果继续贮藏，肌肉内仍将发生诸多的化学反应，导致肌肉的成分和结构发生变化，使肌肉变软，同时肌肉的保水性和风味等都增加。

3.2.3.2　宰后僵直的过程

如上所述，不同品种、不同类型的肌肉的僵直时间有很大的差异，它与肌肉中 ATP 的降解速度有密切的关系。根据其外在变化表现，可将肌肉从屠宰至达到最大僵直的过程分为 3 个阶段：僵直迟滞期（delay phase）、僵直急速形成期（rapid phase）和僵直后期（post-rigor phase）。

在屠宰后初期，肌肉内 ATP 的含量虽然减少，但在一定时间内几乎恒定，因为肌肉中还含有另一种高能磷酸化合物——磷酸肌酸（CP）。在磷酸激酶存在和作用下，CP 将其能量转给 ADP 再合成 ATP，以补充减少的 ATP。正是由于 ATP 的存在，肌动蛋白细丝在一定程度上还能沿着肌球蛋白粗丝进行可逆性的滑动，这一阶段的肌肉还能保持一定的伸缩性和弹性，这一时期称为僵直迟滞期。

随着宰后时间的延长和磷酸肌酸的能量耗尽，肌肉 ATP 的来源主要依靠葡萄糖的无氧酵解，致使 ATP 水平下降，同时乳酸浓度增加，肌质网中的 Ca^{2+} 被释放，从而快速引起肌肉的不可逆性收缩，肌肉的弹性逐渐消失，肌肉的僵直进入急速形成期。当肌肉内的 ATP 含量降到原含量的 15%～20%时，肌肉的伸缩性几乎丧失殆尽，从而进入僵直后期。进入僵直后期时肉的硬度要比僵直前增加 10～40 倍。

3.2.4　解僵与成熟

解僵指肌肉在宰后僵直达到最大程度并维持一段时间后，其僵直缓慢解除、肉的质地变软的过程。解僵所需要的时间因动物、肌肉、温度以及其他条件不同而异。在 0～4℃的环境温度下，鸡需要 3～4 h，猪需要 2～3 d，牛则需要 7～10 d。

成熟是指尸僵完全的肉在冰点以上温度条件下放置一定时间，使其僵直解除、肌肉变软、系水力和风味得到很大改善的过程。肉的成熟过程实际上包括肉的解僵过程，二者所发生的许多变化是一致的。

3.2.4.1　肌肉成熟后肌纤维的主要变化

肉在成熟期间，肌原纤维结构、结缔组织结构、肌细胞骨架及有关蛋白质发生明显的变化。

（1）肌原纤维小片化

刚屠宰后的肌原纤维和活体肌肉一样，呈 10～100 个肌节相连的长纤维状，而在肉成熟时则断裂为 1～4 个肌节相连的小片状，这种现象称为肌纤维的小片化，是肌肉成熟嫩化学说的基本出发点。

（2）结缔组织的变化

肌肉中结缔组织的含量虽然很低（占总蛋白的 5 %以下），但是由于其性质稳定、结构特殊，在维持肉的弹性和强度上起着非常重要的作用。在肉的成熟过程中，胶原纤维的网状结构被松弛，由规则、致密的结构变成无序、松散的状态。同时，存在于胶原纤维间以及胶原纤维上的黏多糖被分解，这可能是胶原纤维结构变化的主要原因。胶原纤维结构的变化，直接导致了胶原纤维剪切力的下降，从而使整个肌肉的嫩度得以改善。

(3) 肌细胞骨架及有关蛋白的水解

在肌肉成熟过程中，许多肌细胞骨架蛋白都发生了不同程度的降解，从而破坏了肌细胞的骨架结构和肌原纤维的结构完整性。

研究表明，在肌肉成熟过程中，肌钙蛋白 T (TN-T) 被水解成 4 个肽链，其中主要肽链分子质量为 30 ku；肌间线蛋白被降解为一种 38 ku 的多肽链；肌联蛋白被降解成一种 2 000 ku 的主要产物和一种 1 200 ku 的片段；肌联蛋白的降解也产生介于 T1 和 T2 之间的 T12 及几种低分子质量的产物；细丝蛋白（filamin）在肌肉成熟过程中被降解为 240 ku 的产物。此外，还发现联丝蛋白、黏着斑蛋白及连接肌动蛋白与 Z 线的原肌球蛋白和横向连接肌球蛋白的 M 蛋白在熟化过程也有不同程度的降解。

肌间线蛋白、肌联蛋白、细丝蛋白和 M 蛋白等共同构成一个纤维状肌细胞骨架，这是肌动蛋白和肌球蛋白构成的主要肌细胞骨架外的另一结构系统，有着加强肌节之间连接，保持肌纤维内粗、细丝结构稳定的作用。因而，成熟对这种纤维状肌细胞骨架以及有关蛋白和结缔组织产生破坏作用。此部位的破坏，将削弱肌节之间的连接和肌原纤维彼此的联系以及肌肉整体紧凑性，这被认为是肉在熟化过程中嫩度得以改善的重要原因。肉的成熟嫩化机制见二维码 3-1。

二维码 3-1　肉的成熟嫩化机制

3.2.4.2　成熟对肉质的作用

(1) 改善嫩度

随着肉成熟的发展，肉的嫩度产生显著的变化。刚屠宰之后肉的嫩度最好，在极限 pH 时嫩度最差，成熟时肉的嫩度有所改善。

(2) 提升保水性

肉在成熟时，保水性又有回升。一般牛肉宰后 2～4 d pH 下降，极限 pH 在 5.5 左右，此时水合率为 40%～50%；最大尸僵期以后 pH 为 5.6～5.8，水合率可达 60%。因在成熟时 pH 回升，偏离了等电点，肌动球蛋白解离，扩大了空间结构和极性吸引，使肉的吸水能力增强，肉汁的流失减少。

(3) 蛋白质改变

在肉的成熟过程中，肌肉中许多酶类对某些蛋白质有一定的分解作用，从而使盐溶性蛋白质的浸出性增加。伴随肉的成熟，蛋白质在酶的作用下，肽链解离，使游离的氨基增多，肉的水合力增强，变得柔嫩多汁。

(4) 风味与香气

在成熟过程中，改善肉风味的物质主要有两类：一类是 ATP 的降解物——次黄嘌呤核苷酸 (IMP)，另一类则是肌肉蛋白质的水解产物——氨基酸。随着肉的成熟，肉中浸出物和游离氨基酸的含量增加，其中谷氨酸、精氨酸、亮氨酸、缬氨酸和甘氨酸较多，这些氨基酸都具有增加肉的滋味或改善肉质香气的作用。

3.2.4.3　影响肉成熟的因素

(1) 温度

温度对嫩化速率影响很大，它们之间呈正相关。在 0～40℃范围内，每增加 10℃，嫩化速度提高 2.5 倍。当温度高于 60℃后，由于有关酶类蛋白变性，嫩化速率迅速下降，所以加热烹调就中断了肉的嫩化过程。据 Dransfield 等的测试，牛肉在 1℃完成 80%的嫩化需 10 d，在 10℃缩短到 4 d，而在 20℃只需要 1.5 d。所以在卫生条件很好的成熟间，适当提高温度可以缩短肉的成熟期。

(2) 电刺激

在肌肉僵直发生前进行电刺激可以加速僵直发展。尽管电刺激不会改变肉的最终嫩化程度，但电刺激可以使嫩化加快，减少成熟所需要的时间，如一般需要 10 d 成熟的牛肉，应用电刺激后只需要 5 d。

(3) 机械作用

肉成熟时，将跟腱用钩挂起，此时主要是腰大肌受牵引。如果将臀部挂起，不但腰大肌的短缩被抑制，而且半腱肌、半膜肌、背最长肌的短缩均被抑制，可以得到较好的嫩化效果。对刚屠宰后的牛肉或羊肉施以 98 MPa 的压力，在 30℃条件下作用 1 min 以上，则糖酵解加速，其硬度要比不加压的对照组小。这是由于在高压下，肌动蛋白与肌球蛋白脱离重合，横桥解离。

(4) 化学因素

许多化学物质对肉的成熟都有影响。极限 pH 越高，肉越柔软。如果屠宰前人为地使糖原下降，则会获得较高的 pH。但肉成熟后易形成 DFD（dark, firm，dry）肉，其特征为保水性高，肉质干硬，肉色发暗。高pH成熟能提高中性蛋白水解酶的活性，使游离氨基酸增多。在极限pH 5.5附近，Ca^{2+}和组织蛋白酶作用，最易使肉成熟。在最大尸僵期，往肉内注入Ca^{2+}可以促进软化。刚屠宰后注入各种化学物质如磷酸盐、氯化镁等，可减少尸僵的形成量。

（5）生物因素

肌肉内蛋白酶可以促进软化。用微生物蛋白酶和植物蛋白酶也可以使肉的硬度和尸僵硬度减小。目前国内外常用的是木瓜蛋白酶。可以采用宰前静脉注射或宰后肌肉注射的方法，但宰前注射有时会造成脏器损伤或休克死亡。把木瓜蛋白酶的—SH变成不活化型的二硫化物，注入后，在宰后厌氧条件下使其还原的方法，目前正被开发利用。

3.3　肉的腐败

3.3.1　肉中的微生物

在正常条件下，刚屠宰的动物深层组织通常是无菌的，但在屠宰和加工过程中，肉的表面受到微生物的污染。在一开始，肉表面的微生物只有经由循环系统或淋巴系统才能穿过肌肉组织，进入肌肉深部。当肉表面的微生物数量很多，出现明显的腐败或肌肉组织的整体性受到破坏时，表面的微生物便可直接进入肉中。

3.3.1.1　鲜肉中的微生物

胴体表面初始污染的微生物主要来源于动物的皮表和被毛及屠宰环境，皮表或被毛上的微生物来源于土壤、水、植物以及动物粪便等。胴体表面初始污染的微生物大多是革兰阳性嗜温性微生物，主要有小球菌、葡萄球菌和芽孢杆菌，主要来自粪便和表皮。少部分是革兰阴性微生物，主要为来自土壤、水和植物的假单胞菌，也有少量来自粪便的肠道致病菌。

在屠宰期间，屠宰工具、工作台和人体也会将细菌带给胴体。在卫生状况良好的条件下屠宰动物，肉表面上的初始细菌数为10^2～10^4 CFU/cm^2（CFU：菌落形成单位），其中1%～10%能在低温下生长。猪肉初始污染的微生物数不同于牛、羊肉，热烫煺毛可使胴体表面微生物数减少到少于10^3 CFU/cm^2，而且存活的主要是耐热微生物。动物体的清洁状况和屠宰车间卫生状况影响微生物的污染程度，肉的初始载菌量越小，其保鲜期越长。

3.3.1.2　冻结肉中的微生物

冻结肉中的细菌总数明显减少，微生物种类也发生明显变化。如冻结前牛肉的平均细菌总数大约为10^5 CFU/g，而经－30℃冻结后，平均细菌总数减少到10 CFU/g。一般革兰阴性菌比革兰阳性菌、繁殖体比芽孢对冻结致死更敏感。如牛肉冻结前革兰阳性菌占15%，革兰阴性菌占85%，经－30℃冻结后，革兰阳性菌的比例上升到70%，革兰阴性菌下降为30%。在商业冻藏温度下（－15℃以下），细菌不仅不能生长，其总数也减少。但长期冻藏对细菌芽孢基本上没有影响，酵母和霉菌对冻结和冻藏的抗性也很强。因而，在通风不良的冻藏条件下，胴体表面会有霉菌生长，形成黑点或白点。

3.3.1.3　真空包装鲜肉的微生物

20世纪80年代中期，美国市场上80%以上的牛肉采用真空包装。不透氧的真空包装袋可使鲜牛肉的货架期达到15周以上，而透氧薄膜仅能使货架期达到2～4周。

在不透氧气真空包装袋内，由于肌肉和微生物需氧，O_2很快消耗殆尽，CO_2趋于增加，氧化还原电位（E_h）降低。真空包装的鲜肉贮藏于0～5℃时，微生物生长受到抑制，一般3～5 d之后微生物缓慢生长。贮藏后期的优势菌是乳酸菌，占细菌总数的50%～90%，主要包括革兰阳性乳杆菌和明串珠菌。革兰阴性假单胞菌的生长则受到抑制，数目相对减少。

腌肉的含盐量高，室温下腌肉中主要的微生物类群是微球菌。真空包装的腌肉在贮藏后期的优势菌仍然是微球菌，链球菌（如肠球菌）、乳杆菌和明串珠菌也占一定比例。

3.3.1.4　解冻肉中的微生物

如上所述，在正常冻结、冻藏条件下，经过长期保存的冻结肉其细菌总数明显减少，即肉在解冻时的初始细菌数比其原料肉的细菌数少。在解冻期间，肉的表面很快达到解冻介质的温度。解冻形状不规则的肉时，微生物的生长依肉块部位不同而有差异，同时取决于解冻方法、肉表面的水分活度、温度以及肉的形状和大小。

在正常解冻下，当温度达到微生物的生长要求时，由于延迟期（即少量微生物接种到新鲜培养基，一段时间内细胞数目不增加的时期）的原因，微生物并不立即开始生长。延迟期的长短取决于微生物本身、解冻温度和肉表面的小环境。−20℃下冻藏的肉在10℃下解冻时，假单胞菌的延迟期为10～15 h；在7℃下解冻时的延迟期为2～5 d。与鲜肉相比，解冻后的肉更易腐败，应尽快加工处理。

3.3.2 肉腐败时的感官变化

肉类腐败变质时，往往在肉的表面产生明显的感官变化。

3.3.2.1 变色

肉类腐败时，肉的表面常出现各种颜色变化，最常见的是绿色。这是由于蛋白质分解产生的硫化氢与肉中的血红蛋白结合，然后形成硫化氢-血红蛋白（H_2S-Hb），这种化合物积蓄在肌肉和脂肪表面即显示暗绿色。另外，黏质赛氏杆菌在肉表面能产生红色斑点，深蓝色假单胞菌能产生蓝色斑点，黄杆菌能产生黄色斑点，有些酵母菌能产生白色、粉红色、灰色等斑点。

3.3.2.2 霉斑

肉体表面有霉菌生长时，往往形成霉斑，特别是在一些干腌肉制品表面，更为多见。如枝霉和刺枝霉在肉表面产生羽毛状菌丝；白色侧孢霉和白地霉产生白色霉斑；扩展青霉、草酸青霉产生绿色霉斑；蜡叶芽枝霉在冷冻肉上产生黑色斑点。

3.3.2.3 变味

肉类腐烂时往往产生一些不正常或难闻的气味，最明显的是肉类蛋白质被微生物分解产生的恶臭味。除此之外，还有在乳酸菌和酵母菌的作用下产生挥发性有机酸的酸味，霉菌生长繁殖产生的霉味等。

3.3.2.4 发黏

微生物在肉表面大量繁殖后，使肉表面产生黏液状物质，拉出时如丝状，并有较强的臭味。这是微生物繁殖后所形成的菌落，以及微生物分解蛋白质的产物。这主要由革兰阴性细菌、乳酸菌和酵母菌所产生。当肉的表面有发黏、拉丝现象时，其表面含菌数一般为10^7 CFU/cm^2。

思考题

1. 简述肌肉的收缩方式与收缩机制。
2. 骨骼肌的正常收缩与死后僵直之间的差异是什么？
3. 阐述肌肉成熟对肉品质量的影响。
4. 掌握肉品宰后成熟的机制。
5. 简述肉品腐败变质的现象及其原因。

第4章

肉的贮藏与保鲜

学习目的与要求

掌握HACCP体系和栅栏技术的原理、方法和应用，重点掌握冷却保鲜、冷冻保鲜、辐射保鲜、真空包装、气调包装及化学防腐剂和天然物质用于肉类保鲜的技术和方法。

4.1 肉的保鲜原理与质量控制体系

4.1.1 栅栏技术

栅栏技术（hurdle technology，HT）是由德国肉类食品专家 Leistner 在长期研究的基础上率先提出的一套系统科学地控制食品保质期的理论。食品要达到可贮性和卫生安全性，就要求在其加工过程中根据不同的产品采用不同的防腐技术，以阻止残留的腐败菌和致病菌的生长繁殖。栅栏技术是指在食品设计和加工过程中，利用食品内部能阻止微生物生长繁殖的因素之间的相互作用，控制食品安全性的综合性技术措施。在食品防腐方面，栅栏技术已经得到广泛的应用。

4.1.1.1 栅栏因子

能阻止食品内微生物（包括腐败微生物和病原微生物）生长繁殖的因素统称栅栏因子（hurdle factors）。栅栏因子很多，包括食品本身具有的内在因子和贮藏、加工过程中施加或添加的外在因子，目前研究已确认可应用的栅栏因子有 40 个以上，但发挥重要作用的只是少数栅栏因子。pH、水分活度（A_w）、氧化还原电位（E_h）以及食品内固有的天然抗菌成分是食品防腐中常用的内在栅栏因子。

（1）pH

微生物需要在一定酸碱度下才能正常生长繁殖。pH 在很大程度上影响着微生物的生长繁殖。pH 通过影响微生物细胞膜上的电荷性质从而影响细胞正常的物质代谢。每种微生物都有自己的最适 pH 和一定的 pH 生存范围。大多数细菌的最适 pH 为 6.5～7.5。霉菌、酵母菌和少数乳酸菌可在 pH 4.0 以下生长（表 4-1）。如果生长环境的 pH 超出其生长范围，微生物的生长繁殖就受到抑制甚至停止。

表 4-1 几种食源性微生物生长的 pH 范围

微生物	最低 pH	最高 pH	微生物	最低 pH	最高 pH
霉菌	1.0	11.0	沙门氏菌	4.2	9.0
酵母菌	1.8	8.4	大肠杆菌	4.3	9.1
乳酸菌	3.2	10.5	肉毒梭菌	4.6	8.3
金黄色葡萄球菌	4.0	9.7	产气荚膜梭菌	5.1	8.7
醋酸杆菌	4.0	9.1	蜡样芽孢杆菌	1.7	9.3
副溶血性弧菌	4.7	11.0	弯曲杆菌	5.8	9.1

（2）水分活度（A_w）

水分是微生物生长繁殖必需的物质之一。大多数畜产食品水分含量都很高，非常适合各种微生物的生长繁殖。但微生物的生长繁殖并不取决于食品中的水分总含量，而取决于微生物能利用的有效水分，即 A_w 的大小。细菌比霉菌和酵母菌所需的 A_w 高，大多数腐败细菌的下限为 0.94，致腐酵母菌的为 0.88，致腐霉菌的为 0.8。但有些微生物生长所需的 A_w 值较低（表 4-2）。降低 A_w 可以延长微生物的迟滞期，降低生长速度，从而延长食品货架期。

表 4-2 食物中重要微生物的最低水分活度

微生物	A_w	微生物	A_w
肉毒梭状芽孢杆菌 E 型	0.97	枯草杆菌	0.95
假单胞菌	0.97	肉毒梭状芽孢杆菌 A 和 B 型	0.94
大肠杆菌	0.96	副溶血性弧菌	0.94
产气肠杆菌	0.95	乳酸链球菌	0.93

续表4-2

微生物	A_w	微生物	A_w
灰葡萄孢霉	0.93	灰绿曲霉	0.70
金黄色葡萄球菌	0.86	鲁氏酵母	0.62
棒状青霉菌	0.81	双孢红曲霉	0.61

（3）氧化还原电位（E_h）

氧化还原反应中电子从一种化合物转移到另一化合物时，两种物质之间产生的电位差叫做氧化还原电位，其单位为毫伏（mV）。氧化能力强的物质其电位较高，还原能力强的物质其电位较低，两类物质浓度相等时，电位为零。红肉中维持还原状态的物质是—SH。不同的畜产食品，其氧化还原电位不同，同一畜产食品经过不同处理后，其氧化还原电位也可能不同。氧化还原电位对微生物的生长繁殖有明显的影响，但不同的微生物生长所需的氧化还原电位不同，好氧微生物（如芽孢杆菌属）的生长需要正电位，厌氧微生物（如梭状芽孢杆菌属）

的生长则需要负电位，而乳杆菌和链球菌在微弱的还原条件下就能较好生长。理解微生物 E_h 和食品的关系，对食品设计、加工控制或延长食品货架期具有重要指导意义。

由表 4-3 可以看出，需氧菌和霉菌是果汁类食品腐败的常见原因。肉在僵直前没有梭状芽孢杆菌繁殖，而僵直后的肉有梭状芽孢杆菌繁殖，这是因为僵直前肉的 E_h 高，不适宜厌氧菌生长。

表 4-3　一些食品的 E_h

食品	E_h/mV	食品	E_h/mV
植物液汁（如果汁）	+300～+400	马胸头肌（刚宰后）	+250
肉块	−200	马胸头肌（宰后 30 h）	−130
碎肉	+200	鲜牛乳	+230～+250
熟肉汁	−200	乳酪	−20～200

许多畜产食品本身具有一些抗菌成分。如在肉制品加工中使用的许多香辛料中都含有抗菌物质，可阻止微生物的生长繁殖。此外，新鲜乳中的过氧化氢酶体系、新鲜禽蛋蛋清中的溶菌酶等在一定程度上可减缓微生物的生长繁殖。

（4）影响食品防腐的外在栅栏因子

食品的外在栅栏因子主要是一些工艺技术及其参数，如处理温度（高温或低温）、包装技术（气调包装、真空包装、活性包装、无菌包装、涂膜包装等）、物理处理（阻抗热处理、烟熏、高压脉冲电场、射频能量、振动磁场、荧光灭活、超声波等）、高压处理、辐射（放射、微波、紫外线）、微结构处理（乳化、固态发酵）、竞争性菌群（乳酸菌等）、食品防腐处理等。可根据食品的具体情况，因地制宜地设计外在栅栏因子组合，用于保存食品。

4.1.1.2　栅栏效应

在贮藏期间，食品的内在栅栏因子和外在栅栏因子的单一效应及它们之间的互作效应决定了食品微生物的稳定性，各种食品有其独特的抑菌防腐栅栏因子，它们发挥各自的功能。栅栏因子间的相互作用以及与食品中微生物相互作用的结果，不仅仅是这些因子单独效应的简单叠加，而是相乘作用。我们把这种效应称为栅栏效应（hurdle effect）。其基本原理如图 4-1 所示。

No. 1 是理论化栅栏效应模式。某一食品内含有同等强度的 6 个栅栏因子，残存的微生物最终未能逾越这些栅栏，因此该食品是可贮和卫生安全的。如果肉、蛋、乳的初始菌量低或杀菌效果好，则少数几个栅栏即可起到防腐作用。No. 2 则较为贴近实际。食品中起主要作用的栅栏因子是 A_w（干燥脱水、添加 A_w 调节剂）和 pres.（亚硝酸盐等）。5 个栅栏因子互相作用已能保证食品的可贮性。如果食品内初始菌量很少，例如无菌包装生产的鲜肉，则只需少数栅栏因子即可有效抑菌防腐，这就是 No. 3 的情形。反之，如果卫生条件恶劣等造成初始菌量很多（No. 4），或食品富含营养导致微生物具有较强生长势能（No. 5），产品内的栅栏因子就不足以有效抑菌防腐，必须增强栅栏因子强度或增加新的因子。No. 6 是一些经热加工处理的不完全杀菌食品内的情况，这时细菌芽孢尚未受到致死性损害，但已丧失了活力，因而数量较少或作用强度较低的栅栏因子就能起到有效抑制作用。在不同食品中，其微生物稳定性是通过加工及贮藏阶段各栅栏因子之间以不同顺序作用来达到的。No. 7 是研究得出的发酵香肠中栅栏效应顺序图。食品中的各栅栏因子之间具有协同作用，简言之，2 个或 2 个以上因子的作用强于这些因子单独作用的累加，No. 8 所表明的即是这种协同作用的例子。其实栅栏效应的重要作用在于食品内不同因子以各自不同的方式（如破坏酶的活性、影响生物合成等）作用于微生物细胞，破坏细胞的代谢平衡，使其失去生长繁殖能力而延长延迟期，甚至死亡。

肉中蛋白质含量高、种类多，其缓冲能力强，氢离子浓度的小幅变化对肉的 pH 影响不大。但有些细菌能提高食品的 pH，如丙酮丁醇梭菌能把丁酸还原成丁醇，产气肠杆菌能把丙酮酸转变为三羟基丁酮，从而使 pH 升高。NaCl 浓度影响微生物的最适 pH 范围。

A_w 受温度、pH 和 E_h 的影响。在任何温度下，随着 A_w 的降低，微生物的生长能力减弱，延迟期和世代间隔延长。在最佳生长温度下，微生物的 A_w 范围最宽。降低贮藏温度和不利的 pH 可使微生物生长所需的最低 A_w 提高。在 A_w、温度和 pH 三

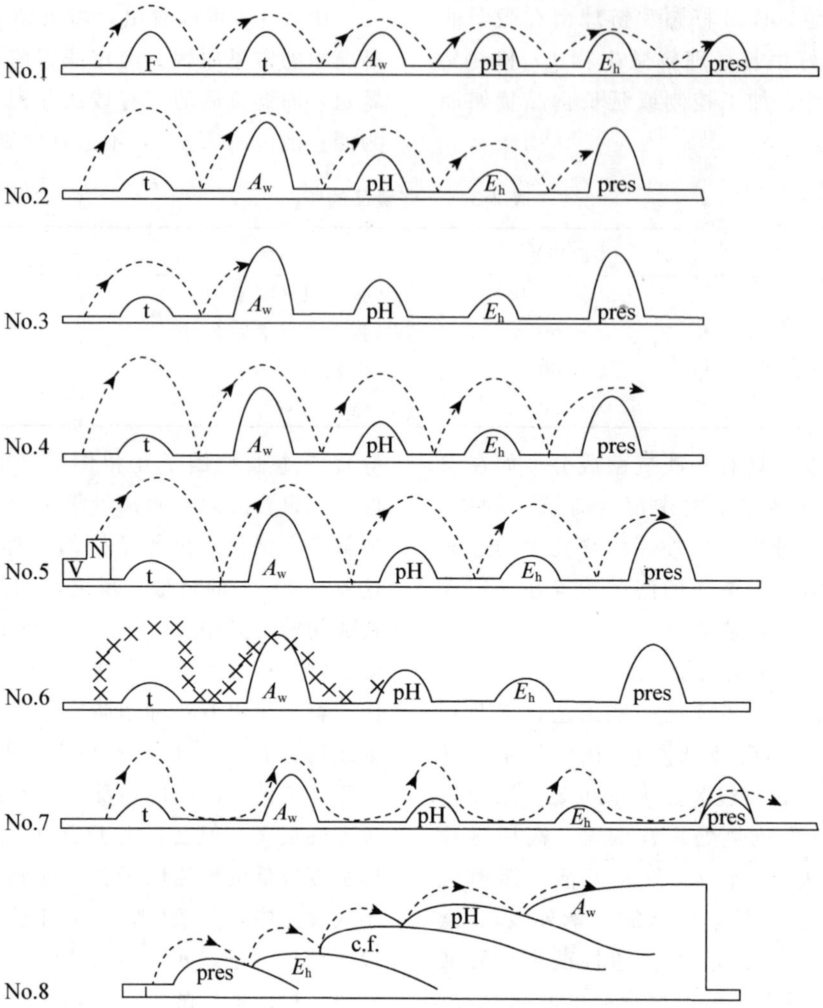

图中代号：F—高温处理；pH—酸化；A_w—水分活度；t—低温冷藏；pres—防腐剂；N—营养物；E_h 氧化还原电位值；c. f. —竞争性菌群；V—维生素

图 4-1 栅栏效应模式

个栅栏因子的互作中，A_w 和温度之间的相互作用最为明显。贮藏环境的相对湿度影响食品的 A_w，也直接影响微生物的生长。因为肉类腐败菌基本上是需氧菌，在 0～4℃下相对湿度较高的冰箱中存放包装不当的肉，容易发生表面腐败。

需氧菌影响其生长环境的 E_h。当需氧菌生长时，食品中的氧气被消耗，使 E_h 降低；微生物的代谢产物，如 H_2S 可直接与氧气反应，从而使食品介质的 E_h 降低。肉中的—SH、添加的还原糖和肉的 pH 也影响制品的 E_h。

气调包装是鲜肉保鲜的重要栅栏因子。早在 20 世纪 30 年代，人类就用 CO_2 保存肉。CO_2 的抑菌效应随着贮藏温度的降低而加强。高浓度 CO_2 可使肉的 pH 稍有下降。革兰阴性菌对 CO_2 敏感，特别是假单胞菌最敏感，乳酸菌和厌氧菌对 CO_2 的耐性最强。用高浓度 CO_2 包装鲜肉的总效应使微生物区系发生转变，即由革兰阴性菌构成的微生物区系转变为主要由乳杆菌和其他乳酸菌构成的微生物区系。如猪肉在 4℃下有氧存放 8 d，假单胞菌占 90% 以上，而在 5 个标准大气压的 CO_2 下则乳杆菌占优势；正常 pH 和高 pH 牛肉于 4℃下在 100%（体积分数）CO_2 中存放 51 d 后，同型乳酸菌占 100%。

二维码 4-1 内平衡和栅栏技术

4.1.1.3 栅栏技术的应用

食品的可贮性可以由多个栅栏因子的相互作用

保证，我们把这些食品称为栅栏技术食品（hurdle technology food，HTF），栅栏技术食品在发达国家和发展中国家都很流行。在过去以及现在，人们常常是根据经验来应用栅栏技术的，而并不懂其原理。现在通过更好地理解原理和开发先进的监控设备，其深入应用在不断增加。

栅栏技术与传统方法或高新技术相结合的有效性，使其已经广泛应用于肉类食品的加工与保藏。

（1）栅栏技术在鲜肉保鲜中的应用

长久以来，鲜肉保鲜常用冷冻法，能较好地解决鲜肉在贮运、加工、销售过程中微生物污染、腐败变质的问题。但冷冻法不仅成本高，且影响了鲜肉的品质。故目前通过使用低耗能、无污染、抑菌效果好的栅栏因子，达到在非冷冻条件下保藏鲜肉的技术成为了研究热点。茶多酚是肉品保鲜中常用的栅栏因子，是一种很好的天然防腐剂和抗氧化剂，具有供氢、抑制脂肪氧化变质的性能。0.6%茶多酚溶液浸泡过的鲜鱼肉，贮藏期可长达 2 个月之久，其对猪肉更有良好的保鲜效果。

（2）栅栏技术在肉制品加工中的应用

栅栏技术最早应用于肉制品的加工，现已开发出多种类型的肉制品，如中国腊肠和意大利色拉米（salami）发酵香肠就是用栅栏技术延长货架期的成功典型。

传统的中国腊肠是一种在常温下可较长时间存放的发酵型生肉制品，是通过迅速降低 A_w 来保证产品质量的。中国腊肠的主要原料和辅料包括高档猪瘦肉和背膘、食盐、糖、酱油。切肉混合后经过干燥而成，其 A_w 小于 0.75。所以只依靠低 A_w 即可保持制品的稳定性，无须冷藏，可保存 2～3 个月。

色拉米香肠的栅栏因子包括亚硝酸盐、A_w、pH 和 E_h，人们利用这些不同栅栏因子的抑菌作用，在发酵香肠的不同加工阶段使用相应的栅栏因子，从而保证了产品的稳定、安全。色拉米香肠的主要原料和辅料是猪瘦肉、背膘、食盐、奶粉、糖、香辛料和亚硝酸盐，产品 A_w 约为 0.94。在色拉米成熟早期，主要的栅栏因子是亚硝酸盐。随着成熟期间亚硝酸盐浓度的逐渐下降，亚硝酸盐的栅栏效应逐渐减弱或消失。色拉米中细菌的逐步繁殖使 E_h 下降，提高了 E_h 的栅栏效应，抑制需氧微生物生长，支持竞争性菌群生长。乳酸菌的代谢活动使制品酸化，从而产生 pH 栅栏效应。随着时间的延长，亚硝酸盐、E_h 竞争性微生物和 pH 的栅栏作用逐渐消失，此时，在整个成熟过程中变得日益重要的 A_w 栅栏就成为决定发酵香肠稳定性的主要因素。

此外，在意大利传统的蒙特拉香肠和德国的布里道香肠加工中，也是采用降低 A_w 来保证其可贮性的。荷兰的格德斯香肠是通过添加葡醛内酯使 pH 降至 5.4～5.6，再真空包装来实现其可贮性的。

（3）栅栏技术的应用步骤

栅栏技术的应用包括以下步骤：

① 定产品类型、感官特性及货架期；

② 制定工艺流程和工艺参数；

③ 确定栅栏因子，主要包括 A_w、pH、防腐剂、处理温度、竞争性菌群等；

④ 测定效果，对产品感官指标和微生物指标进行测定；

⑤ 调整和改进，通过分析，调整栅栏因子及其强度；

⑥ 工厂化试验，在生产条件下验证设计方案，并使方案切实可行。

在食品设计和加工过程中，应用栅栏技术与 HACCP 管理系统，并借助计算机和现代技术改造现有的加工方法，可有效地控制食品安全和卫生，提高产品质量。

4.1.1.4　栅栏技术与食品质量

从栅栏技术概念上理解食品防腐技术，似乎仅侧重于保证食品的微生物稳定性，其实栅栏技术还与食品的质量密切相关。栅栏技术不仅适用于保证食品卫生安全性，而且也适用于保证其质量。有的栅栏因子，例如美拉德反应的产物，就对产品的可贮性和质量都具有重要意义，食品中可能存在的栅栏因子将影响其贮藏性、感官质量、营养性、工艺特性和经济效益。栅栏因子对产品质量可能是正影响，也可能是负影响，不同强度的栅栏因子对产品的作用也可能是相反的。如在发酵香肠中，pH 须降至一定限度才能有效抑制腐败菌，但过低则对感官质量不利。为保证产品质量，栅栏因子及其强度应调控在最佳范围。

4.1.2　HACCP 管理体系

HACCP（Hazard Analysis and Critical Control Point）意为危害分析和关键控制点，是保证食品安

全和产品质量的一种预防控制体系，是一种先进的卫生管理方法。HACCP 体系是 20 世纪 60 年代美国太空总署、陆军 NATICK 实验室和美国 PILLSBURY 公司共同发展起来的一套科学的卫生质量监控系统。HACCP 系统经过 50 多年的发展和完善，已被食品界公认为确保食品安全的较佳管理方案。HACCP 体系的基本术语见二维码 4-2。

二维码 4-2　HACCP 体系的基本术语

4.1.2.1　HACCP 体系的原理

HACCP 体系是将食品质量的管理贯穿于食品从原料到成品的整个生产过程当中，侧重于预防性监控，不依赖于对最终产品进行检验，打破了传统检验结果滞后的缺点，从而使危害被消除或降低到最低限度。HACCP 体系的原理由 7 部分构成。

（1）进行危害分析

危害分析是 HACCP 体系的基础。为了建立一个有效的预防食品安全危害的计划，关键是找出食品原料和加工过程中存在的显著危害，并制定出相应的控制措施。

HACCP 原则上只针对食品安全危害。在危害分析期间，应根据各种危害发生的可能性和严重性来确定某种危害的潜在性和显著性。

通常根据工作经验、流行病学数据、客户投诉及技术资料的信息来评估危害发生的可能性，用政府部门和权威研究机构向社会公布的风险分析资料、信息来判定危害的严重性。

危害分析一般分为两个阶段，即危害识别和危害评估。

首先应对照工艺流程图从原料接收到成品完成的每个环节进行危害识别，列出所有可能的潜在危害。危害主要包括生物性危害（细菌、病毒、寄生虫等）、化学性危害［天然毒素、化学药品（如清洗剂、消毒剂、杀虫剂）、药物残留（如农药、兽药、重金属等）、未被认可的食品添加剂等］、物理性危害（金属、玻璃等）。

确定潜在危害后，就可进入危害评估阶段。评估潜在危害的可能性和显著性包括 3 个步骤，一为如果潜在危害不被控制，对人体健康造成伤害是否严重；二为如果没有被适当控制，潜在危害是否有发生的可能性；三为如果潜在危害已被列明在 HACCP 计划中，根据上面 2 个步骤进行重新判断。

（2）确定关键控制点

在危害分析中确定的每一个显著危害，均必须有一个或多个关键控制点对其进行控制。关键控制点是具有相应的控制措施，使食品安全危害被预防、消除或降低到可接受水平的一个点、步骤或过程。一个关键控制点可以用于控制一种以上的危害。例如，冷冻贮藏可以同时控制病原体的生长繁殖和组胺的产生。同样，几个关键控制点可以用来共同控制一种危害。

完全消除和预防显著危害也许是不太可能的，因此在加工过程中将危害尽可能地减少是 HACCP 唯一可行并且合理的目标。所以说，HACCP 体系不是零风险的体系。

进行危害分析时能清楚地知道，危害是从哪里被引入、形成或增加的，哪里可以防止危害的发生，一般认为控制危害效果最好的地方应该是危害介入的那个点。但事实并非总是如此，也可能是离危害介入点较远的一个点。判定某一点是不是关键控制点，可以借助于 CCP 判断树（decision tree），见图 4-2。

经过对每个工序进行详细的危害分析之后，剖析哪些因素一旦失去有效控制，就会对产品安全、卫生及品质产生危害以及危害的程度，从而确定关键控制点。一般来说，HACCP 计划中的关键控制点不超过 6 个。

（3）建立关键限值

关键控制点确定后，必须为每个关键控制点建立关键限值。关键限值是在关键控制点上用于控制危害的生物的、化学的或物理的参数，是一个或一组最大值或最小值。这些值能够保证把发现的食品安全危害预防、消除或降低到可接受水平。

每个 CCP 上必须至少有一个具体的控制指标或限值，如原料肉的微生物总数、加热温度和时间、冷却温度和速度、感官品质、产品货架期等，并具有相关的预防控制措施。当加工操作偏离关键限值时，应采取纠正措施以保证食品安全，防止、消除危害，或使危害减少到可接受的水平。

（4）关键控制点的监控

监控是指实施一个有计划的观察和测量程序，以评估一个 CCP 是否受控，并为将来验证时使用做

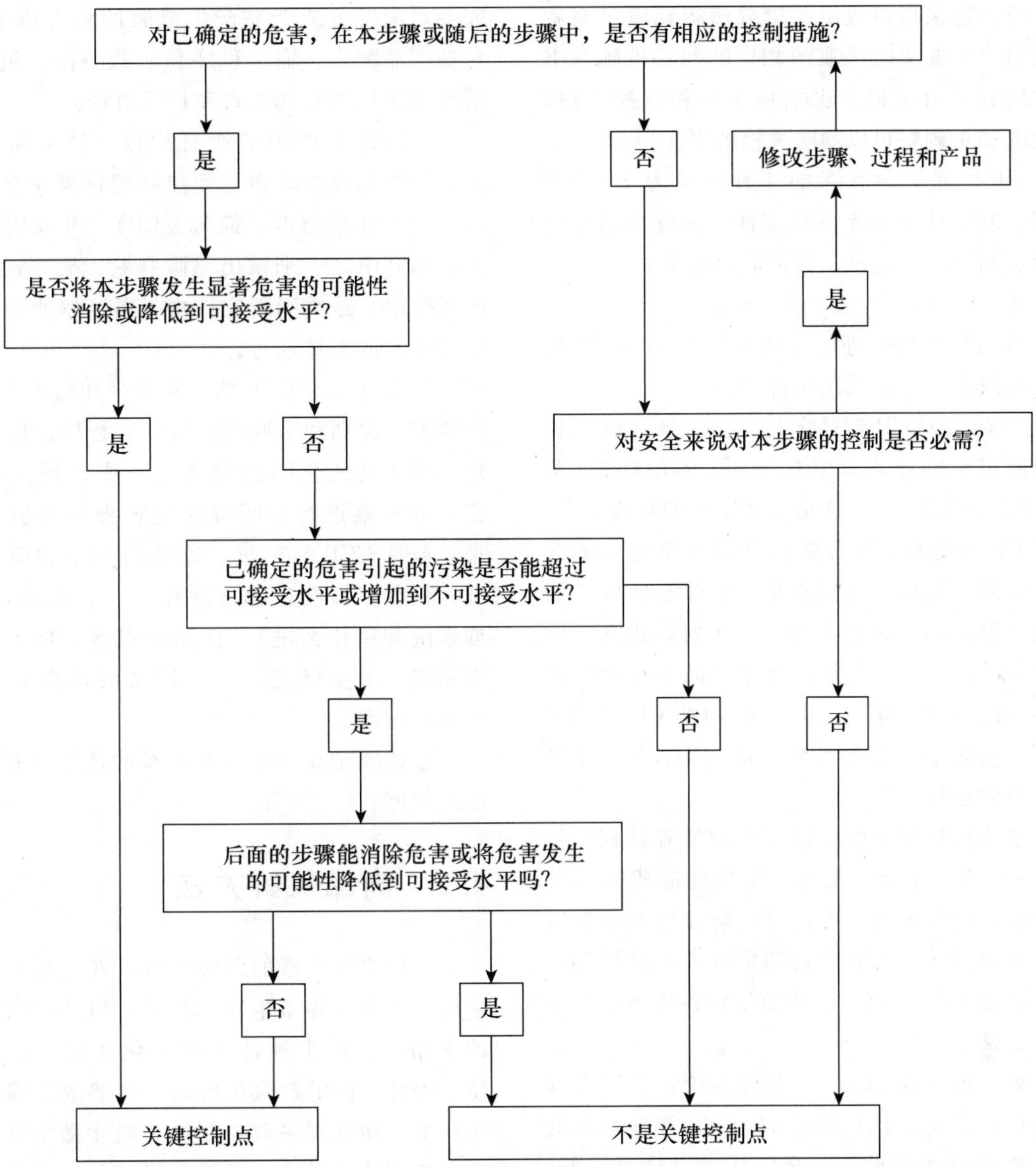

图 4-2　CCP 判断树

好准确的记录，为确保加工始终符合关键限值，对 CCP 实行监控是必需的。要实施对 CCP 的监控，就必须事先建立 CCP 的监控程序。每个监控程序必须包括“3W1H”，即监控什么（What）、怎样监控（How）、何时监控（When）、谁来监控（Who）。为此，要采用可靠的仪器和检测技术，对各个关键控制点上的标准进行及时而有效的检测，以便跟踪加工过程操作，查明和注意可能偏离关键限值的趋势并及时采取措施进行调整。

（5）纠正措施

纠正措施是指当监测值发生偏离或不符合关键限值时采取的步骤。只有当监控结果偏离关键限值时纠正措施才被实施，因此，有效的纠正措施在很大程度上依赖于完善的监控程序。

纠正措施由以下两个方面组成。

一是纠正和消除偏离的起因，重建加工控制，即分析偏离产生的原因，及时采取措施将发生偏离的参数重新控制到关键限值规定的范围内。同时要采取预防措施，防止这种偏离的再次发生。

二是确认偏离期间加工的产品并确定对这些产品的处理方法，如果有可能的话，在现场及时采取纠正措施，会取得满意的效果。偏离越早被确认，纠正措施就越容易实施，把不符合要求的产品减少到最小量的可能性就越大。

（6）建立记录保持程序

建立有效的记录保持程序是 HACCP 计划的重

要组成部分。记录可以提供关键限值得到满足或者当关键限值发生偏离时采取的相应的纠正措施的书面证据。同样，由于记录也提供了一种监控手段，由此引起的加工调整可以预防失控的发生。

HACCP 体系必须保存的 4 种记录为 HACCP 计划和用于制定计划的支持性文件、关键控制点的监控记录、纠正措施记录、验证活动记录。

（7）建立验证程序

验证是指用监控以外的方法来评价 HACCP 计划和体系的适宜性、有效性和符合性。

最复杂的 HACCP 要素之一就是验证。验证程序的正确制定和执行是 HACCP 计划成功实施的基础。“验证才足以置信”，这是验证原理的核心。

HACCP 计划的宗旨是防止食品安全危害的发生，验证的目的是提供置信水平，也即验证要说明两方面的问题：一是证明 HACCP 计划是建立在严谨、科学的基础上的，它足以控制产品本身和工艺过程中出现的安全危害；二是证明 HACCP 计划所规定的控制措施能被有效实施，整个 HACCP 体系在按规定有效运转。

验证措施包括建立验证过程中的检查计划、复查 HACCP、CCP 记录、偏差、随机样品收集和分析，以及验证过程中的检查记录。验证检查报告应包括管理和更新 HACCP 计划的负责人，在操作过程中直接监控 CCP 数据，证明监控设备性能良好及使用的纠偏措施可行。

要想规范地实施 HACCP 管理系统，工厂必须进行全员培训，充分认识实施 HACCP 管理系统的重要性；检测仪器和设备齐全，且运行状况良好。同时，工厂必须严格地执行生产操作规范和卫生标准操作规范，才能保证 HACCP 计划有效实施。

二维码 4-3 HACCP 控制体系的特点

4.1.2.2 HACCP 体系的实施步骤

HACCP 体系的实施包括以下步骤：

①作出一个详细的生产流程图，包括生产方法和时间安排、原材料的准备和运输、整个生产进程中半成品的储存等，并通过实地考察进行确认。

②识别产品的本质特征及其用途，并划分出可能会对消费者或产品产生威胁的危害或潜在危害，包括产品配方、输送程序和贮藏条件、包装、期待消费者采用的处理方式和目标市场。

③考虑生产中的所有阶段，包括实际生产误差，并识别那些必须受到控制的保障安全性的生产阶段（关键控制点，简称 CCP）。可以用下列 3 种方法的其中之一来做出风险判断：概率论、比较学或系统论。这类判断应该由具备高水平专业知识或丰富经验的人员进行。

④划分每个 CCP 的目标水平和临界范围，并提供监控、识别和采取矫正行动的程序。监控可用物理、微生物或化学检测进行，或是通过视觉或感官上的观察进行。所有的监督程序都应被记录下来，包括 CCP 的定位、监督的频率和应遵循的标准。例如，清洗过程（洗什么、怎么洗、何时洗、谁来洗和用什么洗）、食品的温度、加工环境、配方制定、卫生规定、交叉污染的机会和工人疾病或感染情况。

⑤建立记录 HACCP 体系的档案及总结体系所需的程序。

4.2 肉品保鲜方法

肉中含有丰富的营养成分，在室温下放置时间稍久，因受外界微生物的侵染，以及肉内部自身酶的作用，会产生种种生理生化变化，以致腐败变质。因此，肉的贮藏保鲜，不仅要改善原料肉的卫生状况，而且要采取控制措施阻止微生物的生长繁殖，抑制酶的活性，延缓肉内部的化学变化，从而达到延长贮藏保鲜期的目的。

4.2.1 冷却保鲜

冷却保鲜是常用的肉和肉制品保存方法之一。这种方法将肉品冷却到 0℃左右，并在此温度下进行短期贮藏。由于冷却保存耗能少，投资较低，适宜于保存在短期内加工的肉类和不宜冻藏的肉制品。

4.2.1.1 肉的冷却

（1）冷却目的

刚屠宰完的胴体，其温度一般在 38～41℃，这个温度范围正适合微生物生长繁殖和肉中酶的作用，对肉的保存很不利。肉的冷却的目的是在一定温度范围内使肉的温度迅速下降，使微生物在肉表面的生长繁殖减弱到最低程度，并在肉的表面形成一层皮膜；减弱酶的活性，延缓肉的成熟时间；减少肉内水分蒸发，延长肉的保存时间。

肉的冷却是肉的冻结过程的准备阶段。在此阶段，胴体或肉逐渐成熟。

二维码 4-4　冷却对微生物的影响

(2) 冷却条件和方法

目前，畜肉的冷却主要采用空气冷却法，即依靠各种类型的冷却设备，使室内温度保持在 0～4℃之间。冷却时间取决于冷却室温度、湿度和空气流速，以及胴体大小、肥度、数量，胴体初温和终温等。禽肉可采用液体冷却法，即以冷水和冷盐水为介质进行冷却，也可采用浸泡或喷洒的方法进行冷却。此法冷却速度快，但必须对肉进行包装，否则肉中的可溶性物质会损失。

冷却终温一般在 0～4℃，牛肉多冷却到 3～4℃，然后移到 0～1℃冷藏室内，使肉温逐渐下降。加工分割胴体，先冷却到 12～15℃，再进行分割，然后冷却到 1～4℃。

在冷却室中，肉温降低到冻结点（－1.2℃左右）以上的温度。随着肉类工业现代化程度的提高，从卫生条件的改善和节能角度出发，国际上已将冷却肉的上限温度从 4℃提高到 7℃。冷却温度的确定主要以抑制微生物的生长繁殖为出发点。

①冷却条件的选择　主要包括冷却间温度和相对湿度的选择。

a. 冷却间温度。热鲜肉易腐败，为尽快抑制微生物生长繁殖和酶的活性，保证肉的质量，延长保存期，要尽快把肉温降低到一定范围内。肉的冰点在 1℃左右，冷却终温以 0℃左右为好。因而在进肉之前，应使冷却间的空气温度保持在 4℃左右。在进肉结束之后，即使初始放热快，冷却间的温度也不会很快升高，从而使冷却过程保持在 0℃左右。对于牛肉、羊肉来说，在肉的 pH 尚未降到 6.0 以下时，肉温不得低于 10℃，否则会发生冷收缩。

b. 冷却间相对湿度。冷却间的相对湿度对微生物的生长繁殖和肉的干耗（一般为胴体质量的 3%）起着十分重要的作用。湿度大，有利于降低肉的干耗，但微生物生长繁殖加快，且肉表面不易形成皮膜；湿度小，微生物活动减弱，有利于肉表面皮膜的形成，但肉的干耗大。在整个冷却过程中，水分不断蒸发，总水分蒸发量的 50%以上是在冷却初期（最初 1/4 冷却时间内）完成的。因此在冷却初期，空气与胴体之间温差大，冷却速度快，Rh 宜在 95%以上，之后宜维持在 90%～95%之间，冷却后期 Rh 以维持在 90%左右为宜。这种阶段性地选择相对湿度，不仅可缩短冷却时间，减少水分蒸发，抑制微生物大量繁殖，而且可使肉表面形成良好的皮膜，不致产生严重干耗。

对于刚屠宰的胴体，由于肉温高，要先经冷凉，再进行冷却。

c. 空气流速。空气流动速度对干耗和冷却时间也极为重要。相对湿度高，空气流速低，虽然能使干耗降到最低程度，但容易使胴体长霉和发黏。为及时把由胴体表面转移到空气中的热量带走，并保持冷却间温度和相对湿度均匀分布，要保持一定速度的空气循环。冷却过程中，空气流速一般应控制在 0.5～1 m/s，最高不超过 2 m/s，否则会显著加重肉的干耗。

② 冷却方法　冷却方法有空气冷却、水冷却、冰冷却和真空冷却等。根据冷却条件的变化，可将冷却过程分为一段冷却法和二段冷却法。

一段冷却法是指在相同的室温及风速下一次性完成冷却过程。一般在冷却间温度为－3～－1℃、空气流速为 0.5～1.5 m/s 的条件下，经 10～20 h 完成冷却。

二段冷却法是指将整个冷却过程在同一冷却间里分二段来进行。第一阶段，冷却间空气温度较低，多在－15～－10℃，空气流速为 1.5～2 m/s，经 2～4 h 的冷却，肉表面温度降至－2～0℃，胴体深部温度降至 16～20℃；第二阶段，冷却间空气温度为－2～0℃，空气流速为 0.5 m/s，经 10～16 h，即完成冷却过程。相对于一段冷却法，二段冷却法的优点是大大缩短了冷却时间，周转快，并且干耗少，质量好，切割时肉流汁少。但二段冷却法也有缺点，易引起冷缩，影响肉的嫩度。牛、羊肉采用此法冷却时冷缩现象比较明显。

近年来，随着冷却肉销量的增加，各国对冷却方法进行了大量研究。为了加快冷却速度，提高冷却肉的质量，目前国内外多采用二段快速冷却法。冷却操作时要注意以下几点：

a. 胴体要经过修整、检验和分级。

b. 冷却间须符合卫生要求。

c. 吊轨间的胴体按“品”字形排列。

d. 对不同等级的肉，要根据其肥度和质量的不同，分别吊挂在不同位置。肥重的胴体应挂在靠近冷源和风口处。薄而轻的胴体挂在距排风口远的位置。

e. 进肉速度快，并应一次性完成进肉。

f. 冷却过程中尽量减少人员进出冷却间，保持冷却条件稳定，减少微生物污染。

g. 在冷却间按平均 1 W/m^3 的功率安装紫外线灯，每昼夜连续或间隔照射 5 h。

h. 胴体最厚部位中心温度达到 0～4℃，即达到冷却终点。

一般冷却条件下，牛半片胴体的冷却时间为 48 h，猪半片胴体为 24 h 左右，羊胴体约为 18 h。

4.2.1.2 冷却肉的贮藏

(1) 冷却肉的贮藏条件

经过冷却的肉类，一般存放在－1～1℃的冷藏间（或排酸库），一方面可以完成肉的成熟（或排酸），另一方面达到短期贮藏的目的。冷藏期间要保持温度相对稳定，以不超出上述范围为宜。进肉或出肉时，温差不得超过 3℃，相对湿度保持在 90%左右，同时保持自然循环。冷却肉的贮藏条件和贮藏期见表 4-4。

表 4-4 冷却肉的贮藏条件和贮藏期

品 名	温度/℃	相对湿度/%	贮藏期/d
牛肉	－1.5～0	90	28～35
小牛肉	－1～0	90	7～21
羊肉	－1～0	85～90	7～14
猪肉	－1.5～0	85～90	7～14
全净膛鸡	0	80～90	7～11
腊肉	－3～1	80～90	30
腌猪肉	－1～0	80～90	120～180

(2) 冷却保鲜过程中的问题与质量控制

在冷藏条件下，由于水分没有结冰，肉中微生物和酶的活动还在进行，所以易发生干耗及表面发黏、发霉、变软、变色等，甚至产生不愉快的气味。在良好卫生条件下屠宰的畜肉的初始微生物总数为 103～104 CFU/cm^2，其中 1%～10%能在 0～4℃下生长。

①干耗　干耗是肉在冷藏中水分散失的结果，干耗不但使肉的质量降低，而且影响肉的品质，促进表层氧化的发生。处于冷却终点温度的肉（0～4℃），其物理、化学变化并没有终止，其中以水分蒸发而导致干耗最为突出。干耗受冷藏室温度、相对湿度、空气流速的影响。高温、低湿度、高空气流速会加剧肉的干耗。因此，为了防止或降低干耗，必须保持适宜的冷藏室温度、湿度及空气流速。

②发黏、发霉　贮藏期间肉发黏和发霉是常见的现象，先在表面形成块状灰色菌落，呈半透明，然后逐渐扩大成片状，表面发黏，有异味。这是在冷藏过程中，微生物在肉表面生长繁殖的结果，与肉表面的污染程度和相对湿度有关，也与环境的温度有关。微生物污染越严重，湿度越高，温度越高，肉表面越易发黏、发霉。在 0℃和有氧条件下时，微生物污染程度与肉表面形成黏液的时间密切相关。当最初肉表面污染的细菌数为 100 CFU/cm^2 时，16 d 达到发黏；当达到 105 CFU/cm^2 时，只有 7 d 就达到发黏。防止或延缓肉表面长霉和发黏的主要措施是尽量降低胴体最初污染程度和防止冷藏间温度升高，这就要求工作人员在肉品生产、冷藏、流通过程中严把卫生关，确保肉品的质量。

③颜色变化　肉在贮藏期间一般都会发生色泽变化。红肉表面由于冷藏间空气温度、湿度、氧化等因素的影响，由紫红色逐渐变为褐色。存放时间越长，褐变肉的厚度越大；温度越高、湿度越低、空气流速越快，则褐变越快。此外，由于微生物的作用，有时肉表面会出现变绿、变黄、变青等现象。色泽的变化是品质下降的表现。

④串味　肉与有强烈气味的食品存放在一起，会使肉产生串味现象。串味现象是指将有强烈香味或臭味的食品与其他食品放在一起冷却冷藏，其香味或臭味就会传给其他食品。这样，食品原有的风味就会发生变化，使品质下降。另外，冷藏库还具有一些特有的臭味，俗称冷臭，这种冷臭也会串给在其中冷却的食品。

要避免上述情况，就要求在管理上做到专库专用，定期地或在一种食品出库后严格消毒和除味。

⑤成熟　在冷藏过程中，肌肉中的化学变化缓慢进行，而达到成熟。目前肉的成熟一般采用低温成熟法，即冷藏与成熟同时进行，温度为 0～2℃，相对湿度为 86%～92%，空气流速为 0.15～0.5 m/s。成熟时间因肉的品种不同而异，牛肉约需 3 周。

⑥冷收缩　冷收缩主要在牛、羊肉上发生。屠宰后，在短时间内对胴体进行快速冷却时，肌肉产生强烈收缩。这种肉在成熟时不能充分软化。研究表明，冷收缩多发生在宰杀后 10 h，肉温降到 8℃以下时出现。针对牛、羊肉的这种情况，适当控制

冷却速度即可避免。

4.2.1.3　冷却肉加工工艺技术

随着肉类工业现代化技术的应用和卫生条件的改善，加上节约能源等方面的考虑，猪胴体冷却工艺趋于向快速冷却和急速冷却方向发展。其指导性工艺参数见表 4-5。

表 4-5　猪胴体冷却工艺参数

工艺参数	快速冷却	急速冷却	
		第一阶段	第二阶段
制冷功率/（W/m^3）	250	450	110
室温/℃	0～2	−10～−6	0～2
制冷风温/℃	−10	−20	−10
风速/（m/s）	2～4	1～2	0.2～0.5
冷却时间/h	12～20	1.5	8
胴体温度/℃	7～4	7	7
干耗/%	1.8（7℃）	0.95	0.95

急速冷却采用二段冷却法，即在第一阶段采用低于肉冻结点的温度和较高的风速，冷却 1.5 h。第二阶段转入 0～2℃的冷却间经过 8 h，使胴体温度均衡并最终降至 7℃以下。二段冷却法有利于抑制微生物的生长繁殖，冷却时间短，干耗小，但肉汁流失较多。

从安全卫生和经济考虑，宰后胴体冷却降温的速度越快，越不利于微生物的生长繁殖；冷却时间越短，质量损失越小。在冷却过程中，胴体质量损失程度取决于两个因素：其一是肉组织结构状况，这与品种、饲养条件以及宰前受刺激程度有关；其二是冷却工艺，若制冷压缩机功率过小，冷却间单位时间内空气交换次数过少，则胴体冷却时间就越长，也就是冷却降温曲线越平坦，胴体的质量损失越大。但过度追求冷却速度，使肉组织发生冻结，将影响冷却肉的品质。

改进冷却工艺须遵循的原则是：应迅速地将宰后胴体送入冷却间（1～2 h）；冷却后胴体表面要干燥；胴体后腿的中心温度要在 16～24 h 内降至 7℃（或 4℃）以下；适宜的冷却时间（16～24 h）；尽可能降低干耗和肉汁流失（质量损失）；良好的肉品质量（色泽、组织结构）；节约能源和人力。

4.2.2　冷冻保鲜

由于贮藏温度在肉的冰点以上，冷却肉中的微生物和酶的活动只受到部分抑制，冷藏期短。当肉在 0℃以下冷藏时，随着冻藏温度的降低，肌肉中冻结水的含量逐渐增加，肉的 A_w 逐渐下降（表 4-6），使细菌的活动受到抑制。当温度降到 −10℃以下时，冻肉则相当于中等水分食品。大多数细菌在此 A_w 下不能生长繁殖。当温度下降到 −30℃时，肉的 A_w 在 0.75 以下，霉菌和酵母菌的活动也受到抑制。所以冻藏能有效地延长肉的保藏期，防止肉类腐败变质，其贮藏期为冷却肉的 5～50 倍。

表 4-6　低温与 A_w 之间的关系

温度/℃	肌肉（含水 75%）中冻结水比例/%	A_w
0	0	0.993
−1	2	0.990
−2	50	0.981
−3	64	0.971
−4	71	0.962
−5	80	0.953
−10	83	0.907
−20	88	0.823
−30	89	0.746

4.2.2.1　肉的冻结

肉中的水分部分或全部变成冰的过程叫作肉的冻结。从物理化学的角度看，肉是充满组织液的蛋白质胶体系统，其初始冰点比纯水的冰点低（表 4-7）。初始冻结后，肉所处的温度越低，冻结水越多，从而剩余的水相中溶质浓度越来越高。所以需要逐渐降低温度才能使剩余的水变成冰。

表 4-7　几种肉类食品的含水量和初始冰点

品名	含水量/%	初始冰点/℃
瘦肉	74	−1.5
腌肉（含 3%食盐）	73	−4
瘦鱼肉	8	−1.1
肥鱼肉	65	−0.8
鸡肉	74	−1.5

一般地，对于瘦肉来说，初始冰点时肉中冻结水约占50%。而在−5℃时，冻结水的百分比约占80%。由此可见，从初始冰点到−5℃时，肉中约80%的水冻结成冰。从−5℃到−30℃，虽然温度下降很多，但由于溶质浓度的增加，其冰点相应地降低，冻结水的百分比只增加10%。因而，从初始冰点到−5℃这个大量形成冰晶的温度范围叫作最大冰晶生成带。肉在通过其最大冰晶生成带时，要放出大量的热量，因而需要的时间较长。

(1) 缓慢冻结

有关瘦肉中冰形成过程的研究表明，冻结过程越快，所形成的冰晶越小。在肉冻结期间，冰晶首先在肌纤维之间形成，这是因为肌细胞外液的冰点比肌细胞内液的冰点高。缓慢冻结时，冰晶在肌细胞之间形成和生长，从而使肌细胞外液浓度增加。由于渗透压的作用，肌细胞会失去水分而发生脱水收缩，结果在收缩了的细胞之间形成相对少而大的冰晶。

(2) 快速冻结

快速冻结时，肉的热量散失很快，使得肌细胞来不及脱水便在细胞内形成了冰晶，即肉内冰层推进速度大于水移动速度，结果是在肌细胞内外形成了大量的小冰晶。

冰晶在肉中的分布和大小是很重要的。缓慢冻结的肉类因为水分不能返回到其原来的位置，在解冻时会失去较多的肉汁，而快速冻结的肉类不会产生这样的问题，所以冻肉的质量高。此外，冰晶的形状有针状、棒状等不规则形状，冰晶大小从10～800 μm不等。如果肉块较厚，冻肉的表层和深层所形成的冰晶也不同，表层形成的冰晶体积小、数量多，深层形成的冰晶少而大。

(3) 冻结速度

冻结速度对冻肉的质量影响很大。常用冻结时间和单位时间内形成冰层的厚度表示冻结速度。

①用冻结时间表示　食品中心温度通过最大冰晶生成带所需时间在30 min之内者，称快速冻结，在30 min以上者为缓慢冻结。

冻结期间从肉的表面到中心，温度变化或温度下降极为不同（图4-3），单位时间内的温度变化（℃/h）难以描述确切的冻结过程。

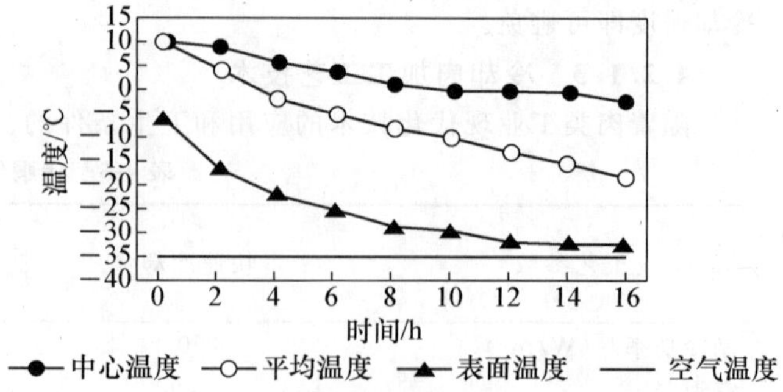

图4-3　大块肉冻结期间的温度变化

②用单位时间内形成冰层的厚度表示　因为产品的形状和大小差异很大，如牛胴体和鹌鹑胴体，比较其冻结时间没有实际意义。通常，把冻结速度表示为由肉品表面向中心形成冰的平均速度。实践上，平均冻结速度可表示为由肉块表面向中心形成的冰层厚度与冻结时间之比。国际制冷协会规定，冻结时间是品温从表面达到0℃开始，到中心温度达到−10℃所需的时间。冰层厚度单位用cm表示，冻结时间单位用h表示，则冻结速度单位表示为cm/h。

冻结速度为10 cm/h以上者，称为超快速冻结，用液氮或液态CO_2冻结小块物品属于超快速冻结。5～10 cm/h为快速冻结，用平板式冻结机或流化床冻结机可实现快速冻结。1～5 cm/h为中速冻结，常见于大部分鼓风冻结装置。1 cm/h以下为慢速冻结，纸箱装肉品在鼓风冻结期间多处在缓慢冻结状态。

(4) 冻结方法

肉类的冻结多采用空气冻结法、板式冻结法和液体冻结法。其中空气冻结法最为常用。根据空气所处的状态和流速的不同，又分为静止空气冻结法和鼓风冻结法。

①静止空气冻结法　这种冻结方法是把食品放入−30～−10℃的冻结室内，利用静止冷空气进行冻结。由于冻结室内自然对流的空气流速很低（0.03～0.12 m/s）和空气的导热系数小，肉类食品冻结时间一般在1～3 d。因而这种方法属于缓慢冻结。当然冻结时间与食品的类型、包装大小、堆放方式等因素有关。

②鼓风冻结法　该方法热传导的媒介是空气和金属板。这种方法是在冻结室或隧道内安装鼓风设备，以供应快速流动的冷空气，加快冻结速度。工业生产上普遍采用此方法。鼓风冻结法常用的工艺条件是：空气流速一般为2～10 m/s，冷空气温度为−40～−25℃，空气相对湿度为90%左右。这是一种速冻方法，主要是利用低温和冷空气的高速流

动，食品与冷空气密切接触，促使其快速散热。这种方法冻结速度快，冻结的肉品质量高，但空气流速可能增加未包装肉品的冻伤。

③板式冻结法 这种方法是把薄片状食品（如肉排、肉片、肉饼等）装盘或直接与冻结室中的金属板架接触，冻结室温度一般为－30～－10℃。由于金属板直接向食品传递热量，冻结速度比静止空气冻结法快、传热效率高、食品干耗少。

④液体冻结法 液体冻结法包括流体浸渍和喷雾两种，这种方法是商业上冻结禽肉所常用的方法，一些其他肉类和鱼类也利用此法冷冻。此法热量转移速度慢于鼓风冻结法。热传导介质必须无毒、成本低、黏性低、冻结点低、热传导性能好。一般常用液氮、食盐溶液、甘油、甘油醇和丙烯醇等，但值得注意的是，食盐溶液常引起金属槽和设备腐蚀。

根据冷冻的工艺条件，冷冻方法可分为一段冷冻法和二段冷冻法两种。

a. 一段冷冻法。肉在冷冻前先在晾肉间进行分级晾肉，使肉内热量略有散发，沥去肉表面的水分，再直接将肉放进冷冻间，保持在－23℃或－23℃以下，空气流速为2～3 m/s，相对湿度为92%左右。一般经18～23 h即可完成冷冻过程。这种方法相对于二段冷冻法，可以减少水分的蒸发和升华，降低干耗0.88%～1.45%，冷冻时间缩短40%～50%，节省劳动力50%，减少建筑面积30%左右。但由于是在短时间内快速冷冻，易使牛肉和羊肉产生冷收缩现象，并且直接冷冻的肉在冻藏时其冻藏干耗大。

b. 二段冷冻法。将鲜肉先进行冷却，然后再行冷冻的过程。冷却间温度保持在－23℃，一般24 h内便可使肉深层的温度降到－15℃。采用这种方法冷冻的肉质量较好，所需的制冷量比一段冷冻法低约25%。

此外，还有超低温一次冷冻法，将肉放在－40℃冷冻间内，只需数小时至10 h，肉的中心温度即可达到－18℃。冷冻后的肉色泽好、冰晶小，解冻后的肉与鲜肉相似。

4.2.2.2 冻肉的冻藏

冻肉冻藏的主要目的是阻止冻肉的各种变化，以达到长期贮藏的目的。冻肉品质的变化不仅与肉的状态、冻结工艺有关，与冻藏条件也有密切的关系。温度、相对湿度和空气流速是决定贮藏期和冻肉质量的重要因素。

（1）冻藏条件及冻藏期

冻藏间的温度一般保持在－21～－18℃，温度波动不超过±1℃，冻结肉的中心温度保持在－15℃以下。为减少干耗，冻结间空气相对湿度保持在95%～98%。空气流速采用自然循环即可。

冻肉在冻藏室内的堆放方式也很重要。对于胴体肉，可堆叠成约3 m高的肉垛，要求其周围空气流畅，避免胴体直接与墙壁和地面接触。对于箱装的塑料袋小包装分割肉，堆放时也要保持周围有流动的空气。

因为冻藏条件、堆放方式、原料肉品质和包装方式都影响冻肉的冻藏期，很难制定准确的冻肉贮藏期。冻牛肉比冻猪肉的贮藏期长，脂肪含量高的鱼贮藏期短。各种肉类的冻藏条件和冻藏期如表4-8。

表4-8 各种肉类的冻藏条件和冻藏期

类别	冻结点/℃	温度/℃	相对湿度/%	冻藏期/月
牛肉	－1.7	－23～－18	90～95	9～12
猪肉	－1.7	－23～－18	90～95	4～6
羊肉	－1.7	－23～－18	90～95	8～10
小牛肉	－1.7	－23～－18	90～95	8～10
兔肉	—	－23～－18	90～95	4～6

（2）肉在冻结和冻藏期间的变化

各种肉类经过冻结和冻藏后，都会发生一些物理变化和化学变化，肉的品质受到影响。冻结肉的功能特性不如鲜肉，长期冻藏可使猪肉和牛肉的功能特性显著降低。

①物理变化 包括以下4个方面。

a. 容积。水变成冰所引起的容积增加大约是9%，而冻肉由于冰的形成所造成的体积增加约为6%。肉的含水量越高，冻结率越大，则体积增加越多。在选择包装方法和包装材料时，要考虑到冻肉体积的增加。

b. 干耗。肉在冻结、冻藏和解冻期间都会发生脱水现象。对于未包装的肉类，在冻结过程中，肉中水分减少0.5%～2%，快速冻结可减少水分蒸发。在冻藏期间质量也会减少。冻藏期间空气流速小，温度尽量保持不变，有利于减少水分蒸发。

c. 冻结烧。在冻藏期间由于肉表层冰晶的升华，形成了较多的微细孔洞，增加了脂肪与空气中氧的接触机会，最终导致冻肉产生酸败味，肉表面发生黄褐色变化，表层组织结构粗糙，这就是所谓的冻结烧。冻结烧与肉的种类和冻藏温度的高低有密切关系。禽肉和鱼肉脂肪稳定性差，易发生冻结烧。猪肉脂肪在−8℃下贮藏6个月，表面有明显酸败味，且呈黄色。而在−18℃下贮藏12个月也无冻结烧发生。采用聚乙烯塑料薄膜密封包装，隔绝氧气，可有效地防止冻结烧。

d. 重结晶。冻藏期间冻肉中冰晶的大小和形状会发生变化。特别是冻藏室内的温度高于−18℃，且温度波动的情况下，微细的冰晶不断减少或消失，形成大冰晶。实际上，冰晶的生长是不可避免的。经过几个月的冻藏，由于冰晶的生长，肌纤维受到机械损伤，组织结构受到破坏，解冻时大量肉汁损失，肉的质量下降。采用快速冻结，并在−18℃下贮藏，尽量减少波动次数和减小波动幅度，可使冰晶生长减慢。

②化学变化　速冻所引起的化学变化不大。而肉在冻藏期间会发生一些化学变化，从而引起肉的组织结构、外观、气味和营养价值的变化。

a. 蛋白质变性。与盐类电解质浓度的提高有关，冻结往往使鱼肉蛋白质尤其是肌球蛋白，发生一定程度的变性，从而导致韧化和脱水。牛肉和禽肉的肌球蛋白比鱼肉肌球蛋白稳定得多。

b. 肌肉颜色。冻藏期间，冻肉表面颜色逐渐变暗。颜色变化也与包装材料的透氧性有关。

c. 风味和营养成分变化。大多数食品在冻藏期间会发生风味的变化，尤其是脂肪含量高的食品。多不饱和脂肪酸经过一系列化学反应发生氧化而酸败，产生许多有机化合物，如醛类、酮类和醇类。醛类是使风味异常的主要原因。冻结烧、Cu^{2+}、Fe^{2+}、血红蛋白也会使酸败加快。添加抗氧化剂或采用真空包装可防止酸败。对于未包装的腌肉来说，由于低温浓缩效应，即使低温腌制，也会发生酸败。

4.2.2.3　冻结肉的解冻

经过冷冻，肉的贮藏保鲜期大大延长，但在加工或食用前须要对其进行解冻。解冻是冻结的逆过程，使冻结肉中的冰晶融化成水，肉恢复到冷冻前的状态，以便于加工。由于在冷冻、冻藏过程中，肉的组织结构受到了一定损伤，解冻后不可能完全恢复到冻前状态，但可以通过控制冷冻和解冻条件使其最大程度地恢复到原来的状态。

(1) 解冻的条件和方法

解冻的方法有多种，如空气解冻、水或盐水解冻、真空解冻、微波解冻等。在肉类工业中大多采用空气解冻和水解冻。解冻的条件主要是控制温度、湿度和解冻速度。

①空气解冻　空气解冻又分为自然解冻和流动空气解冻。空气温度、湿度和流速都影响解冻的质量。

自然解冻又称静止空气解冻，是一种在室温条件下解冻的方法，解冻速度慢。随着解冻温度的提高，解冻时间变短。在4℃和相对湿度90%下解冻时，冻结肉由−18℃上升到2℃，需要2～3 d；在12～20℃和相对湿度50%～60%下解冻，一般需15～20 h。解冻速度也与肉块的形状和大小有关。

流动空气解冻采用强制送风，加快空气循环，缩短解冻时间。采用空气-蒸汽混合介质解冻比用单纯空气解冻所需时间短。

空气解冻的优点是不需特殊设备，适合解冻任何形状和大小的肉块，缺点是解冻速度慢，水分蒸发多，质量损失大。

②水解冻　水的导热系数比空气大得多，用水作解冻介质，可提高解冻速度。用4～20℃的水解冻猪肉半胴体，比空气解冻快7～8倍，如在10℃水中解冻半胴体，解冻时间为13～15 h。家禽胴体在5℃空气中自然解冻，解冻时间为24～30 h。而在相同温度的静水中解冻，仅需3～4 h，流水解冻比静水解冻快。

水解冻法还可采用喷淋解冻。根据肉的形状、大小和包装方式，也可采用空气解冻与喷淋解冻相结合的方法。

水解冻的肉表面色泽呈浅粉红或近乎白色，湿润，表面吸收水分后，肉的质量增加3%左右。静水浸渍解冻时，水中微生物数量明显增加。包装的分割肉在水中解冻较好。

在生产实践中，要根据肉的形状、大小、包装方式、肉的质量、污染程度等采取适宜的解冻方法，而且还要根据生产的需要，将肉解冻到完全解冻状态或半解冻状态。

③微波解冻　微波解冻的原理是肉在微波场的作用下，极性分子以915 MHz/s的交变振动摩擦而产生热量，从而达到解冻的目的。微波解冻应用于冻结肉的解冻工艺可分为调温和融化两种。调温一般是将冻结肉从较低温度调到正好略低于水的冰

点，即－4～－2℃，这时的肉尚处于坚硬状，更易于切片或进行其他加工；融化是将冻肉进行微波快速解冻，只须将原料放在输送带上，直接用微波照射。

微波解冻最大的优点是速度快、效率高，从冷库中取出的冻肉 25～50 kg（－18～－12℃），采用传统的解冻方法解冻要用 5 h；而利用微波处理，可在 2 min 内将一块厚 20 cm、重 50 kg 的冰冻牛肉块的温度从－15℃升高到－4℃。所以，微波工艺为肉品工业带来了极大的方便和经济利益。此外，微波解冻还可以防止传统方法在长时间解冻过程中造成的表层污染与败坏，提高了场地与设备的利用率，肉品营养物质的损失也降低到最低程度。微波解冻也存在一些缺点，如因为微波对水和冰的穿透和吸收能力有差别（微波在冰中的穿透深度比在水中的大，但水吸收微波的速度比冰快。并且，对于受热而言，吸收影响大于穿透影响），因此，已融化的区域吸收的能量多，容易在已融化区域造成过热效应。

（2）解冻肉的质量变化

解冻肉的质量变化包括肉汁流失和营养成分的变化。

①肉汁流失　肉汁流失是解冻中常出现的对肉的质量影响最大的问题。影响肉汁流失的因素是多方面的，通过对这些影响因素的控制，可使肉汁流失减少到最小程度。

a. 肉汁流失的内在因素。一是肉的成熟阶段与 pH。肉的成熟阶段对肉汁流失有很大的影响。处于极限 pH 的肉，解冻时肉汁流失最多，为肉质量的 8%～10%。成熟肉在同样条件下的肉汁流失量为 3%～4%。换句话说，肉的 pH 越接近其肌球蛋白的等电点，肉汁流失越多。二是冰晶越大，肌肉组织的损伤程度越大，流失的肉汁越多。同时，冰晶的形成和增大，细胞内脱水，盐类浓度增大，导致蛋白质变性。解冻时，变性的蛋白质分子空间结构不能复原，不能重新吸附水分，造成肉汁流失。

b. 工艺条件对肉汁流失的影响。一是冻结速度和冻藏时间。缓慢冻结的肉，解冻时可逆性小，肉汁流失多。不同温度下冻结的肉在同一温度（20℃）解冻时，肉汁流失差异很大，冻藏温度低且稳定，解冻时肉汁流失少。例如，在－8℃、－20℃和－43℃ 3 种不同条件下冻结的肉块，在 20℃的空气中解冻，肉汁流失量分别为 11%、6%和 3%。二是解冻速度。缓慢解冻肉汁流失少，快速解冻肉汁流失多。例如，在－23℃冻结的肉块，在－20℃下冻藏 4 个月后，分别在 1℃、10℃下自然解冻，肉汁流失量分别为 1.76%和 3.27%。一般认为，10℃以下的低温解冻可使肉汁较少流失和保持较少的微生物数。

②营养成分的变化　解冻时肉汁流失，导致肉的质量减轻，水溶性维生素和肌质蛋白等营养成分减少。此外，反复冻结会导致肉的品质恶化，如组织结构变差，形成胆固醇氧化物等。

4.2.3　辐射保鲜

肉的辐射保鲜是指利用放射性核素发出的 γ 射线或利用电子加速器产生的电子束或 X 射线，在一定剂量范围内辐射肉类，杀灭其中的害虫，使微生物细胞核内的遗传物质 DNA 损伤，消灭病原微生物及其他腐败细菌。同时，辐射产物（如具有高活性的自由基等）与细胞组分发生反应，从而破坏生物体正常的新陈代谢，造成微生物生理活动失调，导致生长发育停止，直到最后死亡，从而达到食品保鲜的目的。概括地说，肉的辐射保鲜是利用原子能射线的辐射能量对食品进行杀菌处理而保存食品的一种物理方法，是一种安全卫生、经济有效的食品保存技术。1980 年由联合国粮农组织（FAO）、国际原子能机构（IAEA）、世界卫生组织（WHO）组成的“辐照食品卫生安全性联合专家委员会”就辐照食品的安全性得出结论：食品经不超过 10 kGy 的辐照，没有任何毒理学危害，也没有任何特殊的营养或微生物学问题。利用射线照射食品，可以起到杀虫、杀菌、抑制发芽、延迟后熟等作用。这一技术是继传统的物理、化学方法之后，又一发展较快的食品保藏新技术和新方法。

与传统的方法相比，辐射保藏食品技术有许多优点，主要体现在：

①食品在受射线照射过程中升温甚微，从而可以保持食品原有的新鲜感官特征。

②食品可以在包装后不拆包的情况下接受照射处理，节约材料，避免二次污染。

③操作适应范围广，在同一射线处理场所可以处理不同体积、状态、类型的食品。

④经射线处理过的食品不会留下任何残留物，这与熏蒸杀虫和其他化学处理相比是一突出优点。

⑤节约能源。据国际原子能机构通报估计，与传统的冷藏、热处理和干燥脱水方法相比，辐射处理可节约70%～90%的能源。

⑥辐射装置加工效率高。整个工序可连续作业，易实现自动化。

二维码 4-5　辐射保藏食品的原理

4.2.3.1　辐射杀菌在肉品保藏中的应用

(1) 控制旋毛虫

旋毛虫存在于猪肉的肌肉中，防治比较困难。但其幼虫对射线比较敏感，用0.1 kGy的γ射线辐照，就能使其丧失生殖能力。因而在加工过程中将猪肉通过射线源的辐照场，使其接受0.1 kGy的γ射线辐照，就能达到消灭旋毛虫的目的。在肉制品加工过程中，也可以用辐照方法来杀灭调味品和香料中的害虫，以保证产品免受其害。

(2) 延长货架期

叉烧猪肉经^{60}Co γ射线8 kGy照射，细菌总数从2×10^4 CFU/g下降到100 CFU/g，在20℃恒温下可保存20 d；在30℃高温下也能保存7 d，对其色、香、味和组织状态均无影响。新鲜猪肉去骨分割，用隔水、隔氧性好的食品包装材料真空包装，用^{60}Co γ射线5 kGy辐照，细菌总数由5.42×10^4 CFU/g下降到53 CFU/g，在室温下存放5～10 d不腐败变质。

(3) 灭菌保藏

新鲜猪肉经真空包装，用15 kGy ^{60}Co γ射线进行灭菌处理，可以全部杀死大肠菌群、沙门氏菌和志贺氏菌，仅个别芽孢杆菌残存下来。这样的猪肉在常温下可保存2个月。用26 kGy的剂量辐照，则灭菌较彻底，能够使鲜猪肉保存1年以上。香肠经8 kGy ^{60}Co γ射线辐照，其中大量细菌被杀灭，能够在室温下贮藏1年。由于辐照香肠采用了真空包装，在贮藏过程中也就防止了香肠的氧化褪色和脂肪的氧化酸败。

肉品经大剂量辐照会产生异味及肉色变淡。有的试验指出，1 kGy照射鲜猪肉即产生异味，30 kGy照射则异味增强，这主要是含硫氨基酸分解的结果。FAO对不同食品的辐照剂量规定见表4-9。

表4-9　不同食品的辐照剂量

食品	辐照剂量/Mrad*
肉、禽、鱼及其他易腐食品	4～6
肉、禽、鱼及其他易腐食品	0.5～1.0
冻肉、鸡肉、鸡蛋及其他易污染病原菌的食品	0.3～1.0
肉及其他有病原寄生虫的食品	0.01～0.03
香辛料、辅料	1～3

* 1 rad=10^{-2}Gy。

4.2.3.2　辐照工艺学

只有采用合理的辐照工艺，才能获得理想的效果。其工艺包括以下几个环节。

(1) 前处理

辐射保鲜利用射线杀灭微生物，并减少二次污染，从而达到保藏的目的。因此，辐射保藏的原料肉必须新鲜、优质、卫生，这是辐射保鲜的基础。辐照前必须对肉品进行挑选和品质检查，要求质量合格，原始含菌量、含虫量低。

(2) 包装

屠宰后的胴体必须经过剔骨，去掉不可食部分，然后进行包装。包装的目的是避免辐射过程中的二次污染，便于贮藏、运输。包装可采用真空或充入氮气的方法。包装材料可选用金属罐或塑料袋。塑料袋一般选用抗拉度强，抗冲击性好，透氧率好，γ射线辐照后其化学、物理变化小的复合薄膜制成。一般选择聚乙烯（PE）、聚对苯二甲酸乙二酯（PET）、聚乙烯醇（PVA）、聚丙烯（PP）和聚己内酰胺（PA6）等薄膜复合结构，有时在中层夹铝箔效果更好。采用热合封口包装是肉制品辐射保鲜的一个重要环节。因而要求包装能够防止辐照食品的二次污染。

(3) 辐射源及辐照方法的选择

常用辐射源有^{60}Co、^{137}Cs和电子加速器3种，其中^{60}Co辐照源释放的γ射线穿透力强，设备较简单，因而多用于肉品辐照。辐照箱的设计，根据肉品的种类、密度、包装大小、辐射剂量均匀度以及贮运销售条件确定，一般采用铝质材料，长方体结构，长、宽、高的比例可为2∶15∶5。辐照条件根据辐照肉品的要求而定，如为减少辐照过程中某些营养成分的损失，可采用高温辐照。在辐照方法上，为了提高辐照效果，经常使用复合处理的方法，如与红外线、微波等物理方法相结合。

（4）辐照剂量的确定

辐照处理的剂量和处理后的贮藏条件往往会直接影响其效果。辐照剂量越高，保存时间越长。各种肉类辐照剂量与保藏时间见表 4-10。

表 4-10　各种肉类辐照剂量与保藏时间

肉类	辐照剂量* /krad	保藏时间
鲜猪肉	1 500	常温保存 2 个月
鸡肉	200～700	延长保藏时间
牛肉	500	3～4 周
	1 000～2 000	3～6 个月
羊肉	4 700～5 300	灭菌保藏
猪肉肠	4 700～5 300	灭菌保藏
腊肉罐头	4 500～5 600	灭菌保藏

* 用 ^{60}Co γ 射线照射。

（5）辐照后的保藏

肉品辐照后可在常温下贮藏。采用辐射杀菌法处理的肉类，结合低温保藏效果较好。肉品辐射处理是一项综合性措施，要把好每一个工艺环节才能保证辐照的效果和质量。

虽然食品辐照可有效减少或去除病原菌和腐败微生物，保证食品的卫生和感官品质，但是许多消费者仍不愿意接受辐射食品。因此科学家研究了电子束辐射技术并将其应用在食品贮藏中。因为机械加速的电子束辐射技术并将其不使用任何放射性材料，消费者的认同可能会提高。

4.2.4　真空包装

真空包装是指先除去包装袋内的空气，再经过密封，使包装袋内的食品与外界隔绝。在真空状态下，好气性微生物的生长减缓或受到抑制，减少了蛋白质的降解和脂肪的氧化酸败。另外，真空包装使乳酸菌和厌气菌增殖，pH 降低至 5.6～5.8，进一步抑制了其他菌的生长，从而延长了产品的贮藏期。零售牛肉经真空包装后，于 4℃下其贮藏期可达 14 d，而在 0℃时，可达 3～5 周。

4.2.4.1　真空包装的作用

对于鲜肉，真空包装的作用主要是：

①抑制微生物生长，并避免外界微生物的污染。食品的腐败变质主要是微生物，特别是需氧微生物的生长造成的。抽真空可以形成缺氧环境，从而抑制许多需养微生物的生长。

②减缓肉中脂肪的氧化速度，对酶活性也有一定的抑制作用。

③减少产品失水，保持产品质量。

④保持产品整洁，增强产品的市场竞争力。

真空包装可以和其他方法结合使用，如抽真空后再充入 CO_2 等气体。还可与一些常用的防腐方法结合使用，如脱水、腌制、热加工、冷冻和化学保藏等。

4.2.4.2　对真空包装材料的要求

在选择真空包装材料时，应考虑以下方面性能。

（1）阻气性

主要目的是防止大气中的氧重新进入抽真空的包装袋内，避免需氧菌生长。乙烯、乙烯-乙烯醇共聚物都有较好的阻气性，若要求非常严格时，可加一层铝箔。

（2）水蒸气阻隔性

即应能防止产品水分蒸发，最常用的材料是聚乙烯、聚苯乙烯、聚丙乙烯、聚偏二氯乙烯等薄膜。

（3）香味阻隔性能

应能保持产品本身的香味，并能防止外部的一些不良气味渗透到包装产品中，聚酰胺和聚乙烯混合材料一般可满足这方面的要求。

（4）遮光性

光线会促使肉品氧化，影响肉的色泽。只要产品不直接暴露于阳光下，通常用没有遮光性的透明膜即可。按照遮光效能递增的顺序，采用的方式有：印刷、着色、涂聚偏二氯乙烯、上金、加一层铝箔等。

（5）机械性能

包装材料最重要的机械性能是具有防撕裂和防封口破损的能力。

4.2.4.3　真空包装存在的问题

目前肉制品已广泛采用真空包装，但鲜肉中使用较少，这是由于真空包装虽然能延长产品的贮藏期，但也有质量缺陷，主要存在以下几个问题。

（1）色泽变暗

肉的色泽是决定鲜肉货架寿命长短的主要因素之一。鲜肉经过真空包装后，由于包装内氧分压低，肌红蛋白转化为高铁肌红蛋白，鲜肉呈红褐色。真空包装鲜肉的颜色变暗问题可以通过双层包装处理来避免，即内层用一层透气性好的薄膜，然后用真空包装袋包装，销售前拆除外层包装。由于内层包装通气性好，肉与空气充分接触，肌红蛋白转化为氧合肌红蛋白，肉呈鲜红色。

(2) 抑菌不全面

真空包装虽能抑制大部分需氧菌生长，但即使氧气含量降到0.8%，仍无法抑制好气性假单胞菌的生长。但在低温下，假单胞菌会逐渐被乳酸菌所取代。

(3) 肉汁渗出及质量减轻

真空包装易造成产品变形和肉汁渗出，使产品感官品质下降，质量减轻明显。消费者在购买鲜肉时，看到包装袋内沾有血水，一定会产生不舒服的感觉。实际上，鲜肉在贮藏时发生血水渗出是不可避免的，因为分割的鲜肉经放置一段时间，自然会渗出血水。虽然真空包装鲜肉在冷却条件下（0～4℃）能储存28～35 d，但由于血水渗出的问题，而不被消费者所接受。近几年来，欧美超级市场解决这一问题的方法是用一种吸水垫来吸掉渗出的血水，这种吸水垫是用特殊材料经特殊的工艺制造的，它能间接吸收肉品水分，并只吸收自然释出的血水，使血水可被固定在吸水垫内，不再回渗。同时这种吸收垫易与肉品分离，不会留下纸屑或纤维类的残留物。

4.2.5 气调包装

气调包装是利用特殊的气体或气体混合物，抑制微生物生长和酶促腐败，延长食品货架期的一种方法。气调包装和真空包装相比，并不会比真空包装货架期长，但这种方法会减少产品受压和肉汁渗出，并能使产品保持良好色泽。

气调包装所用气体主要为O_2、N_2、CO_2。O_2性质活泼，容易与其他物质发生氧化作用。N_2惰性强，性质稳定。CO_2对嗜低温菌有抑制作用。所谓包装内部气体成分的控制，是指调整鲜肉周围的气体成分，使其与正常的空气组成成分不同，以达到延长鲜肉保存期的目的。

4.2.5.1 气调保鲜的机理

肉的气调保鲜是指利用适合保鲜的保护性气体置换包装容器内的空气，抑制细菌生长，结合温度调节以达到长期保存和保鲜的一种技术。研究表明，大气环境和温度是影响鲜肉贮藏期的主要因素。在常温的大气环境中，细菌迅速繁殖而导致鲜肉变质，因而降低贮藏温度，并创造一个人工气候环境，则可有效延长鲜肉的贮藏保鲜期。鲜肉气调保鲜机理就是通过在包装内充入一定的气体，破坏或改变微生物赖以生存、繁殖以及色变的条件，以达到保鲜的目的的。气调保鲜常用的气体通常为CO_2、O_2和N_2，或是它们的各种组合。每种气体对鲜肉的保鲜作用不同。

(1) CO_2

CO_2是一种稳定的化合物，无色、无味，在空气中约占0.03%。提高CO_2浓度可使好气性细菌、某些酵母菌和厌气性细菌的生长受到抑制。早在20世纪30年代，澳大利亚和新西兰就用高浓度CO_2保存鲜肉。但CO_2对塑料包装薄膜具有较高的透气性和易落于肉中，导致包装盒塌落，影响产品外观。因此，若选用CO_2作为保护气体，应选用阻隔性较好的包装材料。高浓度的CO_2还会减少氧合肌红蛋白的形成。

此外，一氧化碳（CO）使肉呈鲜红色比CO_2效果更好，也有很好的抑菌作用，但因危险性较大，尚未应用。

二维码 4-6 CO_2在气调包装中的抑菌作用机理

(2) O_2

O_2对鲜肉的保鲜作用主要体现在两方面：抑制鲜肉贮藏时厌氧菌繁殖；在短期内使肉色呈鲜红色，易被消费者接受。肌肉中肌红蛋白与氧分子结合，成为氧合肌红蛋白而呈鲜红色。混合气体中O_2一般在50%以上才能保持这种肉色。鲜红色的氧合肌红蛋白的形成还与肉表面潮湿与否有关。表面潮湿，则溶氧量多，易于形成鲜红色。O_2虽然可以使肉维持良好的色泽，但O_2的存在，在低温条件下（0～4℃）也易造成好气性假单胞菌生长，使其保存期低于真空包装；而且O_2还易造成不饱和脂肪酸氧化酸败，致使肌肉褐变。

(3) N_2

N_2为惰性气体，性质稳定，对肉的色泽和微生物没有影响，也不会被食品所吸收。N_2对塑料包装材料的透气率很低，因而可作为混合气体缓冲或平衡气体，并可防止因CO_2逸出包装盒而被大气压力压塌。

4.2.5.2 气调包装中的气体比例

在气调包装中，CO_2、O_2、N_2必须保持合适比例，才能使肉品保藏期长，且各方面均能达到良好状态。欧美国家大多以 80% O_2 +20% CO_2 方式零售包装，其货架期为 4～6 d。英国在 1970 年有两项专利，其气体混合比例为 70%～90% O_2 与 10%～30% CO_2 或 50%～70% O_2 与 30%～50% CO_2，而一般多用 20% CO_2 +80% O_2，具有 8～14 d 的鲜红色效果。表 4-11 为各种肉制品所用气调包装的气体混合比例。

表 4-11　气调包装肉及肉制品所用气体比例

肉的品种	混合比例	国家或地区
新鲜肉（5～12 d）	70% O_2 +20% CO_2 + 10% N_2 或 75% O_2 +25% CO_2	欧洲
鲜碎肉制品和香肠	33.3% O_2 +33.3% CO_2 + 33.3% N_2	瑞士
新鲜斩拌肉馅	70% O_2 + 30% CO_2	英国
熏制香肠	75% CO_2 +25% N_2	德国及北欧 4 国
香肠及熟肉（4～8 周）	75% CO_2 +25% N_2	德国及北欧 4 国
家禽（6～14 d）	50% O_2 +25% CO_2 +25% N_2	德国及北欧 4 国

二维码 4-7　肉的气调保鲜方法

4.2.5.3　鲜肉气调包装应注意的问题

（1）包装前的处理

生猪宰杀后如果在 0～4℃下冷却 24 h，ATP 停止活动后便产生排酸过程。这样处理的冷却肉，其营养和口感远比速冻肉和热鲜肉好。此外，为了保证气调包装的保鲜效果，还必须控制好鲜肉在包装前的卫生指标，防止微生物污染。

（2）包装材料的选择

气调包装应选用阻隔性良好的包装材料，以防止包装内气体外逸，同时也要防止大气中氧气的渗入。衡量塑料薄膜对气体的阻隔性，一般用透气系数来表示，透气系数越小，阻隔性越好。另外，所有的包装材料必须有足够的机械强度，使其能承受抽真空时压力的变化；同时还要求材料有一定塑性，以使包装袋能自动张开充气。

（3）充气和封口质量的保证

充气和封口质量的控制有赖于先进的充气包装机械和良好的操作质量。连续式真空/充气包装机可以实现从抽真空、充气到封口均在一台机器上自动连续完成，高效可靠，还减少了包装过程中的各种污染，有利于提高保鲜效果。

（4）产品贮藏温度的控制

温度对保鲜效果的影响来自两个方面：一是温度直接影响肉体表面各种微生物的活动；二是包装材料的阻隔性与温度有密切的关系，温度越高，包装材料的阻隔性越差。因此，必须对产品生产、贮藏、运输到销售全过程的温度进行严格控制。

4.2.6　化学保鲜

肉的化学贮藏主要利用天然的或化学合成的防腐剂和抗氧化剂进行鲜肉和肉制品的保鲜防腐，与其他贮藏手段相结合，发挥着重要的作用。常用的化学合成类物质包括有机酸及其盐类（山梨酸及其钾盐、苯甲酸及其钠盐、对羟基苯甲酸酯类及其钠盐、乳酸及其钠盐、双乙酸钠、脱氢乙酸及其钠盐等）、脂溶性抗氧化剂（丁基羟基茴香醚、二丁基羟基甲苯、特丁基对苯二酚、没食子酸丙酯）、水溶性抗氧化剂（抗坏血酸及其盐类）。

脂质氧化是肉在贮藏期间发生酸败、肉质变差的主要原因，往往导致异味、色泽和质构变差、汁液损失增加、营养价值下降，甚至产生有毒物质。通过添加化学合成的抗氧化剂虽然可解决氧化问题，但这些抗氧化剂具有毒副作用。据称，丁基羟基茴香醚、二丁基羟基甲苯和特丁基对苯二酚等其他合成的抗氧化剂具有致癌和其他副作用。因而，天然抗氧化剂是今后的发展方向，如 α-生育酚乙酸酯、茶多酚等。

α-生育酚乙酸酯、茶多酚、黄酮类物质等具有防腐和抗氧化性能的天然物质在肉类防腐保鲜方面的研究方兴未艾，代表着今后的发展方向。乳酸链球菌素（nisin）、溶菌酶等生物制剂，对肉类保鲜有效果。上述这类物质与其他方法结合使用，可收到良好的防腐效果。

思考题

1. 冷却肉和冷冻肉有什么区别？

2. 如何防止冻结烧的发生？

3. 肉汁流失有几种形式？其机理是什么？如何减少肉汁流失？

4. 试述肉类辐射保鲜的原理及方法。如何减少辐射对肉品的不利影响？

5. 简述肉品非辐射保鲜技术的特点以及对肉的功能特性的影响。

6. 试述主要栅栏因子及其相互作用对肉品保鲜防腐的作用机制。

7. 简述 HACCP 管理系统原则和一般应用方法。

第 5 章

肉的食用品质及其评定

学习目的与要求

了解肉中色素的组成、肌肉色泽变化及其影响因素；了解嫩度的概念、影响因素、测定方法和改善嫩度的方法；了解肉品风味的产生途径；掌握肌肉系水力的概念和影响因素，并了解多汁性与肉的嫩度、风味、脂肪含量等的关系；掌握综合评定肉品质量的方法。

5.1 肉色

对肉及肉制品的评价，人们大都从色、香、味、嫩度等几个方面来评价，其中给人的第一印象就是颜色。肉的颜色主要取决于肌肉中的色素物质——肌红蛋白和血红蛋白，如果放血充分，前者占肉中色素的80%～90%，占主导地位。所以肌红蛋白的多少和化学状态变化造成不同动物、不同肌肉的颜色深浅不一，肉色千变万化，从紫色到鲜红色、从褐色到灰色，甚至还会出现绿色。本节介绍肌红蛋白的性质、影响因素以及保持正常肉色的一些措施。

5.1.1 肌红蛋白及其化学变化

5.1.1.1 肌红蛋白的构造

肌红蛋白（myoglobin，Mb）是一种复合蛋白质，相对分子质量在17 000左右，由一条多肽链构成的珠蛋白和一个血红素组成，其结构见二维码5-1。血红素是由4个吡咯形成的环上加上铁离子所组成的铁卟啉，其结构见二维码5-2。其中，铁离子可处于还原态（Fe^{2+}）或氧化态（Fe^{3+}），处于还原态的铁离子能与 O_2 结合，氧化后则失去 O_2，氧化和还原是可逆的，所以肌红蛋白在肌肉中起着载氧的功能。

二维码5-1 肌红蛋白结构

二维码5-2 血色素分子结构

5.1.1.2 肌红蛋白的含量

肌肉中肌红蛋白含量受动物种类、肌肉部位、运动程度、年龄以及性别的影响。不同种动物的肌红蛋白含量差异很大，如：牛＞羊＞猪＞兔，肉颜色的深度也依次排序，牛、羊肉深红，猪肉次之，兔肉就近乎白色。同一种动物不同部位的肌肉肌红蛋白含量差异也很大，这与肌纤维组成有关，红肌纤维富含Mb，而白肌纤维则不然。虽然肌肉纤维组成大都为混合型，但红、白纤维比例在不同的肌肉中差异很大，最典型的是鸡腿肉和鸡胸脯肉。鸡腿肉主要由红肌纤维组成，而鸡胸脯肉则大都由白肌纤维组成，前者的肌红蛋白含量是后者的5～10倍，所以前者肉色红，后者肉色白。随着动物年龄的增长，肌肉中Mb含量增多，故老龄动物肉色深，幼龄动物肉色浅。另外，运动和性别也对肌肉中Mb含量有影响，如放养的动物比圈养的Mb含量高，不停运动的腹膜肌要比较少运动的背肌Mb多，一般公畜肌肉比母畜的Mb含量高。

5.1.1.3 肌红蛋白的变化

肌红蛋白（Mb）本身是紫红色的，与氧结合可生成氧合肌红蛋白（oxymyoglobin，MbO_2），呈鲜红色，是新鲜肉的象征；Mb和 MbO_2 均可以被氧化成高铁肌红蛋白（metmyoglobin，MMb），使肉色变暗，呈褐色，是肉放置时间长久的象征；当存在硫化物时，Mb还可被氧化成硫代肌红蛋白，呈绿色，是一种异常色；Mb与亚硝酸盐反应可生成亚硝基肌红蛋白，呈粉红色，是腌肉的典型色泽；Mb受热后蛋白质变性，形成球蛋白氯化血色原，呈灰褐色，是熟肉的典型色泽。图5-1是不同化学状态肌红蛋白之间的转化关系。

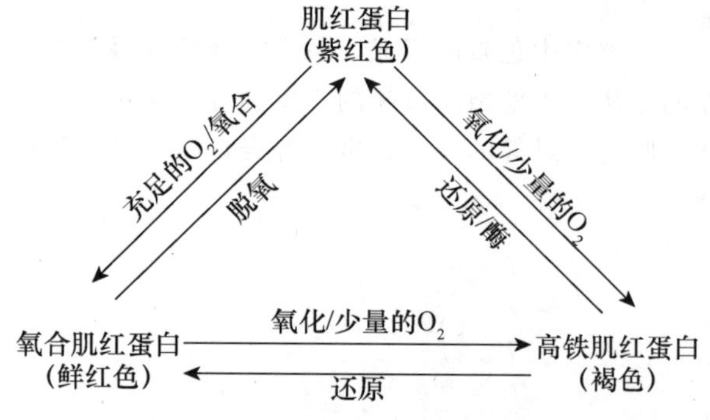

图5-1 肌红蛋白、氧合肌红蛋白和高铁肌红蛋白之间的转化

氧合肌红蛋白和高铁肌红蛋白的形成和转化对肉的色泽最为重要，如果不采取任何措施，一般肉的颜色将经过两个转变：先由紫红色转变为鲜红色，再由鲜红色转变为褐色。第一个转变很快，在肉被置于空气中30 min内就发生，而第二个转变快者几个小时，慢者几天。转变的快慢受环境中氧分压、pH、细菌繁殖程度和温度等诸多因素的影响。减缓由鲜红色转为褐色的速度，是肉保色的关键所在。

5.1.2 影响肉色稳定的因素

在贮存过程中，肉中肌红蛋白被氧化成褐色的高铁肌红蛋白，使肉色变暗，品质下降。当高铁肌红蛋白的含量低于20%时，肉呈鲜红色，为30%时肉呈稍暗的颜色，为50%时肉呈红褐色，达到70%时肉就变成褐色。所以，防止和减少高铁肌红蛋白的形成是保持肉色的关键。通过采取真空包装、气调包装、低温贮存、抑菌和添加抗氧化剂等措施可达到保持肉色目的。

5.1.2.1 氧分压

将新鲜肉置于空气中，肉表面肌红蛋白与氧结合生成氧合肌红蛋白，肉呈鲜红色，此过程在30 min内完成。氧合肌红蛋白的形成随着氧气的渗透由肉的表面向内部扩展，温度较低时，扩展较快，而高温不利于氧的渗透。随着时间的延长，氧合肌红蛋白被氧化成高铁肌红蛋白，且氧分压在666.7～933.3 Pa时氧化速度较快。形成氧合肌红蛋白需要充足的氧气，一般氧分压越高，越有利于氧合。而将其氧化成高铁肌红蛋白只需要少量的氧，一般氧分压越低，越有利于其氧化，氧分压升高则抑制其氧化。理论上讲，当氧分压高于13.3 kPa时，高铁肌红蛋白就很难形成。但对于放置在空气中的肉，即使氧分压高于13.3 kPa，当细菌繁殖消耗了肉表面大量的氧气时，仍能形成高铁肌红蛋白。

5.1.2.2 微生物

微生物繁殖加速肉色的变化，这是因为微生物消耗了氧气，使肉表面氧分压下降，有利于高铁肌红蛋白的生成。细菌的繁殖速度随温度升高而加快，所以温度升高也是加速肉色变化的因素。

微生物有助于高铁肌红蛋白的形成，然而当微生物繁殖到一定程度时（$>10^7$ CFU/g），大量的微生物消耗了肉表面的所有氧气，使肉的表面成为缺氧层，高铁肌红蛋白又被还原，其含量减少。另外，有的微生物会产生硫化氢（H_2S），与肌红蛋白结合生成绿色的硫代肌红蛋白，使肉变绿，这种情况一般在低氧（1%）和高pH（≥6）的条件下可能发生。

5.1.2.3 pH

动物肌肉的pH在宰前呈中性，宰后由于糖酵解作用而产生的乳酸在肌肉中累积，pH下降。肌肉pH的下降速度和程度对肉的颜色、系水力、蛋白质溶解度以及细菌繁殖速度等均有影响。一般pH匀速下降，终pH为5.6左右，肉的颜色正常。肌糖原含量过低时，终pH偏高（>6.0），肉呈深色（黑色），如DFD（dark，firm，dry）肉、黑切牛肉（DCB）和牛胴体黑色斑纹等。如pH下降过快，可能造成PSE（pale，soft，exudative）肉，蛋白质变性、肌肉失水、肉色灰白。试验表明，虽然pH对肌红蛋白的氧合没有影响，但对其氧化有影响。低pH可减弱血色素与结构蛋白的联系，从而使其氧化加快。Shikma进行了相同温度（35℃）不同pH条件对牛心肌的氧合肌红蛋白转变为高铁肌红蛋白速率（半衰期）影响的试验，结果发现，在pH为9.0时，这种转变需3.3 d；pH为7.0时，需11 h；在pH为5.0时，只需30 min。肌肉pH对血红蛋白的亲氧性有较大影响，低pH有利于氧合血红蛋白释放氧气。

5.1.2.4 温度

微生物繁殖与肉色变化有关，而前者与温度关系密切。温度升高有利于微生物繁殖，从而加快Mb氧化，所以温度与高铁肌红蛋白形成、肉色变深呈正相关。据测定，在−3～30℃范围内，每提高10℃，氧合肌红蛋白氧化为高铁肌红蛋白的速率提高5倍。

5.1.2.5 其他因素

（1）光线

长期受光线照射，肉表面温度升高，细菌繁殖加快，肉色变暗。

（2）冷冻

快速冷冻的肉颜色较浅，因为形成的冰晶小，光线透过率低，因而显得浅白；慢速冷冻时形成的冰晶大，光线折射少，吸收率高，肉色呈深红。冻肉用真空包装的保色效果优于用聚乙烯薄膜包装。

（3）盐

盐促进肉中色素的氧化，高盐不利于保持肉色。

不同因素对肉色的影响见表5-1。

5.1.3 异质肉色

黑切牛肉、黑色的DFD肉和灰白色的PSE肉均为异质肉。

5.1.3.1 黑切牛肉及DFD肉

黑切牛肉（dark cutting beef）早在20世纪30年代就引起人们的注意，因为颜色变黑后肉的商品

表 5-1 影响肉色的因素

因素	影响
肌红蛋白含量	含量越多，颜色越深
物种	牛、羊肉颜色较深，猪肉次之
解剖位置	禽腿肉为红色，而胸肉为浅白色
年龄	年龄越大，肌肉中 Mb 含量越高，肉色越深
运动	运动量大的肌肉，Mb 含量高，肉色深
pH	终 pH>6.0，不利于 MbO_2 形成，肉色变暗
肌红蛋白的化学状态	MbO_2 呈鲜红色，MMb 呈褐色
细菌繁殖	促进 MMb 形成，肉色变暗
电刺激	有利于改善牛、羊的肉色
宰后处理	迅速冷却有利于肉保持鲜红颜色
	放置时间加长，细菌繁殖、温度升高均促进 Mb 氧化，肉色变深
腌制（亚硝基形成）	生成亮红色的亚硝基肌红蛋白，受热后形成粉红色的亚硝基血色原

价值下降。这个问题现在仍然存在。黑切牛肉除颜色发黑外，还有 pH 高、质地硬、系水力强、氧的穿透能力差等特征，其主要原因是牛产生应激，任何使牛产生应激的因素都在不同程度上影响着黑切牛肉的发生。

宰后动物肌肉主要依靠糖酵解糖原产生的能量来维持一些耗能反应。糖酵解的终产物是乳酸，它的积累使肌肉 pH 在 4～24 h 内从 6.8 下降到 5.5 左右。当 pH 低于 5.6 时，肌肉线粒体的摄氧功能就被抑制。而受应激的动物肌肉中的糖原消耗较多，以致没有足够的糖原来进行糖酵解，也就没有足够的乳酸使 pH 下降。一般地，1 g 肌肉需要 100 μmoL 乳酸才能使 pH 下降至 5.5，而等量受应激动物肌肉只能产生 40 μmoL 的乳酸，只能使 pH 降到 6.0 左右。这样，肌肉线粒体的摄氧功能没有被抑制，大量的氧被线粒体摄去，在肉的表面氧合肌红蛋白的氧气就很少，从而抑制了氧合肌红蛋白的形成，肌红蛋白大都以紫色的还原形式存在，使肉色发黑。DFD 肉的发生机理与黑切牛肉类似。

黑切牛肉多发生在公牛上，一般防范措施是减少应激，如上市前给予较好的饲养，尽量减少运输时间，长途运输后要及时补饲，注意分群，避免打斗、爬跨等。

5.1.3.2 PSE 肉

PSE 肉指灰白、柔软和多渗出水的肉，最先在丹麦被发现和命名（1954 年）。造成 PSE 肉的原因是动物应激，但其机理与 DFD 肉相反，是肌肉 pH 下降过快造成的。具有较强糖酵解潜能的混合纤维型肌肉易转变成 PSE 肉，如背最长肌和股二头肌。PSE 肉常发生在一种对应激敏感并产生综合征的猪上，即 PSS（porcine stress syndrome）。PSS 猪对氟烷敏感，可通过氟烷测定将此类型猪检出。遗传学研究表明，应激敏感综合征与一种氟烷敏感基因相关联，因而通过基因的 PCR 扩增就能快捷测出。

5.1.4 熟肉颜色和腌肉颜色

5.1.4.1 熟肉颜色

肉在受热时蛋白质发生变性，肌红蛋白也不例外，受热后成为变性珠蛋白与高铁血色原复合物，呈灰褐色，是熟肉的典型颜色。在此复合物的形成过程中，高铁血色素中的第 5、第 6 结合位点分别被变性珠蛋白中的羧化离子和水占据。

5.1.4.2 腌肉颜色

硝酸盐或亚硝酸盐常用于腌肉，除赋予肉典型的粉红色外，还有抑菌、抗氧化和增味的作用。实际上，硝酸盐必须转化为亚硝酸盐才能起到发色作用，所以现在通常选用亚硝酸盐作发色剂。

硝酸盐或亚硝酸盐的发色机理是在肉中生成亚硝基肌红蛋白，呈粉红色，此蛋白的最大吸收峰与氧合肌红蛋白的接近，受热后生成亚硝基血色原，为稳定的粉红色。腌肉的发色机理详见第 6 章。

5.2 嫩度

嫩度（tenderness）是指肉被咀嚼或切割时的难易程度，是肉品质的重要指标，是消费者最重视的食用品质之一。肉的嫩度能反映肉的质地（texture），由肌肉中各种蛋白质的结构特性决定。

5.2.1　影响嫩度的因素

5.2.1.1　宰前因素

影响肉嫩度的宰前因素很多，有动物种、品种、年龄、性别以及肌肉部位等。肌纤维粗细、质地以及结缔组织质量和数量是影响肉嫩度的主要内在因素。下面依次做简要介绍。

（1）物种、品种及性别

一般来说，畜禽体格越大，其肌纤维越粗大，肉越老。在其他条件一致的情况下，一般公畜的肌肉较母畜粗糙，肉也较老。

（2）年龄

动物年龄越小，肌纤维越细，结缔组织的成熟交联越少，肉也越嫩。归纳起来，年龄增加使肉嫩度下降是因为：结缔组织成熟交联增加、肌纤维变粗、胶原蛋白的溶解度下降及对酶的敏感性下降。

（3）肌肉部位

不同部位的肌肉因功能不同，其肌纤维粗细、结缔组织的数量和质量差异很大。运动越多、负荷越大的肌肉越老，如腿部肌肉就比腰部肌肉老。

5.2.1.2　宰后因素

动物被屠宰后，由于供氧中断，一系列依靠氧的活动停止，肌细胞内能量剧减。肌球蛋白和肌动蛋白受乳酸等刺激形成的结合态的肌动球蛋白因缺乏能量而不能像在活体中那样分开，肌肉自身的收缩和延伸性丧失，导致肌肉僵直。僵直期许多肌肉处于收缩状态，而肌肉收缩程度与肉的嫩度呈负相关，所以僵直期的肉嫩度最差。

（1）温度

肌肉收缩程度与温度有很大关系。在15℃以上，肌肉的收缩程度与温度呈正相关，温度越高，肌肉收缩越剧烈；在15℃以下，与温度呈负相关，温度越低，收缩程度越大，所谓的冷收缩（cold-shortening）就是在低温条件下形成的不可逆收缩。经测定，在2℃条件下肌肉的收缩程度与在40℃时的一样大。

（2）成熟度

肉在僵直后即进入成熟阶段。成熟又称为熟化，是肉在冰点以上温度下自然发生一系列生化反应，变得柔嫩多汁和改善风味的过程。成熟的肉与未成熟的肉相比其嫩度大不一样，这是因为组织蛋白酶和肌质钙离子激活因子在成熟过程中降解了一些如肌钙蛋白和T/Z线肌间蛋白等关键性物质，破坏了原有肌肉结构的支持体系，导致结缔组织松散、纤维状细胞骨架分解、Z线断裂，使肉变得柔嫩。肉的成熟过程也是肉嫩化的过程。

（3）烹调加热

加热可引起肌肉蛋白质的变性，从而发生凝固、收缩现象。因此，加热对肉嫩度有双重效应，既可使肉变嫩，又可使肉变硬，主要取决于加热的温度和时间。

在40～50℃时，肌动球蛋白凝聚，肉硬度增加。在60～75℃时，由胶原蛋白组成的肌内膜和肌束膜变性而引起的收缩导致硬度第二次增加。第二次收缩所产生的张力大小取决于肌束膜的热稳定性。动物越老，其热稳定交联越多，在收缩时产生的张力越大。在曲线的第三阶段，随着温度的继续升高，由于肽键的水解和变性，胶原蛋白交联的破裂以及纤维蛋白的降解，剪切力下降。变性胶原蛋白纤维在持续加热条件下逐步降解，并部分转化为明胶，使肉的嫩度得到改善。影响肉嫩度的因素及其作用见表5-2。

表5-2　影响肉嫩度的因素

因素	影响
年龄	年龄越大，肉越老
运动	一般运动多的肉较老
性别	公畜肉一般较母畜和去势畜肉老
大理石纹	与肉的嫩度有一定程度的正相关
熟化	可改善嫩度
物种	不同种的畜禽肉在嫩度上有一定差异
电刺激	可改善嫩度
排酸	指将肉放在10～15℃环境中僵直，这样可以防止冷收缩
肌肉部位	不同部位肌肉嫩度差异很大，取决于其中的结缔组织的质量和数量
僵直	动物被宰后将发生死后僵直，此时肉的嫩度下降，僵直过后，成熟肉的嫩度得到恢复
解冻僵直	导致嫩度下降，损失大量水分

5.2.2　肉的嫩化

人们很早以前就知道可以人为地使肉嫩化，如将肉切成小块可以达到破坏其结构和结缔组织的效果，用醋、酒、盐及酶类物质浸泡均可嫩化肉。下面介绍几种人工嫩化方法。

5.2.2.1　酶解法

500年前，墨西哥印第安人为了使肉柔嫩可口，将要煮的肉用巴婆果叶包起来。后来发现这种植物叶子含有对肌肉起嫩化作用的水解酶类。现在人们利用蛋白酶类嫩化肉，常用的植物蛋白酶有木瓜蛋白酶（papain）、菠萝蛋白酶（bromelin）和无花果蛋白酶（ficin）。酶嫩化剂有粉状的、溶液状的、气雾液状的等，其使用方法是将肉浸泡在含酶溶液中或将含酶溶液直接泵入肌肉的血管系统，通过微血管等使其溶入肉中。既可在家中使用，也可用于工厂化规模生产线上。使用时应注意控制酶的浓度和作用时间，如酶解过度，肉会失去应有的质地并产生不良的味道。此外，肉中钙蛋白酶对宰后肉蛋白水解和肌肉嫩化过程发挥重要的作用。

5.2.2.2 电刺激法

对动物胴体进行电刺激可引起肌肉痉挛性收缩，破坏肌纤维结构；可加速宰后肌肉的代谢速率，加快尸僵发生，使成熟时间缩短；可防止牛、羊胴体产生冷收缩。因此，电刺激有利于改善肉的嫩度。据美国对 1 200 头牛胴体进行电刺激的研究结果表明，嫩度可提高 23%，但对猪肉只提高 3%左右。电刺激法要求在宰后 30 min 内进行。

5.2.2.3 醋渍法

把肉浸泡在酸性溶液中可以改善肉的嫩度。据试验，溶液 pH 介于 4.1～4.6 时嫩化效果最佳，较为常见的是用酸性红酒和醋来浸泡肉，这样不但可以改善嫩度，还可增加肉的风味。

5.2.2.4 超高压法

给肉施加高压可以破坏肉的肌纤维中的亚细胞结构，使大量 Ca^{2+} 释放，同时也释放组织蛋白酶，使得蛋白水解活性增强，一些结构蛋白被水解，从而导致肉的嫩化。

5.2.2.5 钙盐嫩化法

钙盐嫩化法是随着钙激活酶学说的不断成熟，于 20 世纪 80 年代后期建立起来的一种改善肉嫩度的方法。在肉中添加外源 Ca^{2+} 可以激活钙激活酶，从而加速肉的成熟。通常以 $CaCl_2$ 为嫩化剂，采取肌肉注射、浸渍腌制等方法进行处理，都可以取得良好的嫩化效果。

5.2.2.6 碱嫩化法

碱嫩化法是一种起源于中国烹饪业内的肉类嫩化方法。用肉质量 0.4%～1.2%的碳酸氢钠或碳酸钠溶液对牛肉等进行注射或浸泡腌制处理，可以显著提高肉的 pH 和保水能力，降低烹饪损失，改善熟肉制品的色泽，使结缔组织的热变性提高，而使肌原纤维蛋白对热变性有较大的抗性，从而提高肉的嫩度。

5.2.3 嫩度的评定

对肉嫩度的主观评定主要根据其柔软性、易碎性和可咽性来判定。柔软性，即舌头和颊接触肉时产生的触觉，嫩肉给人以软糊感觉而老肉则给人以木质化感觉；易碎性，指牙齿咬断肌纤维的容易程度，嫩肉对牙齿的抵抗力小，很容易被嚼碎；可咽性，可用咀嚼后肉渣剩余的多少及吞咽的容易程度来衡量。对肉嫩度的客观评定须借助于仪器测定切断力、穿透力、咬力、剁碎力、压缩力、弹力和拉力等指标。最通用的是切断力，又称剪切力，是指能够使物料产生剪切变形的力，即单位面积上所承受的力，以 Pa 或 MPa 为单位。一般来说，肉的剪切力值大于 4 kg 时就比较老了，难以被消费者接受。该方法测定方便，结果可比性强，是最为常用的肉嫩度评定方法。

5.3 风味

肉的风味大都在烹调后产生，生肉一般只有咸味、金属味和血腥味。当肉受热后，前体物质反应生成各种呈味物质，赋予肉以滋味和芳香味。这些物质主要通过美拉德反应、脂质氧化和一些物质的热降解等途径形成。风味物质的成分复杂多样、含量甚微，人们对它的了解还比较有限。随着高灵敏度和高专一性分析技术的发展，如核磁共振、高分辨色谱-质谱、气相色谱-质谱联用、高效液相色谱-质谱、气相色谱-嗅闻技术、指纹图谱、电子鼻等技术的应用，人们对风味的研究正日趋活跃，已检测出熟肉中与风味有关的物质 1 100 多种。

由于各种肉的基本组成类似，包括蛋白质、脂肪、浸出物等，加上烹调方法的共同性，如加热，无论来自何种动物的肉均具有一些共性的呈味物质。当然不同来源的肉呈现其独特的风味，如牛、羊、猪、禽肉风味有明显的不同，这是因为不同种动物的脂肪酸组成明显不同，由此造成氧化产物及风味的差异。另一些异味物质如羊膻味和公猪腥味分别来自脂肪酸和激素代谢产物。风味由滋味和气味组合而成。

5.3.1 滋味物质

滋味是由非挥发性的可溶性呈味物质刺激人的

舌面味蕾（味觉细胞），经神经传导到大脑而反映出的味感。滋味与温度密切相关，0～10℃间可察觉，10～40℃间适合感受，30℃时最敏感。基本的滋味有酸、甜、苦、咸等，来源于非挥发性呈味成分，其中甜味来自葡萄糖、核糖和果糖等；咸味来自一系列无机盐和谷氨酸盐及天冬氨酸盐；酸味来自乳酸和谷氨酸等；苦味来自一些游离氨基酸和肽类；鲜味来自谷氨酸钠及次黄嘌呤核苷酸等。另外谷氨酸钠、次黄嘌呤核苷酸和一些肽类除给肉以鲜味外，同时还有增强以上 4 种基本滋味的作用。肉的滋味物质来源见表 5-3。

表 5-3　肉的滋味物质

滋味	化合物
甜味	葡萄糖、果糖、核糖、甘氨酸、丝氨酸、苏氨酸、赖氨酸、脯氨酸、羟脯氨酸
咸味	无机盐、谷氨酸钠、天冬氨酸钠等
酸味	天冬氨酸、谷氨酸、组氨酸、天冬酰胺、琥珀酸、乳酸、二氢吡咯羧酸、磷酸等
苦味	肌酸、肌酐酸、次黄嘌呤、鹅肌肽、肌肽、组氨酸、精氨酸、蛋氨酸、缬氨酸、亮氨酸、异亮氨酸、苯丙氨酸、色氨酸、酪氨酸等
鲜味	5′-IMP、5′-GMP、其他肽类等

5.3.2　气味物质

气味是由挥发性的呈味物质，随气流进入鼻腔，刺激嗅觉细胞，经神经传导到大脑产生的感受，愉快感为香味，厌恶感为异味、臭味。经烹调加热后，一些气味前体物质经脂肪氧化、美拉德反应及维生素 B_1 降解产生挥发性物质，赋予熟肉芳香性。气味成分复杂多样，目前已经鉴别出了 1 100 多种化合物，如烃、醇、醛、酮、羧酸、内酯、醚、呋喃、吡啶、吡嗪、吡咯等。纯正的牛肉和猪肉风味来自瘦肉，受脂肪影响很小。羊肉膻味来自 4-乙基辛酸和 4-甲基辛酸等支链脂肪酸和其他短链脂肪酸，公猪腥味则来自 C19-Δ16-类固醇。

5.3.3　风味物质产生途径

5.3.3.1　美拉德反应

人们较早就知道将生肉汁加热就可以产生肉香味，通过测定成分的变化发现，在加热过程中随着大量的氨基酸和绝大多数还原糖的消失，一些风味物质随之产生，这就是美拉德反应：氨基酸和还原糖反应生成香味物质。此反应较复杂，步骤很多，在大多数生物化学和食品化学书中均有介绍，此处不再一一列出。

5.3.3.2　脂质氧化

脂质氧化是产生风味物质的主要途径，不同种类肉风味的差异主要是由脂质氧化产物不同所致。肉在烹调时的脂肪氧化（加热氧化）的原理与常温脂肪氧化相似，但加热氧化热能的存在使其产物与常温氧化大不相同。总的来说，常温氧化产生酸败味，而加热氧化产生风味物质。一些脂肪氧化还参与美拉德反应，生成更多的芳香物质，因为美拉德反应只需要羰基和氨基，脂肪加热氧化产生的各种醛类为其提供了大量的底物。

5.3.3.3　维生素 B_1 降解

在烹调过程中，肉中大量的物质发生降解，其中维生素 B_1 降解所产生的 H_2S（硫化氢）对肉的风味，尤其是对牛肉风味的形成至关重要。H_2S 本身是一种呈味物质，更重要的是它可以与呋喃酮等杂环化合物反应生成含硫杂环化合物，赋予肉强烈的香味，其中 2-甲基-3-呋喃硫醇被认为是肉中最重要的芳香物质。

5.3.3.4　腌肉风味

亚硝酸盐是腌肉的主要特色成分，它除了具有发色作用外，对腌肉的风味也有重要影响。亚硝酸盐（抗氧化剂）抑制了脂肪的氧化，所以腌肉保留了肉的基本滋味和香味，减少了脂肪氧化所产生的具有种类特色的风味以及过热味。

5.3.4　影响因素

对肉的风味能产生影响的因素及其作用见表 5-4。

表 5-4　影响肉风味的因素

因素	影响
年龄	年龄越大，风味越浓
物种	物种间风味差异很大，还有特征性异味，如羊膻味、猪腥味、鱼腥味等
脂肪	风味的主要来源之一
氧化	加速脂肪产生酸败味，随温度增加而加速
饲料	饲料中鱼粉腥味、牧草等均可渗入肉中
性别	未去势公猪有强烈异味，公羊膻味较重，牛肉风味受性别影响较小
腌制	抑制脂肪氧化，有利于保持肉的原味
细菌繁殖	产生腐败味

5.4 系水力

肉的保水性能以肌肉系水力来衡量，是指当肌肉受到外力作用时，其保持原有水分与添加水分的能力。所谓的外力指压力、切碎、冷冻、解冻、贮存、加工等。肌肉系水力是一项重要的肉质性状，它不仅影响肉的色香味、营养成分、多汁性、嫩度等食用品质，而且有着重要的经济价值。利用肌肉系水潜能这一特性，在其加工过程中可以添加水分，从而提高出品率。如果肌肉保水性能差，那么从家畜屠宰后到肉被烹调前这一段时间内，肉因为失水而质量减轻，造成经济损失。2015 年我国肉类产量约为 8 454 万 t，如果肉的保水性能不良而损失 1%的肉质量，那么当年全国就损失 84.5 万 t 食肉。

5.4.1 理化基础

肌肉中的水分以三种状态存在：结合水、不易流动水和自由水。其中不易流动水占 80%，存在于肌细胞内，它能溶解盐类及其他物质，在 0℃或稍低温度下结冰，受肌原纤维蛋白质的网状结构及蛋白质所带净电荷多少的影响，是决定肉系水力的关键部分。结合水又称为水化水，存在于细胞内部，与蛋白质分子表面紧密结合，占总水量的 5%左右。结合水的冰点很低，在－40℃，不易解离和蒸发，并不易受肌肉蛋白质结构和电荷变化的影响，甚至在施加强大外力的条件下，也不能改变其与蛋白质结合的状态。因此结合水对肌肉系水力没有影响。自由水是存在于肌细胞外间隙中的水分，这部分水主要靠毛细管凝结作用（capillary condensation）而存在于肌肉中。

5.4.2 影响因素

影响系水力的因素很多，宰前因素包括物种、年龄、宰前运输、囚禁和饥饿、能量水平、身体状况等。宰后因素主要有屠宰工艺、胴体贮存、尸僵开始时间、成熟、肌肉部位、脂肪厚度、pH 的变化、蛋白质水解酶活性和细胞结构，以及加工条件如切碎、盐渍、加热、冷冻、融冻、干燥、包装等。而最主要的是 pH（净电荷效应）、能量水平（空间效应）、加热和盐渍。

5.4.2.1 pH

pH 对系水力的影响实质是蛋白质分子的净电荷效应在起作用。蛋白质分子所带有的净电荷对系水力有双重意义：一是净电荷是蛋白质分子吸引水分的强有力中心；二是净电荷增加蛋白质分子之间的静电斥力，使结构松散开，留下容水的空间。当净电荷下降时，蛋白质分子间发生凝聚紧缩，系水力下降。肌肉 pH 接近蛋白质等电点（pH 5.0～5.4）时，与负电荷基数接近，反应基减少到最低值，这时肌肉的系水力也最低（图 5-2）。

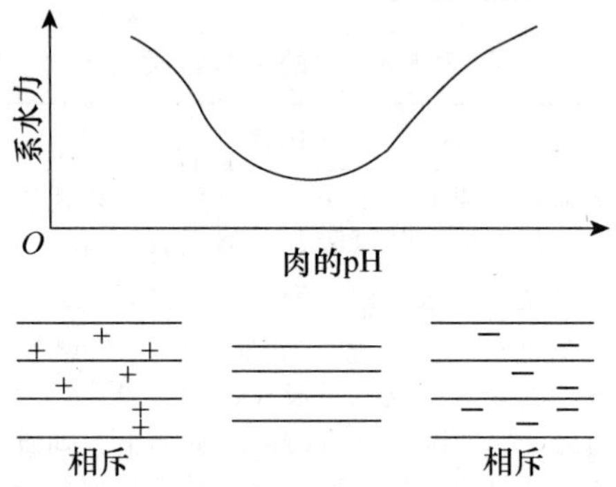

图 5-2 肉的保水性与 pH 的关系

5.4.2.2 空间效应

动物死亡后，由于没有足够的能量解开肌动球蛋白，肌肉处于收缩状态，肉中空间减少，系水力下降。随着成熟的推进，尸僵逐渐消失，系水力又重新回升。

5.4.2.3 加热

肉在受热时系水力明显降低，肉汁渗出。这是由于蛋白质受热变性，肌纤维紧缩，空间变小，不易流动水被挤出。

5.4.2.4 盐渍

盐对肌肉系水力的影响取决于肌肉的 pH。当 pH＞等电点（pI）时，盐可提高系水力；当 pH＜pI 时，盐起到脱水作用，使系水力下降；当 pH＞pI 时，由于 Cl^- 提高净电荷斥力，蛋白质分子内聚力下降，网状结构松弛，保留较多的水分；当 pH＜pI 时，Cl^- 降低电荷的斥力，使网状结构紧缩，系水力下降。

5.5 多汁性

肉的多汁性（juiciness）是影响肉食用品质的

一个重要因素，尤其对肉的质地影响较大，据测算，10%～40%肉质地的差异由多汁性好坏决定。较可靠的多汁性的评定方法仍然是主观的感官（口感）评定，现在尚没有较好的客观评定方法。

5.5.1 主观评定

对多汁性的主观评定包括4个方面：

①开始咀嚼时肉中释放出的肉汁多少；

②咀嚼过程中肉汁释放的持续性；

③在咀嚼时刺激唾液分泌的多少；

④肉中的脂肪在牙齿、舌头及口腔其他部位的附着给人以多汁性的感觉。

多汁性是一个评价肉食用品质的主观指标，与它对应的指标是口腔的用力度、嚼碎难易程度和润滑程度，多汁性和以上指标有较好的相关性。Hutchings和Lillford（1988）综合考虑以上指标建立了一个衡量多汁性的模型（图5-3）。此模型为三维结构，由咀嚼时间、食物结构度和润滑度3个坐标组成。另外，此模型有一个平台，即“ABCD平台”或称为“结构平台”，和一个面即“EFGH平面”或称为“润滑平面”。食物的结构度必须低于ABCD平台，并被润滑到EFGH平面以后才能被吞咽。当吃多汁嫩肉时，迅速通过润滑面，但降低结构度，且通过结构平台的时间较长（如曲线1）；而吃干硬的肉时，结构度迅速下降，但将其润滑需要较长的时间（曲线2）；吃干的蛋糕时马上可以低于其结构平台，但需要较长的时间来润滑，才能吞咽

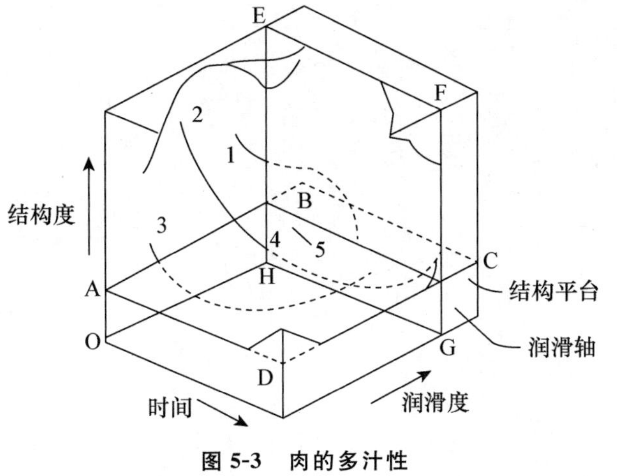

图5-3 肉的多汁性

（曲线3）；像吃牡蛎这样的食品，进嘴即可吞咽（曲线4）；水虽然不需要润滑，但其结构度过于低，故需要一点时间分段成团吞咽（曲线5）。一些煮得过烂的肉也有类似情况，当超过润滑平面后需要重新提高其结构度（形成团状）才能吞咽。

5.5.2 影响因素

5.5.2.1 肉中脂肪含量

在一定范围内，肉中脂肪含量越高，肉的多汁性越好。因为脂肪除具有润滑作用外，还能刺激口腔释放唾液。脂肪含量对重组肉的多汁性尤为重要。据Berry等测定，脂肪含量为18%的重组牛排远比脂肪含量为10%的重组牛排多汁。

5.5.2.2 烹调

一般地，烹调结束时温度越高，肉的多汁性越差，如60℃结束的牛排就比80℃结束的牛排多汁，而后者又比100℃结束的牛排多汁。Bower等仔细研究了肉内温度从55～85℃阶段肉的多汁性变化，发现多汁性下降主要发生在60～65℃和80～85℃两个温度范围内。

5.5.2.3 加热速度和烹调方法

不同烹调方法对多汁性有较大影响，同样将肉加热到70℃，采用烘烤方法时肉最为多汁，其次是蒸煮，然后是油炸，多汁性最差的是采用加压烹调时。这可能与加热速度有关，加压和油炸速度最快，而烘烤最慢。另外，在烹调时若将包围在肉上的脂肪去掉，将导致多汁性下降。

5.5.2.4 肉制品中的可榨出水分

肉的多汁性较为复杂，其主观评定和客观评定相关性不强，但可以用肉制品中的可榨出水分来评定肉制品的多汁性，尤其是对香肠制品，两者呈较强的正相关。

思考题

1. 根据肉色的变化机理，谈谈影响肉色稳定的因素及保持肉色的方法。
2. 简述影响肉嫩度的因素。
3. 肉制品风味的产生途径有哪些？
4. 简述影响肌肉系水力的因素。

第 6 章

肉制品加工原理与方法

学习目的与要求

了解肉制品加工中常用的辅料及其作用；掌握肉制品加工常用工艺的原理及方法，并了解有关常用设备；了解肉制品加工工艺的发展趋势。

6.1　辅料

在肉制品加工生产过程中，为了改善和提高肉制品的感官特性及品质，延长肉制品的保存期和便于加工生产，往往要加入一些其他可食性物料，这些物料称为辅料。正确的使用辅料对提高肉制品的品质和出品率，增加产品的花色品种，提高营养价值和商品价值以及保障消费者的身体健康有重要的意义。

辅料在肉制品加工中的广泛应用，给肉制品加工业的发展带来了繁荣，但这些辅料的使用必须遵从相应的标准和方法，否则会对人体造成一定的副作用。因此，在实际生产中，掌握各种辅料的性能及其应用是非常重要的。

在肉制品加工中最常用的辅料包括调味料、香辛料和食品添加剂3种。

6.1.1　调味料

调味料是肉制品加工中最基本的辅料，是指为了改善食品的风味，赋予食品特殊味感（咸、甜、酸、苦、鲜、麻、辣等），使食品鲜美可口，增进食欲而添加的天然或人工合成的物质。一般在肉制品加工中，凡能突出肉制品口味，赋予肉制品独特香味和口感的物质统称为调味料。常用的有咸味料、鲜味料、甜味料及酸味料等。

6.1.1.1　咸味料

咸味在调味中的作用是举足轻重的，是食品的基本味，为“百味之主”。肉制品中含有大量的蛋白质、脂肪等具有鲜香味的成分，常需要有一定浓度的咸味才能表现出来，否则淡而无味。在肉制品加工中常用的咸味料有食盐、酱油。

（1）食盐

食盐是肉制品加工中最重要的调味料，主要成分是氯化钠，味咸、中性、呈白色细晶体。食盐具有调味、防腐保鲜、提高保水性和黏着性等重要作用。食盐对人体维持正常生理、调节血液渗透压和保持体内酸碱平衡均有重要作用，是人体不可缺少的物质，但高钠盐食品会诱发高血压，导致冠心病、脑梗塞等。近年来，新型低钠盐为大家所熟知，与普通钠盐相比其含钠低（氯化钠70%左右）、富含钾（氯化钾30%左右），但还有待深入的研究和开发。在肉制品中应该严格控制食盐的用量，一般终产品中食盐含量控制在1.8%～2%比较合适。

（2）酱油

酱油是我国传统的调味料。优质酱油咸味醇厚，香味浓郁。在肉制品加工中以添加酿制酱油为最佳，浓度不应低于22波美度，食盐含量不应超过18%，并含有丰富的氨基酸等风味成分。酱油可为肉制品提供咸味和鲜味，使肉制品具有诱人的酱红色；酱油具有特殊的酱香气味，可使肉制品增加香气，同时具有解除腥腻的作用。酱油在中式肉制品中广泛使用，尤其是香肠等制品中，还有促进发酵成熟的作用。酱油的品种很多，按颜色分为红酱油和白酱油两种，按作用分为老抽和生抽两种。生抽较咸，用于提鲜；老抽较淡，用于提色。在肉制品加工中，一般用量为0.2%～0.5%。

6.1.1.2　鲜味料

鲜味在体现肉制品风味中十分重要，一般鲜味不能在肉制品中独立存在，须在呈味基础上发挥。鲜味料也称鲜味剂、增味剂。常用的有谷氨酸钠、肌苷酸钠、鸟苷酸钠等。

（1）谷氨酸钠

谷氨酸钠（sodium glutamate）即味精或味素，是无色至白色柱状结晶或结晶性粉末，具有特有的鲜味，略有甜味或咸味，是食品烹调和肉制品加工中常用的鲜味剂。在肉品加工中，一般用量为0.2%～0.3%。除单独使用外，宜与肌苷酸钠和核糖核苷酸等核酸类鲜味剂配成复合调味料，以增强效果。谷氨酸钠虽对人体无直接的营养价值，但可增加鲜味，引起人的食欲，有助于提高人体对食物的消化率。谷氨酸钠在120℃下失去结晶水，会变成焦化谷氨酸钠，不仅没有香味，还会破坏营养成分；酸性条件下鲜味降低，添加量就需要增加20%。

（2）肌苷酸钠

肌苷酸钠，也称5′-肌苷酸二钠（disodium 5′-inosinate），是白色或无色的结晶或结晶性粉末，在100℃左右时性质比谷氨酸钠稳定，但在230℃左右下分解。肌苷酸钠有特别强烈的鲜味，其鲜味比谷氨酸钠强10～20倍，与*L*-谷氨酸钠合用对鲜味有相乘效应。一般均与谷氨酸钠、鸟苷酸钠等合用，配成混合味精，以增强提鲜效果。一般用量为0.01%～0.02%。遇动植物中的磷酸酯酶可分解而失去鲜味。使用肌苷酸钠时应先对物料加热，破坏磷酸酯酶活性后再加肌苷酸钠，以防止肌苷酸钠被分解而失去鲜味。

（3）鸟苷酸钠

鸟苷酸钠，也称5′-鸟苷酸二钠（disodium 5′-guanylate），为无色至白色结晶或结晶性粉末，是具有很强鲜味的5′-核苷酸类鲜味剂。有特殊香菇鲜味，鲜味程度为肌苷酸钠的3倍以上，与谷氨酸钠合用有很强的相乘效应，一般与谷氨酸钠、肌苷酸钠混合使用。用量为谷氨酸钠的1%～5%即可。100℃加热30～60 min几乎没有变化，250℃时分解。常与肌苷酸二钠混合配制成呈味核苷酸二钠，作混合味精用，俗称为“I+G”，也称“强力味精”。

6.1.1.3 甜味料

甜味料是以蔗糖、葡萄糖等糖类为呈味物质的调味料的统称。

（1）蔗糖

蔗糖是常用的天然甜味剂，也称砂糖，为白色晶体或粉末，甜味较强，其甜度仅次于果糖。果糖、蔗糖、葡萄糖的甜度比为4∶3∶2。蔗糖有白糖和红糖之分。在肉制品中添加少量蔗糖可以改善产品的滋味，并能促进胶原蛋白的膨胀和疏松，使肉质松软、色调良好。糖比盐更能迅速、均匀地分布于肉的组织中，增加渗透压，形成乳酸，降低pH，有保藏作用。当蛋白质与碳水化合物同时存在时，微生物首先利用碳水化合物，减轻了蛋白质的腐败。蔗糖添加量以1%左右为宜。

（2）葡萄糖

葡萄糖为白色晶体或粉末，甜度为蔗糖的65%～75%。葡萄糖除可以改善产品的滋味外，还能促进胶原蛋白的膨胀和疏松，使制品柔软。葡萄糖的保色作用较好，而蔗糖的保色作用不太稳定。在肉品加工中，葡萄糖的使用量为0.3%～0.5%。

（3）饴糖

饴糖由麦芽糖（50%）、葡萄糖（20%）和糊精（30%）组成，味甜爽口，有吸湿性和黏性，在肉品加工中常作为烧烤、酱卤和油炸制品的增色剂和甜味助剂。饴糖以颜色鲜明、汁稠味浓、洁净不酸为上品。在使用过程中，要注意存放在阴凉处，防止酸败。

（4）蜂蜜

蜂蜜是呈白色或不同程度的黄褐色，透明、半透明的浓稠液状物，甜味适中，性质温和，并含有一种特殊的淡雅野花风味。蜂蜜的营养价值很高，易被人体吸收。在肉制品加工中主要起上色、增香及增加营养的作用。

6.1.1.4 酸味料

酸味也是一种基本味。肉制品加工中常用的酸味料是醋和柠檬酸。

（1）醋

醋是以谷类及麸皮等经过发酵酿造而成的，含醋酸3.5%以上，是肉和其他食品常用的酸味料之一。醋可以促进食欲，帮助消化，亦有一定的防腐去膻腥作用。醋对人体有益无害，在肉食品加工中，可以不受限制地使用，但要以制品风味需要为度。

（2）柠檬酸

柠檬酸为无色透明结晶或白色粉末，无臭，有强烈酸味，临界值为0.0025%。在肉品加工中可用作肉制品的改良剂，可提高肉制品的持水性，还可作为抗氧化剂和增效剂使用。我国对柠檬酸的使用没有限制，可依据生产需要进行添加。

有关其他调味料的介绍见二维码6-1。

二维码6-1 其他调味料

6.1.2 香辛料

有关香辛料的介绍见二维码6-2。

二维码6-2 香辛料

6.1.3 食品添加剂

食品添加剂是指在食品生产加工和贮藏过程中加入的少量物质，添加这些物质有助于食品品种多样化，改善其色、香、味、形，保持食品的新鲜度和质量，并满足加工工艺过程的需求。肉品加工中经常使用的添加剂有以下几种。

6.1.3.1 护色剂

（1）硝酸盐

硝酸盐（nitrate）为无色结晶或白色结晶粉末，

易溶于水，主要有硝酸钾和硝酸钠，无臭稍有咸味。将硝酸盐添加到肉制品中，硝酸盐在微生物的作用下，最终还原成 NO，后者与肌红蛋白生成稳定的亚硝基肌红蛋白络合物，使肉制品呈现鲜红色，因此又把硝酸盐称为发色剂。

（2）亚硝酸盐

亚硝酸盐（nitrite）为白色或淡黄色结晶粉末，主要有亚硝酸钾和亚硝酸钠。亚硝酸钠除了可防止肉品腐败、提高保存性之外，还具有改善风味、稳定肉色的特殊功效，此功效比硝酸盐还要强，所以在腌制时与硝酸钾混合使用，能缩短腌制时间。仅用亚硝酸盐，肉制品在贮藏期间褪色快，对生产过程长或需要长期腌制的肉制品发色和护色效果欠佳。亚硝酸盐有毒性，在肉制品中易与胺类物质形成致癌物质——亚硝胺，故其用量要严格控制。《食品安全国家标准　食品添加剂使用标准》（GB 2760—2014）中规定：硝酸钠的最大使用量为 0.50 g/kg，亚硝酸钠的最大使用量为 0.15 g/kg。对亚硝酸盐的残留量（以亚硝酸钠计）规定：肉罐头类≤50 mg/kg；肉制品≤30 mg/kg（腌腊、酱卤、油炸等）；西式火腿≤70 mg/kg。

6.1.3.2　发色助剂

在肉的发色过程中，亚硝酸盐被还原成 NO，可见 NO 的生成量与肉的还原性有很大关系。但肉的还原性根据肉的种类、质量以及加工条件等不同而变化，为了达到理想的还原状态，常使用发色助剂。

（1）抗坏血酸和抗坏血酸钠

抗坏血酸即维生素 C，具有很强的还原作用，但是对热和重金属极不稳定，因此一般使用稳定性较高的钠盐。

①抗坏血酸盐可以同亚硝酸发生化学反应，增加 NO 的形成，使发色过程加速。

$$2HNO_2+C_6H_8O_6\rightarrow 2NO+2H_2O+C_6H_6O_6$$

如在法兰克福香肠加工中，使用抗坏血酸盐可使腌制时间缩短 1/3。

②抗坏血酸盐有利于高铁肌红蛋白还原为亚铁肌红蛋白，因而加快了腌制的速度。

③抗坏血酸盐能起到抗氧化剂的作用，从而稳定腌肉的颜色和风味。

④在一定条件下，抗坏血酸盐具有减少亚硝胺形成的作用。

抗坏血酸盐被广泛应用于肉类腌制中。研究已表明用 550 mg/kg 的抗坏血酸盐可以减少亚硝胺的形成，但确切的机理还未知。目前许多腌肉都同时使用 120 mg/kg 的亚硝酸盐和 550 mg/kg 的抗坏血酸盐。由于抗坏血酸的还原作用，即使硝酸盐的添加量少，肉也能呈粉红色。肉制品中的抗坏血酸盐使用量一般为 0.02%～0.05%，最大使用量为 0.1%。另外，向肉中注射 0.05%～0.10% 的抗坏血酸盐能有效地减轻腌肉褪色的现象。

（2）异抗坏血酸和异抗坏血酸钠

异抗坏血酸是抗坏血酸的异构体，其性质与抗坏血酸相似，具有助发色、防止褪色及防止亚硝胺形成的作用。由于其价格较抗坏血酸低，且稳定性较好，所以较为常用。

（3）烟酰胺

同时使用烟酰胺与抗坏血酸钠，形成烟酰胺肌红蛋白，使肉呈红色，并有促进发色、防止褪色的作用。

6.1.3.3　着色剂

着色剂即食用色素，是使肉品着色或改善肉品色泽的一类食品添加剂。肉制品的色泽是评判其质量好坏的重要因素之一。在肉制品加工中，应合理、科学地使用着色剂，使制品具有鲜艳的肉红色，这不仅能够增强肉制品的感官性状，增进人们的食欲，而且能够增加一定的营养成分。食用色素按其来源和性质分为食用天然色素和食用化学合成色素两种。食用合成色素常用的有苋菜红、胭脂红、柠檬黄、日落黄、亮蓝等。一般在使用限量范围内使用是安全的，其色泽鲜艳、稳定性好，适于调色和复配。价格低廉是其优点，但安全性仍是问题。食用天然色素是用物理方法从植物、微生物和动物可食部分中提取精制而成的，其开发和应用是当今世界发展的趋势，如在肉制品中应用越来越多的焦糖色素、红曲红、高粱红、栀子黄、姜黄色素等。食用天然色素一般价格较高，稳定性稍差，但比食用合成色素安全性高。考虑到产品的安全性，最好选用食用天然色素。

（1）红曲红

红曲红是以大米为原料，采用红曲霉液体深层发酵工艺和特定的提取技术生产的粉状纯天然食用色素，其工业产品具有色价高、色调纯正、光热稳定性强、pH 适应范围广、水溶性好等优点，并有一定的保健和防腐功效，是肉制品中应用最多的一种着色剂。其在肉制品中的用量要根据色价确定，一般为 50～500 mg/kg。

（2）焦糖色素

焦糖色也称酱色、糖色，焦糖色素为红褐色至黑褐色的液体、固体或粉末，可溶于水和烯醇溶液，具有焦糖香味和令人愉快的苦味，是我国常用的色素之一。按生产过程中使用的催化剂不同，焦糖色素分为普通焦糖（不加催化剂）、氨法焦糖（铵盐作为催化剂）、苛性亚硫酸盐焦糖（亚硫酸盐作为催化剂）和亚硫酸铵焦糖（亚硫酸盐和铵盐共同作为催化剂）。一般用于肉制品加工中的焦糖色素为普通焦糖色素。

6.1.3.4 品质改良剂

（1）磷酸盐

磷酸盐已被普遍地应用于肉制品加工中，以改善肉的保水性能。国家规定可用于肉制品的磷酸盐有 3 种：焦磷酸钠、三聚磷酸钠和六偏磷酸钠。在肉制品中使用磷酸盐，还有增加出品率及提高产品的结着力、弹性和赋形性等作用。

各种磷酸盐混合使用比单独使用好，混合的比例不同，效果也不同。在肉品加工中，使用量一般为肉质量的 0.1%～0.4%，用量过大会导致产品风味恶化，组织粗糙，呈色不良。磷酸盐的溶解性较差，在配制腌液时要先将磷酸盐溶解后再加入其他腌制料。由于多聚磷酸盐对金属容器有一定的腐蚀作用，所以所用设备应为不锈钢材料。此外，使用磷酸盐可能使腌肉表面出现结晶，这是焦磷酸钠形成的。通过减少焦磷酸钠的使用量可以预防结晶的出现。

（2）淀粉

淀粉是肉制品加工常用的增稠剂，应用面广，大多数中式肉制品和西式肉制品都需要淀粉作为增稠剂。按来源可分为玉米淀粉、甘薯淀粉、马铃薯淀粉、木薯淀粉等。不溶于冷水和有机溶剂。按分子结构分为直链和支链淀粉，含直链淀粉越多，淀粉越易老化。一般支链淀粉含量高的，其增稠效果好，黏度大。最好使用变性淀粉，变性淀粉是天然淀粉经过化学或酶处理等，使其自身物理性质发生改变，以适应特定需要而制成的淀粉。变性淀粉一般为白色或近白色无臭粉末，不仅耐热、耐酸碱，还有良好的机械性能，是肉类工业良好的增稠剂和赋形剂。其用量一般为原料的 3%～10%。优质肉制品用得较少，且多用玉米淀粉。淀粉用量过多，会影响肉制品的黏着性、弹性和风味。在肉制品中添加淀粉还具有增加肉制品的稳定性、吸油乳化性、持水性等作用。

（3）大豆分离蛋白

在肉品加工中，大豆蛋白被广泛使用。按蛋白质含量的不同，分为大豆组织蛋白（含蛋白质 50%左右）、大豆浓缩蛋白（含蛋白质 75%以上）及大豆分离蛋白（含蛋白质 90%以上）三类。大豆组织蛋白的蛋白质含量低并带有明显的豆腥味，因此其应用受限。大豆浓缩蛋白优于组织蛋白，但仍带有豆腥味。近年来，大豆分离蛋白的应用越来越多。大豆分离蛋白是以低温脱油豆粕为原料生产的一种全价蛋白类食品添加剂，含有近 20 种氨基酸，并含有人体必需氨基酸，营养丰富，不含胆固醇，属于优质全价蛋白。粉末状大豆分离蛋白有良好的功能性，如乳化性、持水性和凝胶性等，是加工乳化肠类制品中良好的添加物和理想的肉蛋白替代物，同时又是火腿加工中良好的蛋白添加物。当添加量为 12%时，加热的温度超过 60℃，黏度就急剧上升，加热至 80～90℃时静置、冷却，就会形成光滑凝胶。这种特性使大豆分离蛋白进入肉组织时，能改善肉的质地。

（4）卡拉胶

卡拉胶作为持水剂在灌肠制品中被广泛使用。卡拉胶是用稀碱液或热水萃取角叉菜科植物而制成的，主要成分为易形成多糖凝胶的半乳糖、脱水半乳糖，多以 Ca^{2+}、Na^{+}、NH_4^{+} 等盐的形式存在，可保持自身质量 10～20 倍的水分。在肉馅中添加 0.6%卡拉胶，即可使肉馅的保水率从 80%提高到 88%以上。卡拉胶是天然胶质中唯一具有蛋白质反应性的胶质，它能与蛋白质形成均一的凝胶。添加到肉制品中的卡拉胶能与蛋白质结合，在加热时表现出充分的凝胶化形成巨大的网络结构，可保持制品中的大量水分，减少肉汁的流失，并且具有良好的弹性、韧性。卡拉胶还具有很好的乳化效果，可稳定脂肪，从而提高制品的出品率。另外，卡拉胶能防止盐溶性蛋白及肌动蛋白的损失，抑制鲜味成分的溶出。

（5）海藻酸钠

海藻酸钠的主要成分是糖醛酸钠的多聚物。因分子中含有大量羧基，所以亲水性很强，可保持自身质量 20～30 倍的水分。在肉馅中加入 0.1%海藻酸钠，即可使保水率从 80%提高到 82.67%。海藻酸钠易于与蛋白质、淀粉等亲水性物质共溶，黏结性很大，但弹性较差，在肉制品中主要起增稠和黏结作用。

（6）酪蛋白

酪蛋白能与肉中的蛋白质结合形成凝胶，从而提高肉的保水性。在肉馅中添加 2%酪蛋白时，可提高保水率 10%；添加 4%时，可提高 16%。如与卵蛋白、血浆等并用，效果更好。酪蛋白在形成稳定的凝胶过程中，可吸收自身质量 5～10 倍的水分。用于肉制品时，可增加制品的黏着性和保水性，改进产品质量，提高出品率。

6.1.3.5　抗氧化剂

在加工和贮藏过程中，肉制品的氧化作用可使油脂类发生败坏，色素褐变，破坏维生素，降低食品质量和营养价值，使肉品变质，甚至产生有害物质，引起食物中毒。因此，在肉制品贮藏过程中，为延长保质期，常需添加抗氧化剂。抗氧化剂是指阻止、延缓肉品变质，提高肉品的稳定性，延长肉品保质期的添加剂。有油溶性抗氧化剂和水溶性抗氧化剂两大类。油溶性抗氧化剂能均匀地分布于油脂中，在油脂或含脂肪的食品中可以很好地发挥其抗氧化作用。人工合成的油溶性抗氧化剂有丁基羟基茴香醚（BHA）、二丁基羟基甲苯（BHT）、没食子酸丙酯（PG）等，天然的有生育酚（维生素 E）混合浓缩物等。水溶性抗氧化剂主要有 *L*-抗坏血酸及其钠盐、异抗坏血酸及其钠盐等，以及天然植物（包括香辛料）提取物如茶多酚、异黄酮类、迷迭香抽提物等。在肉品加工贮藏过程中常用于护色（助色剂），防止氧化变色，以防止因氧化而降低肉品的风味和质量等。在贮藏期间，肉制品因氧化变色、变味而缩短货架寿命是肉类工业中一个突出的问题，因此，高效、廉价、方便、安全的抗氧化剂亟待开发。下面介绍几种常用的抗氧化剂及其性质。

（1）丁基羟基茴香醚

丁基羟基茴香醚又名叔丁基-4-羟基茴香醚、丁基大茴香醚，为白色或微黄色的蜡状固体或白色结晶粉末，带有特异的酚类臭气和刺激味，对热稳定，溶于丙二醇、丙酮、乙醇、花生油、棉籽油、猪油。BHA 具有较强的抗氧化作用，还有相当强的抗菌力，对金黄色葡萄球菌、黄曲霉等都有较好的抑制效果。与其他抗氧化剂相比，它不像没食子酸酯类那样会与金属离子作用而着色，有使用方便的特点，但成本较高。BHA 是目前国际上广泛应用的抗氧化剂之一。

（2）二丁基羟基甲苯

二丁基羟基甲苯又称 2,6-二叔丁基-4-甲基苯酚，为白色或无色结晶粉末或块状体，无臭无味，对热及光稳定，不溶于水和甘油，易溶于乙醇、丙酮、乙醚、豆油、棉籽油、猪油。BHT 的抗氧化作用较强，耐热性好，没有与金属离子反应着色的缺点，也没有像 BHA 那样的特异臭味，而且价格低廉，但其毒性相对较高。它是目前国际上，特别是在水产品加工方面广泛应用的廉价抗氧化剂。

（3）没食子酸丙酯

没食子酸丙酯又称棓酸丙酯，为白色或浅黄色晶状粉末，无臭、微苦，易溶于乙醇、丙酮、乙醚，难溶于脂肪与水，对热稳定。没食子酸丙酯对脂肪、奶油的抗氧化作用较 BHA 或 BHT 强，三者混合使用时效果最佳。若同时加增效剂柠檬酸，则抗氧化作用更强。

（4）维生素 E

天然维生素 E 有 α、β、γ 等 7 种异构体。生育酚由食用植物油制得，为黄色至褐色几乎无臭的澄清黏稠液体，是目前国际上唯一大量生产的天然抗氧化剂。溶于乙醇而几乎不溶于水，可和丙酮、乙醚、氯仿、植物油任意混合。对热稳定，其抗氧化作用比 BHA、BHT 的弱，但毒性低得多，也是食品营养强化剂。

（5）*L*-抗坏血酸及其钠盐

L-抗坏血酸易被氧化剂氧化，生成氧化型的抗坏血酸——脱氢抗坏血酸，此反应是可逆的，在还原剂作用下可恢复到还原型的抗坏血酸。一般地，抗坏血酸是还原型的，受空气或食品中氧的作用生成氧化型的抗坏血酸。因为抗坏血酸易被氧化，所以它有极强的还原性，是一种良好的还原剂与抗氧化剂。

抗坏血酸可作为 α-生育酚的增效剂，用于防止猪油氧化。*L*-抗坏血酸及其钠盐在肉制品加工中可作为抗氧化剂、发色助剂和食品营养强化剂。在火腿、香肠等肉制品中的使用量一般为原料质量的 0.02%～0.5%。

（6）异抗坏血酸及其钠盐

异抗坏血酸及其钠盐为抗坏血酸及其钠盐的异构体，极易溶于水，其作用及使用量均同抗坏血酸及其钠盐。

此外，抗氧化剂还有愈创树脂、茶多酚、儿茶素、倍植酸、卵磷脂和一些香辛料，如丁香、茴香、花椒、桂皮、甘草和姜等。

6.1.3.6 防腐（保鲜）剂

防腐剂是指能防止由微生物所引起的肉品腐败变质，延长肉品保质期的添加剂。防腐（保鲜）剂分为化学防腐剂、天然保鲜剂、生物防腐剂等，在实际应用过程中，防腐剂经常与其他防腐保鲜技术结合使用。

（1）化学防腐剂

化学防腐剂主要是各种有机酸及其盐类。肉类保鲜中使用的有机酸包括乙酸、甲酸、柠檬酸、乳酸及其钠盐、抗坏血酸、山梨酸及其钾盐、磷酸盐等。许多试验已经证明，这些酸单独或配合使用，对延长肉类货架期均有一定效果。其中使用最多的是乙酸、乳酸钠、山梨酸及其钾盐。

①乙酸　1.5%的乙酸就有明显的抑菌效果。在3%范围以内，乙酸可减缓微生物的生长，避免霉斑引起的肉色变黑变绿。当使用量超过3%时，对肉色有不良作用，这是由酸本身造成的。如果采用3%乙酸+3%抗坏血酸处理，由于抗坏血酸的护色作用，肉色可保持很好的状态。

②乳酸钠　乳酸钠的使用目前还很有限。美国农业部规定其最大使用量可达4%。乳酸钠的防腐机理有2个方面：乳酸钠可降低产品的水分活度（A_w）；乳酸根离子对乳酸菌有抑制作用，从而可阻止微生物的生长。目前，乳酸钠主要应用于禽肉的防腐。

③山梨酸钾　山梨酸钾在肉制品中的应用很广，属于酸型防腐剂，适宜在pH<5的范围内使用。抑菌谱较宽，对霉菌、酵母菌和好氧细菌均有较好的抑制效果，对厌氧菌几乎无效。它能与微生物酶系统中的巯基结合，破坏许多重要酶系，达到抑制微生物增殖和防腐的目的。山梨酸钾在鲜肉保鲜中可单独使用，也可和磷酸盐、乙酸结合使用。

（2）天然保鲜剂

目前，国内外研究者对天然保鲜剂的研究十分活跃。常用的天然保鲜剂有茶多酚、香辛料提取物等。

①茶多酚　主要成分是儿茶素及其衍生物，具有抑制氧化变质的性能。茶多酚在肉品防腐保鲜中通过3条途径发挥作用：抗脂质氧化、抑菌、除臭味物质。

②香辛料提取物　许多香辛料中如大蒜中的蒜辣素和蒜氨酸，肉豆蔻所含的肉豆蔻挥发油，肉桂中的挥发油以及丁香中的丁香油等，均具有良好的杀菌、抗菌作用。

（3）生物防腐剂

生物防腐剂是一类新型的安全高效的天然防腐剂，研发生物防腐剂已成为防腐剂发展的必然趋势。生物防腐剂是通过生物培养、提取和分离技术获得的具有抑制和杀灭微生物作用的物质。常用的生物防腐剂有细菌素、纳他霉素、聚赖氨酸等。其中细菌素应用较广，如采用乳酸链球菌素对肉类保鲜是一种新型的技术。乳酸链球菌素是由乳酸链球菌产生的一种多肽抗生素，为窄谱抗菌剂，可有效阻止肉毒杆菌的芽孢萌发。它只能杀死革兰阳性菌，对酵母、霉菌和革兰阴性菌无作用。

6.2 腌制

腌制是指用食盐或以食盐为主，并添加硝酸盐（或亚硝酸盐）、蔗糖和香辛料等辅料对原料肉进行处理的过程。

6.2.1 腌制作用

腌制是指使食盐或食糖渗入肌肉组织中，降低其水分活度，提高其渗透压，借以有选择地控制微生物的活动，抑制腐败菌的生长，从而防止肉品腐败变质。肉的腌制是肉品贮藏的一种传统手段。近年来，随着肉品科学的研究，腌制的作用已从过去单纯的防腐保藏发展到改善风味和颜色及提高肉品的品质，腌制效果的好坏直接影响产品质量的优劣。因此，腌制已成为肉制品加工过程中一个重要的工艺环节。

二维码 6-3　腌肉的原理

6.2.1.1 腌制的呈色机理

（1）硝酸盐和亚硝酸盐对肉色的作用

肌红蛋白（Mb）呈球状，由一个珠蛋白和一个血红素辅基组成。血红素的中心部位是一个铁原子，铁原子的氧化状态决定肉的颜色。腌制会加速血红蛋白（Hb）和肌红蛋白（Mb）的氧化，形成高铁肌红蛋白（MetMb）和高铁血红蛋白(MetHb)，使肌肉丧失天然色泽，变成带紫色调的浅灰色。加入硝酸盐（或亚硝酸盐）后，肌肉中色素蛋白和亚硝酸盐发生化学反应，形成鲜艳的亚硝基肌红蛋白（NOMb），且在以后的热加工中形成稳定的粉红色。亚硝基肌红蛋白是构成腌肉颜色的主要成分，关于它的形成过程虽然有些理论解释，但还不完善。亚硝基（—NO）是由硝酸盐或亚硝酸盐在腌制过程中经过复杂的变化而形成的。

首先硝酸盐在肉中脱氮菌（或还原性物质）的作用下，还原成亚硝酸盐。

$$NaNO_3 \xrightarrow[+2H]{\text{还原性物质}} NaNO_2 + H_2O$$

然后，亚硝酸盐在酸性条件下形成亚硝酸。肉中的酸性环境主要是乳酸造成的。由于血液循环停止，供氧不足，肌肉中的糖原通过糖酵解作用分解产生乳酸。随着乳酸的积累，肌肉组织中的 pH 逐渐降低到 5.5～6.4。

$$NaNO_2 + CH_3CH(OH)COOH \rightarrow HNO_2 + CH_3CH(OH)COONa$$

亚硝酸在还原性物质的作用下再分解产生一氧化氮（NO）。

$$2HNO_2 \xrightarrow{\text{还原性物质}} NO + NO_2 + H_2O$$

亚硝酸很不稳定，即使在常温下也能发生分解。分解产生的亚硝基会很快地与肌红蛋白反应，生成鲜艳的、亮红色的亚硝基肌红蛋白（也称一氧化氮肌红蛋白），使肉具有鲜艳的玫瑰红色。

$$NO + Mb \xrightarrow{\text{适宜条件}} NOMb$$

NO 的生成速度与介质的酸度、温度以及还原性物质的存在有关，所以形成亚硝基肌红蛋白需要一定的时间。

亚硝基肌红蛋白遇热后，释放出巯基（—SH）变成具有鲜红色的亚硝基血色原。

$$NOMb \xrightarrow{\text{加热/烟熏}} NO\text{-血色原}(Fe^{2+})$$

（2）影响腌肉色泽的因素

①亚硝酸盐的使用量　肉制品的色泽与亚硝酸盐的使用量有关，用量不足时，颜色淡而不均，在空气中氧气的作用下会迅速变色，造成贮藏后色泽的恶劣变化。为了保证肉呈红色，亚硝酸钠的最低用量为 0.05 g/kg。用量过大时，过量的亚硝酸根能使血红素物质中的卟啉环的 α-甲炔键硝基化，生成绿色的衍生物。

②肉的 pH　肉的 pH 影响亚硝酸盐的发色作用。亚硝酸钠只有在酸性介质中才能被还原成 NO，故 pH 接近 7.0 时肉色就淡。特别是为了提高肉制品的持水性，常加入碱性磷酸盐，加入后常造成 pH 向中性偏移，往往使呈色效果不好，所以必须注意其用量。在过低的 pH 环境中，亚硝酸盐的消耗量增大，如使用亚硝酸盐过量，又容易引起绿变，一般发色的最适宜的 pH 范围为 5.6～6.0。

③温度　生肉呈色的进程比较缓慢，经过烘烤、加热后则反应速度加快。在肉品加工中，腌好的肉料不及时处理，易褪色，这就要求操作迅速，及时加热。

④腌制添加剂　添加抗坏血酸，当其用量高于亚硝酸盐时，在腌制时可起助呈色作用，在贮藏时可起护色作用。蔗糖和葡萄糖由于有还原作用，可影响肉色强度和稳定性。加烟酸、烟酰胺也有利于形成比较稳定的红色，但这些物质没有防腐作用，所以暂时还不能代替亚硝酸钠。此外，有些香辛料如丁香对亚硝酸盐还有消色作用。

⑤其他因素　微生物和光线等影响腌肉色泽的稳定性。正常腌制的肉，切开置于空气中后，切面会褪色发黄，这是由于亚硝基肌红蛋白的卟啉环在微生物的作用下发生了变化。亚硝基肌红蛋白不仅受微生物影响，而且对可见光线也不稳定。在光的作用下，NO-血色原失去 NO，再氧化成高铁血色原；在微生物等的作用下，血色素中的卟啉环发生变化，生成绿色、黄色和无色的衍生物。这种褪色或变色现象在发生脂肪酸败或过氧化物存在时进行得更快。

综上所述，为了使肉制品获得鲜艳的颜色，除了要有新鲜的原料外，必须根据腌制时间长短，选择合适的发色剂，掌握适当的用量，在适宜的 pH 条件下严格操作。此外，要注意低温、避光贮藏，并采用添加抗氧化剂、真空或充氮包装、添加去氧剂脱氧等方法避免氧对肉制品的影响，以保持腌肉制品的色泽。

6.2.1.2　腌制与保水性和黏着性的关系

除了使制品呈现鲜艳的红色外，腌制还可提高原料肉的保水性和黏着性。

保水性是指肉类在加工过程中对本身水分及外添加水分的保持能力。保水性与蛋白质的溶剂化作用相关联，因而与蛋白质中的自由水和溶剂化水有关。黏着性是指肉因具有黏着物质而可以形成具有弹力制品的能力，其程度以对扭转、拉伸、破碎的抵抗程度来表示。黏着性和保水性通常是相辅相成的。

食盐和复合磷酸盐是腌制过程中广泛使用的增加保水性和黏着性的材料。试验表明，在绞碎的肉中加入 NaCl 使其离子强度为 0.8～1.0，即相当于加入 4.6%～5.8% NaCl 时的保水性最强，超过这个范围反而下降。

肉中起保水性、黏着性作用的是肌肉中含量最多的结构蛋白质中的肌球蛋白，用离子强度为 0.3 以上的盐溶液即可提取到肌球蛋白。纯化的肌动蛋白已被证实在热变性时不显示黏着性，但当溶液中肌球蛋白和肌动蛋白以一定比例存在时，肌动蛋白能加强肌球蛋白的黏着性。若宰后时间延长，或提取的时间延长，则肌球蛋白与肌动蛋白结合而生成肌动球蛋白，此时被提取的物质是以肌动球蛋白为主体的混合物，通常将此混合物称为肌球蛋白 B。

未经腌制的肌肉中的结构蛋白质处于非溶解状态，而腌制后由于受到离子强度的作用，非溶解状态的蛋白质转变为溶解状态，也就是腌制时肌球蛋白或肌球蛋白 B 被提取是增加保水性和黏着性的根本原因。焦磷酸盐可直接作用于肌动球蛋白，使肌球蛋白解离出来，这是添加焦磷酸盐可以增加黏着性的直接原因。而添加复合磷酸盐还可以通过提高 pH，增强离子强度以及结合到蛋白质分子上而发挥提高保水性和黏着性的作用。

6.2.2 腌制风味的形成

肉类经腌制后，由于腌制成分和肉经过一定时间的成熟作用，发生了蛋白质降解反应、美拉德反应、脂肪分解及脂质氧化反应，肉制品的风味发生较大的变化。与未经腌制的肉的风味不同，腌肉制品具有非常独特的风味。

腌肉过程中形成的风味物质主要为羰基化合物、挥发性脂肪酸、游离氨基酸、含硫化合物等物质，当腌肉受热时就会释放出来，形成特有风味。腌肉制品在成熟过程中由于蛋白质水解，游离氨基酸含量增加。许多试验证明游离氨基酸是肉中风味的前体物质，并证明在成熟过程中游离氨基酸的含量不断增加是因为肌肉中组织蛋白酶的作用。

腌肉制品风味的产生过程也是腌肉的成熟过程，使腌肉制品形成特有的色泽、风味和质地。在一定时间内，腌制品经历的成熟时间越长，质量越佳。通常条件下，出现特有的腌制香味需 10～14 d，腌制 21 d 香味明显，40～50 d 达到最大程度。腌肉制品的成熟过程不仅是蛋白质和脂肪分解形成特有风味的过程，而且是肉内腌制剂如食盐、硝酸盐、亚硝酸盐、异抗坏血酸盐以及糖分等进一步均匀扩散，并和肉内成分进一步进行反应的过程。但人们对亚硝酸盐在腌肉风味中的作用机理还不够清楚，其可能对肌肉中自身含有的组织酶有促进作用。

有人认为长期腌制过程中形成的挥发性醛类也是腌肉风味的来源之一。现认为的特殊风味是由含有组氨酸、谷氨酸、丙氨酸、丝氨酸、蛋氨酸等氨基酸的浸出液，以及脂肪、糖和其他挥发性羰基化合物等少量挥发性物质，以及在一些微生物作用下糖类的分解物等组合而成的。

腌肉的成熟过程与温度、盐分以及腌制品成分有很大关系。温度越高，腌制品成熟越快。脂肪含量对成熟腌制品的风味也有很大的影响，不同种类肉具有的特有风味都与脂肪有关。传统腌肉制品一般都要经过几周到几个月成熟过程，酶的作用使脂肪分解而供给产品特有的风味。腌制后多脂鱼的风味胜过少脂鱼的，低浓度的盐水腌制的猪肉制品其风味比高浓度腌制的好。

成熟过程中的化学和生物化学变化，主要由微生物和肉组织内本身酶活动所引起。腌制过程中肌肉内一些可溶性物质外渗到盐水中，如肌球蛋白、肌动球蛋白、肌质蛋白等都会外渗到盐水中，它们的分解产物就会成为腌制品风味的来源。

在传统腌肉制品生产中，在成熟过程中腌肉表面会长满霉菌，例如我国金华火腿的生产。过去认为，霉菌生长与火腿产生的风味有关，这些霉菌会分泌一些酶类，促使蛋白质、脂肪分解，促进腌肉的成熟。现在认为，霉菌生长只反映了温度、湿度条件及卫生条件，与腌肉的成熟无关，肉的成熟主要是肉中自身所具有的酶所起的作用。关于腌肉成熟的机理尚待深入研究。

6.2.3 腌制方法

肉的腌制方法很多，大致可分为干腌法、湿腌法、混合腌制法、滚揉腌制法等。不同原料、不同产品对腌制方法有不同的要求，有的产品采用一种腌制法即可，有的产品则需要采用两种甚至两种以上的腌制法。

6.2.3.1　干腌法

用食盐或盐-硝混合物涂擦肉块，然后层层堆叠在腌制容器里，各层之间再均匀地撒上盐，压实，通过肉中的水分将其溶解、渗透而进行腌制，整个腌制期间没有加水，故称干腌法。在食盐的渗透压和吸湿性的作用下，肉的内部渗出部分水分、可溶性蛋白质、矿物质等，形成了盐溶液，使盐分向肉内渗透至浓度平衡为止。在腌制过程中，需要定期将上、下层肉品翻转，以保证腌制均匀，这个过程也称“翻缸”。翻缸的同时，还要加盐复腌，复腌的次数视产品的种类而定，一般2～4次。干腌法生产的产品有独特的风味和质地，适合于大块原料肉的腌制。我国传统的金华火腿、咸肉、风干肉等都采用这种方法。一般腌制温度为3～5℃，食盐用量一般是10%以上。国外很少采用干腌法，主要用于生产一些带骨火腿。干腌的优点是操作简便，制品较干，营养成分流失少，风味较好。其缺点是盐分向肉品内部渗透较慢，腌制时间长，肉品易变质；腌制不均匀，质量减轻多，色泽较差。干腌时产品是失水的，失去水分的程度取决于腌制的时间和用盐量。腌制周期越长、用盐量越高、原料肉越瘦、腌制温度越高，产品失水越严重。由于操作和设备简单，小规模肉制品厂和农村多采用此法。

6.2.3.2　湿腌法

湿腌法即盐水腌制法，是指先将盐及其他配料配成一定浓度的盐水卤，盐溶液一般是15.3～17.7波美度，硝酸盐添加量为0.05～0.15 g/kg，也有用饱和溶液的，然后将肉浸泡在盐水中，使腌制剂渗入肉品内部，以获得比较均匀的分布，直至它的浓度最后和盐液浓度相同。腌制液可以重复利用，再次使用时需煮沸并添加一定量的食盐。采用湿腌法腌制肉类时，需腌制3～5 d。湿腌法常用于腌制分割肉、肋部肉等。

在腌制时，腌制品内的盐分取决于腌制的盐液的浓度。首先是食盐向肉内渗入而水分向外扩散，扩散速度取决于盐液的温度和浓度。盐水的浓度是根据产品的种类、肉的肥度、温度、产品保藏的条件和腌制时间而定的。高浓度热盐液的扩散率大于低浓度冷盐液的。硝酸盐也向肉内扩散，但速度比食盐要慢。瘦肉中可溶性物质则逐渐向盐液中扩散，这些物质包括可溶性蛋白质和各种无机盐类。为减少营养物质及风味的损失，一般采用老卤腌制，即在老卤水中添加食盐和硝酸盐，调整好浓度后再用于腌制新鲜肉。每次腌制肉时总有蛋白质和其他物质扩散出来，最后老卤水的浓度增加，因此重复利用时，腌制肉的蛋白质和其他物质的损耗量要比用新盐液时的损耗少得多。卤水越来越陈，会出现各种变化，并有微生物生长，糖液和水给酵母菌的生长提供了适宜的环境，可导致卤水变稠并使产品产生异味。

湿腌法的优点是渗透速度快，腌制均匀，盐水可重复使用，肉质较为柔软。湿腌法所需时间基本上和干腌法相近，主要取决于盐液浓度和腌制温度。不足之处是腌制品的色泽和风味不及干腌制品，所需劳动力比干腌法多，蛋白质流失较多（0.8%～0.9%），且因含水分多不易保藏。

目前，生产灌肠制品所用的肉糜采用的腌制方法也属于湿腌法。具体地，将解冻好的瘦肉用绞肉机绞碎后（或者加入绞碎的肥膘），先将肉放入搅拌机，边搅拌边依次加入用冷水溶解的亚硝酸盐、糖盐味精和用热水溶化后加冷水冷却的复合磷酸盐，然后加入20 kg/100 kg原料的冰水，最后加入异抗坏血酸钠，充分搅拌均匀后，放入标准肉车，上盖塑料薄膜，在0～4℃的腌制间腌制24 h即可。

6.2.3.3　混合腌制法

混合腌制法是干腌法和湿腌法相结合而形成的一种方法。可先将肉放入容器中进行干腌，再放入盐水中腌制，或者先注射盐水后，再用干的盐-硝混合物涂擦在肉制品上，放在容器内腌制。干腌和湿腌相结合可增加制品贮藏时的稳定性，防止产品过度脱水，免于营养物质过度损失。另外，内部发酵或腐败也能被有效阻止。不足之处是操作较复杂。

无论何种腌制方法都需要一定的时间，要求有干净卫生的环境，需保持低温（0～4℃）。盐腌时一般采用不锈钢容器。腌制时，肉块的质量要大致相同。在干腌法中，较大块的肉应放在最底层且脂肪面朝下，第二层的瘦肉面朝下，第三层又将脂肪面朝下，依此类推，但最上面一层要求脂肪面朝上，形成脂肪与脂肪、瘦肉与瘦肉相接触的腌渍形式。腌制液要没过肉表面，通常为肉质量的50%～60%。腌制过程中，每隔一段时间须将所腌肉块的位置上下交换，以使腌渍均匀，可先将肉块移至空槽内，然后倒入腌制液，若有腌制液损耗应及时补充。

需要提到的是水浸，它是腌制的后处理过程，一般用于干腌或较高浓度的湿腌工序之后。为防止盐分过量附着以及污物附着，须将大块的原料肉再放入水中浸泡，以除掉过量的盐分，还可起到调节肉内吸收的盐分的作用。浸泡时应使用卫生、低温的水，一般浸泡在约等于肉块 10 倍量的静水或流动水中，所需时间及水温因盐分的浸透程度、肉块大小及浸泡方法而异。

以上几种腌制方法，原料肉基本保持静止不动，相对于滚揉腌制来说，是一种静态腌制的方法。

6.2.3.4　滚揉腌制法

肉糜类腌制多采用静态的腌制方法，原因是比表面积大，盐水容易渗透，容易达到腌制效果。但肉块原料如果采取静态腌制，必然造成渗透速度和腌制剂分布梯度问题，即腌制速度与效果问题。动态的滚揉腌制能加快腌制速度，而腌制前的盐水注射技术则解决了渗透速度和分布不均的问题。

(1) 盐水注射

盐水注射就是将一定浓度的盐水（广泛含义的盐水包括腌制剂、调味料、黏着剂、填充剂、色素等）通过特制的针头直接注入原料内，使盐水能够快速、均匀地分布在肉块中，提高腌制效率和出品率。

(2) 滚揉腌制

滚揉机的外形像一个卧式的滚筒，滚筒内部有螺旋状桨叶（图 6-1）。经注射后的肉块在滚筒内随滚筒转动，桨叶把肉块带到上端，随即一部分肉块在重力的作用下摔下，与低处的肉互相撞击，同时，一部分沿着桨叶向位置低的一端滑去。就这样，肉块在滚揉机内与腌制液一起相互摩擦、挤压、摔打，将纤维结缔组织“打开”，加速了盐水的渗透速度，提高了腌制效果。

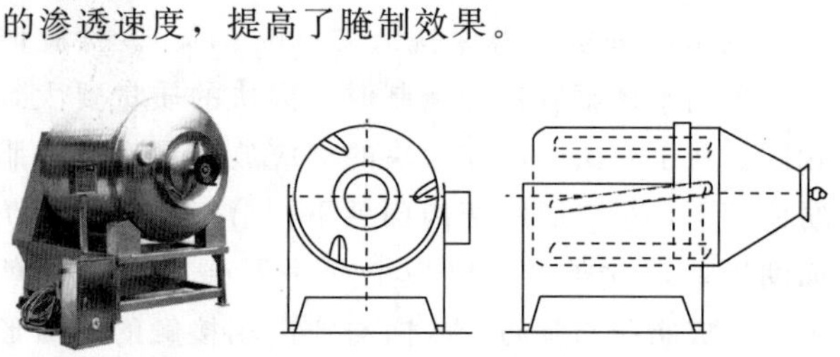

图 6-1　滚揉机

滚揉腌制的优点是：可加速肉中腌制液渗透和吸收，缩短腌制时间；使肌肉松弛、膨胀，提高原料的保水性能和出品率；促进液体介质（盐水）的分布，改善肉的嫩度；改善结构，确保切片美观。

影响滚揉效果的主要因素有以下 6 个。

①装载量　如果装载太多，肉块的下落和运动受到限制，肉块在滚揉桶内将形成“游泳状态”，起不到挤压摔打的作用。装载太少，则肉块下落过多，导致滚揉过度，导致肉块太软和蛋白质变性，从而影响成品的质量。一般按容量计装载 70% 即可。

②转速　转速越大，蛋白质溶解和抽提越快，但对肌肉的破坏程度也越大。滚揉速度控制肉块在滚揉机内的下落能力，一般设备出厂时，已设置为 8～12 r/min。

③滚揉时间　滚揉时间短，肉块还没完全松弛，盐水未完全吸收，蛋白质的萃取少，导致色泽不均匀，结构不一致，黏合力和保水性都差，出品率也可能降低。滚揉时间过长，则可能导致萃出的可溶性蛋白质过多，肉块过度软化，并可能出现渗水现象，不利于后续加工。不同的滚揉机，外径和转动速度不同，因此用转动时间来衡量滚揉时间是不科学的。

滚揉时间可用滚揉机转动的总距离控制。

$$L=UNT$$

式中：U 为滚揉机的内周长（将内径乘以圆周率），m；N 为滚揉机的转速，r/min；T 为滚揉机转动的总时间（间歇滚揉的时间不包括在内），min；L 为滚揉机转动的总距离，m。

滚揉时间一般控制在周长转动 12 000 m 为宜。

④滚揉方式　静置的目的是使抽提的蛋白质充分吸收水分，若静置时间不充分，抽提的蛋白质来不及吸收水分就会被挤回肌纤维内部，甚至阻止肌纤维内部的蛋白质向外渗出。因此间歇滚揉（运转 30 min，停止 10 min）的滚揉效果好于连续滚揉，而呼吸滚揉好于间歇滚揉。

⑤真空度　目前的滚揉机基本都采用真空滚揉。通过对滚揉桶抽真空，能够排出肉品原料及其渗出物间的空气，有助于改善腌肉制品的外观颜色，在以后的热加工中也不致产生热膨现象而破坏产品的结构。真空可以加速盐水向肉块中渗透的速度，加速腌制速度，提高腌制效果；真空还能使肉块膨胀从而提高嫩度；真空还能抑制需氧微生物的

生长和繁殖。所以，真空滚揉机的滚揉效果要好于常压滚揉。

⑥温度　滚揉产生的机械作用可使肉温升高，从而促进微生物的繁殖。同时，肌纤维蛋白的最佳溶解和抽提温度为2～4℃，也要求温度不能过高。一般地，滚揉间的温度控制在0～4℃，则滚揉后原料的温度为6～8℃。

6.3　斩拌与乳化

6.3.1　斩拌

如果生产肉糜型的灌肠（乳化肠），需要使用斩拌机。斩拌是用斩拌机对肉（含各种辅料）进行细切和乳化的过程。

6.3.1.1　斩拌的作用

斩拌的作用有：破坏结缔组织薄膜，使肌肉中盐溶性蛋白释放出来，从而提高肉馅的黏结性、保水性和出品率；乳化作用，改善肉的结构状况，使瘦肉和肥肉充分拌匀，结合更牢固，防止产品热加工时“走油”；提高肉的嫩度，提高制品的弹性。

6.3.1.2　斩拌的原理

肌动蛋白和肌球蛋白都是丝状蛋白体，外面由一层结缔组织膜包裹着，不打开这层膜，这层蛋白就只能保持本体的水分，不能保持外来水分。斩拌就是为了打开这层膜，使蛋白质游离出来，游离出来的蛋白质吸收水分，并膨胀形成网状蛋白质凝胶。这种蛋白质凝胶具有很强的乳化性，能包裹住脂肪颗粒，从而可以达到保油的目的。

6.3.1.3　斩拌操作

斩拌机兼有斩拌、搅拌、乳化等功能。有真空斩拌机和非真空斩拌机两种（图6-2）。前者在真空下工作，具有卫生条件好，盐溶性蛋白质溶出多，防止脂肪氧化，而且物料温度升高慢，产品质量好的优点。后者不带真空系统，在常压下工作。

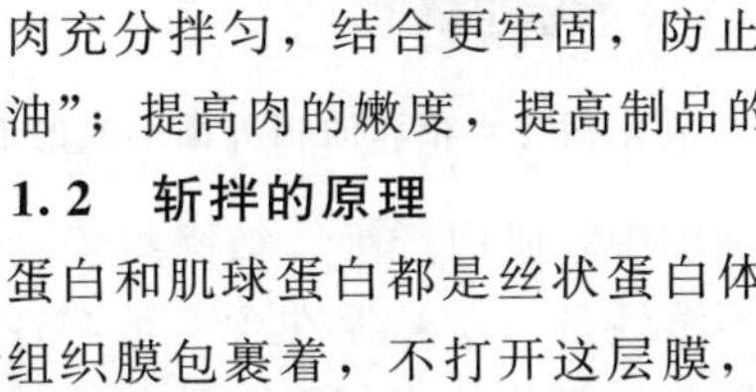

真空斩拌机　　非真空斩拌机

图6-2　斩拌机

在检查清洗斩拌机和刀具后，即可进行斩拌操作。原料肉要经适当的细切或绞制（温度0～2℃）。首先，将瘦肉放入斩拌机的料盘内，注意肉不要集中于一处，应全面铺开。开启低速斩拌，加入1/3的冰屑或冰水（加冰屑或冰水的作用是保持操作的低温状态）。加水后，最初肉会失去黏性，变成分散的细粒子状。随着斩拌的进行，肉的黏着性不断增加。斩拌2～3 min，添加各种辅料，再加入1/3的冰屑或冰水，高速斩拌3～5 min，使肉与辅料混合均匀，斩拌至肉具有黏着性，改为低速，添加肥膘。最后加入淀粉和剩余的冰屑或冰水，再低速斩拌2～3 min，使所有物料混匀即可。斩拌结束时肉馅温度不得超过10℃（一般要求8℃左右）。整个斩拌时间不宜过长，一般以10～15 min为宜。

6.3.1.4　影响斩拌质量的因素

影响斩拌质量的因素包括转速、装载量、时间、斩拌刀、脂肪的添加量等。

（1）转速

大型斩拌机的刀轴一般都具有3个转动速度，转速越快，乳化效果越好，但容易造成升温较快，因此必须控制好最终温度。

（2）装载量

当添加完所有的材料后，最终肉馅至锅边缘的距离为5 cm，即表示装载量是合理的。

（3）时间

随着斩拌时间的延长，瘦肉被斩得越来越细，有利于达到良好的乳化状态，但同时脂肪细胞膜被破坏的概率增大，使产品油水分离（出油）的风险增大，因此一般把斩拌时间控制在5～8 min。

（4）斩拌刀

刀的锋利程度是影响斩拌效果的一个很大因素。锋利程度直接影响斩拌温度、时间、肉组织破坏及乳化效果。斩拌刀应由专业技术人员定期研磨。安装时对称位置的刀的质量应相等。

（5）脂肪的添加量

瘦肉先于脂肪被斩拌，充分提取蛋白质后，才能充分乳化脂肪细胞分离出的油滴。理论上，瘦肉和脂肪的比例为1∶1时，瘦肉就可以充分包住脂肪，但油水分离现象往往与脂肪的分散状态、脂肪质量或斩拌时温度上升等因素有关。为了避免油脂的析出，可将脂肪提前制作为乳化脂，然后加入到原料肉中进行斩拌。由于乳化脂对脂肪颗粒进行了很好的包埋，与肌原纤维蛋白形成的网状结构是一种非常稳定的凝胶体系，即使脂肪添加量较多，也不易出油。

6.3.2 乳化

肌肉、脂肪、水和盐混合后经高速斩切，形成水包油型乳化特性的肉糊。由此形成的肉制品，其质地和稳定性与各种成分之间的物理性状密切相关。一种典型的肉糊的形成包括两个相关的变化过程：①蛋白质膨胀并形成黏性的基质；②可溶性蛋白质、脂肪球和水的乳化。

6.3.2.1 蛋白质基质的形成

肌肉纤维结构的破坏增加了蛋白质与细胞外液和添加水的接触。不溶性蛋白（主要是肌球蛋白、肌动蛋白和肌动球蛋白）以网络结构的形式存在，在适合的离子浓度或其他条件下，吸收水分于网络中。加盐类后，蛋白质吸水膨胀从而产生黏性的基质。当然，有些蛋白质仍在肌肉碎片和结缔组织碎片中保持原状（不膨胀），而另一些蛋白质溶解于肉糊中，具有乳化性能。肉糊中的蛋白质以 3 种水合状态存在：未膨胀的蛋白质、膨胀的蛋白质和可溶性蛋白质（图 6-3）。它们之间不是独立存在的，而是不停地相互转化。

图 6-3 肌肉蛋白质的水合状态

肉糊中蛋白质基质的形成能使自由水固定，并能防止热处理时水分的损失，从而使成品的结构稳定。蛋白质基质还有助于稳定粉碎时所形成的脂肪颗粒，防止其在加热时熔化而聚合。

6.3.2.2 乳化作用

乳化是对不易混溶的两种液体，将其中一种以小滴状或小球状均匀分散于另一种液体中的过程。不同种类肉的乳化活性不同，同一种动物不同部位的肉，其乳化活性也有明显差异。猪肉的乳化能力介于鸡肉与鳕鱼肉之间，鸡肉的乳化能力和乳化稳定性高于火鸡肉和牛肉。主要原因是肉的蛋白种类特性及成分不同。

乳浊液是指两种互不相溶的液体的混合物，一种为分散相，另一种为连续相。分散相以微滴状或小球的形式分散在连续相中。分散相微滴的直径范围在 0.1～5.0 μm 之间。在肉乳浊液体系中，分散相主要是固体或液体脂肪颗粒，连续相则是含有盐类和溶解的或悬浮的蛋白质的水溶液。因此，肉乳浊液也是水包油型的乳浊液。许多乳化型肉制品中的脂肪颗粒直径较大，不符合“经典”的乳浊液要求。

乳浊液一般不稳定。脂肪与水接触时，两相间有很高的界面张力。乳化剂可降低这种界面张力，以较少的能量形成乳浊液，并提高乳浊液的稳定性。乳化剂分子的特点是具有双亲性，即分子的亲水基对水有亲和性，而疏水基对脂肪有亲和性。当乳化剂大量存在时，就会在两相间形成连接层，把两相分开，使乳浊液稳定（图 6-4）。

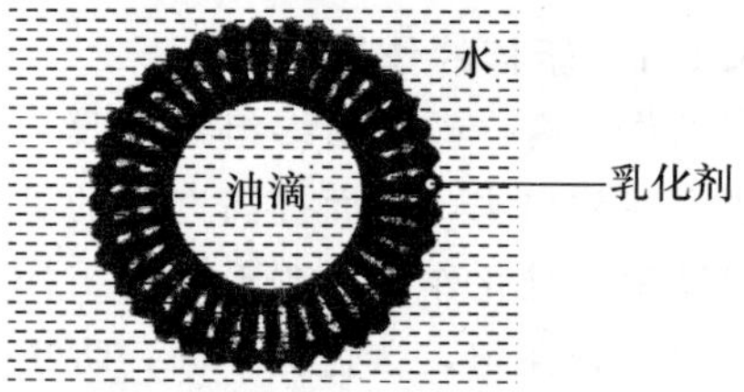

图 6-4 乳化剂在水相和油相界面形成的连接层

在生肉糊中，肌肉纤维、结缔组织纤维及其纤维碎片和不溶性蛋白质悬浮在含有可溶性蛋白质和其他可溶性肌肉组分的水相中。被可溶性蛋白质包裹着的球形脂肪颗粒分散在基质中。在乳化型香肠肉糊中，溶解在水相中的可溶性蛋白质包裹在脂肪颗粒表面而充当乳化剂作用。可溶性蛋白质包括肌质蛋白和溶解后的肌原纤维蛋白，后者的乳化效果更好，并与乳化稳定性有密切关系。肌原纤维蛋白、肌动蛋白、肌球蛋白和肌动球蛋白不溶于水和稀盐溶液，而溶于高浓度的盐溶液。因此，香肠肉糊中盐类的主要作用之一就是将这些水不溶性蛋白质溶解到水相中，从而使它们能起到包裹脂肪颗粒的作用。

6.3.2.3 乳化的影响因素

影响脂肪在肉糊中混合程度的因素主要包括：基质形成、乳化温度、脂肪颗粒的大小、pH、可溶性蛋白质的数量和类型以及肉糊的黏性。

（1）温度

在粉碎工序中，由于摩擦作用，肉糊的温度升高。当斩切摩擦表面时，有些脂肪发生熔化，蛋白质初步变性，从而有利于蛋白质吸附到分散的脂肪颗粒上。另一方面，在加工过程中，温度适当提高有助于可溶性蛋白质释放，加速腌制色形成，并改善肉糊的流动性。但如果粉碎时温度过高，在随后的热处理中乳浊液就会被破坏。最高允许温度取决于设备的类型和脂肪熔点。采用高速乳化机时，肉糊的最高温度为：禽肉 10～12℃，猪肉 15～18℃，牛肉 21～22℃。上述温度对乳浊液的稳定性无不利影响。采用低速斩拌，则肉糊必须保持较低温度，温度过高对肉糊有不利影响，其原因可能是：

①可溶性蛋白质变性过度，而不能充当乳化剂。

②蛋白质基质被破坏而使肉糊黏性降低。因为散在的脂肪颗粒易于上浮，上浮速度受基质黏度阻碍，当黏度变小时，这种分离的趋势就增加。

③脂肪颗粒熔化。熔化的脂肪易于分散成更小的微粒，从而影响乳浊液的稳定性。

因此，在斩拌时加冰到肉品配料中，可控制肉糊温度的升高。此外，添加干冰或采用部分冷冻肉也可达到降温效果。

（2）脂肪颗粒的大小

在肉糊生产中，必须将脂肪粉碎得非常细小，直至形成乳浊液。但是过度粉碎，使脂肪颗粒过小，其总表面积将大幅度增加，造成可溶性蛋白质数量不足以包裹脂肪微粒，而使乳浊液失去稳定性。

（3）pH 及可溶性蛋白质的数量和类型

制备肉糊时，先将瘦肉和盐一起斩拌，有助于蛋白质溶解和膨胀。当形成基质和作为乳化剂的蛋白质含量增加时，肉糊的稳定性提高。肌肉 pH 高时，有利于蛋白质提取，尸僵前的肉优于尸僵后的肉，因为从前者可提取出 50%以上的盐溶性蛋白质。肉糊稳定性受盐溶性蛋白质来源的影响，如物种、肌肉部位、动物年龄和其他因素，公牛肉的蛋白质黏结能力最佳。家禽白肌肉和红肌肉相比，前者的盐溶性蛋白易形成稳定的肉糊。这些差别可能是由于不同肌肉中存在着不同形式的肌球蛋白。

（4）肉糊的黏性

肉糊乳浊液发生相分离实际上是散在的脂肪微粒重新聚合成较大的脂肪颗粒的结果。这种情况通常发生在热处理时，但可能直到产品被冷却时才发现。当肉糊的黏度增加时，脂肪分离的趋势减小。加热时脂肪微粒融化并呈液态，更易聚合，在水中呈现一种更易聚合的趋势。完全由可溶性蛋白质所包被的脂肪微粒和被黏性基质充分分散的脂肪颗粒不会发生聚合。

6.4 煮制

煮制是对肉进行热加工的过程。加热的方式有用水加热、蒸汽加热等，其目的是改善肉的感官性质，使肉黏着、凝固，产生与生肉不同的硬度、齿感、弹力等物理变化，以固定制品的形态，使制品可以被切成片状；使制品产生特有的风味，达到熟制；杀死微生物和寄生虫，提高制品的耐保存性；稳定肉的色泽。

6.4.1 肉在煮制过程中的变化

煮制时，肉的温度达到 30～50℃时，蛋白质开始凝固变化；40～50℃时，保水性急剧下降，硬度增加；60～70℃时，肉的热变性基本结束。80℃呈酸性反应时，结缔组织开始水解，胶原转变为可溶于水的明胶，肌束间的连接减弱，肉变软；90℃稍长时间煮制，蛋白质凝固硬化，盐类及浸出物由肉中析出，肌纤维强烈收缩，肉反而变硬；继续煮沸（100℃），蛋白质、碳水化合物部分水解，肌纤维断裂，肉被煮熟（烂）。在煮制时，约有 2.5%的可溶性蛋白质进入肉汤中，此蛋白质受热凝固，形成浅灰色泡沫，浮于肉汤表面。它是肉汤中唯一的全价蛋白，但在传统的煮制加工中，往往把它撇掉。肉汤中全部的干物质（从肉中溶出的，不包括添加的）达肉质量的 2.5%～3.5%，主要是含氮浸出物和盐类，如不把可溶性蛋白质撇掉，再加上调味料，将对煮肉制品呈味起主要作用。

6.4.1.1 质量减轻与肉质收缩变硬或软化

肉类在煮制过程中最明显的变化是失去水分、质量减轻，如以中等肥度的猪、牛、羊肉为原料，在 100℃的水中煮沸 30 min，它们的质量减少的情况见表 6-1。

表 6-1 肉类水煮时质量的减少 %

类别	水分	蛋白质	脂肪	其他	总量
猪肉	21.3	0.9	2.1	0.3	24.6
牛肉	32.2	1.8	0.6	0.5	35.1
羊肉	26.9	1.5	6.3	0.4	35.1

为了减少肉类在煮制时的营养物质的损失，提高出品率，在加热原料前应经过预煮过程。预煮使产品表面蛋白质立即凝固，形成保护层，可减少营

养成分的损失，提高出品率。用150℃以上的高温油炸，也可有效减少营养成分的流失。

此外，肌质中肌质蛋白质受热后，蛋白质的凝固作用使肌肉组织收缩硬化，并失去黏性。但若继续加热，随着蛋白质的水解以及结缔组织中胶原蛋白质水解转化成明胶等变化，肉质又变软。

6.4.1.2 肌肉蛋白质的热变性

在加热煮制过程中，肌肉蛋白质因发生热变性凝固，引起肉汁分离，体积缩小变硬，同时肉的保水性、pH、酸碱性基团及可溶性蛋白质发生相应的变化。随着加热温度的上升，肌肉蛋白质的变化归纳如下：

①20～30℃时，肉的保水性、硬度及蛋白质的可溶性都没有发生变化。

②30～40℃时，随着温度的上升，保水性缓慢地下降。从30～35℃开始凝固，硬度增加，蛋白质的可溶性、ATP酶的活性也产生变化。折叠的肽链伸展，以盐键结合或以氢键结合的形式产生新的侧链结合。

③40～50℃时，保水性急剧下降，硬度随温度的上升而急剧增加，等电点移向碱性方向，酸性基团特别是羧基减少，形成酯结合的侧链R—CO—O—R′。

④50～55℃时，保水性、硬度、pH等暂时停止变化。

⑤55～80℃时，保水性又开始下降，硬度增加，酸性基团又开始减少，并随着温度的上升各有不同程度的加深，但变化的程度不像在40～50℃范围内那样急剧，尤其是硬度的增加和可溶性蛋白质的减少不明显，分子之间继续形成新的侧链结合，产生进一步凝固。到60～70℃时，肉的热变性基本结束。80℃以上开始生成硫化氢，从而影响高温加热肉的风味，使肉的风味降低。

6.4.1.3 脂肪的变化

加热时脂肪熔化，包围脂肪滴的结缔组织受热收缩使脂肪细胞受到较大的压力，细胞膜破裂，脂肪熔化流出。随着脂肪的熔化，某些与脂肪相关联的挥发性化合物不断被释放出来，这些物质给肉和汤增补了香气。

煮制时，肉中的脂肪会分离出来，不同动物脂肪所需的温度不同。牛脂为42～52℃，牛骨脂为36～45℃，羊脂为44～55℃，猪脂为28～48℃，禽脂为26～40℃。

在加热过程中，一部分脂肪发生水解，生成甘油和脂肪酸，使酸价有所增高。同时，也发生氧化作用，生成氧化物和过氧化物。加热水煮时，如肉量过多或剧烈沸腾，易引起脂肪的乳化，使肉汤呈浑浊状态。此时，脂肪易于被氧化，生成二羧基酸类，使肉汤带有不良气味。

6.4.1.4 结缔组织的变化

在加热过程中，结缔组织的变化对加工制品的形状、韧性等有重要的影响。

肌肉中结缔组织含量多，则肉质坚韧，但在70℃以上水中长时间煮制，结缔组织多的反而比结缔组织少的肉质柔嫩，这是由于此时结缔组织受热软化的程度对肉的柔软起着主导作用。结缔组织中的蛋白质主要是胶原蛋白和弹性蛋白，一般加热条件下，弹性蛋白几乎不发生变化，主要是胶原蛋白发生变化。

在水中煮制时，由于肌肉组织中胶原纤维在动物体不同部位的分布不同，肉发生收缩形变的情况也不一样。当加热到64.5℃时，其胶原纤维在长度方向可迅速收缩到原长度的60%。因此，肉在煮制时收缩形变的大小是由肌肉结缔组织的分布所决定的。表6-2显示了腰肉和大腿肉在70℃水煮时的收缩程度。

表6-2 70℃煮制对肌肉长度的影响

煮制时间/min	肉块长度/cm	
	腰部	大腿部
0	12	12
15	7.0	8.3
30	6.4	8.0
45	6.2	7.8
60	5.8	7.4

经过60 min煮制以后，腰部肌肉收缩可达50%，而腿部肌肉只收缩38%，所以腰部肌肉会有明显的形变。

在煮制过程中，随着温度的升高，胶原蛋白吸水膨润而呈柔软状态，机械强度降低，逐渐分解为可溶性的明胶。表6-3所列举的是同样大小的牛肉块随着煮制时间的不同，不同部位胶原蛋白转变成明胶的量的差异。因此，在加工酱卤制品时应根据肉体的不同部位和加工产品的要求合理使用。胶原蛋白变成明胶的速度，虽然随着温度升高而增加，但只有在接近100℃时才能迅速转变，且与沸腾的状态有关，沸腾得越激烈，转变得越快。

表 6-3　100℃煮制对胶原蛋白转变成明胶的影响

部位	不同时间转变成明胶的量/%		
	20 min	40 min	60 min
腰部肌肉	12.9	26.3	48.3
背部肌肉	10.4	23.9	43.5
后腿肌肉	9.0	15.6	29.5
前臂肌肉	5.3	16.7	22.7
半腱肌	4.3	9.9	13.8
胸肌	3.3	8.3	17.1

6.4.1.5　风味的变化

生肉的风味是很弱的，但是加热之后，不同种类动物肉产生很强的特有风味，通常认为这是加热后肉中的水溶性成分和脂肪的变化所导致的。加热肉的风味成分与氨、硫化氢、胺类、羰基化合物、低级脂肪酸等有关。在肉的风味里，共同的部分主要是水溶性物质如氨基酸、肽和低分子的碳水化合物之间进行反应的一些生成物。特殊成分则是因为不同种肉类的脂肪和脂溶性物质的不同，由加热所形成的特有风味，如羊肉的膻味是辛酸和壬酸等低级饱和脂肪酸所致。

肉的风味在一定程度上因加热的方式、温度和时间的不同而不同。据报道，煮制时间在 3 h 内时，肉的风味随加热时间延长而变浓，再延长时间则味道变淡。肉的风味也因煮制时加入香辛料、糖及含有谷氨酸的添加物而得以改善。

6.4.1.6　浸出物的变化

在煮制时，浸出物的成分是复杂的，其中主要是含氮浸出物、游离氨基酸、尿素、肽的衍生物、嘌呤碱等。其中游离氨基酸最多，如谷氨酸等，它具有特殊的芳香气味，当含量达到 0.08%时，即会出现肉的特有芳香气味。此外，丝氨酸、丙氨酸等也具有香味，成熟的肉所含的游离状态的次黄嘌呤也是肉的特有芳香气味的主要成分。

6.4.1.7　颜色的变化

当肉温在 60℃以下时，肉色几乎不发生明显变化；65～70℃时，变成桃红色，再提高温度则变为淡红色；在 75℃以上时，则完全变为褐色。这种变化是肌肉中的肌红蛋白受热作用逐渐发生变性所导致的。此外，对用硝酸盐或亚硝酸盐腌制发色的肉，由于其肌红蛋白已经变成对热稳定的亚硝基肌红蛋白，所以煮制后变成鲜艳的红色。

6.4.2　煮制方法

在酱卤肉制品加工中，煮制方法包括清煮和红烧。

6.4.2.1　清煮

清煮又称预煮、白煮、白锅等，其方法是将整理后的原料肉投入沸水中，不加任何调料，用较多的清水进行煮制。清煮的主要目的是去掉肉中的血水和肉本身的腥味或气味，在红烧前进行，清煮的时间因原料肉的形态和性质不同有异，一般为 15～40 min。清煮后的肉汤称白汤，清煮猪肉的白汤可作为红烧时的汤汁，但清煮牛肉及内脏的白汤除外。

6.4.2.2　红烧

红烧又称红锅，其方法是将预煮后的肉放入加有各种调味料、香辛料的汤汁中烧煮。红烧是酱卤制品加工的关键性工序。红烧不仅可使制品受热至熟，更重要的是使产品的色、香、味及产品的化学成分有较大的改变。红烧的时间随产品和肉质不同而异，一般为 1～4 h。红烧后剩余的汤汁叫老汤或红汤，须妥善保存，待以后继续使用。将制品加入老汤进行红烧，风味更佳。

在煮制过程中，根据火焰的大小强弱和锅内汤汁情况，可将火候分为大火、中火、小火 3 种。

（1）大火

又称旺火、急火等。大火的火焰高强而稳定，锅内汤汁剧烈沸腾。

（2）中火

又称温火、文火等。火焰较低弱而摇晃，锅内汤汁沸腾，但不强烈。

（3）小火

又称微火。火焰很弱而摇晃不定，锅内汤汁微沸或缓缓冒气。

火候的运用对酱卤制品的风味及质量有一定的影响，除个别品种外，一般煮制初期用大火，中后期用中火和小火。大火烧煮的时间通常较短，其主要作用是尽快将汤汁烧沸，使原料初步煮熟。中火和小火烧煮的时间一般比较长，可使肉品变得酥润可口，同时使配料渗入肉的深部。加热时火候和时间的掌握对肉制品质量有很大影响，需特别注意。

6.5　熏制

烟熏是一种已沿用多年的传统肉制品加工方

法。长期以来，世界各地人们对不同程度的烟熏味均有一定的喜好。许多肉制品，特别是西式肉制品，如灌肠、火腿、培根、生熏腿、熟熏圆腿等，均须经过烟熏。肉品经过烟熏，不仅获得特有的烟熏味，而且保存期延长，但是随着冷藏技术的发展，烟熏防腐已降到次要的位置，成为生产具有特种烟熏风味制品的一种加工方法。

6.5.1 烟熏目的

烟熏的目的主要有：赋予制品特殊的烟熏风味，增进香味；使制品外观具有特有的烟熏色，对加硝肉制品起发色作用；脱水干燥，杀菌消毒，防止腐败变质，使肉制品耐贮藏；烟气成分渗入肉内部，可防止脂肪氧化。

6.5.1.1 呈味作用

烟熏风味主要来自2个方面。一是烟气中的许多有机化合物如有机酸（蚁酸和醋酸）、醛、醇、酚类等附着在制品上，赋予制品特有的烟熏香味。酚类中的愈创木酚和4-甲基愈创木酚是最重要的风味物质。二是烟熏加热促进肉制品中蛋白质分解，生成氨基酸、低分子肽类等，使肉制品产生独特的风味。

6.5.1.2 发色作用

烟熏可以使肉制品呈深红色、茶褐色或褐黑色等，色泽美观。颜色的产生源于3个方面：一是熏烟成分中的羰基化合物可以和肉蛋白质或其他含氮物中的游离氨基发生美拉德反应，使制品具有独特的茶褐色；二是烟熏加热促进了硝酸盐还原菌增殖及蛋白质的热变性，游离出半胱氨酸，从而促进一氧化氮血素原形成稳定的颜色；三是受热时脂肪外渗，起到润色作用。

6.5.1.3 杀菌作用

烟熏的杀菌防腐作用主要是烟熏的热作用、烟熏的干燥作用和烟熏所产生的化学成分共同作用的结果。在熏烟成分中，有机酸、醛和酚类的杀菌作用较强。有机酸可与肉中的氨等碱性物质中和，其酸性使肉的酸性增强，从而抑制腐败菌的生长繁殖。醛类具有防腐性，特别是甲醛，不仅具有防腐性，而且还可以与蛋白质或游离氨基结合，使碱性减弱，酸性增强，进而增加防腐作用。酚类物质也具有一定的防腐性。

烟熏的杀菌作用主要体现在表层，经熏制后，产品表面的微生物可减少至1/10。大肠杆菌、变形杆菌和葡萄球菌对熏烟较敏感，3 h即死亡。霉菌及细菌芽孢对熏烟较稳定。

由烟熏产生的杀菌防腐作用是有限度的。未经腌制处理的生肉，如仅烟熏则易迅速腐败。在烟熏前进行腌制和烟熏中、烟熏后的脱水干燥处理则赋予熏制品良好的贮藏性能。

6.5.1.4 抗氧化作用

熏烟中的许多成分具有抗氧化作用，抗氧化作用最强的是酚类，其中以邻苯二酚和邻苯三酚及其衍生物作用尤为显著。试验表明，熏制品在15℃下放置30 d，过氧化值无变化，而未经过烟熏的肉制品过氧化值增加8倍。

6.5.2 熏烟成分

熏烟的成分很复杂，现已从木材发生的熏烟中分离出来200多种化合物，其中常见的化合物为酚类、醇类、有机酸和烃类等，但并不意味着烟熏肉中存在所有化合物。熏烟的成分常因燃烧温度、燃烧室的条件、形成化合物的氧化变化以及其他许多因素的变化而有差异。熏烟中有一些成分对制品风味及防腐作用来说无关紧要。有试验证明，对熏制品起作用的主要是酚类和羰基化合物。

6.5.2.1 酚类

从木材熏烟中分离出来并经鉴定的酚类达20种之多，其中有愈创木酚（邻甲氧基苯酚）、4-甲基愈创木酚、4-乙基愈创木酚、邻位甲酚、间位甲酚、对位甲酚、4-丙基愈创木酚、香兰素（烯丙基愈创木酚）、2,5-双甲氧基-4-丙基酚、2,5-双甲氧基-4-乙基酚、2,5-双甲氧基-4-甲基酚等。

在熏烟中，酚类有4方面作用：

①抗氧化作用。高沸点的酚类比低沸点的酚类抗氧化作用强。

②促进熏烟色泽的产生。

③有利于熏烟风味的形成。与风味有关的酚类主要有愈创木酚、4-甲基愈创木酚、2,6-二甲氧基酚类等。单纯的酚类物质气味单调，与其他成分（羰基化合物、胺、吡咯等）共同作用，呈味效果则好得多。

④防腐作用。酚类具有一定的抑菌防腐作用。

酚及其衍生物是由木质素裂解产生的，温度为280～550℃时木质素分解旺盛，温度为400℃左右时分解最强烈。

6.5.2.2 醇类

木材熏烟中醇的种类繁多，其中最常见和最简单的醇是甲醇（木醇），此外还有乙醇、丙烯醇、戊醇等，但它们常被氧化成相应的酸类。醇类的作用主要是作为挥发性物质的载体，其含量也较低。它的杀菌效果很弱，对风味、香气并不起主要作用。

6.5.2.3 有机酸

熏烟中含有的有机酸为1～10个碳原子的简单有机酸。1～4个碳原子的酸（甲酸、醋酸、丙酸、丁酸和异丁酸）存在于蒸汽相内，5～10个碳原子的酸（戊酸、异戊酸、己酸、庚酸、辛酸、壬酸和癸酸）附着在熏烟内的微粒上。有机酸对熏烟制品的风味影响甚微，但可聚积在制品的表面，呈现微弱的防腐作用。酸有促使烟熏肉表面蛋白质凝固的作用，在生产去肠衣的肠制品时，将有助于肠衣剥除。

有机酸来自木材中纤维素和半纤维素的分解。纤维素分解旺盛的温度为240～400℃，分解最强烈的温度为300℃左右。半纤维素分解旺盛的温度为180～300℃，分解最强烈的温度为250℃左右。

6.5.2.4 羰基化合物

熏烟中存在着大量的羰基化合物，现已确定的有20种以上的化合物，主要是酚类和醛类。它们同有机酸一样，存在于蒸汽蒸馏组分中，也存在于熏烟的颗粒上。虽然绝大部分羰基化合物为非蒸汽蒸馏性的，但蒸汽蒸馏组分内有着非常典型的烟熏风味，而且还含有所有羰基化合物形成的色泽。因此，羰基化合物可使熏制品形成特有的熏烟风味和棕褐色。

6.5.2.5 烃类

从熏烟中能分离出许多环芳烃（简称PAH），其中有苯并蒽、苯并芘、二苯并蒽及4-甲基芘。在这些化合物中，有害成分以3,4-苯并芘为代表，它污染最广，含量最多，致癌性最强。

3,4-苯并芘对食品的污染极为普遍，尤其是对熏烤类肉制品，且以煤炉和柴炉直接熏烤的肉制品中含量最高。如何减少熏烟成分中3,4-苯并芘的含量是熏烤类肉制品行业极其关注的问题。

在烟熏食品中，尚未发现其他多环烃类有致癌性。多环烃对烟熏制品无重要的防腐作用，也不能产生特有的风味。它们附着在熏烟内的颗粒上，可以经过滤除去。

熏烟中包括固体颗粒、液体小滴和气相颗粒，大小一般在50～800 μm，气相大约占总体积的10%。熏烟成分中包括高分子和低分子化合物，这些成分有的是水溶性的，这对生产液态烟熏制剂具有重要的意义，因为水溶性的物质大都是有用的熏烟成分。而水不溶性物质包括固体颗粒（煤灰）、多环烃和焦油等，这些成分中有些具有致癌性。

6.5.2.6 气体物质

熏烟中产生的气体物质，如CO_2、CO、O_2、NO、N_2O、乙炔、乙烯、丙烯等，这些化合物对熏制的影响还不甚明了，大多数对熏制无关紧要。CO_2和CO可被吸收到鲜肉的表面，产生一氧化碳-肌红蛋白，而使产品产生亮红色；O_2也可与肌红蛋白反应形成氧合肌红蛋白或高铁肌红蛋白，但还没有证据证明熏制过程会产生这些物质。气体成分中的NO可在熏制过程中形成亚硝胺，碱性条件有利于亚硝胺的形成。

6.5.3 熏烟的产生

6.5.3.1 烟气的产生

用于熏制的烟气，主要是木材不完全燃烧产生的。烟气是由空气（氮、氧等）和没有完全燃烧的产物——燃气、蒸汽、液体、固体物质的粒子所形成的气溶胶系统。熏制的实质就是制品吸收木材分解产物的过程，因此木材的分解产物是烟熏作用的关键。

木材在高温燃烧时产生烟气的过程可分为二步：第一步是木材的高温分解；第二步是高温分解产物的变化，包括形成环状或多环状化合物，发生聚合反应、缩合反应，以及形成产物的进一步热分解。

在缺氧条件下，木材半纤维素的热分解温度在200～260℃之间；纤维素的在260～310℃之间；木质素的在310～500℃之间。缺氧条件下的热分解作用会产生不同的气相物质、液相物质和一些煤灰。当木材和木屑发生热分解时，表面和中心存在着温度梯度，外表面正在氧化时，内部却正在进行着氧化前的脱水。在脱水过程中，外表面温度稍高于100℃。在脱水或蒸馏过程中，外逸的化合物有CO、CO_2及醋酸等挥发性短链有机酸。当木屑中心水分接近零时，温度就迅速上升到300～400℃，发生热分解并出现熏烟。实际上，大多数木材在200～260℃时已有熏烟产生，温度达到260～310℃时则产生焦木液和一些焦油，温度上升到310℃以上时则木质素裂解，产生酚及其衍生物。

正常熏烟情况下，常见的温度范围在100～400℃之间。熏烟时，燃烧和氧化同时进行。供氧量增加时，酸和酚的量增加，供氧量超过完全氧化所需氧的8倍左右时，形成量就达到了最高值。如温度较低，酸的形成量就较大，如燃烧温度增加到400℃以上，酸和酚的比值就下降。因此，以400℃温度为界限，高于或低于它时，所产生的熏烟成分有显著的差别。

燃烧温度在340～400℃、氧化温度在200～250℃，所产生的熏烟质量最高。由于烟熏为放热过程，在实际操作条件下难以将燃烧过程和氧化过程完全分开，但是设计出一种能良好控制熏烟发生的烟熏设备却是可能的。欧洲已创制了木屑流化床，能较好地控制燃烧温度和速率。

虽然400℃燃烧温度最适宜形成高量的酚，但同时有利于苯并芘及其他烃的形成。因此，实际燃烧温度以343℃左右为宜。

6.5.3.2 熏材

烟熏是通过熏烟附着在肉制品表面来产生作用的，而熏烟是通过燃烧可燃性材料来获取的。烟熏可采用多种材料来发烟，但最好选择树脂含量少、烟味好，而且防腐物质含量多的材料，一般多为硬木和竹类。而软木、松叶类含树脂量多，燃烧时产生大量黑烟，使肉制品表面发黑，且熏烟气味不好，所以不宜采用。常用的熏材主要有白杨、白桦、山毛榉、核桃树、山核桃木、樱、赤杨、悬铃木、楸树等，个别国家也采用玉米芯，白糖、稻糠也可以发烟。此外，日本斋藤的试验结果表明，稻壳和玉米秆也是很好的烟熏材料。最好的为枣木、山枣木，其次是其他果木，最次是杨木等杂木，忌用柏木、松木。

熏材的形态一般为木屑，也可使用薪材（木柴）、木片或干燥的小木粒等。以干燥为主要目的时，往往直接使用较大块的木柴。无论是刨花还是薪材，都应该干燥贮存，且不含木材防腐剂。潮湿的材料会带有霉菌，熏烟容易将其带到肉制品上。木材防腐剂可能会产生有害烟雾，影响熏制品的食用安全。熏材的水分含量以20%～30%为佳。新鲜的锯屑含水量较高，一般须经晒干或风干后才能使用，但在使用时要添加水分，以有利于发烟及烟雾有效成分的附着。

6.5.4 烟熏方法

肉制品加工中常见的烟熏方法很多，分类依据不同，种类也不同。

6.5.4.1 冷熏法

冷熏是指在15～30℃下进行的较长时间（4～7 d）的烟熏。熏前原料须经过较长时间的腌渍。此法适用于火腿、培根、干燥香肠，特别是发酵香肠等的烟熏，常用于制作不进行加热工序的制品。这种方法在冬季进行比较容易，而在夏季时由于气温高，温度很难控制，特别是发烟少的情况下，容易发生酸败现象。由于进行了干燥和后熟，制品的水分含量在40%左右，提高了保藏性，增加了风味，但其烟熏风味不及温熏法。

6.5.4.2 温熏法

温熏法是指原料经过适当腌渍（有时还可加调味料）后，在30～50℃下进行的烟熏，适用于培根、带骨火腿及通脊火腿。熏制时间视制品大小而定，如腌肉按肉块大小不同，熏制5～10 h，火腿则需1～3 d。熏材通常采用干燥的橡木、樱木。用这种方法可使产品风味好，质量损失较少，但由于温度条件有利于微生物的繁殖，如烟熏时间过长，有时会引起制品腐败。熏制后的产品还需进行水煮才能食用。

6.5.4.3 热熏法

热熏即指原料经过适当腌渍（有时还可加调味料）后进行烟熏，温度在50～80℃之间，多为60℃，熏制时间不超过5～6 h。在该温度范围内，蛋白质几乎全部凝固。产品表面硬化度较高，但内部仍含有较多水分，有较好的弹性。采用本法，在短时间内即可形成较好的烟熏色泽，操作简便，节省劳力。但要注意烟熏过程不能升温过快，否则会出现发色不均的现象。本法在我国灌肠制品加工中应用最多。

6.5.4.4 焙熏法

焙熏法所采用的温度为90～120℃，它是一种特殊的熏烤方法，包含蒸煮或烤熟的过程，用于烤制品生产，常用于火腿、培根的生产。由于熏制温度较高，熏制的同时达到熟制的目的，制品不必进行热加工就可以直接食用，而且熏制的时间较短。但产品的贮藏性较差，而且脂肪熔化较多，适合于瘦肉含量较高的制品。

6.5.4.5 电熏法

在烟熏室配置电线，电线上吊挂原料后，给电线通1万～2万V高压直流电或交流电，进行放电，使熏烟带电荷，从而更深地进入肉内，以增强风味，延长贮藏期。电熏法的优点有：使制品贮藏期延长，不易生霉；烟熏时间缩短，只有温熏法的1/2；制品内部的甲醛含量较高，使用直流电时烟更容易渗透。但用电熏法时，熏烟在物体的尖端部分沉积较多，造成烟熏不均匀，再加上成本较高等因素，目前电熏法还不普及。

6.5.4.6　液熏法

用液态烟熏制剂代替烟熏的方法称为液熏法，又称无烟熏法。目前在国外已广泛使用，代表烟熏技术的发展方向。

（1）烟熏液的制备

烟熏液是将木材干馏过程中产生的烟雾冷凝，再将冷凝液进一步精馏以除掉有害物质和树脂后制成的一种液态烟熏制剂。将产生的烟雾引入吸收塔的水中，熏烟反复循环地被水吸收，直到达到理想的浓度。经过一段时间后，溶液中有关成分相互反应、聚合，焦油沉淀，过滤除去溶液中不溶性的烃类物质后，液态烟熏剂就基本制成了。这种液熏剂主要含有熏烟中的蒸汽相成分，包括酚、有机酸、醇和羰基化合物。一般用硬木制液态烟熏剂，软木虽然能用，但须用过滤法除去焦油小滴和多环烃。

（2）烟熏液的应用

液熏法有4种方式，即直接添加法、喷淋浸泡法、肠衣着色法和喷雾法，均在煮制前进行。

①直接添加法　烟熏液作为一种食品添加剂，经水稀释后，通过注射、滚揉或其他方式直接添加到产品中，经调和、搅拌均匀即可。多用于红肠、小肚、圆火腿、午餐肉等肉糜类肉制品中。这种方式主要偏重于产品风味的形成，但不能促进产品色泽的形成。

②喷淋浸泡法　即在产品表面喷淋烟熏液或者将产品直接放入烟熏液中浸渍一段时间，然后取出干燥。这种方法有利于产品表面色泽及风味的产生。使用前，要预先稀释烟熏液，一般来讲，20～30份的烟熏液用60～80份的水稀释。不同产品的稀释倍数在市售烟熏液的使用说明中均有标注。

烟熏色泽的形成与烟熏液的稀释浓度、喷淋和浸泡的时间、固色和干燥过程等有关。在浸渍时，加入0.5%左右的食盐可提高制品的风味。

烟熏液可循环使用，但应根据浸泡产品的频率和浸泡量及时补充，以达到所需浓度。在生产去肠衣的产品时，常在稀释后的烟熏液中加入5%左右的柠檬酸或醋，以便于形成外皮。

③肠衣着色法　在包装产品前，利用烟熏液对肠衣或包装膜进行渗透着色或进行烟熏。煮制时，由于产品紧挨着已被处理的肠衣，烟熏色泽被自动吸附在产品表面，使产品具有一定的烟熏味。这种方式是目前流行的一种新方法。

④喷雾法　将烟熏液雾化后送入烟熏炉对产品进行熏制的一种方法。为了节省烟熏液，常采用间歇喷雾形式。一般要先对产品进行短时间的干燥，然后将雾化的烟熏液送入烟熏炉，使烟雾充满整个空间，间隔一段时间后再喷雾。根据需要重复2～3次，间隔时间为5～10 min，以保证整个熏制过程中均匀的烟雾浓度。也可分两次进行，即在两次喷雾间干燥15～30 min，在干燥过程中打开空气调节阀。干燥的气流有助于烟熏色泽的形成。

采用喷雾式烟熏法时，色泽的变化主要与烟熏液的浓度、喷雾后烟雾停留的时间、中间干燥的时间、炉内的温度和湿度等参数有关。这种方法虽然要在烟熏室进行，但容易保持设备清洁，不会有焦油或其他残渣沉积。另外，还可用烟熏液代替熏烟材料，用加热方法使其挥发，包附在制品上。

（3）液熏法的优点

采用液熏法有如下优点：

①产品被致癌物污染的机会大大减少，因为在烟熏液的制备过程中已除去微粒相；

②不需要烟雾发生器，节省设备投资；

③产品的重现性好，液熏剂的成分一般是稳定的；

④效率高，短时间内可生产大量带有烟熏风味的制品；

⑤无空气污染，符合环境保护要求；

⑥烟熏液的使用十分方便、安全，不会发生火灾，故而可在植物茂密地区使用。

但是，采用烟熏液制成的肉制品的风味、色泽及贮存性能均比直接采用熏烟熏制的产品差，且烟熏制剂处理宜在即将开始蒸煮前进行。

6.5.5　有害成分控制

在实际生产中，烟熏工艺技术使用不当，烟气中的有害成分（特别是致癌成分）就会污染食品，危害人体健康。如熏烟生成的木焦油被视为致癌的危险物质；传统烟熏方法中多环芳香类化合物易沉积或吸附在腌肉制品表面，其中3,4-苯并芘及二苯并蒽是两种强致癌物质；熏烟还可以通过直接或间接作用促进亚硝胺形成。因此，必须采取措施减少熏烟中有害成分的产生及对制品的污染，以确保制品的食用安全。

6.5.5.1 控制发烟温度

发烟温度直接影响3,4-苯并芘的形成，发烟温度低于400℃时有极微量的3,4-苯并芘产生，当发烟温度处于400～1 000℃时，便形成大量的3,4-苯并芘。因此，控制好发烟温度，使熏材轻度燃烧，对降低致癌物是极为有利的。但熏烟中的有用成分如酚类、羰基化合物和有机酸等的生成量也会受影响。为了使熏烟中含有尽量多的有用成分和相对较少的有害物质，一般认为理想的发烟温度为340～350℃为宜。

6.5.5.2 湿烟法

用机械的方法将高热的水蒸气和混合物强行通过木屑，使木屑产生烟雾，并将烟雾引进烟熏室，同样能达到烟熏的目的，且不会产生污染制品的苯并芘。

6.5.5.3 室外发烟净化法

熏烟成分可受温度和静电处理的影响。采用室外发烟，在烟气进入烟熏室之前，对熏烟进行过滤、冷气淋洗及静电沉淀等处理，可将高沸点成分如焦油、多环烃及固体颗粒等减少到一定范围。然后再通入烟熏室熏制食品，这样可以大大降低有害物质的含量。

6.5.5.4 液熏法

如前所述，在制备液态烟熏制剂时，一般用过滤等方法除去了焦油小滴和多环烃。因此，液熏法的使用是目前的发展趋势。目前，世界上先进国家基本上都采用液熏技术生产熏制食品。

6.5.5.5 隔离保护法

3,4-苯并芘分子比烟气成分中其他物质的分子要大得多，而且大部分附着在固体微粒上，主要污染产品的表层。所以，可采用过滤的方法阻隔3,4-苯并芘，而不妨碍烟气中有益成分渗入制品，从而达到烟熏目的。有效的措施是使用肠衣，特别是人造肠衣，如纤维素肠衣，对有害物有良好的阻隔作用。

6.5.6 熏烟设备

烟熏方法虽有多种，但常用的还是温熏法。这里着重介绍温熏法的设备。烟熏室的形式有多种，有大型连续式、间歇式的，也有小型简易的家庭使用的。不管什么形式的烟熏室，应尽可能地满足下面几个要求：温度和发烟要能自由调节；烟在烟熏室内要能均匀扩散；防火、通风；熏材的用量少；建筑费用尽可能少；便利，如有可能要能调节湿度。

烟熏设备有自然空气循环式、强制通风式、隧道式和全自动式烟熏炉4种。

6.5.6.1 自然空气循环式烟熏室

自然空气循环式烟熏室有一般烟熏装置和简易烟熏室。

一般烟熏装置的结构见图6-5。烟熏室的熏灶采用混凝土或灰泥建造，烟熏室的顶部装设可调节温度、发烟、通风的百叶窗。为防止起火，室内侧壁用砖块水泥或石块制作。烟熏室的大小以195 cm×135 cm×290 cm较为合适，如烟熏室过小，出入料不方便，工作效率也不高。

简易烟熏室的结构见图6-6。它的内侧面是木质的，四周包以薄铁皮，上部有可以启闭的排气孔，下部设置通风口。烟熏室的大小为180 cm×270 cm×300 cm。四壁用混凝土粉刷，外侧用铁皮覆盖，顶部装百叶窗，并设置直径30～60 cm的烟囱，在烟囱尖端安装排气装置，烟囱上装设调节板以便调节排气量。

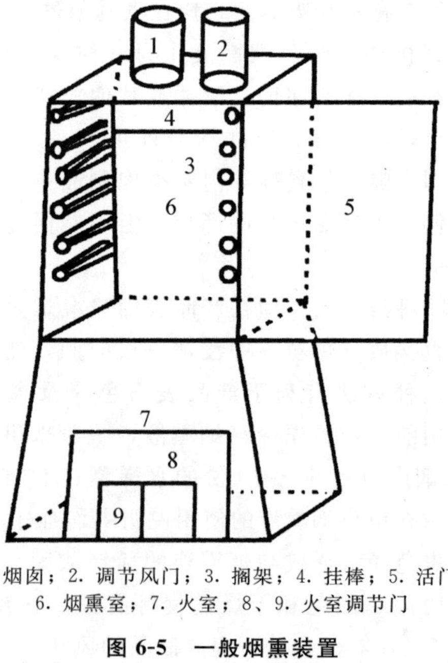

1. 烟囱；2. 调节风门；3. 搁架；4. 挂棒；5. 活门；6. 烟熏室；7. 火室；8、9. 火室调节门

图6-5 一般烟熏装置

6.5.6.2 强制通风式烟熏装置

强制通风式烟熏装置是美国在20世纪60年代开发的烟熏设备，烟熏室内的空气用风机循环，产品的加热源是煤气或蒸汽。这种类型的烟熏炉，能

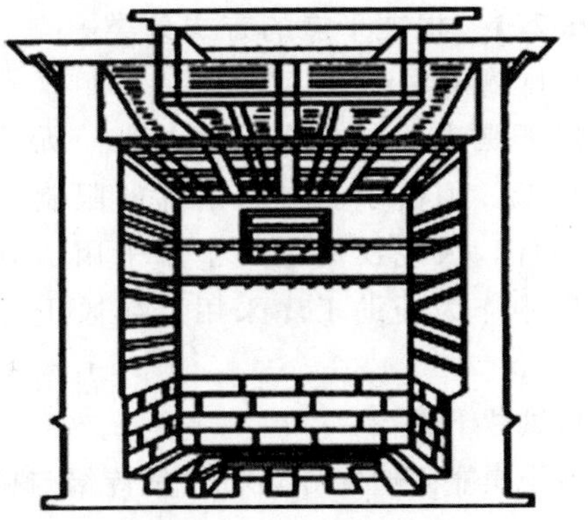

图 6-6　简易烟熏室

图 6-7　全自动烟熏炉

良好地控制温度和湿度，其中空气能均匀流动，它不仅能正确地控制烟熏过程，而且能控制比烟熏更重要的熟制温度以及成品的干缩度。采用这种设备可以缩短加工时间，减少质量损耗。与自然空气循环式烟熏炉相比，其有以下优点：①烟熏室里温度均一，可防止熏制不均匀；②可自动调节温度和湿度，便于大量生烟；③因热风带有一定的温度，产品中心温度上升快，而且可以阻止水分的蒸发，从而减少损耗；④香辛料等不会减少。正是由于这些优点，国外普遍采用这种设备。在实际生产中，这种烟熏炉除可用于烟熏外，还经常被用于蒸煮。

6.5.6.3　隧道式连续烟熏炉

隧道式连续烟熏炉每小时能熏制 1.5～5 t 产品。产品的热处理、烟熏加热、热水处理、预冷却和快速冷却均在通道内连续不断进行。原料从一侧进，产品从另一侧出，这种设备的优点是效率极高。为便于观察与控制，通道内装有闭路电视，全过程均可自动控制。但因初期投资大而且产量受限制，不适于小批量、多品种的生产。

6.5.6.4　全自动烟熏炉

全自动烟熏炉是目前最先进的肉制品烟熏设备。除具有干燥、烟熏、蒸煮功能外，还具有自动喷淋、自动清洗的功能，适合于所有烟熏或不烟熏肉制品的干燥、烟熏和蒸煮工序。室外壁设有 PLC 电气控制板，用以控制烟熏浓度、烟熏速度、相对湿度、室温、物料中心温度及操作时间，并装有各种显示仪表。全自动烟熏炉的外观见图 6-7。

全自动烟熏炉按照容量可分为一门一车、一门两车、两门四车等型号。也可以前后开门，前门供装生料使用，朝向灌肠车间；后门供冷却、包装使用，朝向冷却和包装间。这样生熟分开，有利于保证肉制品卫生。也有两门一车、两门两车、四门四车型。

将肉制品挂在架子车上，推入炉内，关好炉门，按加工肉制品工艺程序要求，将时间和温度数据输入操作控制盘的计算机上。启动控制盘操作按钮，计算机就能按编排好的程序开始工作。

炉内安装排管式加热器，通过强制热对流传热，使加热室内空气升温。各蒸汽管路阀门由蒸汽电磁按指令开、关。在生产过程中，蒸汽压力保持在 294～392 kPa，由搅拌风机把加热室中的热风输送到炉内，使热风透过产品之间缝隙进行热交换，使产品受热脱水，达到烘烤的目的。

烘烤时间、温度达到要求后，计算机发出指令，蒸汽电磁阀打开挡板，向炉内释放蒸汽，进行热加工。此时，炉内自动保持要求温度，同时搅拌风机转动，使蒸汽在炉内均匀扩散，保持恒温，提高传热效率，避免制品在蒸煮时出现生熟不均现象。

蒸煮工序结束后，计算机自动发出指令，烟雾发生器开始工作，向炉内输送烟，对制品进行烟熏。为保持炉内恒温，加热器同时工作，把经加热的空气吹入炉内。

烟雾发生器工作是独立操作的。当锯末被倒入料斗后，烟雾发生器电热管开始加热锯末、发烟，但不会出现明火燃烧。锯末在锥形料斗内的搅拌器转动下，均匀散落在加热器上，并覆盖整个加热器。发出的烟由吹风机吹入管道，并经炉壁上的水过滤器进入炉内，这样可把烟内杂物除去，以保证烟熏制品的质量和卫生标准。

烟熏结束后，炉内需要一个冷却过程。冷却水管的电磁阀在计算机的控制下启开，使冷水经管路喷嘴向产品喷雾。同时排潮风机自动启动，向炉内排入冷空气，使炉内在较短的时间内降温。

6.6 干制

干制是将肉中一部分水分排出的过程，又称为脱水，曾是一种历史悠久的肉品保藏方法。随着干燥设备的研制和干燥方法的创新，目前干制已成为一种非常好的加工方法。肉品经过干制，水分含量降低到20%以下，耐藏性提高，质量轻、体积小、便于运输和携带。

6.6.1 干燥原理

肉品干制的目的是通过脱去食品中水分，抑制微生物和酶的活性，提高肉制品的保藏性；同时可减轻肉制品的质量，缩小体积，便于运输；也可改善肉制品的风味，适应消费者的嗜好。

在干制过程中，肉类食品表面水分受热后首先由液态转化为气态。而后水蒸气从肉类食品表面向周围介质中扩散，于是肉类食品表面水分含量低于其内部。随着水分的散失，在肉类食品表面和内部区间建立的水分梯度促使肉类食品内部水分不断地向表面转移，这样不仅减少了表面水分，同时内部水分也不断减少，从而达到干制的目的。

为了加速干燥，需要扩大表面积，因此常将肉切成片、丁、丝等形状。干燥时，空气的温度、湿度、流速等都会影响干燥速度。因此，为了加速干燥，既要加强空气循环，又需加热。根据其热源不同，肉品的干燥可分为自然干燥和加热干燥。干燥的热源有蒸汽、电热、红外线及微波等。根据干燥时的压力不同，肉制品干燥包括常压干燥和减压干燥，后者包括真空干燥和冷冻升华干燥。

一般地，干燥后的肉制品不容易再恢复到干燥前的状态，只有用特殊方法干燥的肉制品才能恢复到接近干燥前的状态。

6.6.2 干燥方法

随着科学技术的不断发展，肉类脱水干制的方法也在不断改进和提高。按照加工的方法，目前已有自然干燥、烘炒干燥、烘房干燥等。按照干制时产品所处的压力和加热源，可以分为常压干燥、减压干燥和微波干燥。

6.6.2.1 根据干燥的方式分类

（1）自然干燥

自然干燥法是古老的干燥方法，所需设备简单，费用低。但由于受自然条件的限制，很难控制温度条件，大规模的生产很少采用，只在某些产品加工中作为辅助工序采用，如风干香肠的干制等。

（2）烘炒干燥

烘炒干燥靠间壁的导热将热量传给与壁接触的物料。由于湿物料与加热的介质（载热体）不是直接接触，又称间接加热干燥。传导干燥的热源可以是水蒸气、热力、热空气等。可以在常温下干燥，也可在真空下进行。加工肉松都采用这种方式。

（3）烘房干燥

烘房干燥直接以高温的热空气为热源，借对流传热将热量传给物料，故又称为直接加热干燥。热空气既是热载体，又是湿载体。

6.6.2.2 按照干制时产品所处的压力和加热源分类

（1）常压干燥

肉制品的常压干燥过程包括恒速干燥和降速干燥2个阶段，而降速干燥阶段又包括第一降速干燥阶段和第二降速干燥阶段，见图6-8。

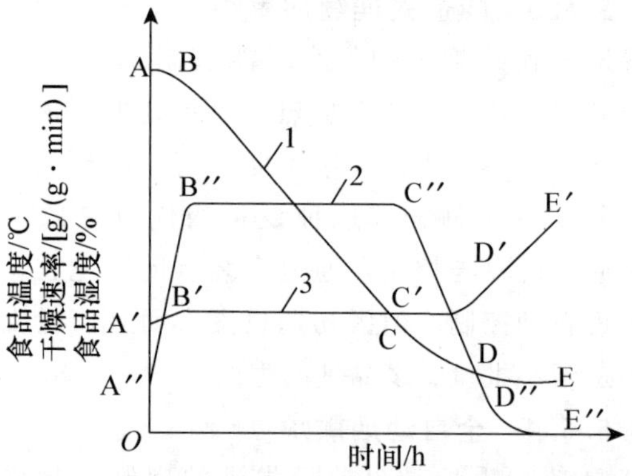

1.干燥曲线；2.干燥速度曲线；3.食品温度曲线

AB段：预热阶段（升速）；BC段：恒速干燥阶段；CD段：降速干燥阶段；DE段：平衡干燥阶段（缓速）

图6-8 食品干燥过程曲线

在恒速干燥阶段，肉块内部水分扩散的速率要大于或等于表面蒸发速度，此时水分的蒸发在肉块表面进行。蒸发速度是由蒸汽穿过周围空气膜的扩散速率所控制的，其干燥速度取决于周围热空气与肉块之间的温度差，而肉块温度可近似等于热空气温度。恒速干燥阶段将除去肉中绝大部分的游离水。

当肉块中水分的扩散速率不能再使表面水分保持饱和状态时，水分扩散速率便成为干燥速度的控制因素。此时，肉块温度上升，表面开始硬化，进入降速干燥阶段。该阶段又包括两个阶段：水分移动开始稍感困难阶段为第一降速干燥阶段，以后大部分成为胶状水的移动则进入第二降速干燥阶段。

进行常压干燥时，肉品内部水分扩散的速率变化很大。干燥温度过高，恒速干燥阶段缩短，很快进入降速干燥阶段，但干燥速度反而下降。因为在恒速干燥阶段，水分蒸发速度快，肉块的温度较低，不会超过其湿球温度，加热对肉的品质影响较小。但进入降速干燥阶段，表面蒸发速度大于内部水分扩散速率，致使肉块温度升高，极大地影响肉的品质；且表面形成硬膜，使内部水分扩散困难，降低了干燥速率，导致肉块中内部水分含量过高，使肉制品在贮藏期间腐败变质。故确定干燥工艺参数时要加以注意。在干燥初期，水分含量高，可适当提高干燥温度。随着水分减少应及时降低干燥温度。据报道，在完成恒速干燥阶段后，采用回潮后再行干燥的工艺效果良好，可有效地克服肉块表面干硬和内部水分过高这一缺陷。

常压干燥时温度较高，且内部水分移动，易与组织酶作用，常导致成品品质变劣，挥发性芳香成分逸失等缺陷。但干燥肉制品特有的风味也在此过程中形成。

除了干燥温度外，湿度、通风量、肉块的大小、摊铺厚度等都影响干燥速度。

（2）减压干燥

食品置于真空中，随真空度的不同，在适当温度下，其所含水分则蒸发或升华。也就是说，只要对真空度作适当调节，即使在常温以下的低温，也可进行干燥。理论上，在真空度为614 Pa以下的真空中，液体的水则成为固体的水，同时冰直接变成水蒸气而蒸发，即升华。就物理现象而言，采用减压干燥，随真空度的不同，无论是通过水的蒸发还是冰的升华，都可以制得干制品。因此肉品的减压干燥有真空干燥（vaccum dehydration）和冻结干燥（freezed dehydration）两种。

①真空干燥　真空干燥是指肉块在未达到结冰温度的真空状态（减压）下加速水分的蒸发而进行的干燥。在干燥初期，真空干燥与常压干燥相同，存在着水分的内部扩散和表面蒸发。但在整个干燥过程中，主要为内部扩散与内部蒸发共同进行。因此，与常压干燥相比较，干燥时间缩短，表面硬化现象减弱。真空干燥常采用的真空度为533～6 666 Pa，干燥温度在常温至70℃之间。真空干燥虽使水分在较低温度下蒸发干燥，但蒸发造成的芳香成分的逸失及轻微的热变性在所难免。

②冻结干燥　冻结干燥是指将肉块冻结（－40～－30℃）后，在真空状态下（真空度为13～133 Pa的干燥室内）使肉块中的水升华而进行的干燥，又称为低温升华干燥。这种干燥方法不仅干燥速度快，而且对肉品色、味、香、形几乎无任何不良影响，是最理想的干燥方法。但所需设备较复杂，投资大，费用高。我国冻结干燥法在干肉制品加工中的应用才起步，相信会得到迅速发展。

（3）微波干燥

用蒸汽、电热、红外线烘干肉制品时，耗能大，易造成外焦内湿现象。利用新型微波干燥技术则可有效解决以上问题。微波是电磁波的一个频段，频率范围为300～3 000 MHz。微波发生器产生电磁波，形成带有正负极的电场。食品中有大量的带电的分子（水、盐、糖），在微波形成的电场作用下，带负电荷的分子向电场的正极运动，而带正电荷的分子向电场负极运动。由于微波形成的电场变化很大，且呈波浪形变化，分子随着电场的方向变化而产生不同方向的运行。分子间的运动经常产生阻碍、摩擦而产生热量，使肉块得以干燥。而且这种效应在微波一旦接触到肉块时就会在肉块内外同时产生，而无须热传导、辐射、对流，在短时间内即可达到干燥的目的，且使肉块内外受热均匀，表面不易焦煳。但微波干燥有设备投资费用较高，干肉制品的特征性风味和色泽不明显等缺陷。

6.6.3　肉在干制过程中的变化

（1）物理变化

肉类在干制过程中的物理变化，最主要的是质量的减轻和体积的缩小。质量的减少量与水分的蒸发量基本相当，通常略大于水分的蒸发量，因为除了水分，还有芳香物质和其他挥发性成分的损失。干制时，物料的容积减小，减小量一般小于蒸发水分的容积。因为一般而言，在蒸发组织内会形成一定的孔隙，特别是在真空条件下进行干制，物料的几何形状变化很小，容积变化不大。

在干制过程中，肉类的色泽也会发生变化，原因有两个方面：一方面是物理的，随着水分的蒸发、体积的减小，物质的浓度增加，色泽自然加深；另一方面是化学的，即由色素蛋白的褐变和加热时美拉德反应、焦糖化反应等造成褐变。

随着干制的进行，水分的减少，物质浓度增加，肉的冰点下降。随着体积的缩小，某些制品如肉干质地变硬，难以咀嚼。

(2) 化学变化

肉类在干制过程中的化学变化，因干制的条件和方法不同而有差异。冷冻升华干燥过程中几乎没有化学变化，但在自然干燥过程中化学变化显著。干制时，化学变化的程度与温度、时间、空气的存在等因素有关。一般来说，温度越高，时间越长，与空气接触量越大，变化程度就越大。

肌肉中的蛋白质主要是肌原纤维蛋白和肌质蛋白，它们在加热时会发生热凝固，凝固的温度一般在55～62℃。在对熟制品干制时，蛋白质已经发生变性。如果对鲜肉进行干制，当温度达到此温度时，蛋白质也会发生变性，使制品的复水性降低。此外，干制品蛋白质的生物学价值会受到一定的影响，不同处理及不同条件贮藏后牛肉的生物价值比较见表6-4。

表6-4 不同处理及不同条件贮藏后牛肉的胃蛋白酶消化残留（PDR）氨基酸指数

处理	PDR指数
无（冷冻的新鲜品）	76
烹煮的新鲜品	77
脱水制品（含2%水分）	77
复脱水制品	78
脱水烹煮品	76
冷冻新鲜品−28℃下保存12个月	68
脱水制品（含8%水分）于21℃贮藏12个月软包装	76
脱水制品（含2%水分）于37℃贮藏12个月装罐	80
脱水制品（含8%水分）于37℃贮藏12个月装罐	76

脂肪在干制及贮藏过程中会发生氧化和水解，色泽变黄并“发哈”，游离脂肪酸增加。在干制过程中，如果温度较高，碳水化合物与氨基酸发生羰氨反应，赋予制品宜人的色泽和风味。

肉干制品中的维生素B_1在加工中有损失，如果干制温度高则损失更大，维生素B_2和烟酸则损失较少。

(3) 组织结构

肉类经过脱水干燥后，其组织结构及复水性等会发生显著的变化，尤其是热风对流干燥的产品，不仅质地坚韧、难以咀嚼，复水后也很难恢复原来的新鲜状态。而冷冻升华干燥加工的产品，复水后组织的特性接近于新鲜状态。显然，变化的程度与干燥前的性质以及干燥的方法有关。引起质地变硬及复水困难的原因，主要是蛋白质变性和产品的微观结构以及肌纤维空间排列变得紧密，纤维不易被分开和切断，结合水的能力下降等。

6.6.4 干燥对微生物和酶的影响

肉的干燥可以提高水中含有的可溶性物质的浓度，降低A_w，对微生物起抑制作用。肉与肉制品中大多数微生物只有在较高A_w条件下才能生长，只有少数微生物需要低的A_w。因此，通过干制降低A_w就可以抑制肉制品中大多数微生物的生长。

表6-5列出了一般微生物生长发育的最低A_w。但不论是细菌、霉菌或酵母菌，其生长发育受阻的A_w并不一致。此外，环境条件、营养状态以及pH等对微生物发育的最低A_w都有影响。

表6-5 微生物的发育与A_w

微生物名称	发育的最低A_w
一般细菌	0.90
一般酵母菌	0.88
一般霉菌	0.80
好盐性细菌	0.75
耐干性霉菌	0.65
耐浸透性酵母菌	0.60

图6-9显示了肉品的稳定性与A_w的关系。从图6-9可以看出，凡贮藏性差的肉品，一般A_w在0.90以上；而贮藏性好的肉品，A_w在0.70以下。另外，A_w＜0.85时，导致肉品原料腐败的大部分酶会失去活性，一些生物化学反应不能进行。一般地，低A_w下不容易发生变质。但脂肪氧化与其他因素不同，A_w在0.2～0.4时，反应速度较慢；接近无水状态时，反应速度又加快。酶的活性在A_w＞0.3情况下逐渐增强。

但是必须指出，一般干燥条件并不能使肉制品中的微生物完全致死，只是抑制其活动。若以后环境适宜，微生物仍会继续生长繁殖。为防止脂肪氧化和酶的作用或者长霉，干制后肉干制品应尽量放在较低温度下贮藏，采用合适的包装材料和包装方法，防潮防污染，也可采用包装袋内放干燥剂或脱氧剂的措施；另一方面，A_w 太低，制品出品率低，组织坚硬、粗糙、口感差。根据栅栏理论（hurdle theory）开发半干肉制品（semi-moisture meat products）（$0.70<A_w<0.94$）是今后的发展趋势。

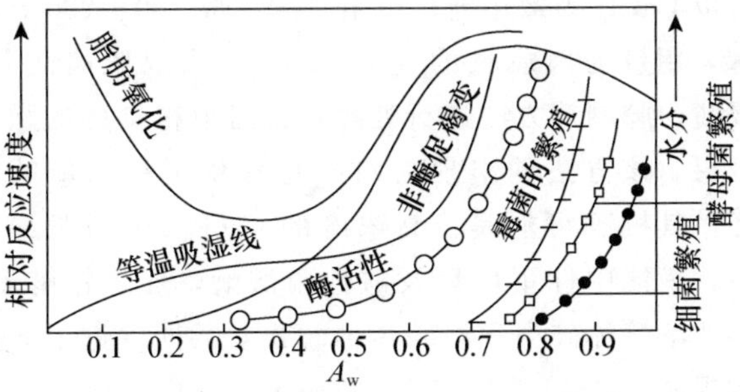

图 6-9　肉品的稳定性与水分活度（A_w）

6.7　嫩化

6.7.1　嫩化机理

嫩度是消费者评价肉质优劣最常用的指标，也是最重要的指标。肉的嫩度是一种综合感觉，是肌原纤维蛋白和结缔组织蛋白（胶原）的物理及生化状态的反映。影响肉类嫩度的因素有很多，主要包括宰前因素（品种、年龄、性别、生产用途、是否经肥育）和宰后因素（成熟情况、是否添加外源蛋白酶、电刺激等）。肉嫩化的机理就是利用物理、化学及生物学方法处理原料肉，改变肌肉组织结构，以达到提高肉嫩度的目的。

6.7.2　嫩化方法

6.7.2.1　物理嫩化法

（1）低温吊挂自动排酸法

将屠宰的新鲜肉送入温度低、湿度大约为 85% 的冷却室冷却一段时间，使肉变得柔嫩多汁、风味增加。这种方法即肉类加工业常说的排酸成熟。

肌纤维的肌小节连接状态对嫩度有影响，肌节越长或断裂，肉就越嫩。拉伸嫩化即将屠宰后胴体吊挂，借本身重力作用，使肉嫩化。采用不同的吊挂方式，可使相应部分肌肉肌节拉长，传统为后腿吊挂。

牲畜活体各组织中存在着分解蛋白质的组织蛋白酶类，存在于溶酶体的微小粒子中。在正常生活 pH 条件下，组织蛋白酶是非活化的。而屠宰后，肌组织因供氧不足，糖原进行无氧酵解生成乳酸，加之纤维细胞进行崩解，释放出 Ca^{2+}，激活三磷酸腺苷，使三磷酸腺苷分解释放出亚磷酸，它与乳酸一起在肌肉中形成酸性媒介，使 pH 降低。但随着各种组织的解体，释放出来的组织蛋白酶使肌肉蛋白质分解成小分子的肽、氨基酸及少量的胺类物质，导致肉的 pH 逐渐上升，偏离肌肉蛋白的等电点，使肌肉蛋白的结构疏松，有助于蛋白质水合离子的形成，从而使肉的持水性显著增加。

（2）机械嫩化法

利用机械力的作用使肉嫩化，是常用的嫩化方法。根据作用方式不同可分为滚揉嫩化法、嫩化机法、绞碎嫩化法及再成型嫩化法。滚揉是西式火腿加工中的重要工序，是指采用滚揉机滚揉经过腌制的肉块，使肌肉组织发生改变。滚揉嫩化法分为按摩（messaging）与滚打（tumbling）。滚打赋予肌肉块冲击力，利用旋转的滚筒，使肉块由筒的上方落至下方，或利用轴上装设的叶片打击肉块。此方法在欧洲肉品加工业中普遍用于处理较坚实的肉类。许多滚筒装备有真空系统，用于降低空气导入及增加腌渍液的扩散。按摩是一种比较温和的作用，以摩擦力抽出牛肉块中盐溶蛋白质。它是将肉块置于槽中，利用旋转混合单元强迫肌肉块互相摩擦及与桶壁互相摩擦。嫩化机是通过机械上许多锋利的刀板或者尖针压迫肉体的。由于机械力的作用，肌纤维细胞和肌间结缔组织被切断、打碎，肉的正常结构被破坏。如此改变了肌肉组织的性能，增大肉的表面积，使肉的黏着性提高，提高肉的持水性，从而达到嫩化的目的。绞碎嫩化仅适用于灌肠、香肠类制品。再成型嫩化即为重组嫩化，即将肉粒减小为颗粒或改变其形态，用食盐、磷酸盐混合搅匀再成型。机械嫩化技术主要用于质量等级较低肉的高档部位（肋条肉和腰肉）以及较高档肉的较老部位（牛颈肉、牛大腿肉、腱子肉），适用于各类肉，但较耗时耗能。机械嫩化可使肉的嫩度提高 20%～50%，而且不增加烹调亏损。

（3）电刺激嫩化法

利用电刺激提高嫩度最早始于 1949 年，美国本杰明·富兰克林发现被电击昏的火鸡“异常的嫩”。电刺激是采用探针或电极，利用电流对放血完全的胴体进行刺激的一种方法。该法是将电极与屠宰后的屠体头尾相接，进行电流刺激，使引起肌肉收缩的能量从肌肉中耗尽，肌肉纤维便处于松弛状态而让人感觉柔嫩。由于电流的作用加快了肌肉中三磷酸腺苷的迅速降解和糖原分解，pH 很快下降到 6.0，这时再对肌肉进行冷加工，就可以防止肉的寒冷收缩，从而提高嫩度。同时，由于肉中三磷酸腺苷降解、糖原分解产生各种风味物质，可进一步改善肉的品质、外观和色泽。对于电刺激使用的压力，各国研究差异较大，美国采用 3 000～6 000 V，日本采用 35～50 V，瑞典采用 5～500 V。目前倾向于采用低电压进行电刺激。

（4）高压嫩化法

高压嫩化（1～10 MPa）具有嫩化效果明显、作用均一等优点，不仅合乎卫生条件（处理前进行真空包装），不会增加微生物污染的机会，而且可以起到杀菌作用，制品风味也明显改善。高压技术近几年来在食品加工中，如调理、保藏、嫩化中得到应用和发展。其原理是：高压作用使肌肉体积收缩，肌膜和肌原纤维破裂，肌动蛋白和肌球蛋白之间发生一定错位，造成肌肉结构松散而提高肉质嫩度，起到嫩化效果；利用高压的作用使肌肉中溶酶体破裂，释放组织蛋白酶；高压下肌质网的破坏导致 Ca^{2+} 浓度升高，激活钙激活酶系统，利用酶的作用达到嫩化的目的。其工序是先将肉进行真空包装，在高压下处理 10 min，即可提高肉的嫩度，可延长保质期。由于高压处理所需能耗较低，且不会造成污染，有利于环境保护，还顺应了目前小包装分割冷却肉的国际消费趋势，极具发展前景。然而投资较大对该工艺的发展起到了限制作用。

（5）超声波嫩化法

近年来，超声波在食品加工中的应用日趋广泛。超声波嫩化法是一种有效的嫩化方法，具有方便、快速的优点。超声波是一种机械弹性振动波，其独特的空化作用、热效应和机械作用，对提高肉的嫩度、促进蛋白质的溶出和减少微生物等都能起到积极作用。

6.7.2.2 化学嫩化法

（1）多聚磷酸盐嫩化法

在西式火腿和灌肠加工中应用多聚磷酸盐，可使肉品细嫩、口感良好，切片性及出品率提高。多聚磷酸盐包括焦磷酸、偏磷酸和三聚磷酸盐。嫩化方法是将多聚磷酸盐配成腌制液用于腌制或注入肉中，然后进行滚揉。一般添加量为 0.1%～0.45%，不超过 0.5%。其作用机理前文已叙述。复合磷酸盐对肉制品的作用优于单一磷酸盐，当聚磷酸钠、焦磷酸钠、偏磷酸钠以 2∶2∶1 添加 0.4%时，效果较佳。

（2）钙盐注射嫩化法

随着钙激活酶学说的不断成熟，20 世纪 80 年代后期人们开始采用钙盐注射来改善肉的嫩度。通常以 $CaCl_2$ 为嫩化剂，作用时配制成 150～250 mg/kg，用量为肉质量的 5%～10%。采取肌肉注射、浸渍、腌制等方法进行处理，都可取得良好的嫩化效果。该方法的出现为肉嫩化提供了一个新的途径。其机理可能是：高浓度的 Ca^{2+} 渗透到肌细胞中，激活中性蛋白酶及碱性磷酸酶，促进糖酵解，加速溶酶体破裂和组织蛋白释出，共同促进了嫩度的提高。

6.7.2.3 生物嫩化法

生物嫩化法主要指酶嫩化法，在牛肉的嫩化中应用较广。所用的酶有植物性蛋白酶（木瓜蛋白酶、菠萝蛋白酶、无花果蛋白酶）、细菌性蛋白酶（枯草杆菌的碱性蛋白酶、中性蛋白酶、嗜热芽孢杆菌的耐热性蛋白酶）、霉菌和放线菌蛋白酶等几大类。其中以植物性蛋白酶类的嫩化效果为好，它可分解胶原和弹性蛋白，能够特异性地水解肌肉中的结缔组织纤维，使其成为无定型团块；而细菌性蛋白酶只能消化肌肉细胞内膜，使肌肉横纹消失，不能水解结缔组织纤维。嫩化时，先将蛋白酶配制成水溶液，在屠宰放血后用压力注射器将酶注入畜体内，或者在屠前将酶注射到血液系统，也可将肉块浸入溶液中以达到嫩化的目的。

此外，还有一种宰前嫩化法。在宰前 10～30 min 注入蛋白酶制剂，用量为体质量的 2%～5%。将木瓜蛋白酶以氧化状态注入静脉血液，可避免动物应激。如不屠宰可由肾脏排出。宰后在还原物质作用下，该酶由氧化状态变为有活性的还原态，对组织发生嫩化作用。

总之，肉的嫩化方法很多，各有所长。在肉的加工中综合利用它们，效果更佳。

6.8 油炸

油炸是利用油脂在较高的温度下对肉品进行热加工的过程。肉品在高温油炸作用下快速致熟，表面迅速形成干燥层，最大限度地将营养成分保持在肉制品内且不易流失，并赋予产品特有的色泽和浓郁油香味。同时，高温灭菌有助于延长肉制品的保质期。

6.8.1　油炸作用

油炸作为肉品熟制和干制的一种加工工艺由来已久，是最古老的烹调方法之一。油炸的主要目的是改善食品的风味和色泽。油脂作为传热介质，具有升温快、流动性好、温度高等特点。油炸时热传递主要以传导方式进行，其次以对流作用。

油炸时，油可以提供快速而均匀的传导热，肉品表面温度迅速升高，水分汽化，使制品表面脱水而硬化，出现壳膜层。随着油炸的进行，水分汽化层向肉品内部迁移，当肉品表面温度升至热油温度时，肉品内部的温度慢慢趋向 100℃。此时，表面发生焦糖化反应，表面蛋白质变性以及其他物质分解等，产生具有油炸香味的挥发性物质。同时，在高温下，物料迅速受热，制品表面形成干燥膜，内部水分蒸发受阻，形成一定的蒸汽压，水蒸气穿透作用增强，使制品在短时间内熟化。另外，由于内部含有较多水分，部分胶原蛋白水解使制品外焦里嫩。油炸还可以杀灭肉品的微生物，延长保质期。

6.8.2　油炸控制

在使用前应对炸制用油进行质量卫生检验，要求用熔点低、过氧化物值低的新鲜植物油。目前，肉品的炸制主要使用大豆油、花生油、菜籽油、棕榈油和葵花籽油等。

油炸的油温分为温油（70～100℃），油面较平静、无青烟、无响声；热油（110～170℃），油面微有青烟，四周向中间翻动；旺油（180～220℃），油面冒青烟、仍平静，搅动时有爆裂响声；沸油（230℃以上），全锅冒青烟，油面翻滚并有较剧烈的爆裂响声。油炸温度和时间应根据成品的质量要求和原料的性质、切块的大小、下锅数量的多少来确定，一般油炸的温度控制为 150～180℃。油炸时最好采用具有自动控制装置的油炸锅，以保证油温的恒定。

油炸时，在油中加入硅酮化合物，能减少泡沫的产生。另外，为保证产品的安全性，应避免炸油的反复使用。在使用炸油时，应注意及时清除炸锅内产生的沉渣和漂浮物，并添加新鲜油脂（15%～20%）。为了更好地使用炸油并延长其使用寿命，也可在油中添加抗氧化剂。

6.8.3　炸制方法

根据油炸压力的不同，炸制方法分为常压油炸、真空油炸和高压油炸。

6.8.3.1　常压油炸

根据制品要求和质感、风味的不同，常压油炸分为清炸、干炸、软炸、酥炸、松炸、脆炸、卷包炸等几种炸法。

①清炸　将原料肉经适当处理后，切成符合产品要求的块状。用精盐、葱、姜、料酒等腌制一定时间。一般不挂糊，用急火高温油炸 3 次，称为清炸。如清炸鱼块、清炸猪肝。成品外脆里嫩，清爽利落。

②干炸　将原料肉经适当处理成型后，用调料入味，加水、淀粉、鸡蛋挂硬糊或上浆，用 190～220℃热油在锅内炸熟，称为干炸，如干炸里脊。成品干爽、外脆里嫩、色泽红黄。

③软炸　将原料肉经适当处理成型后，上浆入味、蘸干粉面、拖蛋白糊，放入 90～120℃热油锅内炸熟。成品表面松软，质地细嫩、清淡，色白微黄美观。

④酥炸　将原料肉经适当处理成型后，入味、蘸面粉、拖全蛋糊、蘸面包渣，放入 150℃热油内，炸至表面呈深黄色，成品外酥内软熟或细嫩，即为酥炸。如酥炸鱼排、香酥仔鸡。酥炸技术要严格掌握火候和油的温度。

⑤松炸　将原料肉经适当处理成型后，经入味，蘸面粉，挂上全蛋糊后，放入 150～160℃热油内，慢炸成熟。成品表面金黄，蓬松饱满，口感松软质嫩。

⑥脆炸　将整鸡、整鸭煺毛后，除去内脏洗净，再用沸水烧烫，使表面胶原蛋白遇热缩合绷紧，然后在表皮上挂一层含少许饴糖的淀粉水，经过晾坯后，放入 200～210℃高热油锅内炸制红黄色。成品皮脆、肉嫩，故名脆炸。

⑦卷包炸　把质嫩的动物性原料切成大片，入味后卷入各种调好口味的馅，包卷起来，根据要求有的拖上蛋糊，有的不拖糊，放入 150℃热油内炸制。成品外酥脆、里鲜嫩，色泽金黄，滋味咸鲜。应注意的是，凡需拖糊者必须卷紧封住口，以免炸时散开。

常压炸制是一种比较传统的油炸方法。油炸锅一般都配备有相应的滤油装置。该油炸方法操作简便，但一般时间长，常会造成局部油温过高，往往会加速油脂的氧化变质。另外，油炸过程中产生的大量食品残渣会沉入锅底，如不及时清除，不仅会缩短炸油的使用寿命，还会生成一些致癌物质污染食品。现多采用油水分离式的油炸锅，制品风味好、质量高、节油、健康环保。

6.8.3.2 真空油炸

真空油炸属于低温油炸技术，在低温低压条件下，将油炸和脱水作用有机结合，能在短时间内完成油炸。该方法所用温度低（100℃左右），产品营养损失少，风味好，耐藏性好。

6.8.3.3 高压油炸

高压油炸是在高压条件下进行的，炸油的沸点升高，进而提高了油炸温度，缩短了油炸时间。该方法所用温度高，时间短，成品外酥里嫩，色泽鲜明，但需要耐高压的设备。

思考题

1. 简述肉制品加工中常用辅料的种类、特点、用量及作用。
2. 简述食盐和复合磷酸盐的保水机理。
3. 简述腌肉的原理及作用。
4. 简述腌肉的呈色机理及影响腌肉制品色泽的因素。
5. 简述腌肉风味是如何形成的。
6. 简述常用的腌制方法及其优缺点。
7. 详述滚揉腌制的原理、作用及影响滚揉腌效果的因素。
8. 简述肉斩拌的原理、作用及影响斩拌质量的因素。
9. 简述影响肉乳化效果的因素。
10. 简述肉在煮制过程中的变化。
11. 简述对肉进行熏制的作用及常用的烟熏方法。
12. 简述熏烟中的主要成分及作用，如何保证熏烟肉制品的安全性？
13. 简述肉品干制的基本原理及干制方法。
14. 简述肉嫩化的方法。
15. 简述油炸对肉品的影响。如何控制油炸肉品的安全性？

第 7 章

中式肉制品加工

学习目的与要求

了解中式肉制品的发展历史和趋势；熟悉中国传统肉制品的种类和产品特点；了解中式肉制品加工工艺与包装方法；掌握中式肉制品加工新技术。

7.1 概述

我国是世界上食品生产最早的文明古国，有许多具有民族特色的风味食品，我国优质名特产品的品种达到500余种，而一般地方名特产品尚无法计数。

中式肉制品是中华民族3 000多年来肉类加工实践的结晶，其生存和发展的空间是任何一类肉制品都难以比拟的。中式肉制品因其颜色、香气、滋味和造型独特而著称于世，历经数千年而长盛不衰，充分证明它有着广泛的大众消费基础，蕴藏着强大的生命力。但是，中式肉制品尚存在加工规模小，工艺烦琐，设备简单，包装陈旧和产品单一等缺点，因而不能满足消费者在商品质量、品种多样化和消费心理上的需求，难以走向大市场，极大地限制了它的发展。

近年来，随着人们工作节奏与生活节奏的加快，旅游业的蓬勃兴起与发展，国际交往日益广泛，人们迫切希望家务劳动社会化、食品方便化。因此，中式肉制品的工业化与现代化势在必行。将食品工程、发酵工艺、生物保鲜、现代包装与加工技术应用于中式肉制品的方便化与工业化生产之中，改大为小，变生为熟，缩短腌制时间和发酵周期，努力提高香气，降低盐分，丰富色彩，消除有害有毒物质产生与污染，简化工艺，定量配方，确定科学的工艺参数，提高包装多样化，与现代加工包装设备配套，实现规模化工业生产，是一项十分重要的研究课题，具有重要的现实意义。

7.2 几种代表性中式肉制品

中式肉制品种类因产地和风土人情不同而存在很大差异，并以自身独特的魅力吸引着广大消费者，历来深受国内外消费者喜爱。

中式肉制品主要分为腌腊制品、酱卤制品、烧烤制品、灌肠制品、烟熏制品、发酵制品、干制品、油炸制品和罐头制品9大类。其中，腌腊制品、酱卤制品、烧烤制品和干制品是中式肉制品的典型代表。

7.2.1 腌腊制品

腌腊制品是我国传统肉制品之一。曾因畜禽肉类经过盐（或盐卤）和香料腌制，又通过了一个寒冬腊月，其在较低的气温下自然风干成熟，形成独特腌腊风味而得名。现泛指原料肉经预处理、腌制、脱水、烘干或烟熏、成熟保藏而成的肉制品。腌腊制品的特点有肉质细致紧密，色泽红白分明，滋味咸鲜可口，风味独特，便于携带运输，耐贮藏等。腌腊制品的品种繁多。我国的腌腊制品主要有咸肉、腊肉、板鸭、腊肠、中式火腿等。

腌腊制品以其悠久的历史和特有的风味而成为中国传统肉制品的典型代表。闻名天下的浙江金华火腿已有900多年的加工历史。金华火腿最早在浙江金华、东阳、义乌、兰溪、浦江等地加工，当时这些县均属金华府管辖，故而得名。又因金华位于长江以南，也称南腿，历史上曾被列为贡品，故又有“贡腿”之称。

深受消费者喜爱的板鸭又称“贡鸭”，创始于明末清初，已有300多年的加工历史。在板鸭中最负盛名的有南京板鸭、南安板鸭和重庆白市驿板鸭，它们已成为我国著名的传统肉制品，驰名中外。

7.2.1.1 腌腊制品种类及特点

腌腊制品是肉经腌制、酱制、晾晒（或烘烤）等工艺加工而成的生肉类制品，食用前须经熟制加工。根据加工工艺及产品特点，腌腊制品可分为咸肉类、腊肉类、酱肉类和风干肉类等。

（1）咸肉类

原料肉经腌制加工而成的生肉类制品，食用前须经熟制加工。咸肉又称腌肉，其主要特点是成品肥肉呈白色，瘦肉呈玫瑰红色或红色，具有独特的腌制风味，味稍咸。常见的咸肉类有咸猪肉、咸羊肉、咸牛肉、咸鸭和咸鸡等。

（2）腊肉类

肉经食盐、硝酸盐或亚硝酸盐、糖和调味香料等腌制后，再经晾晒或烘烤或烟熏处理等工艺加工而成的生肉类制品，食用前须经熟制加工。腊肉类的主要特点是成品呈金黄色或红棕色，产品整齐美观，不带碎骨，具有腊香，味美可口。腊肉类的主要代表有中式火腿、腊猪肉（如川式腊肉、广式腊肉）、腊羊肉、腊牛肉、腊兔、腊鸡、板鸭、鸭肫干、板鹅、鹅肥肝、腊鱼等。

（3）酱肉类

肉经食盐和酱料（甜酱或酱油）腌制、酱渍后，再经脱水（风干、晒干、烘干或熏干等）而加工制成的生肉类制品，食用前须经煮熟或蒸熟加工。酱肉类具有独特的酱香味，肉色棕红。常见的酱肉类有清酱肉（北京清酱肉）、酱封肉（广东酱封肉）和酱鸭（成都酱鸭）等。

（4）风干肉类

肉经腌制、洗晒（某些产品无此工序）、晾挂、干燥等工艺加工而成的生肉类制品，食用前须经熟化加工。风干肉类干而耐咀嚼，回味绵长。常见的风干肉类有风干猪肉、风干牛肉、风干羊肉、风干兔和风干鸡等。

7.2.1.2 腌腊制品加工方法

腌腊制品以其悠久的历史和独特的风味而成为中国传统肉制品的典型代表，在漫长的发展过程中形成了一种特殊的加工工艺和产品特性，是一种典型的半干食品，其水分活度（A_w）为0.60～0.90，具有良好的耐贮性。

腌腊制品是以畜禽肉类为主要原料，经食盐、酱料、硝酸盐或亚硝酸盐、糖或调味香料等腌制或酱渍后，再经清洗造型、晾晒风干或烘制干燥等工艺加工而成的一类生肉制品。在腌腊制品加工过程中，理化变化和微生物作用直接影响着产品的色泽、风味和组织状态，各种添加剂也发挥着不同的功能作用。腌腊制品的关键加工环节是腌制（或酱渍）和干燥（风干或烘烤），它们直接关系着腌腊制品的产品特性和品质。

腌腊制品加工将腌制和干制技术有机地结合在一起，从而提高肉的成品率，加深肉的色泽，改善肉的风味，提高肉制品的贮藏稳定性，具有较好的防腐保质效果。

7.2.1.3 代表性腌腊制品加工方法

（1）中式火腿加工

中式火腿是我国著名的传统腌腊制品，因产地、加工方法和调料不同而分为金华火腿（浙江）、宣威火腿（云南）和如皋火腿（江苏）等。中式火腿是用猪的前腿或后腿肉经腌制、发酵等工序加工而成的一种腌腊制品。中式火腿皮薄肉嫩，爪细，肉质红白鲜艳，肌肉呈玫瑰红色，具有独特的腌制风味，肥瘦兼具，食而不腻，易于保藏。

金华火腿

金华火腿产于浙江省金华地区诸县。中式火腿以金华火腿最负盛名。其特点是皮薄、色黄亮、爪细，以色、香、味、形“四绝”为消费者所称誉。相传金华火腿起源于宋朝，距今900多年前民间已有生产，它是一种具有独特风味的传统肉制品。

金华火腿是世界著名肉类产品和知名品牌，1915年在巴拿马国际食品博览会上获得一等金质奖章。1981年获中国原商业部系统优质产品证书。1985年又获得国家经委颁发的金质奖。

工艺流程：

选料→修整→腌制→洗晒→发酵→成熟→保藏

工艺要点：

①原料选择　选择金华猪的新鲜后腿。皮薄爪细，腿心饱满，瘦肉多肥膘少，腿坯质量以5.5～7.0 kg为好。

②截腿坯　后腿切线：先在最后一节腰椎骨处切断，然后沿大腿内斜向切下。前腿切线：前端沿颈椎第2关节处将前颈肉切除，后端从第6肋骨处切下，最后将胸骨连同肋骨末端的软骨切下成方形，俗称方腿。

③修整　分以下4步。

a. 整理。刮净腿皮上的细毛和脚趾间的细毛、黑皮、污垢等。

b. 修骨。用刀削平腿部耻骨、股关节和脊椎骨。修后的荐椎仅留两节荐椎体的斜面，腰椎仅留椎孔侧沿，与肉面水平，防止造成裂缝。

c. 修整腿面。将腿坯平置于案板上，使皮面向下，腿干向右，捋平腿皮，从膝关节中央起将疏松的腿皮割开一半圆形，前至后肋部，后至臀部。再平而轻地割下皮下结缔组织。切割应顺着肌纤维的方向进行。修后的腿面应光滑、平整。

d. 修腿皮。用尖刀从臀部起弧形割除过多的皮下脂肪及皮，捋平腹肌，弧形割去腿前侧过多的皮肉。修后的腿坯形似竹叶，左右对称。用手指挤出股骨前、后及盆腔壁3个血管中的瘀血。鲜腿雏形即形成。

④腌制　腌制是加工火腿的主要工艺环节，也是决定火腿加工质量的重要过程。根据不同气温恰当地控制时间、加盐数量、翻倒次数，是加工火腿的技术关键。由于食盐溶解吸热一般要低于自然温度，在4～5℃之间，因此腌制火腿的最适宜温度应是腿温不低于0℃，室温不高于8℃。

在正常气温条件下，金华火腿在腌制过程中共上盐与翻倒7次。上盐主要在前3次完成，其余4次是根据火腿大小、气温差异和不同部位而控制盐量。总用盐量占腿质量的9%～10%。一般质量在6～10 kg的大火腿需腌制40 d左右。

每次擦盐的量为：第一次用盐量占总用盐量的15%～20%；第二次用盐量最多，占总用盐量的50%～60%；第三次用盐量变动较大，根据第二次加盐量和温度灵活掌握，一般在15%左右。

第一次上盐是在鲜腿露出的全部肉面上均匀地撒上一薄层盐，并在腰椎骨节、耻骨节以及肌肉厚处敷少许硝酸钠。然后以肉面向上，重复依次堆叠，并在每层间隔以竹条，如图7-1所示，一般可堆叠12～14层。

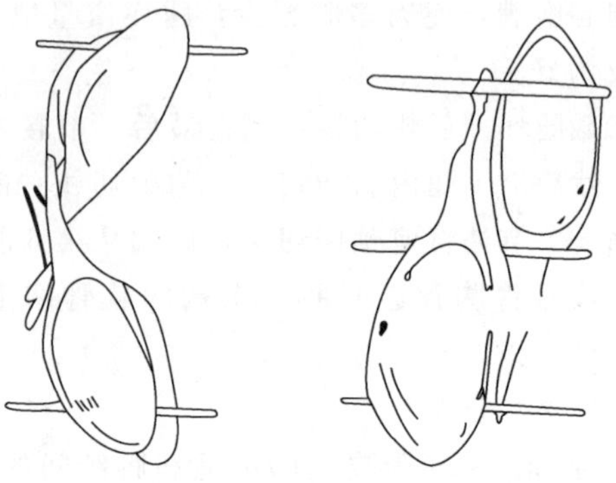

图7-1 腌腿堆叠方法

在第一次上盐后，若气温超过20℃，表面食盐在12 h左右就溶化时，必须立即补充擦盐。

第二次上盐（上大盐）在第一次上盐24 h后进行，加盐的数量最多，并在三签头（图7-2）上略用少许硝酸盐。

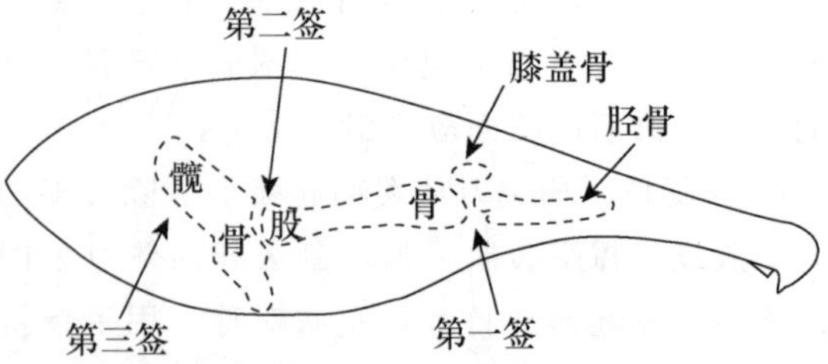

图7-2 火腿三签头部位

第三次上盐（复三盐）在第二次上盐3 d后进行。根据火腿大小及三签头处的余盐情况控制用盐量。火腿较大、脂肪层较厚、三签头处余盐少者适当增加盐量。

第四次上盐（复四盐）在第三次上盐堆叠4～5 d后进行。用盐量少，一般占总用盐量的5%左右。目的是经上下翻堆后调整腿质、温度，并检查三签头处盐溶化程度。如不够，再补盐，并抹去脚皮上黏附的盐，以防腿的皮色不光亮。

第五次和第六次上盐时，火腿已腌制10～15 d，上盐部位更明显地收拢在三签头部位，露出更大的肉面。此时火腿基本上已腌透，只是脊椎骨下部肌肉处还要敷盐少许。火腿肌肉颜色由暗红色变成鲜艳的红色，小腿部变得坚硬呈橘黄色。大腿坯可进行第七次上盐。再翻倒几次后，经30～35 d即可结束腌制。

⑤洗晒和整形　腌好的火腿要经过浸泡、洗刷、挂晒、印商标、整形等过程。

a. 浸泡和洗刷。将腌好的火腿放入清水中浸泡一定的时间，其目的是减少肉表面过多的盐分和污物，使火腿的含盐量适宜。浸泡的时间约为10 h，水温以10℃左右为宜。

浸泡后即进行洗刷。肉面的肌纤维由于洗刷而呈绒毛状，可防止晾晒时水分蒸发和内部盐分向外部的扩散，不致使火腿表面出现盐霜。

第二次浸泡，水温以5～10℃为宜，时间为4 h左右。如果浸泡后肌肉颜色发暗，说明火腿含盐量小，浸泡时间需相应缩短；如肌肉面颜色发白而且坚实，说明火腿含盐量较高，浸泡时间需酌情延长。如用流水浸泡，则应当缩短时间。

b. 晾晒和整形。浸泡洗刷后的火腿要进行吊挂晾晒。待皮面无水而微干后进行打印商标，再晾晒3～4 h即可开始整形。

整形是在晾晒过程中将火腿逐渐校成一定形状。将小腿骨校直，脚爪弯曲成镰刀形，皮面压平，腿心饱满，使火腿外形美观，而且使肌肉经排压后更加紧缩，有利于贮藏发酵。

整形之后继续晾晒。气温在10℃左右时，晾晒3～4 d，晒至皮紧而红亮，并开始出油为度。

⑥成熟　经过腌制、洗晒和整形等工序的火腿，在外形、颜色、气味、坚实度等方面尚没有达到应有的要求，特别是没有产生火腿特有的芳香味，与一般咸肉相似。成熟就是将火腿贮藏一定时间，形成火腿特有的颜色和芳香气味。

火腿吊挂成熟2～3个月至肉面上逐渐长出绿、白、黑、黄色霉菌时（这是火腿的正常发酵）即完成发酵。如毛霉生长较少，则表示发酵时间不够。发酵过程中，这些霉菌分泌的酶，使腿中蛋白质、脂肪发生发酵分解作用，从而使火腿逐渐产生香味和鲜味。

⑦修整　发酵完成后，腿部肌肉干燥而收缩，腿骨外露。为使腿形美观，要进一步修整。修整时割去露出的耻骨、股关节，整平坐骨，并从腿脚向上割去腿皮，除去表面高低不平的肉和表皮，达到

腿正直、两旁对称均匀、腿身呈竹叶形的要求。

⑧保藏　经发酵修整的火腿，可落架，用火腿滴下的原油涂抹腿面，使腿表面滋润油亮，即成新腿。然后将腿肉向上、腿皮向下堆叠，1周左右调换1次。堆叠过夏的火腿称为陈腿，风味更佳。此时火腿质量约为鲜腿质量的70%。火腿可用真空包装，于20℃下可保存3～6个月。

宣威火腿

宣威火腿产于云南省宣威市，距今已有250余年的历史。在清雍正年间（公元1723—1735年）宣威火腿就已闻名。宣威火腿的特点是腿肥大，形如琵琶，故有“琵琶腿”之称，其香味浓郁，回味香甜。

工艺流程：

选料→修整→腌制→发酵→堆放→保藏

工艺要点：

①选料　选用云南乌蒙山至金沙江一带出产的乌金猪的鲜腿为原料。原料腿要求新鲜、干净，且皮薄、腿心饱满，无瘀血和伤残斑疤。

②修整　鲜腿修整与火腿成品的外形和质量密切相关。修腿时应去掉血污，挤出血管中的残血，刮净残毛，边缘修割整齐，成为火腿的坯形。

③腌制　一般采用干腌法腌制，选用云南省一平浪精盐和黑井筒盐为腌制用盐，用量为鲜腿质量的7%。腌制前将盐磨细，分3次将盐涂擦在腿肉和腿皮上，每次用盐量分别为鲜腿质量的2.5%、3.0%和1.5%。在第一次用盐24 h后再进行第二次上盐，再隔3 d进行第三次上盐。涂擦时先擦脚爪和后腿部位，然后擦腿皮，最后擦腿肉面，使盐分能均匀地分散于腿中。一般腌制时间为15～20 d。

④发酵　经腌制后的猪腿于一定温度和湿度条件下，进一步发生一系列生物化学变化，使其腿中部分营养成分发生分解，产生更多的风味物质。发酵时，要求场地清洁、干燥、通风良好。挂腿时，相互保持一定距离，不发生接触，以利于发酵微生物的生长，促进发酵，最终达到发酵的目的。

发酵后的火腿即为成品，宣威火腿的成品率为76%左右。

⑤堆放　火腿发酵完毕，即可从悬挂架上取下，并按大、中、小火腿堆叠在腿床上，一般堆叠不超过15只。大腿堆叠时腿肉向上，腿皮向下，然后每隔5～7 d上下翻堆，同时，检查火腿的品质。

（2）香肠加工

香肠俗称腊肠，是指以肉类为主要原料，经切、绞成丁，配以辅料，灌入动物肠衣再晾晒或烘焙而成的肉制品。香肠是我国肉类制品中品种最多的一大类产品，也是我国著名的传统风味肉制品。传统中式香肠以猪肉为主要原料，瘦肉不经绞碎或斩拌，而是与肥膘都切成小肉丁，或用粗孔眼筛板绞成肉粒。原料不经长时间腌制，而有较长时间的晾挂或烘烤成熟过程，使肉组织蛋白质和脂肪在适宜的温度、湿度条件下受微生物作用自然发酵，以产生独特的风味。辅料一般不用淀粉和玉果粉。成品有生、熟两种，以生制品为多，生干肠耐贮藏。

我国较有名的香肠有广式香肠（广东腊肠）、川式香肠（川味香肠）、湖南香肠、武汉香肠、哈尔滨风干肠等。由于原材料配制和产地不同，命名不尽相同，且风味各异，但加工工艺大致相同。

工艺流程：

原料肉选择与修整→配料→腌制→灌制→漂洗→晾晒和烘烤→成品保藏

工艺要点：

①原料选择与修整　香肠的原料肉以猪肉为主，要求新鲜，最好是不经过排酸鲜冻成熟的肉。瘦肉以腿臀肉为最好，肥膘以背部硬膘为好，腿膘次之。加工其他肉制品切割下来的碎肉也可作原料。原料肉经过修整，去掉筋腱、骨头和皮。瘦肉用绞肉机以0.4～1.0 cm的筛板绞碎，肥肉切成0.6～1.0 cm^3大小的肉丁。肥肉丁切好后用温水清洗1次，以除去浮油及杂质，捞入筛内，沥干水分待用。肥瘦肉要分别存放。

②配料　各地有所不同，现介绍几种如下。

广式香肠配料（单位为kg）：瘦肉70，肥肉30，精盐2.2，砂糖7.6，白酒（50°）2.5，白酱油5，硝酸钠0.015。

哈尔滨香肠配料（单位为kg）：瘦肉75，肥肉25，食盐2.5，酱油1.5，白糖1.5，白酒0.5，硝酸钠0.005，八角茴香0.01，肉豆蔻0.017，小茴香0.01，桂皮粉0.018，白芷0.018，丁香0.01。

川式香肠配料（单位为kg）：瘦肉80，肥肉20，食盐3.0，白糖1.0，酱油3.0，曲酒1.0，硝酸钠0.005，花椒0.1，辣椒0.5，混合香料0.15（八角茴香40%，山柰10%，桂皮30%，甘草20%）。

③拌馅与腌制　按选择的配料标准，把肉和辅

料混合均匀。搅拌时可逐渐加入20%左右的温水，以调节黏度和硬度，使肉馅更滑润、致密。在清洁室内放置1～2 h。当瘦肉变为内外一致的鲜红色，用手触摸有坚实感，不绵软，肉馅中有汁液渗出，手摸有滑腻感时，即完成腌制。此时加入白酒拌匀，即可灌制。

④天然肠衣准备　选用干或盐渍肠衣，在清水中浸泡柔软，洗去盐分后备用。肠衣用量为每100 kg肉馅约需300 m猪小肠衣。

⑤灌制　将肠衣套在灌嘴上，使肉馅均匀地灌入肠衣中。要掌握松紧程度，不能过紧或过松。

⑥排气　用排气针扎刺湿肠，排出内部空气。

⑦捆线结扎　按品种、规格要求，每隔10～20 cm用细线结扎一道。生产枣肠时，每隔2～2.5 cm用细棉绳捆扎分节，挤出多余的肉馅，使成枣形。

⑧漂洗　将湿肠用35℃左右的清水漂洗1次，除去表面污物，然后依次分别挂在竹竿上，以便晾晒、烘烤。

⑨晾晒和烘烤　将悬挂好的香肠放在日光下暴晒2～3 d，在日晒过程中，有胀气处应针刺排气。晚间送入烘烤房内烘烤，温度保持在40～60℃。温度过高易使脂肪熔化，同时瘦肉也会烤熟，这不仅降低了成品率，而且色泽变暗；温度过低又难以干燥，易引起发酵变质。因此，必须注意温度的控制。一般经过3昼夜的烘晒即完成。然后再晾挂到通风良好的场所，风干10～15 d即为成品。

（3）腊肉制品加工

腊肉是以鲜肉为原料，经腌制、烘烤或熏制而成的肉制品。因其多在中国农历腊月加工，故名腊肉。由于各地消费习惯不同，产品的品种和风味也各具特色。以产地分为广式腊肉（广东）、川味腊肉（四川、重庆）和三湘腊肉（湖南）等。广式腊肉的特点是选料严格，制作精细，色泽鲜艳，咸甜爽口。川味腊肉色泽鲜明，皮黄肉红，脂肪乳白，腊香浓郁，咸鲜绵长。湖南腊肉皮呈酱紫色，肥肉淡黄，肉质透明，瘦肉棕红，味香利口，食而不腻。另外，也有以牛、羊肉为原料，加工成腊牛肉和腊羊肉的。各地加工腊肉的方法大同小异，原理基本相同。

广式腊肉

工艺流程：

原料验收→腌制→烘烤或熏制→包装→保藏

工艺要点：

①原料验收　精选肥瘦层次分明的去骨五花肉或其他部位的肉，一般肥瘦比例为5∶5或4∶6，剔除硬骨或软骨，切成长方体形肉条。肉条长为38～42 cm，宽为2～5 cm，厚为1.3～1.8 cm，质量为0.2～0.25 kg。在肉条一端用尖刀穿一小孔，系绳吊挂。

②腌制　一般采用干腌法和湿腌法腌制。按表7-1配方用10%清水溶解配料，倒入容器中，然后放入肉条，搅拌均匀，每隔30 min搅拌翻动1次。于20℃下腌制4～6 h，腌制温度越低则腌制时间越长，使肉条充分吸收配料，取出肉条，滤干水分。

表7-1　广式腊肉腌制配方　　kg

品名	肉品	精盐	白砂糖	曲酒	酱油	亚硝酸钠	其他
用量	100	3	4	2.5	3	0.01	0.1

③烘烤或熏制　因肥膘肉较多，烘烤或熏制腊肉时温度不宜过高，一般将温度控制在45～55℃，烘烤时间为1～3 d。当皮干、瘦肉呈玫瑰红色、肥肉透明或呈乳白色时，可结束烘烤。熏烤常用木炭、锯木粉、瓜子壳、糠壳和板栗壳等作为烟熏燃料，在不完全燃烧条件下进行熏制，使肉制品具有独特的腊香。

④包装与保藏　冷却后的肉条即为腊肉成品。采用真空包装，可在20℃下保存3～6个月。

川味腊肉

川味腊肉产于四川和重庆等地，包括小块腊肉、腊猪头、腊猪杂等。川味腊肉的特点是色泽鲜艳，皮肉红黄，脂肪透明，腊香微咸，具有浓郁的腊香味。

工艺流程：

选料→腌制→烘烤或熏制→冷却、包装→保藏

工艺要点：

①选料　选择新鲜优质的、肥膘在1.5 cm以上、符合卫生标准的带皮去骨猪肉为原料。将其边缘修整，长宽厚与广式腊肉相同，肥瘦比例一般为5∶5或3∶7。

②腌制　按表7-2配方配制腌制剂，混合香辛调料（桂皮0.3 kg，八角0.1 kg，草果0.1 kg，茴香0.5 kg，花椒0.1 kg，混合碾成粉或熬成香料汁）腌制。

表7-2　川味腊肉腌制配方　　kg

品名	鲜肉	精盐	白酒	焦糖	硝酸钠	香辛调料
用量	100	3.5	0.5	1.5	0.005	0.2

采用干腌或湿腌法均可。干腌时，将调匀的配料涂抹在肉块表面，然后把肉块皮面向下，肉面向上，整齐平放堆码于腌制池或腌制容器中进行腌制。一般腌制时间为5～7 d，腌制2～3 d后应翻缸1次，保持调料均匀渗透，然后再腌，直到瘦肉呈玫瑰红色为止。湿腌法操作方便，腌制速度快，需时短。将配料熬制成腌制液，先将肉块放入腌制容器中，然后待腌制液冷却后，再灌入腌制容器中浸泡肉块。一般在10℃以下需腌制3～5 d，在20℃以下腌制1～2 d，即可达到良好的腌制效果。

③烘烤或熏制　将腌制好的肉块取出，去掉血污与杂质，然后穿孔套绳，送入烘房或烟熏炉中烘烤或熏制。初始温度掌握在45～50℃，烘烤4～5 h，然后逐渐升温，最高温度不超过70℃，避免烤焦流油。烘烤12 h左右，可烟熏上色。一般总的烘烤时间为24 h，此时，肉皮干硬，瘦肉呈鲜红色，肥肉透明或呈乳白色，即为腊肉成品。

④冷却、包装与保藏　烘烤完毕，将肉块取出，自然冷却。采用真空包装，可在20℃下保存3～6个月。

（4）板鸭加工

板鸭又称“贡鸭”，其制造始于明末清初，距今已有近400年的历史。板鸭是健康鸭经宰杀、去毛、去内脏和腌制加工而成的一种禽肉的腌腊制品。根据腌制加工的季节不同，将板鸭分为两种，一是春板鸭，二是腊板鸭。前者是从立春至清明，即由农历一月至二月底加工的板鸭。后者是从小雪至立春，即由农历十月底至十二月底加工的板鸭。目前，加工板鸭的季节性逐渐消失，根据市场需求，许多板鸭生产企业也可常年加工板鸭。我国板鸭驰名中外，其中南京板鸭、南安板鸭和重庆白市驿板鸭三大板鸭最负盛名。

南京板鸭

南京板鸭是南京传统肉类特产，根据生产季节不同，有春板鸭和腊板鸭之分。它们的共同特点是外观体肥、肉红、皮白、骨绿，保持了鸭的基本特征和本味，食用时鲜、香、酥、嫩，余味回甜。

工艺流程：

选料→宰杀→修整→腌制→排坯→晾挂→保藏

工艺要点：

①选料　选择优质瘦肉型鸭，一般体质量为1.5～2 kg，以肌肉丰满，鸭体皮肤洁白，新鲜健康为宜。

②宰杀　宰前断食18～24 h，然后于鸭嘴5 cm下颈部开刀，充分放血。屠宰之后，立即用60～65℃热水烫毛，烫毛时间为30～60 s。然后拔毛，拉出鸭舌齐根割下，并置于冷水中浸洗，去血污，净细毛，降低鸭体温度，保持皮肤洁白干净。

③修整　将鸭体去翅、去脚、去内脏。去内脏时，在右翅下开一个5～8 cm长月牙形开口，取出食管嗉囊、结肠及其他内脏，然后用冷水浸泡，再沥水，滴干水分，再压扁鸭体。

④腌制　包括腌鸭、抠卤和复卤3个步骤。先配制炒盐，将食盐放入锅内，加入适量八角（按盐质量0.5 %计），用火炒制。炒盐用量为16∶1，即1只2 kg白条鸭用盐125 g。用炒盐遍擦鸭体及体腔，特别注意大腿和颈部切口处、鸭口腔和胸部肌肉等部，充分抹透。

把擦好盐的鸭子叠放入腌缸中，经过12 h左右，翻动1次，倒出腹腔中的血卤，这叫抠卤。将抠卤后的鸭子再叠放入缸中，经过8 h后，进行第二次抠卤，直到将鸭全部腌透。

经过抠卤、去除血卤的鸭子要进行复卤。复卤用的卤水有新卤和老卤两种。新卤是用浸泡鸭子的淡红色血水加盐配制而成的。腌过鸭的新卤煮过2次以上即为老卤。复卤时，用老卤灌满鸭体腔，反复多次，最后灌满老卤后置于腌缸中，并保持鸭子被完全淹没。一般腌制15～20 h，据腌制温度和鸭子大小而定。

⑤排坯　排坯的目的是使鸭体肥大好看，同时，使鸭子内部通气。将腌制好的鸭子从腌缸中取出，倒尽卤水，然后将其放在案板上，背向下，腹向上，右掌与左掌相互叠起，放在鸭的胸部，使劲向下压，使鸭成为扁形。叠入缸中2～4 d后取出，用清水洗净鸭体，用手将嗉口（颈部）、胸腹部和双腿理开，挂在阴凉通风处晾干。

⑥晾挂和保藏　将经过排坯的鸭子晾挂在仓库内，仓库四周要通风，不受日晒雨淋。晾挂鸭体之间距离为50 cm，这样经过2～3周即为成品。遇阴雨期，应适当延长晾挂时间。

加工制成南京板鸭后，可进行真空包装，于低温（10℃）下可保存3～6个月。

重庆白市驿板鸭

白市驿板鸭是中国三大板鸭之一，因产于重庆白市驿而得名，至今已有100多年的历史。白市驿板鸭是采用独特的配方和先进的加工工艺制成的具有特殊风味与鲜明特色的腌腊制品。其主要特点是色泽棕红，肌肉紧密，呈淡红色，味美可口，咸淡适中，腊香浓郁，肥而不腻，其形如扇，美观自然。白市驿板鸭也有春板鸭和腊板鸭之分。

工艺流程：

选料→宰杀、造型→腌制→烘烤、烟熏→冷却、包装→保藏

工艺要点：

①选料　选择新鲜健康的优质瘦肉型鸭，体质量在2 kg左右，以肌肉丰满、皮毛洁白者为宜。

②宰杀、造型　按南京板鸭加工方式进行宰杀，剖开鸭的胸腹腔，去掉内脏、脚与翅，将其放入冷水中浸泡2～3 h，然后滤干水，进行整形。将鸭子放在案上，背向下，腹向上，用两只手分开胸腹腔使其呈扇形、美观且易于腌制。

③腌制　一般采用干腌法，也可用湿腌法。按表7-3配方配料，将香辛调料（山柰、八角茴香、桂皮、丁香、草果、肉豆蔻和甘草等）粉碎成粉末，与其他配料混合均匀，然后涂抹在鸭体内外表面，特别注意大腿、颈部、口腔和肌肉丰满部位，抹匀腌透。然后一层层叠放在腌制池中，腌制3～5 d，据气温高低确定腌制时间。在腌制过程中，须翻池2～3次，避免腌制不匀。

表7-3　白市驿板鸭腌制配方　　kg

品名	鲜鸭	精盐	白糖	黄酒	硝酸钠	异抗血酸钠	香辛调料
用量	100	4.5	1.0	1.2	0.015	0.02	0.1

腌制完毕，将鸭从腌池中取出，用竹片交叉支撑鸭体，使其绷直，形成扁平扇形。

④烘烤和烟熏　将腌制好的鸭子吊挂在烘烤推车上，推进烘房烘烤，烘烤温度为45～65℃，时间为8～12 h。最后用玉米壳、糠壳和锯木粉等烟熏材料不完全燃烧形成烟雾烟熏，反复熏烤45～50 min。

⑤冷却、包装与保藏　熏烤完毕，将其取出，自然冷却。此时，可在板鸭体表涂刷麻油，增加色泽。待板鸭完全冷却后，采用真空包装，在室温（25℃）下可保存1个月，在10℃左右可保存3个月。

（5）其他腌腊制品加工

牛干巴

牛干巴是云南、贵州、四川和重庆等地著名的传统肉类特产，主要产于滇东北、黔东南、川西北和重庆黔江地区。其中，云南寻甸的牛干巴和贵州普安的牛干巴最有名。牛干巴肉质致密，色彩红亮，香气四溢，味道鲜美，外形整齐，易于保藏。

工艺流程：

选料→修整→腌制→烘烤→冷却→包装→保藏

工艺要点：

①选料　选择新鲜健康的优质牛肉，以肌肉丰满、腱膜较少的大块牛肉为宜。

②修整　将牛肉切分成长方形肉块，每块重500～800 g，去掉骨骼和腱膜等结缔组织。

③腌制　采用干腌法腌制。按表7-4配方配制，混合均匀，逐块涂抹，反复揉搓，直到肉表面湿润。然后置于腌制容器中，在表面再敷一些腌制剂，密封容器，腌制7～15 d。

表7-4　牛干巴腌制配方　　kg

品名	鲜牛肉	精盐	白糖	辣椒粉	硝酸钠	花椒粉	香辛调料
用量	100	6.0	1.0	0.5	0.04	0.05	0.1

④烘烤　将腌好的牛肉块置于不锈钢网盘中或吊挂于烘烤推车上，然后推进烘箱或烘房烘烤，温度为45～60℃，烘烤24～48 h，即为牛干巴成品。

⑤冷却、包装与保藏　牛干巴的成品率一般为55%～60%。冷却后的牛干巴可用真空包装，于10～15℃下可保存3～6个月。

缠丝兔

缠丝兔是四川和重庆著名的传统兔肉制品，其中以四川广汉的缠丝兔最有名。缠丝兔色泽棕红，油润光亮，肌肉紧密，爽口化渣，风味浓郁。

工艺流程：

选料→腌制→整形→烘烤→包装→保藏

工艺要点：

①选料　选择新鲜健康，体质量为1.5～2 kg的活兔，经宰杀的兔胴体要求肌肉丰满，肥瘦适度。

②腌制　按表7-5配方配制，混合香料（山柰、八角茴香、桂皮、花椒和草果等），另加味精0.1 kg，加水20 kg，熬成汁，冷却后即成腌制液。

表7-5　缠丝兔腌制配方　　kg

品名	鲜兔肉	精盐	白糖	黄酒	硝酸钠	酱油	香辛调料
用量	100	3.5	1.0	0.5	0.015	2.5	0.3

将兔胴体放入上述腌制液中，混合均匀，腌制

1～2 d，每天翻动2～3次。

③整形　腌制完毕，将前腿塞入前胸，腹部抄紧，后腿拉直，然后用麻绳或可食绳从颈部开始至后腿，每隔2～3 cm缠丝一圈，使其呈螺旋形，全身肌肉充实绷紧。

④烘烤　将缠好的兔体吊挂于烘箱或烘房中，于50～60℃烘烤12～24 h，即为成品。

⑤包装与保藏　烘烤完毕，自然冷却，并用真空包装，可在室温下保存3～6个月。

7.2.2　酱卤制品

酱卤制品是中国典型的传统熟肉制品，其主要特点是原料肉经预煮后，再用香辛料和调味料加水煮制。酱卤制品成品都是熟肉制品，产品酥软，风味浓郁，不适宜贮藏。根据地区不同和风土人情的特点，形成了独特的地方特色传统酱卤制品。由于酱卤制品风味独特，现做即食，深受消费者的喜爱。特别是随着包装与加工技术的发展，酱卤制品小包装方便食品应运而生。目前，已基本上解决了酱卤制品防腐保鲜的问题，酱卤制品系列方便肉制品已进入商品市场，走向千家万户。

7.2.2.1　酱卤制品种类及特点

（1）酱卤制品种类

酱卤制品是肉加调味料和香辛料，以水为介质，加热煮制而成的熟肉类制品。一般将其分为3种：白煮肉类、酱卤肉类和糟肉类。

白煮肉类可视为酱卤肉类未经酱制或卤制的一个特例，糟肉则是用酒糟或陈年香糟代替酱汁或卤汁加工的一类产品。

（2）酱卤制品特点

①白煮肉类　原料肉经（或未经）腌制后，在水（盐水）中煮制而成的熟肉类制品。白煮肉类的主要特点是最大限度地保持原料肉固有的色泽和风味，一般在食用时才调味。其代表品种有白斩鸡、盐水鸭、白切猪肚、白切肉等。

②酱卤肉类　肉在水中与食盐或酱油等调味料和香辛料一起煮制而成的一类熟肉类制品。有的酱卤肉类的原料肉要先用清水预煮，一般预煮15～20 min，然后再用酱汁或卤汁煮制成熟。某些产品在酱制或卤制后还要经过烟熏等工序。酱卤肉类的主要特点是色泽鲜艳、味美、肉嫩，具有独特的风味。产品的色泽和风味主要取决于调味料和香辛料。酱卤肉类主要有苏州酱汁肉、卤肉、道口烧鸡、德州扒鸡、糖醋排骨、蜜汁蹄膀等。

③糟肉类　原料肉经白煮后，再用“香糟”糟制的冷食熟肉类制品。其主要特点是保持原料肉固有的色泽和曲酒香气。糟肉类有糟肉、糟鸡、糟鹅等。

7.2.2.2　酱卤制品基本加工技术

（1）调味

调味是指根据各地区的消费习惯和品种的不同，加入不同种类和数量的调味料，从而加工成具有特定风味的产品。根据加入调料的时间，调味的方法大致可分为以下3种。

①基本调味　在原料经过整理之后，加入盐、酱油或其他配料进行腌制，奠定产品的咸味，称基本调味。

②定性调味　原料下锅之后，随同加入主要配料如酱油、盐、酒、香料等，煮制或红烧，决定产品的口味，称定性调味。

③辅助调味　加热煮制之后或即将出锅时，加入糖、味精等，以增进产品的色泽、鲜味，称辅助调味。

（2）煮制

煮制是酱卤制品加工方法中的主要工艺环节，许多名优特产都有其独特的操作方法，但归纳起来，具有一定的规律，一般煮制分为预煮和红烧两道工序。

①预煮　在煮制时不加任何调料，只是用清水煮制，也称紧水、氽水、出水或白锅。通常在沸腾状态下加热10～15 min，个别产品可达0.5 h。它是辅助性的煮制工序，作用是去除原料肉中的腥膻异味，同时通过撇沫、除油，将血污、浮油除去，保证产品风味纯正。

②红烧　在预煮的基础上，加入各种调料之后进行煮制，加热的时间和火候依据产品的要求而设定。在煮制过程中，汤量的多少对产品的风味也有一定的影响。

酱卤制品的加工关键在于煮制和调味，煮制加工环节直接影响产品的口感和外形，必须严格控制温度和加热时间。调味是一个重要的过程，应用科学配方，选用优质配料，以利于形成产品独特风味和色泽。

为了保证产品的质量，应严格按照工艺流程，采用连续机械化工业生产，实行HACCP管理，按照工艺参数进行加工制作，加工完毕后应及时真空包装。酱卤制品适宜鲜销和短时冷藏运销。

7.2.2.3 代表性酱卤制品加工

(1) 白煮肉加工

南京盐水鸭

南京盐水鸭是江苏省南京市著名传统特产，至今已有400多年历史。南京盐水鸭的特点是鸭体表皮洁白，鸭肉细嫩，口味鲜美，营养丰富，具有香、酥、嫩和鲜的特点。南京盐水鸭可常年加工生产。

工艺流程：

选料→腌制→煮制→冷却→包装

工艺要点：

①选料 选用新鲜优质鸭子为原料，一般以活体质量为2 kg左右为好，鸭体丰满，肥瘦适度。将其宰杀、去毛、去内脏等，然后清洗干净。

②腌制 先干腌，用食盐和八角粉炒制的盐涂擦鸭体内外表面，用盐量为6%，涂擦后堆码腌制2～4 h。然后抠卤，再行复卤2～4 h，即可出缸。复卤即用老卤腌制，老卤是加生姜、葱、八角蒸煮，加入过饱和盐水而制成的腌制卤。

③煮制 在水中加入生姜、八角和葱，煮沸30 min，然后将腌制鸭放入水中，保持水温为80～85℃，加热处理60～120 min。在煮制过程中，始终维持温度在90℃左右，否则，温度过高会导致脂肪熔化，肉质变老，失去鲜嫩特色。煮制可应用自动化连续生产线完成。

④冷却、包装 煮制完毕，静置冷却，然后真空包装，也可冷却后直接鲜销。

镇江肴肉

镇江肴肉是江苏省镇江市著名传统肉制品，历史悠久，闻名全国。肴肉皮色洁白，晶莹透明，肉质细嫩，风味独特，又称水晶肴肉。

工艺流程：

选料→整理→煮制→压蹄→包装→保藏

工艺要点：

①选料 选择优质薄皮猪的前后蹄髈为原料，以前蹄膀为好。

②煮制 按表7-6配方配制煮制调味盐水，以肉：水为1：1取清水，加入调料，煮沸1 h后过滤，滤液即为调味盐水。将100 kg蹄髈置于煮锅中，加入调味盐水，使蹄髈全部浸没在汤中，先大火后小火煮制1.5～2 h，然后翻动，再煮2～3 h即可。

表7-6 镇江肴肉煮制调味配方 kg

品名腿	鲜腿	精盐	白糖	曲酒	明矾	鲜姜	香辛调料
用量	100	8.5	0.5	0.5	0.02	0.5	0.2

③压蹄 取100个长宽都为40 cm，边高为4.3 cm的平底盘，每个盘内平放2只猪蹄膀，皮向上，每5个盘压在一起，上面盖一个空盘。经20～30 min后，将盘内油卤逐个倒入锅中，用大火煮沸。加入30 g明矾、5 kg清水，再煮沸。然后，将汤卤舀入蹄盘中，使汤汁淹没肉面，置于冷藏箱中凝冻，即可制成晶莹透明的水晶肴肉。

④包装、保藏 将水晶肴肉用食品袋包装，置于4℃冷藏条件下保藏。

上海白切肉

上海白切肉是一种家常菜肴，其特点是肥肉呈白色，瘦肉微红色，肉香清淡，皮薄肉嫩，肥而不腻，易切片成形。

工艺流程：

选料→腌制→煮制→冷却→保藏

工艺要点：

①选料 选择新鲜健康、肥瘦适度的优质猪肉。

②腌制 按肉质量计，用食盐12%和硝酸钠0.04%配制腌制剂，然后将其揉擦于肉坯表面。将肉坯放入腌制池中，腌制5～7 d，在腌制过程中翻动数次，以便腌制均匀。

③煮制 将腌制好的肉块放入锅中，加入清水、葱2%、姜0.5%、黄酒1%，煮沸1 h后，即可出锅。

④冷却与保藏 煮熟的肉冷却后可鲜销，也可于4℃冷藏保存。

(2) 酱卤肉类

苏州酱汁肉

苏州酱汁肉又名五香酱肉，是江苏省苏州市著名产品。苏州酱汁肉的生产始于清代，历史悠久，享有盛名。产品鲜美醇香，肥而不腻，入口化渣，肥瘦肉红白分明，皮呈金黄色，适于长年生产。

工艺流程：

原料选择→整形→煮制→酱制→冷却→包装

工艺要点：

①原料选择与整形 可选择带皮五花肉（肋条肉）作为加工原料，要求新鲜、优质、外形美观。

②煮制 将原料肉置于煮制容器中，按肉：水为1：2加水，煮沸10～20 h，捞出备用。

③酱制　按表7-7配方制备酱制液，以肉：水为1：1加水，煮制2 h，另添加0.01%呈味核苷酸二钠，过滤即成。

表7-7　苏州酱汁肉酱制调味配方　　kg

品名	鲜肉	精盐	白糖	曲酒	酱油	鲜姜	香辛调料
用量	100	3.5	1.5	0.5	2.0	0.5	0.2

将制备好的酱制液置于煮锅中，然后加入预煮好的肉，再煮制2～4 h，直至肉煮熟为止。

④冷却与包装　将煮好的肉静置冷却，然后真空包装，即为成品。可置于冷藏条件下保存。

北京月盛斋酱牛肉

北京月盛斋酱牛肉又称五香酱牛肉，是北京著名产品。该产品选用膘肥牛肉为原料，并用冷水浸泡以清除余血，洗净后剔骨。按部位切成前后腿、腰窝、腱长、脖子等，再切成1 kg左右的小块。

工艺流程：

选料→调酱→酱制→保藏

工艺要点：

①选料　选择优质、新鲜、健康的肉牛肉进行加工。

②调酱　取适量黄酱，加入一定量的水拌和，去酱渣，煮沸1 h，并将浮在汤面上的酱沫撇净，然后盛入酱制容器内备用。

③酱制　将原料肉放于锅内，一般先将含结缔组织较多的肉质较老的牛肉放在锅底部，含结缔组织较少的嫩肉放于上层，然后倒入酱汁。待煮沸后加入各种调料，煮制4 h左右，每隔1 h翻动1次。在酱制过程中，应保证每块肉都浸入酱制汤中。最后用小火煮制2～4 h，使其煮熟并均匀呈味。

④保藏　酱制好的牛肉可鲜销，也可置于冷藏条件下保存。

道口烧鸡

道口烧鸡产于河南省滑县道口镇，开创于清朝顺治十八年，至今已有300多年历史。道口烧鸡不仅造型美观，色泽鲜艳，黄里带红，而且味香独特，肉嫩易嚼，余味绵长。

工艺流程：

选料→宰杀、造型→上色油炸→卤制→保藏

工艺要点：

①选料　选择鸡龄在6～24个月以内，活体质量为1.5～2 kg的鸡，要求鸡的胸腹长而宽，两腿肥壮，健康无病。

②宰杀、造型　按一般家禽屠宰方式宰杀，去内脏、爪及肛门。用一截高粱秆撑开鸡腹，将两侧大腿插入腹下三角处，两翅交叉插入鸡口腔内，使鸡体成为两头尖的半圆形。造型完毕，及时浸泡在清水中，保持1～2 h，然后取出晾干。

③上色油炸　用饴糖水或焦糖液涂布鸡体全身，然后置于15～18℃植物油中，油炸1 min左右，待鸡体表面呈金黄色时取出。注意控制油温，油的温度过高或过低，鸡体上色不佳。

④卤制　先配制卤汁，100只鸡，加砂仁15 g，丁香3 g，肉桂90 g，陈皮30 g，白芷30 g，肉豆蔻15 g，草果30 g，良姜90 g，食盐2～3 kg，亚硝酸钠15～18 g。将鸡置于卤汁中淹没，加热煮沸2～3 h，具体煮制时间视季节、鸡龄、体质量等因素而定，煮熟后立即出锅。

⑤保藏　将卤制好的鸡静置冷却，既可鲜销，也可真空包装，冷藏保存。

德州扒鸡

德州扒鸡产自山东德州，又名德州五香脱骨扒鸡，是著名的传统特产，由于制作时扒烧慢焖而至烂熟，故名“扒鸡”。德州扒鸡已有70多年的加工历史，经现代软罐头加工技术加工，德州扒鸡突破了原有保质期，可长期保存，进入大市场流通销售。德州扒鸡的特点是色泽金黄，肉质粉白，皮透微红，鲜嫩如丝，香味透骨，熟烂异常，肉骨极易分离。

工艺流程：

选料→宰杀、造型→油炸→卤制→保藏

工艺要点：

①选料　选择优质仔鸡为最好，每只鸡活体质量为1～1.5 kg，健康无病。

②宰杀、造型　于颈部宰杀放血，烫毛、去毛、去内脏，用清水洗净。将两腿交叉盘至肛门内，将双翅向前由颈部入口伸进，在喙内交叉盘出，形成卧体双合翅的状态，造型优美。

③油炸　于鸡体上浇挂饴糖水或焦糖液，晾干后再置于140～160℃油锅内油炸1～2 min。此时，鸡坯呈金黄透红色，防止炸焦，变成黄褐色或红褐色。

④卤制　先配调料制成卤汁，以每200只鸡约重150 kg，加茴香100 g，桂皮120 g，肉豆蔻50 g，草果30 g，丁香20 g，山柰70 g，陈皮50 g，花椒100 g，砂仁10 g，八角100 g，精盐3.5 kg，酱油

4 kg，生姜 250 g，葱 500 g，用水熬制 1 h 备用。将油炸鸡放入卤汁中，完全淹没，先大火煮沸 30 min，然后改为微火焖煮 2～4 h，出锅后即为成品。

⑤保藏　德州扒鸡为熟肉制品，未经包装杀菌时，只能及时鲜销或低温冷藏。但如果采用高温蒸煮袋真空包装，用高温高压杀菌，德州扒鸡可保藏 6 个月。

（3）糟肉类加工

苏州糟肉

我国生产糟肉的历史悠久，早在《齐民要术》一书中就有关于糟肉加工方法的记载。苏州糟肉是用猪肋条肉制成的一种风味肉制品，皮白肉嫩，香气浓郁，鲜美爽口。

工艺流程：

选料→整理→烧煮→配料→糟制→包装

工艺要点：

①选料、整理　选择新鲜的皮薄而又细嫩的方肉、前后腿肉为原料，将方肉或腿肉切成长为 15 cm、宽为 11 cm 的长方形肉块。

②烧煮　将肉置于煮锅中煮沸 45～60 min，直至肉煮熟为止。

③配料　按肉质量计，称取陈年香糟 2.5%，黄酒 3%，大曲酒 0.5%，葱 1%，生姜 8%，食盐 1%，味精 0.5%，五香粉 0.1%，酱油 0.5%。

④糟制　将配料混合均匀，过滤制成糟露或糟汁。然后，将烧煮好的肉置于糟制容器中，倒入糟露或糟汁，糟制 4～6 h 即成。

⑤包装　采用真空包装将糟制好的肉包装即为成品。

南京糟鸡

工艺流程：

选料→烧煮→糟制→保藏

工艺要点：

①选料　选择新鲜健康仔鸡为原料，一般活体质量为 1～1.5 kg。

②烧煮　先在鸡内外表面抹盐，腌渍 2 h，然后，将其放于沸水中煮制 15～30 min，出锅后用清水洗净。

③糟制　每 100 kg 鸡，加香糟 5 kg，绍酒 1.5 kg，精盐 0.4 kg，味精 0.1 kg，生姜 0.1 kg，香葱 1 kg，于锅中加清水熬制成糟汁。将煮制好的鸡置于糟钵中，浸入糟汁，糟制 4～6 h 即为成品。

④保藏　糟鸡一般为鲜销，在 4℃ 条件下可适当保存。

苏州糟制鹅

本品皮白肉嫩，香气浓郁，风味鲜美，独有特色。

工艺流程：

选料→烧煮→糟制→保藏

工艺要点：

①选料　选择体质量为 1.5～2 kg 的太湖鹅，要求新鲜健康。

②烧煮　将宰杀、放血、去毛、去内脏后洗净的白条鹅放入清水中浸泡 1 h，然后置于沸水中煮沸 30～40 min。

③糟制　先配糟汁，按 100 kg 鹅计，称取陈年香糟 2.5 kg，黄酒 3 kg，曲酒 0.2 kg，花椒 0.02 kg，葱 1.5 kg，生姜 0.2 kg，食盐 0.5 kg，味精 0.1 kg，五香粉 0.05 kg，混合煮制成糟汁。用糟汁浸渍煮制好的鹅，一般糟制 4～6 h 即可。

④保藏　将糟鹅置于 4℃ 条件保藏，也可鲜销。

7.2.3 肉干制品

7.2.3.1 肉干制品种类及特点

肉干制品或称肉脱水干制品，是肉经过预加工后再脱水干制而成的一类熟肉制品，主要包括肉干、肉松和肉脯 3 大类。干制是一种古老的肉类保藏方法，现代肉干制品的加工，不再是为了保藏，而是为了加工成肉制品以满足消费者的各种喜好。肉品经过干制后，水分含量低，产品耐贮藏；体积小、质量轻、便于运输和携带；蛋白质含量高，富有营养。此外，传统的肉干制品风味浓郁，回味悠长，因此肉干制品是深受大众喜爱的休闲方便食品。

肉干制品因其水分含量低，所以与同等质量的鲜肉相比具有更高的营养价值。新鲜牛肉与脱水牛肉的成分比较见表 7-8。

表 7-8　新鲜牛肉与脱水牛肉的成分比较

成分	比例/%	
	新鲜牛肉	脱水牛肉
蛋白质	20	55
脂肪	10	30
碳水化合物	1	1
水分	68	10
灰分	1	4

肉干制品体积小、质量轻，便于携带和运输，适合于休闲、旅游消费，也适合军用及特殊工作的

需要。各种不同形态牛肉的密度见表 7-9。

表 7-9　各种不同形态牛肉的密度　t/m^3

商品	密度		商品	密度	
	干燥前	干燥后		干燥前	干燥后
冻牛肉	2.69	7.48	咸牛肉罐头	1.52	4.45
冻牛肉（不带骨）	2.21	4.48	脱水牛肉	1.52	2.12

我国传统的肉干制品，一般要先经烹制后再进行干制，干制过程中发生的美拉德反应等化学反应，赋予产品良好的色泽和浓郁的特色风味。

肉类在干制过程中会发生一系列的变化，肉的物理性质、组织结构、化学成分等都将发生改变。干制的方法不同，发生变化的范围及程度也不相同。这些变化关系到产品的质量和产品的贮藏。

7.2.3.2　肉干制品的加工技术

（1）肉干制品加工方法

工艺流程：

选料→预处理→预煮→冷却→切块→配料→复煮→烘干→包装→贮存

制作方法：

①原料的选择和处理　制作肉干多采用牛肉为原料，以新鲜前后腿的瘦肉为最佳。除去肉块的粗大筋腱脂肪（其他肉同此），切成 1 kg 左右的肉块，然后放在冷水中浸泡 1 h 左右，将肌肉中余血浸出，捞出沥干。

②嫩化　配制嫩化液（含 18%松肉粉），将肉浸置于嫩化液中 30～60 s。取出后单层放置于托盘中，静置 2 min 左右。

③预煮　将沥干的肉块放入沸水中煮制。汤中可加入 1.5%精盐及少许渣皮、大料等。水温保持在 90℃以上，并随时清除汤里的浮油沫，待内部切面呈粉红色，经 90 min 左右，即为初煮完毕。

④冷却及切块　将预煮后的肉块放在竹筐中，自然冷却后，剔除粗大筋腱。待肉凉透后，根据需要，顺着肉纤维的方向切片或切条。

⑤配料　称取精盐 8 g，砂糖 24 g，黄酒 10 g，白酒 10 g，生姜 20 g，五香粉，辣椒粉 5 g。

⑥复煮　取初煮的原汤和配料，于锅内大火煮开，加入切好的瘦肉半成品，待汤有香味时，改用小火煮。煮时应不时用锅铲轻轻翻动，待汤快要熬干时，再加入酒和味精拌匀，立即出锅。出锅后放在烤筛上摊开沥干，冷凉。

⑦烘烤　将摊有肉胚的烤筛放入烘房的格架上，烘烤适宜温度为 85～95℃，时间为 1.5 h 左右。

⑧包装与贮存　经包装后的肉干，在干燥通风的地方，一般可贮存 2～3 个月。装入玻璃瓶或马口铁缸中，可贮存 3～5 个月。

7.2.3.3　代表性肉干制品加工方法

（1）肉干的加工

肉干是以精选瘦肉为原料，经预煮、复煮、干制等工艺加工而成的制品。肉干可以按原料、风味、形状、产地等进行分类。按原料分有牛肉干、猪肉干、兔肉干、鱼肉干等；按风味分有五香、咖喱、麻辣、孜然味等；按形状有片、条、丁状肉干等。现介绍肉干的一般加工方法。

工艺流程：

原料选择→预处理→预煮与成型→复煮→烘烤→冷却包装→检验→成品

工艺要点：

①原料选择　多选用健康、育肥的牛肉为原料，以新鲜的后腿及前腿瘦肉为最佳，因为腿部肉蛋白质含量高、脂肪含量少、肉质好。

②原料预处理　将选好的原料肉剔骨，去脂肪、筋腱、淋巴、血管等不宜加工的部分，然后切成 500 g 左右大小的肉块，并用清水漂洗后沥干备用。

③预煮与成型　将切好的肉块投入沸水中预煮 60 min，同时不断去除液面的浮沫，待肉块切开呈粉红色后即可捞出冷凉，然后按产品的规格要求切成一定的形状。

④复煮　取一部分预煮汤汁（约为半成品的 1/2），加入配料，熬煮，将半成品倒入锅内，用小火煮制，并不时轻轻翻动，待汤汁快收干时，把肉片（条、丁）取出沥干。配料因风味的不同而异，如表 7-10 所示。

⑤烘烤　将沥干后的肉片或肉丁平铺在不锈钢网盘上，放入烘房或烘箱，温度控制在 50～60℃，烘烤 4～8 h 即可。为了均匀干燥，防止烤焦，在烘烤过程中，应及时进行翻动。

⑥冷却及包装　肉干烘好后，应冷却至室温。若未经冷却直接进行包装，在包装容器的内层易产生蒸汽的冷凝水，使肉片表面湿度增加，不利保藏。

表 7-10 肉干加工配方

品 名	用量/kg	
	五香风味	麻辣风味
瘦肉	100	100
酱油	6	14
黄酒	1	0.5
香葱	0.25	0.2
食盐	2	1.2
白糖	8	0.4
生姜	0.25	0.2
味精	0.2	0.1
甘草粉	0.25	0.36
辣椒粉	—	0.4
花椒粉	—	9.2

(2) 肉松的加工

肉松是我国著名的特产。肉松可以按原料分类，有猪肉松、牛肉松、鸡肉松、鱼肉松等，也可以按形状分为绒状肉松和粉状（球状）肉松。猪肉松是大众最喜爱的一类产品，以太仓肉松和福建肉松最为著名，太仓肉松属于绒状肉松，福建肉松属于粉状肉松。

工艺流程：

原料选择→预处理→煮制→擦松→炒制→冷却→包装

工艺要点：

①原料肉选择　选择健康家畜的新鲜精瘦肉为原料。

②原料肉预处理　取符合要求的原料肉，先剔除骨、皮、脂肪、筋腱、淋巴、血管等不宜加工的部分，然后顺着肌肉的纤维纹路方向切成 3 cm 左右宽的肉条，清洗干净，沥水备用。

③煮制　先把肉放入锅内，加入与肉等量的水煮沸，按配方加入香料，继续煮制，直到将肉煮烂。在煮制的过程中，不断翻动并去浮油。

煮制时的配料无固定的标准，肉松加工配方见表 7-11。

④擦松　擦松的主要目的是将肌纤维分散，它是一个机械作用过程，比较容易控制，因而，可以利用机械（擦松机）来完成操作。

⑤炒干　炒干的主要目的是炒干水分并炒出颜色和香气。炒制时，要注意控制水分蒸发程度，炒至颜色由灰棕色转变为金黄色，成为具有特殊香味的肉松为止。

表 7-11 肉松加工配方

品名	用量/kg		
	太仓肉松	福建肉松	江南肉松
瘦肉	100	100	100
白糖	3	8	3
食盐	2.5	3.1	2.2
酱油	10	8	11
调料酒	1.5	0.5	4
生姜	0.5	0.1	1
茴香	0.12	—	0.12
红糟	—	5	—
猪油	—	5	—

如果要加工福建肉松，则将上述肉松放入锅内，煮制翻炒，待 80%的绒状肉松成为酥脆的粉状时，过筛，除掉大颗粒，将筛出的粉状肉松坯置入锅内，倒入已经加热熔化的猪油，然后不断翻炒成球状的团粒，即为福建肉松。

(3) 肉脯的加工

肉脯是一种制作考究，美味可口，耐贮藏和便于运输的熟肉制品。我国加工肉脯已经有 60 多年的历史。传统的肉脯是以大块的肌肉为原料，经过冷冻、切片、腌制、烘烤、压片、切片、检验、包装等工艺加工制成的。原料选择局限于猪、牛、羊肉，产品品种少。因此，充分利用肉类资源，开发肉脯新产品成为重要的课题之一。

近年来开始重组肉脯的研究，肉脯原料来源广泛，营养价值高，成本低，产品入口化渣，品质优良。同时也可以应用现代连续化机械生产，它是肉脯发展的重要方向。现就重组兔肉脯的加工工艺介绍如下。

工艺流程：

原料肉检验→原料整理→配料→斩拌→成型→烘干→熟制→压片→切片→质量检验→成品包装→出厂销售

工艺要点：

①原料肉检验　在非疫区选购健康的肉兔，屠宰剔骨后，必须经过检验，原料肉的质量必须符合 GB 2707—2016、GB 16869—2005 标准中的各项卫生指标。达到一级鲜度标准的兔肉才能用于肉脯生产。

②原料整理　对符合要求的原料肉，先剔去剩余的碎骨、皮下脂肪、筋膜肌腱、淋巴、血污等，清洗干净，然后切成 3～5 cm^3 的小块备用。

③配料 辅料有白糖、鱼露、鸡蛋、亚硝酸钠、味精、五香粉、胡椒粉等，按照原辅料的配比称取。某些辅料如亚硝酸钠等，须先行溶解或处理，才能在斩拌或搅拌时加入原料肉中。

④斩拌 整理后的原料肉，应采用斩拌机尽快斩拌成肉糜。在斩拌的过程中加入各种配料，并加适量的水。斩拌肉糜要细腻，原辅料混合要均匀。

⑤成型 斩拌后的肉糜须先静置 20 min 左右，以使各种辅料渗透到肉组织中。成型时先将肉铺成薄层，然后再用其他的器具将薄层均匀抹平。薄层的厚度一般为 0.2 cm 左右，太厚则不利于水分的蒸发和烘烤，太薄则不易成型。

⑥烘干 将成型的肉糜迅速送入已经升温至 65～70℃的烘箱或烘房中，烘制 2.5～4 h。烘制温度最初应该适当的高一点，以加快脱水的速度，同时提高肉片的温度，避免微生物的大量繁殖。烘制的设备以烘箱或烘房为好，若使用其他设备须能保证温度的稳定，避免温度的大幅度波动。待大部分水分蒸发，能顺利揭开肉片时，即可揭片翻边，进一步进行烘烤。等烘烤至肉片的水分含量降到 18%～20%时，结束烘烤，取出肉片，自然冷却。

⑦熟制、压片 将第一次烘烤成的半成品送入 170～200℃的远红外高温烘烤炉或高温烘烤箱内，进行高温烘烤。半成品经过高温预热、蒸发收缩、升温出油，直到成熟。烘烤成熟的肉片呈棕黄色或棕红色，成熟后应立即从高温炉中取出，不然很容易焦煳。出炉后尽快用压平机将肉片压平，使肉片平整。烘烤后的肉片的水分含量在 13%～15%。

⑧切片 根据产品规格的要求，将大块的肉片切成小片。切片尺寸根据销售及包装要求而定，例如，可以切成 8 cm×12 cm 或 4 cm×6 cm 的小片，每千克 60～65 片或 120～130 片。

⑨成品 将切好的肉脯放在无菌的冷却室内冷却 1～2 h。冷却室的空气要经过净化及消毒杀菌处理。冷凉的肉脯采用真空包装，也可以采用听装包装。

7.2.4 烧烤制品

7.2.4.1 烧烤制品的种类及特点

烧烤制品是原料肉经预处理、腌制、烤制等工序加工而成的一类熟肉制品。烧烤制品色泽诱人、香味浓郁、咸味适中、皮脆肉嫩，是深受欢迎的特色肉制品。我国传统的烧烤制品如北京烤鸭、广东脆皮乳猪、叉烧肉、盐鸡、叫花鸡等久负盛名，有的早已享誉海内外。

7.2.4.2 烧烤制品加工方法

烤制是利用热空气对原料肉进行的热加工。原料肉经过高温烤制，产品表面产生一种焦化物，同时烧烤前浇淋热水和晾皮，使皮层蛋白质凝固，皮层变厚干燥。烤制时，在热空气作用下，蛋白质变性而使肉制品表面的酥脆性增强，产生美观的色泽和诱人的香味。

肉类经烧烤能产生香味，是由于肉类中的蛋白质、糖、脂肪和盐等物质在加热过程中，经过降解、氧化、脱水、脱酸等一系列变化，生成醛类、酮类、酚类、内酯、呋喃、吡嗪、硫化物、低级脂肪酸等化合物。尤其是糖和氨基酸之间的美拉德反应，不仅生成棕色物质，同时生成多种香味物质。脂肪在高温下分解生成的二烯类化合物，也赋予肉制品香味。蛋白质分解产生的谷氨酸与盐结合生成谷氨酸钠，增强了肉制品的鲜味。

此外，腌制时加入的辅料也有增香的作用。如五香粉含有醛、酮、醚、酚等成分，葱、蒜含有硫化物。

7.2.4.3 代表性烧烤制品加工方法

（1）北京烤鸭

北京烤鸭历史悠久，在国内外久负盛名，是我国著名的特产。北京城最早的烤鸭店创立于明代嘉靖年间，叫“便宜坊”饭店，距今已有 400 多年的历史。全聚德始建于咸丰年间，如今的全聚德已家喻户晓，目前在国外开有多家分店，已成为世界品牌。在传统制作的基础上，北京烤鸭现已开发出烤鸭软罐头等产品，北京烤鸭生产已经步入一个新的发展时期。

工艺流程：

选料→宰杀、造型→冲洗、烫皮→浇挂糖色→灌汤打色→烤制→包装→保藏

工艺要点：

①选料 必须选择经过填肥的北京鸭，饲养期在 55～65 日龄，活体质量在 2.5 kg 以上的为佳。

②宰杀、造型 经过宰杀、放血、煺毛后，先剥离颈部食道周围的结缔组织，打开气门，向鸭体皮下脂肪与结缔组织之间充气，使鸭体保持膨大壮实的外形。然后从腋下开膛，取出全部内脏，用 8～10 cm 长的秫秸（去穗高粱秆）由切口塞入膛内充实体腔，使鸭体造型美观。

③冲洗、烫皮　通过腋下切口，用清水（水温为4～8℃）反复冲洗胸腹腔，直到洗净为止。拿钩钩住鸭胸部上端4～5 cm外的颈椎骨（右侧下钩，左侧穿出），提起鸭坯，用100℃的沸水淋烫表皮，使表皮的蛋白质凝固，以减少烤制时脂肪的流出，并达到烤制后表皮酥脆的目的。淋烫时，第一勺水要先烫刀口处，使鸭皮紧缩，防止跑气，然后再烫其他部位。一般情况下，用3～4勺沸水即能把鸭坯烫好。

④浇挂糖色　浇挂糖色的目的是改善烤制后鸭体表面的色泽，同时增加表皮的酥脆性和适口性。浇挂糖色的方法与烫皮相似，先淋两肩，后淋两侧。一般只需3勺糖水即可淋遍鸭体。糖色的配制用1份麦芽糖和6份水，在锅内熬成棕红色即可。

⑤灌汤打色　鸭坯经过上色后，先挂在阴凉通风处，进行表面干燥，然后向体腔灌入100℃汤水70～100 mL。鸭坯进炉烤制时，汤水激烈汽化，使产品具有外脆内嫩的特色。为了弥补挂糖色时的不均匀，鸭坯灌汤后，要淋2～3勺糖水，称为打色。

⑥挂炉烤制　鸭坯进炉后，先挂在炉膛前梁上，使鸭体右侧刀口向火，让炉温首先进入体腔，促进体腔内的汤水汽化，使鸭肉快熟。等右侧鸭坯烤至橘黄色时，再使左侧向火，烤至与右侧同色为止。然后旋转鸭体，烘烤胸部、下肢等部位。反复烘烤，直到鸭体全身呈枣红色并熟透为止。整个烘烤的时间一般为30～40 min，体型大的需40～50 min。应控制炉内温度在230～250℃。炉温过高、时间过长会造成表皮焦煳，皮下脂肪大量流失，皮下形成空洞，使产品失去烤鸭的特色；时间过短、炉温过低会造成鸭皮收缩，胸部下陷，鸭肉不熟等缺陷，影响烤鸭的食用价值和外观品质。

烤制好的烤鸭皮质松脆，肉嫩鲜酥，体表焦黄，香气四溢，肥而不腻，是传统肉制品产品中的精品。

（2）叉烧肉

叉烧肉是南方风味的肉制品，起源于广东，一般称为广东叉烧肉。产品呈深红略带黑色，块形整齐，软硬适中，香甜可口，多食不腻。

工艺流程：

选料及整理→配料→腌制→烤制→包装→保藏

工艺要点：

①选料及整理　叉烧肉一般选用猪腿部肉或肋部肉。猪腿除皮、拆骨、去脂肪后，用M形刀法将肉切成宽3 cm，厚1.5 cm，长35～40 cm的长条，用温水清洗，沥干备用。

②配料　猪肉100 kg，精盐2 kg，酱油5 kg，白糖6.5 kg，五香粉250 g，桂皮粉500 g，砂仁粉200 g，绍兴酒2 kg，姜1 kg，饴糖或液体葡萄糖5 kg，硝酸钠50 g。

③腌制　除了饴糖和绍兴酒外，把其他所有的调味料放入拌料容器中，搅拌均匀，然后把肉坯倒入容器中拌匀。之后，每隔2 h搅拌1次，使肉条充分吸收配料。低温腌制6 h后，再加入绍兴酒，充分搅拌。均匀混合后，将肉条穿在铁排环上，每排穿10条左右，适度晾干。

④烤制　先将烤炉烧热，把穿好的肉条挂入炉内，进行烤制。烤制时，炉温保持在270℃左右，烘烤15 min后，打开炉盖，转动排环，调换肉面方向，继续烤制30 min。之后的前15 min保持炉温在270℃左右，后15 min保持炉温在220℃左右。烘烤完毕，从炉中取出肉条，稍冷后，将肉条浸没在饴糖或麦芽糖溶液中片刻，取出，再放进炉内烤制约3 min即为成品。

思考题

1. 肉制品的特点是什么？
2. 腌腊制品加工的关键技术是什么？
3. 中式火腿加工中存在的主要缺点是什么？怎样改进？
4. 酱卤制品有何特点？
5. 酱卤制品能否实现工业化连续生产？
6. 简述肉品的干制原理。
7. 肉品干制的目的是什么？干制品有哪些优缺点？
8. 采用传统制作生产方式加工的肉干口感粗糙，如何加以改进？
9. 重组肉脯与传统肉脯相比有哪些优点？
10. 肉类烧烤制品加工应注意什么？
11. 烧烤制品色泽及风味形成的原因是什么？
12. 你对传统烧烤制品的工业化生产有何建议？

第 8 章

西式肉制品加工

学习目的与要求

了解西式肉制品的分类方法；掌握主要西式肉制品的加工工艺流程和操作要点；掌握西式肉制品的配方原理和配方计算方法；了解并掌握西式肉制品的产品品质分析和品质控制方法。

8.1 概述

西式肉制品起源于欧洲，在北美、日本及其他西方国家广为流行，产品主要有香肠、火腿和培根三大类。

最早的火腿生产于罗马时代，据说是由法国人的祖先发明的。其加工方法是将原料盐渍 7 d 后干燥 2 d，再涂上油脂熏 2 d，然后涂上油和醋贮藏。至今法国南部、意大利和英国的某些地方还保留着这种传统加工方法。1701 年，法国人曾制造了 1 根 652 m 长的香肠，献给国王加冕仪式。这是历史上至今最长的香肠记录，也显示了当时肉制品加工技术的高超。

西式肉制品是在 1840 年鸦片战争后传入中国的，至今已有 180 年的历史。被中国人最先接受的是香肠制品，然后是带骨的熟火腿和肉卷等产品。

从 20 世纪 80 年代初开始，全国肉类企业从德国、荷兰、丹麦、法国、意大利、瑞士、日本等国引进香肠和火腿的加工设备，使我国肉制品品种的构成发生了根本变化。此后，西式肉制品的产量迅速增加，并涌现出了一些大型熟肉制品加工企业，促进了我国肉制品加工业的进步和发展。

8.2 几种代表性西式肉制品

8.2.1 香肠制品

肉经绞切、斩拌或乳化成肉馅（肉丁、肉糜或其混合物）并添加调味料、香辛料或填充料，充入肠衣内，再经烘烤、蒸煮、烟熏、发酵、干燥等工艺制成的肉制品称为香肠制品。香肠因拉丁文“salsus”而得名，意指保藏或盐腌的肉类。

据考证，3 500 年以前，中国和古巴比伦已开始生产和消费肠类制品。到了中世纪，各种肠制品风靡欧洲，由于各地地理和气候条件的差异，形成各种品种。气候温暖的意大利、西班牙南部、法国南部开始生产干制和半干制香肠，而气候比较寒冷的德国、丹麦等国家，由于保存产品比较容易，开始生产鲜肠类和熟制香肠。之后香料的使用使得肠类制品的品种不断增加。

现在肠类制品的生产和消费都有了很大发展，主要是由于人们对方便食品和即食食品的需求增加，许多工厂的肠制品生产已实现了高度机械化和自动化，生产出具有良好组织状态，且持水性、风味、颜色、保存期均优的产品。

8.2.1.1 香肠制品种类及特点

香肠制品的种类繁多，据报道法国有 1 500 多个品种，我国各地生产的香肠品种至少也有数百种。香肠的分类方法很多，其中美国的分类较具有代表性，它将香肠制品分为生鲜香肠、生熏肠、熟熏肠与干制和半干制香肠 4 大类。

（1）生鲜香肠

原料肉（主要是新鲜猪肉，有时添加适量牛肉）不经腌制，绞碎后加入香辛料和调味料，然后充入肠衣内即制成生鲜香肠。这类肠制品须在冷藏条件下贮存，食用前须经加热处理，如意大利鲜香肠和德国生产的 bratwurst 香肠等。目前国内这类香肠制品的生产量很少。

（2）生熏肠

这类制品可以采用腌制或未经腌制的原料，加工工艺中要经过烟熏处理但不进行熟制加工，消费者在食用前要进行熟制处理。

（3）熟熏肠

经过腌制的原料肉，绞碎、斩拌后充入肠衣，再经熟制、烟熏处理而成。我国这种香肠的生产量最大。

（4）干制和半干制香肠

半干香肠最早起源于北欧，属德国发酵香肠，它含有猪肉和牛肉，采用传统的熏制和蒸煮技术制成。其定义为：绞碎的肉在微生物的作用下，pH 达到 5.3 以下，经热处理和烟熏处理（一般均经烟熏处理）除去 15%的水分，产品中水分与蛋白质的比例不超过 3.7∶1 的肠制品。干香肠起源于欧洲的南部，属意大利发酵香肠，主要是由猪肉制成的，不经熏制或煮制。其定义为：经过细菌的发酵作用，肠馅的 pH 达到 5.3 以下，然后经干燥除去 20%～50%的水分，产品中水分与蛋白质的比例不超过 2.3∶1 的肠制品。

8.2.1.2 香肠制品加工工艺

香肠制品的加工工艺流程如下：

原料肉的选择→腌制→绞碎→斩拌→灌制→烘烤→熟制→烟熏→冷却→保藏

（1）原料肉的选择

香肠的原料范围很广，主要有猪肉和牛肉，另外羊肉、兔肉、禽肉、鱼肉及其内脏均可作为香肠的原料。生产香肠所用的原料肉必须经兽医检验，确认是新鲜卫生的肉。经修整，剔去碎骨、污物、筋、腱及结缔组织膜，原料肉成为纯精肉，然后按肌肉组织的自然块形分开，并切成长条或肉块备用。

(2) 腌制

腌制的目的是使原料肉呈现均匀的粉红色，使肉含有一定量的食盐，以保证产品具有适宜的咸味，同时提高制品的保水性和风味。根据不同产品的配方，将瘦肉与食盐、亚硝酸钠、多聚磷酸盐等添加剂混合均匀，送入(2±2)℃的冷库内腌制24～72 h。肥膘只加食盐进行腌制。原料肉腌制结束的标志是瘦猪肉呈现均匀粉红色、结实而富有弹性。

(3) 绞碎

将腌制的原料精肉和肥膘分别通过不同筛孔直径的绞肉机绞碎。绞肉时投料量不宜过大，否则会造成肉温上升，从而对肉的黏着性产生不良影响。

(4) 斩拌

斩拌操作是乳化肠加工过程中一个非常重要的工序，斩拌操作控制得好与坏，直接影响产品品质的优与劣。斩拌时，首先将瘦肉放入斩拌机内，并均匀铺开，然后开动斩拌机，继而加入(冰)水，以利于斩拌。加(冰)水后，最初肉会失去黏性，变成分散的细粒子状，但不久黏着性就会不断增强，最终形成一个整体，然后再添加调料和香辛料，最后添加肥膘。在添加肥膘时，要一点一点地添加，使肥膘均匀分布。斩拌时，因斩刀的高速旋转，肉料的升温是不可避免的，但过度升温会使肌肉蛋白质变性，降低其工艺特性，因此斩拌过程中应添加冰屑以降温。以猪肉、牛肉为原料肉时，斩拌的最终温度不应高于16℃；以鸡肉为原料时，斩拌的最终温度不得高于12℃。整个斩拌操作应在6～8 min之内完成。

(5) 灌制

灌制又称充填，是将斩好的肉馅用灌肠机充入肠衣内的操作。灌制时应做到肉馅紧密而无间隙，防止装得过紧或过松。过松会造成肠馅脱节或不饱满，在成品中有空隙或空洞，过紧则会在蒸煮时使肠衣胀破。灌制所用的肠衣多为PVDC肠衣、尼龙肠衣、纤维素肠衣等。灌好后的香肠每隔一定的距离打结(卡)。选用真空定量灌肠系统可提高制品质量和工作效率。

(6) 烘烤

烘烤是用动物肠衣灌制的香肠必要的加工工序，传统的方法是用未完全燃烧的木材的烟火来烤，目前采用的烟熏炉烘烤是由空气加热器循环的热空气烘烤的。烘烤的主要目的是使肠衣蛋白质变性凝固，增加肠衣的坚实性；烘烤时肠馅温度提高，促进发色反应。一般烘烤的温度为70℃左右，烘烤时间依香肠的直径而异，为10～60 min。

(7) 熟制

目前国内应用的煮制方法有两种：一种是蒸汽煮制，适用于大型企业；另一种为水浴煮制，适用于中、小型企业。无论哪种煮制方法，均要求煮制温度在80～85℃，煮制结束时肠制品的中心温度大于72℃。

(8) 烟熏、冷却

烟熏是为了赋予制品特有的烟熏风味，改善制品的色泽，并通过脱水作用和熏烟成分的杀菌作用增强制品的保藏性。烟熏的温度和时间依产品的种类、产品的直径和消费者的喜好而定。一般的烟熏温度为50～80℃，时间为10 min～24 h。熏制完成后，用10～15℃的冷水喷淋肠体10～20 min，使肠坯温度快速降至室温。然后送入0～7℃的冷库内，冷却至库温，贴标签后进行包装，即为成品。

8.2.1.3　代表性香肠制品的加工

(1) 火腿肠

以鲜或冻畜、禽、鱼肉为主要原料，经腌制、斩拌，灌入肠衣，高温杀菌加工而成的乳化型香肠叫作火腿肠。

工艺流程：

原料肉的处理→绞肉→斩拌→填充→灭菌→冷却→保藏

工艺要点：

①原料肉的处理　选择经兽医卫检合格的热鲜肉或冷冻肉，经修整处理去除筋、腱、碎骨与污物，用切肉机切成5～7 cm宽的长条后，按配方要求将辅料与肉拌匀，送入(2±2)℃的冷库内腌制至终点。

②绞肉　将腌制好的原料肉送入绞肉机，用筛孔直径为3 mm的筛板绞碎。

③斩拌　将绞碎的原料肉倒入斩拌机的料盘内，开动斩拌机，搅拌转动几圈后，加入冰屑的2/3，高速斩拌至肉馅温度为4～6℃。然后添加剩余数量的冰屑斩拌，直到肉馅温度低于14℃。最后再搅拌几圈，以排除肉馅内的气体。斩拌时间视肉馅

黏度而定。斩拌过度和不足都将影响制品质量。

④填充　将斩拌好的肉馅倒入充填机料斗，按照预定的充填的量，充入PVDC肠衣内，并自动打卡结扎。

⑤灭菌、冷却和保藏　填充完毕后，将经过检查的肠坯（无破袋、夹肉、弯曲等）排放在灭菌车内，顺序推进灭菌锅进行灭菌处理。规格为58 g的火腿肠，其灭菌参数为：15 min—23 min—20 min/121℃（反压为2.0～2.2 kg/cm^2）。灭菌处理后的火腿肠，经充分冷却和贴标签后，按出产日期和品种规格装箱，并入库或发货。

（2）法兰克福香肠

①配方　牛肉修整肉18.1 kg，猪颊肉11.3 kg，牛头肉9.0 kg，标准修整猪碎肉6.8 kg，冰13.6 kg，脱脂奶粉1.8 kg，食盐1.4 kg，白胡椒112.7 g，肉豆蔻4.5 g，姜粉7 g。

②工艺流程　将充分冷却的原料肉（0～2℃）通过3 mm筛孔直径的绞肉机绞碎，然后加入斩拌机中斩拌。首先用低速斩拌，当肉显示出黏性时，加入总量2/3的冰屑和辅料并快速斩拌至肉馅温度为4～6℃，再加入剩余的冰屑并快速斩拌至肉馅终温低于14℃。将肉馅充入肠衣（20～22 mm羊肠衣），打结后于45℃烘烤10～15 min（相对湿度95％）、55℃烘烤5～10 min、58℃熏制10 min（相对湿度30％）、68℃熏煮10 min（相对湿度40％），最后在78℃（100％相对湿度）下熟制到制品中心温度大于67℃，即为成品。

（3）小红肠

小红肠又名维也纳香肠。将小红肠夹在面包中就是著名的快餐食品——热狗。

①配方　牛肉55 kg，猪精肉20 kg，奶脯或白膘25 kg，淀粉5 kg，胡椒粉190 g，玉果粉130 g，食盐3.5 kg，18～20 mm羊肠衣（每根肠长12～14 cm）。

②主要工艺　原料经腌制、绞碎、斩拌、灌肠后，再经烘烤、煮制而成。

（4）大红肠

大红肠又称茶肠，是欧洲人喝茶时食用的肉食品。

①配方　牛肉45 kg，猪精肉40 kg，白膘5 kg，淀粉5 kg，白胡椒粉200 g，玉果粉125 g，大蒜200 g，食盐3.5 kg，口径为6～7 cm的牛肠衣。

②主要工艺　原料经腌制、绞碎、斩拌、灌肠（每节长45 cm）、烘烤（70～80℃、45 min）、熟制（90℃水浴1.5 h）、冷却后，即为成品。

（5）哈尔滨大众红肠

原名里道斯肠，系从俄罗斯传入。

①配方　猪精肉40 kg，肥膘肉10 kg，淀粉3.5 kg，食盐1.75～2 kg，味精50 g，胡椒粉50 g，大蒜250 g。

②主要工艺　原料经腌制、绞碎、斩拌后，灌入直径为30 mm的猪肠衣中，烘烤1 h，85℃水煮25 min，35～40℃熏制12 h，即为成品。

（6）北京蒜肠

①配方　猪精肉30 kg，肥膘肉20 kg，淀粉15 kg，胡椒粉100 g，八角香粉100 g，味精50 g，大蒜1 kg，食盐2.75 kg。

②主要工艺　原料肉经腌制、绞碎、斩拌、灌肠后，再经烘烤、熟制、烟熏、冷却，即为成品。

（7）肝肠

①配方　猪肝22.7 kg，标准修整碎猪肉18.1 kg，牛肉修整肉4.5 kg，洋葱2.3 kg，脱脂奶粉1.4 kg，食盐0.9 kg，白胡椒112.7 g。

②主要工艺　牛、猪肉用12.7 mm的筛孔绞肉机绞碎。将肝和其他的配料及肉放入斩拌机中斩匀，使肠馅充分乳化，然后灌入肠衣中，熟制到肠中心温度在66～67℃。

（8）血肠

①配方　血38.5 kg，猪肥膘丁6.8 kg，洋葱2.3 kg，食盐0.9 kg，白胡椒112.7 g，肉豆蔻28.2 g，桂皮14 g。

②主要工艺　将洋葱绞成细浆，连同猪肥膘丁、食盐、调味料一起加到血液中，灌入肠衣，煮制到肠中心温度达到67～68℃，冷却后即为成品。

（9）桂花肠

①配方　猪肉35～40 kg，肥肉10～15 kg，硝石12 g，白糖2 kg，味精100 g，食盐1 kg，桂花油少许。

②主要工艺　将原料切成3 cm×5 cm的肉块，加入辅料，拌匀，腌制24 h后熟制即成。

（10）发酵香肠

发酵香肠是指将绞碎的肉（常指猪肉或牛肉）和动物脂肪同糖、盐、发酵剂和香辛料等混合后灌进肠衣，经过微生物发酵而制成的具有稳定的微生物特性和典型的发酵香味的肉制品。发酵香肠的最终产品通常在常温条件下贮存、运输，并且不经过熟制处理直接食用。在发酵过程中，乳酸菌发酵碳水化合物形成乳酸，使香肠的最终 pH 降低到 4.5～5.5，这一较低的 pH 使得肉中的盐溶性蛋白质变性，形成具有切片性的凝胶结构。由于加工条件、产品组成及添加剂的不同，发酵肠出现了很多种类，但通常按照产品加工过程的长短、最终产品的水分活度（A_w）和水分含量，将其分为表 8-1 中的几种。

表 8-1　发酵香肠的种类及特点

类型	加工周期	水分含量/%	水分活度	典型产品
涂抹型	3～5 d	34～42	0.95～0.96	德国 teewurstfrische、mettwurst
加工周期短的切片型	1～4 周	30～40	0.92～0.94	美国 summer sausage、德国 thuringer
加工周期长的切片型	12～14 周	20～30	0.82～0.86	德国、丹麦、匈牙利的色拉米（salami），意大利的 genoa，法国的 saucisson

也可根据发酵香肠的 pH 和干燥程度，将发酵香肠分为干香肠和半干香肠两大类。

①发酵香肠的原辅料　包括以下几种。

a. 原料肉。用于生产发酵香肠的肉糜中瘦肉含量为 50%～70%。各种肉均可以用作发酵香肠的原料，一般常用的是猪肉、牛肉和羊肉。在意大利、匈牙利和法国，由于消费者偏爱猪肉的风味和颜色，这些国家仅用猪肉生产发酵香肠，而典型的德国发酵香肠的原料肉则采用 1/3 猪肉、1/3 牛肉和 1/3 的猪背脂为原料。若使用猪肉，其 pH 应在 5.6～5.8 的范围内，这将有助于发酵的进行，并保证在发酵过程中有适宜的 pH 的降低速率。使用 PSE 肉生产发酵香肠，其用量应少于 20%。就经验来说，老龄动物的肉较适合用来加工干发酵香肠，并用来生产高品质的产品。原料肉亦应当含有最低数量的初始细菌数，以降低发酵开始时微生物的竞争性。若原料的初始细菌数高，将会导致不均一的最终产品。

b. 脂肪。脂肪是发酵香肠的一个重要组分，经干燥后脂肪的含量有时会达到 50%。发酵香肠，尤其是干发酵香肠，其重要特性之一是具有较长的保质期（至少 6 个月），因此要求使用不饱和脂肪酸含量低、熔点高的脂肪。牛脂和羊脂不适于作为发酵香肠的原料，色白而结实的猪背脂是生产发酵肠的最好原料。

c. 碳水化合物。在生产发酵香肠的过程中经常添加碳水化合物，其主要目的是给微生物提供足够的发酵底物，有利于乳酸菌的生长和乳酸的产生。添加的碳水化合物的数量和种类，应当满足在建立有效的乳酸发酵的同时又避免 pH 的过度降低。其添加量一般为 0.3%～0.8%，较常添加的碳水化合物是葡萄糖和寡聚糖的混合物。

d. 腌制材料。腌制材料包括食盐、亚硝酸钠或硝酸钠、抗坏血酸钠等。在发酵香肠生产中，食盐的添加量一般在 2.5%～3.0%。涂抹型发酵香肠的最终产品中食盐的含量可能达到 2.8%～3.0%，而切片型发酵香肠的最终产品中食盐的含量可能达到 3.2%～4.5%，这可将初始原料的水分活度降低到 0.96。

除了干发酵香肠外，其他类型的发酵香肠在腌制时首先选用亚硝酸钠。亚硝酸钠可直接加入，添加量一般少于 150 mg/kg。

在生产发酵香肠的传统工艺中或生产干发酵香肠的工艺中，一般加入硝酸钠，其添加量为 200～500 mg/kg。如果开始腌制时亚硝酸钠的浓度过高，会抑制产生风味化合物或其前体物的有益微生物的活力。因此，用硝酸钠生产的干肠在风味上要优于直接添加亚硝酸钠的香肠。在美国通常将硝酸钠和亚硝酸钠混合使用，而在德国使用硝酸钠和亚硝酸钠的混合物是不允许的，且只有发酵时间超过 4 周的发酵香肠才允许添加硝酸钠。

e. 酸味剂。在发酵香肠生产中，添加酸味剂的主要目的是确保在发酵开始的早期阶段，肉馅的 pH 快速降低，这对于不添加发酵剂的发酵香肠的安全性尤其重要。在涂抹型发酵香肠生产中，酸味剂也经常与发酵剂结合使用，因为要在一定的时间内快速降低涂抹型发酵香肠的 pH，以保证涂抹型发酵香肠的品质。然而，在其他的制品中，发酵剂与酸味剂结合使用将会导致产品品质的降低，所以很少添加。最常用的酸味剂是葡萄糖酸-δ-内酯，其添加量一般为 0.5%左右。葡萄糖酸-δ-内酯能够在 24 h 内水解为葡萄糖酸，迅速降低肉的初始 pH。

f. 发酵剂。发酵剂是生产发酵肉制品的关键。传统的发酵肉制品是依靠原料肉中天然存在的乳酸菌与杂菌的竞争作用，使乳酸菌成为优势菌群来生产发酵肉制品的。

1940年，美国人 L. B. Jensen 和 L. S. Paddock 第一次描述了乳酸菌在发酵香肠中的应用，从而开创了使用纯培养物生产发酵香肠的先河。在欧洲，芬兰科学家 Niinivaara（1955）从芬兰传统食品中分离出微球菌 M53 作为发酵剂，并提出了选择发酵剂微生物的标准（在15%的食盐溶液中能生长；最适发酵温度为25～30℃；非致病菌；最适 pH 为 6.6～7.0 且具有降解硝酸钠的能力）。1974年，Demeyer 发现微球菌可降解脂肪形成羰基，对发酵香肠的风味有重要的影响。1961年，Deibel 等发现片球菌可用作半干香肠发酵剂的菌种。1974年，Everson 等申请了植物乳杆菌的专利。Nurmi（1966）在试验研究中发现，单独接种乳酸杆菌能快速降低产品的 pH，但是产品的褪色现象严重；单独接种微球菌能改善产品的颜色，而 pH 的降低速度相对较慢，应用乳酸杆菌和微球菌的混合发酵剂获得了较好的效果。从此混合菌种发酵剂的研究与应用获得了快速发展。目前应用于发酵肉制品的微生物主要有细菌、霉菌和酵母菌（表 8-2）。

表 8-2 发酵剂中常用的微生物

微生物种类		菌种
酵母菌（yeast）		汉逊氏德巴利酵母（*Dabaryomyces hansenii*） 法马塔假丝酵母（*Candida famata*）
霉菌（mold）		产黄青霉（*Penicillium chrysongemum*） 纳地青霉（*Penicillium nalgiovense*）
细菌（bacterium）	乳酸菌（*Lactobacillus*）	植物乳杆菌（*L. plantarum*） 干酪乳杆菌（*L. casei*） 弯曲乳杆菌（*L. curvatus*） 乳酸片球菌（*P. acidilactici*） 戊糖片球菌（*P. pentosaceus*）
	微球菌（*Micrococcus*）	易变微球菌（*M. varians*）
	葡萄球菌（*Staphylococcus*）	肉糖葡萄球菌（*S. carnosus*） 木糖葡萄球菌（*S. xylosus*）
	放线菌（*Actinomycete*）	灰色链球菌（*Stre. griseus*）
	肠细菌（*Enterobacteria*）	气单胞菌（*Aeromonas* sp.）

酵母菌适用于加工干发酵香肠。汉逊氏德巴利酵母是常用菌种，该菌耐高盐、好气并具有较弱的发酵性，一般生长在香肠的表面。通过添加该菌，可提高香肠的风味。但该菌没有还原硝酸盐的能力。

霉菌通常用于加工干发酵香肠，可使产品具有干香肠特殊的芳香气味和外观。由于霉菌酶具有蛋白质分解和脂肪分解能力，故对产品的风味有利。另外由于霉菌大量的存在于肠的外表，能起到隔氧的作用，因此可以防止发酵香肠的酸败。

用作发酵香肠发酵剂的细菌主要是乳酸菌和球菌。乳酸菌能将发酵香肠中的碳水化合物分解成乳酸，降低原料的 pH，抑制腐败菌的生长（另外某些片球菌产生的细菌素能抑制单核增生性李斯特杆菌的生长）。同时，pH 的降低，降低了蛋白质的保水能力，有利于干燥过程。因此，乳酸菌是发酵剂的必需成分，对产品的稳定性起决定性作用。而微球菌和葡萄球菌具有将硝酸盐还原成亚硝酸盐的能力，分解脂肪和蛋白质的能力以及产生过氧化氢酶的能力，对产品的色泽和风味起决定性作用。因此，常将乳酸菌和微球菌或葡萄球菌混合使用。此外，灰色链球菌可以改善发酵香肠的风味，气单胞菌无任何致病性和产毒能力，对香肠的风味也是有利的。

②发酵香肠的加工　工艺流程及要点如下。

工艺流程：

绞肉→斩拌→灌肠→接种霉菌或酵母菌→发酵→干燥和成熟→包装

工艺要点：

a. 绞肉。尽管发酵香肠的质构不尽相同，但粗绞时原料精肉的温度应该在0～4℃之间，而脂肪要处于−8℃的冷冻状态，以避免水的结合和脂肪的熔化。

b. 斩拌。首先将精肉和脂肪倒入斩拌机中，稍加混匀，然后将食盐、腌制剂、发酵剂和其他的辅料均匀地倒入斩拌机中斩拌混匀。斩拌的时间取决于产品的类型，一般的肉馅中脂肪的颗粒直径为1～2 mm或3～4 mm。

c. 灌肠。将斩拌好的肉馅用灌肠机灌入肠衣，灌制时要求充填均匀，肠坯松紧适度。在整个灌制过程中，肠馅的温度应维持在0～1℃。为了避免气泡的侵入，最好使用真空灌肠机灌制。

d. 接种霉菌或酵母菌。肠衣外表面霉菌或酵母菌的生长不仅对于干香肠的食用品质具有非常重要的作用，而且能抑制其他杂菌的生长，预防光和氧对产品的不利影响，并代谢产生过氧化氢酶。生产中常用的霉菌是纳地青霉和产黄青霉，常用的酵母菌是汉逊氏德巴利酵母和法马塔假丝酵母。商业上应用的霉菌和酵母菌发酵剂多为冻干菌种。

e. 发酵。发酵温度依产品类型而有所不同。通常对于要求pH迅速降低的产品，所采用的发酵温度较高。当然，发酵温度越高，发酵时间越短。一般地，涂抹型香肠的发酵温度为22～30℃，最长发酵时间为48 h；半干香肠的发酵温度为30～37℃，发酵时间为14～72 h；干发酵香肠的发酵温度为15～27℃，发酵时间为24～72 h。

在发酵过程中，相对湿度（Rh）的控制对于干燥过程中避免香肠外层硬壳的形成和预防表面霉菌和酵母菌的过度生长也是非常重要的。高温短时发酵时，Rh应控制在98%；较低温度发酵时，Rh应低于香肠内部湿度的5%～10%。

发酵结束时，香肠的酸度因产品而异。对于半干香肠，其pH应低于5.0，美国生产的半干香肠的pH更低，德国生产的干香肠的pH在5.0～5.5。香肠中的辅料对产酸过程有影响。在真空包装的香肠和大直径的香肠中，由于氧的缺乏，产酸量较大。

f. 干燥和成熟。干燥的程度是影响产品的物理和化学性质、食用品质和贮藏稳定性的主要因素。在香肠的干燥过程中，控制香肠表面水分的蒸发速度，使其平衡于香肠内部的水分向香肠表面扩散的速度是非常重要的。在半干香肠中，干燥损失少于其湿质量的20%，干燥温度在37～66℃之间。温度高时，所需干燥时间短；温度低时，可能需要几天的干燥时间（高温干燥可以一次完成，也可以逐渐降低湿度分段完成）。干香肠的干燥温度较低，一般为12～15℃，干燥时间主要取决于香肠的直径。商业上应用的干燥程序按照下列的模式：16℃，88%～90%Rh（24 h）→24～26℃，75%～80%Rh（48 h）→12～15℃，70%～75%Rh（17 d）→成品；或25℃，85%Rh（36～48 h）→16～18℃，77%Rh（48～72 h）→9～2℃，75%Rh（25～40 d）→成品。

许多类型的半干香肠和干香肠在干燥的同时进行烟熏，烟熏的主要目的是通过干燥和熏烟中酚类、低级酸等物质的沉积和渗透抑制霉菌的生长，同时提高香肠的适口性。干香肠，特别是接种霉菌和酵母菌的干香肠，在干燥过程中会发生许多复杂的化学变化，这个过程就是成熟。在某些情况下，干燥过程是在一个较短的时间内完成的，而成熟则一直持续到香肠被消费为止。发酵香肠通过成熟形成特有的风味。

g. 包装。为了便于运输和贮藏，保持产品的颜色和避免脂肪氧化，成熟以后的香肠通常要进行包装。真空包装是最常用的包装方法，其不足之处是由于产品中的水分会向表面扩散，打开包装后，表面霉菌和酵母菌会快速生长。

8.2.2 西式火腿制品

8.2.2.1 西式火腿的种类及加工特点

西式火腿一般由猪肉加工而成，因与我国传统火腿（如金华火腿）的形状、加工工艺、风味等有很大不同，习惯上称其为西式火腿（western pork ham），包括带骨火腿、去骨火腿和盐水火腿等。

西式火腿中除带骨火腿为半成品，在食用前须熟制外，其他种类的火腿均为可直接食用的熟制品。其产品色泽鲜艳、肉质细嫩、口味鲜美、出品率高，且适于大规模机械化生产，产品标准化程度高。因此，近年来西式火腿成了肉品加工业中深受欢迎的产品。

（1）带骨火腿

带骨火腿是将猪前后腿肉经盐腌后加以烟熏以增加其保藏性，同时赋以香味而制成的半成品。带骨火腿有长形火腿和短形火腿2种，带骨火腿生产周期较长，成品较大，且为半成品，不易机械化生产，因此生产量及需求量较少。

工艺流程：

原料选择→整形→去血→腌制→浸水→干燥→

烟熏→冷却、包装→保藏

工艺要点：

①原料选择　长形火腿是自腰椎留1～2节将后大腿切下，并自小腿处切断；短形火腿则自耻骨中间并包括荐骨的一部分切开，并自小腿上端切断。

②整形　除去多余脂肪，修平切口，使其整齐丰满。

③去血　指在盐腌之前先加适量食盐、硝酸盐，利用其渗透作用进行脱水，以除去肌肉中的血水，改善色泽和风味，增加防腐性和肌肉的结着力。取肉量3%～5%的食盐和0.2%～0.3%的硝酸盐，混合均匀，涂布在肉的表面。然后将肉块堆叠在略倾斜的操作台上，上部加压，在2～4℃下放置1～3 d，使其排除血水。

④腌制　腌制有干腌、湿腌和盐水注射法。

a. 干腌法。在肉块表面擦以食盐、硝酸钾、亚硝酸钠、蔗糖等混合腌料，利用肉中所含50%～80%的水分使混合盐溶解而发挥作用。按原料肉质量计，一般用食盐为3%～6%，硝酸钾为0.2%～0.25%，亚硝酸钠为0.03%，砂糖为1%～3%，调味料为0.3%～1.0%。常用的调味料有月桂叶、胡椒等。盐和糖的比例不仅影响成品风味，而且对质地、嫩度等都有显著影响。腌制时将腌制混合料分1～3次涂于肉上，堆于5℃左右的腌制室内，尽量压紧，但高度不应超过1 m。每3～5 d倒垛1次，腌制时间随肉块大小和腌制温度及配料比例不同而异。小型火腿需腌5～7 d；5 kg以上较大火腿需20 d左右；10 kg以上需40 d左右。腌制温度较低、用盐量较少时，可适当延长腌制时间。

b. 湿腌法。配制腌制液进行腌制，腌制液的配比对风味、质地等影响很大，特别是食盐和砂糖的比例随消费者喜好不同而异。

c. 盐水注射法。无论是干腌法还是湿腌法，所需腌制时间均较长，且盐水渗入大块肉的中心较为困难，常导致肉块中心与骨关节周围细菌繁殖，使腌肉中心酸败。湿腌时还会导致肉中盐溶性蛋白等营养成分的损失。盐水注射法是用专用的盐水注射机把已配好的腌制液，通过针头注射到肉中而进行腌制的方法。注射带骨肉时，在针头上装有弹簧装置。有滚揉机时，腌制时间可缩短至12～24 h，这种腌制方法不仅能大大缩短腌制时间，而且可以通过注射前后称重来严格控制盐水注射量，保证产品质量的稳定。

⑤浸水　用干腌法或湿腌法腌制的肉块，其表面与内部食盐浓度不一致，须将肉块浸入10倍的5～10℃的清水中浸泡，以调整盐度。浸泡时间随水温、盐度及肉块大小而异，一般每千克肉浸泡1～2 h，若是流水则数十分钟即可。浸泡时间过短，咸味重且成品有盐结晶析出；浸泡时间过长，则成品质量下降，且易腐败变质。采用注射法腌制的肉无须浸水处理。因此，现在大生产中多用盐水注射法腌肉。

⑥干燥　将经浸水去盐后的原料肉悬吊于烟熏室中，在30℃温度下保持2～4 h，至表面呈红褐色且略有收缩时为宜。

⑦烟熏　带骨火腿一般用冷熏法，烟熏时温度保持在30～33℃，时间为1～2 d。当肉表面呈淡褐色时芳香味最好，烟熏过度则色泽变暗，品质变差。

⑧冷却、包装　烟熏结束后，自烟熏室取出。冷却至室温后，转入冷库，冷却至中心温度为5℃左右。擦净表面，用塑料薄膜或玻璃纸等包装后即可入库。上等成品要求外观匀称，厚薄适度，表面光滑，断面色泽均匀，肉质纹路较细，具有特殊的芳香味。

（2）去骨火腿

去骨火腿是用猪后大腿经整形、腌制、去骨、包扎成形后，再经烟熏、水煮而成的。因此去骨火腿是熟制品，具有肉质鲜嫩的特点，但保藏期较短。近来加工去骨火腿较多，在加工时，去骨一般是在浸水后进行，去骨后，以前常连皮制成圆筒形，而现在多除去皮及较厚的脂肪，卷成圆柱状，故又称为去骨成卷火腿（boneless rolled ham）。也有置于方形容器中整形者。因一般都经水煮，故又称其为去骨熟火腿（boneless boiled ham）。

工艺流程：

选料整形→腌制→浸水→去骨整形→卷紧→干燥、烟熏→水煮→冷却、包装→贮藏

工艺要点：

①选料整形　与带骨火腿相同。

②腌制　与带骨火腿比较，食盐用量稍减，砂糖用量稍增。

③浸水　与带骨火腿相同。

④去骨整形　去除2节腰椎，拔出骨盘骨，将刀插入大腿骨上下两侧，割成隧道状。去除大腿骨

及膝盖骨后，卷成圆筒形，修去多余瘦肉及脂肪。去骨时应尽量减少对肉组织的损伤。有时在去血前进行去骨，可缩短腌制时间，但肉的结着力较差。

⑤卷紧　用棉布将整形后的肉块卷紧，包裹成圆筒状后用绳扎紧，但大型的原料一定要扎成枕状。有时也用模具进行整形压紧。

⑥干燥、烟熏　在30～35℃下干燥12～24 h。因水分蒸发，肉块收缩变硬，须再度卷紧后烟熏。烟熏温度在30～50℃之间，时间随火腿大小而异，为10～24 h。

⑦水煮　水煮的目的是杀菌和熟化，赋予产品适宜的硬度和弹性，同时弱化浓烈的烟熏味。水煮以火腿中心温度达到62～65℃时，保持30 min为宜。若温度超过75℃，则肉中脂肪大量熔化，常导致成品质量下降。一般大型火腿煮5～6 h，小型火腿煮2～3 h。

⑧冷却、包装与贮藏　水煮后略加整形，快速冷却后除去包裹棉布，用塑料膜包装，在0～1℃的低温下贮藏。优质的去骨火腿要求配合适宜，粗细均匀，断面色泽一致，瘦肉多而充实，或有适量肥肉但较光滑。

(3) 盐水火腿

西式火腿与中国的传统火腿截然不同。它是用大块肉经整形修割（剔去骨、皮、脂肪和结缔组织）、腌制（盐水注射法）、嫩化、滚揉、充填，再经熟制、烟熏（或不烟熏）、冷却等工艺制成的熟肉制品。火腿是欧美各国人民喜爱的肉制品，也是西式肉制品中的主要产品之一。由于其选料精良，加工工艺科学合理，采用低温巴氏杀菌，故可以保持原料肉的鲜香味，产品组织细嫩，色泽均匀鲜艳，口感良好。

工艺流程：

原料肉的选择及修整→盐水配制及注射→滚揉按摩→充填→蒸煮与冷却→保藏

工艺要点：

①原料肉的选择及修整　用于生产火腿的原料肉原则上仅选猪的臀腿肉和背腰肉，猪的前腿部位肉品质稍差。若选用热鲜肉作为原料，须将热鲜肉充分冷却，使肉的中心温度降至0～4℃。如选用冷冻肉，宜在0～4℃冷库内进行解冻。

选好的原料肉经修整，去除皮、骨、结缔组织膜、脂肪和筋腱，使其成为纯精肉，然后按肌纤维方向将原料肉切成不小于300 g的大块。修整时应注意，尽可能少地破坏肌肉的纤维组织，刀痕不能划得太大太深，并尽量保持肌肉的自然生长块型。

PSE肉保水性差，加工过程中的水分流失大，不能作为火腿的原料，DFD肉虽然保水性好，但pH高，微生物稳定性差，且有异味，也不能作为火腿的原料。

②盐水配制及注射　注射腌制所用的盐水的主要组成成分包括食盐、亚硝酸钠、糖、磷酸盐、抗坏血酸钠及防腐剂、香辛料、调味料等。按照配方要求，将上述添加剂用0～4℃的软化水充分溶解，并过滤，配制成注射盐水。

盐水的组成和注射量是相互关联的两个因素。在一定量的肉块中注入不同浓度和不同注射量的盐水，所得制品的产率和制品中各种添加剂的浓度是不同的。盐水的注射量越大，盐水中各种添加剂的浓度应越低；反之，盐水的注射量越小，盐水中各种添加剂的浓度应越大。

产品的成品率是肉品生产管理中一个重要的指标，也是衡量一个产品的生产成功与否的重要指标。如果一个产品的成品率高于或低于所设计的预期正常值，将对最终产品的化学组成和食用品质造成一定程度的伤害。

在产品生产以前，应当核查几个关键的因素，包括设定的盐水注射量、配方中非肉组分的比例和数量、工序转送过程中可能的损耗等。产品生产过程中的配方计算是一个关键的技术过程，有关的计算方法如下。

[例1] 要生产一种含有各种非肉必需组分的、经过盐水注射的火腿。已知相似产品的蒸煮损失为12%，冷却损失为3%。按照有关的规定和消费者的喜好，最终产品中的食盐含量为2.0%、糖的含量为1.5%、添加水的量为7%。同时原料肉中磷酸盐的添加量为0.5%、亚硝酸钠的添加量为0.015%(150 mg/kg)、异抗坏血酸钠的添加量为0.055%(550 mg/kg)。

在最终产品中，食盐、糖和添加的水所占百分比为：

$$2.0\%+1.5\%+7.0\%=10.5\%$$

按照原料肉的量加入的添加剂的百分比为：

$$0.5\%+0.015\%+0.055\%=0.57\%$$

产品的出品率为112.37%，按照该出品率，每100 kg原料肉中应添加的辅料为：

食盐：2.0%×112.37%×100 kg=2.247 4 kg

糖：1.5%×112.37%×100 kg=1.685 6 kg

磷酸盐：0.561 8 kg

亚硝酸钠：0.016 9 kg

异抗坏血酸钠：0.061 8 kg

合计为：4.573 5 kg

按照产品的要求，火腿中盐水的注射量在10%～40%之间。

利用盐水注射机将上述盐水均匀地注射到经修整的肌肉组织中。所需的盐水量采取1～2次注射，以多大的压力、多快的速度和怎样的顺序进行注射，取决于使用的盐水注射机的类型。盐水注射的关键是要确保按照配方要求，将所有的添加剂均匀准确地注射到肌肉中。

③滚揉、按摩　将经过盐水注射的肌肉放置在一个旋转的鼓状容器中，或放置在带有垂直搅拌浆的容器内进行处理的过程，称为滚揉或按摩。

滚揉、按摩是火腿加工中的一个非常重要的操作单元。肉在滚筒内翻滚，部分肉由叶片带至高处，然后自由下落，与底部的肉相互撞击。由于旋转是连续的，所以每块肉都有自身翻滚、互相摩擦和撞击的机会。滚揉处理使原来僵硬的肉块软化，肌肉组织松软，利于溶质的渗透和扩散，并起到拌合作用。同时，在滚打和按摩处理过程中，肌肉中的盐溶性蛋白质被充分的萃取，这些蛋白质作为黏结剂将肉块黏合在一起。

滚揉、按摩的目的：

a. 通过提高溶质的扩散速度和渗透的均匀性，加速腌制过程，并提高最终产品的均匀性。

b. 改善制品的色泽，并增加色泽的均匀性。

c. 通过肌球蛋白和 α-辅肌动蛋白的萃取，改善制品的黏结性和切片性。

d. 降低蒸煮损失和蒸煮时间，提高产品的出品率。

e. 可实现利用小块肉或低品质的修整肉生产高附加值产品，并提高产品的品质。

滚揉或按摩处理的缺点：

a. 设备投资比较高。

b. 结缔组织不能被充分的分散，而且为了获得较好的切片性和黏结性，须去除原料肉中的脂肪组织。

c. 过度的滚揉将降低组织的完整性，并导致温度升高，因此滚揉必须在0～5℃的环境温度下进行。

滚揉的方式一般分为间歇滚揉和连续滚揉两种。连续滚揉多为集中滚揉2次，首先滚揉1.5 h左右，停机腌制16～24 h，然后再滚揉0.5 h左右。间歇滚揉一般采用每小时滚揉5～20 min，停机40～55 min，连续进行16～24 h的操作。

④充填　滚揉后，通过真空火腿压模机将肉料压入模具中成型。一般充填压模成型要抽真空，其目的在于避免肉料内有气泡，造成蒸煮损失或产品切片时出现气孔现象。火腿压模成型，一般包括塑料膜压膜成型和人造肠衣成型两类。人造肠衣成型是将肉料用充填机灌入人造肠衣内，用手工或机器封口，再经熟制成型。塑料膜压模成型是将肉料充入塑料膜内，再装入模具内，压上盖，蒸煮成型，冷却后脱膜，再包装而成。

塑料膜成型包装机使用塑料薄膜卷材并在真空成型机中进行包装。如德国K&G公司生产的Tiroma T3000型真空包装机，上下分别采用两种不同厚度的卷材，下卷材较厚，可以在包装机中的定型模具中被伸拉成浅盘状或盒状。包装机通过连续输送装置将定量的肉块倒入已成型的容器内，然后用上卷材覆盖，抽真空后热封。密封后的肉块被放入不同形式的模具中，加盖卡压后蒸煮定型。

⑤蒸煮与冷却　火腿的加热方式一般有水煮和蒸汽加热两种。金属模具火腿多用水煮加热，充入肠衣内的火腿多在全自动烟熏室内完成熟制。为了保持火腿的颜色、风味、组织形态和切片性能，火腿的熟制和热杀菌过程，一般采用低温巴氏杀菌法，即火腿中心温度达到68～72℃即可。若肉的卫生品质偏低，温度可稍高，但以不超过80℃为宜。

蒸煮后的火腿应立即进行冷却。对采用水浴蒸煮法加热的产品，将蒸煮篮重新吊起，放置于冷却槽中，用流动水冷却，冷却到中心温度为40℃以下。对用全自动烟熏室进行煮制的产品，可用喷淋冷却水冷却，水温要求在10～12℃，冷却至产品中心温度为27℃左右后，送入0～7℃冷却间内，冷却到产品中心温度为1～7℃，再脱模进行包装，即为成品。

8.2.2.2　代表性西式火腿制品的加工

(1) 方火腿

成品呈长方形，故称方火腿，有简装和听装两种。简装每只3 kg，听装每听5 kg。

工艺流程：

原料选择→去骨修整→盐水注射→滚揉、腌制→充填成型→蒸煮→冷却→包装、贮藏

工艺要点：

①原料选择　选用猪后腿，每只约 6 kg，经 2～5℃排酸 24 h，不得使用配种猪、黄膘猪、二次冷冻和质量不好（如 PSE 和 DFD 肉）的腿肉。

②去骨修整　去皮和脂肪后，剔除筋腱、血斑、软骨、骨衣。在剔骨过程中，要避免损伤肌肉。为了增加风味，可保留 10%～15%的肥膘。在整个操作过程中，温度不宜超过 10℃。

③盐水注射　称取雷加尔混合粉 10 kg、食盐 8 kg、白糖 1.8 kg、水 100 kg。雷加尔混合粉的主要成分为布拉格粉盐、亚硝酸钠、磷酸盐、抗坏血酸及乳化剂等。先将混合粉加入 5℃水中，搅匀溶解后再加入食盐、糖，并充分溶解。必要时加适量调味品。将配成的腌制液保持在 5℃条件下，浓度为 16 波美度，pH 为 7～8。用盐水注射机注射，盐水注射量为 20%。

④滚揉、腌制　用间歇式滚揉腌制，每小时滚揉 20 min，正转 10 min，反转 10 min，停机 40 min，腌制 24～36 h。腌制结束前加入适量淀粉和味精，再滚揉 30 min。腌制间温度控制在 2～3℃，肉温为 3～5℃。

⑤充填成型　充填间温度控制在 10～12℃，充填时，每只模内的充填量应留有余地，以便称量检查时添补。装填时应把肥肉包在外面，以防影响成品质量。

⑥水煮　水温控制在 75～78℃，当中心温度达到 60℃时，保持 30 min。一般蒸煮时间为 1 h/kg。

⑦冷却　将产品放入冷却池，用循环水冷却至室温。然后放入 2℃冷却间，冷却至中心温度为 4～6℃后，即可脱模、包装。在 0～4℃冷藏库中贮藏。

（2）里脊火腿及 Lachs 火腿

里脊火腿以猪背腰肉为原料，Lachs 火腿以猪后大腿与肩部小块肉为原料，两者所用肉部位不同，而其加工工艺则一样。

工艺流程：

整形→去血→腌制→浸水→卷紧→干燥→烟熏→水煮→冷却→包装

工艺要点：

①整形　里脊火腿系将猪背部肌肉分割为 2～3 块，削去周围不良部分后切成整齐的长方形。Lachs 火腿则将原料肉块切成 1.0～1.2 kg 的肉块后整形。这两种火腿都仅留 5～8 mm 皮下脂肪。

②去血　方法与带骨火腿相同。

③腌制　用干腌、湿腌或盐水注射法均可，大量生产时一般多采用注射法。食盐用量可以无骨火腿为准或稍少。

④浸水　处理方法及要求与带骨火腿相同。

⑤卷紧　用棉布卷时，布端与脂肪面相接，包好后用细绳扎紧两端，自右向左缠绕成粗细均匀的圆柱状。

⑥干燥、烟熏、水煮　约 50℃干燥 2 h，再用 55～60℃烟熏 2 h 左右。再在 70～75℃水中煮 3～4 h，使肉中心温度达 62～75℃，保持 30 min。

⑦冷却、包装　水煮后置于通风处，略干燥后，换用塑料膜包装，然后送入冷库贮藏。优质成品应长短相宜，粗细均匀，无变形，色泽鲜明光亮，质地适度紧密而柔软，风味优良。

（3）日本混合成型火腿

混合火腿是日本开发的一种具有特色的肉制品，其原料肉不仅可以是生产高档火腿和培根所用的碎猪肉，而且还可以是牛肉、仔牛肉、马肉、山羊肉、兔肉和鸡肉。

工艺流程：

原料肉选择→原料肉处理→混合调味→充填→烟熏→水煮→冷却→包装

工艺要点：

①原料肉选择　在日本，猪后腿、里脊等肉通常用于生产去骨火腿和里脊火腿。肩肉所含结缔组织较多，肉质较硬，色泽较深，是猪肉中较差的部位，但因其结着力强，非常适用于生产混合火腿。日本的混合成型火腿就是随着肩肉的利用而发展起来的。牛肉的价格较高，只能用肩肉、脸肉等质量较差的部位。仔牛肉水分较多，是常用的原料肉。羊肉及山羊肉没有大块肉，是较常用的原料肉，但羊肉有膻味，要除脂肪，仅用精瘦肉较好。兔肉及金枪鱼、旗鱼等鱼肉的结着力强，一直是混合火腿的原料肉，主要作黏结剂，用量在 15%左右。家禽肉也是常用原料。

②原料肉的处理和配方　按肉色的深浅、肌肉的软硬等，将切成小块的猪瘦肉分为 3～4 个等级。色浅、肉硬的为一级，比一级色深肉软的为二级，再差的为三级、四级。混合火腿最好选用一级肉，二级肉也可以，三级以下的肉只能作灌肠用。

将选好的肉切成 3 cm^3 正方体，每块不得超过

20 g，沿肌纤维方向切割，厚度可稍薄，肉块大小不宜相差太大。另外，还须加 20%～30%猪脂肪，常用背脂或其他皮下脂肪，也须将其切成 1～2 cm^3 的立方体。其他肉的配合见表 8-3。

表 8-3 混合火腿原料肉的配合 %

原料肉	一级	二级	三级	四级
猪精肉（一级）	40	40	30	20
猪脂肪	20	25	25	20
牛精肉（一级）	—	10	10	—
马精肉（一级）	20	20	20	10
羊精肉（一级）	20	—	10	50
兔精肉（一级）	—	5	5	—
合计	100	100	100	100

③充填　调味料混合后，最好在 2～3℃下冷藏 12 h 再充填。肠衣可用牛、猪、羊等的盲肠，但日本不多用。日本最初用玻璃纸作肠衣，后采用塑料薄膜肠衣。但又因塑料肠衣不透气和无法烟熏而改用人造纤维素肠衣。这种肠衣既可烟熏，又可染色。

④干燥、烟熏　充填后，将火腿肠吊于烟熏架上，然后移入烟熏室，在 50℃左右干燥 30～60 min，使肠衣表面干燥，肉表面形成孔洞，利于烟熏成分的渗入。干燥后，在 60℃左右热熏 2～3 h。所用烟熏材料与熏培根等制品的一样，常用樱、栎等硬木屑或木片。为避免长时间烟熏造成的严重损耗，现倾向于轻度烟熏。

⑤水煮、冷却　烟熏结束后，在 75℃热水中煮制。水煮时间依制品大小而异。1.5～2.0 kg 的需煮 2.0～2.5 h，中心温度达 65℃后保持 30 min 即可。水煮后用冷水冷却，可防止质量损失及表面形成皱纹。

8.2.3 培根

培根（bacon）的原意是烟熏肋条肉（即方肉）或烟熏咸背脊肉。其风味除带有适口的咸味之外，还具有浓郁的烟熏香味。培根外皮油润，呈金黄色，皮质坚硬，瘦肉呈深棕色，切开后肉色鲜艳。培根有大培根（也称丹麦式培根）、排培根和奶培根 3 种，它们的制作工艺相近。

8.2.3.1 工艺流程

制作培根的工艺流程如下：

选料→初步整形→腌制→浸泡→清洗→剔骨整形→烟熏→保藏

8.2.3.2 工艺要点

制作培根的工艺要点有如下 6 点。

（1）选料

选择经兽医卫生部门检验合格的中等肥度猪，经屠宰后吊挂预冷。

①选料部位　大培根坯料取自整片带皮猪胴体（白条肉）的中段，即前端从第 3 根肋骨处斩断，后端从腰荐椎之间斩断，再割除奶脯。排培根和奶培根各有带皮和去皮两种。前端从白条肉第 5 根肋骨处斩断，后端从最后两节荐椎处斩断，去掉奶脯，再沿距背脊 13～14 cm 处分斩为两部分，上为排培根，下为奶培根之坯料。

②膘厚标准　大培根最厚处以 3.5～4.0 cm 为宜；排培根最厚处以 2.5～3.0 cm 为宜；奶培根最厚处约为 2.5 cm。

（2）初步整形

修整坯料，使四边基本平直，整齐划一，并修去腰肌和膈。

（3）腌制

腌制室温度保持在 0～4℃。

①干腌　将食盐（加 1%硝酸钠）撒在肉坯表面，用手揉搓，使其均匀。大培根肉坯用盐约 200 g，排培根和奶培根用盐约 100 g，然后堆叠，腌制 20～24 h。

②湿腌　用 16～17 波美度（其中每 100 kg 腌制液中含 70 g 硝酸钠）的食盐液浸泡干腌后的肉坯，盐液用量约为肉质量的 1/3。湿腌时间与肉块厚薄和温度有关，一般为 2 周左右。在湿腌期须翻缸 3～4 次。其目的是改变肉块受压部位，并松动肉组织，以加快食盐和硝酸钠的渗透和肌肉发色，使咸度均匀。

（4）浸泡、清洗

将腌制好的肉坯用 25℃左右清水浸泡 30～60 min，目的是升高肉坯温度，使表面油污溶解，便于清洗和修刮；避免熏干后表面产生“盐花”，提高产品的美观性；使肉质软化，便于剔骨和整形。

（5）剔骨整形

培根的剔骨要求很高，只允许用刀尖划破骨表的骨膜，然后用手将骨轻轻扳出。刀尖不得刺破肌肉，否则生水侵入而不耐保藏。修刮是指刮尽残毛和皮上的油腻。因腌制、堆压使肉坯形状改变，故要再次整形，使肉的四边平直。至此，便可穿绳、吊挂、沥水，6～8 h后即可进行烟熏。

（6）烟熏

燃烧硬质木，预热烟熏室。待室内平均温度升至所需烟熏温度后，加放木屑，挂入肉坯。烟熏室温度一般保持在 60～70℃，烟熏时间为 8 h 左右。烟熏结束后自然冷却，即为成品，出品率约为 83%。如果贮存，宜用白蜡纸或薄尼龙袋包装。若不包装，吊挂或平摊，一般可保存 1～2 个月，在夏季只可保存 1 周。

培根是西式早餐的重要食品，一般切片蒸食或烤熟食用。培根切片托上蛋浆后油炸，即谓“培根蛋”，清香爽口，食之留芳。

思考题

1. 西式肉制品的特点是什么？
2. 发酵香肠加工的关键技术是什么？
3. 简述西式火腿的种类及加工特点。
4. 西式火腿加工中滚揉的主要作用是什么？
4. 培根加工中对原料有什么要求？
5. 怎样控制西式肉制品的污染和延长其货架期？

第 2 篇

乳与乳制品

第 9 章

乳的化学组成和性质

学习目的与要求

掌握乳的化学组成、乳的物理特性和化学特性及正常乳的判断标准。

9.1 乳的概述

乳是哺乳动物分娩后由乳腺分泌的一种白色或微黄色的不透明液体。它含有幼儿生长发育所需要的全部营养成分，是哺乳动物出生后最适于消化吸收的全价食物。乳有多种分类方法，按乳的来源可将乳分为牛乳、羊乳、马乳等；按乳的分泌时间将乳分为初乳、常乳和末乳（老乳）3 类；在乳品工业上通常按乳的加工性质将乳分为常乳和异常乳两大类。通常所讲的乳一般指常乳，它的化学组成和性质都比较稳定，是乳品加工业的主要原料。

乳的成分十分复杂，已知至少含有上百种化学成分，主要包括水分、脂肪、蛋白质、乳糖、盐类以及维生素、酶类、气体等。正常牛乳中各种成分的组成大体上是稳定的，但也受乳牛的品种、个体、地区、泌乳期、畜龄、挤乳方法、饲料、季节、环境、温度及健康状态等因素的影响而有差异，其中变化最大是乳脂肪，其次是蛋白质，乳糖及灰分则比较稳定。

将牛乳干燥到恒重时所得到的残渣叫乳的干物质。常乳中含有 11%～13%，除干燥时水和随水蒸气挥发的物质以外，干物质中含有乳的全部成分。乳中干物质的数量随乳成分的百分含量而变，尤其是乳脂肪，在乳中的变化比较大，从而影响乳的干物质。因此，在实际工作中常用无脂干物质作为指标。

干物质实际上表明乳的营养价值，在生产中计算制品的生产率时，都需要用到干物质（或无脂干物质）。根据弗莱希曼（Fleschmann）的报告，乳的相对密度、含脂率和干物质含量之间存在着一定的关系。根据这 3 个数值之间的关系，即可计算出干物质和无脂干物质的含量。关于干物质含量的计算方法很多，下面是一个比较简单的计算公式：

$$T=0.25L+1.2F\pm K$$

式中：T 为干物质含量，%；F 为脂肪含量，%；L 为牛乳比重计读数；K 为系数（根据各地条件试验求得，我国原轻工业部标准规定为 0.14）。

无脂干物质（SNF）含量可以根据计算出来的干物质含量减去脂肪含量求得。在乳制品生产进行标准化时，常常利用这个数值。

乳中各种物质相互混合组成分散体系，其中分散剂是水，分散质有乳糖、盐类、蛋白质、脂肪等。在分散系中通常都以分散质粒子的大小来进行物理化学的分类，由于乳汁分散质种类繁多，分散度差异较大，所以乳并不是简单的分散体系，而是呈多种分散状态，包含着真溶液、高分子溶液、胶体悬浮液、乳浊液及其过渡状态的复杂的分散体系（图 9-1）。

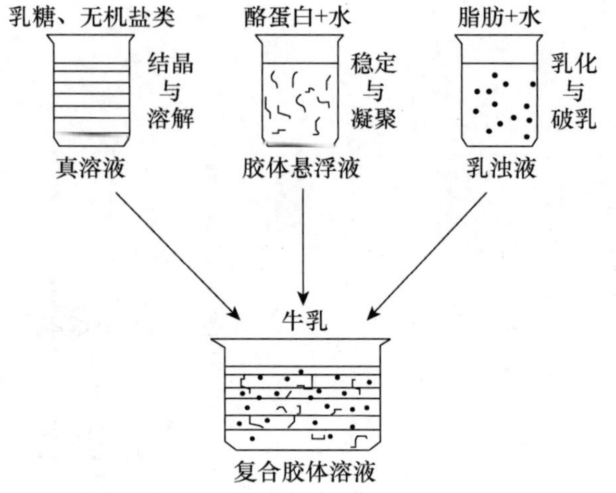

图 9-1　牛乳的分散体系

由于乳中包含着这种分散体系，所以乳作为具有胶体特性的多级分散体系，而被列为胶体化学的研究对象。牛乳中主要成分的含量见表 9-1。

9.2 常乳的化学组成及性质

9.2.1 水分

水分（moisture）是乳中的主要组成部分，一般占 87%～89%。乳及乳制品中水分可分为自由水、结合水、膨胀水和结晶水。

9.2.1.1 自由水

自由水也称游离水，是乳中主要水分，一般占乳中总水分的 95%～97%，其中溶解有有机质、矿物质和气体，具有常水的特性，可被微生物充分利用。而结合水、膨胀水和结晶水则不同，它们在乳及乳制品中具有特别的性质和作用。

9.2.1.2 结合水

结合水一般占 2%～3%，以氢键和蛋白质的亲水基或与乳糖及某些盐类结合存在，无溶解其他物质的特性，在通常水结冰的温度下并不结冰。存在于电荷的胶体颗粒表面的结合水分子，由于水分子的极性，形成向水的单分子层，在单分子层上又吸

表 9-1　牛乳中主要成分的含量

成分	含量（以 1 kg 乳汁）	成分	含量（以 1 kg 乳汁）
1. 水分	860～880 g	重碳酸盐	0.20 g
2. 乳浊相中的脂质		硫酸盐	0.10 g
乳脂肪（三酸甘油酯）	30～50 g	乳酸盐	0.02 g
磷脂质	0.30 g	(3) 水溶性维生素	
固醇类	0.10 g	维生素 B_1	0.4 mg
类胡萝卜素	0.10～0.60 mg	维生素 B_2	1.5 mg
维生素 A	0.10～0.50 mg	烟酸	0.2～1.2 mg
维生素 D	0.4 μg	维生素 B_6	0.7 mg
维生素 E	1.0 mg	泛酸	3.0 mg
3. 悬浊相中的蛋白质		生物素	50 μg
酪蛋白（α，β，γ）	25 g	叶酸	1.0 μg
β-乳球蛋白	3 g	胆碱	150 mg
α-乳白蛋白	0.7 g	维生素 B_{12}	7.0 μg
血清白蛋白	0.3 g	肌醇	180 mg
免疫性球蛋白	0.3 g	维生素 C	20 mg
其他的白蛋白、球蛋白	1.3 g	(4) 非蛋白维生素态氮	250 mg
拟球蛋白	0.3 g	氨态氮	2～12 mg
脂肪球膜蛋白质	0.2 g	氨基氮	3.5 mg
酶类	1.3 g	尿素态氮	100 mg
4. 可溶性物质		肌酸、肌酐态氮	15 mg
(1) 碳水化合物		尿酸	7 mg
乳糖	45～50 g	维生素 B_{13}	50～100 mg
葡萄糖	50 mg	马尿酸	30～60 mg
(2) 无机、有机离子或盐		尿靛素	0.3～2.0 mg
钙	1.25 g	(5) 气体	
镁	0.10 g	二氧化碳	100 mg
钠	0.50 g	氧	7.5 mg
钾	1.50 g	氮	15.0 mg
磷酸盐（以 PO_4^{3-} 计）	2.10 g	(6) 其他	
柠檬酸盐（以柠檬酸计）	2.00 g	5. 微量元素	
氯化物	1.00 g	Li、Ba、Sr、Mn、Al 等	0.10 g

附着一些微水滴，于是逐渐形成一层新的结合水。在水层加厚的过程中，胶粒对水的吸引力减弱，结果围绕着微粒形成一层疏松的、扩散性的水层。外水层与胶体表面连接很弱，在乳干燥过程中容易和胶体分离，但内层结合水很难除去，只有加热到150～160℃，或者长时间保持在100～105℃的恒温下才能除去这部分水。若奶粉受长时间高温处理后，乳成分受到破坏、乳糖焦化、蛋白质变性、脂肪氧化，这种奶粉就失去了营养价值。因此，在奶粉生产中不能得到绝对无水的产品，总要保留一部分结合水。在良好的喷雾或滚筒干燥条件下，一般保留3%左右的水分。

9.2.1.3　膨胀水

膨胀水存在于凝胶粒结构的亲水性胶体内，由于胶粒膨胀程度不同，膨胀水的含量也就各异，而影响膨胀程度的主要因素为中性盐类、酸度、温度以及凝胶的脱水收缩程度。

当制造融化干酪时，柠檬酸盐及酒石酸盐形成阳离子而促进膨胀，而在乳酸菌发酵中及干酪成熟时获得膨胀水系乳酸阴离子所致。高浓度的食盐能抑制凝胶的膨胀，这被广泛地应用于干酪生产。酸度对酪蛋白凝胶的膨胀有很大的影响，这表现在酸稀奶油、酸凝乳及其他乳制品的制造中。

萨维诺夫斯基曾研究酸稀奶油蛋白质膨胀时pH的变化，他证明pH降低会促进膨胀，但在pH为4.3～4.27时最适度（4℃时）。温度对蛋白质凝胶的膨胀也有影响，即温度升高，膨胀减弱。

凝胶的挤压（也称胶体脱水收缩作用），在酸乳制品及干酪生产中具有很重要的意义。例如，酸牛乳的质量随胶体脱水收缩的程度而异，当分离出酸牛乳总容积的5%以上乳清时便成为次品。凝乳的质量也取决于其中的含水量，即取决于凝块所分离出来的水量。干酪成熟的特性及干酪的类型，在很大程度上取决于干酪凝块及干酪颗粒的胶体脱水收缩。

9.2.1.4 结晶水

结晶水存在于结晶性化合物中。在生产奶粉、炼乳以及乳糖等产品的过程中，乳糖会发生结晶，此时生成含有1分子结晶水的乳糖（$C_{12}H_{22}O_{11} \cdot H_2O$）。

9.2.2 气体

生乳中含有一定量的气体，其中主要为二氧化碳、氧及氮等。细菌繁殖后，其他的气体如氢气、甲烷等也都在乳中产生。刚挤出的牛乳含气量较高，一般为乳容积的5.7%～8.6%。其中以二氧化碳为最多，氮次之，氧最少，所以乳品生产中不用刚挤出的乳检测其密度和酸度。牛乳在放置及处理时与空气接触，因空气中的氧气及氮气溶入牛乳中，氧、氮的含量增加而二氧化碳的量减少。

对牛乳进行冷却处理时多用表面冷却器，这不仅可以除去牛乳中不愉快的气味（多从牛体及牛舍空气中吸收）而使牛乳的风味变好，而且可以使牛乳中氮及氧的含量增多、二氧化碳的量减少，从而使乳中可溶性的碳酸减少，使牛乳的酸度降低（加热处理也有同样效果，通常乳经加热后酸度可降低1°T）。

9.2.3 乳脂质

乳中含有乳脂质（milk lipid），其中97%～99%为乳脂肪（milk fat），还有约1%的磷脂和少量的甾醇、游离脂肪酸、脂溶性维生素等。

9.2.3.1 乳脂肪

乳脂肪是指采用罗兹-哥特里法测得的脂质，在牛乳中的含量为3%～5%，是中性脂肪，对牛乳风味起重要的作用。乳脂肪不溶于水，而是以脂肪球状态分散于乳浆中。

（1）乳脂肪组成

乳脂肪是由1分子的甘油和3分子相同或不同的脂肪酸所组成的，是甘油三酸酯的混合物。典型的乳脂肪组成为：

$$\begin{array}{l} CH_2OCOC_{15}H_{31} \\ | \\ CHOCOC_3H_7 \\ | \\ CH_2OCO(CH_2)_7 \cdot CH{=}CH(CH_2)_7CH_3 \end{array}$$

由于组成乳脂肪的脂肪酸残基的种类和结构的变化，可能形成许多不同的甘油三酸酯。构成甘油三酸酯的3个脂肪酸残基可能是饱和的或不饱和的，而不饱和的还可能是单不饱和、双不饱和或多不饱和的脂肪酸，因此乳腺中形成的乳脂肪的组成非常复杂。

乳脂肪的脂肪酸可分为3类：第一类为水溶性挥发性脂肪酸，如丁酸、己酸、辛酸和癸酸等；第二类是非水溶性挥发性脂肪酸，如月桂酸等；第三类是非水溶性不挥发性脂肪酸，如豆蔻酸、花生酸、十八碳烯酸和亚油酸等。一般天然脂肪中含有的脂肪酸绝大多数的碳原子为偶然的直链脂肪酸，而在牛乳脂肪中已证实含有C_{20}～C_{23}的奇数碳原子脂肪酸，也发现有带侧链的脂肪酸。构成乳脂肪的脂肪酸种类见二维码9-1。

二维码 9-1 构成乳脂肪的脂肪酸种类

（2）乳脂肪的理化特性

乳脂肪具有如下几方面特性。

①乳脂肪中短链低级挥发性脂肪酸含量达14%左右，其中水溶性挥发性脂肪酸含量高达8%（如丁酸、己酸、辛酸等），而其他动植物油中不过1%，因此乳脂肪具有特殊的香味和柔软的质地。

②乳脂肪易受光、空气中的氧、热、铜、铁作用而氧化，从而产生脂肪氧化味。

③乳脂肪易在解脂酶及微生物的作用下发生水解，使酸度升高。由于乳脂肪含低级脂肪酸较多，尤其是含有酪酸（丁酸），故即使轻度水解也能产生特别的刺激性气味，即产生脂肪分解味。

④乳脂肪易吸收周围环境中的其他气味，如饲料味、牛舍味、柴油味及香脂味等。

⑤乳脂肪在5℃以下呈固态，在11℃以下呈半固态。

乳脂肪的理化常数取决于乳脂肪的组成与结构（表9-2）。在乳脂肪的理化常数中，比较重要的有4项，即水溶性挥发性脂肪酸值、皂化值、碘值和波伦斯克值。

其中，溶解性挥发性脂肪酸值是指中和5 g脂肪中所含水溶性挥发性脂肪酸所消耗的0.1 mol/L KOH的量（mL）；皂化值是指每皂化1 g脂肪酸所

表 9-2　乳脂肪的理化常数

项　目	指　标	项　目	指　标
相对密度（d_{15}）	0.935～0.943	碘值	26～36（30 左右）
熔点/℃	28～38	赖克特-迈斯尔值*	21～36
凝固点/℃	15～25	波伦斯克值**	1.3～3.5
折射率 n_D^{25}	1.459 0～1.462 0	酸值	0.4～3.5
皂化值	218～235	丁酸值	16～24

*水溶性挥发性脂肪酸值；**非水溶性挥发性脂肪酸值。

消耗的 NaOH 的量（mg）；碘值是指使 100 g 脂肪中不饱和脂肪酸变成饱和脂肪酸所需的碘的量（mg）；波伦斯克值是指中和 5 g 脂肪中所含非水溶性挥发性脂肪酸所需的 0.1 mol/L KOH 的量（mL）。

总之，乳脂肪的理化特性是水溶性脂肪酸值高，碘值低，挥发性脂肪酸较其他脂肪多，不饱和脂肪酸少，皂化值比一般脂肪高。

（3）乳脂肪球及脂肪球膜

乳中脂肪是以微小脂肪球的状态分散于乳中的，呈一种水包油型的乳浊液。脂肪球表面被脂肪球膜包裹着，使脂肪在乳中保持稳定的乳浊液状态，并使各个脂肪球独立地分散于乳中。1 mL 牛乳中含有 2×10^9～4×10^9 个脂肪球，形状呈球形或椭球形。

乳脂肪球组成包括：三酸甘油酯（主要组分）、甘油酸二酯、单酸甘油酯、脂肪酸、固醇、胡萝卜素（脂肪中的黄色物质）、维生素（A、D、E、K）和其余一些痕量物质。乳脂肪球的直径在 0.1～22 μm 范围，平均为 3 μm，大部分在 4 μm 以下，10 μm 以上的很少。

乳脂肪球膜是一层厚度为 5～10 nm（1 nm = 10^{-9} m）的薄膜，膜的构成相当复杂，由蛋白质、磷脂、高熔点甘油三酸酯、甾醇、维生素、金属离子、酶类及结合水等复杂的化合物所构成，其中卵磷脂-蛋白质络合物有层次地定向排列在脂肪球与乳浆的界面上，构成了脂肪球膜的主体结构。膜的内侧为磷脂层，它的疏水基朝向脂肪球中心，并吸附着高熔点甘油三酸酯，形成膜的最内层。磷脂层间还夹着甾醇与维生素 A。磷脂的亲水基向外朝向乳浆，并连接着具有强大亲水基的蛋白质，构成了膜的外层，其表面有大量结合水，从而形成了脂相到水相的过渡。图 9-2 是脂肪球膜结构示意图。

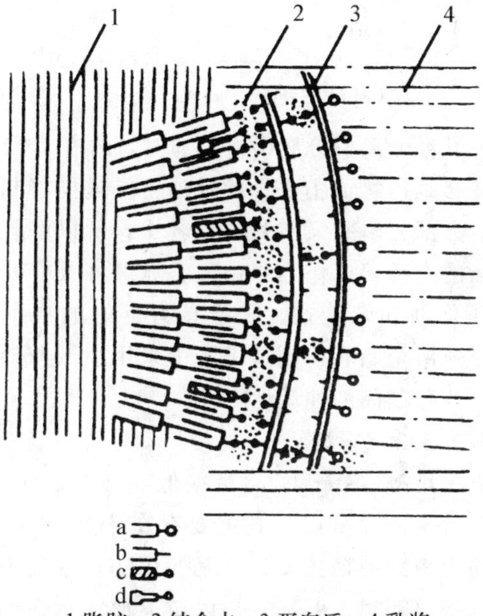

1.脂肪；2.结合水；3.蛋白质；4.乳浆
a.磷脂；b.高熔点甘油三酸酯；c.甾醇；d.维生素A

图 9-2　脂肪球膜结构示意

由于脂肪的相对密度较轻，为 0.93，在静置时乳脂肪球将逐渐上浮而形成稀奶油层。脂肪球的上浮速度与脂肪球半径的平方成正比。所以大脂肪球含量多的乳，容易分离出稀奶油；而小脂肪球多的乳，则不容易被分离。通过均质处理，当脂肪球的平均直径为 1～2 μm 时，乳可长时间保持不分层，这就是生产均质乳的理论基础。

9.2.3.2　磷脂

磷脂（phosphatide）的化学组成与脂肪的接近，由甘油、脂肪酸和含氮物组成，在乳中含量为 0.072%～0.086%。乳中含有 3 种磷脂：卵磷脂、脑磷脂与神经鞘磷脂，其比例为 48 : 37 : 15。乳中磷脂的 60%存在于脂肪球中，主要为卵磷脂，与脂肪球膜蛋白形成脂肪球的磷脂蛋白膜，使乳呈稳定的乳浊液状态。该膜在化学作用下或机械搅拌时可被破坏，此时乳脂肪相互结合在一起。

纯卵磷脂是白色蜡状物质，其不饱和脂肪酸残基的氧化作用会使其迅速变成暗色，所以应避免与空气接触和光照，其他磷脂也是如此。当卵磷脂分解时，其中的胆碱生成三甲胺，该物质具有鱼腥味。卵磷脂的结构式如下：

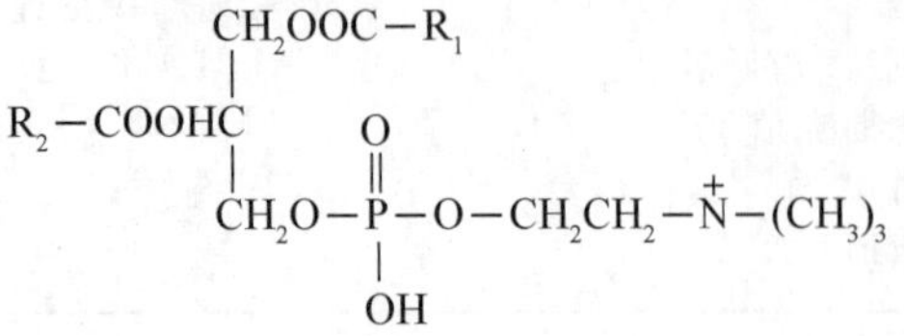

卵磷脂分解时形成胆碱，继而分解成三甲胺：

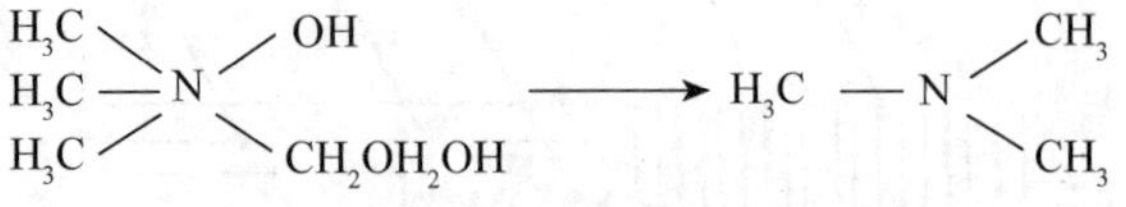

牛乳经分离机分离出稀奶油时，约有 70%的磷脂被转移到稀奶油中去。稀奶油再经过搅拌制造奶油时，大部分磷脂又转移到酪乳中，所以酪乳是富含磷脂的产品，可作为再制乳、冰淇淋及婴儿乳粉类的乳化剂和营养剂。磷脂具有良好的亲水亲油性，在速溶全脂乳粉制造工艺中采用喷涂卵磷脂技术，可改善制品的冲调性能。

9.2.3.3 甾醇

乳中甾醇（sterol）含量很低（每 100 mL 牛乳中一般含 7～17 mg），其主要存在于脂肪球膜上。乳脂肪中甾醇的最主要部分是胆固醇。牛乳中大多数胆固醇（85%～95%）是以游离形式存在的，只有少量与脂肪酸（通常是长链脂肪酸）形成胆固醇酯。有些甾醇（如麦角甾醇）经紫外线照射后具有维生素特性，所以在生理上有重大意义，但是照射后乳中脂肪易发生氧化，所以没有广泛应用。

9.2.4 乳糖

乳糖（lactose）是哺乳动物乳汁中特有的糖类，牛乳中约含 4.5%，马乳中含量最多（约 7.6%），人乳中的含量为 6%～8%。乳的甜味主要由乳糖引起，其甜度约为蔗糖的 1/6。乳糖在乳中全部呈溶解状态。

（1）乳糖的结构及种类

乳糖为 *D*-葡萄糖与 *D*-半乳糖以 *β*-1,4 键结合的双糖，又称为 1,4-半乳糖苷葡萄糖。因其分子中有醛基，属还原糖。由于 *D*-葡萄糖分子中游离苷羟基的位置不同，乳糖有 *α*-乳糖（*α*-lactose）和 *β*-乳糖（*β*-lactose）两种异构体，其分子式为 $C_{12}H_{22}O_{11}$，结构如图 9-3 所示。*α*-乳糖很易与 1 分子结晶水结合，变为 *α*-乳糖水合物（*α*-lactose monohydrrate），所以乳糖实际上共有 3 种形态。

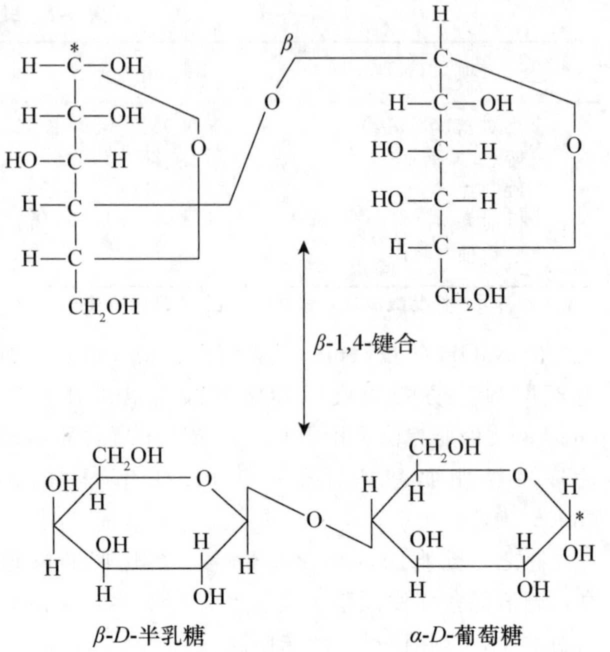

* 为游离苷羟基

图 9-3 α-乳糖的结构式

在真空中缓慢加热到 100℃或在 120～125℃迅速加热，均可使 *α*-乳糖水合物失去结晶水而成为 *α*-乳糖无水物，后者在干燥状态下稳定，但遇水时易吸水而成为 *α*-乳糖水合物。

α-乳糖水合物是 *α*-乳糖在 93.5℃以下的水溶液中结晶而成的，通常含有 1 分子结晶水，因其结晶条件的不同而有各种晶型。在 20℃时的比旋光度以无水物来换算为＋89.4°。市售乳糖一般为 *α*-乳糖水合物。

β-乳糖是以无水物形式存在的，是在 93.5℃以上的水溶液中结晶而成的。其在 20℃时的比旋光度为＋35.4°，*β*-乳糖比 *α*-乳糖易溶于水且较甜。

表 9-3 是 3 种异构体性质的比较。

（2）乳糖的溶解度

乳糖的溶解度比蔗糖的小，而且 *α* 型与 *β* 型的溶解度也不同。将乳糖投入水中，即刻有部分乳糖溶解，达到饱和状态时，就是 *α*-乳糖的溶解度，也称为最初溶解度。最初溶解度较低，受水温的影响较小。将上面的饱和乳糖溶解液振荡或搅拌，*α*-乳糖可转变为 *β*-乳糖，再加入乳糖，仍可溶解，而最后达到的饱和点就是乳糖的最终溶解度。最终溶解度是 *α*-乳糖与 *β*-乳糖平衡时的溶解度。如乳糖在 25℃水溶液中的最初溶解度为 8.6 g/100 mL 水，最终溶解度为 21.6 g/100 mL 水。将上面饱和乳糖溶液于饱和温度以下冷却时，将成为过饱和溶液，此

表 9-3　乳糖异构体的特性

项　目	α-乳糖水合物	α-乳糖无水物	β-乳糖无水物
制法	乳糖浓缩液在 93.5℃以下结晶	α-乳糖水合物减压加热或无水乙醇处理	乳糖浓缩液在 93.5℃以上结晶
熔点/℃	201.6	222.8	252.2
比旋光度 $[\alpha]_D^{20}$/（°）	+89.4	+86.0	+35.4
溶解度/（g/100 mL，20℃）	8	—	55
甜味	较弱	—	较强
晶形	单斜三棱形	针状三棱形	金刚石形、针状三棱形

时如果冷却操作比较缓慢，则结晶不会析出，而形成过饱和状态，此称为过饱和溶解度。甜炼乳中的乳糖大部分呈结晶状态，结晶的大小直接影响炼乳的口感，而结晶的大小可以根据乳糖的溶解度与温度的关系加以控制。温度对乳糖溶解度的影响见表 9-4。

表 9-4　温度对乳糖溶解度的影响

温度/℃	最初溶解度/g		最终溶解度/g
	α-乳糖	β-乳糖	
0	5.0	45.1	11.9
15.0	7.1	—	16.9
25.0	8.6	—	21.6
39.0	12.6	—	31.5
49.0	17.8	—	42.4
59.1	—	75.0	59.1
63.9	—	—	64.2
64.0	26.2	—	65.8
73.5	—	—	84.5
79.1	—	85.0	98.4
87.2	—	—	122.5
88.2	—	—	127.3
89.0	55.7	—	139.2
100	—	94.7	157.6

注：表中溶解度数据指溶于 100 g 水中的量。

（3）乳糖在乳品加工中的意义

在酸的作用下，乳糖比蔗糖及葡萄糖稳定。一般在乳糖中加入 7 mL 2%硫酸溶液，或每克糖加 100 mL 10%硫酸溶液，加热 0.5～1.0 h，或在室温下加浓盐酸，才能使乳糖完全水解而生成 1 分子的葡萄糖和 1 分子的半乳糖。乳糖酶（lactase）能使乳糖分解生成单糖。乳糖分解成单糖后再在酵母菌的作用下生成酒精（如牛乳酒、马乳酒），也可以由细菌作用生成乳酸、醋酸、丙酸以及 CO_2 等，这种作用在乳品工业上有很大意义。当牛乳中乳酸含量达到 0.25%～0.30%时，可产生酸味；当酸度达到 0.8%～1.0%时，乳酸菌的繁殖停止。通常，乳酸发酵时，牛乳中 10%～30%以上的乳糖不能分解，如果添加中和剂，则可以全部发酵成乳酸。

（4）乳糖在营养上的意义

乳糖在消化器官内经乳糖酶作用后才能被吸收。乳糖水解产生的半乳糖是脑神经中重要成分——糖脂质的主要来源。所以，乳糖对初生婴儿有很重要的作用，是很适宜的糖类，有利于婴儿的脑及神经组织发育。然而，乳糖水解比较困难，因此一部分被送至大肠中。在肠内乳酸菌的作用下，乳糖形成乳酸而抑制其他有害细菌的繁殖，这对于防止婴儿下痢也有很大的作用。

随着年龄的增长，人体消化道内的乳糖酶减少，不能很好地分解和吸收乳糖，饮用牛乳后出现呕吐、腹胀、腹泻等不适应症，称其为乳糖不适症。在乳品加工中，利用乳糖酶将乳中的乳糖分解为葡萄糖和半乳糖，或利用乳酸菌将乳糖转化成乳酸，不仅可预防乳糖不适症，而且可提高乳糖的消化吸收率，改善制品口味。

乳糖与钙的代谢有密切关系，有人曾用白鼠做相关试验，证明在钙中加入乳糖，可使钙的吸收率提高。同时血清中钙的含量也显著提高，故乳糖与钙的吸收有密切关系。此外，乳糖对于防止肝脏脂肪的沉积也有重要的作用。

分离奶油时，大部分乳糖存在于脱脂乳中，少部分包含在稀奶油中。在制作奶油时，稀奶油中的乳糖大部分留存在酪乳中，包含在奶油中的一部分乳糖则发酵成乳酸。生产干酪时，大部分乳糖留存在乳清中，包含在干酪中的一少部分乳糖在成熟过程中发酵而产生乳酸。乳酸的形成抑制了杂菌的繁殖，使干酪产生优良的风味。

乳中除了含有乳糖，还含有少量其他的碳水化合物。例如，常乳中含有极少量的葡萄糖（199 mL

中含 4.08～7.58 mg)，而在初乳中可达 15 mg/100 mL，分娩后经过 10 d 左右又可恢复到常乳中的数值。这种葡萄糖并非由乳糖的水解所生成，而是从血液中直接转移至乳腺内的。乳中还含有约 2 mg/100 mL 的半乳糖及微量的果糖、低聚糖（oligosaccharide）、己糖胺（hexosamine）。其他糖类的存在尚未被证实。

9.2.5 乳中含氮化合物

乳中含有 3.0%～3.5%的含氮化合物，其中 95%是乳蛋白质，乳蛋白质在乳中的含量为 2.8%～3.8%。除了乳蛋白质外，乳中还有约 5%非蛋白态含氮化合物，其中包括氨、游离氨基酸、尿素、尿酸、肌酸及嘌呤碱等。这些物质基本上是机体蛋白质代谢的产物，通过乳腺细胞进入乳中。另外还有少量维生素态氮。

牛乳与人乳中含氮物的分布有很大区别，其分布见表 9-5。

表 9-5 牛乳与人乳中氮的主要分布状态

区分	牛乳		人乳	
	总氮物/%	牛乳中(N×6.38)/%	总氮物/%	人乳中(N×6.38)/%
总氮	100	3.18	100	1.16
酪蛋白态氮	78.5	2.63	44.10	0.51
白蛋白态氮	9.2	0.31	3.29	0.38
球蛋白态氮	3.3	0.11	0	0
示、胨态氮	4.0	0.13	4.30	0.05
非蛋白态氮	5.0	0	18.70	0

9.2.5.1 乳蛋白质

乳蛋白质是乳中的主要含氮物质，包括酪蛋白、乳清蛋白、少量脂肪球膜蛋白及对热稳定的小分子蛋白和胨。乳中主要蛋白质及其含量见表 9-6。

表 9-6 乳中主要蛋白质及其含量 mg/mL

活性物质	牛乳			人乳
	初乳	常乳	末乳	
β-乳球蛋白	—	3.2～4.0	5.0	—
α-乳白蛋白	—	1.2～2.0	2.1	1.6～2.8
免疫球蛋白 G_1	29.9～84.0	0.35～1.15	32.3	IgG：0.4（初乳），0.04（常乳）
免疫球蛋白 G_2	1.9～2.9	0.06～0.02	2.0	1.0
免疫球蛋白 A	2.0～4.4	0.05～0.25	3.31	17.4（初乳），1.0（常乳）
免疫球蛋白 M	3.2～4.9	0.04～0.05	8.60	1.6（初乳），0.1（常乳）
乳铁蛋白	2.00	0.02～0.35	20.00	2.0
溶菌酶	0.10	0.001 5		0.4
血清白蛋白	1.00	0.29～0.4	8.00	0.6
转铁蛋白	0.40	0.10		

牛乳蛋白质中大约含有 20 种以上的氨基酸，其主要氨基酸组成大致如表 9-7 所示。

（1）酪蛋白

①酪蛋白的组成　酪蛋白是指在 20℃时用酸将脱脂乳 pH 调至 4.6 时沉淀的一类蛋白质，占乳蛋白质总量的 80%～82%。酪蛋白不是单一的蛋白质，而是由 α-、β-、κ-和 γ-酪蛋白组成的。详细内容见二维码 9-2。

二维码 9-2 有关酪蛋白的详细内容

表 9-7 牛乳蛋白质中重要氨基酸组成

氨基酸名称	质量分数/%
缬氨酸（valine）	7.3
亮氨酸（leucine）	10.2
异亮氨酸（isoleucine）	7.3
羟丁氨酸（threonine）	4.6
甲硫氨酸（methionine）	3.2
胱氨酸（cystine）	0.9
苯丙氨酸（phenylalanine）	6.0
色氨酸（tryptophan）	1.5
酪氨酸（tyrosine）	6.0
精氨酸（arginine）	3.8
组氨酸（histidine）	2.6
赖氨酸（lysine）	7.1

②酪蛋白的存在形式及胶束的结构　牛乳酪蛋

白与磷酸钙形成“酪蛋白酸钙-磷酸钙复合体”（Ca-phosphocaseinate 或 Ca-caseinate-phosphate-complex），以胶束状态存在，其中含酪蛋白酸钙 95.2%（大约 1.2%的钙和少量的镁）、磷酸钙 4.8%。详见二维码 9-2。

③酪蛋白的反应性质　酪蛋白与酸碱的反应、酪蛋白与醛的反应以及酪蛋白和乳糖的反应，详见二维码 9-2。

④酪蛋白的酸凝固　酪蛋白是两性电解质，等电点为 4.6。普通牛乳的 pH 大约为 6.6，即接近于等电点的碱性方面。因此这时的酪蛋白充分地表现出酸性，而与牛乳中的碱性基（主要是钙）结合而形成酪蛋白酸钙。此时如加入酸，酪蛋白酸钙的钙被酸夺取，渐渐地生成游离酪蛋白，达到等电点时，钙完全被分离，游离的酪蛋白凝固而沉淀。详见二维码 9-2。

⑤酪蛋白的皱胃酶凝固　犊牛第四胃中含有一种能使乳汁凝固的酶，称为皱胃酶。该酶使乳汁从液体变为凝块，并发生收缩而排出乳清。如果没有这种酶，乳在胃中经过后就流失而无法被消化。酪蛋白的皱胃酶凝固详见二维码 9-2。

⑥酪蛋白的钙凝固　前面已经提到酪蛋白系以酪蛋白酸钙-磷酸钙复合体状态存在于乳中。钙和磷的含量直接影响乳汁中酪蛋白微粒的大小，也就是，大的微粒要比小的微粒含有较多量的钙和磷。由于乳汁中的钙和磷呈平衡状态存在，所以鲜乳中的酪蛋白微粒具有一定的稳定性。向乳中加入氯化钙能破坏平衡状态，再经加热可使酪蛋白发生凝固现象。详见二维码 9-2。

（2）乳清蛋白

去除原料乳中在 pH 4.6 下沉淀的酪蛋白之后，留下的蛋白质统称为乳清蛋白，一般占乳蛋白质的 18%～20%。乳清蛋白与酪蛋白不同，其粒子水合能力强，分散度高，在乳中呈典型的高分子溶液状态，甚至在等电点时仍能保持分散状态。乳清蛋白可分为对热稳定和对热不稳定两大部分。用电泳法分析分离的乳清蛋白中各种成分及组织比例见表 9-8。

①对热不稳定的乳清蛋白　当将乳清煮沸 20 min，pH 为 4.6～4.7 时，沉淀的蛋白质属于对热不稳定的乳清蛋白，约占乳清蛋白的 81%。详见二维码 9-3。

②对热稳定的乳清蛋白　当将乳清煮沸 20 min，pH 为 4.6～4.7 时，仍溶解于乳中的乳清蛋白为热

表 9-8　乳清蛋白中各种成分的比例（电泳法）

成分	占乳清蛋白的量/%
总乳清蛋白质	100
免疫球蛋白	13.0
乳白蛋白	68.1
α-乳白蛋白	19.7
β-乳白蛋白	43.7
血清白蛋白	4.7
多肽	18.9
成分 3	4.6
成分 5	8.6
成分 8	5.7

二维码 9-3　对热不稳定的乳清蛋白

稳定性乳清蛋白。它们主要是小分子蛋白和胨类，约占乳清蛋白的 19%。

（3）脂肪球膜蛋白

牛乳中除了含有酪蛋白和乳清蛋白外，还有一些吸附于脂肪球表面的蛋白质，它们与磷脂质（1 分子磷脂质与 2 分子蛋白质）结合在一起构成脂肪球膜，称为脂肪球膜蛋白，其组成见表 9-9。脂肪球膜中含有脂蛋白、碱性磷酸酶和黄嘌呤氧化酶等，可以用洗涤和搅拌稀奶油的方法将这些物质分离出来。100 g 乳脂肪含脂肪球膜蛋白质 0.4～0.8 g。脂肪球膜蛋白含有卵磷脂，故也称磷脂蛋白。

表 9-9　脂肪球膜蛋白的组成　%

样品号	水分	脂肪	灰分	氮	硫	磷
1	7.61	4.33	2.17	12.34	1.34	0.64
2	8.50	5.22	3.22	12.33	2.04	0.30

脂肪球膜蛋白含有大量的硫，且对热较为敏感。牛乳在 70～75℃瞬间受热，—SH 就会游离出来，从而产生蒸煮味。脂肪球膜蛋白质中的卵磷脂易在细菌性酶的作用下形成带有鱼腥味的三甲胺而被破坏，也易受细菌性酶的作用而分解，这是奶油贮存过程中风味变坏的原因之一。加工奶油时，大部分脂肪球膜蛋白质被留在酪乳中，故酪乳不仅含蛋白质，而且富含卵磷脂。最好将酪乳加工成酪乳粉，作为食品乳化剂加以利用。牛乳所含的微量的金属元素也可能与脂肪球膜蛋白结合，而以金属蛋白质形式存在。

（4）其他蛋白

除了上述的几种特殊蛋白质外，乳中还含有数量很少的其他蛋白质和酶蛋白，如乳中含有少量的酒精可溶性蛋白，以及类似血纤蛋白的蛋白质等。

9.2.6 乳中酶类

牛乳中存在着多种酶，它们来自乳腺和微生物的代谢产物。来自乳腺的酶存在于乳的不同部分，在分离酶时可按不同部分将其分开。例如，淀粉酶在乳球蛋白内，过氧化物酶在乳白蛋白内，蛋白酶在酪蛋白中，而黄嘌呤氧化酶和碱性磷酸酶在脂肪球膜中。乳中的过氧化物酶和黄嘌呤氧化酶都是结晶的。而来自微生物的酶存在于乳清中。

乳中的酶主要分为水解酶、氧化还原酶和还原酶三大类，但与乳制品生产有密切关系的主要有水解酶类及氧化还原酶类两大类。具体介绍如下。

（1）脂肪酶

将脂肪分解为甘油及脂肪酸的酶称为脂肪酶。由乳腺进入乳中的脂肪酶数量不大，而微生物是脂肪酶的主要来源。这类微生物有荧光性细菌及霉菌，如青霉属、曲霉属等。牛乳中的脂肪酶至少有两种：一种是吸附于脂肪球膜间的膜脂肪酶，在末乳中含量高，乳腺炎乳等一些异常乳中也存在膜脂肪酶；另一种是存在于脱脂乳中的、大部分与酪蛋白相结合的乳浆脂肪酶。通过均质、搅拌、加温等处理，乳浆脂肪酶被激活并为脂肪球所吸附，从而促使脂肪分解。

乳脂肪在脂肪酶作用下分解，产生游离脂肪酸而带来脂肪分解臭，这是乳制品，尤其是奶油常见的一种缺陷。脂肪酶经 80℃ 20 s 加热可以完全钝化。有报告指出，脂肪酶的耐热性很强，这与脂肪酶不同的来源、种类、所处环境及冷却、搅拌处理等有关。乳脂肪对脂肪酶的热稳定性有保护作用。热处理时，乳的脂肪率升高则脂肪酶的钝化程度降低。为了抑制脂肪酶的活力，在奶油生产中一般采用 80～95℃的高温短时或 UHT 处理，另外要避免使用末乳、乳腺炎乳等异常乳，并尽量减少微生物的污染。

（2）磷酸酶

磷酸酶能水解复杂的有机磷酸酯，在自然界中种类很多。乳中的磷酸酶主要是碱性磷酸酶，也有一些酸性磷酸酶。碱性磷酸酶是乳中原有酶，经 62.8℃ 30 min 或 72℃ 15 s 加热而被钝化，可利用这种性质来检验巴氏杀菌乳杀菌是否彻底。这项试验很有效，即使在巴氏杀菌乳中混入 0.5%的原料乳亦能被检出。这就是著名的磷酸酶试验。

但是，近年来发现，牛乳经 82～180℃数秒至数分钟加热，于 5～40℃条件下贮藏后，已经钝化的碱性磷酸酶能重新活化。这一现象据利斯特及阿夏芬伯格的解释是：由于牛乳中含有可渗析的对热不稳定的抑制因子，也含有不能渗析的对热稳定的活化因子，牛乳经 62.8℃或 72℃的温度加热，抑制因子不会被破坏，所以能抑制磷酸酶恢复活力；若经 82～180℃加热，抑制因子遭破坏，对热稳定的活化因子则不受影响，从而使磷酸酶重新被激活。因此，高温短时处理的巴氏杀菌牛乳装瓶后，应立即在 4℃下冷藏。

（3）过氧化氢酶

乳中的过氧化氢酶主要来自白细胞的细胞成分，特别是在初乳和乳腺炎乳中含量最多。所以，可将过氧化氢酶试验作为检验乳腺炎乳的手段之一。过氧化氢酶经 75℃ 20 min 加热可全部钝化。

（4）过氧化物酶

过氧化物酶是最早从乳中发现的酶，它能促使过氧化氢分解产生活泼的新生态氧，使多元酚、芳香胺及某些无机化合物氧化。

过氧化物酶作用的最适温度是 25℃，最适 pH 是 6.8，其钝化条件为 70℃ 150 min 或 75℃ 25 min 或 80℃ 2.5 s。过氧化物酶是固有的乳酶，乳酸菌不分泌过氧化物酶。因此，可通过测定过氧化物酶的活性来判断乳是否经过热处理及受热处理的程度。但是，经 85℃ 10 s 加热处理的牛乳，在 20℃下贮存 24 h 或 37℃贮存 4 h 后，也会发生已钝化的过氧化物酶重新活化的现象。

（5）还原酶

最主要的是脱氢酶。以上几种酶是乳中固有的酶，而还原酶则是微生物的代谢产物之一。这种酶随微生物进入乳及乳制品中，因此这种酶在乳中的数量与细菌污染程度有直接关系。这种酶能促使亚甲蓝（美蓝）转变为无色。乳中还原酶的量与微生物污染的程度成正比，因此，微生物检验中常用还原酶试验来判断乳的新鲜程度，如亚甲蓝还原试验。

（6）蛋白酶

蛋白酶存在于 α-酪蛋白中，具有强的耐热性，经 80℃ 10 min 加热被钝化。蛋白酶作用的最适 pH 为 8.0，能使乳蛋白质凝固。

(7) 乳糖酶

这种酶可以催化乳糖分解成葡萄糖和半乳糖，在 pH 5.0～7.5 时反应较弱。有研究证明，一些成人和婴儿由于缺乏乳糖酶，往往产生对乳糖吸收不完全的症状，从而引起下痢。此时服用乳糖酶则有良好效果。

9.2.7 乳中维生素

牛乳中含有几乎所有已知的维生素，特别是维生素 B_2 含量很丰富，但维生素 D 的含量不多，若作为婴儿食品应予以强化。乳中维生素有脂溶性维生素（如维生素 A、维生素 D、维生素 E、维生素 K）和水溶性维生素（如维生素 B_1、维生素 B_2、维生素 B_6、叶酸、维生素 B_{12}、维生素 C）两大类。牛乳中维生素含量如表 9-10 所示。

表 9-10 牛乳中各种维生素含量比较 mg/L

维生素	平均含量	范围
维生素 A	1 560	1 190～1 760
维生素 D	—	—
维生素 B_1	0.44	0.20～2.80
维生素 B_2	1.75	0.81～2.58
烟酸	0.94	0.30～2.00
维生素 B_6	0.64	0.22～1.90
泛酸	3.46	2.60～4.90
生物素	0.031	0.012～0.060
叶酸	0.002 8	0.000 4～0.006 2
维生素 B_{12}	0.004 3	0.002 4～0.007 4
维生素 C	21.1	16.5～27.5
胆碱	121	43～218
肌醇	110	60～180

泌乳期对乳中维生素含量有直接影响，如初乳中的维生素 A 及类胡萝卜素含量多于常乳中的。乳中的维生素有的来自饲料，如维生素 E；有的可通过乳牛的瘤胃中的微生物进行合成，如 B 族维生素。青饲期产的乳与舍饲期产的乳相比，前者维生素含量高。

牛乳中维生素的热稳定性不同，维生素 A、维生素 D、维生素 B_1、维生素 B_2、维生素 B_{12}、维生素 B_6 等对热稳定，维生素 C 的热稳定性差。

在乳制品加工中，维生素往往会遭受一定程度的破坏而损失。发酵法生产的酸乳由于微生物的生物合成，一些维生素的含量较高，所以酸乳是一类维生素含量丰富的营养食品。在干酪及奶油的加工中，脂溶性维生素可得到充分的利用，而水溶性维生素则主要残留于酪乳、乳清及脱脂乳中。维生素 B_1 及维生素 C 等会在日光照射下遭受破坏，所以用褐色避光容器包装乳与乳制品，可以减少日光照射引起的损失。

乳中各种维生素的详细情况见二维码 9-4。

二维码 9-4 乳中各种维生素的详细情况

9.2.8 乳中无机盐

无机物也称为矿物质，测定这些物质，通常先将牛乳蒸发干燥，然后灼烧成灰分，以灰分的量来表示无机物的量。一般牛乳中灰分的含量为 0.3%～1.21%，平均为 0.7%。乳中的无机物主要有磷、钙、镁、氯、硫、铁、钠、钾等。此外还含有微量元素。这些无机物大部分构成盐类而存在，一部分与蛋白质结合或吸附在脂肪球膜上。

乳中钙、磷等盐类的构成及其状态对乳的物理化学性质有很大影响，乳品加工中盐类的平衡成为重要问题。乳中的铜、铁对贮藏中的乳制品有促进发生异常气味的作用。

乳中的矿物质大部分与有机酸和无机酸结合，以可溶性的盐类状态存在。其中最主要的以无机磷酸盐及有机柠檬酸盐的状态存在，但其中一部分则以不溶性胶体状态分散于乳中，另一部分以蛋白质状态存在。乳中的盐类组成见表 9-11。

表 9-11 乳中的盐类组成 %

盐 类	牛乳		初羊乳
	资料 1	资料 2	
氯化钠（NaCl）	0.096 2	—	0.095
氯化钾（KCl）	0.083 0	—	0.160
磷酸二氢钾（KH_2PO_4）	0.115 6	—	0.073
磷酸氢二钾（K_2HPO_4）	0.083 5	0.230	—
磷酸氢镁（$MgHPO_4$）	0.033 6	0	0.068
柠檬酸钾 [$K_3(C_6H_5O_7)$]	0.049 5	0.052	0.250
柠檬酸镁 [$Mg_3(C_6H_5O_7)_2$]	0.036 7	—	—
磷酸氢镁（Mg_3HPO_4）	0.067 1	0.175	0.092
磷酸氢钙（Ca_2HPO_4）	0.080 6	—	0.062
柠檬酸钙 [$Ca_3(C_6H_5O_7)_2$]	0.213 3	—	—
酪蛋白钙	0.046 5	—	—
氯化钙（$CaCl_2$）	—	0.119	0.115
磷酸镁 [$Mg(H_2PO_4)_2$]	—	0.013	—
磷酸三镁 [$Mg_3(PO_4)_2$]	—	—	0.024
柠檬酸钠 [$Na_3(C_6H_5O_7)$]	—	0.220	—

（1）盐类存在的状态

乳中的盐类对乳的热稳定性、凝乳酶的凝固性等理化性质及乳制品的品质和贮藏等影响很大。钾、钠及氯能完全解离成阳离子或阴离子，以离子状态存在于乳清中。钙盐、镁盐除一部分为可溶性的外，另一部分则以不溶性的胶体状态存在。此外，由于在一般的 pH 下，乳蛋白质尤其是酪蛋白呈阴离子性质，故能与阳离子直接结合而形成酪蛋白酸钙和酪蛋白酸镁。因此，牛乳中的盐类可以分为可溶性盐和不溶性盐。而前者又可分为离子性盐和非解离性盐。牛乳中溶解性与非溶解性盐类的分布，随温度、pH、浓度变化而变化。

（2）各种处理对盐类分布的影响

①温度的影响　乳中的盐类在溶解相与胶质相之间以平衡状态存在。当外界条件稍有变化时，两相之间即发生转变现象。如外界条件缓和，变化为可逆的；如以高温加热，则将产生不可逆的转变或仅部分可逆。故随着温度的变化，盐类的分布有很大的变化。例如，乳中的磷酸钙，其溶解度随温度升高而明显降低。

②酸度的影响　发酵产酸或加酸使牛乳变酸时，胶质状态的磷酸钙逐渐变为可溶性状态，进而从酪蛋白游离出钙或其他盐类。一般地，当牛乳的 pH 达 4.9 时，胶体磷酸盐完全溶解，与酪蛋白结合的钙也将全部游离，所以离子状态的钙及镁的浓度随 pH 降低而增大。

③浓度的影响　牛乳中的磷酸钙因呈饱和状态，经稀释后，一部分不溶性的盐溶解，从而增大了 pH。在滴定酸度时，稀释可使酸度减少，其原因也在于此。相反，当牛乳浓缩时，胶体离子蓄积，结果使胶体磷酸盐增加，且因氢离子的游离而使 pH 降低。向牛乳中添加磷酸盐或柠檬酸盐，或者用离子交换等方法除去部分钙盐，能增加牛乳的稳定性，或使乳凝块变软。

除了大量元素外，乳中还有多种人体必需的微量元素。乳中微量元素具有很重大的意义，对幼儿机体的发育尤为重要。锰在人体的氧化过程中起着催化剂的作用，并且为维生素 D、维生素 B 的形成及作用所必需。钴含于维生素 B_{12} 内；铜能刺激垂体分泌激素，也是乳中黄嘌呤氧化酶、过氧化物酶、过氧化氢酶等的重要构成成分。碘是甲状腺素的结构成分。碘的不足会引起甲状腺肿病，而使甲状腺机能受损，泌乳也会受到影响。碘的含量受饲料影响，因此最好在饲料中加入碘化蛋白等，使乳中碘的含量升高。牛乳中铁的含量为 100～900 μg/L，牛乳中铁的含量较人乳中少，故人工哺育幼儿时，应补充铁的含量。

9.3 常乳的物理性质

9.3.1 色泽

新鲜正常的乳呈不透明的白色并稍呈淡黄色，称之为乳白色，这是乳的基本色调。乳的色泽是乳中酪蛋白胶粒及脂肪球对光的不规则反射的结果。脂溶性胡萝卜素和叶黄素使乳略带淡黄色，水溶性的维生素 B_2 使乳清呈荧光性黄绿色。

在 578 nm 波长下，牛乳的反射光量约为 70%，较脱脂乳少，较均质乳多，透射的有效深度为 24 mm。在该深度内，受到照射的维生素 B_2、维生素 B_6、维生素 C 等会有损失。

牛乳的折射率比水的折射率大，但在全乳脂肪球的不规则反射影响下，不易正确测定。由脱脂乳测得的较准确的折射率为 $n_D^{20}=1.344 \sim 1.348$，此值与乳中固体的含量有比例关系，以此可判定牛乳是否掺水。

9.3.2 滋味与气味

新鲜纯净的乳稍带甜味，这是因为乳中含有乳糖。乳中除甜味外，因其中含有氯离子，所以稍带咸味。常乳中的咸味因受乳糖、脂肪、蛋白质等所调和而不易觉察，但异常乳如乳腺炎乳的氯含量较高，故有浓厚的咸味。乳中的苦味来自 Mg^{2+}、Ca^{2+}，而酸味是由柠檬酸及磷酸所产生的。

乳中含有挥发性脂肪酸及其他挥发性物质，所以牛乳带有特殊的香味。这种香味随温度的高低而异，正常风味的乳中含有适量的甲硫醚、丙酮、醛类、酪酸以及其他的微量游离脂肪酸。根据气相色谱分析结果得知，新鲜乳中的挥发性脂肪酸，以醋酸与甲酸含量较多，而丙酸、酪酸、戊酸、辛酸等含量较少。此外，羰基化合物，如乙醛、丙酮、甲醛等均与牛乳风味有关。牛乳很容易吸收外界的各种气味，所以挤出的牛乳如在牛舍中放置太久即带有牛粪味或饲料味，与虾类放在一起会带有鱼腥味，贮存器不良时则产生金属味。消毒温度过高则产生焦糖味。总之，乳的气味易受外界因素的影响，所以每一个处理过程都必须注意周围环境的清洁以及各种因素的影响。

9.3.3　酸度

刚挤出的新鲜乳的酸度称为固有酸度或自然酸度，主要由乳中的蛋白质（含有酸性氨基酸和自由的羧基）、柠檬酸盐、磷酸盐及 CO_2 等酸性物质所构成。挤出后的乳在微生物的作用下发生乳酸发酵，导致乳的酸度逐渐升高，这部分酸度称为发酵酸度。固有酸度和发酵酸度之和称为总酸度，简称酸度。一般以标准碱液用滴定法测定的滴定酸度表示。

滴定酸度有多种测定方法及表示形式。我国滴定酸度用吉尔涅尔度（°T）或乳酸度（乳酸%）来表示。

9.3.3.1　吉尔涅尔度（°T）

取 10 mL 牛乳，用 20 mL 蒸馏水稀释，加入 0.5%酚酞指示剂 0.5 mL，以 0.1 mol/L NaOH 溶液滴定，将所消耗的 NaOH 体积（mL）乘以 10，即为中和 100 mL 牛乳所需的 0.1 mol/L NaOH 体积（mL），每毫升为 1 °T，也称 1 度。

正常乳的自然酸度为 16～18 °T，其中 3～4 °T 来源于蛋白质，2 °T 来源于 CO_2，10～12 °T 来源于磷酸盐和柠檬酸盐。

9.3.3.2　乳酸度（乳酸%）

若用乳酸含量表示酸度，则按上述方法测定后用下列公式计算：

$$乳酸度=\frac{0.1\ \text{mol/L NaOH}\ 体积(\text{mL})\times 0.009}{供试牛乳质量(\text{g})}\times 100\%$$

一般地，牛乳的自然酸度为 0.15%～0.18%，其中来源于 CO_2 的占 0.01%～0.02%，来源于酪蛋白的占 0.05%～0.08%，来源于柠檬酸盐的占 0.01%，其余来源于磷酸盐。

9.3.3.3　苏克斯列特-格恩克尔度（°SH）

西德采用苏克斯列特-格恩克尔度（°SH）表示乳的酸度，该方法与°T 法相同，只是所用的 NaOH 浓度不一样，°SH 所用的 NaOH 溶液为 0.25 mol/L。乳酸度（乳酸%）可与苏克斯列特-格恩克尔度（°SH）的换算关系如下：

$$乳酸度=0.0225\times{}^{\circ}\text{SH}$$

除以上几种表示方法外，世界各国还有其他几种表示方法。法国用道尔尼克度（°D）表示：取 10 mL 牛乳，不稀释，加 1 滴 1%酚酞指示剂，用 0.1 mol/L NaOH 溶液滴定，其体积（mL）的 1/10 为 1 °D。荷兰用荷兰标准法（°N）表示：取 10 mL 牛乳，不稀释，用 0.1 mol/L NaOH 溶液滴定，其体积（mL）的 1/10 为 1 °N。

9.3.3.4　pH

酸度可用氢离子浓度（pH）表示，正常新鲜牛乳的 pH 为 6.4～6.8，一般酸败乳或初乳的 pH 在 6.4 以下，乳腺炎乳或低酸度乳的 pH 在 6.8 以上。

pH 反映了乳中处于电离状态的活性氢离子的浓度，但测定滴定酸度时氢氧根离子不仅与活性氢离子相作用，也与在滴定过程中电离出来的氢离子相作用。乳被挤出后，由于微生物的作用，乳糖分解为乳酸。乳酸是一种电离度小的弱酸，而且乳是一个缓冲体系，其蛋白质、磷酸盐、柠檬酸盐等物质具有缓冲作用，可使乳酸保持相对稳定的活性氢离子浓度。所以，在一定范围内，虽然产生了乳酸，但乳的 pH 并不相应地发生明显的变化。

测定滴定酸度时，根据质量作用定律，随着碱液的滴加，乳酸也继续电离，由乳酸带来的活性的和潜在的氢离子均陆续与氢氧根离子发生中和反应。滴定酸度可以及时反映出乳酸产生的程度，所以生产中广泛地采用测定滴定酸度来间接掌握乳的新鲜度。同时，乳的酸度越高，其热稳定性越差，因此测定乳的酸度对生产有重要意义。

9.3.4　相对密度和密度

乳的相对密度指乳在 15℃时的质量与同体积水在 15℃时的质量之比。正常乳的相对密度以 15℃为标准，平均为 $d_{15}^{15}=1.032$。

乳的密度指乳在 20℃时的质量与同体积水在 4℃时的质量之比。正常乳的密度平均为 $D_{4}^{20}=1.030$。我国乳品厂都采用这一标准。

在同等温度下，相对密度和密度的绝对值相差甚微，乳的密度较相对密度小 0.0019。在乳品生产中常以 0.002 的差数进行换算。乳的密度随温度变化而变化，温度降低，乳密度增高；温度升高，乳密度降低。在 10～25℃范围内，温度每变化 1℃，乳的密度就相差 0.0002（牛乳乳汁计读数为 0.2）。在乳品生产中换算密度时即以 20℃为标准，乳的温度每高出 1℃，密度值就要加上 0.0002（即牛乳乳汁计读数加上 0.2）；乳的温度每低 1℃，密度值就要减去 0.0002（即牛乳乳汁计读数减去 0.2）。

刚挤出来的乳在静置 2～3 h 后，其密度升高 0.001 左右，这是气体的逸散及脂肪的凝固使容积发生变化的结果。

乳的密度是由乳中所含各种成分的量所决定的，而乳中各种成分的量虽有一定的变动幅度，但大体上还是较稳定的，仅其中脂肪含量变动较大些，所以乳的密度是比较稳定的。

9.3.5 热学性质

乳的热学性质主要包括冰点、沸点及比热容。按照拉乌尔定律，与水相比，牛乳表现出冰点下降与沸点上升的特性。

9.3.5.1 冰点

牛乳的冰点为－0.565～－0.525℃，平均为－0.542℃。作为溶质的乳糖与盐类是决定乳冰点的主要因素，由于它们的含量较稳定，所以正常新鲜牛乳的冰点较稳定。如果在牛乳中掺水，可导致冰点升高。经验表明，掺水 10%，牛乳的冰点约上升 0.054℃。可根据冰点的变动用下列公式来推算掺水量：

$$w=\frac{t-t'}{t}\times(100-w_s)$$

式中：w 为以质量计的加水量,%；t 为正常乳的冰点,℃；t'为被检乳的冰点,℃；w_s 为被检乳的乳固体含量,%。

以上计算对新鲜牛乳是有效的，对酸败乳则无效，因为酸败乳的冰点会降低。另外，贮藏与杀菌条件对乳的冰点也有影响，所以测定冰点必须是对酸度在 20 °T 以下的新鲜乳。

9.3.5.2 沸点

在 101.33 kPa（1 个大气压）下，牛乳的沸点约为 100.55℃。乳的沸点受乳中干物质含量所影响，如在浓缩过程中，因水分不断减少、干物质含量升高而使沸点不断上升，当浓缩到原容积的一半时，乳的沸点约上升到 101.05℃。

9.3.5.3 比热容

牛乳的比热容一般约为 3.89 kJ/(kg・℃)，其比热容是乳中各成分比热容之和。乳中主要成分的比热容分别是：乳脂肪 2.09 kJ/(kg・℃)、乳蛋白质 2.09 kJ/(kg・℃)、乳糖 1.25 kJ/(kg・℃)、盐类 2.93 kJ/(kg・℃)。

乳的比热容与其主要成分的含量有关，但最主要与乳脂肪含量有关，同时也受温度的影响。在 14～16℃时，乳脂肪的一部分或全部还处于固态，在加热时，有一部分热能要消耗在熔解潜热上，而不表现在温度上升上。因此，在这种温度下，若使乳温上升 1℃，则其脂肪含量越多，所需要的热量就越大，比热容也相应增大。在其他温度范围内，则与此相反，脂肪含量越多，其比热容越小，这是因为脂肪本身的比热容小。

表 9-12 为乳和乳制品在不同温度范围下的比热容。在计算热量和制冷量时，也可参考表 9-13 列出的数据。

表 9-12 乳与乳制品的比热容

种　类	脂肪质量分数/%	比热容/[kcal/(kg・℃)]		
		15～18℃	32～35℃	40～43℃
脱脂乳	—	0.946	0.035	0.928
全脂乳	3.5	0.941	0.926	0.917
稀奶油	18	1.032	0.905	0.862
稀奶油	25	1.108	0.894	0.822
稀奶油	33	1.136	0.851	0.773
稀奶油	40	1.147	0.814	0.720

注：1 cal=4.186 J。

表 9-13 几种乳制品的比热容

种　类	比热容	
	kcal/(kg・℃)	kJ/(kg・℃)
牛乳	0.94～0.95	3.93～3.98
稀奶油	0.80～0.98	3.35～4.10
干酪	0.58～0.60	2.43～2.51
炼乳	0.52～0.56	2.18～2.34
加糖乳粉	0.44～0.48	1.84～2.01

9.3.6 黏度与表面张力

大致可认为牛乳属于牛顿流体。20℃时，水的绝对黏度为 0.001 Pa・s，正常乳的黏度为 0.0015～0.002 Pa・s。牛乳的黏度随温度升高而降低。在乳的成分中，脂肪及蛋白质对黏度的影响最显著。在一定范围内，无脂干物质含量一定时，随着含脂率的增高，牛乳的黏度也增高；当含脂率一定时，随着干物质含量的增高，黏度也增高。初乳、末乳的黏度都比正常乳高。在加工中，黏度受脱脂、杀菌、均质等操作的影响。

黏度在乳品加工上有重要意义。例如，在浓缩乳制品方面，黏度过高或过低都不是正常情况。以甜炼乳而论，黏度过低则可能发生分离或糖沉淀，黏度过高则可能发生浓厚化。对于贮藏中的淡炼乳，黏度过高则可能产生矿物质的沉积或形成冻胶体（即形成网状结构）。此外，在生产乳粉时，黏度过高可能妨碍喷雾，产生雾化不完全及水分蒸发不良等现象。

牛乳的表面张力与牛乳的起泡性、乳浊状态、微生物的生长发育、热处理、均质作用及风味等有密切关系。测定表面张力的目的是鉴别乳中是否混有其他添加物。

在 20℃时，牛乳的表面张力为 0.04～0.06 N/cm。牛乳的表面张力随温度的上升而降低，随含脂率的减少而增大。均质处理能使脂肪球表面积增大，表面活性物质吸附于脂肪球界面处，从而增加了乳的表面张力。但如果脂肪不经热处理使脂肪酶钝化，均质处理则会使其活性增加，从而使乳脂水解生成游离脂肪酸，使表面张力降低。表面张力与乳的起泡性有关。加工冰淇淋或搅打发泡稀奶油时希望形成浓厚而稳定的泡沫，而运送乳、净化乳、分离稀奶油及杀菌时不希望形成泡沫。

9.3.7　电学性质

乳的电学性质主要包括电导率与氧化还原电势。

9.3.7.1　电导率

乳并不是电的良导体，乳中含有盐类，因此具有导电性，可以传导电流。通常，乳的电导率依乳中的离子数量而定，但离子数量取决于乳中盐类和离子形成物质。因此，乳中的盐类受到任何破坏，都会影响电导率。与乳的电导率关系最密切的离子为 Na^+、K^+、Cl^- 等。正常牛乳的电导率（25℃时）为 0.004～0.005 S/cm。

乳腺炎乳中 Na^+、Cl^- 等增多，故电导率上升。一般电导率超过 0.006 S/cm 时，即可认为是病牛乳，故可利用测电导率的方法来检验乳腺炎乳。

9.3.7.2　氧化还原电势

乳中含有很多具有氧化或还原作用的物质，乳进行氧化还原反应的方向和强度取决于这类物质的含量。这类物质有维生素 B_2、维生素 C、维生素 E、酶类、溶解态氧、微生物代谢产物等。

乳中进行的氧化还原反应与电子传递及化合物的电荷有关，可借氧化还原电势来确定。一般牛乳的氧化还原电势（E_h）为 +0.23～+0.25 V。乳经过加热，则产生还原性强的巯基化合物，而使 E_h 降低；铜离子存在，可使 E_h 上升；被微生物污染后，随着氧的消耗和产生还原性代谢产物，E_h 降低。与甲基蓝、刃天青等氧化还原指示剂共存时，指示剂将褪色，此原理被用来检验乳被微生物污染的程度。

9.4　异常乳的化学组成及特性

9.4.1　异常乳的概念及种类

9.4.1.1　异常乳的概念

正常乳的成分和性质基本稳定，当乳牛受到饲养管理、疾病、气温以及其他各种因素的影响时，乳的成分和性质往往发生变化，这种乳称作异常乳（abnormal milk），不适于加工优质的产品。

乳品工业中通常以 70％的酒精试验来检查原料乳，酒精试验阳性乳一般都为异常乳，这是由于检验简单易行而形成的概念。但实际上，有些异常乳经酒精试验却呈阴性，所以异常乳不仅种类很多，而且变化很复杂。

9.4.1.2　异常乳的种类

有时常乳与异常乳之间无明显区别，异常乳划分为下列几种：

- 异常乳
  - 生理异常乳——营养不良乳、初乳、末乳
  - 化学异常乳
    - 高酸度酒精阳性乳、低酸度酒精阳性乳
    - 冻结乳、低成分乳
    - 混入异物乳、风味异常乳
  - 微生物污染乳
  - 病理异常乳——乳腺炎乳、其他病牛乳

9.4.2　异常乳产生原因和性质

9.4.2.1　生理异常乳

（1）营养不良乳

营养不良的乳牛所产的乳在皱胃酶的作用下几乎不凝固，所以这种乳不能用于制造干酪。当喂以充足的饲料，加强营养之后，牛乳即可恢复正常。

（2）初乳

产犊后一周之内所分泌的乳称为初乳，呈黄褐色，有异臭，苦味、黏度大。特别是 3 d 之内，初乳特征更为显著。脂肪、蛋白质，特别是乳清蛋白含量高，乳糖含量低，灰分含量高。初乳的含铁量一般为常乳的 3～5 倍，含铜量一般为常乳的 6 倍。初乳中含有初乳球，可能是脱落的上皮细胞或白细

胞吸附于脂肪球处而形成的，在产犊后2～3周即消失。

初乳中含有丰富的维生素，尤其富含维生素A、维生素D、烟酰胺、维生素B_2，而且含有多量的免疫球蛋白，为幼儿生长所必需。初乳对热的稳定性差，加热时容易凝固。由于初乳的成分与常乳显著不同，所以其物理性质也与常乳差别很大，不宜作普通乳制品的原料乳，我国原轻工业部规定产犊后7 d内的初乳不得使用。但因牛初乳有特殊的生理活性，近年来许多乳制品厂用牛初乳作保健型乳制品的原料。

（3）末乳

末乳也称老乳，即干奶期前两周所产的乳。其成分除脂肪外，均较常乳高，有苦而微咸的味道，含脂肪酶多，常有油脂氧化味。一般地，末乳的pH为7.0，细菌数达250万CFU/mL，氯离子含量约为0.16%。

9.4.2.2 化学异常乳

（1）酒精阳性乳

乳品厂检验原料乳时，一般先用68%或70%、72%的酒精进行检验，凡产生絮状凝块的乳称为酒精阳性乳。酒精阳性乳有下列两种：

①高酸度酒精阳性乳　一般地，酸度在200°T以上的乳其酒精试验为阳性，称为酒精阳性乳。其原因是鲜乳中微生物繁殖，使酸度升高。因此，要注意挤乳时的卫生并将挤出鲜乳保存在适当的温度条件下，以免微生物繁殖污染。

②低酸度酒精阳性乳　有的鲜乳虽然酸度低（16 °T以下），但酒精试验也呈阳性，所以称作低酸度酒精阳性乳。这种情况往往给生产上造成很大的损失。低酸度酒精阳性乳的产生受以下三方面因素影响。

a. 环境。一般来说，春季产生低酸度酒精阳性乳的情况较多，到采食青草时自然治愈。开始舍饲的初冬易产生，夏季盛暑期也易产生。卫生管理越差，越易产生。因此，采用日光浴、放牧、改进换气设施等改善环境条件，对减少其发生具有一定的效果。

b. 饲养管理。饲喂腐败饲料或者喂量不足，以及长期饲喂单一饲料和过量喂给食盐而产生低酸度酒精阳性乳的情况很多。挤乳过度而热能供给不足时，容易产生耐热性低的酒精阳性乳。产乳旺盛时，单靠供给饲料不足以维持常乳的生产，所以分娩前必须给予充分的营养。因饲料骤变或维生素不足而引起分泌异常乳时，可喂根菜类加以改善。

c. 生理机能。乳腺的发育和乳汁的生成是受各种内分泌的机能所支配的。内分泌中特别是发情激素、甲状腺素、副肾上腺皮质素等与酒精阳性乳的产生都有关系。而这些情况一般与肝脏机能障碍、乳腺炎、软骨症、酮体过剩等并发。例如，牛乳中含多量可溶性钙、镁、氯化合物而无机磷较少，会产生异常乳；机体酸中毒、体液酸碱失去平衡而使体液pH下降时，也会分泌异常乳；机体血液中乙酰乙酸、丙酮、β-羟基丁酸过剩而引起酮血病，也会造成乳腺分泌异常乳。

（2）冻结乳

冬季因受气候和运输的影响，鲜乳产生冻结现象，这时乳中一部分酪蛋白变性。同时，在处理时因温度和时间的影响，酸度相应升高，以致产生酒精阳性乳。但这种酒精阳性乳的耐热性要比因受其他原因而产生的酒精阳性乳高。

（3）低成分乳

低成分乳是指乳的总干物质不足11%、乳脂率低于2.7%的原料乳。乳的成分主要受遗传因素和饲养管理所左右。要获得成分含量高和质量优良的原料乳，须从选育和改良乳牛品种开始。有了优良的乳牛，再加上合理的饲养管理、清洁的卫生条件及合理的榨乳、收纳、贮存，则可以获得成分含量高而优质的原料乳。但有些地区往往出现干物质含量低的原料乳，其发生原因有以下几种。

①季节和气温对产乳量和乳成分的影响　季节对乳量和乳质有相当大的影响。日照时间、温度、湿度都是重要的因素。就乳量而言，东北地区以青草丰富的6—7月为最高，南方则以4—5月为最高。而含脂率则与乳量相反，冬季高，夏季低。无脂干物质的含量以舍饲后期最低。春季由舍饲转变为放牧时，无脂干物质的含量迅速升高。其原因是青草的营养价值较高，此外，乳牛受到青草中发情激素的影响。

②饲料对含脂率的影响　饲料进入第一胃后，在微生物的作用下开始发酵，产生低级挥发性脂肪酸。醋酸含量少，醋酸与丙酸含量的比值较低时，含脂率降低。这主要是限制精饲料、过量给予精料和对饲料进行加工处理等造成的。多给粉末饲料或颗粒饲料时，唾液分泌减少，第一胃的pH降低，也使含脂率降低。仅喂粗饲料则热量不够，乳牛不

可能多产乳。优质的牧草和适当供热量是确保乳量、乳质的必要条件。

③饲料对无脂干物质的影响　长期营养不良会使产乳量下降，并使无脂干物质和蛋白质减少。一般地，在正常的饲养条件下，舍饲或放牧对乳质的影响比较小。但北方冬季很长，舍饲将近结束时，饲养条件仍很差。在这种条件下，产乳盛期的乳质很不稳定。在产乳盛期，仅靠当天喂给的饲料乳牛不能正常产乳，必须用积蓄的热量来补充。通常，饲料对乳糖含量和无机盐类的影响很小，但当长期热量供给不足和乳腺炎及其他疾病使乳腺机能混乱时，乳糖的含量也会下降，盐类的平衡也将受到影响。试验证明，镁的含量不足可能造成原料乳对酒精试验不稳定。此外，饲料也影响乳中微量元素和脂溶性维生素的含量。

此外，还有一些人为因素。如在原料乳中加水或撇去原料乳中上层的稀奶油等，都会使原料乳的干物质含量及乳脂率下降。

（4）混入异物乳

混入异物乳是指在乳中混入原来不存在的物质的乳。可将引起乳异常的异物分为以下3类。

①偶然混入的杂质　来源于牛舍环境的有昆虫、垫草、饲料、土壤、污水等；来源于牛体的有乳牛皮肤、粪便；来源于挤乳操作过程的有头发、衣服片、金属、纸、洗涤剂、杀菌剂。

②人为混入的杂质　主要包括水、中和剂、防腐剂和其他成分，如异种脂肪、异种蛋白等。

③经牛体进入的异物　主要包括激素、抗生素、放射性物质、农药等。实验证明，即使乳中含有微量的抗生素，也可使人对抗生素产生过敏反应或增加抗药性。

乳中含有防腐剂、抗生素不利于发酵乳制品如干酪和酸乳等的加工。尤其是青霉素，其抗热性较强，对菌种还有较强的杀灭作用。许多人的研究指出，在乳制品生产中，除了采用高温杀菌外，一般的热处理对青霉素的影响不大。但是，如果乳中含有10.008 IU/mL的青霉素，制作酸凝乳时，乳凝固需要4 h，含有0.016 IU/mL时需6 h，含有0.08 IU/mL则13 h也不能完全凝固，这种乳不能用作加工酸乳的原料。因此，无论是从公众卫生还是乳制品加工的角度，都必须高度重视乳中抗生素的残留问题。按要求，用抗生素治疗疾病的牛，用药期间5 d内其所产生的乳，不能被用作加工的原料乳。

（5）风味异常乳

引起牛乳风味异常的因素很多，所引起的异常风味分为以下7类。

①生理异常风味　包括脂肪没有完全代谢，使牛乳中的酮体类物质过多增加而引起的乳牛味；因冬季、春季牧草减少而以人工饲养时产生的饲料味。产生饲料味的饲料主要有各种青贮料、芜菁、卷心菜、甜菜等。杂草味主要由大蒜、韭菜、苦艾、猪杂草、毛茛、甘菊等产生。

②脂肪分解味　由于乳脂肪被脂肪酶水解，乳中游离的低级挥发性脂肪酸多而产生此种风味。

③氧化味　由乳脂肪氧化而产生的不良风味。产生氧化味的主要因素为重金属、抗坏血酸、光线、氧、贮藏温度以及饲料、牛乳处理和季节等，其中尤以铜的影响最大。此外，抗坏血酸对氧化味的影响很复杂，也与铜有关。另外，光线所诱发的氧化味与维生素 B_2 有关。加热至76.7℃以上因产生巯基化合物可以防止氧化。

④日光味　将牛乳放在阳光下照射10 min，可检出日光味，这是乳清蛋白受阳光照射而产生的。日光味类似焦臭味和毛烧焦味。日光味的强度与维生素 B_2 和色氨酸的破坏有关。日光味的成分为乳蛋白质-维生素 B_2 的复合体。

⑤蒸煮味　乳清蛋白中的 β-乳球蛋白因受热而产生巯基，致使牛乳产生蒸煮味。例如，76～78℃、3 min加热或70～72℃、30 min加热均可使牛乳产生蒸煮味。

⑥苦味　乳经长时间冷藏，往往产生苦味。其原因为低温菌或某种酵母菌使牛乳产生苦肽化合物。

⑦酸败味　牛乳发酵过程或受非纯正的产酸菌污染所致。这时牛乳、稀奶油、奶油、冰淇淋以及发酵乳等产生较浓烈的酸败味。

9.4.2.3　微生物污染乳

微生物污染乳也是异常乳的一种。挤乳前后的污染、不及时冷却和器具的洗涤杀菌不完全等，都可能使鲜乳被大量微生物污染，以致不能作为加工乳制品的原料，而造成浪费和损失。另外，一些有冷冻设备的工厂以为将乳冷却后贮藏就解决所有问题了。实际上，贮乳罐的材料、乳罐的结构（洗涤的难易）、冷却的性能（如鲜乳从32℃冷却到4℃的时间和这期间质量的变化）、搅拌性能（脂肪的分布情况）、耐久性和倾斜度对贮藏期间的乳质都有很大影响。尤其要重视的是，低温菌的繁殖对乳质量的影响很大。

鲜乳容易由乳酸菌产酸凝固，由大肠杆菌产生气体，由芽孢杆菌产生胨化和碱化，并产生异常风味（腐败味）。低温菌也可能使乳产生胨化和变黏。

9.4.2.4 病理异常乳

（1）乳腺炎乳

由于外伤或者细菌感染，乳房发生炎症，这时，乳房所分泌的乳的成分和性质都发生变化，包括乳糖含量降低、氯含量增加、球蛋白含量升高、酪蛋白含量下降及上皮细胞数量增多。引起乳腺炎的原因主要是乳牛体表卫生和牛舍环境卫生不符合卫生要求及挤乳方法不合理。尤其是使用挤乳机时，不合理操作或不彻底清洗杀菌，可使乳腺炎发病率升高。

乳腺炎乳的判断依据如下。

①pH　常乳的 pH 为 6.6，当 pH 在 6.7 以上时，可怀疑其是非临床性乳腺炎。如果 pH 为 6.8 以上，则认为其是乳腺炎阳性。简单的乳腺炎乳检查方法为测定乳的 pH。

②乳糖、氯以及其他矿物质　乳腺炎乳中乳糖含量下降，氯含量上升，因此可以用氯糖数来判断乳是否正常。即：

$$氯糖数 = [(氯含量/糖含量) \times 100]$$

常乳的氯糖数在 2～3 之间，乳腺炎乳的则在 3.5 以上。乳腺炎乳中氯、钠的含量上升，而钙、磷、钾的含量稍微减少，铁、锰、钼等的含量减少。

③酪蛋白氮指数　乳腺炎中的酪蛋白氮指数在 78 或 78 以下。酪蛋白氮指数的计算如下：

$$酪蛋白氮指数 = [(酪蛋白氮含量/总氮含量) \times 100]$$

通过电泳实验分析发现，非临床性乳腺炎乳中 γ-酪蛋白含量稍有增加，β-酪蛋白含量较平稳，α-酪蛋白则有异常。乳清蛋白的变化比酪蛋白更显著。如急性乳腺炎中免疫球蛋白含量显著增加，此可作为判断乳腺炎乳的依据。对于非临床性乳腺炎乳，除免疫球蛋白相对增加外，其他成分均无变化。

④细胞数　检查乳腺炎的标准方法是直接镜检，并依据细胞总数或白细胞数来判别。以往多依据白细胞数，近年来多依据细胞数或体细胞数。体细胞数或总细胞数包括白细胞数、淋巴细胞数、上皮细胞数，测定方法与测定总菌数相同。

细胞总数与乳腺炎之间的关系为：1 mL 牛乳中的白细胞数如果在 10 万以上，则认为是乳腺炎乳；如果增至 50 万，则牛乳中无脂干物质及乳糖含量逐渐降低。

⑤其他方面　乳牛患乳腺炎后，牛乳的凝乳张力下降，用凝乳酶凝固乳时所需的时间较长，这是乳蛋白异常所致。另外，乳腺炎乳中维生素 A、维生素 C 的变化不大，而维生素 B_1、维生素 B_2 含量减少。据报道，非临床性乳腺炎中的维生素 B_1 比健康分泌的乳汁中的少 10%～15%，维生素 B_2 减少 35%。

（2）其他病牛乳

除乳腺炎以外，其他疾病也可以导致乳的理化性质及成分发生变化。如患口蹄疫、布氏杆菌病等的乳牛所产的乳，其质量变化大致与乳腺炎乳相类似。另外，患酮体过剩、肝机能障碍、繁殖障碍等的乳牛，易分泌低酸度酒精阳性乳。

思考题

1. 牛乳的主要化学成分包括哪些？
2. 乳脂肪在乳中的存在状态是什么？乳脂肪球膜的构造如何影响乳脂肪的稳定性？
3. 酪蛋白在乳中的存在状态是什么？影响酪蛋白胶粒稳定性的因素有哪些？
4. 乳糖的种类及结晶状态对乳制品的品质有何影响？
5. 简述牛乳中的无机物的种类及存在状态。无机物对牛乳的稳定性有何影响？
6. 乳中的酶类主要包括哪些？它们对乳制品的质量有何影响？
7. 试述牛乳的分散体系。
8. 简述牛乳的物理性质及其对判断牛乳的品质好坏和确定合理的加工工艺的作用。
9. 异常乳的种类及特性有哪些？
10. 简述异常乳形成的原因及控制措施。

第 10 章

原料乳卫生质量与控制

学习目的与要求

了解乳中微生物的来源、种类、性状；掌握鲜乳的质量标准、验收方法及原料乳的质量控制体系。

10.1 乳中微生物的来源和繁殖

10.1.1 乳中微生物的来源

10.1.1.1 来源于乳房内的污染

乳房中微生物的多少取决于乳房的清洁程度和奶牛的健康状况。自然界中的细菌能从开放的乳头管进入乳头内，并停滞于乳头括约肌外侧，借助残留的牛乳生长繁殖。这些细菌通过乳头管栖生于乳池下部，从乳头端部侵入乳房，借助细菌本身的繁殖和乳房的物理蠕动而进入乳房内部（图 10-1）。因此，挤乳时，第一股乳流中微生物的数量最多，随着挤乳的进行，乳中细菌含量逐渐减少。所以，最初挤出的乳应单独存放，另行处理。

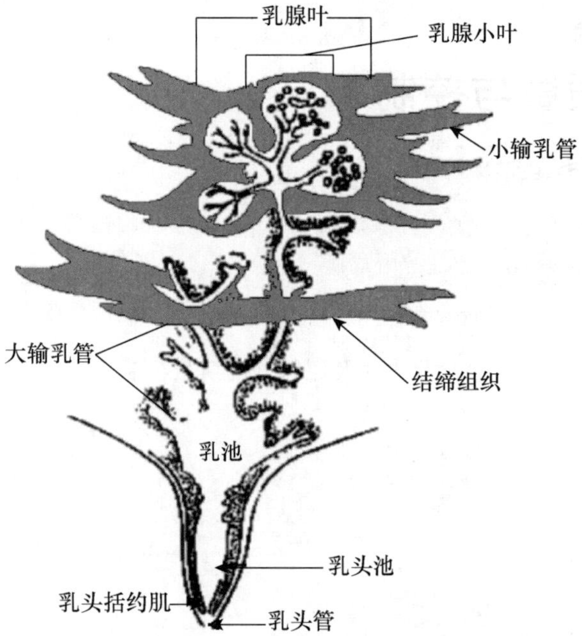

图 10-1 奶牛乳腺结构

在泌乳过程中，如病原菌通过乳头括约肌进入乳房内部，初期可造成腺体组织上皮的轻度水肿、充血。此时为奶牛乳腺炎隐性感染阶段，白细胞会从乳腺毛细血管内游离到乳腺腔内吞噬致病菌，从而使乳中含有大量的白细胞。故通过检测牛乳中的白细胞数量可判定牛乳的品质。若奶牛营养状况良好，机体可通过自身抵抗力的提高和泌乳排出乳房内的病原微生物。若由于奶牛自身的生理特点以及营养、环境、饲养管理不当等原因，奶牛机体抵抗力下降，乳房受病菌感染的机会增多、感染的程度逐渐加重，潜在性的炎症就会转化为临床症状。此时奶牛的产乳量会急剧下降，且所产牛乳的品质下降，甚至会丧失产乳机能。乳腺炎是奶牛的常见多发病，发病率为 5%～45%。乳腺炎乳属病理性异常乳，不能作为食品工业生产原料。

10.1.1.2 来源于牛体的污染

挤奶时，鲜乳受乳房周围和牛体其他部分污染的机会很多。牛舍空气、垫草、尘土以及本身的排泄物中的细菌大量附着在乳房的周围，在挤乳时侵入牛乳中。这些污染菌多属于带芽孢的杆菌和大肠杆菌等。所以在挤乳时，应用温水严格清洗乳房和腹部，并用清洁的毛巾擦干。

10.1.1.3 来源于空气的污染

在挤乳及收乳过程中，鲜乳经常暴露于空气中，因此受空气中微生物污染的机会很多。牛舍内的空气中有很多的细菌，尤其是含灰尘较多的空气中，以带芽孢的杆菌和球菌属居多，也有很多霉菌的孢子。现代化的挤乳站、机械化挤乳、管道封闭运输，可减少来自空气的污染。

10.1.1.4 来源于挤乳用具的污染

挤乳时所用的桶、挤乳机、过滤布及洗乳房用布等，如果不事先进行清洗杀菌，则通过这些用具也能使鲜乳受到污染。所以，乳桶的清洗杀菌对防止微生物的污染有重要意义。

10.1.1.5 其他污染来源

操作工人的手不清洁，或者混入苍蝇及其他昆虫等，都会使乳受到污染。还须注意勿使污水进入桶内，并防止其他直接或间接因素从桶口侵入。

10.1.2 乳中微生物的种类及性质

健康的乳房分泌的乳汁中就已有某些细菌，加上在挤乳和处理过程中外界微生物不断侵入，因此乳中微生物的种类很多。

10.1.2.1 细菌

牛乳中的细菌可在室温或室温以上温度大量增殖，根据其对牛乳所产生的影响可分为以下几种。

（1）产酸菌

乳中产酸菌主要为乳酸菌，指能分解乳糖产生乳酸的细菌。在乳和乳制品中，主要有乳球菌科和乳杆菌科，包括链球菌属、明串珠菌属和乳杆菌属。

（2）产气菌

这类菌在牛乳中生长时能生成酸和气体。例如，大肠杆菌和产气杆菌是常出现于牛乳中的产气菌；产气杆菌能在低温下增殖，使低温贮藏中的牛乳酸败。另外，可从牛乳和干酪中分离得到费氏丙酸杆菌和谢氏丙酸杆菌，它们的生长温度范围为15～40℃。用丙酸菌生产干酪时，可使产品具有气孔和特有的风味。

（3）肠道杆菌

肠道杆菌是一群寄生在肠道中的革兰阴性短杆菌。在乳品生产中，肠道杆道是评定乳制品受污染程度的指标之一，其中主要有大肠菌群和沙门氏菌。

（4）芽孢杆菌

该类细菌因能形成耐热性芽孢，故杀菌处理后，仍残存在乳中。可分为好气性杆菌属和嫌气性梭状菌属两种。

（5）球菌类

一般为好气性，能产生色素。牛乳中常出现的有微球菌属和葡萄球菌属。

（6）低温菌

7℃以下能生长繁殖的细菌称为低温菌；在20℃以下能繁殖的称为嗜冷菌。乳品中常见的低温菌属有假单胞菌属和醋酸杆菌属。这些菌在低温下生长良好，能使乳中蛋白质分解，引起牛乳胨化；能分解脂肪，使牛乳产生哈喇味，从而引起乳制品腐败变质。

（7）高温菌和耐热性细菌

高温菌或嗜热性细菌是指在40℃以上能正常发育的菌群。如乳酸菌中的嗜热链球菌、保加利亚乳杆菌、好气性芽孢菌（如嗜热脂肪芽孢杆菌）和放线菌（如干酪链霉菌）等。特别是嗜热脂肪芽孢杆菌，其最适发育温度为60～70℃。

在生产上，耐热性细菌系指在低温杀菌条件下还能生存的细菌。用超高温杀菌时（135℃，数秒），上述细菌及其芽孢都能被杀死。

（8）蛋白分解菌和脂肪分解菌

①蛋白分解菌　蛋白分解菌是指能产生蛋白酶而将蛋白质分解的菌群。生产发酵乳制品所用的大部分乳酸菌都能使乳中蛋白质分解，属于有用菌。也有属于腐败型的蛋白分解菌，能使蛋白质分解出氨和胺类，可使牛乳产生黏性、碱性、胨化。

②脂肪分解菌　脂肪分解菌系指能使甘油酸酯分解生成甘油和脂肪酸的菌群。在脂肪分解菌中，除一部分在干酪生产方面有用外，一般都是使牛乳和乳制品变质的细菌，尤其对稀奶油和奶油危害更大。主要的脂肪分解菌（包括酵母菌、霉菌）有：荧光极毛杆菌、蛇蛋果假单胞菌、无色解脂菌、解脂小球菌、干酪乳杆菌、白地霉、黑曲霉、大毛霉等。大多数解脂酶有耐热性，并且在0℃以下也具有活力。因此，牛乳中如有脂肪分解菌，即使进行冷却或加热杀菌，也往往带有意想不到的脂肪分解味。

（9）放线菌

与乳品有关的放线菌有分枝杆菌属、放线菌属、链霉菌属。分枝杆菌属以嫌酸菌而闻名，是抗酸性的杆菌，无运动性，多数具有病原性。例如，结核分枝杆菌形成的毒素，有耐热性，对人体有害。放线菌属中与乳品有关的主要有牛型放线菌，此菌生长在牛的口腔和乳房，随后转入牛乳中。链霉菌属中与乳品有关的主要是干酪链霉菌，属胨化菌，能使蛋白质分解从而导致乳品腐败变质。

10.1.2.2　酵母菌

乳与乳制品中常见的酵母菌有脆壁酵母、毕赤氏酵母、汉逊氏酵母和圆酵母属及假丝酵母属等。

脆壁酵母能使乳糖形成酒精和二氧化碳。该酵母菌是生产牛乳酒、酸马奶酒的珍贵菌种。乳清进行酒精发酵时常用此菌。

毕赤氏酵母能使低浓度的酒精饮料表面形成干燥皮膜，故有产膜酵母之称。膜醭毕赤氏酵母主要存在于酸凝乳及发酵奶油中。

汉逊氏酵母多存在于干酪及乳腺炎乳中。

圆酵母属是无孢子酵母菌的代表，能使乳糖发酵。被此酵母菌污染的乳和乳制品，能产生酵母味，并能使干酪和炼乳罐头膨胀。

假丝酵母属的氧化分解能力很强，能使乳酸分解形成二氧化碳和水。其酒精发酵力很强，因此，也用于开菲乳和酒精发酵。

有些酵母菌是条件性致病菌，如白色念珠菌和新型隐球菌等。在加工处理的乳制品中很少发现，一般多见于乳腺炎乳中。

10.1.2.3　霉菌

牛乳及乳制品中的霉菌主要有根霉、毛霉、曲霉、青霉、串珠霉等，大多数（如污染奶油、干酪表面的霉菌）属于有害菌。与乳品有关的主要有白地霉、毛霉及根霉属等，如生产卡门培尔干酪、罗奎福特干酪和青纹干酪时需要霉菌。

（1）青霉属

这类霉菌一般呈绿色，故称青霉。能分解脂肪并产生令人不愉快的霉味，容易在干酪表面增殖。沙门柏干酪青霉是制造卡门培尔干酪的重要微生物，其菌丝体呈白色或灰绿色。其作为辅助发酵剂接种于新鲜干酪表面后，能使成熟后的干酪中的水溶性氮及氨的含量增加，使产品具备特殊的风味和有较强的可识别性。娄地青霉是用于罗奎福特干酪加工的霉菌，其菌丝体呈深绿色，分解蛋白质能力强，且能分泌解脂酶。

（2）曲霉属

米曲霉的菌丝体呈黄绿色或绿色。该菌具有很强的蛋白质分解力，可用于生产某些特殊风味的干酪。在引起牛乳及乳制品腐败变质的霉菌中，属于曲霉属的菌株也较多。

（3）白地霉

白地霉能分解乳酸，产生二氧化碳和水。常出现于酸败乳、酸性奶油、农家干酪表面，形成白色皮膜并产生酵母味。

（4）毛霉属及根霉属

毛霉在培养基表面呈毛状生长，其菌丝体呈分枝状，以灰色居多。能分解蛋白质和脂肪，且有酒精发酵作用，可用于生产凝乳酶。根霉类似毛霉，初生时状似棉花，继而生出孢子囊。在干酪和奶油表面出现时，根霉往往会残留斑点。

10.1.2.4　噬菌体

噬菌体是侵入微生物中病毒的总称，故也称细菌病毒。它只能侵染特定宿主细菌，一旦离开了宿主细菌，噬菌体既不能生长，也不能复制。噬菌体的长度多为 50～80 nm，其个体微小，不具有完整的细胞结构，只含有单一核酸。其结构可分为头部和尾部，其头部含有核酸，使其对宿主细菌有选择特异性；尾部由蛋白质组成，一般由尾髓、尾鞘、尾丝、基板和刺突等构成，用来将遗传物质注入宿主体内。在短时间内能连续完成对宿主细菌进行吸附、侵入、增殖、装配和裂解释放五个阶段而实现其增殖的噬菌体被称为烈性噬菌体。将其基因与宿主菌染色体整合，不产生子代噬菌体，但噬菌体 DNA 能随细菌 DNA 复制，并随细菌的分裂而传代的噬菌体被称为溶原性噬菌体或温和型噬菌体。在乳品工业生产中，若用于生产发酵乳制品的原料乳或发酵剂受噬菌体污染，就会导致发酵的失败，这是干酪、酸乳生产中必须特别注意的问题。

10.1.3　鲜乳存放期间微生物的变化

10.1.3.1　牛乳在室温贮藏时微生物的变化

在杀菌前，新鲜牛乳中都有一定数量不同种类的微生物，如果放置在室温（10～21℃）下，乳液会因微生物的活动而逐渐变质。室温下乳中微生物的生长曲线见图 10-2。

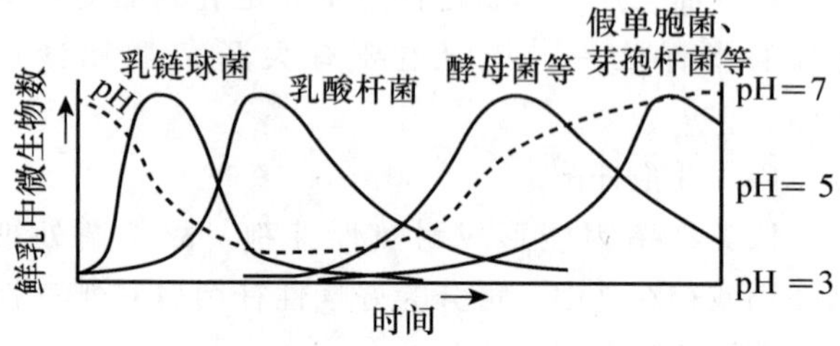

图 10-2　室温贮藏时鲜乳中微生物活动曲线

室温下乳中微生物的生长过程可分为以下 5 个阶段。

（1）抑制期

新鲜乳液中均含有抗菌物质，其杀菌或抑菌作用在含菌少的鲜乳中可持续 36 h（在 13～14℃）；若在污染严重的乳液中，其作用可持续 18 h 左右。在此期间，乳液含菌数不会增加，若温度升高，则抗菌物质的作用增强，但持续时间会缩短。因此，鲜乳放置在室温环境中，一定时间内不会发生变质现象。

（2）乳酸链球菌期

鲜乳中的抗菌物质减少或消失后，乳中的微生物即迅速繁殖。占优势的细菌是乳酸链球菌、乳酸杆菌、大肠杆菌和一些蛋白分解菌等，其中以乳酸链球菌生长繁殖特别旺盛。乳酸链球菌使乳糖分解，产生乳酸，因而乳液的酸度不断升高。如有大肠杆菌繁殖，则有产气现象出现。由于乳的酸度不断地上升，就抑制了其他腐败菌的生长。当酸度升高至一定值时（pH 4.5），乳酸链球菌本身生长也受到抑制，并逐渐减少，这时有乳凝块出现。

（3）乳酸杆菌期

pH 下降至 6 左右时，乳酸杆菌的活动力逐渐增强。当 pH 继续下降至 4.5 以下时，由于乳酸杆菌耐酸性较强，尚能继续繁殖并产酸。在此阶段，乳液中可出现大量乳凝块，并有大量乳清析出。

（4）真菌期

当酸度继续升高至 pH 3.5～3.0 时，绝大多数微生物被抑制甚至死亡，仅酵母菌和霉菌还能适应高酸性的环境，并能利用乳酸及其他一些有机酸。由于酸被利用，乳液的酸度会逐渐降低，乳液的 pH 不断上升并接近中性。

（5）胨化菌期

当乳液中的乳糖被大量消耗后，适宜分解蛋白质和脂肪的细菌开始生长繁殖。同时，乳凝块被消化、乳液的 pH 不断升高，逐渐向碱性方向转化，并有腐败的臭味产生。这时的腐败菌大部分属于芽孢杆菌属、假单胞菌属以及变形杆菌属。

10.1.3.2　牛乳在冷藏中微生物的变化

在冷藏条件下，鲜乳中适合于在室温下繁殖的微生物的生长被抑制；而嗜冷菌却能生长，但生长速度非常缓慢。这些嗜冷菌包括：假单胞菌属、产碱杆菌属、无色杆菌属、黄杆菌属、克雷伯氏杆菌属和小球菌属。

冷藏乳的变质主要在于乳液中蛋白质和脂肪的分解。多数假单胞菌属中的细菌均具有产生脂肪酶的特性。这些脂肪酶在低温下活性非常强并具有耐热性，即使在加热消毒后的乳液中，还残留脂肪酶活性。而低温条件下促使蛋白分解胨化的细菌主要为产碱杆菌属和假单胞菌属。4℃下鲜乳中细菌的生长曲线见图 10-3。

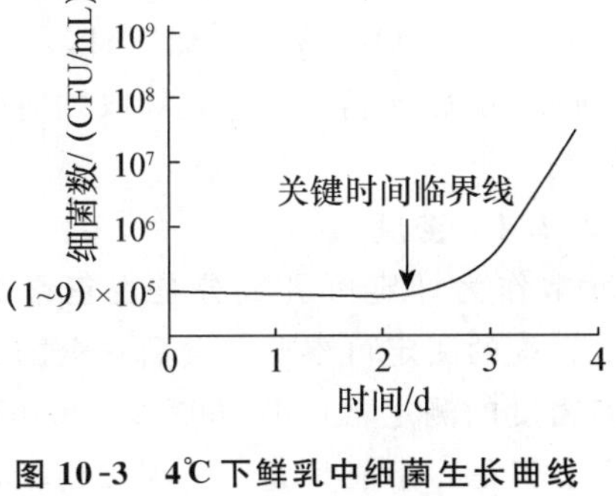

图 10-3　4℃下鲜乳中细菌生长曲线

10.1.4　微生物与乳的腐败变质

乳是微生物的良好培养基。牛乳被微生物污染后若得不到及时的处理，乳中的微生物就会大量繁殖，分解糖、蛋白质和脂肪等，产生酸性产物、色素、气体及有碍产品风味及卫生的小分子产物及毒素，从而导致乳品出现酸凝固、色泽异常、风味异常等腐败变质现象，降低了乳品的品质与卫生状况，甚至使其失去食用价值。鲜乳的常见变质类型及引起变质的微生物种类见表 10-1。

表 10-1　鲜乳的常见变质类型及相关微生物

变质类型	相关微生物
变酸及酸凝固	乳球菌、乳杆菌属、大肠菌群、微球菌属、微杆菌属、链球菌属
蛋白质分解	假单孢菌属、芽孢杆菌属、变形杆菌属、无色杆菌属、黄杆菌属、产碱杆菌属、微球菌属等
脂肪分解	假单胞菌、无色杆菌、黄杆菌属、芽孢杆菌、微球菌属
产气	大肠菌群、梭状芽孢杆菌、芽孢杆菌、酵母菌、丙酸菌
变色	类蓝假单胞菌（灰蓝至棕色）、类黄假单胞菌（黄色）、荧光假单胞菌（棕色）、黏质沙雷氏菌（红色）、红酵母（红色）、玫瑰红微球菌（红色下沉）、黄色杆菌（变黄）

10.2　原料乳的质量标准及验收

GB 19301—2010《食品安全国家标准　生乳》的颁布取代了 GB 19301—2003《鲜乳卫生标准》及第 1 号修改单，其中规定生乳（raw milk）的定义为：从符合国家有关要求的健康奶畜乳房中挤出的无任何成分改变的常乳。产犊后 7 d 的初乳、应用抗生素期间和休药期间的乳汁、变质乳不应用作生乳。

原料乳被送到工厂后，必须按照国家标准规定，及时进行质量检验。对符合加工标准的生乳，按质论价分别处理；对不符合生乳标准的原料乳，应拒收或用于非食用产品加工。

10.2.1　质量标准

GB 19301—2010 规定生乳收购的质量标准包括感官指标、理化指标及微生物指标。

10.2.1.1　感官指标

正常牛乳呈白色或微黄色；具有乳固有的香味，无异味；呈均匀一致液体，无凝块、无沉淀、无正常视力可见异物。

10.2.1.2　理化指标

对生乳理化指标的规定见表 10-2。

表 10-2　生乳的理化指标

项目		指标
冰点[a,b]/℃		−0.560～−0.500
相对密度/（20℃/4℃）	≥	1.027
蛋白质/（g/100 g）	≥	2.8
脂肪/（g/100 g）	≥	3.1
杂质度/（mg/kg）	≤	4.0
非脂乳固体/（g/100 g）	≥	8.1
酸度/°T		
牛乳[b]		12～18
羊乳		6～13

注：[a] 挤出 3 h 后检测；[b] 仅适用于荷斯坦奶牛。

10.2.1.3　微生物指标

关于微生物指标，GB 19301—2010 中仅规定了生乳中菌落总数的最高限量，为 2×10^6 CFU/g（mL）。

10.2.1.4　其他质量标准

除上述指标外，《食品安全国家标准　生乳》（GB 19301—2010）中还规定了污染物、真菌毒素、农药残留和兽药残留的限量。其中，生乳中的污染物和真菌毒素限量详见表 10-3 及表 10-4，农药及兽药残留限量详见《食品安全国家标准　食品中农药最大残留限量》（GB 2763—2016）及其他有关规定和公告。

表 10-3　生乳中污染物的限量标准

污染物		限量/(mg/kg)
铅（以 Pb 计）	≤	0.05
总汞（以 Hg 计）	≤	0.01
总砷（以 As 计）	≤	0.1
铬（以 Cr 计）	≤	0.3
亚硝酸盐（以 $NaNO_2$ 计）	≤	0.4

表 10-4　生乳中真菌毒素的限量标准

真菌毒素		限量/(μg/kg)
黄曲霉毒素 M_1	≤	0.5

10.2.2　验收

10.2.2.1　感官检验

鲜乳的感官检验主要是进行嗅觉、味觉、外观、尘埃等的鉴定。

正常鲜乳为乳白色或微黄色，不得含有肉眼可见的异物，不得有红、绿等异色，不能有苦、涩、咸的滋味和饲料、青贮、霉等异味。

10.2.2.2　酒精检验

酒精检验是为观察鲜乳的抗热性而广泛使用的一种方法。通过酒精的脱水作用，可判定酪蛋白的稳定性。新鲜牛乳对酒精的脱水作用相对稳定；而不新鲜的牛乳，其中蛋白质胶粒已呈不稳定状态，当受到酒精的脱水作用时，蛋白质胶粒加速聚沉。采用此法可检测鲜乳的酸度，以及验出盐类平衡不良乳、初乳、末乳及因细菌作用而产生凝乳酶的乳和乳腺炎乳等。

酒精检验与酒精的体积分数有关，一般以 72% 的中性酒精与原料乳等量混合、摇匀，无凝块出现为标准。正常牛乳的滴定酸度不高于 18°T，不会出现凝块。但是，影响乳中蛋白质稳定性的因素较多，如当乳中钙盐含量升高时，酪蛋白胶粒脱水失去溶剂化层，使钙盐容易和酪蛋白结合，形成酪蛋白酸钙沉淀。

新鲜牛乳的滴定酸度为 16～18°T。为了合理利用原料乳和保证乳制品质量，用于制造淡炼乳和超高温灭菌奶的原料乳，用 75%酒精试验；用于制作乳粉的原料乳，用 68%酒精试验（酸度不得超过 20°T）。酸度不超过 22°T 的原料乳尚可用于制作奶油，但其风味较差。酸度超过 22°T 的原料乳只能用于制作工业用的干酪素、乳糖等。

10.2.2.3　滴定酸度

滴定酸度就是用相应的碱中和鲜乳中的酸性物质，根据碱的用量确定鲜乳的酸度和热稳定性。一般用 0.1 mol/L NaOH 滴定，然后计算乳的酸度。该法测定酸度虽然准确，但在现场收购时受到实验室条件限制。

10.2.2.4　密度

密度常作为评定鲜乳成分是否正常的一个指标，生乳密度的测定可参照《食品安全国家标准　食品相对密度的测定》（GB 5009.2—2016）所列的方法进行。但是，不能只凭这一项来判断，必须再结合脂肪、风味的检验，来判断鲜乳是否经过脱脂或掺水。

10.2.2.5　细菌数、体细胞数、抗生物质检验

一般现场收购生乳时不做细菌检验，但在加工之前，必须检查细菌总数和体细胞数，以确定原料乳的质量和等级。对加工发酵制品的原料乳，必须作抗生物质残留量检验。

（1）细菌检查

细菌检查的方法很多，有亚甲蓝还原试验、稀释倾注平板法、直接镜检法等方法。

①亚甲蓝还原试验　亚甲蓝还原试验是用来判

断原料乳新鲜程度的一种色素还原试验。加入亚甲蓝后，新鲜乳被染为蓝色，如乳中有大量微生物，则产生还原酶使颜色逐渐变淡，直至无色。通过测定颜色变化速度，可判定乳中还原酶数量的多少，进而推断出生乳中的大致细菌数。

该法除可迅速地间接检测细菌数外，由于亚甲蓝对白细胞及其他细胞的还原作用也敏感，因此，还可用于检验异常乳（乳腺炎乳及初乳或末乳）。

②稀释倾注平板法　此方法为《食品安全国家标准　食品微生物学检验　菌落总数测定》（GB 4789.2—2016）中规定的唯一直接测定方法。此法的操作是：取样后，以磷酸盐缓冲液稀释至一定倍数，再接种于平板计数琼脂（plate count agar，PCA）培养基上；于（36±1）℃下培养（48±2）h，然后对平板上生长的菌落形成单位（colony forming units，CFU）数量在 30～300 之间的平板进行计数；通过计算，报告样品中的细菌总数。采用该法测定样品中的活菌数，需要的时间较长。

③直接镜检法（费里德氏法）　这是利用显微镜直接观察、确定鲜乳中微生物数量的一种方法。取一定量的乳样，在载玻片上涂抹一定的面积，经过干燥、染色、镜检观察细菌数，根据显微镜视野面积，推断出鲜乳中的细菌总数，而非活菌数。

直接镜检法比平板培养法更能迅速地判断结果。通过观察细菌的形态，还能推断细菌数增多的原因。

（2）体细胞数检验

正常乳中的体细胞，多数来源于上皮组织的单核细胞，如有明显的多核细胞出现，可判断为异常乳。常用的方法有直接镜检法（同细菌检验）或加利福尼亚细胞数测定（california mastitis test，CMT）法。CMT 法依据的是细胞表面活性剂的表面张力，细胞在遇到表面活性剂时，会收缩凝固。细胞越多，凝集状态越强，出现的凝集片越多。

（3）抗生物质残留量检验

抗生物质残留量是验收发酵乳制品原料乳的必检指标。常用的方法有以下几种。

①国家标准方法　《食品卫生微生物学检验　鲜乳中抗生素残留检验》（GB/T 4789.27—2008）中规定的鲜乳中抗生素残留检验方法有两种，其一是嗜热链球菌抑制法。此方法操作过程为：生乳样品经过 80℃杀菌后，添加嗜热链球菌菌液，培养一段时间后，嗜热链球菌开始增殖；此时加入代谢底物 2,3,5-氯化三苯四氮唑（TTC），若生乳样品中不含抗生素或抗生素浓度低于检测限，嗜热链球菌将继续增殖，还原 TTC 成为红色物质；如样品中含有高于检测限的抑菌剂，则嗜热链球菌受到抑制，指示剂 TTC 不被还原，保持原色。即被检样品保持鲜乳的颜色为阳性，被检样品变成红色为阴性。此法检测几种常见抗生素的检出限为：青霉素 0.004 IU，链霉素 0.5 IU，庆大霉素 0.4 IU，卡那霉素 5 IU。

国家标准中规定的另一种方法为嗜热脂肪芽孢杆菌抑制法，此法操作过程为：在葡萄糖蛋白胨培养基中加入 pH 指示剂溴甲酚紫，并预先混合嗜热脂肪芽孢杆菌芽孢悬液；加入鲜乳样品并于（65±2）℃水浴孵育 2.5 h，若该样品中不含有抗生素或抗生素浓度低于检测限，嗜热脂肪芽孢杆菌的芽孢将在培养基中生长并利用糖产酸，pH 指示剂由紫色变为黄色；如样品中含有高于检测限的抗生素，则芽孢不会生长，pH 指示剂颜色保持不变，仍为紫色。此法检测几种常见抗生素的检出限为：青霉素 3 μg/L，链霉素 50 μg/L，庆大霉素 30 μg/L，卡那霉素 50 μg/L。

②纸片法　此法为简便检测法，具体操作为：将指示菌接种到琼脂培养基上，然后将浸过被检乳样的纸片放到培养基上，进行培养。如果被检乳样中有抗生物质残留，会向纸片的四周扩散，阻止指示菌的生长，在纸片的周围形成透明的阻止带。根据阻止带的直径，可判断抗生物质的残留量。

10.2.2.6　乳成分的测定

随着分析仪器的发展，各种乳品检测方法配备了很多高效率的检验仪器。如采用光学法来测定乳脂肪、乳蛋白、乳糖及总干物质时使用各种微波仪。

（1）微波干燥法测定总干物质（TMS 检验）

微波干燥法通过 2 450 MHz 的微波干燥牛奶，并自动称量、记录乳总干物质的质量，测定速度快、测定准确，便于指导生产。

（2）红外线牛奶全成分测定

通过红外线分光光度计，自动测出牛奶中的脂肪、蛋白质、乳糖 3 种成分。红外线通过牛奶后，牛奶中的脂肪、蛋白质、乳糖减弱了红外线的波长，通过红外线波长的减弱率反映出 3 种成分的含量。该法测定速度快，但设备造价高。

10.3 原料乳的质量控制

原料乳的质量好坏是决定乳制品质量优劣的关键，只有用优质的原料乳，才能保证生产出优质的产品。为了保证原料乳的质量，必须立即对挤出的牛乳进行过滤、冷却等初步处理。

10.3.1 过滤与净化

10.3.1.1 过滤

在没有严格遵守卫生条件下挤乳时，乳容易被粪屑、饲料、垫草、牛毛和蚊蝇等污染，因此必须及时过滤挤下的乳。

凡是将乳从一个地方送到另一个地方，从一个工序到另一个工序，或者由一个容器转移到另一个容器时，都应该进行过滤。过滤除用纱布过滤外，也可以用过滤器进行过滤。过滤所用器具、介质必须清洁卫生，并及时清洗、杀菌。

10.3.1.2 净化

原料乳经过数次过滤后，虽然除去了大部分的杂质，但由于乳中很多极为微小的机械杂质和细菌细胞，难以用一般的过滤方法除去。为了达到最高的纯净度，一般采用离心净乳机净化。离心净乳利用乳在分离钵内受强大离心力的作用，将大量的机械杂质留在分离钵内壁上，使乳得到净化。

10.3.2 冷却

净化后的乳最好直接加工，如果要短期贮藏，必须及时进行冷却，以保持乳的新鲜度。

10.3.2.1 冷却的作用

刚挤下的乳的温度为36℃左右，这是微生物繁殖最适宜的温度，如不及时冷却，混入乳中的微生物就会迅速繁殖。故新挤出的乳，经净化后须冷却到4℃左右。冷却与否对乳中细菌数量的影响情况见图10-4。

由图10-4可以看出，未冷却的乳中的细菌数增加迅速，而冷却乳中的则增加缓慢。在第6～12 h期间，细菌数还有减少的趋势，这是因为低温和乳中自身抗生物质——乳烃素使细菌的繁育受到抑制。

将新挤出的乳迅速冷却到低温，可以使抗菌特性保持较长的时间。另外，原料乳受污染越严重，抗菌作用时间越短。例如，乳温为10℃时，挤乳时

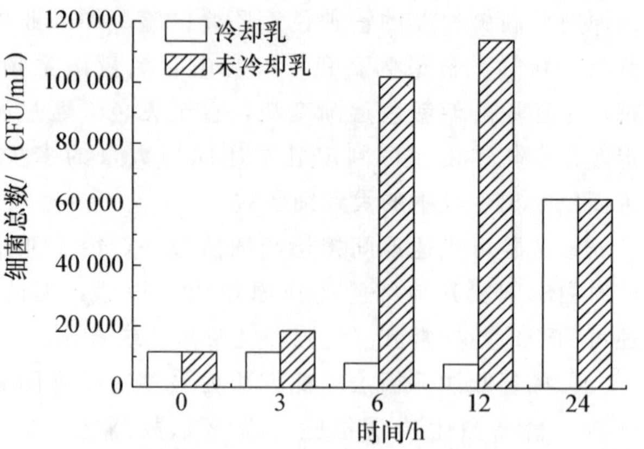

图10-4 挤出后的乳冷却与否和乳中细菌数的关系

严格执行卫生制度的乳样，其抗菌期是未严格执行卫生制度乳样的2倍。因此，将刚挤出的乳迅速冷却，是保证鲜乳较长时间保持新鲜度的必要条件。通常可以根据贮存时间的长短选择适宜的冷却温度（表10-5、图10-5）。

表10-5 牛乳的贮存时间与冷却温度的关系

贮存时间/h	6～12	12～18	18～24	24～36
冷却温度/℃	10～8	8～6	6～5	5～4

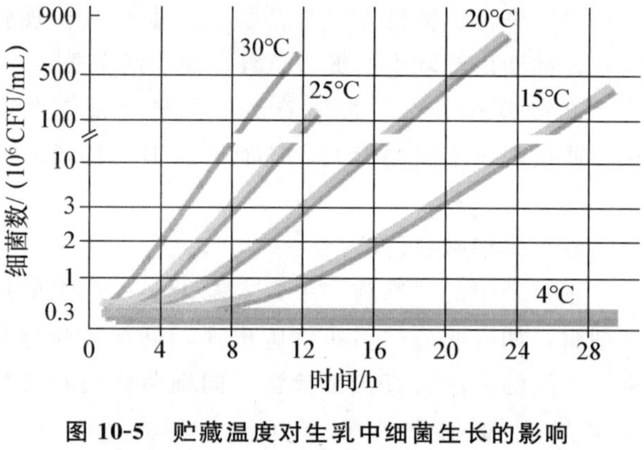

图10-5 贮藏温度对生乳中细菌生长的影响

10.3.2.2 冷却的方法

（1）水池冷却

将装乳的桶放在水池中，用冷水或冰水进行冷却，可使乳的温度冷却到比冷却水温度高3～4℃。水池冷却的缺点是冷却缓慢，消耗水量较多，劳动强度大，不易管理。

（2）浸没式冷却器冷却

可以将这种冷却器插入贮乳槽或乳桶中以冷却牛乳。浸没式冷却器中有离心式搅拌器，以便调节搅拌速度；还有自动控制开关，以便定时自动进行搅拌。采用此种方法可使牛乳均匀冷却，并防止稀奶油上浮，适合于奶站和较大规模的牧场。

(3) 冷排和板式热交换器冷却

生乳流过冷排冷却器与冷媒（冷水或冷盐水）进行热交换后流入贮乳槽中。这种冷却器具备构造简单、价格低廉、冷却效率较高的优点，且克服了表面冷却器因乳液暴露于空气而容易被污染的缺点。用冷盐水作冷媒时，可使乳温迅速降到 4℃左右。

随着零散养牛户逐渐被淘汰，奶牛的规模化、集约化养殖逐渐普遍。随着牧场的生乳产量日益增加，水池冷却和浸没式冷却器冷却逐渐面临淘汰，而冷排或板式热交换器因处理量大、处理效果好，逐渐成为牛场的主要冷却方式。

10.3.3　贮存

10.3.3.1　牧场的贮存

贮乳罐的容量，应根据各牧场每天的牛乳总收纳量、收乳时间、运输时间及能力等因素决定。

一般地，贮乳罐的总容量应为日收纳总量的 (2/3) ～1，而且每只贮乳罐的容量应与每班生产能力相适应。每班的处理量一般不多于 2 个贮乳罐的乳容量，否则用多个贮乳罐操作会增加调罐、清洗的工作量和增加牛乳的损耗。

贮乳罐一般采用不锈钢材料制成，使用前应对其进行彻底清洗、杀菌，并配备适当的搅拌器。定时搅拌乳液，以防止乳脂肪上浮而造成分布不均匀。24 h 内搅拌 20 min，乳脂率的变化在 0.1%以下。贮乳罐外应有绝缘层（保温层）或冷却夹层，以防止罐内温度上升。一般情况下，乳经过 24 h 贮存后，乳温上升不得超过 3℃。

10.3.3.2　乳品厂的贮存

为了保证连续生产的需要，乳品厂必须有一定的原料乳贮存量。乳品厂应配有不同容量的贮乳罐，保证贮乳时每一罐能尽量装满。一般工厂总的贮乳量应不少于 1 d 的处理量。贮乳罐的材质、保温要求、搅拌器及使用前的处理等与牧场贮乳罐的要求一致。

10.3.4　运输

乳的运输是乳品生产中重要的一个环节，运输不妥，往往造成很大的损失。在乳源分散的地方，多采用乳桶运输；在乳源集中的地方，一般采用乳槽车运输。无论采用哪种运输方式，都应注意以下几点：①防止乳在运输途中升温，特别是在夏季，运输最好在夜间或早晨，或用隔热材料盖好乳桶。②所采用的容器须保持清洁卫生，并加以严格杀菌。③夏季必须装满盖严，以防振荡；冬季不得装得太满，避免冻结而使容器破裂。④长距离运送乳时，最好采用乳槽车。利用乳槽车运乳的优点是乳升温慢，特别是在乳槽车外加绝缘层后，可以基本保证在运输中乳不升温。

思考题

1. 简述乳中微生物的来源及控制方法。
2. 简述乳中微生物的种类及其性状。
3. 简述鲜乳在存放期间微生物的变化。
4. 原料乳的质量标准有哪些？
5. 简述原料乳的验收方法及其原理和要求。
6. 原料乳的冷却方法有哪些？
7. 在运输生乳的过程中有哪些注意事项？

第 11 章

乳的加工处理

学习目的与要求

熟悉乳制品生产常规加工处理单元操作的目的、处理方法、工作原理、处理效果及应用。

11.1　乳的离心分离

11.1.1　分离目的

在乳制品生产中，离心分离的主要目的是得到稀奶油和脱脂乳，为进一步生产甜奶油、黄油、甜酪乳等乳制品提供原料；为乳制品原料进行标准化提供物质基础。同时，可清除乳中的杂质（尘埃、奶牛的体细胞）和微生物（细菌及芽孢、真菌及孢子）。

11.1.2　分离原理

乳的分离原理是，根据乳脂肪与乳中其他成分之间密度的不同，利用离心分离时离心力的作用，使密度不同的两部分分离开来。

11.1.2.1　稀奶油的分离

离心分离和标准化是稀奶油生产中最关键的两个过程。牛乳的分离是指将其中的无脂部分（脱脂乳）和多脂部分（稀奶油）分开，这是一个物理过程。牛乳脂肪球中乳脂肪与连续相（水相）之间密度是不同的，这是分离的基础。牛乳静置后，乳脂肪上浮，在牛乳表面形成一层乳脂肪富集层（图 11-1）。

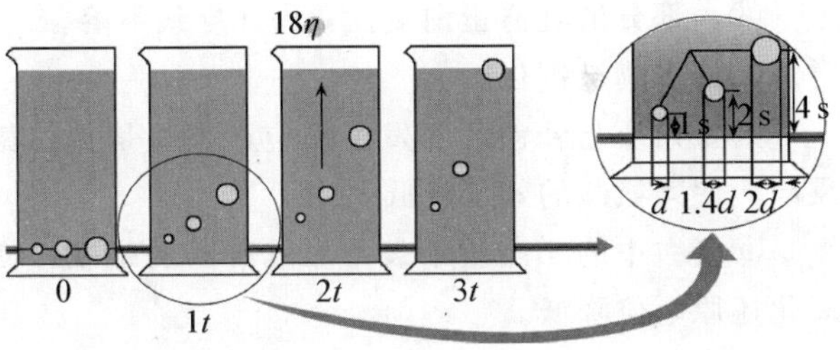

η：乳的黏滞系数；t：静置时间；d：脂肪球直径

图 11-1　不同大小脂肪球的上浮速度

乳脂肪球的上浮力（F_u）由下列公式计算：

$$F_u=\frac{4\pi r^3 g(\rho_s-\rho_f)}{3}$$

式中：r 为乳脂肪球的半径；g 为重力加速度；ρ_s 为脱脂乳的密度；ρ_f 为脂肪球的密度。

乳脂肪的上浮受到摩擦力的阻挡，摩擦力可根据斯托克斯定律（Stokes' law）计算。

$$F_f=6\pi\eta r v$$

式中：η 为脱脂乳的黏滞系数；v 为乳脂肪球的上浮速度。

当乳脂肪球以恒定的速度上浮时，

$$F_u=F_f$$

$$\frac{4\pi r^3 g(\rho_s-\rho_f)}{3}=6\pi\eta r v$$

$$v=\frac{2r^2 g(\rho_s-\rho_f)}{9\eta}$$

从式中可以看出，乳脂肪上浮的速度与脂肪球半径的平方及乳清与脂肪球密度的差成正比，和乳清的黏滞系数成反比。乳脂肪球和乳清的密度及乳清的黏滞系数可通过温度的变化来控制，但脂肪球的半径是固定的。乳脂肪球越大，则上浮的速度越快，但通过静置来分离稀奶油的方法所需要的时间太长，是不切合实际的。

11.1.2.2　离心分离的原理

改变脂肪球上浮的速度的方法是对脂肪球施加外力。经过离心旋转后，脂肪球的上浮速度变为：

$$v=\frac{2r^2 R\omega^2(\rho_s-\rho_f)}{9\eta}$$

式中：R 为有效离心半径；ω 为角速度。

从式中可以看出，离心速度增加，牛乳温度上升，则脂肪球的上浮速度增大。其中，脂肪球的大小是一个关键因素，高速及高温使脂肪球上浮速度增加的幅度是有限的。

传统的利用重力来分离稀奶油的方法缓慢而低效，1878 年离心分离机出现后，人们能够迅速而有效地从牛乳中分离出稀奶油来，这是大规模生产稀奶油及奶油的开端。因为牛乳中脂肪球的大小不均一，变化范围很大，虽然应用高速的离心机，但一小部分脂肪球因为半径太小上浮速度太慢，不能从牛乳中分离出来，故脱脂乳中通常含有 0.05%左右的脂肪。

11.1.2.3　影响稀奶油分离效率的因素

影响稀奶油分离效率的因素有分离钵直径、离心转速、牛乳流量、牛乳温度和乳脂肪球大小等。

①一般来说，分离机的分离钵直径越大，分离效率越好。转速增高，稀奶油中脂肪含量越高。

②按照稀奶油量约为原料乳量的 1/10 的比例调节牛乳流量，可保持稀奶油脂肪含量在 30%～40%。

③在分离前先加热原料乳，一般分离机的分离温度为 35～40℃。密闭或半密闭式分离机的分离温

度为 50℃左右。

④原料乳中脂肪球大，则其分离效果好，且脂肪损失少。

如果分离机只用于清除乳中杂质，可以安装不同的分离盘架，这会使分离机的效率增加 1 倍，并且可在低温下操作。

细菌特别是芽孢可以通过专门设计的离心机（即除菌机），在强离心力和高温下将它们分离除去。在 73℃左右时，处理 2 次会使菌数减少 3 个数量级，可得到芽孢数量很少的乳，但会损失少部分乳固体。

另外，根据产品规格或产品标准要求，乳制品的成分需要标准化。需要标准化的成分主要包括脂肪、蛋白质及其他一些成分。可通过抽检或用连续测定方法确定要标准化的成分的含量，必要时可通过添加稀奶油、脱脂乳等来进行调整。脂肪标准化过程如图 11-2 所示。

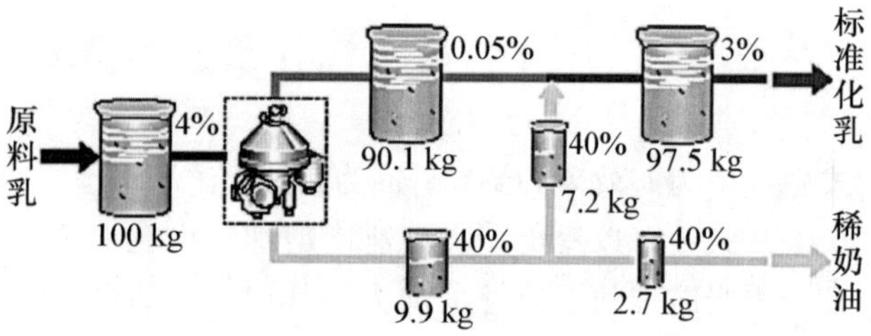

图 11-2　脂肪标准化过程

11.2　乳的热处理

所有液体乳和乳制品的工业生产都需要热处理。热处理的主要目的是杀死微生物和使酶失活，同时使乳产生一些化学变化。这些变化取决于热处理的强度，即加热温度和受热时间。但热处理也会给乳带来负面影响，如褐变、风味变化、营养物质损失、抑菌物质失活及损害凝乳力等，因此必须谨慎使用热处理。

11.2.1　热处理目的

11.2.1.1　保证消费者的安全

热处理能够杀死如结核杆菌、金黄色葡萄球菌、沙门氏菌、李斯特菌等病原菌，以及进入乳中的潜在病原菌，从而保证消费者的安全。

11.2.1.2　延长产品的保质期

热处理主要杀死腐败菌及其芽孢，使乳中天然存在的或由微生物分泌的酶失活。热处理可以抑制脂肪氧化引起的化学变质，还可以使促进乳脂肪聚集的“凝乳素”失活，避免因体系温度升高而形成稀奶油层。

11.2.1.3　促进产品特性的形成

在乳蒸发前加热，可提高炼乳在杀菌期间的凝固稳定性。热处理可使细菌抑制剂失活，例如，采用灭活免疫球蛋白和乳过氧化氢酶系统来促进发酵剂中微生物的生长；经热处理后，酸乳制品可获得理想的黏度；热处理还可以促进乳清蛋白和酪蛋白凝集。

11.2.2　热处理引起的变化

温度的升高会给牛乳体系带来一些变化，变化的程度会随着热处理强度的变化而不同。

11.2.2.1　物理、化学变化

热处理引起的物理、化学变化如下：

①CO_2 等气体的逸出。

②胶体磷酸盐增加，而 Ca^{2+} 减少。

③产生乳糖的同分异构体（如异构化乳糖）和乳糖的降解物（如乳酸等有机酸）。

④使酪蛋白中的磷酸根和磷脂降解引起无机磷增加。

⑤乳的 pH 降低，滴定酸度增加。

⑥大部分的乳清蛋白变性，由此导致不溶。

⑦许多酶被钝化。

⑧蛋白质与乳糖之间发生反应，主要是美拉德反应，使赖氨酸的效价降低。

⑨蛋白中的二硫键断裂，形成游离的巯基，使氧化还原电位降低。

⑩蛋白质发生其他化学反应。

⑪酪蛋白胶束发生聚集，最终导致乳凝固。

⑫脂肪球膜发生变化。

⑬甘油酯水解。

⑭由脂肪形成内酯和甲基酮。

⑮一些维生素的损失。

11.2.2.2　综合变化

热处理引起的综合变化概括如下：

①在加热过程中，乳起初变得稍微白一些，随着加热温度的升高和时间的延长，乳的颜色会变为棕色（高温处理、局部过热时易产生）。

②黏度增加。

③风味改变。

④营养价值降低。

⑤促进一些菌生长，抑制另一些菌生长。

⑥浓缩乳的热凝固和稠化趋势会降低。

⑦凝乳能力降低。

⑧乳脂上浮趋势降低。

⑨自动氧化趋势降低。

⑩形成均质团的趋势增加。

11.2.2.3　乳的热凝固

酪蛋白不像球蛋白那样容易受热变性。但在非常强烈的热处理条件下，它也能发生凝聚，尤其在胶束内部。如果凝聚大量出现，则形成可见的凝胶体，出现这种现象所需的时间被称作热凝固时间（HCT）。乳的热凝固主要发生在浓缩乳加工中。

乳的热凝固是一个非常复杂的现象，它是受多种因素综合影响的。最重要的影响因素是 pH，乳的初始 pH 对热凝固时间有相当大的影响，即 pH 越低，发生凝固的温度越低。乳的热凝固是不可逆的，即 pH 增加不能使形成的凝聚物再分散。

11.2.3　加热处理方式

加热处理方式按加热强度（指加热的持续时间和温度）分预热杀菌、低温巴氏杀菌、高温巴氏杀菌和灭菌 4 种。

11.2.3.1　预热杀菌

预热杀菌是一种低于低温巴氏杀菌的热处理，通常采用 60～69℃、15～20 s 加热。其目的在于杀死细菌，尤其是嗜冷菌。因为有些细菌能产生耐热的脂肪酶和蛋白酶，这些酶可以使乳制品变质。这种加热处理可抑制腐败但不能完全杀死微生物，对乳的成分和理化特性几乎无任何影响。

11.2.3.2　低温巴氏杀菌

低温巴氏杀菌采用 63℃、30 min 或 72℃、15～20 s 加热。这种杀菌方法可钝化乳中的碱性磷酸酶，可杀死乳中酵母菌和霉菌以及大部分细菌，但不能杀死生长缓慢的某些微生物。此外，低温巴氏杀菌可使一些酶钝化、乳的风味改变，但不使乳清蛋白变性和发生冷凝聚，不损害抑菌特性。

11.2.3.3　高温巴氏杀菌

高温巴氏杀菌采用 70～75℃、20 min 或 85℃、5～20 s 加热。这种杀菌方式可以破坏乳中过氧化物酶的活性。然而，生产中有时采用更高的温度，甚至采用 100℃，使除芽孢外的所有细菌生长体都被杀死；大部分的酶都被钝化，但乳蛋白酶（胞质素）和某些细菌蛋白酶与脂肪酶不被钝化或不完全被钝化；大部分抑菌特性被破坏；部分乳清蛋白发生变性，产生明显的蒸煮味，使奶油产生瓦斯味。采用这种杀菌方式除了会损失维生素 C 之外，营养价值没有重大变化。

11.2.3.4　灭菌

这种热处理意味着杀死所有微生物，包括芽孢。为了达到这样的效果，通常采用 110℃、30 min（在瓶中灭菌），130℃、2～4 s 或 145℃、1 s 加热。后两种热处理条件被称为超高温（ultra-high temperature，UHT）瞬时灭菌。上述灭菌处理方式产生的效果不同。110℃、30 min 加热可钝化所有内源酶，但不能全部钝化细菌产生的脂肪酶和蛋白酶，并会产生严重的美拉德反应，导致棕色化，形成灭菌乳气味；还会导致赖氨酸和维生素的损失，引起包括酪蛋白在内的蛋白质发生相当大的变化。相对而言，UHT 乳在色泽、风味和营养价值上都没有大的变化。

11.3　乳的均质

在乳的加工处理过程中，经常需要均质处理，其目的是防止脂肪上浮分层，减少酪蛋白微粒沉淀，改善原料或产品的流变学特性和使添加成分均匀分布。

11.3.1　均质原理

均质通过均质机来完成，均质机由高压泵和均质阀组成。其操作原理是：在一个适合的均质压力下，料液通过窄小的均质阀而获得很高的速度，这导致形成湍流；在形成的小涡流中产生了较高的料液流速梯度，引起压力波动，从而打散许多颗粒，尤其是液滴。

11.3.2　均质团现象

11.3.2.1　概念

稀奶油的均质通常引起黏度增加。在显微镜下可以看到，在每毫升经过均质的稀奶油中有大约 10^5 个脂肪球的聚集物，即所谓均质团（图 11-3）。均质团间隙含有液体，使稀奶油中颗粒的有效体积增加，因此增加了它的黏度。

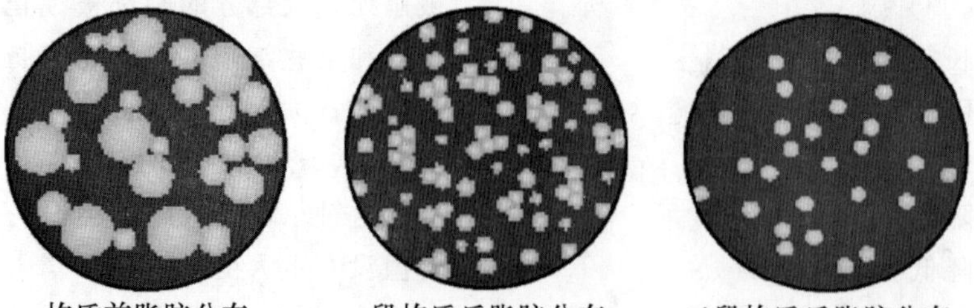

图 11-3　均质前后乳中脂肪球的变化

11.3.2.2　成因及影响因素

在均质过程中，当部分裸露的脂肪球与其他已经覆有酪蛋白胶束的脂肪球相碰时，这种酪蛋白胶束也能够附着在裸露的脂肪球表面。因此 2 个脂肪球由酪蛋白胶束这个“桥”连接着，从而形成均质团，该团块会很快被随后的湍流旋涡打散。如果蛋白质太少，以致不能完全覆盖在新形成的脂肪球表面，这些脂肪球也会形成均质团。

高脂肪含量、低蛋白含量、高均质压力及表面蛋白相对过剩、均质温度低（酪蛋白胶束扩散慢）、强烈预热（几乎没有乳清蛋白吸附）等，能促进均质团的形成。在实际操作中，当稀奶油的脂肪含量小于 9%时，不产生均质团块；而脂肪含量高于 18%的稀奶油通常产生均质团；当脂肪含量为 9%～18%时，产生的团块主要与均质压力和温度有关。

目前，生产中采用二段均质机。其中，第一段的均质压力大（占总均质压力的 2/3），使脂肪球破碎；第二段的均质压力小（占总均质压力的 1/3），使第一段均质形成的均质团分散为独立的脂肪球。

11.3.3　均质的其他作用

均质乳容易受解脂酶水解作用的影响，从而大大地促进脂肪分解。因此，应避免均质生牛奶，或者对均质后的乳迅速进行巴氏杀菌以使解脂酶失活。要避免均质后的乳与生乳混合，以防脂肪被分解。另外，均质乳还会表现出如下特性：颜色变白，易于形成泡沫，乳脂肪易发生自动氧化，脂肪球失去在冷却条件下凝固起来的能力。

11.4　乳的真空浓缩

乳的浓缩就是用加热的方法使牛乳中的一部分水汽化，并不断排除蒸汽，从而使牛乳中的干物质含量提高的加工处理过程。在乳制品加工中，浓缩一般在减压下进行，即乳的真空浓缩。

11.4.1　浓缩的作用

用于乳的真空浓缩的设备种类很多，按加热部分的结构可分为盘管式、列管式和板式；按两次蒸汽利用次数可分为单效和多效（包括双效）；按物料在蒸发器中的流向可分为升膜式和降膜式。一般来说，乳的浓缩有以下 3 个主要作用。

①生产浓缩乳制品的需要。如在生产淡炼乳、甜炼乳、浓缩酸奶等乳制品时，需要将乳、脱脂乳、乳清和其他原料中的水分蒸发，以提高物料中干物质的含量，或减少产品的体积并延长其保质期。

②浓缩是生产干燥乳制品的中间环节，如在乳粉生产过程中须先进行浓缩。

③通过浓缩、结晶，可从乳清中生产乳糖（α-乳糖水化合物）。

11.4.2　浓缩引起的变化

11.4.2.1　浓缩过程中可溶物的结晶

乳的浓缩程度用浓缩比 Q 表示，即浓缩产物中的干物质含量与原物质中干物质含量之比。

在浓缩过程中，一些物质达到过饱和状态，并可能结晶产生沉淀。室温下乳中的磷酸钙在浓缩时出现饱和状态。当 $Q\approx 2.8$ 时，乳中乳糖达到饱和状态。因此，生产上要根据实际需要控制或利用这些现象。

11.4.2.2　浓缩乳产品的特性变化及控制

通过调节蒸汽或乳的流量可自动控制蒸发过程。乳在浓缩过程中会发生如下特性的变化：

①在高温浓缩时，浓缩乳的黏度过度增加，如炼乳的稠化。对此可通过控制浓缩温度加以调节。

②高浓度炼乳易发生美拉德反应。对此应通过控制加热温度和时间以避免。

③如果产品高度浓缩，浓缩时温度高、温差大、乳流动速度慢，则易在加热器表面发生结垢。预热可明显减少在高温段处的结垢。

④在浓缩过程中，有些细菌仍可生长，如嗜热菌（嗜热脂肪芽孢杆菌等）经巴氏杀菌后仍可能存活，因此要求加工过程必须卫生，必须清洗设备，并且在连续工作 20 h 后对设备进行清洗消毒。

⑤在低温浓缩过程中，脱脂乳会产生泡沫。对此，应使用适宜的设备如降膜蒸发器来减少泡沫的产生。

⑥在浓缩过程中，尤其在降膜蒸发器中浓缩时，乳中脂肪球会破裂，形成小的脂肪球。例如，乳浓缩到干物质达 50%，其脂肪球平均直径可能从 3.8 μm 降到 2.4 μm。此时，一些脂肪球相互黏结，可通过后续的均质处理予以解决。

⑦乳糖的过早结晶会引起设备快速结垢，这在低温高浓缩的乳清中更易发生。

⑧在浓缩过程中，随着水的蒸发，乳中一些挥发性物质和溶解的气体也同时被除去。

11.5　乳的干燥

干燥是将液体、固体或半固体食品原料转化成含水量极低的固体产品的处理单元。用于乳与乳制品生产的干燥方法有冷冻干燥和加热干燥。冷冻干燥是在真空条件下，依靠升华将水分除去的方法。该方法对乳蛋白的性质没有影响，因此可生产出高质量的乳制品，但由于生产成本高而没有被普遍推广。目前，乳制品工业主要采用的干燥方法为喷雾干燥法，它是借助离心力或压力的作用，使物料在特制的干燥室内被喷成雾滴，而后用热空气干燥成粉末的方法。

干燥通常用来生产易于保存，加水后可还原，其性质与原始状态相似的食品。干燥普遍用于生产以牛乳、脱脂乳、乳清、奶油、冰淇淋混合料、蛋白质浓缩物等高水分含量物质为原料的乳制品。喷雾干燥后的产品呈粉状，只需过筛而不必再粉碎。产品生产过程卫生，易于连续化、自动化。典型的两段式喷雾干燥设施见图 11-4。

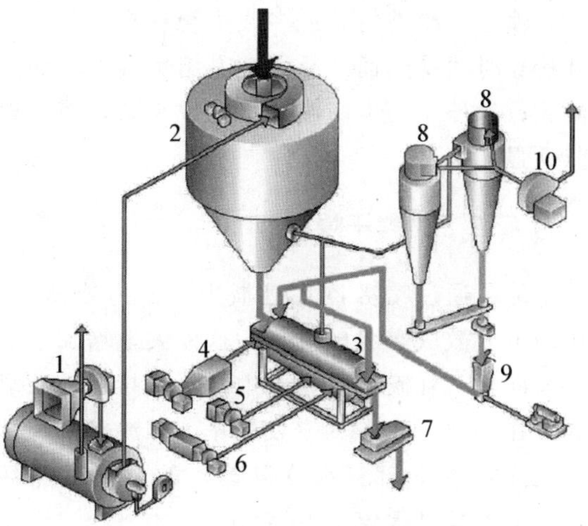

1. 空气加热器；2. 喷雾干燥塔；3. 流化床；4. 热空气室；5. 冷空气室；6. 冷却干空气室；7. 振动筛；8. 旋风分离器；9. 集粉器；10. 抽气扇

图 11-4　两段式喷雾干燥设施示意图

11.5.1　喷雾干燥的特点

11.5.1.1　喷雾干燥的优点

喷雾干燥的优点如下：

①干燥速度快，物料受热时间短。浓缩乳经雾化后，分散成无数直径在 10～100 μm 的微细液滴，比表面积大大增加。与干热空气接触后，水分蒸发速度很快，整个干燥过程仅需 10～30 s。牛乳营养成分的破坏程度小，乳粉的溶解度高，冲调性好。

②在整个干燥过程中，乳粉颗粒表面的温度较低，不会超过干燥介质的湿球温度，从而可以减少牛乳中一些热敏性物质的损失，且产品具有良好的理化性质。

③干燥过程中的工艺参数可以方便地调节，产品质量容易得到控制，同时也可以生产有特殊要求的产品。

④整个干燥过程是在密闭状态下进行的，产品不易受到外来的污染，从而最大限度地保证了产品的质量。

⑤操作简单，机械化、自动化程度高，劳动强度低，生产能力大。

11.5.1.2　喷雾干燥的缺点

喷雾干燥的缺点如下：

①占地面积和空间大，一般需要多层建筑，一次性投资大。

②热效率低，只有 35%～50%，所以热量消耗大，一般蒸发 1 kg 水分需要 3～4 kg 饱和蒸汽。

③喷雾干燥塔内壁或多或少会粘有乳粉，这部分乳粉长时间受热而严重影响其溶解性能，而且较难清除；另外，粉尘回收装置比较复杂，清扫设备时劳动强度大。

11.5.2 喷雾干燥原理

浓缩乳通过喷雾器在机械力（压力或离心力）的作用下分散成雾状的乳滴，这极大地增加了乳的蒸发表面积。乳滴在干燥室中与热风接触，浓乳中的水分在 0.01～0.04 s 蒸发完毕，雾滴被干燥成粉粒落入干燥室底部。水分以蒸汽的形式被热风带走。整个干燥过程仅需 15～30 s。

在干燥初期，乳滴的温度和湿度与干燥空气的相差很大，促进了热传递和物质（水）运动，乳滴表面水分蒸发很快，直至乳滴中水分扩散速度不能使乳滴表面水分保持饱和状态为止。此阶段约持续数十毫秒，大部分自由水被除去。此后，乳滴表面形成表面张力梯度，水分的蒸发发生于乳滴内部的某一界面上，水蒸气在乳滴微粒内部形成，一部分结合水也被除去。这个阶段的干燥时间一般为 15～30 s。干燥期间，乳滴内部干物质浓度逐渐升高，乳滴中剩余水分的沸点逐渐升高，因而乳滴的蒸发温度也逐渐升高，最后达到出口或出风温度。

11.5.3 喷雾干燥方式

目前，国内外广泛采用压力式喷雾干燥和离心式喷雾干燥，下面以乳粉加工为例说明其原理和工艺。

11.5.3.1 压力式喷雾干燥

在压力式喷雾干燥中，浓乳的雾化是通过高压泵的压力和一个安装在干燥塔内部的喷嘴来完成的。雾化原理是：浓乳在高压（20 MPa）下通过一狭小的喷嘴后，瞬间得以雾化成无数细微的小液滴，见图 11-5。

雾化的质量取决于雾化器的结构、喷雾压力（浓乳的流量）、浓乳的物理性质（浓度、黏度、表面张力等）。

一般情况下，雾滴的平均直径与浓乳的表面张力、黏度及喷嘴孔径成正比，与流量成反比。

雾滴在理想的干燥条件下干燥后，直径减小到最初乳滴的 75%，质量约减少至 50%，体积约减少至 40%。

采用压力式喷雾干燥法生产乳粉时，工艺条件通常控制在表 11-1 所列出的范围。

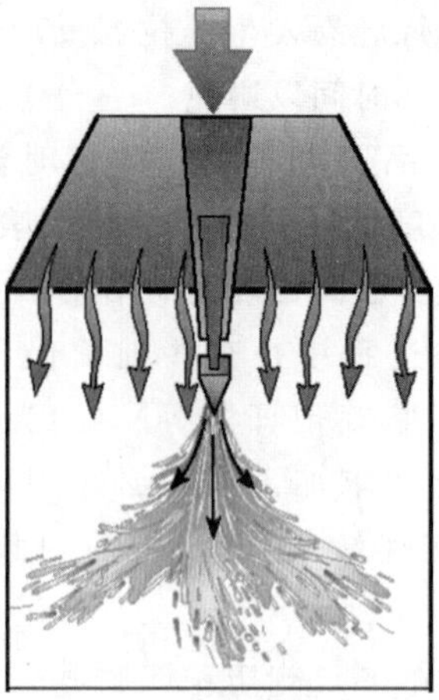

图 11-5 顺流压力喷雾干燥

表 11-1 压力喷雾干燥法生产乳粉的工艺条件

项目	全脂乳粉	全脂加糖乳粉
浓缩乳浓度/波美度	12～13	14～16
浓乳的干物质含量/%	45～55	45～55
浓乳温度/℃	40～45	40～45
高压泵工作压力/MPa	13～20	13～20
喷嘴孔径/mm	1.2～1.8	1.2～1.8
喷嘴数量/个	3～6	3～6
喷嘴角度/（°）	70～80	70～80
进风温度/℃	130～170	140～170
排风温度/℃	70～80	75～80
排风相对湿度/%	10～13	10～13
干燥室负压/Pa	98～196	98～196

11.5.3.2 离心式喷雾干燥

在离心式喷雾干燥中，浓乳的雾化是通过一个在水平方向高速旋转的圆盘来完成的。其雾化原理是：浓乳在泵的作用下进入转速在 10 000 r/min 以上的高速旋转的转盘中（图 11-6），从而达到雾化的目的。

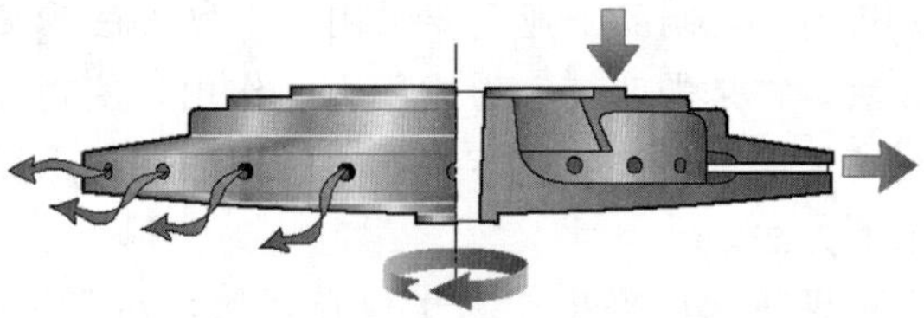

图 11-6 离心喷雾盘

雾化的质量取决于转盘的结构及其圆周速度（直径与转速）、浓乳的流量与流速、浓乳的物理性质（浓度、黏度、表面张力等）。

采用离心式喷雾干燥法生产乳粉时，工艺条件通常控制在表 11-2 所列出的范围。

表 11-2 离心喷雾干燥法生产乳粉的工艺条件

项目	全脂乳粉	全脂加糖乳粉
浓缩乳浓度/波美度	13～15	14～16
浓乳的干物质含量/%	45～50	45～50
浓乳温度/℃	45～55	45～55
转盘转速/(r/min)	10 000～40 000	10 000～40 000
转盘数量/个	1	1
进口温度/℃	200 左右	200 左右
干燥温度/℃	90 左右	90 左右
排风温度/℃	85 左右	85 左右

11.5.3.3 乳粉干燥过程

乳粉干燥过程分为两个阶段。第一阶段将预处理过的牛乳浓缩至乳固体含量为 40%左右。第二阶段将浓缩乳泵入干燥塔中进行干燥，该阶段又可分为 3 个连续过程：一是将浓缩乳分散成非常细微的雾状液滴；二是细微的雾状液滴与热空气流接触，此时牛乳中的水分大量、迅速地蒸发（该过程又可细分为预热段、恒速干燥段和降速干燥段）；三是将乳粉颗粒与热空气分开。

在干燥塔内，整个干燥过程大约用时 25 s。由于微小液滴中的水分不断蒸发，所以它们的温度一直低于周围热空气的温度，也就是说，乳粉的温度不会超过 75℃。当采用二段干燥法时，温度会更低。

干燥的乳粉的含水量为 2.5%左右，从塔底排出。为了提高喷雾干燥的热效率，可采用二次干燥法。二段干燥主要是降低干燥塔的出口温度，使含水量较高（6%～7%）的乳粉颗粒再在流化床或干燥塔中二次干燥至含水量为 2.5%～5%；也有的在塔底设置固定沸腾床，使奶粉颗粒在塔底低温条件下干燥。

11.6 膜过滤技术在乳制品加工中的应用

膜过滤技术是当今食品工业上采用的一项新技术，乳品加工主要应用超滤和反渗透技术。前者通过膜的是纯水和低分子溶质，从而可使溶液中的高分子和低分子分开；后者通过膜的是水，从而可使原来的溶质得到浓缩。目前该技术广泛用于从乳清中分离蛋白质和乳的浓缩，具有节能、提高得率、占地面积小、投资小等优点。

11.6.1 超滤在乳制品加工中的应用

11.6.1.1 超滤的工作原理

当全乳、脱脂乳或乳清等料液在压力下流过超滤膜表面时，含有乳糖及低分子量盐类的水溶液能透过超滤膜，变成清液。含有脂肪及蛋白质等高分子量化合物的胶体物质被膜层截留，成为浓缩液。这样的分离过程称为超滤。如果将所得浓缩液用水稀释，再进行超滤，可使料液中的低分子量溶质进一步随清液流出，而高分子量物质逐步得到提纯，这样的过程为全滤。超滤装置的关键性组件是超滤膜。超滤膜的性质必须能最佳地适应和完成超滤工艺过程的要求。

11.6.1.2 用途

超滤法在乳品工业中的用途主要有以下 2 个方面。

（1）制备乳清蛋白等制品

当制造干酪或干酪素时，副产大量乳清。乳清中还保留着乳中的全部乳清蛋白。采用超滤法将其分离、水洗、浓缩及干燥，可制得含量为 35%、60%及 80%的 3 种乳清蛋白粉。乳清蛋白易被消化吸收，具有较高的营养价值和生理功能。经超滤后的透过液可进一步用于加工乳糖等制品。

（2）制作干酪

用超滤法制干酪，可提高其产率。如在制造 Feta 干酪时，可将全乳超滤浓缩 5 倍，使干物质含量约达到 39.5%，即接近成品的干物质含量。与传统方法相比，产率可提高约 30%，还可节约发酵剂及凝乳酶的用量。

11.6.2 反渗透在乳制品加工中的应用

11.6.2.1 反渗透的工作原理

当全乳、脱脂乳或乳清等料液在压力下流过反渗透膜表面时，其所含有的干物质几乎全被反渗透膜截留，透过膜层的是清水。这样的分离过程就叫反渗透。通过反渗透处理，料液被脱水浓缩，其营养物质不发生变化。

11.6.2.2 用途

（1）全乳或脱脂乳的脱水浓缩

反渗透几乎能全部截留乳料中的干物质，又不消耗蒸汽，节约能源，故多用于预浓缩。又如，生产酸凝乳时，须将乳固体提高到 14%～15%；生产冰淇淋时，须将非脂乳固体浓缩至约 15.5%，采用反渗透法是十分方便的。生产炼乳或乳粉时，均可先在相当低的能耗下预浓缩，除去50%的水分，然后再进行后续操作，可以大大地减少蒸汽的消耗。

(2) 乳清浓缩

乳清中干物质含量低，为了生产浓缩乳清制品，可采用反渗透法进行预浓缩，然后再真空蒸发，以降低生产费用。

(3) 原乳预浓缩

原乳预浓缩可单用反渗透法进行，也可先用超滤法得到富含脂肪与蛋白质的超滤浓缩液，然后用反渗透法将透过液进一步脱水浓缩。将二浓缩液混合，即得浓乳，用此法可将原乳预浓缩2～2.5倍，较蒸汽加热真空浓缩法经济。

11.6.3 电渗析

乳清中蛋白质的含量约为干物质的13%，具有相当高的营养价值和功能作用，还含有大量的乳糖以及丰富的B族维生素。但乳清中也含有大量的盐，使其在食品中的应用受到限制。脱盐主要是除去氯化钠和硝酸盐，目前主要用电渗析、离子交换两种方法。

11.7 加工设备的清洗消毒

11.7.1 清洗消毒目的

巴氏杀菌设备运行数小时之后，冷却段内的乳会滋生细菌。在巴氏杀菌中存活下来的细菌附着在乳垢里形成微生物薄层。微生物薄层中的细菌生长很迅速，定期对其进行清洗消毒，可清除物料管道内、单元设备内残留的乳成分和污垢；防止细菌滋生并有利于热交换；杀灭设备、管道内的微生物。

11.7.2 清洗剂选择

清洗剂的作用主要为乳化、润湿、松散、悬浊、洗涮、螯合、软化、溶解等。通常可分为5类，即碱类、磷酸盐类、润湿剂类、酸类、整合剂类等。

食品加工厂在时选择清洗剂时，过去首先考虑清洁程度和经济效果，现在则首先考虑环境保护。关于清洗剂，多使用氢氧化钠、磷酸盐、硅酸盐等碱性清洗剂和磷酸、硝酸、盐酸、硫酸等酸性清洗剂。近年来又在这些清洗剂中添加表面活性剂或金属螯合物，使其更容易除去污物和改善洗涤性能以及防止乳垢沉着。

11.7.3 清洗消毒方法

在生产结束后（一般连续生产6 h），一定要认真清洗和消毒设备。清洗和消毒必须分开进行，因为未经清洗的导管和设备，消毒效果不好。清洗时首先用38～60℃的温水进行冲洗，目的是洗掉附在管壁和设备内残存的牛奶，故温度不宜太高以防止蛋白质等受热变性黏附，造成清洗困难；然后用热的清洗剂（71～72℃）进行冲洗，目的是除去容器内壁的蛋白质和脂肪等固体奶垢，见图11-7。

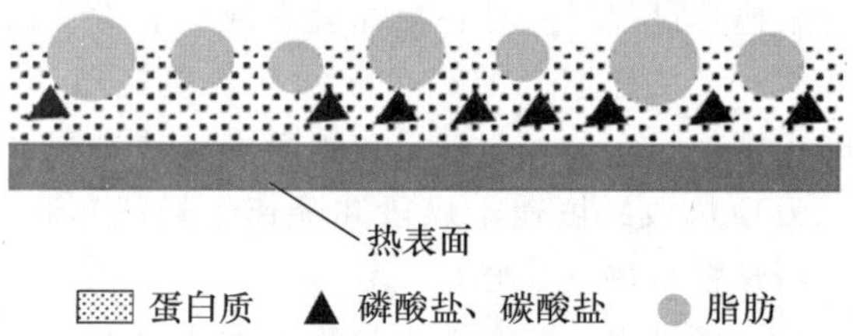

图11-7 加热器表面沉积物

如果发现用清洗剂冲洗后仍有奶垢，则应用六偏磷酸钠等处理，否则会影响牛乳的杀菌效果。清洗挂锡的乳桶时，为了保护桶内的锡不受腐蚀，应在碱液内添加亚硫酸钠（氢氧化钠与亚硫酸钠的体积比为4∶1）。用清洗剂清洗后，再用清水彻底冲洗干净，并保持干燥状态。对清洗后的管道和容器等设备，在使用前必须进行消毒处理。常用的消毒方法有3种，即沸水消毒法、蒸汽消毒法和次氯酸盐消毒法。

11.7.3.1 沸水消毒法

这是最简便的方法，在牧场中也容易做到。用沸水消毒时，必须使消毒物体的温度达到90℃以上，并保持2～3 min。

11.7.3.2 蒸汽消毒法

此法系将蒸汽直接喷射在消毒物体上。当消毒导管和保温缸等设备时，通入蒸汽后，应使冷凝水出口温度达82℃以上，然后把冷凝水彻底放尽。

11.7.3.3 次氯酸盐消毒法

这是乳品工业常用的消毒方法。消毒前须充分清洗消毒物件，以除去有机质。因次氯酸盐容易腐蚀金属（包括不锈钢），特别是使用软水而pH很低时，更易腐蚀。通常，杀菌剂溶液中有效氯的质量浓度为 200～300 mg/kg，如使用软水时，应在水中添加 0.01%的碳酸钠。用这种方法消毒时，在消毒后必须彻底冲洗消毒物体，直到无氯味为止。

11.7.3.4　CIP 清洗

CIP 清洗详见二维码 11-1。

二维码 11-1　CIP 清洗

思考题

1. 原料乳在贮藏期间会发生哪些变化？
2. 牛乳离心分离的目的是什么？
3. 离心除菌的目的和条件是什么？
4. 乳均质的目的是什么？
5. 什么是均质团？如何避免其产生？
6. 喷雾干燥的方法有哪些？各有什么特点？
7. 膜过滤的种类及在乳制品加工中的应用有哪些？
8. 乳制品加工设备清洗消毒的目的是什么？
9. 什么是 CIP 清洗？

第 12 章

消毒乳加工

学习目的与要求

了解消毒乳的概念及种类；掌握巴氏杀菌乳和超高温灭菌乳的加工工艺及要求；了解再制乳和乳饮料的加工工艺及其区别。

12.1　概述

12.1.1　消毒乳的概念

消毒乳又称杀菌乳，系指以新鲜牛乳、稀奶油等为原料，经净化、均质、杀菌、冷却、包装后，直接供消费者饮用的商品乳。

12.1.2　消毒乳的种类

12.1.2.1　按原料成分分类

按照原料成分不同可将消毒乳分为 5 类。

①普通全脂消毒乳　以鲜乳为原料，不加任何添加剂加工而成的消毒乳。

②脱脂消毒乳　将鲜牛乳中的脂肪全部或部分脱去而制成的消毒乳。

③强化消毒乳　对加工过程中损失的营养成分和日常食品中不易获得的成分加以补充，使营养成分得以强化的牛乳。

④复原乳　也称再制乳，系以全脂奶粉、浓缩乳、脱脂奶粉和无水奶油等为原料，经混合溶解后制成的与牛乳成分相同的饮用乳。

⑤花色牛乳　以牛乳为主要原料，加入其他风味食品，如可可、咖啡、果汁，辅以甜味剂、酸味剂、稳定剂、香精等，再经调色调香而制成的饮用乳。

12.1.2.2　按杀菌强度分类

按照杀菌强度不同可将消毒乳分为 3 类。

①低温长时间杀菌（LTLT）乳　也称保温杀菌乳，指牛乳经 62～65℃、30 min 保温杀菌。在这种温度下，乳中的病原菌，特别是耐热性较强的结核菌都会被杀死。

②高温短时间（HTST）杀菌乳　通常采用 72～75℃杀菌 15 s 或采用 75～85℃杀菌 15～20 s 的杀菌乳。由于其被加热时间短，热变性程度低，风味浓厚，无蒸煮味。

③超高温（UHT）杀菌乳　通常指经 120～150℃杀菌 0.5～0.8 s 的杀菌乳。由于耐热细菌都被杀死，故产品保存期明显得以延长。但是，原料乳质量不佳如酸度高、盐类不平衡，则易形成软凝块和造成杀菌器内挂乳石等；初始菌数特别是芽孢数过高，则残留菌的可能性增加。因此，超高温杀菌对原料乳的质量要求很高。由于杀菌时间很短，故超高温杀菌乳的风味、性状和营养价值等与普通杀菌乳的相比无差异。

12.2　巴氏杀菌乳加工

12.2.1　巴氏杀菌乳加工工艺

巴氏杀菌乳是仅以生牛（羊）乳为原料，经巴氏杀菌等工序制得的液体产品（GB 19645—2010）。巴氏杀菌乳因脂肪含量不同，可分为全脂乳、低脂乳、脱脂乳。巴氏杀菌乳的加工生产线见彩图 1。

经验收合格的原料乳先通过平衡槽，然后经物料泵送至板式换热器。预热后，通过流量控制器至分离机，以生产脱脂乳和稀奶油。其中稀奶油的脂肪含量可通过流量传感器、密度传感器和调节阀确定和保持稳定，即为了保证均质效果以及节省投资和能源，仅使稀奶油通过一个较小的均质机。实际上，该图中稀奶油的去向有两个：一是通过关闭阀和检测阀与均质机相连，以确保巴氏杀菌乳的脂肪含量；二是多余的稀奶油进入稀奶油处理线。此外，进入均质的稀奶油的脂肪含量不能高于 10%，所以一方面要精确地计算均质机的能力，另一方面应使脱脂乳混入稀奶油，然后进入均质机，并保证其流速稳定。随后，均质的稀奶油与多余的脱脂乳混合，使物料的脂肪含量稳定在产品要求范围内，并被送至板式换热器和保温管进行杀菌。然后通过转换阀和升压泵，保证杀菌后的巴氏杀菌乳在杀菌机内为正压。这样可以避免由于杀菌机的渗漏，冷却介质或未杀菌的物料污染杀菌后的巴氏杀菌乳。当杀菌温度低于设定值时，温度传感器将指示转换阀，使物料回到平衡槽。巴氏杀菌后，杀菌乳继续通过板式热交换器交换段，与流入的未经处理的乳进行热交换，使其本身被降温，然后流至冷却段，被冷水和冰水冷却，冷却后先通过缓冲罐，再进行灌装。

12.2.2　巴氏杀菌乳的生产要求

12.2.2.1　原料乳验收和分级

通常在牧场仅对牛乳的质量作一般的评价，到达乳品厂后再对感官、理化和微生物指标等进行测定。具体方法和要求见第 10 章相关内容。

12.2.2.2　预处理

（1）脱气

刚被挤出的牛乳含有5.5%～7%的气体，经过贮存、运输和收购后，其气体含量达到10%以上，而且绝大多数为非结合的分散气体。这些气体对乳品加工的影响主要体现在：影响牛乳计量的准确度；使巴氏杀菌机中结垢增加；影响分离和分离效率；影响牛乳标准化的准确度；影响奶油的产量；促使脂肪球聚合；促使游离脂肪吸附于奶油包装的内层；促使发酵乳中的乳清析出。

因此，在处理牛乳的不同阶段进行脱气是非常必要的。通常，用流量计计量牛乳前须对牛乳进行脱气处理，但是这时所用的脱气设备对乳中细小的分散气泡是不起作用的。因此，在进一步处理牛乳的过程中，还应使用真空脱气罐，以除去细小的分散气泡和溶解氧。

（2）过滤及净化

过滤、净化的目的是去除混入到原料乳中的机械杂质，并可以少量去除牛乳中的部分微生物，方法和要求见10.3.1部分。

（3）标准化

巴氏乳标准化的目的是生产符合质量标准要求的产品，并使生产的每批产品质量均匀一致。就巴氏杀菌乳而言，一般只对乳脂肪标准化。目前常用的标准化方法主要有以下3种。

①预标准化　预标准化是指在巴氏杀菌之前把全脂乳分离成稀奶油和脱脂乳。如果标准化乳脂率高于原料乳中的含量，则须将稀奶油按计算比例与原料乳在罐中混合，以达到要求的含脂率；如果标准化乳脂率低于原料乳中的含量，则须将脱脂乳按计算比例与原乳在罐中混合，以达到要求的脂肪含量。

②后标准化　后标准化是在巴氏杀菌之后进行的，方法同上。与预标准化不同的是，二次污染的可能性增大。

③直接标准化　即在线标准化。先把牛乳分离成脱脂乳和稀奶油，然后通过再混合过程，控制脱脂乳和稀奶油的混合比例，使混合后的牛乳脂肪、蛋白质等指标符合产品要求。将牛乳加热至55～65℃，然后按预先设定好的脂肪含量，分离出脱脂乳和稀奶油，并且根据最终产品的脂肪含量，由设备自动控制回流到脱脂乳中的稀奶油的流量。多余的稀奶油会流向稀奶油巴氏杀菌机。

预标准化和后标准化都需要使用大型的、等量的混合罐，分析和调整工作也很费工。而直接标准化是与现代化的乳制品大生产相结合的方法，其主要特点为：快速、稳定、精确、与分离机联合运作、单位时间内处理量大。

（4）均质

均质可将乳中脂肪球直径控制在1 μm左右，这时，乳脂肪的表面积增大，浮力下降。另一方面，经均质后的牛乳脂肪球直径减小，易于消化吸收。在巴氏杀菌乳的生产中，均质机的位置一般处于杀菌机的第一热回收段；在间接加热的超高温灭菌乳生产中，均质机位于灭菌机之前；在直接加热的超高温灭菌乳生产中，均质机位于灭菌机之后，因此应使用无菌均质机。

均质原理和方法可参考11.3乳的均质。对于大多数生产企业来说，对脂肪含量在1%～5%的原料乳均采用二级均质机进行均质处理，控制二级均质压力在5 MPa左右，再调节总均质压力为18～25 MPa。

（5）杀菌

①巴氏杀菌的目的　巴氏杀菌的目的首先是杀死致病微生物，其次是尽可能多地破坏能影响产品风味和保质期的其他微生物和酶类，以保证产品在保质期内质量稳定。另外，乳中含有一些致敏因子，热处理可以降低其致敏性。

②巴氏杀菌的方法　从杀死微生物的观点来看，牛乳的热处理强度是越大越好。但是，强烈的热处理对牛乳外观、味道和营养价值会产生不良影响。如牛乳中的蛋白质在高温下会变性；强烈的加热使牛乳味道改变，首先是出现蒸煮味，然后是出现焦味。因此，时间和温度组合的选择必须考虑到微生物和产品质量两方面，以达到最佳效果。表12-1是乳品厂常用的一些杀菌方法。

表12-1　乳品厂常用的巴氏杀菌处理方法

杀菌方法	温度	时间
初次杀菌	63～65℃	15 s
低温长时巴氏杀菌	63℃	30 min
高温短时巴氏杀菌（牛乳）	72～75℃	15～20 s
高温短时巴氏杀菌（稀奶油等）	＞80℃	1～5 s
超巴氏杀菌	125～138℃	2～4 s

a. 初次杀菌。大型乳品厂不可能在收乳后立刻进行巴氏杀菌或进行加工，必须将一部分牛乳放在大贮奶罐中贮存数小时或数天。在这种情况下，即使有现代化的制冷技术，微生物仍有足够的时间繁殖并产生酶类，而且微生物代谢产生的副产物有时

是有毒的。此外，微生物还引起牛乳中某些成分分解，使 pH 下降等。因此，当把乳送到乳品厂时必须尽快地进行热处理。

许多乳品厂对牛乳进行预巴氏杀菌，这种工艺称为初次杀菌，即把牛乳加热到 63～65℃，持续约 15 s。许多国家禁止两次巴氏杀菌。因此，初次杀菌必须在没达到巴氏杀菌程度时就停止，即任何情况下的初次杀菌都不能导致磷酸酶试验呈阴性反应。

初次杀菌的目的是杀死嗜冷菌，以防长时间低温冷藏后嗜冷菌大量繁殖而产生大量的耐热脂肪酶和蛋白酶。为了防止热处理后需氧芽孢菌在牛乳中繁殖，必须将牛乳迅速冷却到 4℃或更低的温度。因为温和的热处理能使许多芽孢恢复到生长状态，许多专家认为初次杀菌对后面的巴氏杀菌杀灭某些芽孢菌有利。

通常情况下，当牛乳在到达乳品厂后的 24 h 内即被加工处理时，无须进行初次杀菌。

b. 低温长时巴氏杀菌。这是一种间歇式的巴氏杀菌方法。目前，这种方法已很少使用。

c. 高温短时巴氏杀菌。用于新鲜乳的高温短时间杀菌，其工艺是把乳加热到 72～75℃，保持 15～20 s 后再冷却。可用磷酸酶试验来检查牛乳是否已得到适当的巴氏杀菌，采用此种方法的试验结果必须是阴性的，即必须呈阴性反应。

d. 超巴氏杀菌。超巴氏杀菌的目的是延长产品的保质期，其采取的主要措施是尽最大可能避免产品在加工和包装过程中再次被污染。这需要极高的生产卫生条件和优良的冷链分销系统。一般地，冷链温度越低，产品保质期越长，但最高不得超过 7℃。

超巴氏杀菌的温度为 125～138℃，时间为 2～4 s，然后将产品冷却至 7℃以下贮存和销售，即可使保质期延长至 40 d 甚至更长。但超巴氏杀菌所采用的温度再高，时间再长，它仍然与超高温灭菌有根本的不同。其主要区别在于：超巴氏杀菌产品并非无菌灌装；超巴氏杀菌产品不能在常温下贮存和销售；超巴氏杀菌产品也不是商业无菌产品。

(6) 冷却

经过杀菌后，必须将牛乳的温度迅速冷却到 7℃以下，才能抑制残留微生物的生长和繁殖。同时，低温贮藏对产品品质的保持也是十分有利的。冷却的方法是将杀菌后的高温牛乳经换热器冷却，将杀菌乳冷却至 4～5℃。

(7) 灌装

应迅速在卫生条件下将冷却后的乳灌装到要求的容器中。包装的目的是包容、保护、保藏食品，使其便于销售。目前，我国对巴氏杀菌乳的包装主要有玻璃瓶、塑料袋、复合纸盒和高密度聚乙烯包装等。

①玻璃瓶包装　玻璃瓶是一种可回收物，可被重复使用约 50 次。每次回收使用时，必须注意检查，保证玻璃瓶是完好无损的，并经清洗、灭菌和干燥方可使用。

②塑料袋包装　目前，在我国巴氏杀菌乳产品的包装中，销量最大的为塑料袋包装的，其特点是卫生、方便、价廉。

③复合纸盒包装　复合纸盒在超高温灭菌乳无菌包装中的应用促进了与其相似的包装在巴氏杀菌乳中的使用。屋顶包是广泛应用的包装形式之一，因为它将拉环和盖子固定在一起，使之很容易打开和倾倒。用于巴氏杀菌乳的纸盒材料是由起保护作用的外层低密度聚乙烯（LDPE）层和卡板纸复合而成的，卡板纸的内表面也覆盖着 LDPE 保护层，卡板纸的作用是提供机械强度。屋顶包是成型灌装密封包装，但与完全用复合材料制造的砖型包装相比，屋顶包的塑料盖是在纸盒成型时用 LDPE 颗粒经模具成型的。在生产过程中，首先将复合纸卷成筒状盒体，然后将其固定于塑料盖上；从巴氏杀菌机连续进入灌装机平衡罐的物料，由定容定量给料器从纸盒底部进料灌装，一旦灌满，立即热封。虽然灌装过程是卫生的，但不是无菌的，只有以严格的标准来管理整个生产过程，同时包装材料经过有效灭菌，巴氏杀菌乳才能有一个较理想的保质期。目前，我国使用的屋顶包通常在包材厂已经成型，乳品加工厂直接用预成型包袋盒进行灌装，然后密封。

④高密度聚乙烯包装　高密度聚乙烯包装容器是继纸盒之后的另一种可供选择的包装形式（可回收），这种包装已成为零售巴氏杀菌乳最常用的包装形式。塑料容器用的材料是高密度聚乙烯（HDPE）而不是 LDPE，因为前者才具有足够的强度和硬度。包装容器既可以在乳品厂现场吹塑成型，也可预成型后运送到乳品厂进行灌装。运输聚乙烯颗粒比运输空容器和盖子更经济，因此，现场吹塑成型在运输成本上占有优势。对塑料容器的灌装操作的卫生管理必须非常严格，才能降低巴氏杀

菌后二次污染的危险性。

(8) 冷藏及运输

在贮存、运输和销售过程中，必须保持巴氏杀菌产品冷链的连续性，尤其从乳品厂至商店的运输过程及产品在商店的贮存过程是冷链的两个最薄弱环节。表 12-2 是瑞典乳业协会的调查结果，表明产品从装车、运输、卸车到最后被运至商店的过程，时间不应超过 3 h，而且应该选用保温密封车甚至冷藏车运输。

表 12-2　运输条件与产品温度之间的关系

（产品升温℃/h）

运输车	室温（20℃）	室温（10℃）
非冷藏，非保温账篷车	3	1.5
非冷藏，非保温密封车	1	0.5
非冷藏，保温密封车	1	0.5
冷藏，保温密封车	0.5～1	0

12.3　超高温灭菌乳

12.3.1　超高温灭菌方式

12.3.1.1　加热方式

根据加热方式的不同，超高温灭菌处理主要分为直接加热和间接加热两种方式。

(1) 直接加热

产品进入系统后与加热介质直接接触，随之在真空缸中闪蒸冷却，最后通过间接冷却系统冷却至包装温度。直接加热系统可分为蒸汽注射系统和蒸汽混注系统。

(2) 间接加热

热量从加热介质中通过一个间壁（板片或管壁）传送到产品中。间接加热系统可分为板式换热器、管式换热器、刮板式换热器。

12.3.1.2　灭菌条件

为了保证产品的商业无菌，通常须要将原料乳加热到一定的温度，并在此温度下保持一段时间，以杀灭原料乳中的微生物及酶类，图 12-1 是热处理对微生物及酶活性的影响。图中标明了罐内灭菌和 UHT 处理区域，标示的温度（30℃和 55℃）对应的是芽孢生成菌的营养体的最适生长温度。A 线所示是能够引发牛奶褐变的时间/温度组合的低限。B 线所示是完全灭菌（杀灭耐热芽孢）所要求的时间/温度组合的低限。

12.3.1.3　几种典型的 UHT 系统

几种典型的 UHT 系统详见二维码 12-1。

二维码 12-1　几种典型的 UHT 系统

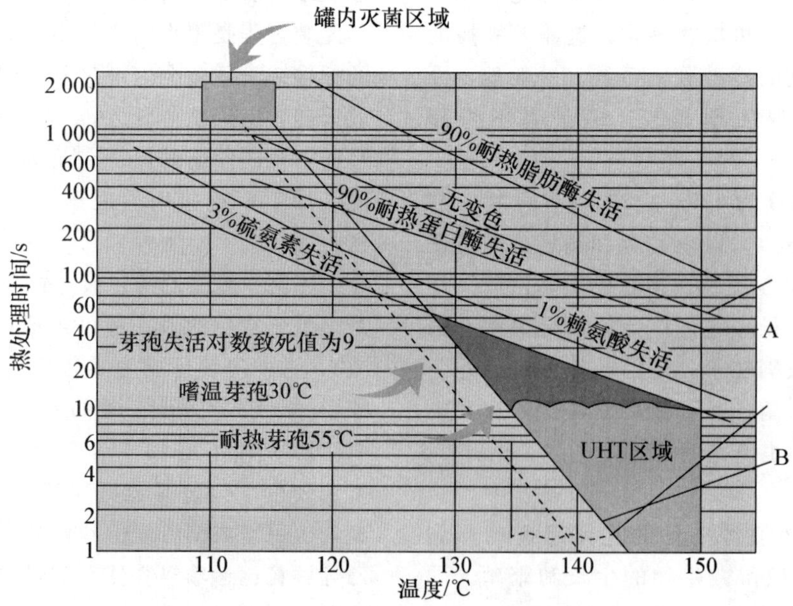

图 12-1　热处理对微生物及酶活性的影响

12.3.2　超高温灭菌乳的加工工艺

无论是直接还是间接 UHT 方法，生产工艺是相近的。UHT 工艺与巴氏杀菌工艺相近，主要的区别是 UHT 处理前一定要对所有设备进行预灭菌。UHT 热处理对设备要求更严、对产品作用强度更大，工艺流程中必须使用无菌罐，最后采用无菌灌装。

12.3.2.1　原料乳质量要求

生产 UHT 产品对原料乳质量要求较高，除了要满足原料乳的基本质量要求外，还对蛋白质的稳定性、微生物指标等方面有特殊要求，具体包括：

①蛋白质的稳定性　在生产 UHT 产品时，要求牛乳中的蛋白质在热处理中不能失去稳定性。蛋白质的热稳定性可以通过酒精试验来进行快速鉴定，如果牛乳在 75%酒精中仍能保持稳定，则通常可以避免在生产和上架期间出现问题。

②微生物指标　在低温下长时间贮存的牛乳，可能会含有过高数量的嗜冷菌。嗜冷菌会产生一些经灭菌处理也不会失活的耐热酶类。在产品贮存期间，这些酶类会引起产品滋味改变，如产生酸辣味、苦味，严重时会凝胶化。因此，生产 UHT 乳所用的原料乳必须具有很高的细菌学质量。通常要求原料乳的细菌总数小于 2.0×10^5 CFU/mL，耐热芽孢数小于 100 CFU/mL。GB 19301—2010 对生乳菌落总数要求为 2×10^6 CFU/mL。

③体细胞　体细胞数应小于 3.0×10^5 个/mL。

12.3.2.2　生产前设备杀菌

生产之前，必须对设备进行灭菌，以避免经灭菌处理后产品被再次污染。采用 95～100℃热水灭菌设备时，最短保持时间为 30 min，必须保证设备中所有部件的温度都达到灭菌温度要求。灭菌结束后，须将设备冷却至生产要求的温度条件。

12.3.2.3　灭菌、均质、冷却

原料乳经预热段预热至 75℃后，进入均质机均质。均质通常采用二级均质，二级均质压力为 5 MPa，总均质压力为 25 MPa。均质后的牛乳进入加热段，被加热到灭菌温度（140℃左右），保持 4 s 左右进行灭菌，然后进入热回收段进行冷却。

12.3.2.4　无菌包装

无菌包装是生产 UHT 乳的一个重要过程，该过程包括包装材料或容器的灭菌，指在无菌环境下将 UHT 乳灌入无菌容器中并密封。UHT 产品在非冷藏条件下具有长货架期，所以包装材料必须具有阻光和防氧化性能。因此，在聚乙烯塑料层之间需要有一个薄铝夹层。无菌包装系统有多种形式，可配无菌罐，也可不配无菌罐。详见二维码 12-2。

二维码 12-2　无菌包装

12.3.2.5　UHT 乳质量检测

为确保得到较好品质的 UHT 乳，应在生产中取样并检测某些参数，推荐使用以下检测程序。

①对每批产品，都应检测原料乳的成分。测定乳脂肪含量和总蛋白质含量后，可根据要求调整。

②应在显微镜下观察 UHT 乳，以确保均质充分，减少脂肪上浮。该项检测应在均质前后都进行，每周一次。

③在热处理前后检测原料乳的微生物指标。此检测应在刚开机时、开机 4 h 及 8 h 后进行。如果生产超过 8 h，则 8 h 后应每小时检测一次。

④应在热处理后立即对产品进行检测，以确保热处理达到预期效果。对微生物的检测项目及要求数量应和热处理前一样。

⑤最终产品的检测应涉及所有参数，且所选取的样品要能代表全天的生产情况。它可进一步确认先前生产过程中的检测结果。保存留样以备有产品投诉情况出现时，再行检测。还应在 2 周后、1 个月后、2 个月后、3 个月后、4 个月后及 6 个月后检测留置样品的各项参数，以证实产品保存期。出库产品的保存期测试每周进行一次即可。

⑥保温试验。对 UHT 乳，应取样于保温室中进行保温试验。保温试验时间为 1 周，以检测微生物及感官指标的变化。

12.3.3　超高温处理对牛乳品质的影响

12.3.3.1　对微生物的影响

通常，原料乳中含有细菌营养体和芽孢的混合菌种，以营养细胞形式存在的微生物易被杀死，而一些以芽孢状态存在的微生物则很难被杀灭。UHT 处理要求杀灭原料乳中所有的微生物，但是在实际生产过程中，仍然有少量的耐热芽孢未完全被杀灭。

细菌芽孢的致死温度一般从115℃开始，并随着温度升高而致死率快速提高。由于嗜热脂肪芽孢杆菌和枯草芽孢杆菌的耐热能力较强，通常使用它们作为检测UHT设备灭菌效率的试验微生物。

12.3.3.2 对牛乳质量的影响

当牛乳长时间处于高温状态下，会产生化学反应，使得牛乳的色泽、风味、营养价值等发生变化。

(1) 对色泽的影响

牛乳的高温处理会导致牛乳色泽变化（褐变），并伴随产生蒸煮味和焦糖味，最终出现大量的沉淀。而在高温短时热处理中，牛乳的这些缺陷可以在很大程度上得以避免。因此，选择正确的温度和时间组合，既可满足对芽孢失活率的要求，又可抑制乳的化学变化。通过测定乳果糖的含量，可把UHT乳、巴氏杀菌乳和二次灭菌乳区别开来。热处理强度越大，乳中的乳果糖的含量越高。

(2) 对风味的影响

通常，UHT乳的色泽与巴氏杀菌乳的色泽接近，但有蒸煮味。近年来，通过一系列工艺条件的改进，UHT产品的风味已经接近巴氏杀菌乳。

(3) 对营养价值的影响

UHT处理对脂肪、矿物质的营养价值影响较小，而对蛋白质和维生素的营养价值有极微小的影响。

热处理对乳中的主要蛋白质酪蛋白不构成影响。而乳清蛋白的变性并不能说明UHT乳的营养价值就比原料乳低，相反，热处理提高了乳清蛋白的可消化吸收率。

必需氨基酸赖氨酸在生产中损失，使产品的营养价值产生微小改变。然而赖氨酸的损失率仅为0.4%～0.8%，这一数值与巴氏杀菌乳的损失率是相近的，二次灭菌乳却有6%～8%的损失率。

乳中不同的维生素的热稳定性差异较大。通常，脂溶性维生素如维生素A、维生素D、维生素E对热稳定，而水溶性维生素如维生素B_2、维生素C、生物素和烟酸（维生素B_3）对热不稳定。UHT处理乳的维生素B_1的损失率低于3%，其二次灭菌乳的损失率为20%～50%。在保持式灭菌乳中，其他热敏性维生素如维生素B_6、维生素B_{12}、叶酸和维生素C的损失率可高达100%。

一些维生素如叶酸和维生素C具有氧化敏感性，由于乳中或包装产品中含氧量高，在贮藏期间这些维生素会有损失。另外，乳中维生素和叶酸的含量远低于人类每日摄入量的要求，因而牛奶并不是维生素C和叶酸的好来源。

12.4 再制乳和乳饮料

12.4.1 再制乳

12.4.1.1 再制乳的概念及特点

再制乳是将乳粉、奶油等乳产品，加水还原，添加或不添加其他营养成分或物质，经加工制成的与鲜乳组成特性相似的液态乳制品。再制乳的生产克服了自然原料乳生产的季节性、区域性等限制，保证了淡季乳与乳制品的供应。目前世界乳粉总产量的1/3用于再制乳制品的加工。

12.4.1.2 再制乳的加工工艺

再制乳的生产线见彩图2。水加热到40℃后，经计量器泵入混料罐中，当达到罐容积的30%时，开启循环泵。水由旁路管道从混料罐到水粉混合器料斗，形成真空后斗内乳粉被吸下，使水与粉混合。同时启动混料罐中的搅拌器与循环泵，促使水粉混合，同时水连续流进罐中。当加完所有的乳粉后，关闭搅拌器和循环泵，根据规定要求，静置一段时间，促进乳粉成分的水合。此时，将已熔化好的无水奶油加入脂肪罐中，奶油经称重漏斗进入混料罐中，重新开动搅拌器，使乳脂在脱脂乳中分散开来。用泵把混合后的乳从罐中吸出，经过双联过滤器，除去机械杂质，然后在热交换器中加热到60～65℃，再泵入均质机。如果使用脱气罐，考虑到脱气过程中的热损失，把过滤后的乳加热到比均质温度高7～8℃，脱气后进行均质。有时采用管道式混合法添加奶油，即经熔化后的奶油通过一台精确的计量泵，连续地按比例与另一管中流过的脱脂乳相混合，再经管道混合器充分混合后，均质、灭菌、冷却后灌装。均质后的再制乳经热交换器进行巴氏杀菌和冷却，最后泵入贮缸或直接灌装，或与巴氏杀菌鲜乳混合再灌装。

12.4.2 乳饮料

12.4.2.1 巧克力乳饮料

巧克力风味乳饮料一般以原料乳或乳粉为主要原料，然后加入糖、可可粉、稳定剂、香精或色素等，再经热处理而制得。

（1）加工工艺

巧克力乳饮料的工艺流程见图 12-2。

（2）原料及配方

巧克力乳饮料中原料乳的含量从 35%～95%不等，其典型的配方见表 12-3。

表 12-3　巧克力乳饮料配方　%

成分	用量	成分	用量
原料乳（乳粉）	35～95	香兰素或麦芽酚	适量
糖	3～8	香精	适量
可可粉	0.1～3	色素	适量
稳定剂	0.2～0.5		

12.4.2.2　咖啡乳饮料

咖啡乳饮料是指以乳（包括全脂乳、脱脂乳、全脂或脱脂乳粉的复原乳）、糖和咖啡为主要原料，再经添加香料和原糖等制成的饮料。

（1）加工工艺

咖啡乳饮料的生产工艺流程见图 12-3。

原料经调配、粗滤和均质处理后，用板式热交换器加热至 85～95℃。灌装产品包装中应保持 39.9～53.3 kPa 的真空度。为了防止耐热性芽孢菌造成的咖啡乳饮料的败坏，通常要对产品进行严格的杀菌处理，即产品中心温度达到 120℃后维持 20 min。

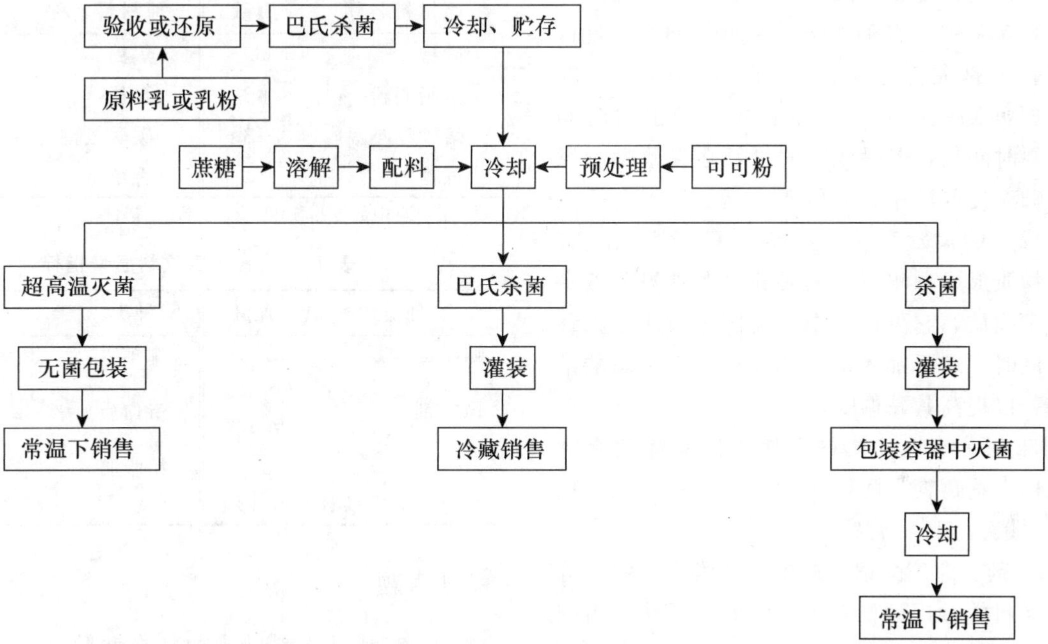

图 12-2　巧克力乳饮料工艺流程

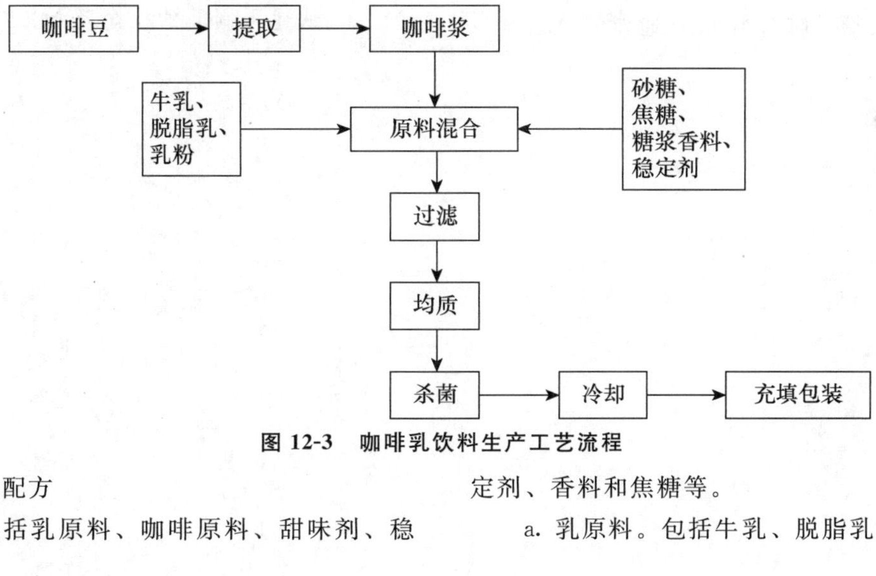

图 12-3　咖啡乳饮料生产工艺流程

（2）原料及配方

①原料　包括乳原料、咖啡原料、甜味剂、稳定剂、香料和焦糖等。

a. 乳原料。包括牛乳、脱脂乳、全脂乳粉、脱脂乳粉、全脂炼乳和脱脂炼乳等，单独或合并使用均可。市售咖啡乳饮料的非脂乳固体含量为3%～5%，乳脂肪含量为2%左右。

b. 咖啡原料。咖啡原料可使用咖啡乳饮料厂自己提取的咖啡提取液，或使用市售速溶咖啡、咖啡提取液。因为咖啡提取、过滤的处理很困难，所以大多数厂家以咖啡提取液制品或速溶咖啡为原料。

咖啡提取液的制作方法：咖啡豆经焙炒后才能生成咖啡风味，咖啡风味随产地不同而不同，故常将2～3种具有特色风味的咖啡混合使用。由于咖啡酸会使牛乳中的蛋白质不稳定，所以在咖啡乳饮料中很少使用酸味咖啡，而更多的是使用苦味咖啡。工厂在自制咖啡提取液时，应取相当于咖啡乳产品质量0.5%～2.0%的咖啡粒在90℃热水中进行提取，提取液的质量相当于咖啡粒质量的15～20倍。提取时间随咖啡粒的多少而定，量小则时间短，量大则时间长，但提取时间过长会导致咖啡风味下降。咖啡提取液中含有糖类、脂肪、蛋白质及作为风味成分的挥发酸（主要包括挥发性硫化物）等，这些物质形成咖啡特有的香味。咖啡提取液中还含有单宁物质，它可使蛋白质凝固，因此在大量加入提取液时，还要加入羧甲基纤维素、海藻酸钠等稳定剂，以提高其黏稠度。

c. 甜味剂。咖啡乳饮料中使用的甜味剂有原糖、转化糖、葡萄糖、阿斯巴甜、蛋白糖等。原糖的添加量一般为4%～8%。

d. 稳定剂。海藻酸钠、羧甲基纤维素、明胶等是咖啡乳饮料中常用的稳定剂。它们在风味、组织状态上几乎无差异。由于明胶易溶、方便，故使用较多，其用量为0.05%～0.2%。

e. 香料和焦糖。咖啡乳饮料通常用1.8%～5.0%的咖啡豆，咖啡豆的用量比常规饮用的咖啡（大约使用8%的咖啡豆）少，因此乳饮料的咖啡风味不足。为使产品具有足够的风味，就需要用香料、焦糖来补充。对焦糖要注意使用量，防止过量而造成加热杀菌时分解生成过量的酸。焦糖的添加量一般在0.1%～0.3%。

f. 其他原料。碳酸氢钠、磷酸氢二钠用来调整pH；食盐、植物油用来改善风味；单酰甘油、蔗糖酯用作乳化剂。

②配方　表12-4是咖啡乳饮料的一个配方。咖啡乳饮料的质量指标见表12-5。

表12-4　咖啡乳饮料配方　kg

原材料名称	用量	原材料名称	用量
砂糖	55	焦糖	适量
全脂奶粉	42	食盐	0.3
焙炒咖啡豆	18	碳酸氢钠	0.5
蔗糖酯	1.0	香精	1.0

注：表中数据指1 000 kg成品所需量。

表12-5　咖啡乳饮料质量指标

种类	含量	种类	含量
咖啡因含量	2.2%	咖啡因	30 mg/100 g
稳定剂	0.3%～0.6%	蛋白质	≥1.05%
pH	6.5	粗脂肪	≥1.05%
酸度（以乳酸计）	0.1%		

思考题

1. 试述巴氏杀菌乳的概念和种类。
2. 试述超高温灭菌乳的概念和灭菌方式。
3. 试述再制乳的概念及加工工艺要点。

第 13 章

酸乳及乳酸菌饮料的加工

学习目的与要求

了解乳制品发酵剂的概念、种类、制备及贮藏方法和乳酸菌制剂的调制方法；掌握乳酸菌饮料的加工工艺及品质的控制方法，重点掌握酸乳的加工机理；掌握凝固型酸乳和搅拌型酸乳的加工工艺。

13.1 发酵乳

发酵乳（fermented milk）以其特有的营养价值和风味受到越来越多消费者的钟爱。发酵乳又名酸牛乳或酸奶，最原始的酸乳只是一种利用牛乳或其他动物乳中天然存在的乳酸菌使乳糖转化成乳酸而制作的一种发酵乳。如今，新的益生菌类（如干酪乳杆菌、双歧杆菌、嗜酸乳杆菌等）和新的生物技术在发酵乳制品生产中的应用，已使发酵乳制品的种类不断扩大，并且推动了新的研究成果在乳品业中的应用与发展。目前，世界上有着众多类型的发酵乳，如双歧杆菌发酵乳、保加利亚发酵乳、嗜酸乳杆菌发酵乳、酸牛乳酒等。

大量研究证明，经常服用发酵乳制品对寄主的健康有许多益处，这些健康促进效果除了与原料乳中的大量高营养的物质有关外，更重要的是与发酵乳中所利用的微生物有关。发酵奶的营养主要包括3个方面：首先，其主要原料是牛奶，在发酵过程中，原料奶的营养成分没有受到破坏，被保留在发酵奶里。其次，与牛奶相比，发酵使各营养成分发生转化，变得更易于人体吸收消化。再次，乳酸菌本身及其代谢产物给酸奶带来了各种牛奶所没有的新的风味物质。这些有利的效果首先是来源于服用了活的微生物，它们的诱导作用对肠道环境产生了积极的影响，其次是源于发酵乳中的代谢产物。

13.2 发酵剂的制备

13.2.1 概念和种类

13.2.1.1 概念

发酵剂是指生产酸乳制品及其乳酸菌制剂时所用的特定微生物的培养物。

13.2.1.2 种类

用于乳酸菌发酵的发酵剂可按下列方式分类。

（1）按制备过程分类

①乳酸菌纯培养物（商品发酵剂） 即一级菌种，从专门的发酵剂制备公司或研究所购得的原始菌种。

②母发酵剂 即一级菌种的扩大再培养，是乳酸菌纯培养物的扩大再培养，它是生产发酵剂的基础。

③中间发酵剂 用于生产大量发酵剂的中间培养物。

④生产发酵剂 母发酵剂的扩大培养物，是用于实际生产的发酵剂。

（2）按使用目的分类

①混合发酵剂 含有两种或两种以上菌株的发酵剂，通常是由保加利亚乳杆菌和嗜热链球菌按一定比例混合的酸乳菌发酵剂。

②单一发酵剂 只含有一种菌的发酵剂。

③补充发酵剂 为了增加酸乳的黏度、风味或增强产品的保健项目，而特意添加的乳酸菌培养物。如嗜酸乳杆菌培养物、干酪乳杆菌培养物、双歧杆菌培养物等。

（3）按物理形态分类

①液体酸奶发酵剂 液体酸奶发酵剂相对比较便宜，但是菌种活力经常发生改变，存放过程中易染杂菌，保藏时间也较短，长距离运输菌种活力降低很快。

②冷冻酸奶发酵剂 冷冻酸奶发酵剂须经深度冷冻而成，其价格也比直投式酸奶发酵剂便宜，菌种活力较高，活化时间也较短，但是其运输和贮藏过程中都需要－55～－45℃的特殊环境条件。

③直投式酸奶发酵剂 直投式酸奶发酵剂不仅可以直接投入到发酵罐中以生产酸奶，而且贮藏在普通冰箱中即可，运输成本和贮藏成本都很低，其使用过程中的方便性、低成本性和品质稳定性特别突出。

13.2.2 主要作用及菌种的选择

（1）发酵剂的主要作用

乳酸发酵产生挥发性物质，如丁二酮、乙醛等，从而使酸乳具有典型的风味；也产生抗生素。

（2）菌种的选择

菌种的选择对发酵剂的质量起着重要作用，应根据生产目的不同选择适当的菌种。选择时以产品的主要技术特性，如产香性、产酸力、产黏性及蛋白质水解能力为依据。

13.2.3 制备工艺

发酵剂的制备主要包括菌种的复活和扩大培养，活化和扩大培养步骤如图13-1和图13-2所示。

（1）菌种的复活及保存

菌种通常保存在试管或安瓿瓶中，须要恢复其活力，即在无菌操作条件下接种到灭菌的脱脂乳试管中多次传代、培养。而后保存在0～4℃冰箱中，每隔 1～2 周移植 1 次。但在长期移植过程中，可能会被杂菌污染，造成菌种退化或菌种老化裂解。因此，菌种须不定期的纯化复壮。

脱脂乳（总固形物含量10%~12%）
+1% Bios2000（生长促进剂）
↓
（121℃、7 min灭菌后急冷）
↓
（中间发酵剂或冻干菌种）→ 接种（2%）、培养（42℃、厌氧）
↓
发酵至酸度高于0.8%
↓
冷却至4℃
↓
生产发酵剂（菌数大于1×10^8 CFU/mL）

图 13-1　发酵剂制备流程

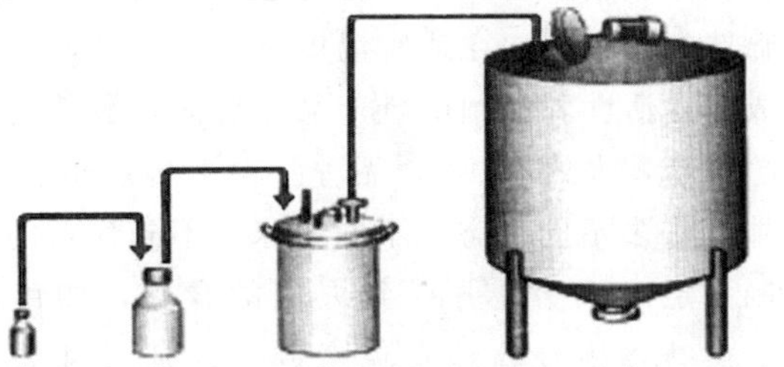

1. 商品菌种；2. 母发酵剂；3. 中间发酵剂；4. 生产发酵剂

图 13-2　发酵剂扩大培养步骤

（2）母发酵剂的调制

将充分活化的菌种接种于盛有灭菌脱脂乳的锥形瓶中，混匀后，放入恒温箱中进行培养。凝固后再移入灭菌脱脂乳中，如此反复 2～3 次，使乳酸菌保持一定活力，然后再制备生产发酵剂。

（3）生产发酵剂的制备

将脱脂乳、新鲜全脂乳或复原脱脂乳（总固形物含量 10%～12%）加热到 90℃，保持 30 min，冷却到 42℃（或菌种要求的温度）后接种母发酵剂，发酵到酸度大于 0.8%后冷却到 4℃。此时生产发酵剂的活菌数应达到 $(1\times10^8)\sim(1\times10^9)$ CFU/mL。

制备生产发酵剂所用的培养基最好与成品的原料相同或相近，以使菌种的生活环境不至于急剧改变而影响菌种的活力。生产发酵剂的添加量为发酵乳总量的 1%～2%，最高不超过 5%。常用乳酸菌的生长温度、培养时间等见表 13-1。

13.2.4　质量要求

液体酸奶发酵剂由于品质不稳定且易受污染，已经逐渐被大型酸奶厂家所淘汰，只有一些中小型酸奶工厂还在联合一些大学或研究所进行生产。深冷冻酸奶发酵剂因其深冷冻链的费用比较高，使用的广泛性受到限制。而直投式酸奶发酵剂在其价格逐渐为国内厂家所接受后，已经开始在一些大型酸奶厂家推广使用。

表 13-1　常用乳酸菌的形态、特性及培养条件

细菌名称	细菌形状	菌落形状	发育最适温度/℃	在最适温度中乳凝固时间/h	极限酸度/°T	凝块性质	滋味	组织形态	适用的乳制品
乳酸链球菌	双球状	光滑、微白、有光泽	30～35	12	120	均匀稠密	微酸	针刺状	酸乳、酸稀奶油、牛乳酒、酸性奶油、干酪
乳油链球菌	链状	光滑、微白、有光泽	30	12～24	110～115	均匀稠密	微酸	酸稀奶油状	酸乳、酸稀奶油、牛乳酒、酸性奶油、干酪
产生芳香物质的细菌： 柠檬明串珠菌 戊糖明串珠菌 丁二酮乳酸链球菌	单球状、双球状，有时呈长短不同的细长链状	光滑、微白、有光泽	30	不凝结 48～72 18～48	70～80 100～105				酸乳、酸稀奶油、牛乳酒、酸性奶油、干酪
嗜热链球菌	链状	光滑、微白、有光泽	37～42	12～24	110～115	均匀	微酸	酸稀奶油状	酸乳、干酪
嗜热性乳酸杆菌： 保加利亚乳杆菌 干酪杆菌 嗜酸杆菌	长杆状，有时呈颗粒状	无色、小、呈絮状	42～45	12	300～400	均匀稠密	酸	针刺状	酸牛乳、马乳酒、干酪、乳酸菌制剂

在以前的酸奶生产过程中，酸奶生产厂家须单独设一菌种车间，以完成“纯菌→活化→扩大繁殖→母发酵剂→中间发酵剂→工作发酵剂”这一工艺过程，该过程工序多、技术要求严格，一般厂家由于生产条件有限，经常出现质量问题。所以，在乳业发达国家，酸奶生产厂家不自制发酵剂，而由专门生产发酵剂的企业提供酸奶发酵剂，来满足发酵乳制品厂家的要求。丹麦的汉森中心实验室于1988年底生产出超浓缩的直投式酸奶发酵剂。

直投式酸奶发酵剂（directed vat set，DVS）是指一系列高度浓缩和标准化的冷冻干燥发酵剂菌种，可直接加入热处理的原料乳中进行发酵，而无须对其进行活化、扩大培养等其他预处理工作。直投式酸奶发酵剂的活菌数一般为（1×10^{10}）～（1×10^{12}）CFU/g。由于直投式酸奶发酵剂的活力强、类型多，酸奶厂家可以根据需要任意选择，从而丰富了酸奶产品的品种，同时省去了菌种车间，减少了工作人员、投资和空间，简化了生产工艺。直投式酸奶发酵剂不需要扩大培养，可直接使用，便于管理。直投式酸奶发酵剂的生产和应用可以使发酵剂生产专业化、社会化、规范化、统一化，从而使酸奶生产标准化，提高酸奶质量，保障了消费者的利益和健康。

13.3 酸乳加工

13.3.1 概念和种类

13.3.1.1 概念

1988年，国际乳品联合会（IDF）颁布的发酵乳标准指出，发酵乳是指由牛乳（可以是脱脂的也可以是不经过脱脂的）在借助特殊的微生物发酵剂的作用下制备的一种乳制品。这种乳制品在销售到消费者时其中的微生物菌群应保持活性，而且不含有任何病原微生物。

2010年中华人民共和国国家标准（GB 19302—2010）中定义如下：

（1）发酵乳（fermented milk）

以生牛（羊）乳或乳粉为原料，经杀菌、发酵后制成的pH降低的产品。

（2）酸乳（yoghurt）

以生牛（羊）乳或乳粉为原料，经杀菌、接种嗜热链球菌和保加利亚乳杆菌（德氏乳杆菌保加利亚亚种）发酵制成的产品。

（3）风味发酵乳（flavored fermented milk）

以80%以上生牛（羊）乳或乳粉为原料，添加其他原料，经杀菌、发酵后pH降低，发酵前或后添加或不添加食品添加剂、营养强化剂、果蔬、谷物等制成的产品。

（4）风味酸乳（flavored yoghurt）

以80%以上生牛（羊）乳或乳粉为原料，添加其他原料，经杀菌、接种嗜热链球菌和保加利亚乳杆菌（德氏乳杆菌保加利亚亚种），发酵前或后添加或不添加食品添加剂、营养强化剂、果蔬、谷物等制成的产品。

13.3.1.2 种类

目前，因原料、菌种种类的变化，酸乳的概念也有了很大的变化。通常认为，酸乳（即酸奶）是以鲜乳（或乳粉）和白砂糖为主要原料，加入经特殊筛选的乳酸菌，在适宜温度下（30～40℃）发酵制成的含活性乳酸菌的乳产品。目前，酸乳的品种日趋丰富，大约有40个品种。除了传统的酸牛乳之外，许多不同形态、不同风味、不同疗效的发酵乳制品层出不穷，并受到人们的青睐，如芦荟酸乳、芦荟谷物酸乳具有免疫调节、延缓衰老等功效。此外，发酵乳制品的风味、包装也日趋差异化。通常根据不同的分类方法，可以将酸乳分成不同种类。

（1）国际乳品联合会（IDF）分类

①嗜热菌发酵乳　又分单菌发酵乳和复合菌发酵乳两种。

a. 单菌发酵乳。包括嗜酸乳杆菌发酵乳、保加利亚乳杆菌发酵乳等。

b. 复合菌发酵乳。采用保加利亚乳杆菌和嗜热链球菌制备的酸奶就是其中最主要的一种。

②嗜温菌发酵乳　又分经乳酸发酵及经乳酸和酒精发酵而成两种。

a. 经乳酸发酵而成的发酵乳。这类产品常用的菌种有乳酸乳球菌及其亚属、肠膜状明串珠菌和干酪乳杆菌等。

b. 经乳酸和酒精发酵而成的发酵乳。如开菲尔乳、酸马奶酒等。

（2）按成品的组织状态分类

①凝固型酸乳　凝固型酸乳发酵过程在包装容器中进行，从而使成品因发酵而保留其凝乳状态。我国传统的玻璃瓶和瓷瓶装的酸奶即属于此类型。

②搅拌型酸乳　搅拌型酸乳由成品先发酵后灌装而得，发酵后的凝乳在灌装前和灌装过程中搅拌，添加或不添加谷物、果料、果酱等，是具有一定黏度的流体制品。

（3）按成品口味分类

①天然纯酸乳　产品只由原料乳加菌种发酵而成，不含任何辅料和添加料。

②加糖酸乳　产品是在原料乳中加入糖并经菌种发酵而制成的。

③调味酸乳　产品是在天然酸乳或加糖酸乳中加入香料而制成的。

④果料酸乳　产品由天然酸乳与糖、果料混合而成。

⑤复合型或营养健康型酸乳　这类酸乳通常是在酸乳中强化不同的营养素（维生素、食用纤维等）或在酸乳中混入不同的辅料（如谷物、干果等）而制成的。这种酸乳在西方国家非常流行，人们常在早餐中食用。

⑥疗效酸乳　这类产品主要包括无糖酸乳、低热量酸乳、蛋白质强化酸乳等。

（4）按原料中脂肪含量分类

联合国粮食与农业组织（FAO）和世界卫生组织（WHO）规定，全脂酸乳的含脂率为 3.0%，部分脱脂酸乳的含脂率为 0.5%～3.0%，脱脂酸乳的含脂率为 0.5%，酸乳非脂乳固体含量为 8.2%。

（5）按发酵后的加工工艺分类

①浓缩酸乳　浓缩酸乳是将一般酸乳中的部分乳清除去而得到的浓缩产品，因其除去乳清的方式与干酪类似，也有人叫它酸乳干酪。

②冷冻酸乳　冷冻酸乳是在酸乳中加入果料、增稠剂或乳化剂，然后将其进行凝冻处理而得到的产品，所以又称为酸奶冰淇淋。

③充气酸乳　充气酸乳是在酸乳发酵后，在酸乳中加入稳定剂和起泡剂（通常是碳酸盐），经均质处理而成的酸乳饮料。这类产品通常以充 CO_2 的酸乳饮料形式存在。

④酸乳粉　酸乳粉是在酸乳中加入淀粉或其他水解胶体后，经冷冻干燥或喷雾干燥加工而成的粉状产品。

（6）按菌种分类

①普通酸乳　通常指仅用保加利亚乳杆菌和嗜热链球菌发酵而成的产品。

②双歧杆菌酸乳　产品内含有双歧杆菌的产品。

③嗜酸乳杆菌酸乳　产品内含有嗜酸乳杆菌的产品。

④干酪乳杆菌酸乳　产品内含有干酪乳杆菌的产品。

13.3.2　生产工艺

13.3.2.1　工艺流程

酸奶的工艺流程见图 13-3。

13.3.2.2　原辅料要求及预处理方法

（1）原料乳的质量要求

除了要对用于生产发酵乳的原料乳进行感官指标（色泽、滋味、气味和温度等）、理化指标（相对密度、酸度、脂肪）和微生物指标（杂菌数、大肠杆菌数）等常规指标的评定外，还要进行原料乳抗生素的检测。当奶牛生病时，可能会通过注射抗生素进行治疗，抗生素会转移至分泌的乳中。当原料乳中含有一定浓度的青霉素、链霉素或四环素时，会抑制酸奶混合菌的生长，从而影响发酵。检测时常采用抗生素检测试剂盒或预发酵试验。

为了使凝固酸奶符合产品规格要求，原料乳配合后非脂乳固体含量必须不低于 8.5%，脂肪含量不低于 3.2%。标准化原料乳中可添加 6%～8% 的蔗糖以改善制品甜酸度，另可添加 0.2%～0.5% 的稳定剂（常用琼脂、明胶、藻酸丙二醇酯、果胶、淀粉等）以提高胶凝度，使制品口感细腻且富有弹性。用于制作发酵剂的原料乳和生产酸乳的原料乳要求是高质量的新鲜原料乳，要求酸度在 18 °T 以下，杂菌数不高于 5×10^5 CFU/mL，乳中全乳固体不得低于 11.5%，无抗生素残留。

（2）辅料的质量要求

①脱脂乳粉　用作发酵乳的脱脂乳粉要求质量高、无抗生素和防腐剂。脱脂奶粉可提高发酵乳干物质的含量，改善产品组织状态，促进乳酸菌产酸，一般添加量为 1.0%～1.5%。

②稳定剂　在搅拌型酸乳生产中，通常要添加稳定剂。常用的稳定剂有明胶、果胶、琼脂和淀粉等，其添加量应控制在 0.1%～0.5%。

③糖及果料　在酸乳生产中，常添加 6%～8% 的蔗糖或葡萄糖。在搅拌型酸乳中常使用果料及调香物质，如果酱等。

（3）配合料的预处理

①标准化　标准化的目的是在食品法规允许的范围内，根据所需酸乳成品的质量特征要求，对乳

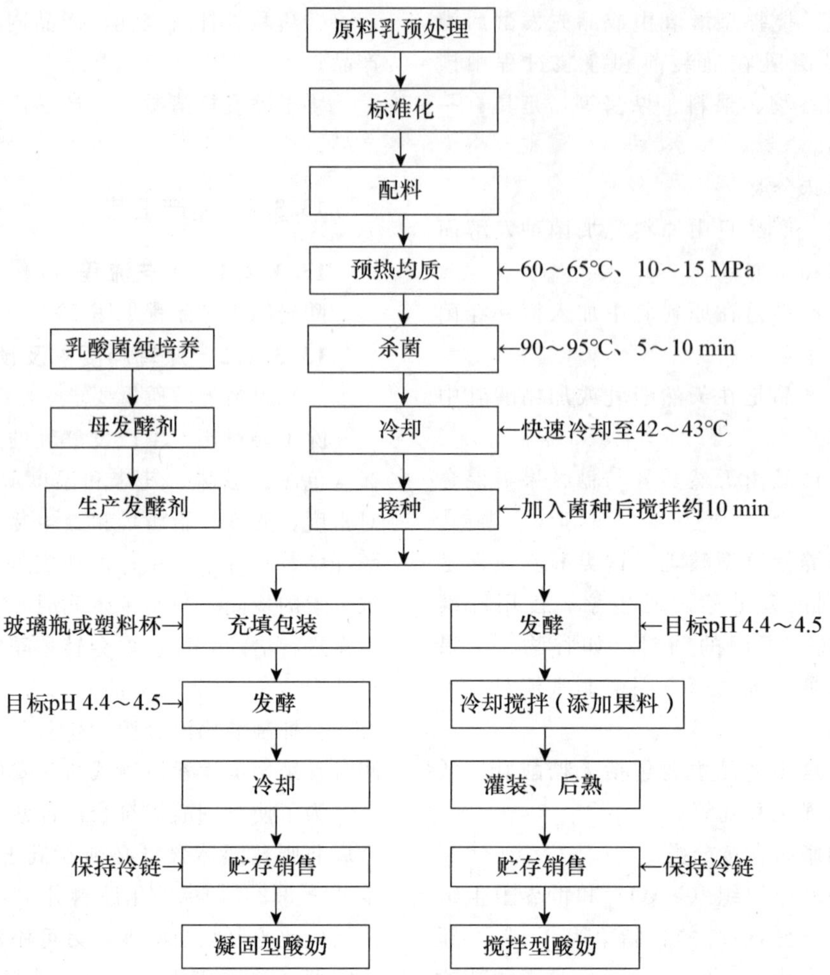

图 13-3　酸奶工艺流程

的化学成分进行调整，从而使其可能存有的不足的化学组成得以校正，保证各批成品质量稳定一致。目前乳品厂对原料乳进行标准化时，通常采用以下 3 种途径。

a. 直接加混原辅料。通过在原料乳中直接添加全脂或脱脂乳粉或强化原料乳中某一组分（如乳清酪蛋白粉、奶油、浓缩乳等）来达到原料乳标准化的目的。

b. 浓缩原料乳。浓缩是乳品加工的重要工艺之一，浓缩通常可采用蒸发浓缩、反渗透浓缩、超滤浓缩 3 种方法。

c. 复原乳。在某些国家或地区，由于乳源条件限制，常以脱脂乳粉、全脂乳粉、无水奶油为原料，根据所需原料乳的化学组成，用水来配制成标准原料乳。

②加糖　加糖的目的是提高酸乳的甜味，同时也可提高黏度，有利于酸乳的凝固性。一般加 5%～7%的砂糖。

③预热均质　均质前预热至 60～65℃可提高均质效果。均质采用二级均质进行，一级均质压力控制在 15～20 MPa，二级均质压力控制在 3.5～5 MPa。95～100℃灭菌 5 min，再经板式热交换器冷却至 45℃左右。这样可杀灭乳中的病原菌和噬菌体，钝化部分酶，并减少其他微生物数量。此外，还可以去除乳中的氧气，更有利于乳酸菌的生长。

④杀菌　杀菌的目的在于杀灭原料乳中的杂菌，确保乳酸菌的正常生长和繁殖；钝化原料乳中对发酵菌有抑制作用的天然抑制物；使牛乳中的乳清蛋白变性，以达到改善组织状态、提高黏稠度和防止成品乳清析出的目的。杀菌条件一般为：90～95℃，5 min。

⑤接种　杀菌后的料液应快速降温至 42℃左右，以便接种发酵剂。接种量根据菌种活力、发酵方法、生产时间的安排和混合菌种配比而定。一般生产发酵剂，其产酸活力在 0.7%～1.0%之间，此时接种量应为 2%～4%。加入的发酵剂应先在无菌

操作条件下搅拌成均匀细腻的状态，不应有大凝块，以免影响成品质量。接种是造成酸乳受微生物污染的主要环节之一，因此应严格注意操作卫生，防止被细菌、酵母菌、霉菌、噬菌体及其他有害微生物污染。发酵剂加入后要充分搅拌，使发酵剂与原料乳混合均匀。

发酵剂的添加目前多使用特殊装置，在密闭系统中以机械式自动进行，当没有这类装置时，可将充分搅拌好的发酵剂用手工方式倾入乳罐中。近年来，也有的酸乳加工厂采用直投式发酵剂，只需按规定的比例将这种发酵剂直接撒入乳罐中，或先将其撒入工作发酵剂乳罐中扩大培养一次，然后用作工作发酵剂。

13.3.2.3　凝固型酸乳的加工

乳酸菌在乳中生长繁殖，分解乳糖形成乳酸，乳的 pH 随之下降，使酪蛋白在等电点附近形成沉淀凝聚物，在灌装的容器中成为凝胶状态。在发酵培养及以后的冷却、贮藏、运输过程中，必须使半成品或成品保持静置不受振动。凝固型酸乳的生产线见彩图 3。

凝固型酸乳根据脂肪含量分为：高脂酸乳，含脂率大于 6%；全脂酸乳，含脂率大于 3%；中脂或半脱脂酸乳，含脂率大于 1.5%；脱脂酸乳，含脂率小于 0.3%。凝固型酸乳根据加糖与否分为无糖酸乳（又称淡酸乳）和加糖酸乳，加入果料或香料，即为果料酸乳或调味酸乳。

(1) 工艺要求

①灌装　凝固型酸乳可根据市场需要选择玻璃瓶、塑料杯、复合纸盒等包装材料。在装瓶前须对所用容器进行蒸汽灭菌，一次性塑料杯可直接使用。

②发酵　在控制发酵条件的情况下使原料乳发酵，可制成质量良好一致的酸乳成品。应对以下发酵条件进行控制。

a. 培养温度。大部分乳品企业都采用 41～42℃进行培养，这是因为对于嗜热链球菌与保加利亚乳杆菌的混合菌种，培养最适温度是 40～43℃。在某种特殊情况下，需要在低于 41℃或低于 38℃的温度下培养，这称为降低温度培养。降低温度培养的目的是防止酸乳产酸过度，降低乳酸发酵速度，在培养后期促进风味物质的形成。

b. 培养时间。制作酸乳一般用时为：在 41～42℃条件下培养 3～4 h（短时间培养）；在特殊情况下，在 30～37℃培养 8～12 h（长时间培养）。低温长时间培养的目的是防止酸乳产酸过度，可是这种培养可能会使酸乳风味失常。影响培养时间的因素有接种量、发酵剂活性、培养温度、零售容器类型、发酵季节和气候条件、每批进入发酵室的数量和堆叠高度、酸乳堆积密度、抽样部位等。

c. 球菌和杆菌的比例。在终止培养的酸乳培养物中，球菌与杆菌的比例应是 1∶1 或 2∶1，可通过控制发酵温度调整。

d. 发酵终点判定。全部发酵时间一般是 3～4 h，长的可达 5～6 h，而发酵终点的时间范围比较小。如果发酵终点确定得过早，则酸乳组织软嫩、风味差；判定得过迟则酸度高，乳清析出较多，风味差。因此，如何判定发酵过程的终点，是制作凝固型酸乳的关键性技术之一。判定发酵终点的方法有两种：一是抽样测定酸乳的酸度，一般酸度达 65～70°T，即可终止培养；也可用 pH 计测定，当 pH 约为 4.5 时，可终止发酵。二是抽样及时观察，打开瓶盖，缓慢倾斜瓶身，观察酸乳的流动性和组织状态，如流动性变差且有微小颗粒出现，可终止发酵。应详细记录每批的发酵时间、发酵温度等，以供下批发酵判定终点时参考。

③冷却　冷却的目的是迅速而有效地抑制酸乳中乳酸菌的生长，终止发酵过程，防止产酸过度；稳定酸乳的组织状态，降低乳清析出的速度。

发酵终点一到，应立即关闭向发酵室或培养箱的供热。可将酸乳从保温室移出，转入冷却室进行冷却。当温度降到 10℃以下时，酸乳中的乳酸菌的生长活力非常有限；而在 5℃左右时，它们几乎处于休眠状态，酸乳的酸度变化微小。影响冷却的因素有加工条件（如培养温度）、冷却手段及方式、包装容器的种类和容量等。

④冷藏和后熟　为了将酸乳中酶的变化和其他生物化学变化抑制到最小限度，最好在 0℃下进行冷藏。如果是长时间贮藏，可控制在 －1.2～－0.8℃。冷却还有促进香味物质的产生和改善酸乳硬度的作用。香味物质的高峰期一般出现在制作完成之后的第 4 h。如果由多种风味物质相互平衡来形成酸乳的良好风味，一般需 12～24 h 才能完成，这段时间称为后熟期（或后发酵）。一般地，在 2～7℃下酸乳的贮藏期为 7～14 d。

13.3.2.4　搅拌型酸乳的加工

搅拌型酸乳是在凝固型酸乳的基础上发展起来

的一种发酵乳制品。经处理的原料乳在接种了发酵剂后，在发酵罐中进行发酵至乳凝结，凝乳经适度搅拌的同时快速冷却，分装于零售容器中即为成品。该产品的特征是呈流动状态，有一定黏度，所以又称为软质酸乳或液体酸乳。搅拌型酸乳的生产线见彩图4。

搅拌型酸乳根据在产品中是否加糖可分为不加糖酸乳和加糖酸乳。加糖酸乳又分为果料型和果味型，前者在酸乳中添加草莓、橘子、香蕉、菠萝、果酱或果料而成相应的果料酸乳，后者在加糖酸乳中添加香料而加工成果味酸乳。如果进一步加工均质，就成为和液态牛乳相似的饮用型（液态）酸乳。

搅拌型酸乳与凝固型酸乳的不同点体现在以下几个方面。

①发酵　搅拌型酸乳的发酵是在发酵罐中进行的，应控制好发酵罐的温度，避免温度忽高忽低。发酵罐上部和下部温差不要超过1.5℃。通常在41～43℃的条件下进行培养，经过3～4 h，pH即可降到4.6左右，乳在发酵罐中形成凝乳。当发酵罐的凝乳pH为4.50～4.55时，即可终止发酵。

②冷却　搅拌型酸乳冷却的目的是快速抑制细菌的生长和酶的活性，以防止发酵过程产酸过度及搅拌时脱水。冷却在酸乳完全凝固（pH 4.5～4.7）后开始，冷却过程应稳定进行，冷却过快将造成凝块收缩迅速，导致乳清分离；冷却过慢则会造成产品过酸和添加果料的脱色。搅拌型酸乳的冷却可采用片式冷却器、管式冷却器、表面刮板式热交换器、冷却罐等。

③搅拌　通过机械力破碎凝胶体，使凝胶体的粒子直径达到0.01～0.40 mm，并使酸乳的硬度和黏度及组织状态发生变化。在搅拌型酸乳的生产中，这是一道重要的工序。

机械搅拌使用宽叶片搅拌器，搅拌过程中应注意既不可过于激烈，又不可搅拌过长时间。搅拌时应注意把握凝胶体的温度、pH及固体含量等。通常搅拌开始后初期用低速，之后用较快的速度。

搅拌时应控制的参数主要有：

a. 温度。搅拌的最适温度为0～7℃，但在实际生产中使40℃的发酵乳降到0～7℃不太容易，所以搅拌时的温度以20～25℃为宜。

b. pH。酸乳的搅拌应在凝胶体的pH达4.7以下时进行，若在pH 4.7以上时搅拌，会因酸乳凝固不完全、黏性不足而影响其质量。

c. 干物质。在搅拌型酸乳的加工中，保持较高的乳干物质含量对防止乳清分离能起到较好的作用。

d. 管道流速和直径。凝胶体在通过泵和管道移送及流经片式冷却器和灌装过程中，会受到不同程度的破坏，最终影响产品的黏度。凝胶体在经管道输送过程中应以低于0.5 m/s的层流形式出现。管道直径不应随着包装线的延长而改变，尤其应避免管道直径突然变小。

④混合、罐装　果蔬、果酱和各种类型的调香物质等，可在酸乳自缓冲罐到包装机的输送过程中加入，可通过一台变速的计量泵连续加入酸乳中。在果料处理中，杀菌是十分重要的。对带固体颗粒的水果或浆果进行巴氏杀菌，其杀菌温度应控制在能抑制一切有生长能力的细菌，而又不影响果料的风味和质地的范围内。可根据需要，确定酸乳的包装量和包装形式及灌装机。

⑤冷却、后熟　将灌装好的酸乳置于0～7℃冷库中冷藏24 h，此为后熟过程，可促进芳香物质的产生和黏稠度的改善。

13.3.3　质量控制

在酸乳生产中，由于各种原因，常会出现一些质量问题。下面简要介绍问题发生的原因及相应的控制措施。

（1）凝固性差

酸乳有时会出现凝固性差或不凝固现象，黏性很差，出现乳清分离。

①原料乳质量　当乳中含有抗生素、防腐剂时，会抑制乳酸菌的生长，从而导致发酵不良、凝固性差。试验证明，当原料乳中含微量青霉素（0.01 IU/mL）时，对乳酸菌便有明显的抑制作用。当使用乳腺炎乳时，由于其白细胞含量较高，对乳酸菌也有不同的噬菌作用。此外，原料乳掺假，特别是掺碱，使发酵所产的酸消耗于中和，而不能积累到凝乳要求的pH，从而使乳不凝固或凝固不好。在牛乳中掺水，会使乳的总干物质含量降低，也会影响酸乳的凝固性。因此，必须把好原料验收关，杜绝使用含有抗生素、农药以及防腐剂、掺碱或掺水牛乳生产酸乳。对于掺水的牛乳，可适当添加脱脂乳粉，使干物质达11%以上，以保证质量。

②发酵温度和时间　发酵温度依所采用乳酸菌

种类的不同而异。若发酵温度低于最适温度，则乳酸菌活力下降，凝乳能力降低，使酸乳凝固性降低。发酵时间短，也会造成酸乳凝固性能降低。此外，发酵室温度不均匀也是酸乳凝固性降低的原因之一。因此，在实际生产中，应尽可能保持发酵温度恒定，并控制好发酵时间。

③噬菌体污染 是发酵缓慢、凝固不完全的原因之一。由于噬菌体对菌有选择作用，可采用经常更换发酵剂的方法加以控制。此外，两种以上菌种混合使用也可减少噬菌体对酸乳的危害。

④发酵剂活力 发酵剂活力减弱或接种量太少会造成酸乳的凝固性下降。对一些灌装容器上残留的洗涤剂（如氢氧化钠）和消毒剂（如氯化物）须清洗干净，以免影响菌种活力，确保酸乳的正常发酵和凝固。

⑤加糖量 生产酸乳时，加入适当的蔗糖可使产品产生良好的风味，凝块细腻光滑，黏度提高，并有利于乳酸菌产酸量的提高。若加量过大，会产生高渗透压，抑制乳酸菌的生长繁殖，造成乳酸菌脱水死亡，相应活力下降，使牛乳不能很好地凝固。试验证明，6.5%的加糖量对产品的口味最佳，也不影响乳酸菌的生长。

（2）乳清分离析出

乳清分离析出是生产酸乳时常见的质量问题，其主要原因有以下几种。

①原料乳热处理不当 热处理温度偏低或时间不够，就不能使大量乳清蛋白变性，变性乳清蛋白可与酪蛋白形成复合物，能容纳更多的水分，并且具有最小的脱水收缩作用。据研究，要保证酸乳吸收大量水分和不发生脱水收缩作用，至少要使 75% 的乳清蛋白变性。这就要求对其进行 85℃、20～30 min 或 90℃、5～10 min 的热处理。UHT 加热（135～150℃，2～4 s）处理虽能达到灭菌效果，但不能使 75%的乳清蛋白变性，所以酸乳生产不宜用 UHT 加热处理。

②发酵时间 若发酵时间过长，乳酸菌继续生长繁殖，产酸量不断增加。酸性的过度增强破坏了原来已形成的胶体结构，使其容纳的水分游离出来，形成乳清上浮。发酵时间过短，乳蛋白质的胶体结构还未充分形成，不能包裹乳中原有的水分，也会形成乳清分离析出。因此，应在发酵时抽样检查，一旦发现牛乳已完全凝固，就应立即停止发酵。

③其他因素 原料乳中总干物质含量低、酸乳凝胶受机械振动、乳中钙盐不足、发酵剂添加量过大等，也会造成乳清分离析出，在生产时应加以注意。在乳中添加适量的 $CaCl_2$，既可减少乳清析出，又可赋予酸乳一定的硬度。

（3）风味不良

正常酸乳应有发酵乳纯正的风味，但在生产过程中常出现以下不良风味。

①无芳香味 主要由菌种选择及操作工艺不当所引起。正常的酸乳生产应保证使用两种以上的菌并选择适宜的比例，任何一方占优势均会导致产香不足、风味变劣。高温短时发酵和固体含量不足也会造成芳香味不足。芳香味主要来自发酵剂分解柠檬酸产生的丁二酮等物质，所以应保证原料乳中含有足够的柠檬酸。

②酸乳的不洁味 主要由发酵剂或发酵过程中污染杂菌引起。被丁酸菌污染的产品带刺鼻怪味。酵母菌污染不仅使产品产生不良风味，还会影响酸乳的组织状态，使酸乳产生气泡。因此，要严格保证卫生条件是良好的。

③酸乳的酸甜度 酸乳过酸、过甜均会影响风味。发酵过度、冷藏时温度偏高和加糖量较低等会使酸乳偏酸，而发酵不足或加糖过高又会导致酸乳偏甜。因此，应尽量避免发酵过度现象，并应在 0～4℃条件下冷藏，防止温度过高，严格控制加糖量。

④原料乳的异味 牛体臭味、氧化臭味、过度热处理及添加了风味不良的炼乳或乳粉等，也是酸乳风味不良的原因。

（4）表面霉菌生长

酸乳贮藏时间过长或温度过高时，往往在表面出现霉菌。黑斑点易被察觉，而白色霉菌则不易被发现。这种酸乳被人误食后，轻者使人有腹胀的感觉，重者引起腹痛下泻。因此，要严格保证卫生条件良好，并根据市场情况控制好贮藏时间和贮藏温度。

（5）口感差

优质酸乳柔嫩、细滑，清香可口。采用高酸度的乳或劣质的乳粉生产的酸乳口感粗糙，有沙状感。因此，生产酸乳时，应采用新鲜牛乳或优质乳粉，并采取均质处理，使乳中蛋白质颗粒细微化，达到改善口感的目的。

（6）沙状组织

酸乳中有许多沙状颗粒，不细腻。沙状结构的产生有多种原因，在制作搅拌型酸乳时，应选择适宜的发酵温度，避免原料乳受热过度，减少乳粉用量，避免干物质过多和较高温度下的搅拌。

（7）色泽异常

在生产中，因加入的果蔬处理不当而引起变色、褪色等现象时有发生。应根据果蔬的性质及加工特性进行合理的搭配，必要时在制作过程中可添加抗氧化剂。

13.4 含乳饮料加工

13.4.1 概念和种类

13.4.1.1 概念

含乳饮料是指以新鲜牛乳为原料（含乳30%以上），加入水与适量辅料如果汁、果料和蔗糖等物质，经有效杀菌制成的具有相应风味的饮料。根据国家标准，乳饮料中的蛋白质及脂肪含量均应大于1%。

13.4.1.2 种类

市售含乳饮料通常分为3大类，即中性调和乳饮料、调配型酸性含乳饮料、发酵型乳酸饮料。

13.4.2 生产工艺

13.4.2.1 中性调和乳饮料

中性调和乳饮料又称风味含乳饮料，一般以原料乳或乳粉为主要原料，然后加入水、白砂糖、稳定剂、香精和色素等，经加热处理而制得。市场上常见的风味乳饮料有草莓乳、香蕉乳、红枣乳等果汁乳产品，所采用的包装形式主要有无菌包装和塑料瓶包装。

（1）加工工艺

中性调和乳饮料的基本工艺流程如图13-4所示。

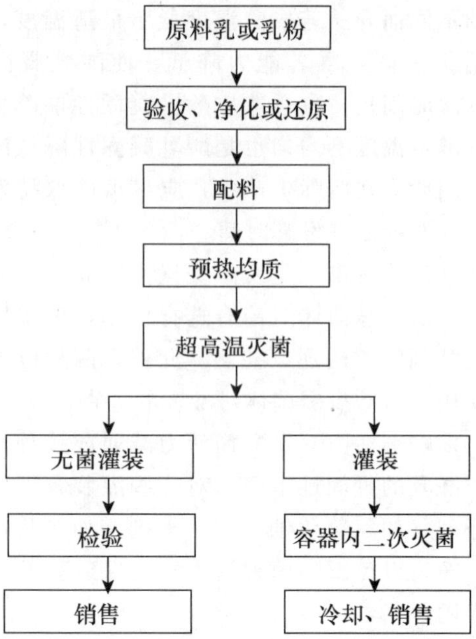

图13-4 中性调和乳饮料工艺流程

（2）操作要点

①原料要求　如果使用牛乳作为原料乳，牛乳一定要符合GB 19645—2010中规定的生鲜牛乳收购的标准（饮料为保鲜包装），甚至还要符合生产UHT乳的原料乳标准（乳饮料为无菌包装）。若生产中采用乳粉还原来生产风味乳饮料，乳粉也必须符合标准；同时，还应采用合适的设备来进行乳粉的还原。

②乳粉还原　乳粉还原有很多种方式，如低温长时间法（10℃、过夜）、中温还原法（40～50℃、20～30 min）。在水温从10℃增加至50℃的过程中，乳粉的润湿性随之上升；在50～100℃之间，温度上升，润湿度不再增加且有可能下降。低温处理的乳粉比高温处理的乳粉易于溶解，在此阶段，使蛋白回复到其一般的水合状态是很重要的。在40～50℃条件下，这一过程至少需20 min。通常情况下，新鲜的高质量乳粉所需水合时间较短，水合时间不充足，蛋白质的持水能力差，将导致最终产品不稳定。

③溶糖　如果产品配料中没有稳定剂，最好专门配置一个溶糖缸。将糖溶于热水中，然后煮沸15～20 min，再冷却过滤至牛乳中。

④稳定剂　如果产品配料中有白砂糖，可按稳定剂：白砂糖为1:（10～20）的比例进行干混，然后通过混合器打入热的牛乳或水中。如果没有白砂糖，则须进行高温处理。不同稳定剂对处理温度要求不一样，可参照有关资料进行操作。

⑤香精与色素　香精可分为液体香精、固体香精。液体香精的添加最好是在线添加到熟的牛乳（即已经杀菌的）中，不经过热处理，这样能避免热处理引起的香味损失。固体香精一般较耐高温，可以和白砂糖、稳定剂等辅料混在一起，然后加入牛乳中；也可以与一定的水或牛乳混合，制成溶液，然后在线添加到熟牛乳中。但现在很多公司没有在线添加装置，所以一般还是和其他辅料一样添加。不同的香精对热的敏感程度不同，因此若采用二次灭菌，所使用的香精应耐121℃的高温；若采

用超高温灭菌，所使用的香精应耐 137～140℃的高温。有的色素遇光会褪色，所以在选用包装材料时应该考虑色素的稳定性，或者使用护色素。

⑥超高温灭菌　对超高温产品来说，灭菌温度通常采用 137℃，保持 4 s。超高温灭菌设备内应包括脱气和均质处理装置。均质前先进行脱气处理，脱气后温度一般为 70～75℃，此时宜进行均质。通常采用两段均质工艺，压力分别为 20 MPa 和 5 MPa。

⑦冷却包装　灭菌后的产品应迅速冷却，以提高产品的贮存性能。中性调和乳饮料的包装主要有无菌包装和塑料瓶包装等。对塑料瓶包装多采用二次杀菌，以延长产品的货架期。

（3）中性调和乳饮料的标准

①感官指标　应具有加入物相应的色泽和香味，质地均匀。无脂肪上浮，无蛋白颗粒，允许有少量加入物沉淀，无任何不良气味和滋味。

②理化指标　应符合表 13-2 的规定。

表 13-2　中性调和乳饮料的理化指标

项目	指标	项目	指标
脂肪/%	≥1.0	铅（以 Pb 计）/(mg/L)	按 GB 2759—2015 执行
蛋白质/%	≥1.0	增稠剂	按 GB 2760—2014 执行
糖精/%	≤0.15		

③卫生指标　应符合表 13-3 的规定。

表 13-3　中性调和乳饮料的微生物指标

项目	指标
细菌总数/(CFU/mL)	≤10 000
大肠菌群（近似数）/(MPN/100 mL)	≤40
致病菌	不得检出

（4）影响中性含乳饮料质量的因素

①原料乳质量　生产高质量的风味乳饮料，必须使用高质量的原料乳，否则会出现许多质量问题。

a. 蛋白质稳定性。原料乳中的蛋白质稳定性将直接影响灭菌设备的运转情况和产品的保质期。蛋白质稳定性差，灭菌设备容易结垢，清洗次数增多，停机频繁，从而导致设备连续运转时间缩短、耗能增加及设备利用率降低。

b. 细菌总数。如果原料中细菌总数含量高，其中的致病菌产生的毒素经灭菌后有可能会残留，从而影响消费者的健康。

c. 嗜冷菌数量。若原料乳中的嗜冷菌数量过高，那么在贮藏过程中，这些细菌会产生非常耐热的酶类，灭菌后仍会有少量残余，从而导致产品在贮藏过程中组织状态方面发生变化。

②香精、色素质量　香精、色素的选择取决于产品的热处理情况。尤其对于超高温灭菌产品来说，若选用不耐高温的香精、色素，生产出来的产品风味很差，而且可能影响产品应有的颜色。

（5）中性调和乳饮料的质量控制

①形成沉淀　可根据以下几种情况采取控制措施。

a. 奶粉的质量较差或奶粉在还原过程中水合的效果较差。应严格把控奶粉质量，保证其水合效果良好。

b. 稳定剂的用量较少或质量较差。若在配料中添加卡拉胶，如果卡拉胶用量过少，形成的网状结构的强度不足以悬浮未溶解的颗粒，就会引起沉淀。可通过增加卡拉胶用量，也可通过添加一些盐类如柠檬酸三钠、磷酸氢二钠等来增强卡拉胶的作用。

c. 蛋白质和脂肪含量低。若牛乳中蛋白质和脂肪含量过低，由稳定剂形成的触变性凝胶的强度弱，无法悬浮未溶解颗粒而导致沉淀。解决办法是增加蛋白质和脂肪含量或增加稳定剂的用量。

d. 灌装温度。多数稳定剂在 30℃以下才能形成凝胶（最好为 25℃），因此，若灭菌后不及时将产品温度降至 25℃以下，在仓库内就需很长时间（尤其是夏季）才能冷却至 25℃以下。在这个过程中，未溶解颗粒可能已沉淀于包装的底部，导致稳定剂就起不到悬浮颗粒的作用。

②形成凝块　可在以下几个环节加强管理。

a. 原料乳质量。若原料乳质量差，蛋白质的稳定性差，乳饮料就可能产生沉淀或凝块等缺陷。

b. 稳定剂用量。若稳定剂用量过多，卡拉胶将形成真正的凝胶，而不是触变性的凝胶。若稳定剂用量太少，稳定剂起不到悬浮颗粒的作用。

c. 热处理强度。若热处理过度，蛋白质热变性导致稳定性降低，乳饮料可能会结块。

13.4.2.2　调配型酸性含乳饮料

调配型酸性含乳饮料是指以原料乳或乳粉、糖、稳定剂、香精、色素等为原料，用乳酸、柠檬酸、苹果酸、酒石酸或果汁将牛乳的 pH 调整到酪蛋白的等电点（pH 4.6）以下（一般为 pH 3.7～4.2）而制成的一种含乳饮料。根据国家标准，这种饮料的蛋白质含量应大于1%，因此它属于含乳饮料的一种。

（1）加工工艺

①配料及加工工艺流程　典型的调配型酸性含乳饮料的配料成分：乳粉含量为3%～12%；果汁或果味香精适量；稳定剂含量为0.3%～0.5%；添加柠檬酸、苹果酸以调节 pH 至 3.8～4.0；柠檬酸钠含量为0.5%。典型的调配型酸性含乳饮料的成品标准：脂肪含量不低于1.0%；糖含量为12%；蛋白质含量不低于1.0%；总固形物含量为15%。调配型酸性含乳饮料的工艺流程如图13-5所示。

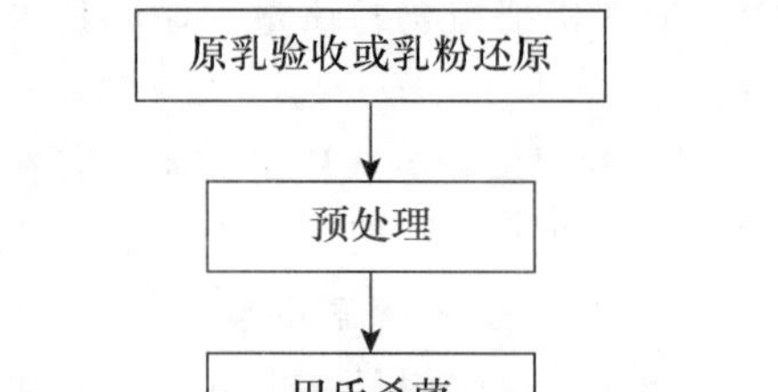

图13-5　调配型酸性含乳饮料工艺流程

②加工过程中的操作要点　具体如下。

a. 原辅料要求。原辅料采购进厂要符合软饮料原辅料 GB/T 10789—2015 的要求，要严格保存，防潮防霉，严格控制微生物总量。复合乳化稳定剂的质量卫生应符合 GB/T 10789—2015 的要求；乳粉质量应符合 GB 19644—2010 的要求；尽量用低温或中温乳粉，以增加热处理稳定性；其他添加物也要依照配方严格添加，以保证产品的总固形物含量及适口性。生产调配用水须为软化水或冷开水，以降低水中微生物对品质的影响及水中钙、镁离子对稳定性的影响。

b. 乳粉的还原。用大约一半的50℃左右的软化水来溶解乳粉，便于乳粉完全溶解。

c. 稳定剂的溶解。复合乳化稳定剂可与5～10倍的白糖预先干混，然后加入高速搅拌缸中（2 500～3 000 r/min）与温水充分混溶。

d. 混合。白糖可用热水在化糖缸中溶化，再经过滤后备用。将稳定剂溶液、糖浆等加入巴氏杀菌乳中，充分搅拌混合均匀后，冷却至20℃以下。

e. 酸化。酸化过程是决定产品品质的最重要的工序。可以用柠檬酸、乳酸、苹果酸作酸味剂。成品的品质与调酸过程有关。酸化要求如下：

酸化要在20℃以下进行，以减少蛋白质的析出、脂肪上浮及沉淀的产生。

酸化前，要将酸稀释为10%～20%的溶液，酸液浓度过高时，很难保证牛乳与酸液的良好混合，从而使局部酸度偏差太大，导致局部蛋白质沉淀；也可在酸化前加入一些缓冲盐类，如柠檬酸钠等。

酸化要在带高速搅拌器（2 500～3 000 r/min）的配料罐中进行，以保证在整个酸化过程中酸液与牛乳能均匀地混合，而不会导致局部 pH 过低，产生蛋白质沉淀。

加酸过快可能导致局部牛乳与酸液混合不均匀，从而形成酪蛋白颗粒悬浮。因此，在整个调配过程中，加酸速度不宜过快。同时，应缓慢地（以喷雾的方式）将酸液加到配料罐中，以保证酸液能迅速、均匀地分散于牛乳中。加酸过快会使酸化过程形成的酪蛋白颗粒粗大，产品易产生沉淀。

为保证酪蛋白颗粒的稳定性，在升温及均质前，应先将牛乳的 pH 降至4.0以下，以使蛋白质远离其等电点，稳定性增加。

f. 配料。酸化过程结束后，将香精、色素等加入酸化的牛乳中，同时对产品成分含量进行标准化。

g. 杀菌。由于调配型酸性含乳饮料的 pH 一般在3.7～4.0，属于高酸性食品，其杀菌的主要对象菌为霉菌和酵母菌，故采用高温短时的巴氏杀菌就可实现商业无菌。理论上来说，采用95℃、30 s 的杀菌条件即可，但考虑到各工厂的卫生状况及操作条件的不同，大部分工厂对无菌包装的产品采用

105～115℃、15～30 min的杀菌条件。对包装于塑料瓶中的产品来说，通常在灌装后再采用95～98℃、20～30 min杀菌。杀菌设备中一般都有脱气和均质处理装置，常用的二段均质机一段均质压力为20 MPa，二段均质压力为5 MPa。

（2）调配型酸性含乳饮料的标准

①感官指标　色泽呈均匀一致的乳白色，稍带微黄色或相应的果类色泽。口感细腻、甜度适中、酸而不涩，具有乳饮料应有的滋味和气味，无异味。

②组织状态　呈乳浊状，均匀一致无分层，允许有少量沉淀，无气泡，无异味。

③微生物指标　应符合表13-4的规定。

表 13-4　调配型酸性含乳饮料微生物指标

项目	指标	项目	指标
细菌总数/(CFU/mL)	≤100	酵母菌数/(CFU/mL)	≤50
大肠菌群/(MPN/100 mL)	≤3	致病菌	不得检出
霉菌总数/(CFU/mL)	≤30		

④理化指标　应符合表13-5的规定。

表 13-5　调配型酸性含乳饮料理化指标

项目	指标	项目	指标
蛋白质/%	≥0.7	铅（以Pt计）/(mg/kg)	≤1.0
总固体/%	≥11	铜（以Cu计）/(mg/kg)	≤5.0
总糖（以蔗糖计）/%	≥10	脲酶试验	阴性
酸度/°T	40～90	食品添加剂	按GB 2760—2014执行
砷（以As计）/(mg/kg)	≤0.5		

（3）影响调配型酸性含乳饮料质量的因素

①原料乳及乳粉质量　要生产高质量的调配型酸性含乳饮料，必须使用高质量的乳粉或原料乳，乳粉还原后蛋白质稳定性要好。

②水的质量　调配时水的质量非常重要。若使用的水碱度过高，会影响饮料的口感，也易造成蛋白质沉淀、分层。

③稳定剂的种类和质量　调配型酸性含乳饮料最适宜的稳定剂是果胶或其与其他稳定剂的混合物。考虑到实际生产的成本，常使用一些胶类稳定剂，如耐酸性羧甲基纤维素（CMC）、黄原胶、卡拉胶、瓜儿豆胶、海藻酸丙二醇酯（PGA）等。在工厂生产中，多种稳定剂混合使用比单一稳定剂的使用效果好，使用量应根据酸度、蛋白质含量的增加而增加。

④酸的种类　调配型酸性含乳饮料可以使用柠檬酸、乳酸、苹果酸和酒石酸等作酸味料，其中以用乳酸生产出的产品质量为最佳，生产时一般采用柠檬酸与乳酸的混合酸溶液作酸味料。

（4）调配型酸性含乳饮料的质量控制

①形成沉淀及分层　可根据以下几种情形采取控制措施。

a. 选用的稳定剂不合适。如果选用的稳定剂在产品保质期内达不到应有的效果，可采用果胶或其他稳定剂复配使用。一般采用纯果胶时，用量为0.35%～0.60%，但具体的用量和配比必须通过实验来确定。

b. 酸液浓度过高。调酸时，若酸液浓度过高，很难使局部牛乳与酸液良好地混合，从而使局部酸度偏差太大，导致局部蛋白质沉淀。为解决此问题，可在酸化前将酸稀释为10%～20%的溶液，也可在酸化前加入一些缓冲盐类，如柠檬酸钠等。

c. 混料罐内搅拌器的搅拌速度过低。搅拌速度过低，很难保证在整个酸化过程中酸液与牛乳混合均匀，从而导致局部pH过低，产生蛋白质沉淀。因此，为生产高品质的调配型酸性含乳饮料，车间内必须配备带有高速搅拌器的配料罐。

d. 加酸过快。加酸速度过快，可能导致局部牛乳与酸液混合不均匀，从而使形成的酪蛋白颗粒过大，且大小分布不匀。采用正常的稳定剂用量，就很难保持酪蛋白颗粒的悬浮，因此，在整个酸化过程中，加酸速度不宜过快。

②产品口感过于稀薄　有的厂家生产出来的酸性含乳饮料喝起来像淡水一样，其原因可能是乳粉热处理不当、终产品的总固形物含量过低、配料把握不准、稳定剂用量不足等。

13.4.2.3　发酵型乳酸饮料

发酵型乳酸饮料是一种发酵型的酸性含乳饮料。通常以牛乳或乳粉、植物蛋白乳（粉）、果蔬菜汁、糖类为主要原料，经杀菌、冷却、接种乳酸菌发酵剂发酵，再经稀释而制成。根据加工处理的方法不同，乳酸菌饮料一般分为酸乳型和果蔬型两大类。酸乳型乳酸菌饮料是在酸凝乳的基础上加工而成的。首先将酸凝乳进行破碎，然后配入白糖、香料、稳定剂等，通过均质而制成均匀一致的液态饮料。果蔬型乳酸菌饮料中含有适量的果汁（如柑橘、草莓、苹果、沙棘、杨梅等）或蔬菜汁（如番茄、胡萝卜、玉米、南瓜等）。它的加工方法有两种：一种是先将原料乳发酵后，添加果蔬汁、砂糖、稳定剂、香料、色素等辅料，经混合、均质而成，也就是所谓的先发酵后调配的加工方法；还有一种是先调配后发酵，就是先按照配方将所有原料混合在一起，共同发酵后，再加糖、稳定剂和香料等混合、均质后制作而成。同时又可分为活性乳酸菌饮料（未经后杀菌）和非活性乳酸菌饮料（经后杀菌）。

（1）乳酸菌饮料的加工工艺

①工艺流程　工艺流程如图 13-6 所示。

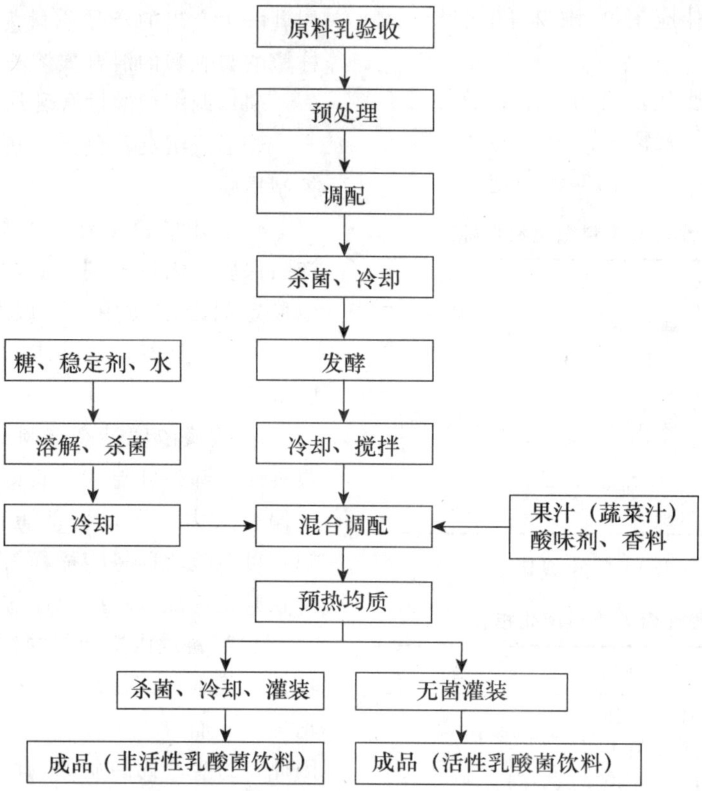

图 13-6　发酵型乳酸饮料工艺流程

②操作要点　可从以下几个环节把握。

a. 调配混合。先将白砂糖、稳定剂、乳化剂等一起搅拌均匀，加入 70～80℃的热水充分溶解，经杀菌、冷却后，同果汁、酸味剂一起与发酵乳混合并搅拌均匀，最后加入香精等。在乳酸菌饮料中，最常使用的稳定剂是纯果胶或其与其他稳定剂的复合物。果胶对酪蛋白颗粒具有最佳的稳定性，这是因为果胶是一种聚半乳糖醛酸，在 pH 为中性和酸性时带负电荷。将果胶加入酸乳中时，它会附着于酪蛋白颗粒的表面，使酪蛋白颗粒带负电荷。由于同性电荷互相排斥，可避免酪蛋白颗粒间相互聚合成大颗粒而产生沉淀。考虑到果胶分子在使用过程中的降解趋势以及它在 pH 为 4.0 时稳定性最佳的特点，杀菌前一般将乳酸菌饮料的 pH 调到 3.8～4.0。

b. 均质。可采用胶体磨或均质机使料液微细化，以提高料液黏度，抑制粒子的沉淀，并增强稳定剂的稳定效果。乳酸菌饮料较适宜的均质压力为 15～20 MPa，温度为 55℃左右。

c. 后杀菌。后杀菌的目的是延长饮料的保存期。经合理杀菌、无菌灌装后的饮料，保存期可达 3～6 个月。乳酸菌饮料属于高酸性食品，采用高温短时巴氏杀菌即可达到商业无菌的程度，也可采用更高的杀菌条件如 95～105℃、30 s 或 110℃、4 s。生产厂家可根据自己的实际情况，对以上杀菌条件作相应的调整。对塑料瓶包装的产品来说，一般灌装后采用 95～98℃、20～30 min 的杀菌条件，然后进行冷却。

d. 果蔬预处理。在制作果蔬乳酸菌饮料时，要首先对果蔬物料进行加热处理，以起到灭活酶活性的作用。通常选择在沸水中放置 6～8 min。果蔬经灭活酶活性后打浆或取汁，再与杀菌后的原料乳混合。

（2）乳酸菌饮料的质量控制

①饮料中活菌数的控制　要求每毫升活性乳酸菌饮料中含活的乳酸菌100万CFU以上。欲保持较高活力的菌株，应选用耐酸性强的乳酸菌种（如嗜酸乳杆菌、干酪乳杆菌）作为发酵剂。为了弥补发酵本身的酸度不足，须补充柠檬酸，但是柠檬酸的添加会导致活菌数下降，所以必须控制柠檬酸的使用量。苹果酸对乳酸菌的抑制作用小，与柠檬酸并用可以减少活菌数的下降，同时可改善柠檬酸的涩味。

②沉淀　沉淀是乳酸菌饮料最常见的质量问题。乳蛋白中 80%为酪蛋白，其等电点为 4.6。乳酸菌饮料的 pH 在 3.8～4.2，此时，酪蛋白处于高度不稳定状态。此外，在加入果汁、酸味剂时，若酸浓度过大，加酸时混合液温度过高或加酸速度过快、搅拌不匀等，均会引起局部过分酸化而发生分层和沉淀。为使酪蛋白胶粒在饮料中呈悬浮状态，不发生沉淀，应注意以下几点。

a. 均质。经均质后的酪蛋白微粒，因失去了静电荷、水化膜的保护，粒子间的引力增强，增加了碰撞机会，容易聚成大颗粒而沉淀。因此，均质时必须配合使用稳定剂，才能达到较好的效果。

b. 稳定剂。添加亲水性和乳化性较高的稳定剂。稳定剂能提高饮料的黏度，防止蛋白质粒子因重力作用下沉。更重要的是，它本身是一种亲水性高分子化合物，在酸性条件下可与酪蛋白结合形成凝胶体，防止凝集沉淀。此外，牛乳中含有较多的钙，在 pH 降至酪蛋白的等电点以下时，Ca^{2+} 与酪蛋白之间易发生凝集而沉淀。可添加适当的磷酸盐，使其与 Ca^{2+} 形成螯合物，起到稳定作用。

c. 添加蔗糖。添加 10%左右的蔗糖不仅可使饮料酸中带甜，而且糖在酪蛋白表面形成被膜，可提高酪蛋白与其他分散介质的亲水性，并能提高饮料的密度，增加其黏稠度，有利于提高酪蛋白在悬浮液中的稳定性。

d. 有机酸的添加。添加柠檬酸等有机酸类是引起饮料产生沉淀的因素之一。因此，须在低温条件下添加，使其与蛋白胶粒均匀缓慢地接触。另外，添加速度要缓慢，搅拌速度要快。一般酸液以喷雾形式加入。

e. 发酵乳的搅拌温度。为了防止沉淀产生，还应注意控制好搅拌发酵乳时的温度。高温时搅拌，凝块将收缩硬化，造成蛋白胶粒的沉淀。

③脂肪上浮　在以全脂乳作为原料时，由于均质处理不当，极易出现脂肪上浮。这时应改进均质条件，如增加均质压力或提高均质温度；同时，可选用酯化度高的稳定剂或乳化剂，如卵磷脂、单硬脂酸甘油酯、脂肪酸蔗糖酯。

④果蔬料的质量控制　为了强化饮料的风味与营养，常加入一些果蔬原料，如果汁类的椰汁、杧果汁、橘汁、草莓汁等，蔬菜类的胡萝卜汁、玉米浆、南瓜浆、冬瓜汁等。这些物料本身质量不好或配制饮料时预处理不当，可使饮料在保存过程中出现感官质量不稳定等问题，如饮料变色、褪色、出现沉淀、污染杂菌等。因此，在选择及加入这些果蔬物料时，应注意杀菌处理。另外，在生产中应考虑适当加入一些抗氧化剂，如维生素 C、维生素 E、儿茶酚、EDTA 等，以增强果蔬色素的抗氧化能力。

⑤卫生管理　在乳酸菌饮料酸败方面，最大的问题是被酵母菌污染。酵母菌繁殖会产生二氧化碳，并形成酯臭味和酵母味等不愉快风味。另外，霉菌的耐酸性很强，也容易在乳酸菌饮料中繁殖并产生不良影响。酵母菌、霉菌的耐热性弱，通常经 60℃、5～10 min 加热处理即被杀死。所以，制品中出现的污染，主要是二次污染。所以，使用蔗糖、果汁的乳酸菌饮料其加工车间的卫生条件必须符合有关要求，以避免造成制品的二次污染。

13.5　乳酸菌制剂的加工

乳酸菌制剂属于一种微生态制剂，微生态制剂也叫活菌制剂或生菌剂，是指运用微生态学原理，采用特殊工艺将对宿主有益无害的益生菌或益生菌的促生长物质制成制剂。目前，微生态制剂已被应用于饲料、农业、医药保健和食品等领域中。在饲料工业中广泛应用的有植物乳杆菌、枯草芽孢杆菌等，在食品中广泛应用的有乳酸菌、双歧杆菌、肠球菌和酵母菌等。近几年来，在家禽家畜养殖业中，微生态制剂正在逐步地取代传统的添加剂。在未来，研究开发遵循生态环境自然循环法则的无公害制剂将是添加剂行业的一种发展趋势。

乳酸菌是一类能利用糖类产生大量乳酸的细菌。乳酸菌制剂是指将乳酸菌培养后，再用适当的方法将其制成带活菌的粉剂、片剂或丸剂等。服用后能起到整肠和防治肠胃疾病的作用。在生产乳酸菌制剂时，采用的乳酸菌种主要有粪链球菌、嗜酸杆菌和双歧乳杆菌等，它们在肠道内均能够存活。此外，也可采用其他菌种，但因其不能在肠道内存活，而不能继续繁殖，只能起到降低肠内 pH 的作用。近年来，国际上已采用带芽孢的乳酸菌种，使乳酸菌制剂进入了新的发展阶段。各种乳酸菌制剂的生产方法和原理大致相同。现以乳酸菌为例，简要介绍其生产方法。

13.5.1 工艺流程

工艺流程如图 13-7 所示。

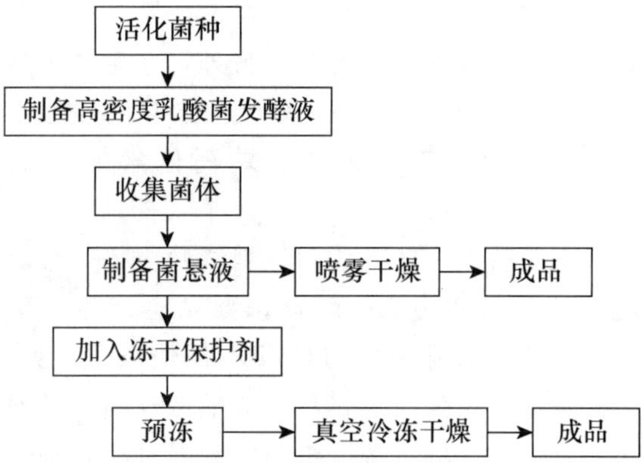

图 13-7 乳酸菌制剂加工工艺流程

13.5.2 质量控制

直投式发酵剂是不需活化和增殖，可直接用于生产的一类新型发酵剂。一般地，给离心后的高浓度菌泥添加冻干保护剂并将其制成菌悬液，经预冻后，在真空条件下升华干燥得到的干粉状固体发酵剂即为直投式发酵剂。该发酵剂具有活菌含量高（$1\times10^9\sim1\times10^{12}$ CFU/g）、安全性好、保质期长、使用方便、避免菌种退化等特点，适用于酸乳制品、泡菜等发酵食品，利于标准化生产。

菌种的高密度培养、预冻条件、冻干保护剂的选择等，均是影响冻干存活率的关键因素。国内学者采用缓冲盐法及化学中和法对乳酸菌进行高密度培养，菌悬液浓度一般低于 1×10^9 CFU /mL。国外学者发现细胞循环培养法和透析法明显提高了细胞密度和产率，但其对设备和技术的要求较高。直投式酸奶发酵剂生产过程中的质量控制主要包括以下几个方面。

13.5.2.1 优良菌种的选育和保藏

生产优质的商品化发酵剂关键在于使用优良菌种。国外已经专门成立了酸奶发酵剂生产与研究中心，对发酵剂菌种的功能要求已经基本形成标准。乳酸菌的筛选方向主要有：

①筛选抗冷冻、抗干燥、抗剪切力等抗逆性强的菌株，因为冻干、深度冻藏、喷雾干燥是当前制备商品化发酵剂的主要方法。

②筛选对乳糖和半乳糖利用率高的阳性菌株，以多产乳酸。

③筛选黏性菌种以高产胞外多糖等黏性物质，从而增加产品黏度，提高产品的浓厚质地，并减少凝胶断裂及乳清析出等质量缺陷的发生。

④在发酵过程中，酸奶易被噬菌体污染，导致发酵迟缓甚至发酵失败。因此，每个酸奶厂都要有相应的抗噬菌体菌株，以备轮换。

⑤柠檬酸能够被分解成二乙酰等，使酸奶具有特有的风味。因此，酸奶厂应筛选能利用柠檬酸的菌株。

⑥筛选的双歧杆菌和嗜酸乳杆菌等益生菌最好来自人体，因它们能耐受人的胆汁酸盐和酸性环境，故可增强其有效性。

筛选得到的纯培养物应置于超低温冰箱或液氮罐中长期保藏，以保持其活性和稳定性。

13.5.2.2 菌种的移植

在进行发酵剂的工厂化生产前，应先在实验室和菌种车间进行菌种的活化和移植，并进行种子液的扩大培养。

13.5.2.3 培养基的配制和灭菌

在制备直投式酸奶发酵剂时，首先要对乳酸菌进行高浓度培养。在选择好基础培养基（一般为脱脂奶粉培养基）后，要找到合适的增强因子，以强化培养基，得到优化培养基，使乳酸菌的繁殖量达到最大。

13.5.2.4 接种培养

乳酸菌的高浓度培养方法有两种。

① 恒定 pH 培养法　在发酵过程中，乳酸菌代谢产生的乳酸、醋酸等物质对其生长具有反馈抑制作用。将发酵罐中的培养液的 pH 维持在 5.8～6.0，以解除乳酸等物质对菌体生长的抑制作用，延长培养时间，制备出含活菌数高的发酵液。在培

养过程中，使用化学中和法或缓冲盐法维持培养液pH的稳定。

② 膜渗析法　利用膜的选择性使培养液与营养液进行成分交换，这样，培养液中的乳酸部分渗出，营养液中的成分渗入培养液中，达到维持乳酸菌正常生长繁殖的目的。

13.5.2.5　细胞浓缩

对数期后期至稳定期前期是收集乳酸菌细胞的最佳时期，因为此时收获的菌体细胞的存活率和抗冻、抗干燥能力最强。可以将乳酸菌培养液进行离心分离，收集菌体细胞，使菌液得到浓缩。也可以选择膜分离法，其浓缩倍数在20～50倍，要求操作过程尽量柔和，以尽量降低剪切力和空气对菌体细胞的影响。

13.5.2.6　冷冻干燥

常在45℃以下进行干燥粉碎，将其制成粉剂和片剂，最好使用冻结升华干燥，有利于进一步提高其效力和延长保存期。将乳酸菌冷冻后，在减压环境下利用升华现象除去水分。当菌体中的大部分水分被去除后，细胞的生理活动就会停止，从而达到长期保藏的目的。冷冻过程中产生的冰晶体会损坏细胞膜，导致细胞大量死亡，所以在冷冻干燥前须加抗冷冻保护剂，以降低细胞的受损程度。

13.5.2.7　包装

一般采用袋装、无菌包装，便于贮存、运输。

13.5.2.8　质量标准

乳酸菌制剂暂行标准为：水分含量不超过5.0%；杂菌数少于1 000 CFU/g；乳酸含量高于0.9%；呈淡黄色，味酸，不得有酸败味。

思考题

1. 简述发酵乳制品的概念。
2. 简述发酵乳制品的品质控制。
3. 简述发酵剂的制备。
4. 简述乳饮料的概念。
5. 简述乳饮料的品质控制。
6. 简述乳酸菌的概念。
7. 简述乳酸菌制剂的概念。

第 14 章

干 酪 加 工

学习目的与要求

了解干酪的概念、分类；掌握天然干酪的加工技术及质量控制方法；掌握再制干酪的加工技术及质量控制方法；熟悉干酪成熟的条件及影响成熟的因素；掌握防止干酪出现质量缺陷的方法和技术。

14.1　干酪的概念和种类

14.1.1　干酪的定义

干酪，英文名称为 cheese，中文翻译为干酪、奶酪、芝士或乳酪等，包括天然干酪（natural cheese）和再制干酪（processed cheese）。FAO/WHO（standard No. A-6，1978）对干酪的定义为：干酪是以乳、稀奶油、脱脂乳或部分脱脂乳、乳酪或这些产品的混合物为原料，经凝乳酶或其他凝乳剂凝乳，并排出乳清而制得的新鲜或发酵成熟的产品。

14.1.2　干酪的种类

干酪的种类很多。根据美国农业部介绍，世界上干酪的种类达 800 种以上，其中比较著名的有 20 种左右。有些干酪，在原料和制造方法上基本相同，但由于制造国家或地区不同，其名称不同。如著名的法国羊乳干酪（Roquefort cheese），在丹麦生产的这种干酪被称作达纳布路干酪（Danablu cheese）；丹麦生产的瑞士干酪称作萨姆索干酪（Samsoe cheese）；埃达姆干酪（Edam cheese）又被称为太布干酪（Tyb cheese）。

干酪种类的划分和命名，主要依据干酪的原产地、制造方法、干酪的外观、理化性质和微生物学特性等项内容而进行。

国际上通常把干酪划分为三大类：天然干酪（natural cheese）、再制干酪（processed cheese）和干酪食品（cheese food），这三类干酪的主要规格、要求如表 14-1 所述。

表 14-1　天然干酪、再制干酪和干酪食品的主要规格

名称	规格
天然干酪	以乳、稀奶油、部分脱脂乳、酪乳或混合乳为原料，经凝固后，排出乳清而获得的新鲜或成熟的产品，允许添加天然香辛料以增加香味和滋味。
再制干酪	用一种或一种以上的天然干酪，添加食品卫生标准所允许的添加剂（或不加添加剂），经粉碎、混合、加热融化、乳化后而制成的产品，含乳固体 40%以上。此外，还有下列两条规定： ①允许添加稀奶油、奶油或乳脂以调整脂肪含量。 ②为了增加香味和滋味，添加香料、调味料及其他食品时，必须控制在乳固体的 1/6 以内。但不得添加脱脂奶粉、全脂奶粉、乳糖、干酪素以及不是来自乳中的脂肪、蛋白质及碳水化合物。
干酪食品	用一种或一种以上的天然干酪或再制干酪，添加食品卫生标准所规定的添加剂（或不加添加剂），经粉碎、混合、加热熔化而制成的产品，产品中干酪含量须占 50%以上。此外，还规定： ①添加香料、调味料或其他食品时，须控制在产品干物质的 1/6 以内。 ②添加不是来自乳中的脂肪、蛋白质、碳水化合物时，不得超过产品的 10%。

国际酪农联盟（IDF 1972）曾提出以水含量为标准，将干酪分为硬质、半硬质、软质三大类，并根据成熟的特征或固体物中的脂肪含量来分类的方案。现在习惯上以干酪的软硬度及与成熟有关的微生物来进行分类和区别。当前，世界上主要干酪的分类如表 14-2 所示。

较著名的干酪品种（软质干酪、半硬质干酪、硬质干酪、特硬质干酪）及其理化特性介绍如下。

14.1.2.1　软质干酪

（1）农家干酪（cottage cheese）

这种干酪是以脱脂乳、浓缩脱脂乳或脱脂乳粉的还原乳为原料制成的一种不经成熟的新鲜软质干酪，是一种块状、软质、不经发酵、酸凝乳的新鲜干酪。颗粒细致均匀，口感爽滑绵软，柔而不腻，含有丰富的蛋白质、矿物质和维生素。成品的水分含量在 80%左右（通常为 79%）。世界上以美国的产量最大，在法国、英国、日本也有生产。常在成品中加入稀奶油、食盐、调味料等，配制成色拉或糕点等，作为佐餐干酪。

（2）稀奶油干酪（cream cheese）

稀奶油干酪是以稀奶油或稀奶油与牛乳的混合物为原料制成的一种浓郁、醇厚的新鲜干酪，是一种非成熟软质干酪。可在成品中添加食盐、天然稳定剂和调味料等。成品的含水量为 44%～46%，脂肪含量不低于 47.4%，蛋白质含量为 3.1%，食盐含量为 0.5%～1.2%。可以用来涂布面包或配制色拉和三明治等，主要产地为英国、美国等。

表 14-2　干酪的品种分类

种类		与成熟有关的微生物	水分含量	主要产品
软质干酪	不成熟（新鲜）		40%～60%	农家干酪（cottage cheese） 稀奶油干酪（cream cheese） 乳清干酪（ricotta cheese）
	成熟	细菌		比利时干酪（Limburger cheese） 手工干酪（hand cheese）
		霉菌		卡门贝尔干酪（Camembert cheese） 布里干酪（Brie cheese）
半硬质干酪		细菌	36%～40%	砖形干酪（brick cheese） 修道院干酪（trappist cheese）
		霉菌		法国羊乳干酪（Roquefort cheese） 蓝纹干酪（blue cheese）
硬质干酪	实心	细菌	25%～36%	高达干酪（Gouda cheese） 埃达姆干酪（Edam cheese）
	有气孔	细菌（丙酸菌）		埃门塔尔干酪（Emmentaler cheese） 瑞士干酪（Swiss cheese）
特硬干酪	成熟	细菌	<25%	帕玛森干酪（Parmesan cheese） 罗马诺干酪（Romano cheese）
融化干酪			<40%	再制干酪（processed cheese）

（3）乳清干酪（ricotta cheese）

这种干酪是意大利生产的乳清干酪，又称为白蛋白干酪，主要分为新鲜干酪和干燥干酪两种。新鲜干酪在制作时加入全脂乳，成品的含水量为68%～73%，蛋白质含量为9.4%，脂肪含量为11%，碳水化合物含量为2%左右，食盐含量为1.2%。

（4）卡门贝尔干酪（Camembert cheese）

法国浓味干酪是世界上最著名的干酪种类之一，原产于法国的卡曼贝尔村（Camembert）。无论在法国还是在其他一些国家，卡门贝尔干酪都是表面霉菌干酪中最普遍的一种，其内部呈黄色。根据不同的成熟度，干酪呈蜡状或稀奶油状。成品口感细腻，咸味适中，具有浓郁的芳香风味。成品的含水量为50.7%，食盐含量为2.6%。

14.1.2.2　半硬质干酪

（1）法国羊乳干酪（Roquefort cheese）

该种干酪原产于法国的洛克伏尔村（Roquefort）。法国羊乳干酪是以绵羊乳为原料制成的半硬质干酪，属霉菌成熟的青纹干酪。美国、加拿大、英国、意大利等国生产与此相类似的干酪。成品的含水量为39%～42%，脂肪含量为32.9%，蛋白质含量为19.7%，食盐含量为1.1%。

（2）德拉佩斯特干酪（trappist cheese）

德拉佩斯特干酪又称修道院干酪，原产于南斯拉夫。其以新鲜全脂牛乳制成，或者混入少量绵羊乳或山羊乳，是一种以细菌成熟的半硬质干酪。成品内部呈淡黄色，风味温和。一般用热水稀释乳清，可以得到低酸型的干酪，其风味温和适口。德拉佩斯特干酪的含水量为45.9%，脂肪含量为26.1%，蛋白质含量为23.3%，食盐含量为1.3%～2.5%。

（3）砖形干酪（brick cheese）

砖状干酪起源于美国，是以牛乳为原料的细菌成熟的半硬质干酪，成品内部有许多圆形或不规则形状的孔眼。成品的含水量为39%～43%，脂肪含量为31%，蛋白质含量为20%～23%，食盐含量为1.8%～2.0%。

（4）切达干酪（Cheddar cheese）

这种干酪原产于英国的切达村（Cheddar），是一种半硬质成熟干酪，是将乳用凝乳酶酸化和浓缩，随后形成凝胶而制成的。独特的切达化阶段，赋予干酪质地和功能性质，包括向凝块施加压力以促进凝块颗粒的凝聚和流动。由于现在美国大量生产，故又称"美国干酪"。成品的含水量为39%以下，脂肪含量为32%～34%，蛋白质含量为25%，食盐含量为1.8%～2.5%。

（5）荷兰高达干酪（Gouda cheese）

荷兰干酪是最重要的半硬质干酪，原产于荷兰的高达村（Gouda），也叫高达干酪，但是目前在各干酪生产国基本都有生产，是以全脂牛乳为原料，经细菌成熟的硬质干酪。其口感风味良好，组织均匀。成品的含水量在45%以下（通常为40%左右），脂肪含量为30%～32%，蛋白质含量为23%～25%，食盐含量为1.5%～2.0%。它们的形状为扁平的圆柱状、球状、长方体状或者条形。

(6) 埃达姆干酪（Edam cheese）

这是荷兰北部伊顿市所生产的一种半硬质干酪，是以全脂牛乳或全脂牛乳与脱脂牛乳等量混合为原料而生产的一种细菌成熟的硬质干酪，成熟期在半年以上。它同荷兰干酪一样属于世界“荷兰”型干酪的代表种类，许多国家都有生产。成品的含水量为42%～44%，脂肪含量为24%～26%，蛋白质含量为25%～27%，食盐含量为1.6%～2.0%。

14.1.2.3 硬质干酪

瑞士干酪（Swiss cheese）最初是在瑞士的埃蒙塔生产的。它的前身是山地干酪。它是以牛乳为原料，经细菌（嗜热链球菌、保加利亚乳酸杆菌、薛氏丙酸杆菌）发酵成熟的一种硬质干酪。成品富有弹性，稍带甜味，是一种大型的干酪。由于丙酸菌作用，成熟期间产生大量CO_2，在内部形成许多孔眼。成品的含水量为34%～36%，脂肪含量为27.5%，蛋白质含量为28.4%，食盐含量为1.0%～1.6%。在美国产量很大，在丹麦、瑞典也有生产。

14.1.2.4 特硬质干酪

帕玛森干酪（Parmesan cheese）是原产于意大利帕尔玛市的一种细菌成熟的特硬质干酪。一般为二次成熟，需要3年左右的时间进行成熟。这种干酪保存性好，含水量为16%～20%，脂肪含量为30%～32%，蛋白质含量为38%～40%。

14.2 天然干酪的一般加工工艺

14.2.1 工艺流程

各种天然干酪的生产工艺基本相同，只是在个别工艺环节上有所差异。现将切达干酪的基本生产工艺介绍如下：

原料乳→净乳→标准化→杀菌→冷却→添加发酵剂→调整酸度→加氯化钙→加色素→加凝乳剂→凝块切割→搅拌→加温→排出乳清→翻转堆积→压榨成型→盐渍→包装→成熟→成品

14.2.2 工艺要点

14.2.2.1 原料乳的预处理

生产干酪的原料乳，必须经感官检查、酸度测定（牛奶18 °T，羊奶10～14 °T）或酒精试验，必要时进行青霉素及其他抗生素试验。检查合格后，进行原料乳的预处理。

生产干酪的鲜乳挤出后应尽快用于生产，如果牛乳已经过了1～2 d的贮存且到达乳品厂后12 h内仍不能进行加工处理，最好采用预杀菌的方法。预杀菌是指缓和的预处理，65℃、15 s，随后冷却至4℃。目的是抑制乳中嗜冷菌的生长。经处理后，牛乳呈磷酸酶阳性。预杀菌后的乳可在4℃条件下继续贮存12～48 h。

(1) 净乳

某些形成芽孢的细菌在巴氏杀菌时不能被杀灭，对干酪的生产和成熟造成很大危害。如丁酸梭状芽孢杆菌在干酪的成熟过程中产生大量气体，破坏干酪的组织状态，且产生不良风味。用离心除菌机进行净乳处理，不仅可以除去乳中大量杂质，而且可以将乳中90%的细菌除去，对相对密度较大的芽孢菌特别有效。

(2) 标准化

为了保证每批干酪的质量均一，组成一致，成品符合标准，并缩小偏差，在加工之前要对原料乳进行标准化处理。

首先，要准确测定原料乳的乳脂率和酪蛋白的含量，调整原料乳中的脂肪和非脂乳固体之间的比例，使其比值符合产品要求。生产干酪时对原料乳的标准化不同于前面所讲的标准化，这里除了对脂肪标准化外，还要对酪蛋白以及酪蛋白与脂肪的比例（C/F）进行标准化，一般要求$C/F=0.7$。

[例1] 今有原料乳1 000 kg，含脂率为4%，用含酪蛋白2.6%、脂肪0.01%的脱脂乳进行标准化，使$C/F=0.7$，试计算所需脱脂乳量。

解：①原料乳中脂肪量为$1\ 000\times0.04=40$（kg）

②原料乳中酪蛋白比率

$C=0.4F+0.9=(0.4\times4\%)+0.9=2.5\%$

③原料乳中酪蛋白量为$1\ 000\times0.025=25$（kg）

④原料乳中$C/F=25/40=0.625$

⑤因为标准化后 $C/F=0.7$

所以标准化后乳中酪蛋白量应为 40×0.7＝28（kg）

⑥ 应补充的酪蛋白量为 28－25＝3（kg）

⑦ 所需脱脂乳量为 3/0.026＝115.4（kg）

（3）原料乳的杀菌

为了杀灭原料乳中的致病菌和有害菌，使酶类失活，使干酪质量稳定、安全、卫生，要对原料乳进行杀菌处理。加热杀菌使部分白蛋白凝固，留存于干酪中，可以增加干酪的产量。杀菌温度的高低，时间的长短，会直接影响干酪的质量。如果温度过高，时间过长，则会使更多的蛋白质受热变性，从而破坏乳中盐类离子的平衡，进而影响皱胃酶的凝乳效果，使凝块松软，收缩作用变弱，易形成水分含量过高的干酪。因此，在实际生产中多采用63℃、30 min 的保温杀菌（LTLT）或 71～75℃、15 s 的高温短时杀菌（HTST）。常采用的杀菌设备为保温杀菌罐或片式热交换杀菌机。在生产过程中常添加适量的硝酸盐（硝酸钠或硝酸钾）或过氧化氢以确保杀菌效果，并抑制丁酸菌等产气芽孢菌生长繁殖。特别注意，过多的硝酸盐会抑制发酵剂的正常发酵，影响干酪的成熟和成品风味，所以要控制好硝酸盐的添加量。

14.2.2.2 添加发酵剂和预酸化

原料乳在经过杀菌后，直接打入干酪槽（cheese vat）中。干酪槽为水平卧式长椭圆形不锈钢槽，且有保温（加热或冷却）夹层及搅拌器（手工操作时为干酪铲和干酪耙）。将干酪槽中的牛乳冷却到 30～32℃后，按操作要求加入发酵剂。

常用的发酵剂都是由几种菌种混合而成的发酵剂，即混合菌种发酵剂。混合发酵剂中有两个或更多的菌种相互之间存在共生关系，这些发酵剂不仅能生产乳酸，还能生成香味物质和二氧化碳。二氧化碳是孔眼干酪和小气孔型干酪生成空穴所必需的。例如，由嗜温发酵剂生产的高达干酪及由嗜热发酵剂生产的埃门塔尔和格鲁耶尔干酪。单菌株发酵剂主要用于以生成乳酸和降解蛋白质为目的的干酪的生产，如切达及相关类型的干酪。

（1）发酵剂的加入方法

首先应根据制品的质量和特征，选择合适的发酵剂种类和组成。取 1%～2%原料乳用来制作工作发酵剂，边搅拌边加入，并在 30～32℃条件下充分搅拌 3～5 min。为了促进凝固和正常成熟，加入发酵剂后应进行短时间的发酵，以保证充足的乳酸菌数量，此过程称为预酸化。经 10～15 min 的预酸化后，取样进行酸度测定。

不同类型的干酪要用的发酵剂剂量不同。在干酪生产过程中，要避免牛乳进入干酪槽时裹入空气，因为这将影响凝块的质量而且似乎会使酪蛋白损失于乳清中。

（2）发酵剂失常

有时会发生酸化缓慢或产酸失败等形式的失常。一个原因是乳中含有用于治疗牛乳房疾病的抗生素。另一个可能的原因是含有噬菌体，耐热病毒可在空气和土壤中见到。洗涤剂和灭菌剂的残留也会引起发酵剂失常。粗心大意，尤其在使用消毒剂时粗心大意，是发酵剂失常多发的原因。

（3）调整酸度

添加发酵剂并经 30～60 min 发酵后，酸度为 0.18%～0.22%，但乳酸的发酵酸度很难控制。为使干酪成品质量一致，可用 1 mol/L 盐酸调整酸度，一般调整酸度至 0.21%左右。具体的酸度值应根据干酪的种类而定。

14.2.2.3 加入添加剂

为了使凝块的硬度适宜、色泽一致，防止产气菌的污染，保证成品质量一致，要加入相应的添加剂和调整酸度。添加剂包括氯化钙、色素、CO_2、硝石等。详见二维码 14-1。

二维码 14-1 加入添加剂

14.2.2.4 添加凝乳酶和凝乳的形成

（1）凝乳酶的添加

通常按凝乳酶效价和原料乳的量计算凝乳酶的用量。用 1%的食盐水将酶配成 2%的溶液，并在 28～32℃下保温 30 min。然后加到乳中，充分搅拌均匀（2～3 min）后加盖。

如果凝乳酶的添加量太少，会造成凝乳强度差，蛋白质和脂肪成分在乳清析出过程中损失过多，干酪产率低；如果凝乳酶的添加量过多，滞留在干酪中的酶过多，会导致干酪在成熟过程中水解过度，从而影响干酪的风味和功能特性。

为促进凝乳酶分散，自动计量系统可实现用适量水稀释凝乳酶并通过分散喷嘴将凝乳酶喷洒在牛乳表面。这个系统最初应用于大型密封（10 000～20 000 L）的干酪槽或干酪罐。

（2）凝乳的形成

添加凝乳酶后，在 32℃条件下静置 30 min 左右，即可使乳凝固，达到凝乳的要求。

14.2.2.5　凝块切割

凝块切割分为手工切割和机械切割，详见二维码 14-2。

二维码 14-2　凝块切割

14.2.2.6　凝块的搅拌及加温

切割凝块后（此时测定乳清的酸度），开始用干酪耙或干酪搅拌器轻轻搅拌。刚刚切割的凝块颗粒对机械处理非常敏感，因此，搅拌必须很缓和并且必须足够快，以确保颗粒能悬浮于乳清中。凝块沉淀在干酪的底部会导致形成黏团，这会使搅拌机械受很大力。黏团会影响干酪的组织而且导致酪蛋白的损失。经过 15 min 后，搅拌速度可稍微加快。与此同时，在干酪槽的夹层中通入热水，使温度逐渐升高。升温的速度应严格控制，初始时每 3～5 min 升高 1℃，当温度升至 35℃时，则每隔 3 min 升高 1℃。当温度达到 38～42℃（应根据干酪的种类具体确定终止温度）时，停止加热并维持此时的温度。在整个升温过程中应不停地搅拌，以促进凝块的收缩和乳清的渗出，防止凝块沉淀和相互粘连。另外，升温的速度不宜过快，否则干酪凝块收缩过快，表面形成硬膜，影响乳清的渗出，使成品水分含量过高。在升温过程中还应不断地测定乳清的酸度以便控制升温和搅拌的速度。总之，升温和搅拌是干酪制作工艺中的重要过程，它们关系到生产的成败和成品质量的好坏，因此，必须按工艺要求严格控制和操作。凝块的机械处理和由细菌持续生产的乳酸有助于挤出颗粒中的乳清。

14.2.2.7　排除乳清

乳清排放是指将乳清和凝乳颗粒分离的过程。在搅拌升温的后期，当乳清酸度达到 0.17%～0.18%时，凝块收缩至原来的一半。此时，用手捏干酪粒，感觉有适度弹性；或用手握一把干酪粒，用力压出水分后放开，如果干酪粒富有弹性，搓开仍能重新分散，即可排除全部乳清。乳清由干酪槽底部通过金属网排出。此时应将干酪粒堆积在干酪槽的两侧，促进乳清的进一步排出。此操作也应按干酪种类的不同而采取不同的方法。排除的乳清的脂肪含量约为 0.3%，蛋白质含量约为 0.9%。若脂肪含量在 0.4%以上，证明操作不理想，应将乳清回收，作为副产物进行综合加工利用。

14.2.2.8　堆积

排除乳清后，将干酪粒堆积在干酪槽的一端或专用的堆积槽中，用带孔木板或不锈钢板压 5～10 min，压出乳清使其成块，这一过程即为堆积。有的干酪种类，在此过程中还要保温，调整排出乳清的酸度，进一步使乳酸菌达到一定的活力，以满足成熟过程对乳酸菌的需要。详细见二维码 14-3。

二维码 14-3　堆积、压缩成型以及加盐的详细过程

14.2.2.9　压榨成型

压榨是指对装在模中的凝乳颗粒施加一定的压力。压榨可进一步排除乳清，使凝乳颗粒成块，并形成一定的形状，同时表面变硬。压榨成型的具体过程见二维码 14-3。

14.2.2.10　盐渍

加盐的目的在于改进干酪的风味、组织和外观，排除内部乳清或水分，增加干酪的硬度，限制乳酸菌的活力，调节乳酸的生成和干酪的成熟，防止和抑制杂菌的繁殖。加盐的方法有干盐法（dry salting）、湿盐法（brine salting）和混合法。详见二维码 14-3。

14.2.2.11　干酪的成熟

（1）干酪成熟的过程

将生鲜干酪置于一定温度（10～12℃）和湿度（相对湿度 85%～90%）条件下，经过一段时间（3～6 个月，按成熟度进行确定），在乳酸菌等有益微生物和凝乳酶的作用下，干酪发生一系列的物理和生物化学变化，并形成特有的风味、质地和组织状态，这个过程称为干酪的成熟。成熟的主要目的是改善干酪的组织状态和营养价值，增加干酪的特有风味。干酪的成熟过程可分为以下 3 个阶段。

①前期成熟　将待成熟的新鲜干酪放入温度、湿度适宜的成熟库中，每天用洁净的棉布擦拭其表面，防止霉菌的繁殖。为了使表面的水分蒸发得均匀，擦拭后要反转放置。此过程一般要持续 15～20 d。

②上色挂蜡　为了防止霉菌生长和增加美观，将前期成熟后的干酪清洗干净后，用食用色素染成红色（也有不染色的）。待色素完全干燥后，在160℃石蜡中进行挂蜡。为了食用方便和防止形成干酪皮（rind），现多采用塑料真空及热缩密封。

③后期成熟和贮藏　为了使干酪完全成熟，以形成良好的口感、风味，还要将挂蜡后的干酪放在成熟库中继续成熟 2～6 个月。应将成品干酪放在5℃及相对湿度 80%～90%条件下贮藏。

（2）干酪成熟的微生物学和生物化学特性

除了鲜干酪以外，其他的干酪在经凝块化处理后，全部要经过一系列的微生物学、生物化学和物理学方面的变化。这些变化涉及乳糖、蛋白质和脂肪，并由三者的变化形成成熟循环。这一循环随硬质、半硬质和软质干酪的不同而有很大区别。而且，同一类群的干酪随种类不同也会有显著差别。干酪成熟的生物化学特性包括水分的减少、脂肪的分解以及风味物质的形成等。详见二维码 14-4。

二维码 14-4　干酪成熟的微生物学和生物化学特性

（3）干酪成熟的条件及影响成熟的因素

①干酪成熟的条件　干酪的成熟通常在成熟库（室）内进行。成熟时采用低温比采用高温效果好，一般为 5～15℃。对于相对湿度，一般细菌成熟硬质和半硬质干酪为 85%～90%，而软质干酪及霉菌成熟干酪为 95%。当相对湿度一定时，硬质干酪在7℃条件下需 8 个月以上才能成熟，在 10℃时需 6个月以上，而在 15℃时则需 4 个月左右。软质干酪或霉菌成熟干酪需 20～30 d。二维码 14-5 列举了 4种不同干酪的不同成熟条件。

二维码 14-5　不同干酪的不同成熟条件

②影响成熟的因素　包括以下 6 个因素。

a. 成熟期。干酪的成熟度与成熟期的长短密切相关。随着成熟期的延长，水溶性含氮物含量增加。

b. 温度。在其他条件相同时，水溶性含氮物含量的增加与温度成正比。但温度升高程度必须在工艺允许的范围内。一般来说，低温会缩短凝乳中微生物生长期和降低生化反应速度，高温会促进这些反应。事实上，升温会使干酪的性质发生剧烈改变。因为每个反应速度随温度的变化并不相同，任意提高温度可能会使一些释放不良风味的反应成为主要分解反应。

c. 水分。由于水分含量控制着其中溶质的浓度，而这些溶质通过对微生物细胞壁的渗透作用和控制微生物的代谢来影响菌体变化。在高水分干酪中，微生物的生长较低水分干酪中的快，且前者成熟速度比后者快。

d. 质量。在同一条件下，质量大的干酪成熟度好。

e. 食盐。含食盐多的干酪成熟较慢。

f. 凝乳酶量。在同一条件下，酶量多者，成熟较快。

14.2.2.12　干酪的贮存

（1）贮存目的

贮存的目的是创造一个尽可能控制干酪成熟循环的外部环境，使干酪更适于食用。在这个过程中，各种干酪形成特有的风味、一致的组织状态和切面的外观、干酪皮。对于每一类型的干酪，在成熟的不同阶段，特定的温度和相对湿度组合必须在不同贮存室中加以保持。在贮藏成熟阶段，应有效地防止水分的蒸发以及被生物污染造成的变质。

（2）贮存条件

在贮存室中，不同类型的干酪要求不同的温度和相对湿度（RH）。环境条件对成熟的速率、质量损失、硬皮形成和表面菌丛至关重要，换句话说，对干酪的全部自然特征至关重要。带有硬表皮的干酪，通常是硬质、半硬质类型的。干酪具有一层塑料或石蜡或蜂蜡的外包装。无硬皮干酪，由塑料膜或可收缩塑料袋包装。干酪的包装具有双重目的：一是防止水分过量损失；二是防止表面被微生物污染和染上灰尘。

（3）空气调节的方法

在贮存过程中，通常需要一个完善的空气调节系统来保证必要的温度和湿度条件。由于必须去除干酪的水分，所以如果干酪周围空气的湿度太高，这一过程就很困难。进来的空气首先必须经冷凝器去除水分，然后对脱除水分的空气进行控制并加热到要求的条件。使空气湿度在贮存室内均匀分布也不容易。空气的分送管路也许有所补益，但管路很难不被霉菌污染。因此，在设计上必须考虑便于清洗和消毒分送管路。

（4）贮存平面布置与空间要求

干酪的平面布置取决于干酪的类型。在贮存间安装永久性干酪架对于硬质和半硬质干酪的存放一直是比较方便的方法。将 8～10 kg 一块的干酪一层一层地放置在干酪架的隔板上，这样，一个贮存间的贮藏能力为 300～350 kg/m^3。干酪架的间隔为 0.6 m，贮藏室中间主通道通常为 1.5～1.8 m，将干酪架放置在轮车上或用天车吊起干酪架的方法减少了干酪架之间的间隙，使干酪架彼此可以靠得较近，并只在需要时进行挪动。这样的系统使贮存室的贮存能力加大了 30%～40%，但这种类型的干酪架的费用较高，使得贮存室和建筑的费用也增大了 30%～40%。

14.3　重要干酪的加工工艺

14.3.1　农家干酪

农家干酪属典型的非成熟软质干酪，是一种块状、软质、不经发酵、酸凝乳的新鲜干酪。过去常指传统的农场制作的凝乳酪，如今也指工程生产的产品，如清爽干酪、夸克干酪和白软干酪。农家干酪以脱脂乳或浓缩脱脂乳为原料，在世界各国较为普及，加工工艺有一定的差别。清爽干酪是一系列法国鲜软干酪的统称。夸克干酪是德国最受欢迎的干酪，只需要几天即可成熟。

14.3.1.1　工艺流程

农家干酪的详细工艺流程如图 14-1 所示。

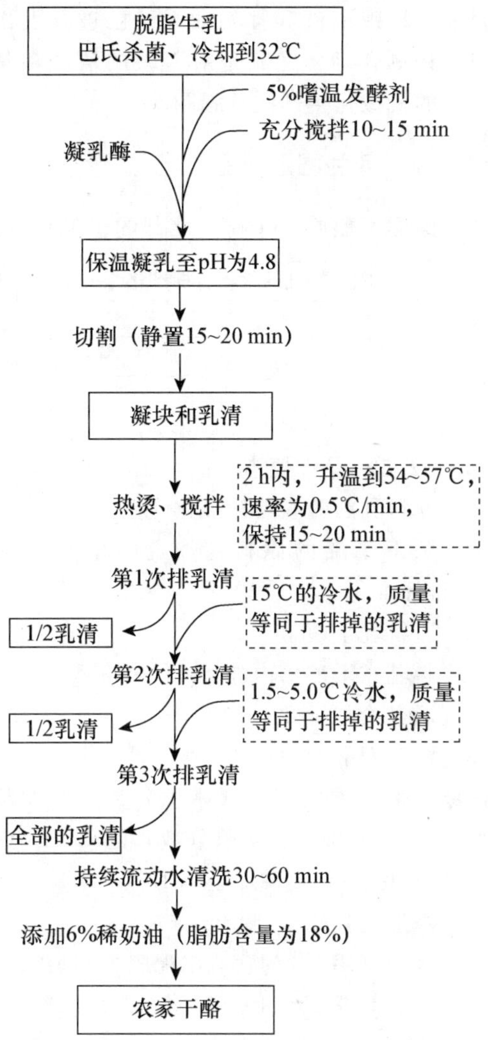

图 14-1　农家干酪生产流程

14.3.1.2　操作要点

（1）原料乳杀菌

对脱脂牛乳进行巴氏杀菌，杀菌程序采用 63.5℃、30 min 或 72.5℃、15～20 s，然后冷却到 32℃。

（2）添加发酵剂

添加 5%（体积分数）的嗜温发酵剂，并充分搅拌 10～15 min。

（3）添加凝乳酶

凝乳酶的添加量为 6 g/100 kg 原料乳，保温凝乳至 pH 为 4.8。

（4）切割及凝块处理

使用干酪专用切刀切割凝块，静置 15～20 min，将乳清和凝块同时进行热烫搅拌，在 2 h 内温度升至 54～57℃，速率为 0.5℃/min，保持 15～20 min。持续搅拌，热烫后排出一半的乳清，同时加入与排出乳清等质量的 15℃的冷水；然后进行第 2 次乳清排出，再排出一半的乳清，加入与排出乳清等质量的 1.5～5.0℃的冷水；然后排出全部的乳清。

（5）清洗凝块、添加风味物质

用流水清洗凝块 30～60 min，添加 6%（体积分数）的脂肪含量为 18% 的稀奶油或果酱等，搅拌均匀，包装后即为成品。

由上可知，可以在一个干酪槽中生产农家干

酪。目前，特殊清洗和拌奶油系统已被开发出来，使生产过程更合理，尤其是对凝块的清洗和整理。农家干酪的机械化生产线见彩图5。

14.3.2 荷兰圆形干酪

荷兰圆形干酪原产于荷兰北部的伊顿市，属细菌成熟的硬质干酪，成熟期达半年以上，成品的含水量为35%～38%，脂肪含量为26.5%～29.5%，蛋白质含量为27%～28%，食盐含量为1.6%～2.0%。

14.3.2.1 工艺流程

荷兰圆形干酪的生产工艺流程如图14-2所示。

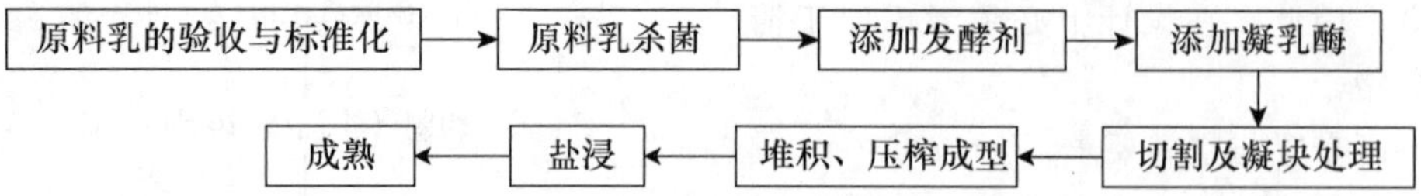

图14-2 荷兰圆形干酪生产流程

14.3.2.2 操作要点

（1）原料乳的验收与标准化

荷兰圆形干酪的原料乳按乳脂率为2.5%～3.0%进行标准化。

（2）原料乳杀菌

将原料乳在干酪槽内进行63～65℃、30 min的杀菌处理后，冷却至29～31℃。

（3）添加发酵剂

向原料乳中添加2%（体积分数）的发酵剂，搅拌后，加入0.02%（体积分数）的$CaCl_2$（先配成10%的溶液）。调整酸度至0.18%～0.20%。

（4）添加凝乳酶

加凝乳酶（用1%的食盐水配成2%的溶液）搅拌均匀，保温静置25～40 min进行凝乳。凝乳酶的添加量应按其效价进行计算，当效价为70 000 U时，一般加入原料乳量的0.003%。

（5）切割及凝块处理

切割后的凝块大小为1.0～1.5 cm^3。然后用干酪耙搅拌25 min。当凝块达到一定硬度后排出全部乳清量的1/3。再加温搅拌，在25 min内使温度由31℃升至38℃，并在此温度下继续搅拌30 min。当凝块收缩，达到规定硬度时排除全部乳清。

（6）堆积、压榨成型

将凝块在干酪槽内进行堆积，彻底排除乳清。此时乳清的酸度应为0.13%～0.16%。然后，切成大小适宜的块并装入成型器内，置于压榨机上预压榨约30 min，取下、整形后翻转压榨，最后进行3～6 h的正式压榨。取下后进行整理。

（7）盐浸

将干酪放在温度为10～15℃、质量分数为20%～22%的盐水中浸盐2～3 d，每天翻转一次。

（8）成熟

将浸盐后的干酪擦干，然后放入成熟库（温度为10～15℃，相对湿度为80%～85%）中进行成熟。每天进行擦拭和翻转，至10～15 d后上色挂蜡。最后放入成熟库中进行后期成熟（5～6个月）。

14.3.3 切达干酪

切达干酪起源于英国，是消费量居首的干酪种类，一般以牛乳为原料进行加工，属于半硬质成熟型干酪。成品的水分含量一般为39%左右，成熟期为3～24个月。在切达干酪的加工过程中，具有代表性的工艺为质构化。质构化是指对凝块进行渐进的加压处理，它将在很大程度上促进干酪微观颗粒之间的凝聚和融合。

14.3.3.1 工艺流程

切达干酪的详细工艺流程如图14-3所示。

14.3.3.2 操作要点

（1）标准化

采用添加脱脂乳粉或经离心去乳脂肪的方法，调整蛋白质与脂肪的比例为0.91∶1.00。

（2）巴氏杀菌

采用63.5℃、30 min或72.5℃、15～20 s处理原料乳，然后将其冷却到31℃。

（3）调酸

用20%（体积分数）的乳酸溶液，调整原料乳的酸度为20～22°T。

（4）添加复合发酵剂

乳酸乳球菌、乳酸乳球菌乳酸亚种（和/或乳脂亚种）的添加量为1%～2%（体积分数），或者

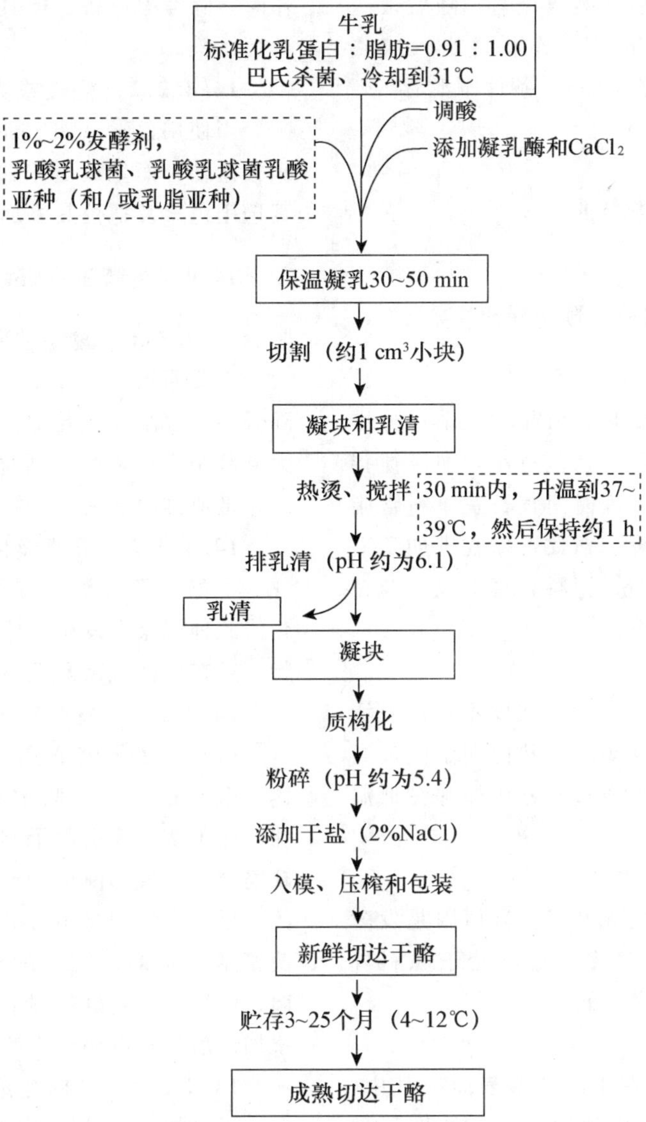

图 14-3　切达干酪生产流程

按比例加入直投式发酵剂，预发酵时间为 30 min。

（5）添加凝乳酶和 $CaCl_2$

凝乳酶的添加量为 3 g/100 kg 原料乳。添加 $CaCl_2$ 以促进凝乳形成，添加量为 20 g/100 kg 原料乳。凝乳时间为 30～50 min。

（6）切割、加温搅拌、排除乳清

用干酪专用切刀将凝乳切割成 1 cm^3 左右的立方体，然后静置 5 min。搅拌并加热，在 30 min 内缓慢升温到 37～39℃。保温搅拌 1 h 左右后，当乳清的 pH 的为 6.1 时排掉全部乳清。

（7）堆积、加盐、压榨成型

保温翻转堆积，当凝乳 pH 为 5.4 左右时粉碎凝块（约为大豆粒大小）。加入 2%（质量分数）NaCl，保持 10 min，然后装模压榨 12 h。

（8）包装、成熟

包装后，将产品贮存 4～12℃下成熟 3～25 个月。现代工艺常用的包装材料为塑料真空袋。

切达干酪的机械化生产线见彩图 6。凝块一般由标准化和巴氏消毒后的牛乳制成。当酸度达到 0.2%乳酸度时，经过 2～2.5 h 的加工，凝块和乳清混合物从干酪槽泵送到连续加工的切达机，此时一般不进行乳清的预排放。为保证连续供料，干酪槽按一定时间间隔，如每 20 min 排放一次。经过大约 2.5 h 的堆酿操作，包括磨成干酪条，在酸度约为 0.6%时加干盐。酪条被吹送到酪坯成型机，为实现加工连续化保证成型酪坯的数量。每一酪坯从切达机中出来后，被手工推入塑料包装袋，装袋的酪坯随后被送到一个真空封口机。密封后的干酪经称重后被送入包装机，然后被装入纸盒，随后被送到排架上。排架一装满，即用叉车将之送入成熟室。在成熟室中，干酪将在 4～8℃条件下贮存 4～12 个月。

14.4 干酪的质量控制

14.4.1 物理性缺陷及其预防措施

14.4.1.1 质地干燥

凝乳块在较高温度下受热，引起干酪中水分排出过多，导致制品干燥。凝乳切割过小，加温搅拌时温度过高、酸度过高，处理时间较长及原料含脂率低等，都能引起制品干燥。对此，除改进加工工艺外，也可利用表面挂石蜡、塑料袋真空包装及在高温条件下进行成熟来防止。

14.4.1.2 组织疏松

组织疏松即凝乳中存在裂隙。酸度不足，乳清残留于凝乳块中，压榨时间短或成熟前期温度过高等，均能引起此种缺陷。可通过充分压榨并在低温下成熟来防止。

14.4.1.3 组织紧密

组织紧密即孔眼极少或无孔眼。其原因是发酵剂中产气菌太少，或加入过多的硝酸盐于原料乳中，或在发酵贮存期间温度过低。

14.4.1.4 多脂性

多脂性指脂肪过量存在于凝乳块表面或其中。大多是操作温度过高或凝块处理不当（如堆积过高）而使脂肪压出。可通过调整生产工艺来防止。

14.4.1.5 斑纹

斑纹由操作不当引起。特别是在切割和热烫工艺中，操作过于剧烈和过于缓慢均易使制品产生斑纹。此外，应严格控制不同阶段的搅拌转速和时间。

14.4.1.6 发汗

发汗指在成熟过程中干酪渗出液体。其可能的原因是干酪内部的游离液体多和内部压力过大，多见于酸度过高的干酪。所以，除改进工艺外，控制酸度也十分必要。

14.4.2 化学性缺陷及其预防措施

14.4.2.1 金属性黑变

金属性黑变指由铁、铅等金属与干酪成分生成黑色硫化物，而使干酪呈绿、灰和褐色等色调。操作时，除考虑设备、模具本身的污染外，还要防止外部污染。

14.4.2.2 桃红或赤变

当使用色素（如安那妥）时，色素与干酪中的硝酸盐结合而生成更浓的有色化合物。对此，应认真选用色素及把控其添加量。

14.4.3 微生物性缺陷及其预防措施

14.4.3.1 酸度过高

主要原因是微生物发育速度过快。预防措施：降低预发酵温度，并加食盐以抑制乳酸菌繁殖；增大凝乳酶添加量；切割时切成微细凝乳粒；高温处理；迅速排除乳清，以缩短制造时间。

14.4.3.2 干酪液化

干酪中存在液化酪蛋白的微生物而使干酪液化。此种现象多发生于干酪表面。引起液化的微生物一般在中性或微酸性条件下发育。

14.4.3.3 发酵产气

通常，在干酪成熟过程中能缓缓生成微量气体，但能自行在干酪中扩散，故不形成大量的气孔，而由微生物引起干酪产生大量气体则是干酪的缺陷之一。成熟前期的产气是由大肠杆菌污染引起的，后期产气则是由梭状芽孢杆菌、丙酸菌及酵母菌繁殖产生的。防止的对策有：将原料乳离心除菌；使用产生乳酸链球菌肽的乳酸菌作为发酵剂；添加硝酸盐，以调整干酪的水分和盐分。

14.4.3.4 苦味生成

干酪的苦味是极为常见的质量缺陷。酵母菌或非发酵菌剂都可引起干酪苦味。极微弱的苦味是构成切达干酪的风味成分之一，可由特定的蛋白胨、肽所引起。另外，乳高温杀菌、原料乳的酸度高、凝乳酶添加量大以及成熟温度高均可能使干酪产生苦味。凝乳凝块的加热温度在 35℃以上时，因凝乳酶向干酪转移得较少，可避免苦味的产生。除此之外，食盐的添加量多也可降低苦味的强度。

14.4.3.5 恶臭

干酪中如存在厌气性芽孢杆菌，会分解蛋白质生成硫化氢、硫醇、亚胺等。此类物质产生恶臭味。在生产过程中，要防止这类菌的污染。

14.4.3.6 酸败

酸败由污染微生物分解乳糖或脂肪等生成丁酸及其衍生物所引起。污染菌主要来自原料乳、牛粪及土壤等。

14.5　再制干酪

14.5.1　概述

将同一种类或不同种类的 2 种以上的天然干酪，经粉碎、加乳化剂、加热搅拌、充分乳化、浇灌包装而制成的产品，叫作再制干酪，也称为再融化干酪或加工干酪。在 20 世纪初由瑞士首先生产。目前，这种干酪的消费量占全世界干酪产量的 60%～70%。

再制干酪具有以下特点：

①可以将各种不同组织和不同成熟程度的干酪，制成质量一致的产品。

②由于在加工过程中进行加热杀菌，食用安全、卫生，并且具有良好的保存特性。

③产品采用良好的材料密封包装，贮藏中质量损失少。

④集各种干酪为一体，组织和风味独特。

⑤大小、质量、包装能随意选择，并且可以添加各种风味物质和营养强化成分，较好地满足消费者的需求和喜好。

再制干酪的包装形式很多，常见的有三角形铝箔包装、偏氯乙烯薄膜棒状包装、纸盒或塑料盒包装、薄片或干粉包装等。而为了食用方便，现在市场上的再制干酪绝大多数是以个人食用为主的小包装产品，因为这种包装形式恰好符合现代社会人们的消费习惯。

14.5.2　再制干酪的原辅料

14.5.2.1　天然干酪的选择

天然干酪是再制干酪生产最重要的原材料，选择合适的原料是成功进行生产的关键。原料干酪会对干酪的风味和质地产生影响，而且，不同种类和成熟度的干酪在熔化过程中的状态明显不同。

原则上，任何种类的干酪都可用于再制干酪的生产，但考虑到技术和产品标准化的需要，主要选择细菌成熟的硬质干酪，一般多使用高达、埃达姆和切达干酪等。而且应选择香味和口味优良，含水量为 35%～38%，可溶性氮含量为 0.6%～0.7%的干酪为主要原料，而不得使用有霉菌污染、气体发酵、异常臭味等缺陷的干酪。另外，成熟度高、含有酪氨酸或乳酸钙结晶者也不宜作为原料。

14.5.2.2　其他辅料

（1）乳化剂

在再制干酪的生产过程中，乳化剂的使用没有一个固定的原则，使用的乳化剂的种类和特性取决于最终产品的要求和生产加工过程中的许多变化因素。常用的乳化剂包括磷酸盐和柠檬酸盐等，它们会对再制干酪的质地、硬度、流变性及 pH 等产生一定的影响。

（2）乳清粉和乳粉

乳清粉和脱脂奶粉是再制干酪生产使用得比较普遍的两种成分。添加乳清粉可以弥补在干酪制作过程中的一些乳固体的损失。但乳清粉和乳粉中的乳糖对再制干酪产生的影响较大，它们会影响再制干酪的风味、质构以及营养成分等。

（3）着色剂

在再制干酪中添加色素主要是为了强化干酪的色泽，使它能够满足消费者对产品的特殊感官要求。色素的使用必须符合相应国家的法规要求。

再制干酪使用的其他辅料还包括稳定剂、酸度调节剂、酪蛋白粉、风味物质、黄油和稀奶油等，这些辅料都有一定的调整干酪组成，提供蛋白质含量，提高再制干酪的延展性和稳定性，赋予再制干酪芳香风味的作用，是再制干酪生产过程中不可或缺的成分。

14.5.3　再制干酪的生产工艺

14.5.3.1　工艺流程

再制干酪的加工工艺流程如图 14-4 所示。

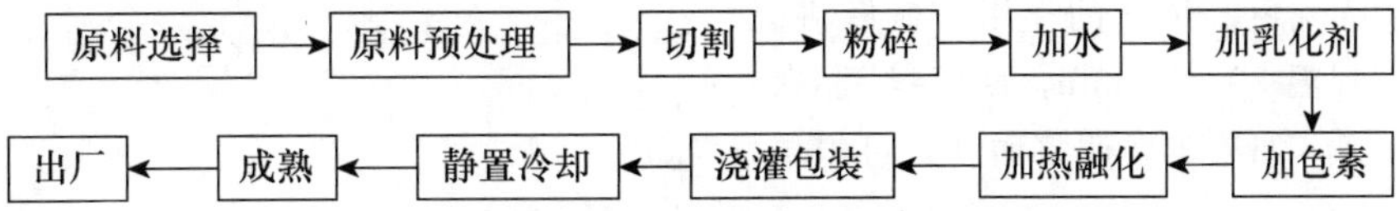

图 14-4　再制干酪加工工艺流程

14.5.3.2 工艺要求

(1) 原料干酪的选择

原料干酪的选择如前所述，具体原则和要求见14.5.2.1。

(2) 原料干酪的预处理

原料干酪的预处理室要与正式生产车间分开。预处理包括除掉干酪的包装材料，削去表皮，清拭表面等。一些硬质干酪，如埃曼塔尔干酪、格鲁耶尔干酪以及一些其他种类的干酪，在生产前，须将它们的塑料或者蜡质的外包装去除。外包装的去除可以通过手工或者是专门的设备来进行。干酪皮的去除可用手动或半自动式器械实施。随后要对原料干酪进行清洗。

(3) 切割与粉碎

用切碎机将原料干酪切成块状，用混合机混合。然后用粉碎机将其粉碎成4～5 cm的面条状，最后用磨碎机处理。近年来，此项操作多在再制干酪蒸者锅中进行。

干酪的最佳切割方式是使用一把两面握的切割刀或一条在两端装有木头把手的金属丝来进行的手工切割。目前，大部分的工厂使用机器进行切割。它们都是通过液压进行制动的，并配备有多种不同的切割工具。使用这些设备，可以以任何方式得到任何尺寸大小的干酪。

将预切割的干酪进行粉碎，可以确保生产过程中正常的熔化。

(4) 熔融、乳化

在再制干酪蒸煮锅（也叫熔融釜）（图14-5）中加入适量的水，添加量通常为原料干酪质量的5%～10%。成品的含水量为40%～55%，但还应防止加水过多造成脂肪含量的下降。按配料要求加入适量的调味料、色素等添加物，然后加入粉碎后的原料干酪，开始向熔融釜的夹层中通入蒸汽进行加热。当温度达到50℃左右时，加入1%～3%的乳化剂，如磷酸钠、柠檬酸钠、偏磷酸钠和酒石酸钠等。这些乳化剂可以单用，也可以混用。磷酸盐能提高干酪的保水性，可以使干酪形成光滑的组织状态；柠檬酸钠有保持颜色和风味的作用。最后将温度升至60～70℃，保温20～30 min，使原料干酪完全熔化。加乳化剂后，如果需要调整酸度，可以单用乳酸、柠檬酸、醋酸等，也可以混合使用。成品的pH应为5.6～5.8，不得低于5.3。在进行乳化操作时，应加快釜内的搅拌器的转数，使乳化更完全。在此过程中应保证杀菌的温度，一般为60～70℃、20～30 min，或80～120℃、30 s等。乳化终了时，应检测水分、pH、风味等，然后抽真空进行脱气。

图14-5 再制干酪蒸煮锅的外形及内部构造

(5) 充填、包装

经过乳化的干酪应趁热进行充填包装。必须选择与乳化机能力相适应的包装机。包装材料多使用玻璃纸或涂塑性蜡玻璃纸、铝箔、偏氯乙烯薄膜等。包装的量、形状和包装材料的选择，应考虑到食用、携带、运输方便。包装材料既要满足制品本身的保存需要，还要保证卫生、安全。

(6) 贮藏

应将包装后的成品再制干酪置于10℃以下的冷藏库中定型和贮藏。这个阶段所采用的温度比原料贮藏室的温度稍高。但是，贮藏温度不能太低，以避免在随后的运输过程中，由于缺乏冷却设备而在内包装层上形成沉积。

思考题

1. 简述干酪的概念及种类。

2. 试述天然干酪的一般生产工艺和操作要点。

3. 试述干酪成熟的条件及影响成熟的因素。

4. 简述再制干酪的概念及特点。

5. 简述再制干酪的加工工艺流程及工艺条件。

6. 干酪可能出现的质量缺陷有哪些？如何防止？

第 15 章

炼　乳

学习目的与要求

熟悉淡炼乳及甜炼乳的生产过程，了解两种产品加工方法之不同点；重点掌握影响产品质量的关键环节，以及甜炼乳在加工贮藏中的品质变化。

15.1 概述

炼乳是原料乳经真空浓缩除去大部分水分后制成的产品。炼乳的种类很多，如全脂加糖炼乳（甜炼乳）、全脂不加糖炼乳（淡炼乳）、脱脂炼乳、半脱脂炼乳、花色炼乳、强化炼乳及调制炼乳等。甜炼乳是指在原料乳中加入16%左右的蔗糖，经杀菌、浓缩至原体积的40%左右而成的产品，其主要成分见表15-1。

表15-1 甜炼乳的理化指标

项目		指标	项目		指标
水分/%	≤	26.5	铅（以Pb计）/(mg/kg)	≤	0.50
脂肪/%	≥	8.00	铜（以Cu计）/(mg/kg)	≤	4.00
蔗糖/%	≤	45.50	锡（以Sn计）/(mg/kg)	≤	10.00
酸度/°T	≤	48.00	束（以Hg计）/(mg/kg)	≤	0.01
全乳固体/%	≥	28.00	杂质度（按鲜乳折算）/(mg/kg)	≤	8.00

淡炼乳是将牛乳浓缩至原体积的40%，装罐后密封并经灭菌而成的制品，其主要成分见表15-2。

表15-2 淡炼乳的理化指标

项目		指标	
		特级	一级
全乳固体/%	>	26.00	25.00
脂肪/%	>	8.00	7.50
酸度/°T	>	48.0	48.0
铅（以Pb计）/(mg/kg)	<	0.50	0.50
铜（以Cu计）/(mg/kg)	<	4.00	4.00
锡（以Sn计）/(mg/kg)	<	50.00	50.00
束（以Hg计）/(mg/kg)	<	0.01	0.01
杂质度（按鲜乳折算）/(mg/kg)	<	4.00	4.00

15.2 生产工艺

15.2.1 甜炼乳的生产工艺

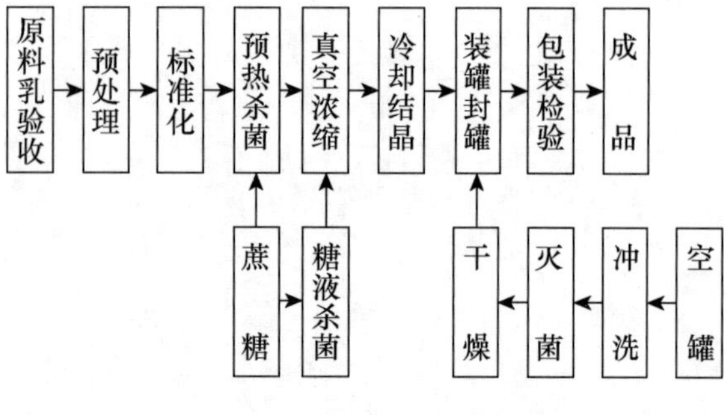

图15-1 甜炼乳生产工艺流程

15.2.1.1 原料乳的验收及预处理

应严格按要求进行牛乳的验收，尤其要控制原料乳中的芽孢数和耐热细菌的数量。这是因为在真空浓缩过程中，乳的实际受热温度仅为65～70℃，而65℃较适合耐热细菌和芽孢菌的生长，有可能导致乳的腐败。此外，还要求原料乳的酸度不能高于18°T、70%中性酒精试验呈阴性、盐离子保持平衡等，从而保证原料乳的热稳定性，避免受热沉淀。验收合格的乳经称重、过滤、净乳、冷却后泵入贮奶罐。

15.2.1.2 原料乳的标准化

乳的标准化是指调整乳中脂肪（F）与非脂乳固体（SNF）的含量，使其符合成品要求的脂肪与非脂乳固体的比值。当脂肪不足时，要添加稀奶油；当脂肪含量过高时，要添加脱脂乳或用分离机除去一部分稀奶油。具体步骤如下。

（1）脱脂乳及稀奶油中非脂乳固体的计算

①脱脂乳中SNF_1的计算

$$SNF_1=\frac{SNF}{1-F_1}\times 100\%$$

②稀奶油中SNF_2的计算

$$SNF_2=1-F_2\times SNF_1$$

（2）含脂率不足时标准化的计算

在脂肪不足时可添加稀奶油，需要的量为：

$$m_1=\frac{SNF\times R-F}{F_2-SNF_2\times R}\times m$$

（3）含脂率过高时标准化的计算

在含脂率过高时可添加脱脂乳，需要的量为：

$$m_2=\frac{F-SNF\times R}{SNF_1\times R-F_1}\times m$$

以上各式中：m_1、m_2 分别为须添加的稀奶油和脱脂乳的质量，kg；m 为原料乳的质量，kg；F 为原料乳的含脂率，%；F_1 为脱脂乳的脂肪含量，%；F_2 为稀奶油的含脂率，%；R 为成品中脂肪与非脂乳固体的比值；SNF 为原料乳的非脂乳固体含量，%；SNF_1 为以原料乳所得脱脂乳的非脂乳固体含量，%；SNF_2 为以原料乳所得稀奶油的非脂乳固体含量，%。

15.2.1.3　预热杀菌

（1）预热杀菌目的

制作甜炼乳时，在原料乳浓缩之前进行的加热处理称为预热。预热有如下目的：

①杀灭原料乳中的病原菌和大部分杂菌，破坏和钝化酶的活力，以保证食品卫生，同时提高成品的保存性。

②对牛乳的真空浓缩起预热作用，防止结焦，加速蒸发。

③使蛋白质适当变性，推迟成品变稠。

（2）预热方法和工艺条件

预热的温度、保持时间等条件随着原料乳质量、季节及预热设备等的不同而异。预热温度对产品的变稠有一定影响。预热温度在 60～75℃，产品黏度降低，脂肪球有上浮倾向，甜炼乳在此温度下预热还会引起乳糖沉淀；预热温度在 80～100℃，如果时间较长会导致产品变稠，而且在此温度范围内，随温度升高，变稠现象越明显。采用超高温预热，不但能赋予产品适当的黏度，而且产品热稳定性有很大提高。这是因为高温使炼乳中的游离钙沉淀、浓度降低，酪蛋白与之结合的可能性减小，不易通过钙桥形成凝块。同时，因为仅是瞬间高温，热不稳定的乳清蛋白变性程度低。

一般地，100℃左右的预热杀菌对炼乳的质量最不利。炼乳一般采用 75℃、10 min 或 80～85℃、3～5 min 预热杀菌，100～120℃瞬间或 120℃、2～4 s 的预热杀菌效果比较适宜。

15.2.1.4　加糖

（1）加糖目的

加糖是甜炼乳生产中的一个步骤，其主要目的在于抑制炼乳中细菌的繁殖，增加制品的保存性。糖的加入会使炼乳形成较高的渗透压，而且渗透压与糖浓度成正比，因此，就抑制细菌的生长繁殖而言，糖浓度越高越好。但加糖量过大易产生糖沉淀等缺陷。一般甜炼乳中蔗糖的添加量为原料乳的 15%～16%。

（2）加糖量的计算

加糖量以蔗糖比表示。所谓蔗糖比又称蔗糖浓缩度，是指甜炼乳中蔗糖在炼乳水溶液（水和蔗糖之和）中所占的百分比，即

$$R_S=\frac{W_{su}}{W_{su}+W}\times 100\%$$

或

$$R_S=\frac{W_{su}}{1-W_{sT}}\times 100\%$$

式中：R_S 为蔗糖比，%；W_{su} 为炼乳中蔗糖含量，%；W 为炼乳中水分含量，%；W_{sT} 为炼乳中总乳固体含量，%。

通常规定甜炼乳的蔗糖比为 62.5%～64.5%。蔗糖比高于 64.5%，会有蔗糖析出，使产品组织状态变差；低于 62.5%，抑菌效果差。

（3）加糖方法

①将蔗糖直接加至原料乳中，预热杀菌后转入浓缩罐。

②原料乳和 65%～75%的浓糖浆分别经 95℃、5 min 杀菌，冷却至 57℃后混合浓缩。

③在原料乳浓缩将近结束时，将杀菌并冷却的浓度为 65%的糖浆吸入浓缩罐内，再进行短时间浓缩。

加糖方法不同，乳的黏度变化和成品的增稠趋势不同。一般来讲，糖与乳接触时间越长，变稠趋势越显著（图 15-2），故采用后加糖的工艺对改善成品的稠度有利。由此可见，上述 3 种加糖方法中，第 3 种为最好，其次为第 2 种方法。

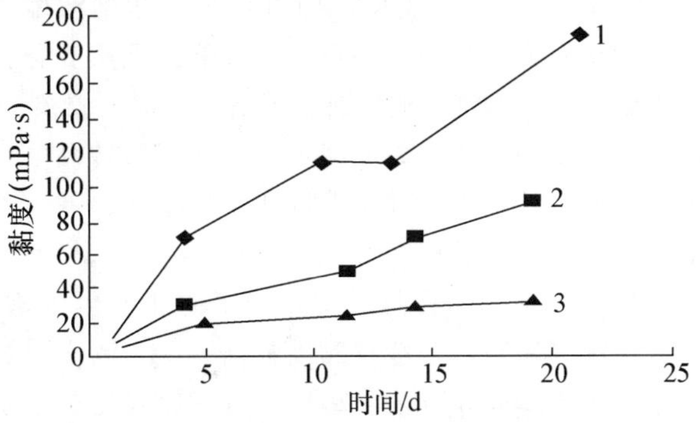

1. 糖与乳同时预热杀菌；2. 糖浆与乳分别预热杀菌，混合后一起浓缩；3. 糖浆预热杀菌后在浓缩后期加入

图 15-2　不同加糖方法与甜炼乳黏度的关系

15.2.1.5 浓缩

浓缩的目的在于除去部分水分，有利于保存；减少质量和体积，便于保藏和运输。一般采取真空浓缩，其特点为：具有节省能源和提高蒸发效能的作用；蒸发在较低温度条件下进行，保持了牛乳原有的性质；避免外界污染的可能性。

(1) 真空浓缩条件和方法

经预热杀菌的乳到达真空浓缩罐时温度为65～85℃，在不断供给热量并排除二次蒸汽的前提下，将浓缩条件控制为：温度45～60℃，真空度78.45～98.07 kPa，使乳始终处于沸腾状态。

真空浓缩的条件控制得是否适当，对甜炼乳的质量影响很大。如浓缩时间过长、温度过高、加热蒸汽压力过大，则导致甜炼乳变色、变稠和脂肪上浮。

(2) 浓缩终点的确定

浓缩终点的确定一般有3种方法。

①相对密度测定法　相对密度测定法使用的比重计一般为波美比重计，刻度范围在30～40波美度之间，每一刻度为0.1波美度。波美比重计应在15.6℃下测定，但实际测定时不一定恰好是在15.6℃，故须进行校正。温度每差1.0℃，浓度相差0.054波美度，温度高于15.6℃时加上差值；反之，则须减去差值。浓缩终点应达到的波美度可用下列方法求得。

甜炼乳相对密度与波美度存在如下关系：

$$B=145-\frac{145}{d}$$

式中：B 为甜炼乳波美度，d 为相对密度。

通常，浓缩乳样温度为48℃左右，若测得浓度为31.71～32.56波美度，即可认为已达到浓缩终点。用相对密度来确定终点，有可能因乳质变化而产生误差，通常辅以测定黏度或折射率加以校核。

②黏度测定法　黏度测定法可使用回转黏度计或毛式黏度计。测定时须先将乳样冷却至20℃，然后测其黏度，一般规定为100 mPa·s/20℃。

通常乳品厂制作炼乳时，为了防止产生气泡、脂肪游离等缺陷，一般将黏度提高一些，测定时如果结果大于100 mPa·s/20℃，则可加入无菌水加以调节。加水量计算可根据每加水0.1%降低黏度4～5 mPa·s/20℃的规定。

③折射仪法　使用的仪器可以是阿贝折射仪或糖度计。当温度为20℃、脂肪含量为8%时，甜炼乳的折射率和总固体含量之间有如下关系：

$$总固体含量=[70+44\times(折射率-1.4658)]\times100\%$$

15.2.1.6 均质

炼乳在长时间放置后，会出现脂肪上浮现象，上部形成稀奶油层，严重时一经振荡还会形成奶油粒。对此，除对预热等步骤进行严格控制外，还可以采用均质工艺克服。

甜炼乳均质压力一般在10～14 MPa，温度为50～60℃。如果采用二次均质，第一次均质条件和上述相同，第二次均质压力为3.0～3.5 MPa，温度控制在50～60℃为宜。第一次均质在预热之前进行，第二次均质在浓缩之后进行。为保证均质效果，可以对均质后的物料进行显微镜观察，如果80%以上的脂肪球的直径在2 μm以下，则均质充分。

15.2.1.7 冷却结晶

在甜炼乳生产中，冷却结晶是最重要的步骤。其目的在于：及时冷却以防止炼乳在贮藏期间变稠；避免浓缩后产品（温度50℃左右）出现耐热性细菌繁殖、酸度上升等现象；控制乳糖结晶，使乳糖组织状态细腻。

(1) 乳糖结晶与组织状态的关系

乳糖的溶解度较低，室温下约为18%，在含蔗糖62%的甜炼乳中只有15%。而甜炼乳中乳糖含量约为12%，水分约为26.5%，这相当于100 g水中约含有45.3 g乳糖，很显然，其中有2/3的乳糖是多余的。在冷却过程中，随着温度的降低，多余的乳糖会结晶析出。若结晶晶粒微细，则可悬浮于炼乳中，从而使炼乳组织柔润细腻；若结晶晶粒较大，则组织状态不良，甚至形成乳糖沉淀。

(2) 乳糖结晶温度的选择

若以乳糖含量为横坐标，以冷却温度为纵坐标，可以绘出乳糖的溶解度曲线，或称乳糖结晶曲线（图15-3）。

图15-3中4条曲线将乳糖结晶曲线图分为3个区：最终溶解度曲线左侧为稳定区，过饱和溶解度曲线右侧为不稳定区，它们之间是亚稳定区。在不稳定区内，乳糖将自然析出。在亚稳定区内，乳糖在水溶液中处于过饱和状态，将要结晶而未结晶。在此状态下，只要创造必要的条件，加入晶种，就能促使它迅速形成大小均匀的微细结晶，这一过程称为乳糖的强制结晶。

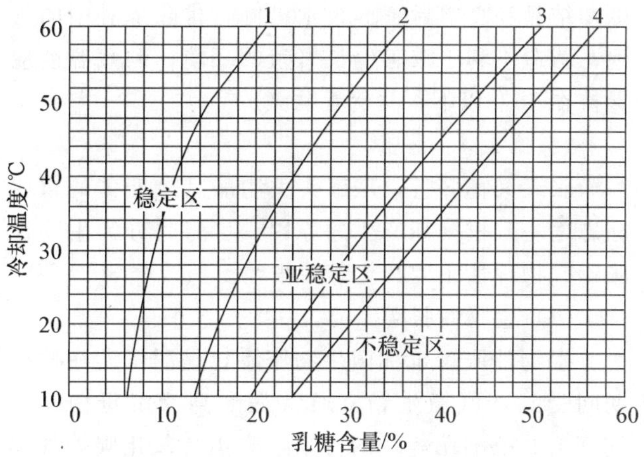

1．乳糖最初溶解度曲线；2．乳糖最终溶解度曲线；
3．乳糖强制结晶曲线；4．乳糖过饱和曲线

图 15-3 乳糖的结晶曲线

晶体的产生是先形成晶核，晶核进一步成长为晶体。对相同的结晶量来说，若晶核的形成速度远大于晶体的形成速度，则晶体多而颗粒小，反之，则晶体少而颗粒粗。因此，添加晶种可起到诱导结晶的作用，是强制结晶的条件之一。试验表明，强制结晶的最适温度可以通过乳糖结晶曲线来找出。

（3）晶种的制备

晶种制备的一般方法是：取精制乳糖粉（多为 α-乳糖），在 120℃下烘干 2～3 h，然后经超微粉碎机粉碎，再烘干 1 h，并重新进行粉碎，通过 120 目筛（晶种粒径控制在 5 μm 以下）就可以达到要求，然后包装、密封、贮存。晶种添加量为炼乳质量的 0.02%～0.03%。晶种也可以用成品炼乳代替，添加量为炼乳量的 1%。

（4）冷却结晶方法

冷却结晶方法一般可分为间歇式和连续式两大类。

间歇式冷却结晶通常采用蛇管冷却结晶器，冷却过程可分为 3 个阶段：第一阶段为冷却初期，即浓乳出料后乳温在 50℃左右，应迅速冷却至 35℃左右；第二阶段为强制结晶期，继续冷却至接近 28℃，结晶的最适温度就处于这一阶段；第三阶段为冷却后期，将炼乳冷却至 15℃左右，即完成冷却结晶操作。

连续式冷却结晶采用连续瞬间冷却结晶机，这种设备与冰淇淋凝冻机类似。炼乳在强烈的搅拌作用下，在几十秒到几分钟内，即可被冷却至 20℃以下。用这种设备冷却结晶，即使不添加晶种，也可以得到微细的乳糖结晶。而且强烈搅拌，可使炼乳不易变稠，并可防止褐变和被污染。

15.2.1.8 包装和贮藏

在普通设备中冷却的炼乳含有大量的气泡，灌装冷却结晶后的甜炼乳时，可采用真空封罐机或其他脱气设备，或静置 5～10 h，待气泡逸出后再进行灌装。装罐应装满，尽可能排除顶隙空气。炼乳贮藏罐应距离墙壁及保暖设施 30 cm 以上，库温应恒定，不得高于 15℃，空气的相对湿度不应高于 85%。在贮藏过程中，每月应翻罐 1～2 次，以防形成糖沉淀。

15.2.2 甜炼乳在加工及贮藏过程中的品质变化

15.2.2.1 变稠（浓厚化）

在贮藏过程中，特别是当贮藏温度较高时，甜炼乳的黏度逐渐增高，甚至失去流动性，这一过程称为变稠。变稠是甜炼乳在贮藏中最常见的问题之一，按其产生的原因可分为微生物性变稠和理化性变稠两大类。

（1）微生物性变稠

芽孢杆菌、链球菌、葡萄球菌和乳酸菌的生长繁殖及代谢，产生乳酸及其他有机酸，如甲酸、乙酸、丁酸、琥珀酸和凝乳酶等，从而使炼乳变稠凝固，同时产生异味，并且酸度升高。防止措施有：严格卫生管理和进行有效的预热杀菌；尽可能地提高蔗糖比（但不得超过 64.5%）；将制品贮藏在 10℃以下。

（2）理化性变稠

其反应历程较为复杂，初步认为是乳蛋白质（主要是酪蛋白）从溶胶状态转变成凝胶状态所致。理化性变稠与下列因素有关。

①原料乳的酸度　当原料乳酸度高时，其热稳定性低，因而易于变稠。生产工业用甜炼乳时，如果酸度稍高，用碱中和可以减弱变稠倾向。但如果酸度过高，已生成大量乳酸，即使用碱中和也不能防止变稠。

②蛋白质含量　理化性变稠与蛋白质的胶体膨胀性或水合现象有关，所以酪蛋白或乳清蛋白含量越高，变稠现象越严重。

③盐类平衡　一般认为，Ca^{2+}、Mg^{2+} 过多会引起变稠。对此，可以通过添加磷酸盐、柠檬酸盐来平衡过多的 Ca^{2+}、Mg^{2+}，或通过离子交换树脂减少 Ca^{2+}、Mg^{2+} 含量，从而抑制甜炼乳的变稠。

④蔗糖含量与加糖方法　蔗糖含量对甜炼乳变稠有显著影响。加入高渗的非电解质物质，可以降低酪蛋白的水合性，增加自由水的含量，从而达到抑制变稠的目的。可见提高蔗糖含量对抑制变稠是有效的，特别是在原料乳品质不稳定的季节。

⑤预热条件　预热温度与时间对变稠影响较大，63℃、30 min预热，可减弱变稠倾向，但易使脂肪上浮、糖沉淀或脂肪分解产生异味；75～80℃、10～15 min预热易使产品变稠；110～120℃预热，则可减少变稠；当温度再升高时，成品有变稀的倾向。

⑥浓缩条件　浓缩时温度高，特别是在60℃以上容易变稠。最好采用双效以上的连续蒸发器，其末效浓缩温度低，浓缩乳受热程度轻，可减弱变稠倾向。浓缩程度高则乳固体含量高，确切地说是酪蛋白和乳清蛋白含量高，变稠倾向加重。乳固体含量相同时，非脂乳固体含量高则变稠倾向显著。

⑦贮藏条件　成品的黏度随贮藏温度的提高、时间的延长而增大。良好的产品在10℃以下贮存4个月，不产生变稠倾向，但在20℃下变稠倾向有所增强，在30℃以上变稠倾向显著增强。

15.2.2.2　脂肪分离

炼乳有时会出现脂肪分离现象，表现为：静置时一部分脂肪会上浮，形成明显的淡黄色膏状脂肪层，随着搬运装卸等过程的摇动，脂肪层又会重新混合，开罐后呈现斑点状或斑纹状的外观。这种现象严重影响甜炼乳的质量，其产生的主要原因是炼乳的黏度较低、脂肪球较大等。

防止脂肪分离的措施有：第一，要选择合适的预热条件，使炼乳初始黏度不要过低；第二，浓缩时间不宜过长，尤其是不应拉长浓缩末期，而且浓缩温度不要过高；第三，乳经净化、加热后进行均质处理，使脂肪球变小，降低脂肪球上浮速度。

15.2.2.3　块状物质的形成

甜炼乳中有时会出现白色或黄色大小不一的软性块状物质，其中最常见的是由霉菌污染形成的纽扣状凝块。这种凝块呈干酪状，带有金属臭及陈腐的干酪气味。在有氧条件下，霉菌5～10 d可在炼乳表面生成菌落；2～3周耗尽容器中的氧气，使菌体趋于死亡；在其代谢酶的作用下，1～2个月逐步形成纽扣状凝块。

控制凝块的措施有：加强卫生管理，避免霉菌的二次污染；装罐要满，尽量减少顶隙；采用真空冷却结晶和真空封罐等技术措施，排除炼乳中的气泡，营造不利于霉菌生长繁殖的环境；贮藏温度应保持在15℃以下，并倒置贮藏。

15.2.2.4　胀罐

胀罐又称胖听，是罐头类制品品质变劣的重要标志之一。根据其产生的原因，可将其分为生物性胀罐、物理性胀罐和化学性胀罐。

(1) 生物性胀罐

生物性胀罐也称微生物胀罐，是甜炼乳在贮藏期间受到产气微生物（通常是耐高渗酵母菌、产气杆菌、酪酸菌等）的污染，产生二氧化碳等气体导致的胀罐，表现为罐头的底和盖的铁皮中心部分凸起而使罐体变形。该类胀罐主要是生产过程杀菌不完全，或是混入了不清洁的蔗糖及空气所致的。

(2) 物理性胀罐

物理性胀罐是装罐温度低、贮藏温度高及装罐量过多造成的，其罐内炼乳未变质，但外观变形导致其丧失了商品价值。装罐及贮藏时采用适当的温度可避免此类胀罐。

(3) 化学性胀罐

化学性胀罐是乳中的酸性物质与罐内壁的铁、锡等发生化学反应，产生氢气所造成的。防止关键在于使用符合标准的空罐，并注意控制乳的酸度。

15.2.2.5　沙状炼乳

沙状炼乳是指乳糖结晶过大，以致舌感粗糙甚至有明显的沙状感觉。一般来说，乳糖结晶应在10 μm以下，而且大小应均一。如果在15～20 μm之间，则有粉状感觉；在30 μm以上，则有明显的沙状感觉。

为防止此类缺陷，避免乳糖结晶过大，应对以下因素进行控制：

①晶体大小及添加量　晶体大小应在3～5 μm，晶种添加量应为成品量的0.025%左右。

②晶种添加时间和方法　晶种加入时温度不宜过高，并应在强烈搅拌的过程中用120目筛在10 min内均匀地筛入。

③贮藏温度　温度不宜过高，温度变化不宜过大。

④冷却速度　冷却速度不宜过慢。

⑤蔗糖比　蔗糖比不超过64.5%。

15.2.2.6　糖沉淀

甜炼乳容器底部有时出现糖沉淀现象，这主要是乳糖结晶过大造成的，也与炼乳的黏度有关。若乳糖结晶在 10 μm 以下，而且炼乳的黏度适宜，一般不会有沉淀现象出现。此外，蔗糖比过高，也会引起蔗糖结晶沉淀，其控制措施与沙状炼乳的相同。

15.2.2.7 钙沉淀

冲调甜炼乳后，有时杯底有白色细小沉淀，俗称“小白点”，其主要成分是柠檬酸钙。甜炼乳中柠檬酸钙的含量约为 0.5%，相当于炼乳内每 1 000 mL 水中含有柠檬酸钙 19 g，而在 30℃时，1 000 mL 水仅能溶解柠檬酸钙 2.51 g。很显然，柠檬酸钙在炼乳中处于过饱和状态，所以部分结晶析出是必然的。控制柠檬酸钙的结晶，可采用添加柠檬酸钙作为晶种的方法，且以在预热前的原料乳中添加为宜，以避免污染。

15.2.2.8 褐变

在贮藏过程中，甜炼乳逐渐变成褐色，并失去光泽，这种现象称为褐变。甜炼乳的褐变通常是美拉德反应造成的。为防止褐变反应的发生，生产甜炼乳时，应使用优质蔗糖和优质原料乳，并避免在加工中长时间高温加热，而且贮藏温度应在 10℃以下。

15.2.2.9 蒸煮味

蒸煮味是乳中蛋白质因长时间高温处理而分解，产生硫化物的结果。蒸煮味的产生对产品口感有着很大的影响，预防措施主要有避免高温长时间加热。一般用超高温灭菌法处理的淡炼乳不会有蒸煮味产生。

15.2.3 淡炼乳的生产工艺

淡炼乳的生产工艺流程如图 15-4 所示。

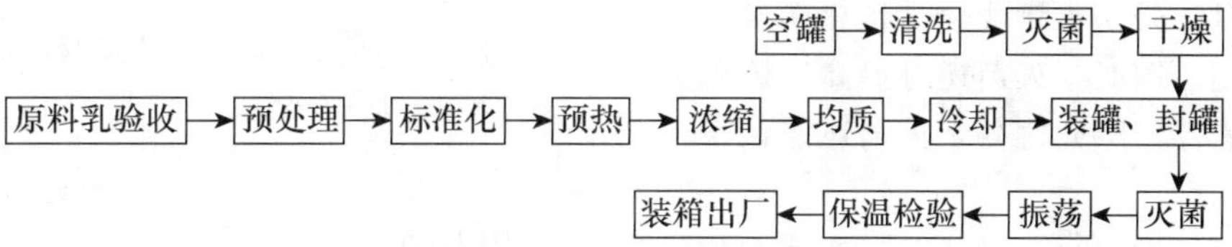

图 15-4 淡炼乳生产工艺流程

原料乳验收、预处理和标准化参见甜炼乳相应内容。淡炼乳在生产中须经过高温灭菌，故原料乳的选择要用 75%的中性酒精检验，并做磷酸盐热稳定性试验。

15.2.3.1 预热

预热的目的参见甜炼乳相应内容。淡炼乳一般采用 95～100℃、10～15 min 高温预热，使乳中的 Ca^{2+} 成为不溶的磷酸三钙。另外采用 120℃、2～5 s 高温灭菌可提高乳的热稳定性。

为了提高乳蛋白质的热稳定性，在淡炼乳生产中允许添加少量稳定剂。常用的稳定剂有柠檬酸钠、磷酸氢二钠或磷酸二氢钠，添加量为：100 kg 原料乳中添加磷酸氢二钠（$Na_2HPO_4 \cdot 12H_2O$）或柠檬酸钠（$C_6H_5O_7Na_3 \cdot 2H_2O$）5～25 g，或者 100 kg 淡炼乳中添加 12～62 g。稳定剂的用量最好根据浓缩后的小样试验来确定，若使用过量，产品风味不好且易褐变。

15.2.3.2 浓缩

浓缩的目的、特点和条件参见甜炼乳相应内容。当浓缩乳的温度为 50℃左右时，测得为 6.27～8.24 波美度即可。

15.2.3.3 均质

淡炼乳在长时间放置后会发生脂肪上浮现象，表现为其上部形成稀奶油层，严重时一经振荡还会形成奶油粒，影响产品的质量，所以要进行均质。通过均质可以破碎脂肪球，防止脂肪上浮；可以使吸附于脂肪球表面的酪蛋白量增加，进而增加制品的黏度；可以缓和变稠现象，使产品易于消化、吸收，改善产品感官质量。

在炼乳生产中视具体情况可以采用一次或二次均质；如果采用二次均质，第一次在预热之前进行，第二次应在浓缩之后进行。为确保均质效果，可以对均质后的物料进行显微镜观察，如果 80%以上的脂肪球的直径在 2 μm 以下，则均质充分。

15.2.3.4 冷却

均质后的炼乳温度一般为 50℃左右，在这样的温度下停留时间过长，可能出现耐热性细菌繁殖或酸度上升的现象，从而使灭菌效果及热稳定性降低。另外，在此温度下，成品的变稠和褐变倾向也会加剧。因此，要及时且迅速地使物料的温度降下来，以防止发生上述产品质量问题。淡炼乳冷却温度与装罐时间有关，当日装罐须冷却至 10℃以下，次日装罐应冷却至 4℃以下。

15.2.3.5 标准化

浓缩后的标准化是为了将浓缩乳的总固形物控制在标准范围内，所以也称为加水操作。加水量可按下式计算：

$$加水量=\frac{\omega_A}{\omega_{F1}}-\frac{\omega_A}{\omega_{F2}}$$

式中：ω_A 为标准化乳的脂肪总量，%；ω_{F1} 为成品的含脂率，%；ω_{F2} 为浓缩乳的含脂率，%。

15.2.3.6 装罐、封罐

经小样试验后，确定稳定剂的添加量，并将稳定剂溶于灭菌蒸馏水中，然后加入浓缩乳中，搅拌均匀，即可装罐、封罐。但装罐不得太满，因淡炼乳封罐后要高温灭菌，故必须留有顶隙。

15.2.3.7 灭菌、冷却

灭菌的主要目的是杀灭微生物、钝化酶类，以延长产品的贮藏期。同时，灭菌还可提高淡炼乳的黏度，防止脂肪上浮。除此之外，灭菌还能赋予淡炼乳特殊的芳香味。

灭菌方法分为间歇式（分批式）灭菌法和连续式灭菌法两种。

间歇式灭菌适用于小规模生产，可用回转灭菌机进行，灭菌条件如下：

$$升温\xrightarrow{17\sim18\ \text{min}}87℃\xrightarrow{6\sim8\ \text{min}}100℃\xrightarrow{6\sim8\ \text{min}}116℃\xrightarrow{保温15\ \text{min}}排气\xrightarrow{5\ \text{min}}冷却$$

连续式灭菌可分为 3 个阶段：预热段、灭菌段和冷却段。封罐后罐内乳温在 18℃以下，进入预热区预热至 93～95℃，然后进入灭菌区，加热至 114～119℃，经一定时间运转后，进入冷却区，冷却至室温。近年来，新出现的连续灭菌机，可在 2 min 内加热至 125～138℃，并保持 1～3 min，然后急速冷却，全部过程只需 6～7 min。连续式灭菌法灭菌时间短，操作可实现自动化，适合于大规模生产。

15.2.3.8 振荡

如果灭菌操作不当，或使用了稳定性较低的原料乳，则淡炼乳中常有软凝块出现。通过振荡，可使软凝块分散、复原成均一的流体。振荡使用水平式振荡机进行，往复冲程为 6.5 cm，300～400 次/min，通常在室温下振荡 15～60 s。

15.2.3.9 保温检验

淡炼乳在出厂前，一般还要经过保温试验，即将成品在 25～30℃下保藏 3～4 周，观察有无胀罐现象。必要时可抽取一定比例样品，于 37℃下保藏 7～10 d，加以检验。产品合格方可贴标签装箱出厂。

思考题

1. 淡炼乳与甜炼乳的生产工艺有何不同？

2. 如何确定炼乳浓缩的终点？

3. 炼乳生产中，原料乳标准化的关键是什么？

4. 在加工、贮藏过程中，甜炼乳的品质有哪些变化？原因是什么？如何防止？

第16章

乳　粉

学习目的与要求

了解乳粉的概念、种类、化学组成及生产方法；掌握普通乳粉的工艺流程及操作要点；掌握乳粉的理化特性以及影响乳粉质量的因素；掌握婴幼儿配方乳粉的调制原则及生产方法。

16.1 乳粉的概念、种类及化学组成

16.1.1 乳粉的概念

乳粉又名奶粉，是指以新鲜乳为原料，添加一定数量的植物或动物蛋白质、脂肪、维生素、矿物质等配料，通过冷冻或加热方法除去乳中几乎全部水分而制成的粉末状乳制品。

乳粉是一种营养价值高、贮藏期长、方便运输的产品。乳粉可以一直保持乳中的营养成分，主要是由于乳粉中水分含量较低，产生了生理干燥现象。此现象使微生物细胞和周围环境的渗透压差数增大。如果产品的水分比其容水量低30%，那么产品中微生物不繁殖，而且还会死亡。但若有芽孢菌存在，乳粉吸潮后芽孢菌则会重新繁殖。

16.1.2 乳粉的种类

根据所用原料、原料处理、加工方法及辅料添加剂的种类，可将乳粉分为以下几类。

①全脂乳粉　由鲜乳经标准化、杀菌、浓缩、干燥制成的粉末状制品。其蛋白质含量不低于非脂乳固体含量的34%，脂肪含量不低于26%。

②脱脂乳粉　将鲜乳中脂肪分离除去后再经干燥而成。此种乳粉又可以根据脂肪脱除程度分为无脂、低脂及中脂乳粉等。

③加糖乳粉　在乳原料中添加一定比例的蔗糖或乳糖后，再经干燥加工而成。国家标准规定全脂甜乳粉的蔗糖含量应小于20%。

④调制乳粉　在鲜乳原料中或乳粉中配以各种人体需要的营养素，再经杀菌、浓缩、干燥加工而成。如婴儿奶粉、中老年奶粉、孕妇奶粉等。

⑤功能性乳粉　在鲜乳中添加一定的功能活性因子，干燥后加工而成的能够调节人体生理功能、适宜特定人群食用、不以治疗疾病为目的的一类乳粉。如早产儿奶粉、补钙奶粉。

⑥乳油粉　在鲜乳中添加一定比例的稀奶油或在稀奶油中添加部分鲜乳后加工而成。

目前我国生产的乳粉主要有全脂乳粉、婴儿奶粉、中老年奶粉及少量功能性奶粉。

16.1.3 乳粉的化学组成

乳粉的化学组成随原料乳种类及添加物的不同而有所差异。现将几种主要乳粉的化学成分平均值列于表16-1，以供参考。

表16-1　各种乳粉的化学成分平均值　　%

品　种	水分	脂肪	蛋白质	乳糖	无机盐	乳酸
全脂乳粉	2.00	27.00	26.50	38.00	6.05	0.16
脱脂乳粉	3.23	0.88	36.89	47.84	7.80	1.55
乳油粉	0.66	65.15	13.42	17.86	2.91	
甜性酪乳粉	3.90	4.68	35.88	47.84	7.80	1.55
酸性酪乳粉	5.00	5.55	38.85	39.10	8.40	8.62
干酪乳清粉	6.10	0.90	12.50	72.25	8.97	
干酪素乳清粉	6.35	0.65	13.25	68.90	10.50	
脱盐乳清粉	3.00	1.00	15.00	78.00	2.90	0.10
婴儿乳粉	2.60	20.00	19.00	54.00	4.40	0.17
麦精乳粉	3.29	7.55	13.19	72.40*	3.66	

* 包括蔗糖、麦精及糊精。

16.2 一般乳粉生产工艺

16.2.1 生产工艺

全脂乳粉加工是乳粉类加工中最简单且最具代表性的一种。该工艺主要应用喷雾干燥技术，其他种类的乳粉加工都是在此基础上进行的。以全脂甜乳粉为例，其加工工艺如图16-1所示。

16.2.1.1　原料乳的预处理

生产乳粉的原料乳对微生物质量要求较高，为了提高原料乳的微生物质量，可采用离心除菌或微

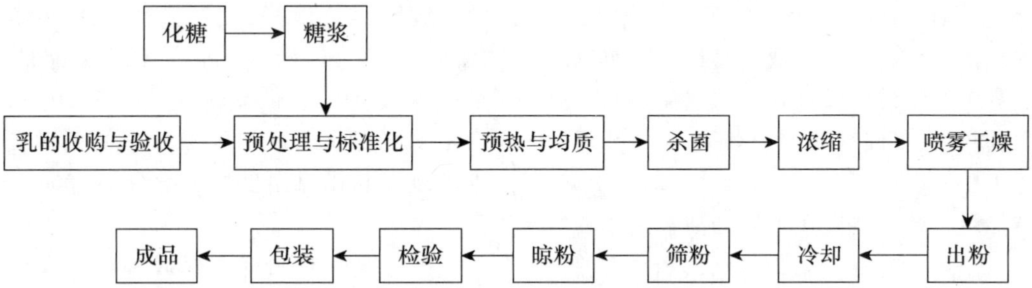

图 16-1　全脂甜乳粉加工工艺

滤除去乳中的菌体细胞及芽孢，以保证高质量的原料乳。

原料乳验收须符合国家生鲜牛乳收购质量标准（GB 19301—2010）的各项要求，严格地进行感官检验、理化性质检验和微生物检验。如不能立即加工，必须净化后经冷却器冷却至 4～6℃，再放入贮槽进行贮存。

在贮存期间要定期搅拌牛乳和检查其温度及酸度。用于生产乳粉的牛乳，在送到乳粉加工厂前，不允许进行强烈、超长时间的热处理。因为这样的热处理会导致乳清蛋白凝聚，影响奶粉的溶解性和滋气味。

16.2.1.2　标准化

原料乳的标准化，主要对乳脂肪进行标准化，一般与离心净乳同时进行。如果净乳机没有分离乳油的功能，则要单独配置离心分离机。当原料乳中含脂率高时，可调整净乳机或离心分离机分离出一部分稀奶油；若原料乳中含脂率低，则要加入稀奶油，使乳粉中的脂肪含量在 20%～25%（全脂甜乳粉）、25%～30%（全脂淡乳粉）范围内。

对于全脂甜乳粉的原料乳，除了要调整脂肪含量外，还要进行蔗糖的标准化，以确定蔗糖添加量。加糖的方法主要有 4 种：①在净乳之前加糖；②将杀菌过滤的糖浆加入浓缩乳中；③包装前，将蔗糖细粉加入乳粉中；④预处理之前加一部分糖，包装前再加一部分。

加糖方式的选择取决于产品的配方及设备条件。当产品中含糖量在 20%以下时采用①或②法为宜。当糖含量在 20%以上时，应采用③或④法为宜。因为蔗糖具有热熔性，在喷雾干燥时流动性较差，容易粘壁、形成团块。对于有二次干燥的设备，采用加干糖法较适宜。使用溶解加糖法制成的乳粉其冲调性好于加干糖的乳粉，但其密度小，体积大。各种加糖方法都应做到不影响乳粉微生物指标和杂质度指标。

蔗糖的质量应符合国家特级品要求：色泽洁白，松散干燥，纯度大于 99.65%，还原糖含量低于 0.15%，水分在 0.07%以下，灰分在 0.1%以下，杂质度不高于 4×10^{-5}。

16.2.1.3　均质

生产全脂乳粉时，原料乳大部分不经过均质，但如果进行了标准化并添加了脱脂乳或稀乳油，则应该进行均质。均质温度为 60～70℃，一段、二段均质压力分别为 15 MPa 和 5 MPa。

即使未经过标准化，经过均质的全脂乳粉的质量也优于未经均质的乳粉。用经过均质的原料乳制成的乳粉，复原性好。均质之前，将原料乳预热到 60～65℃，则均质效果更佳。

16.2.1.4　杀菌

大规模生产乳粉时，加工均质后的原料乳用片式热交换器进行杀菌，然后冷却至 4～6℃，返回冷藏罐贮藏，便于随时取用。小规模乳粉加工时，将净化、冷却的原料乳直接预热、均质、杀菌后，再用于乳粉生产。

全脂乳粉常用的预热杀菌条件为 85～95℃、5 min，以保证完全钝化乳中的内源性脂肪酶，并使乳清蛋白中的抗氧化—SH 暴露。

对原料乳进行杀菌时，必须根据成品的特性选择合适的方法。生产全脂乳粉时，乳粉的品质受杀菌温度、保持时间、特别是溶解度和保藏性的影响。一般认为，高温杀菌可以降低乳脂肪的氧化率，但高温长时间加热会严重地影响乳粉的溶解度，最好采用高温瞬时的杀菌方法。高温瞬时杀菌不仅能使乳中微生物几乎全部被杀死，还可以使乳中蛋白质达到软凝块化状态，食用后更易于消化吸收。这一点近年来被人们高度重视。

16.2.1.5　真空浓缩

（1）真空浓缩的意义

真空浓缩的意义主要有以下几点：

①提高保藏性　真空浓缩排除了乳中的空气，使粉粒内的气泡减少，从而降低了奶粉中脂肪氧化的发生，提高了奶粉的保藏性。乳的浓度越高，奶粉中气体含量越低，即脂肪氧化率越低，保藏性越好。

②节省能量　若原料乳在干燥之前，先经真空浓缩除去70%～80%的水分，加热蒸汽和动力的消耗将大大节省，相应地可提高干燥设备的能力，降低成本。

③改善物理性状　真空浓缩对乳粉的物理性状有显著影响，乳经浓缩后再喷雾干燥，粉粒较粗大，具有良好的分散性和冲调性，能迅速复水溶解。反之，若原料不经浓缩直接喷雾干燥，粉粒轻细，冲调性不好，且粉粒呈灰白色，感官质量较差。

④便于包装及运输　经浓缩后再进行喷雾干燥的奶粉，颗粒致密、坚实，相对密度较大，利于包装及运输。

(2) 真空浓缩的要求

生产乳粉时，其浓缩与炼乳相同，一般采用减压（真空）浓缩。乳粉的质量，特别是溶解度受原料乳浓缩程度的影响。对浓缩乳的质量要求为：浓度与温度稳定，黏稠度一致；具有良好的流动性，无蛋白质变性沉淀现象；总菌数指标符合卫生标准。

对浓缩乳浓度的要求并不像对炼乳的要求那样严格，一般将原料乳浓缩至原体积的1/4，乳干物质达到45%左右。浓缩后的乳温一般为47～50℃，这时的浓缩乳浓度应为14～16波美度，相对密度为1.089～1.100。若生产大颗粒甜乳粉，浓缩乳浓度可提高至18～19波美度。

乳粉的浓缩设备要选用蒸发速度快、连续出料、节能降耗的蒸发器。现在常用的蒸发器为双效降膜式、多效降膜式（三效、四效、五效、七效）等蒸发器，国外还有列管式、板式、离心式、刮板式蒸发器等。

乳粉浓缩设备的选用，须根据生产规模、产品种类、经济条件等决定。一般加工量小的乳粉厂，可选用单效蒸发器。加工量大的连续化生产线选用双效或多效蒸发器。

16.2.1.6　干燥

全脂乳粉常用喷雾干燥。在喷雾干燥中，通过正位移泵将浓缩后的浓乳送到干燥室顶部的雾化器，将其物化为细小的液滴，与进入干燥室的热空气接触后，水分被蒸发。雾化前，一般将浓乳加热到72℃，以降低黏度，从而获得最佳雾化效果。经雾化后，浓乳成为10～400 μm的液滴。决定最终产品质量和干燥效率的关键工艺参数是进风温度和排风温度，一般分别为160～220℃和70～90℃。

将浓缩后的乳打入保温罐内，立即进行喷雾干燥。乳粉的溶解度、水分、杂质度、色泽和风味等直接受干燥条件影响，干燥是乳粉生产中最重要的工序。喷雾形成的乳滴在理想的干燥条件下进行干燥后，直径可减小为最初乳滴的75%，质量约降低50%，体积减小约40%。压力喷雾干燥工艺参数见表16-2，离心喷雾干燥工艺参数见表16-3。

表16-2　压力喷雾干燥法生产乳粉工艺参数

项目	全脂乳粉	全脂加糖乳粉
浓缩乳浓度/波美度	12～13	14～16
乳干物质含量/%	45～55	45～55
浓缩乳温度/℃	40～45	40～45
高压泵使用压力/MPa	13～20	13～20
喷嘴孔径/mm	1.2～1.8	1.2～1.8
芯子流乳沟槽/mm	0.5×0.3	0.5×0.3
喷雾角度/(°)	70～80	70～80
进风温度/℃	130～170	140～170
排风温度/℃	70～80	75～80
排风相对湿度/%	10～13	10～13
干燥室负压/Pa	98～196	98～196

表16-3　离心喷雾干燥法生产乳粉工艺参数

项目	全脂乳粉	全脂加糖乳粉
浓缩乳浓度/波美度	13～15	14～16
浓缩乳干物质含量/%	45～50	45～50
浓缩乳温度/℃	45～55	45～55
转盘转速/(r/min)	5 000～20 000	5 000～20 000
转盘数量/只	1	1
进风温度/℃	200左右	200左右
干燥温度/℃	90左右	90左右
排风温度/℃	85左右	85左右

16.2.1.7　出粉、冷却及包装

喷雾干燥结束后，立即将乳粉送至干燥室外，进行冷却，避免长时间受热。特别是对全脂乳粉而言，长时间受热易引起乳粉中游离脂肪含量的增加，严重影响乳粉的质量，还易使乳粉中的脂肪在

保藏过程中发生氧化变质。乳粉的色泽、滋气味和溶解度同样会受影响。所以，在喷雾干燥后，出粉和冷却是重要的环节。

(1) 出粉与冷却

干燥的乳粉，一般出现在干燥室的底部，粉温一般为 60℃左右，应加快出粉的速度。冷却的主要方式有气流出粉、冷却，流化床出粉及冷却及其他出粉方式。出粉方式详见二维码 16-1。

二维码 16-1　出粉方式

(2) 筛粉与晾粉

①筛粉　一般采用筛底网眼为 40～60 目的机械振动筛，其目的是使乳粉均匀、松散，以便于冷却。

②晾粉　晾粉过程中，乳粉的温度降低，乳粉表观密度提高 15%，利于包装。包装前，乳粉的存放场所必须保持干燥和清洁，以防止贮藏时受潮。

(3) 包装

各国的乳粉包装形式及尺寸存在较大的差别，包装材料主要有马口铁罐、塑料袋、塑料复合纸带、塑料铝箔复合袋等。乳粉的贮存期受包装方式的直接影响，如塑料袋包装的贮存期规定为 3 个月，铝箔复合袋包装的贮存期规定为12 个月，真空包装技术和充氮包装技术可使乳粉保存 3～5 年。包装过程中影响产品质量的因素有以下几个。

①包装时乳粉的温度　乳粉出料后应进行冷却降温。若将生产出来的乳粉封闭于大的容器中，时间过长，会使蛋白质变性，导致乳粉的溶解度下降；且引起走油，使脂肪成为连续相，使乳粉颗粒表面的脂肪暴露于周围的空气中，从而加速出现氧化味。一般采用大包装时，应先将乳粉冷却至 28℃以下再进行包装，以防止受热过度。此外，若将热的乳粉装罐后立即抽气，其保藏性优于冷却包装。

②包装室内的湿度　乳粉的吸湿性很强，若将乳粉置于空气相对湿度为 62%、温度为 18～20℃的条件下，全脂乳粉的均衡水分在 2 d 之内可增加到 8%～9%。乳粉潮湿会使产品溶解度降低，质量下降。且蛋白质的变性和脂肪的氧化可使乳粉产生特殊的滋气味。此外，由于潮湿，乳糖结晶体能使脂肪游离，破坏脂肪球膜，加剧空气中的氧气与脂肪的作用。贮存乳粉的房间，相对湿度不能超过 75%，温度不应急剧变化。盛装乳粉的桶不应透水和漏气。在相对湿度低于 3%的情况下，乳粉不会发生任何变化，因为这时全部水分都以与乳蛋白质呈化学结合的状态存在。

③空气　为了消除乳粉罐中多余的氧气，最好在包装时使容器保持真空，然后填充氮气，这样可以使乳粉贮藏期达 3～5 年之久。

16.2.2　影响乳粉质量的因素

在乳粉的生产过程中，若操作不当，易出现各种质量问题。目前，乳粉常见的质量问题主要有：水分含量过高、溶解度偏低、易结块、颗粒形状和大小异常、有脂肪氧化味、色泽较差、细菌总数过高、杂质度过高等。

16.2.2.1　乳粉水分含量过高

大多数乳粉的水分含量都在 2%～5%之间。水分含量过高，会促进乳粉中残存的微生物生长繁殖，产生乳酸，使乳粉中的酪蛋白发生变性而不可溶，从而降低乳粉的溶解度。当乳粉水分含量提高至 3%～5%，贮存一年后乳粉的溶解度略下降；当乳粉水分含量提高至 6.5%～7.0%时，贮存一小段时间后，其中的蛋白质就有可能不完全溶解，产生陈腐味，同时产生褐变。但乳粉的水分含量不宜过低，否则易引起乳粉变质而产生氧化臭味，一般采用喷雾干燥生产的乳粉的水分含量低于 1.88%时，就易引起这种缺陷。

乳粉水分含量过高的原因有：喷雾干燥过程进料量、进风温度、进风量、排风温度、排风量控制不当；雾化器因阻塞等导致雾化后乳滴太大而不易干燥；乳粉包装间的空气相对湿度偏高，使乳粉吸湿而水分含量上升；在乳粉冷却过程中，冷风湿度太大，引起乳粉水分含量升高；乳粉包装封口不严或包装材料本身不密封而变潮。

16.2.2.2　乳粉的溶解度偏低

(1) 乳粉溶解度定义

乳粉与一定量的水混合后，能够复原成均一的新鲜牛乳状态的性能是乳粉的溶解度。牛乳是由溶液、悬浮液、乳浊液 3 种体系构成的一种均匀稳定的胶体性液体，不是纯粹的溶液。乳粉溶解度的高低反映了乳粉中蛋白质的变性程度。溶解度低表明乳粉中蛋白质变性量大，冲调时变性的蛋白质不溶解，或黏附于容器的内壁，或沉淀于容器底部。

（2）乳粉溶解度下降的原因

①原料乳质量差，混入异常乳或酸度高的牛乳；蛋白质热稳定性差，受热容易变性。

②牛乳在杀菌、浓缩或喷雾干燥过程中温度过高而引起牛乳蛋白质受热过度变性。

③喷雾干燥时雾化效果不好，使乳滴过大、干燥困难。

④牛乳或浓缩乳在较高的温度下长时间放置导致蛋白质变性。

⑤乳粉的贮藏条件及时间对溶解度也会产生影响。当将乳粉贮存于温度高、湿度大的环境中，其溶解度会下降。

⑥采用不同干燥方法生产的乳粉的溶解度不同。一般采用滚筒干燥法生产的乳粉的溶解性较差，仅为70%～85%，采用喷雾干燥法生产的乳粉的溶解度可达99%。

16.2.2.3 乳粉结块

乳粉极易吸潮结块，主要与乳粉中含有乳糖有关。乳糖是乳粉的主要成分之一，不同产品的乳糖含量不同。全脂乳粉中乳糖含量一般为38%左右，脱脂乳粉的乳糖含量一般为50%左右，全脂甜乳粉的乳糖含量一般为30%左右，婴儿配方乳粉中含有55%左右的乳糖。

一般工艺生产的乳粉，其乳糖呈非结晶的玻璃态。非结晶状态的乳糖具有很强的吸湿性，吸湿后生成含1分子结晶水的结晶乳糖。造成乳粉结块的原因有：在乳粉的整个干燥过程中，由于操作不当而造成乳粉水分含量普遍偏高；在包装或贮存过程中，乳粉吸收空气中的水分而造成结块。

16.2.2.4 乳粉颗粒的形状和大小异常

（1）乳粉颗粒的形状及大小

乳粉颗粒的形状取决于干燥方法。采用滚筒干燥法生产的乳粉颗粒呈不规则片状，且不含气泡；而采用喷雾干燥法生产的呈球状，可单个存在或几个粘在一起呈葡萄状。一般来说，压力喷雾法生产的乳粉颗粒直径较离心喷雾法生产的乳粉颗粒直径小。压力喷雾干燥法生产的乳粉颗粒直径介于10～100 μm；而离心喷雾干燥法生产的乳粉，其颗粒直径为30～200 μm。

（2）乳粉颗粒大小及分布率对产品质量的影响

乳粉颗粒直径大，色泽好，则冲调性能及润湿性能好，便于饮用。若乳粉颗粒大小不一，且有少量黄色焦粒，则乳粉的溶解度较差，且杂质度高。

（3）影响乳粉颗粒形状及大小的因素

①雾化器出现故障可能影响乳粉颗粒的形状。

②干燥方法不同，乳粉颗粒的平均直径及直径的分布状况有所不同。

③采用同一干燥方法、不同干燥设备，所生产的乳粉颗粒直径不同。例如，同样采用压力喷雾干燥法，使用立式干燥塔较使用卧式干燥塔生产的乳粉颗粒直径大。目前，立式压力喷雾干燥法正在尝试高塔和大孔径喷头干燥法以及采用二次干燥技术，以增大乳粉颗粒的直径。

④在压力喷雾干燥中，高压泵压力是影响乳粉颗粒直径的因素之一。压力小，乳粉颗粒直径大，但不影响干燥效果。

⑤浓缩乳的干物质含量对乳粉颗粒直径有很大的影响。在一定范围内，干物质含量越高，乳颗粒直径越大。所以，在不影响产品溶解度前提下，应尽量提高浓缩乳的干物质含量。

⑥在离心喷雾干燥中，转盘的转速也会影响乳粉颗粒的直径。转速越低，乳粉颗粒的直径越大。

⑦喷头的孔径大小及内孔表面粗糙度状况，也会影响乳粉颗粒直径的大小及分布状况。

16.2.2.5 乳粉的脂肪氧化味

（1）乳粉脂肪的状态

乳粉颗粒中脂肪的状态因干燥方法不同而异。采用滚筒干燥的乳脂肪球直径大多为1～7 μm，变化幅度较大，少量脂肪球直径可达几十微米。在喷雾干燥中，脂肪球在机械力作用下直径变小。采用压力喷雾干燥乳粉，脂肪球直径一般为1～2 μm；采用离心喷雾干燥乳粉，脂肪球直径一般为1～3 μm。喷雾干燥制得的乳粉脂肪呈球状，存在于乳粉颗粒内部。

（2）影响乳粉游离脂肪含量的因素

①浓缩乳若采用二级均质法，乳粉中游离脂肪含量下降。

②在出粉及乳粉输送过程中，应避免高速气流的冲击和机械擦伤。干燥后的乳粉应迅速冷却，采用真空包装或抽真空加填充惰性气体的密封包装。应将产品贮存于适宜的温度下，防止游离脂肪增加。

③当乳粉水分含量增加到8.5%～9.0%时，乳

糖结晶，使游离脂肪增加。

（3）乳粉脂肪氧化味产生的原因及防止措施

乳粉脂肪氧化味产生的原因有：乳粉的游离脂肪酸含量高，容易引起乳粉的氧化变质继而产生氧化味；乳粉中的脂肪在解脂酶及过氧化物酶的作用下产生游离的挥发性脂肪酸，使乳粉产生刺激性的臭味；乳粉贮存环境温度高、湿度大或暴露于阳光下，易产生氧化味。

防止措施可从以下几方面考虑：

①控制工艺参数　控制乳粉生产的各种工艺参数，尤其是牛乳杀菌温度及保温时间，必须使解脂酶和过氧化物酶的活性丧失。

②控制水分　严格控制产品的水分含量，一般在 2.0%左右。

③包装　保证产品包装的密封性。

④贮存　将产品贮存于阴凉、干燥的环境中。

16.2.2.6　乳粉的色泽较差

乳粉的色泽受以下因素影响：

①乳酸度　若原料乳酸度过高，加入碱中和后，所制得的乳粉色泽较深，一般呈褐色。

②乳脂肪含量　若牛乳中脂肪含量高，则乳粉颜色较深。

③乳粉颗粒直径　若乳粉颗粒较大，则颜色偏黄；乳粉颗粒较小时，一般呈灰黄色。

④过滤器　若空气过滤器效果不好或布袋过滤器长期不更换，易造成回收的乳粉呈暗灰色。

⑤乳含水量　物料热处理过度或乳粉在高温下存放时间过长，易使产品色泽加深。

⑥贮存环境　乳粉水分含量高或贮存环境的温度和湿度较高，易使乳粉色泽加深，严重的甚至产生褐色。

16.2.2.7　细菌总数过高

乳粉细菌总数过高主要与以下因素有关：

①原料乳污染严重，杀菌后残留量仍很多。

②没有严格按照工艺参数的要求进行杀菌，杀菌温度不高、杀菌时间短等。

③板式换热器的垫圈老化破损，致使生乳混入杀菌乳中。

④生产过程中遭到二次污染。

16.2.2.8　杂质度过高

杂质度过高原因主要有以下几点：

①原料乳净化不干净。

②生产过程中受到二次污染。

③干燥时热风温度过高引起风筒周围产生焦粉。

④分风箱热风调节不当产生涡流，造成乳粉局部受热过度产生焦粉。

16.3　配方乳粉的调制原则及生产

配方乳粉是指针对不同人群的营养需要，在鲜乳中或乳粉中配以各种营养素，经加工干燥而成的乳制品。配方乳粉的种类包括婴儿乳粉、老人乳粉及其他特殊人群需要的乳粉。下面以婴儿乳粉为例加以介绍。

16.3.1　婴幼儿配方乳粉的调制原则

婴幼儿配方乳粉是以牛乳（或羊乳）为主要原料，通过调整成分模拟母乳的婴幼儿配方食品。根据适用于不同阶段的婴幼儿可大致分为：0～6 月龄婴儿乳粉、6～12 月龄较大婴儿乳粉和 12～36 月龄幼儿成长乳粉。在设计和生产的过程中，要遵从一定的原则，要对牛乳中的各种成分进行调整，使之近似于母乳。

16.3.1.1　婴儿配方乳粉（0～6 月龄）

（1）配方设计依据

人类开始研究开发婴幼儿配方乳粉是从研究母乳成分以及母乳和牛乳营养成分差异开始的，并以母乳为标准，调整牛乳成分。牛乳与母乳的主要营养素差异见表 16-4。

表 16-4　牛乳与母乳的主要营养素的对比

种类	热量/kJ	水分/g	总干物质/g	蛋白质/g	脂肪/g	乳糖/g	灰分/g
母乳	251	88.0	11.8	1.4	3.1	7.1	0.2
牛乳	209	88.6	11.4	2.9	3.3	4.5	0.7

注：表中各项数值为每 100 g 乳中的含量。

在研究和开发婴幼儿配方乳粉在发展初期，只是根据母乳和牛乳成分差异，宏观地模拟母乳，而较少考虑一些生物活性因子的功能。目前，随着研究的深入，研究人员对免疫球蛋白、乳铁蛋白、乳过氧化物酶、溶菌酶和刺激因子等活性物质逐渐明了，开发研制具有与母乳等同或生理功能相似的婴幼儿配方乳粉成为热点。常规的母乳化调整包括以下 4 个方面内容。

①调整乳清蛋白和酪蛋白的比例，以达到母乳

中蛋白质的比例（乳清蛋白：酪蛋白=6：4）；同时，根据母乳中蛋白质组成不同进行组成上的调整，如相应添加α-乳白蛋白、减少β-乳球蛋白。

②调整牛乳中饱和脂肪酸和不饱和脂肪酸的比例。与母乳相比，牛乳乳脂肪中必需脂肪酸含量较低，以亚油酸为例，在母乳中为3.5%～5.0%，在牛乳中为1.0%。低级脂肪酸或不饱和脂肪酸比高级脂肪酸或饱和脂肪酸更容易消化吸收。与母乳相比，牛乳的脂肪不容易被消化和利用。可采用亚油酸强化、脂肪酸结构的母乳化等措施提高牛乳脂肪的吸收率。

③调整配方乳中碳水化合物的比例，特别是要将α-乳糖和β-乳糖的比例调至4：6。甚至可添加一些功能性低聚糖，以调节婴儿肠道菌群。

④根据母乳和牛乳中维生素、矿物质的差异进行强化，以及添加一些生理活性物质。

（2）配方设计原则

①能量　0～6月龄婴幼儿生长发育比较快，按体重计算营养的需要量是成人的3倍以上。在生长发育方面消耗的能量约占总摄入能量的1/3，需167～209 kJ/(kg·d)[40～50 kcal/(kg·d)](1 cal=4.186 J)。用以维持基础代谢的能量消耗也多，需184～193 kJ/(kg·d)[44～46 kcal/(kg·d)]。相对来说，肌肉活动少，故婴儿在这方面消耗的能量较少，仅占总能量需要的8%。关于具体能量需求可参照我国婴幼儿配方乳粉的标准。

②蛋白质、氨基酸、核苷酸类物质　研究表明，在以牛乳蛋白为基础的婴儿配方食品中，蛋白质能量密度达到1.9 g/100 kcal以上，足以满足婴儿的需求，其身高、体重和血清蛋白等指标可达到母乳喂养的水平。以大豆或谷物蛋白为主的配方，因蛋白质的有效利用率较低，应适当提高其含量标准。

母乳中蛋白质的含量为1.0%～1.5%，酪蛋白：乳清蛋白=4：6。而牛乳中酪蛋白含量高，在婴幼儿胃内易形成较大的坚硬凝块。从蛋白质消化性考虑，可采用乳清蛋白或植物蛋白调整蛋白质的组成和含量。

除了对蛋白数量和种类的考虑外，还需要满足婴幼儿对必需氨基酸的要求。蛋白质在消化道中经酶作用分解成氨基酸，然后被吸收。机体利用被吸收的氨基酸合成自身的蛋白质。因此，机体对蛋白质的需求实际是对氨基酸的需要。蛋白质的氨基酸组成，尤其是其中必需氨基酸的组成决定了它的营养价值。

国际食品法典委员会（CAC）和欧洲食品科学委员会（SCF）对蛋白质质量有较严格的要求，两者都规定了婴儿配方食品中蛋白质每单位能量中各种必需氨基酸和条件必需氨基酸的含量必须等同于参照蛋白（母乳蛋白）中相应的氨基酸的含量。

我国国家标准对婴儿配方食品中蛋白质的质量要求仅限于“蛋白质的有效利用率（PER）不低于酪蛋白的85%”，对其氨基酸组成未作规定。

牛磺酸是一种非蛋白氨基酸。人乳各个阶段的乳汁中都含有牛磺酸（5.1～11.9 mg/100 kcal）。配方食品中几乎不含牛磺酸，因此大多数婴儿配方食品中都有添加。强化牛磺酸的配方有可能对婴儿的体格及智力发育有促进作用。关于婴儿配方食品中的牛磺酸含量，SCF（2003）和CAC（2004）建议牛磺酸含量不低于12 mg/100 kcal；GB 10765—2010将牛磺酸作为可选择性成分，最大值为13 mg/100 kcal。

人乳中肉碱含量为0.9～1.2 mg/100 kcal，牛乳中富含肉碱（50 mg/100 kcal），因此以牛乳蛋白为基础的配方不必强化。但以大豆蛋白为基础的配方几乎不含肉碱，必须强化。GB 10765—2010规定婴儿配方食品中左旋肉碱的含量不得低于1.3 mg/100 kcal。

核苷和核苷酸在人体内可以合成，是非必需营养成分。国际标准对核苷酸的添加不做强制规定，但如果添加则不许超过其规定的上限。SCF（2003）和CAC（2004）对每种核苷酸添加量的规定为：5′-胞苷酸二钠（CMP）≤2.5 mg/100 kcal，5′-尿苷酸二钠（UMP）≤1.75 mg/100 kcal，5′-腺苷酸二钠（AMP）≤1.5 mg/100 kcal，5′-鸟苷酸二钠（GMP）≤0.5 mg/100 kcal，5′-肌苷酸二钠（IMP）≤1.00 mg/100 kcal，总量不能超过5.0 mg/100 kcal。以大豆蛋白为基础的婴儿配方食品本身含较高核苷酸，不允许再强化。我国GB 2760—2014规定：AMP、IMP、GMP、UMP、CMP在婴幼儿配方乳粉中的使用量以核苷酸总量计，为0.2～0.58 g/kg，推算到婴儿配方乳粉中相当于3.2～12.3 mg/100 kcal。

人乳胆碱含量在产后1周内数量可增加1倍，常规母乳中总可利用胆碱含量达12.6 mg/100 kcal。

通常，配方食品中胆碱含量低于常规母乳，需要补充。GB 10765—2010 将胆碱作为可选择性成分，规定婴儿配方食品中胆碱的含量为 7.1～50.2 mg/100 kcal。

人乳中的蛋白质除了为婴儿提供生长发育所必需的氨基酸和氮源以外，其中一类蛋白质（如免疫球蛋白、乳铁蛋白等）还具有一些生物学功能。因此，可以通过向婴幼儿配方乳粉添加这类生理活性物质来增强配方乳粉的生物活性功能。

③脂类物质　牛乳中的乳脂肪含量在 3.3%左右，与母乳含量大致相同，但质量上有很大差别。牛乳脂肪中的饱和脂肪酸含量比较多，而不饱和脂肪酸含量少。母乳中不饱和脂肪酸含量比较多，特别是不饱和脂肪酸的亚油酸、亚麻酸含量相当高，它们是人体必需脂肪酸。精炼植物油富含不饱和脂肪酸，且易被婴儿机体吸收。

婴儿配方奶粉主要依靠植物油来提高不饱和脂肪酸的含量，常使用的是精炼玉米油和棕榈油。其中后者除含有可利用的油酸外，还含有大量婴儿不易消化的棕榈酸，会增加婴儿血小板血栓的形成，故添加量不宜过多。

不饱和脂肪酸按其双键位置可分为 ω-3 系列不饱和脂肪酸和 ω-6 系列不饱和脂肪酸。ω-3 系列不饱和脂肪酸中最具代表性的是二十二碳六烯酸（DHA）、二十碳五烯酸（EPA）和 α-亚麻酸（C18：3）。近年来，这些脂肪酸逐渐被人们所重视，在婴儿配方奶粉中出现。我国 GB 2760—2014 规定：配方中亚油酸含量为 0.29～1.38 g/100 kcal，α-亚麻酸含量不低于 50 mg/100 kcal，亚油酸与 α-亚麻酸比值在 5：1 和 15：1 之间；如配方中添加二十二碳六烯酸，其含量不应超过总脂肪酸（指 C4～C24 脂肪酸的总和）含量的 0.5%，并且要添加相同量的二十碳四烯酸（20：4 ω-6）。长链不饱和脂肪酸中二十碳五烯酸（20：5 ω-3）的量不应超过二十二碳六烯酸的量。

肌醇在新生儿血液中的高含量水平表明它在婴儿早期发育中有重要作用，可能对肺表面活性剂的形成和肺的发育有重要作用。人乳中肌醇含量较高，为 22～48 mg/100 kcal。美国 FDA（1985）规定非乳基配方中肌醇含量为 4 mg/100 kcal，SCF（2003）和 CAC（2004）均规定婴儿配方中肌醇含量为 4～40 mg/100 kcal。我国 GB 2760—2014 将肌醇作为可选择性成分，其含量为 4.0～39.7 mg/100 kcal。

④碳水化合物　碳水化合物主要供给婴儿能量，促成发育。母乳中 90%的碳水化合物是乳糖，乳糖是婴儿食品中最好的碳水化合物来源。此外，新生儿也可消化吸收淀粉、葡萄糖和蔗糖等。由于蔗糖有导致婴儿龋齿的危险，果糖会对果糖不耐受的婴儿健康有危害，所以，如无特殊情况，配方应以乳糖为主，不应添加蔗糖和果糖。我国 GB 2760—2014 规定：对于乳基婴儿配方食品，首选碳水化合物应为乳糖、乳糖和葡萄糖聚合物。只有经过预糊化后，才可以将淀粉加到婴儿配方食品中，不得使用果糖。乳糖占碳水化合物总量应不低于 90%。但对于一些先天缺乏乳糖酶的婴儿，配方中的乳糖可导致他们腹泻等。对于这类有特殊需要的婴儿，在设计乳粉时应考虑无乳糖或低乳糖配方。

⑤维生素和矿物质　也要充分强化配方乳粉中的维生素，满足婴幼儿生长发育所需要的日常维生素。要强化配方中的维生素 A、维生素 B_1、维生素 B_2、维生素 B_6、维生素 B_{12}、维生素 C、维生素 D、生物素、泛酸、烟酸、维生素 K、维生素 E 和叶酸等。

牛乳中的矿物质含量是母乳中的 4 倍，而婴幼儿的肾功能尚未健全，不能充分排泄体内蛋白质所分解的过剩电解质。特别是初生婴儿，相比于较大婴儿来说，在设计配方乳粉时，对于灰分的考虑更应该注意，其灰分含量应该更低。在考虑采用乳清粉时，一般采用乳清浓缩蛋白和乳糖。微量的铜、镁、锰、铁等元素对婴幼儿的造血效果和发育极为重要，应该适当强化。

16.3.1.2　婴儿配方乳粉（6～12 月龄）

6～12 月龄婴儿的营养需求不像前半年那样严格依据实验数据。实际上，对 6～12 月龄婴儿的大部分营养素的推荐摄入量很大程度上依赖于 0～6 月龄婴儿的数据。当前的推荐摄入量除了考虑 6 个月以后活动水平增加以及一定程度生长速度减缓，还考虑到较小婴儿和较大婴儿的发育差别。尽管缺少 1 岁婴儿后半年营养素需求量的实验数据，但是很少有人认为这个年龄组的推荐摄入量标准需要进行全面修订。

16.3.1.3　幼儿配方乳粉（12～36 月龄）

幼儿配方乳粉在欧洲已经很普遍，最近已被引入美国。这些配方乳粉较标准婴儿配方乳粉含蛋白质稍多一些。其包含的脂肪和碳水化合物的类型与标准婴儿配方乳粉相似（植物油、乳糖加玉米糖浆固形物）。还没有令人信服的证据可以证明这些配方乳粉优于标准的婴儿配方乳粉。

16.3.2 配方乳粉的生产工艺

各国不同种类的婴幼儿配方乳粉，生产工艺有所不同，现将基本工艺过程介绍如下。

16.3.2.1 工艺流程

婴幼儿配方乳粉的生产工艺流程如图 16-2 所示。

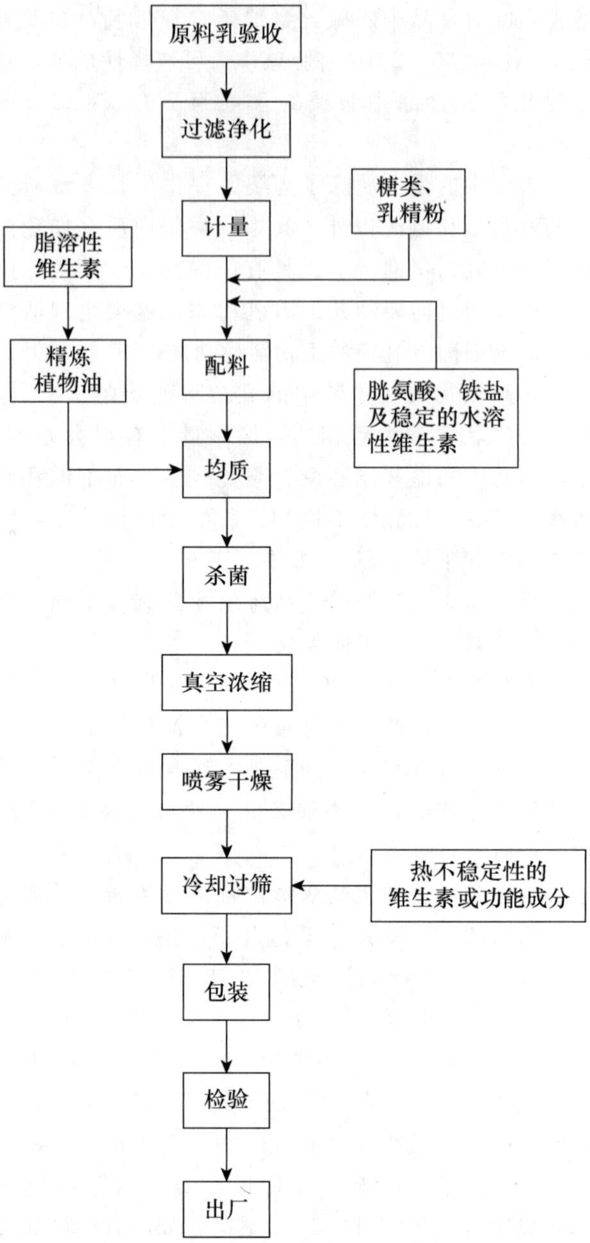

图 16-2 婴幼儿配方乳粉的生产工艺流程

16.3.2.2 工艺要点

婴幼儿配方乳粉的生产工艺要点如下：

①原料乳的验收和预处理　应符合生产特级乳粉的要求。

②配料　按比例要求将各种物料混合于配料缸中，开动搅拌器，使物料混匀。

③均质、杀菌、浓缩　混合料的均质压力一般控制在 18 MPa。杀菌和浓缩的工艺要求和乳粉生产的相同。将浓缩后的物料含量控制在 46%左右。

④喷雾干燥　进风温度为 140～160℃，排风温度为 80～88℃。

思考题

1. 简述乳粉的主要分类。

2. 简述一般乳粉的生产工艺。

3. 在乳粉的加工过程中，为什么要进行真空浓缩？

4. 影响乳粉质量的主要因素有哪些？如何控制？5. 根据规定，常规的母乳化调整包括哪些方面？

6. 简述婴幼儿配方乳粉的生产工艺及技术要点。

第 17 章
奶　油

学习目的与要求

了解和掌握奶油的概念、种类；熟悉奶油的特性及其影响因素；掌握普通奶油的加工工艺及要求；掌握奶油在加工贮藏期间的品质变化。

17.1 奶油及其性质的影响因素

17.1.1 概念和种类

以乳为原料，分离出含脂肪的部分，添加或不添加其他原料、食品添加剂和营养强化剂，经加工制成的含脂肪10%～80%的产品为稀奶油。以乳和（或）稀奶油（经发酵或不发酵）为原料，添加或不添加其他原料、食品添加剂和营养强化剂，经加工制成的脂肪含量不小于80%的产品为奶油。

奶油常被分为两种主要类型：甜性奶油和发酵奶油。甜性奶油风味平淡、滑腻，有稀奶油味，pH不低于6.4，用稀奶油制取，搅拌后不进行发酵。用酸性稀奶油（即经乳酸发酵的稀奶油）制成的奶油，即为发酵奶油。

根据加盐与否，奶油又可分为无盐、加盐和特定加盐的奶油。根据脂肪含量不同，分为一般奶油和无水奶油（脂肪含量不小于99.8%）。除此之外，还有以植物油替代乳脂肪的人造奶油，如新型涂布奶油等。

一般奶油的主要成分有脂肪（80%～82%）、水分（15.6%～17.6%）、蛋白质、钙和磷（约1.2%）以及脂溶性的维生素A、维生素D和维生素E，加盐奶油另外含有食盐（约2.5%）。奶油应呈均匀一致的颜色、稠密而味纯。水分应分散成细滴，使奶油外观干燥。硬度应均匀，使奶油易于涂抹，入口即化。

17.1.2 影响奶油性质的因素

奶油的主要成分是乳脂肪，因此，乳脂肪的性质直接决定奶油的性状。

17.1.2.1 脂肪性质与乳牛品种、泌乳期、季节的关系

乳牛的品种、泌乳期、饲料的成分、喂养方式、季节等因素对牛乳中脂肪的化学成分有一定的影响。有些乳牛（如荷兰牛、爱尔夏牛）的乳脂肪中的油酸含量高，以其为原料制成的奶油比较软；而娟姗牛的乳脂肪的油酸含量比较低，以其为原料制成的奶油比较硬。在泌乳初期，乳脂肪中的挥发性脂肪酸比较多，而油酸比较少，随着泌乳时间的延长，这种性质变得相反。在季节影响方面，由于春、夏季青饲料多，乳脂肪中油酸的含量高，奶油比较软，熔点也比较低。因此，夏季的奶油很容易变软。为了得到较硬的奶油，在稀奶油成熟、搅拌、水洗及压炼过程中，应尽可能降低温度。

17.1.2.2 奶油的色泽

奶油的颜色从白色到淡黄色，深浅各有不同，这主要与其中所含胡萝卜素有关。胡萝卜素存在于牧草和青饲料中，冬季因缺乏青饲料，所以冬季的奶油通常为白色。为了使奶油的颜色全年一致，秋、冬季节往往在奶油中加入色素以增加其颜色。奶油长期暴晒于日光下，会自行褪色。

17.1.2.3 奶油的芳香味

奶油有一种特殊的芳香味，这种芳香味主要由丁二酮、甘油和游离脂肪酸等综合而成。其中丁二酮主要由发酵时的细菌产生。因此，酸性奶油比新鲜奶油芳香味更浓。

17.1.2.4 奶油的物理结构

奶油的物理结构为油包水型分散系（固体系），即在脂肪中分散有游离脂肪球（脂肪球膜未破坏的一部分脂肪球）与细微水滴，此外还含有气泡，见图17-1。水滴中溶有乳中除脂肪以外的其他物质，因此也称为乳浆小滴。

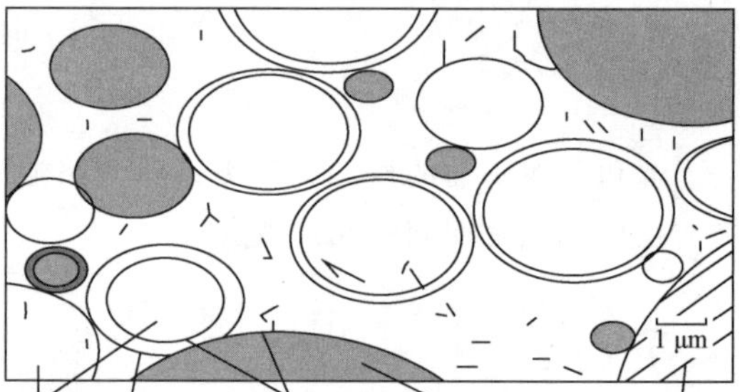

脂肪球 球膜 脂肪结晶 细微水滴 气泡

图17-1 脂肪在室温条件下的微观结构

17.2 奶油加工

17.2.1 生产工艺流程及要点

17.2.1.1 生产工艺流程和生产线

奶油生产工艺流程如图17-2所示，批量和连续生产发酵奶油的生产线见彩图7。

17.2.1.2 工艺要点

（1）原料乳、稀奶油的验收及质量要求

制造奶油用的原料乳必须是从健康牛上挤下来的，而且在滋味、气味、组织状态、脂肪含量及密

度等各方面都正常的乳。含抗生素或消毒剂的稀奶油不能用于生产酸性奶油。

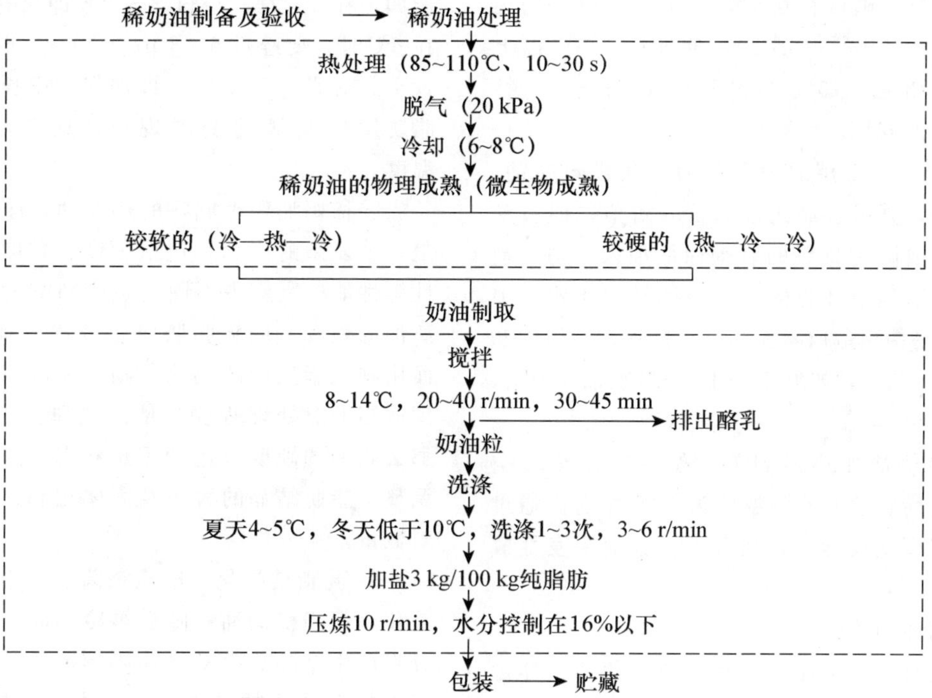

图 17-2　奶油生产工艺流程

（2）原料乳的初步处理

用于生产奶油的原料乳要经过过滤、净乳，其过程同前所述，而后冷藏并标准化。

①冷藏　原料到达乳品厂后，如不能立即用于生产，则应立即冷却到 2～4℃，并在此温度下贮存。

②乳脂分离及标准化　生产奶油时必须将牛乳中的稀奶油分离出来，工业化生产采用离心分离技术。

稀奶油的含脂率直接影响奶油的质量及产量。当含脂率低时，可以获得香气较浓的奶油，因为这种稀奶油较适于乳酸菌的发酵；当稀奶油过浓时，则容易堵塞分离机，乳脂肪的损失量较多。为了减少加工时乳脂的损失和保证产品的质量，在加工前必须对稀奶油进行标准化。用间歇法生产新鲜奶油及酸性奶油时，稀奶油的含脂率以 30%～35% 为宜；以连续法生产时，规定稀奶油的含脂率为 40%～45%。夏季由于容易酸败，所以用比较浓的稀奶油进行加工。

［例 1］今有 120 kg 含脂率为 38% 的稀奶油，用它来制作奶油。根据标准，须将稀奶油的含脂率调整为 34%，如用含脂率为 0.05% 的脱脂乳来调整，应添加多少脱脂乳？

解：按皮尔逊法

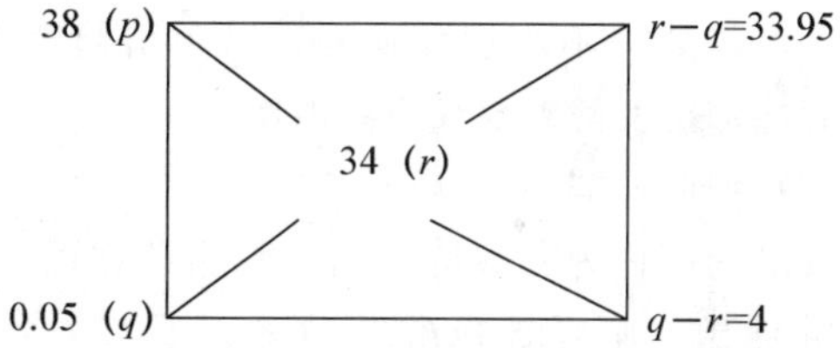

从上图可以看出，33.95 kg 稀奶油须加脱脂乳（含脂 0.05%）4 kg，则 120 kg 稀奶油须加的脱脂乳为：

$$\frac{120\times4}{33.95}=14.14(\text{kg})$$

稀奶油的碘值是成品质量的决定性因素。采用高碘值的乳脂肪生产的奶油过软。因而可根据碘值，调整成熟处理的过程，使硬脂肪（碘值低于 28）和软脂肪（碘值高达 42）都可以被制成硬度合格的奶油。

（3）稀奶油的中和

稀奶油的中和直接影响奶油的保存性和成品质量。当制造甜性奶油时，奶油的 pH（奶油中水相的 pH）应保持在中性附近（6.4～6.8）。

①中和目的　防止高酸度稀奶油在杀菌时造成脂肪损失；改善奶油的香味；防止奶油在贮藏期间

发生水解和氧化。

②中和程度　酸度在 0.5%（55 °T）以下的稀奶油可中和至 0.15%（16 °T）。酸度在 0.5%以上的稀奶油可中和至 0.15%～0.25%，以防止产生特殊气味和稀奶油变稠。

③中和方法　常用的中和剂为石灰或碳酸钠。石灰价格低廉，并可提高奶油的营养价值。但石灰难溶于水，必须调成 20%的乳剂徐徐加入，均匀搅拌，不然很难达到中和目的。碳酸钠易溶于水，中和速度快，不易使酪蛋白凝固，可直接加入，但中和时很快产生二氧化碳，如果容器过小，稀奶油易溢出。

（4）真空脱气

首先将稀奶油加热到 78℃，然后输送至真空机，真空室内稀奶油的沸腾温度为 62℃左右。通过真空处理可将挥发性异味物质除掉，其他挥发性成分也会逸出。

（5）稀奶油的杀菌

通过杀菌可以消灭能使奶油变质及危害人体健康的微生物；破坏各种酶以增加奶油的保存性；可以除去稀奶油中特异的挥发性物质，故杀菌可以改善奶油的香味。杀菌一般采用 85～90℃的高温巴氏杀菌，但热处理不应过分强烈，以免引起蒸煮味。杀菌后冷却至发酵温度或成熟温度。

（6）细菌发酵

发酵剂菌种为乳酸链球菌、乳脂链球菌、噬柠檬酸链球菌、副噬柠檬酸链球菌、丁二酮乳链球菌。发酵剂必须是高活力的，在 20℃下，7 h 后产酸达 30 °T，10 h 以后产酸应达 45～50 °T。当稀奶油的非脂部分的酸度达到 90 °T 时，发酵结束。发酵剂的添加量为 1%～5%，一般随碘值的增加而增加。发酵与物理成熟同时在成熟罐内完成。

（7）稀奶油的物理成熟及其热处理

①稀奶油的物理成熟　稀奶油经加热杀菌熔化后，要冷却至奶油脂肪的凝固点，以使部分脂肪变为固体结晶状态，这一过程称为稀奶油的物理成熟。成熟通常需要 12～15 h。

脂肪变硬的程度取决于物理成熟的温度和时间，随着成熟温度的降低和保持时间的延长，大量脂肪变成结晶状态（固化）。成熟温度应与脂肪最大可能变成固体状态的程度相适应。3℃时脂肪最大可能的硬化程度为 60%～70%，6℃时为 45%～55%。在一定温度下，脂肪组织的硬化程度达到最大可能时的状态称为平衡状态。通过观察证实，在低温下成熟时，平衡状态的发生要早于高温下的。例如：在 3℃时，经过 3～4 h 即可达到平衡状态；在 6℃时，要经过 6～8 h；而在 8℃时，要经过 8～12 h。在 13～16℃时，即使保持很长时间也不会使脂肪发生明显的变硬现象，这个温度称为临界温度。

②稀奶油物理成熟的热处理程序　奶油的硬度是一个复杂的概念，包括硬度、黏度、弹性和涂抹性等性能。乳脂中不同熔点脂肪酸的相对含量决定奶油的硬度。用软脂肪将生产出软而滑腻的奶油，而用硬乳脂生产的奶油，则硬而浓稠。但是如果采用适当的热处理程序，使之与脂肪的碘值相适应，那么奶油的硬度可达到理想状态。这是因为热处理调整了脂肪结晶的大小及固体相和连续相脂肪的相对数量。

a. 乳脂结晶化。巴氏杀菌引起脂肪球中的脂肪液化，但当稀奶油在随后被冷却时，该脂肪的一部分将产生结晶。冷却迅速则形成的晶体多而小，缓慢冷却则晶体数量少，颗粒大。冷却过程越剧烈，结晶成固体相的脂肪越多，在搅拌和压炼过程中，能从脂肪球中挤出的液体脂肪越少。

脂肪结晶体通过吸附作用，将液体脂肪结合在它们的表面。如果结晶体多而小，总表面积就大，吸附的液体脂肪就多。这样，从脂肪球中压出的液体脂肪量少，奶油就结实。如果结晶大而少，情况则正好相反，大量的液体脂肪将被压出，奶油就软。所以，须调整该稀奶油的冷却程序，使脂肪球中晶体的大小规格化，以生产硬度适宜的奶油。

b. 热处理程序。要使奶油的硬度均匀一致，必须调整物理成熟的条件，使之与乳脂的碘值相适应（表 17-1）。

表 17-1　不同碘值的稀奶油物理成熟程序

碘值	温度程序/℃	发酵剂添加量/%
＜28	8—21—20*	1
28～29	8—21—16	2～3
30～31	8—20—13	5
32～34	6—19—12	5
35～37	6—17—11	6
38～39	6—15—10	7
＞40	20—8—11	5

* 3 个数字依次表示稀奶油的冷却温度、加热酸化温度和成熟温度。

对于硬脂肪多的稀奶油，为得到理想的硬度，所采用的热处理程序是：迅速冷却至约 8℃，并在此温度下保持约 2 h；用 27～29℃的水徐徐降温至 20～21℃，并在此温度下至少保持 2 h；冷却至约 16℃。

对于中等硬度脂肪的稀奶油，随着碘值的增加，热处理温度相应地降低。对于碘值高达 39 的稀奶油，加热温度可降至 15℃。在较低的温度下，酸化时间延长。

对于软脂肪含量高的稀奶油，当碘值为 39～40 时，在巴氏杀菌后将稀奶油冷却至 20℃，并在此温度下酸化约 5 h。当酸度约为 33°T 时，冷却至约 8℃。如果碘值为 41 或者更高，则冷却至 6℃。一般认为，酸化温度低于 20℃，就形成软奶油。

（8）添加色素

为了使奶油的颜色全年一致，当颜色太淡时，须添加色素。常用的一种色素叫安那妥，它是天然的植物色素。3％的安那妥溶液（溶于食用植物油中）叫作奶油黄。其通常用量为稀奶油质量的 0.01％～0.05％。可以对照“标准奶油色”的标本，调整色素的加入量。添加色素通常在搅拌前进行，直接加到搅拌器中的稀奶油中。

（9）稀奶油的搅拌

将成熟后的稀奶油置于搅拌器中，利用机械的冲击力，使脂肪球膜破坏而形成奶油团粒，这一过程称为搅拌。当搅拌持续进行时，脂肪球聚合成奶油粒，变得越来越大，其过程见图 17-3。搅拌时分离出的液体称为酪乳。在将稀奶油转入搅拌器之前，先将温度调整到适宜的搅拌温度。稀奶油装入量一般为搅拌容器的 40％～50％，以留出起泡空间。

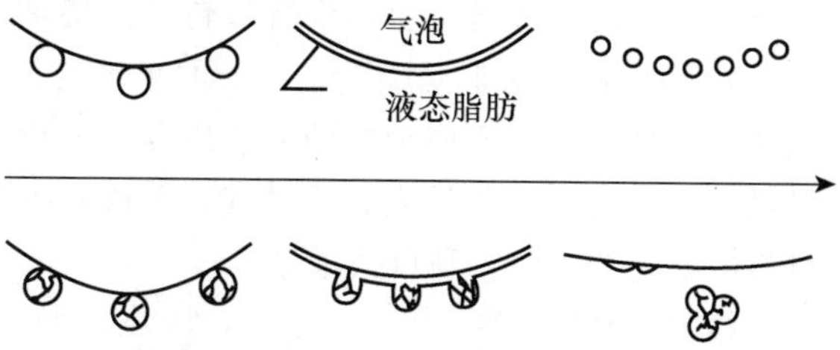

图 17-3　搅拌过程中脂肪球与气泡之间的相互作用

①奶油粒的形成　稀奶油经过剧烈搅拌后，形成蛋白质泡沫层。在表面张力作用和脂肪球与气泡的相互作用下，脂肪球膜不断破裂，液体脂肪被不断从脂肪球内压出。随着泡沫的不断破灭，脂肪逐渐凝结成奶油晶粒（图 17-4）。随着搅拌的继续进行，奶油晶粒变得越来越大，并聚合成奶油粒。

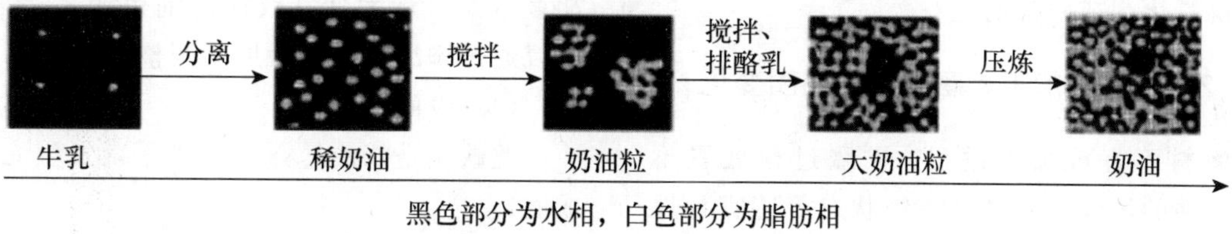

图 17-4　奶油形成的过程

影响奶油质量和搅拌时间的因素包括搅拌机旋转的速度、稀奶油的温度、稀奶油的酸度、稀奶油的含脂率、脂肪球的大小以及物理成熟的程度等。

②搅拌回收率　搅拌回收率是测定稀奶油中有多少脂肪已转化成奶油的标志，以酪乳中的脂肪占稀奶油中总脂肪的百分数来表示，该值应低于 70％。

（10）稀奶油的洗涤

稀奶油经搅拌形成奶油粒后，排出酪乳，然后注入经过杀菌冷却后的水，进行洗涤。通过洗涤可以除去残留的酪乳，提高奶油的保藏性，同时调整奶油的酸度。洗涤的加水量通常为稀奶油量的 50％左右，水温一般随稀奶油的软硬程度而定。

（11）奶油的加盐

加盐的目的是增加风味，抑制微生物的繁殖，提高奶油的保藏性。但酸性奶油一般不加盐。加盐量通常为 2.5％～3.0％，食盐必须符合国家一级或特级标准。待奶油搅拌机中洗涤水排出后，将烘烤（120～130℃、3～5 min）并过筛（30 目）的盐均匀撒于奶油表面，静置 10～15 min，旋转奶油搅拌机 3～5 圈，再静置 10～20 min 后即可进行压炼。

（12）奶油的压炼

由稀奶油搅拌产生的奶油粒，通过压制而凝结成特定结构的团块，该过程称为奶油的压炼。压炼的目的是使奶油粒变为组织致密的奶油层，使水滴分布均匀，使食盐完全溶解，并均匀分布于奶油中，同时调节奶油中的水分含量。奶油压炼有采用批量奶油压炼机和采用连续压炼机两种方法。现代较大型工厂都采用连续压炼机压炼的方法。

压炼结束后，要求奶油的含水量在16%以下，水滴呈极微小的分散状态，奶油切面上不允许有水滴。普通压炼会使奶油中有大量空气，使奶油质量变差。通常，奶油中含有5%～7%的空气，采用真空压炼可使空气含量下降至1%，从而显著改善奶油的组织状态。

（13）奶油的包装

压炼后的奶油被送至包装设备处包装。奶油通常有5 kg以上大包装和从10 g～5 kg的小包装。根据包装的类型，使用不同种类的包装机器。外包装材料最好选用防油、不透光、不透气、不透水的包装材料，如复合铝箔、马口铁罐等。

（14）奶油的贮藏

包装后，将奶油送入冷库中贮藏。在4～6℃冷库中，贮藏期一般不超过7 d；在0℃冷库中，贮藏期为2～3周；当贮藏期超过6个月时，应放入－15℃冷库中；当贮藏期超过1年时，应放入－25～－20℃冷库中。在贮藏期间，由于氧化作用，脂肪酸分解为低分子的醛、酸、酮及酮酸等成分，形成各种特殊的臭味。当这些化合物积累到一定程度时，奶油则失去食用价值。为了提高奶油的抗氧化和防霉能力，可以在压炼时添加或在包装材料上喷涂抗氧化剂或防霉剂。

17.2.2 奶油在加工贮藏期间的品质变化

由于原料不好或加工过程、贮藏过程处置不当，成品奶油的风味、色泽及组织状态等感官特性可能会出现一些异常，具体表现及应对方法如下。

17.2.2.1 风味变化

正常奶油应该有乳脂肪的特有香味或乳酸菌发酵的芳香味，但有时出现下列异味。

（1）鱼腥味

这是奶油贮藏期间很容易出现的异味，是卵磷脂水解生成三甲胺造成的。如果脂肪发生氧化，这种缺陷更易发生，这时应提前结束贮存。在生产过程中，应加强杀菌和卫生措施。

（2）脂肪氧化味与酸败味

脂肪氧化味是空气中氧气和不饱和脂肪酸反应造成的，而酸败味是脂肪在解脂酶的作用下生成低分子游离脂肪酸造成的。奶油在贮藏中往往首先出现氧化味。因为接着产生脂肪水解味。这时应该提高杀菌温度，以杀死有害微生物，同时破坏解脂酶。在贮藏中，应该防止奶油长霉，因为霉菌不仅能使奶油产生土腥味，也能使其产生酸败味。

（3）干酪味

奶油呈干酪味是生产卫生条件差、霉菌污染或原料稀奶油的细菌污染导致蛋白质分解造成的。在生产过程中，应加强稀奶油杀菌和设备及生产环境的消毒工作。

（4）肥皂味

稀奶油中和过度或中和操作过快，使局部皂化。应减少碱的用量或改进操作。

（5）金属味

奶油由于接触铜、铁设备而产生金属味。应该防止奶油接触生锈的铁器或铜制阀门等。

（6）苦味

产生的原因是使用的乳或奶油被酵母菌污染。

17.2.2.2 色泽变化

（1）条纹状

此缺陷容易出现在干法加盐的奶油中，是加盐不均匀和压炼不足等造成的。

（2）色暗而无光泽

产生的原因是压炼过度或稀奶油不新鲜。

（3）色淡

此缺陷经常出现在冬季生产的奶油中，奶油中胡萝卜素含量太低，致使奶油色淡，甚至呈白色。可以通过添加胡萝卜素加以调整。

（4）表面褪色

此缺陷是奶油暴露在阳光下，发生光氧化而造成的。

17.2.2.3 组织状态变化

（1）软膏状或黏胶状

此缺陷是压炼过度、洗涤水温度过高、稀奶油酸度过低、成熟不足等因素造成的。总之，液态油较多，脂肪结晶少，则形成黏性奶油。

（2）奶油组织松散

压炼不足、搅拌温度低等造成液态油过少，使奶油出现松散状。

（3）沙状奶油

此缺陷出现于加盐奶油中，盐粒粗大未能溶解所致。有时出现粉状，并无盐粒存在，这是中和时蛋白凝固而混合于奶油中造成的。

17.3 黄油加工

黄油即无水奶油，其保存期较长。如果采用半透明不透气包装，即使在热带气候下，黄油也能在室温下贮藏数月。在冷藏条件下，其贮存期长达1年。该产品适用于牛奶的重制和还原，同时还广泛地用于冰淇淋和巧克力工业中。在婴儿食品和方便食品的生产中，黄油也得到日益广泛的使用。

17.3.1 用稀奶油加工黄油

以稀奶油为原料生产黄油的工艺以乳化破裂原理为基础。其原理是：将稀奶油浓缩，然后对脂肪球膜进行机械破裂，从而使脂肪游离出来，形成含有分散水滴的连续脂肪相，最后将分散的水滴从脂肪相中分离出去，即得到黄油。

17.3.1.1 工艺流程

工艺流程如下：

稀奶油→巴氏杀菌→浓缩→离心分离→真空干燥→包装

17.3.1.2 工艺要点

用稀奶油加工黄油的工艺要点如下：

①要求稀奶油的含脂率为35%～40%。

②稀奶油在热交换器中进行巴氏杀菌，以钝化脂肪酶，然后冷却至55～58℃。

③冷却后的稀奶油在专用的固体排除型离心机中浓缩，浓缩至含脂率为70%～75%。

④经浓缩的稀奶油流到离心分离机，经机械作用，脂肪被分离提纯，含脂率高达99.5%，水分含量为0.4%～0.5%。

⑤将脂肪预热至90～95℃，然后送到真空干燥机。要求出口处的脂肪的水分含量低于0.1%。将脱水乳脂肪冷却至35～40℃，然后包装。

17.3.2 用奶油加工黄油

虽然用稀奶油直接生产黄油更为经济，而且还可省去搅拌工艺过程，但是采用奶油作为原料可使多余的奶油转化成一种既不太贵，又便于贮存和销售的产品。

17.3.2.1 工艺流程

工艺流程如下：

奶油→熔融→加热→保温→浓缩→干燥

17.3.2.2 工艺要点

用奶油加工黄油的工艺要点如下：

①加盐奶油须经洗涤或稀释，以避免腐蚀设备。游离脂肪酸含量高的奶油在熔化后须经碱液中和。

②将奶油从冷藏处取出，然后送至熔融设备。将其连续熔化。熔融的奶油通过离心力被甩到转台的周围，将其收集起来。

③通过排液泵将收集的奶油送至加热系统，然后进行加热。

④将加热后的奶油送至保温罐，在罐里保持一定的时间。保温时间取决于奶油的种类和质量。

⑤熔融的奶油从保温罐被送至分离机，脂肪被浓缩至99%以上的纯度。

⑥将浓缩脂肪干燥后，再进行包装。

思考题

1. 简述奶油的概念和种类。
2. 奶油的性质及其影响因素有哪些?
3. 简述稀奶油加工的工艺要点。
4. 奶油在加工贮藏期间的品质变化及产生原因有哪些?
5. 试述奶油加工工艺及操作要点。
6. 简述黄油的生产过程。

第 18 章

乳品冷饮加工

学习目的与要求

了解常见的乳品冷饮的概念、种类及相应的质量标准；理解各种原料成分对乳品冷饮产品品质的影响，把握各种原料的使用量和添加方法；掌握冰淇淋、雪糕、雪泥的制作工艺流程及操作技术要点。

18.1 乳品冷饮原料及添加剂

乳品冷饮是重要的乳制品，主要包括冰淇淋、雪糕、雪泥等，其常用原料有水、脂肪、非脂乳固体、乳化剂等。

18.1.1 水

水是乳品冷饮生产中不可缺少的一种重要原料，包括添加水和其他原料水。乳品冷饮用水要符合国家生活饮用水卫生标准（GB 5749—2006）的要求。

18.1.2 脂肪

脂肪对冰淇淋、雪糕有很重要的作用，主要包括：

①影响冰淇淋、雪糕的组织结构　脂肪在凝冻时形成网状结构，赋予冰淇淋、雪糕特有的细腻润滑的组织和良好的质构。

②是乳品冷饮风味的主要来源　油脂中含有许多风味物质，它们通过与乳品冷饮中蛋白质及其他原料作用，赋予乳品冷饮独特的芳香风味。

③增加冰淇淋、雪糕的抗融性　油脂的熔点一般在 24～50℃，而冰的熔点为 0℃。因此，适当添加油脂，可以增加冰淇淋、雪糕的抗融性，延长冰淇淋、雪糕的货架期。

冰淇淋中油脂含量在 6%～12%最为适宜，雪糕中含量在 2%以上。如果使用量低于此范围，不仅影响冰淇淋的风味，而且使冰淇淋的发泡性减弱。如高于此范围，就会使冰淇淋、雪糕成品形体变得过软。乳脂肪的来源有稀奶油、奶油、鲜奶、炼乳、全脂奶粉等，但由于乳脂肪价格高，目前普遍使用植物脂肪来取代乳脂肪，如人造奶油、棕榈油、椰子油等，其熔点应接近于乳脂肪的熔点，为 28～32℃。

18.1.3 非脂乳固体

乳品冷饮中非脂乳固体可以由鲜牛乳、脱脂乳、乳酪、炼乳、乳粉、酸乳、乳清粉等提供，以鲜牛乳及炼乳为最佳。其中，蛋白质具有水合作用，在均质过程中与乳化剂一同在生成的小脂肪球表面形成稳定的薄膜，确保油脂在水中的乳化稳定性；同时，在凝冻过程中促使空气很好地混入，并能防止乳品冷饮制品中结晶的生长，使质地润滑。乳糖和矿物质赋予制品显著的风味特征。

非脂乳固体含量依产品种类不同而异，但最大用量不超过制品中水分的 16.7%，以免制品出现沙状沉淀。

若全部采用乳粉或其他乳制品配制，由于其蛋白质的稳定性较差，会影响组织的细致性与冰淇淋、雪糕的膨胀率，易导致产品收缩。特别是溶解度不良的乳粉，更易降低产品质量。

18.1.4 甜味剂

甜味剂具有提高甜味、增加干物质含量、降低冰点、防止重结晶等作用，对产品的色泽、香气、滋味、形态、质构和保藏起着极其重要的作用。

蔗糖为最常用的甜味剂，一般用量为 15%左右，过少会使制品甜味不足，过多则使制品缺乏清凉爽口的感觉，并使料液冰点降低（一般增加 2%的蔗糖，料液冰点相对降低 0.22℃），凝冻时膨胀率不易提高，易收缩，成品容易融化。蔗糖还能影响料液的黏度，控制冰晶的增大。较低葡萄糖当量（dextrose equivalent，DE）值的淀粉糖浆能使乳品冷饮玻璃化转变温度提高，减缓制品中冰晶的生长速率。鉴于淀粉糖浆的抗结晶作用，乳品冷饮生产厂家常以淀粉糖浆部分代替蔗糖，一般以代替蔗糖的 1/4 为好。蔗糖与淀粉糖两者并用时，制品的组织、贮运性能将更佳。

除蔗糖和淀粉糖浆外，许多甜味剂如蜂蜜、转化糖浆、阿斯巴甜、阿力甜、安赛蜜、甜蜜素、甜叶菊糖、罗汉果甜苷、山梨糖醇、麦芽糖醇、葡聚糖等也被广泛使用。

18.1.5 乳化剂

乳化剂是一种分子中具有亲水基和亲油基，并易在水与油的界面形成吸附层的表面活性剂，可使一相很好地分散于另一相中而形成稳定的乳化液。在乳品冷饮混合料中加入乳化剂，除了有乳化作用外，还有其他作用：使脂肪呈微细乳浊状态，并使之稳定化；分散脂肪球以外的粒子，并使之稳定化；增加室温下产品的耐热性，即增强产品的抗融性和抗收缩性；防止或控制粗大冰晶形成，使产品组织细腻。

乳品冷饮中常用的乳化剂有甘油一酸酯（单甘酯）、蔗糖脂肪酸酯（蔗糖酯）、聚山梨酸酯、山梨醇酐脂肪酸酯、丙二醇脂肪酸酯、卵磷脂、大豆磷脂、三聚甘油硬脂酸单甘酯等。乳化剂的添加量与混合料中脂肪含量有关，一般随脂肪量增加而增加，其范围在0.1%～0.5%之间。复合乳化剂的性能优于单一乳化剂。鲜鸡蛋与蛋制品中含有大量的卵磷脂，它们具有永久性乳化能力，因而也能起到乳化剂的作用。

18.1.6 稳定剂

稳定剂又称安定剂，具有亲水性，因此能提高料液的黏度及乳品冷饮的膨胀率，防止大冰晶的产生，减少粗糙的感觉，使制品不易融化和重结晶，在生产中能起到改善组织状态的作用。稳定剂的种类很多，较为常用的有明胶、琼脂、果胶、CMC、瓜尔豆胶、黄原胶、卡拉胶、海藻胶、藻酸丙二醇酯、魔芋胶、变性淀粉等。稳定剂的添加量依原料的成分组成不同而变化，尤其依总固形物含量不同而异，一般在0.1%～0.5%。

18.1.7 香味剂

香味剂能赋予乳品冷饮产品以醇和的香味，增进其食用价值。按其风味种类分为果蔬类、干果类、奶香类，按其溶解性分为水溶性和脂溶性。

香精可以单独或搭配使用。香气类型接近的较易搭配，反之较难，如水果与奶类、干果与奶类易搭配，而干果类与水果类之间则较难搭配。一般在冷饮中用量为0.075%～0.100%。除了用上述香精调香外，也可直接加入果仁、鲜水果、鲜果汁、果冻等，进行调香和调味。

18.1.8 着色剂

协调的色泽能改善乳品冷饮的感官品质，大大增进人们的食欲。在进行乳品冷饮调色时，应选择与产品名称相适应的着色剂。在选择使用色素时，应首先考虑符合添加剂卫生标准。调色时以淡薄为佳，常用的着色剂有红曲色素、姜黄色素、叶绿素铜钠盐、焦糖色素、红花黄、β-胡萝卜素、辣椒红、胭脂红、柠檬黄、日落黄、亮蓝等。

18.2 冰淇淋

18.2.1 概念和种类

18.2.1.1 冰淇淋的概念

冰淇淋（ice cream）是以饮用水、牛奶、奶粉、奶油（或植物油脂）、食糖等为主要原料，加入适量食品添加剂，经混合、灭菌、均质、老化、凝冻、硬化等工艺而制成的体积膨胀的冷冻饮品。

18.2.1.2 冰淇淋的种类

冰淇淋的种类很多，按所用原料中乳脂肪含量分为全乳脂冰淇淋、半乳脂冰淇淋、植脂冰淇淋3种，其理化指标见表18-1。

表18-1 冰淇淋的理化指标 %

项目	清型			组合型		
	全乳脂	半乳脂	植脂	全乳脂	半乳脂	植脂
总固形物	≥30	≥30	≥30	≥30	≥30	≥30
脂肪	≥8.0	≥6.0	≥6.0	≥8.0	≥6.0	≥6.0
蛋白质	≥2.5	≥2.5	≥2.5	≥2.5	2.5	2.5
膨胀率	80～120	60～140	≤140	—	—	—

注：组合型的全乳脂、半乳脂、植脂冰淇淋的总固形物、脂肪、蛋白质指标均指冰淇淋主体部分。

（1）全乳脂冰淇淋

全乳脂冰淇淋是以饮用水、牛奶、奶油、食糖等为主要原料，乳脂含量为8%以上（不含非乳脂肪）的制品。分为清型全乳脂冰淇淋、组合型全乳脂冰淇淋。

①清型全乳脂冰淇淋　不含颗粒或块状辅料的制品，如奶油冰淇淋、可可冰淇淋。

②组合型全乳脂冰淇淋　主体全乳脂冰淇淋所占比率不低于50%，和其他种类冷饮产品或巧克力、饼坯等组合而成的制品，如巧克力奶油冰淇淋、蛋卷奶油冰淇淋等。

（2）半乳脂冰淇淋

半乳脂冰淇淋是以饮用水、奶粉、奶油、人造奶油和食糖等为主要原料，主体部分乳脂质量分数为2.2%以上的制品。同样分为清型、组合型两类。

（3）植脂冰淇淋

植脂冰淇淋是以饮用水、食糖、乳（植物乳制品或动物乳）、植物油脂或人造奶油为主要原料的乳制品，主体部分乳脂质量分数低于2.2%。也分为清型、组合型两类。

18.2.2 生产工艺及配方

18.2.2.1 工艺流程

冰淇淋的生产工艺流程见图18-1。

18.2.2.2 生产配方

冰淇淋的配方见表18-2。

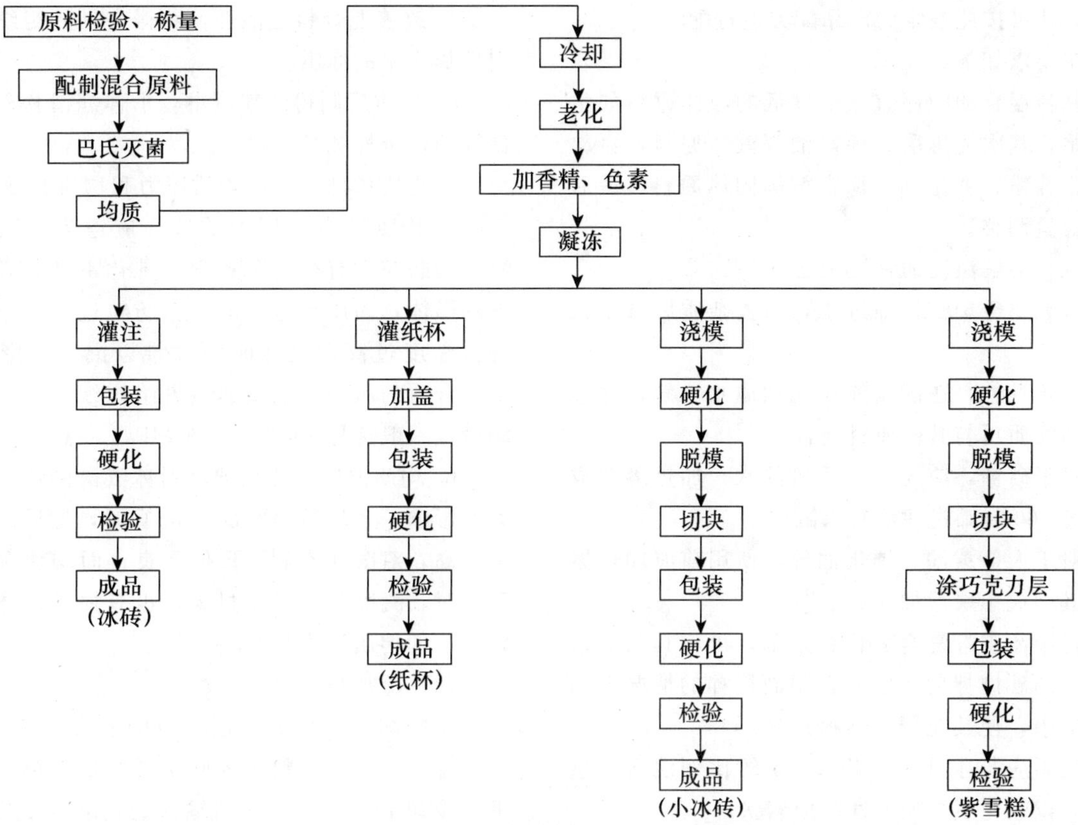

图 18-1　各种冰淇淋的工艺流程

表 18-2　冰淇淋的配方　　kg

原料名称	类　型					
	奶油型	酸乳型	花生型	双歧杆菌型	螺旋藻型	茶汁型
砂糖	120	160	195	150	140	150
葡萄糖浆	100	—	—	—	—	—
鲜牛乳	530	380	—	400	—	—
脱脂乳	—	200	—	—	—	—
全脂奶粉	20	—	35	80	125	100
花生仁*	—	—	80	—	—	—
奶油	60	—	—	—	—	—
稀奶油	—	20	—	110	—	—
人造奶油	—	—	—	—	60	191
棕榈油	—	50	40	—	—	—
蛋黄粉	5.5	—	—	—	—	—
鸡蛋	—	—	—	75	30	—
全蛋粉	—	15	—	—	—	—
淀粉	—	—	34	—	—	—
麦芽糊精	—	—	6.5	—	—	—
复合乳化稳定剂	4	—	—	—	—	—
明胶	—	—	—	2.5	—	3.0

续表 18-2

原料名称	类　型					
	奶油型	酸乳型	花生型	双歧杆菌型	螺旋藻型	茶汁型
CMC	—	3	—	—	—	2
PGA	—	1	—	—	—	—
单甘酯	—	—	1.5	—	—	2.0
蔗糖酯	—	—	1.5	—	—	—
海藻酸钠	—	—	2.5	1.5	—	2.0
黄原胶	—	—	—	—	5	—
香草香精	0.5	1.0	—	1.0	0.2	—
花生香精	—	—	0.2	—	—	—
水	160	130	604	130	630	450
发酵酸乳	—	40	—	40	—	—
双歧杆菌酸乳	—	—	—	10	—	—
螺旋藻干粉	—	—	—	—	10	—
绿茶汁（1∶5）	—	—	—	—	—	100

注：表中数据指 1 000 kg 不同类型冰淇淋所需量。

* 花生仁须经烘焙、胶磨制成花生乳，杀菌后待用。

18.2.2.3　工艺要点

（1）混合料的配制

原辅料的质量直接影响冰淇淋的质量，所以必须严格按照质量要求对各种原辅料进行检验，符合要求后，才可按照规定的产品配方进行配料。

配制要求如下：

①原料混合的顺序宜从浓度低的液体原料如牛乳等开始，其次为炼乳、稀奶油等液体原料，再次为砂糖、乳粉、乳化剂、稳定剂等固体原料，最后以水作容量调整。

②混合溶解温度通常控制在 40～50℃。

③鲜乳要经 100 目筛过滤，除去杂质后再泵入缸内。

④对于乳粉，在配制前应先加温水溶解，并经过过滤和均质再与其他原料混合。

⑤对于砂糖，应先加入适量的水，加热溶解成糖浆，经 160 目筛过滤后泵入缸内。

⑥对于人造黄油、硬化油等，使用前应加热熔化或将其切成小块后加入。

⑦对于冰淇淋复合乳化稳定剂，可将其与 5 倍质量以上的砂糖拌匀，然后在不断搅拌的情况下加入混合缸中，使其充分溶解和分散。

⑧鸡蛋应与水或牛乳以 1：4 的比例混合，然后加入，以避免蛋白质变性凝成絮状。

⑨对于明胶、琼脂等，先用水泡软，加热溶解后加入。

⑩对于淀粉原料，使用前加入其质量的 8～10 倍的水，不断搅拌、制成淀粉浆，通过 100 目筛过滤，在搅拌的前提下徐徐加入配料缸。加热糊化后使用。

（2）混合料的杀菌

通过杀菌可以杀灭料液中的一切病原菌和大部分的非病原菌，以保证产品的安全性和卫生指标，延长冰淇淋的保质期。

杀菌温度和时间的确定，主要看杀菌的效果。过高的温度与过长的时间不但浪费能源，而且还会使料液中的蛋白质凝固、产生蒸煮味和焦味、维生素受到破坏而影响产品的风味及营养价值。通常，间歇式杀菌的温度和时间为 75～77℃、20～30 min，连续式杀菌的温度和时间为 83～85℃、15 s。

（3）混合料的均质

①均质目的　具体如下。

a. 使混合原料中的乳脂肪球变小，防止凝冻时乳脂肪被搅成奶油粒，以保证冰淇淋产品组织细腻。

b. 强化酪蛋白胶粒与钙及磷的结合，使混合料的水合作用增强。

c. 改善混合料起泡性，获得有良好组织状态及理想膨胀率的冰淇淋。

d. 均质后制得的冰淇淋，形体润滑松软，具有良好的稳定性和持久性。

②均质条件　包括均质压力和均质温度。

a. 均质压力　压力的选择应适当。压力过小时，脂肪粒没有被充分粉碎，乳化不良，影响冰淇淋的形体；而压力过大时，脂肪粒过于微小，使混合料黏度过高，凝冻时空气难以混入，影响膨胀率。合适的压力可以使冰淇淋组织细腻、形体松软润滑，一般选择 14.7～17.6 MPa。

b. 均质温度　均质温度对冰淇淋的质量也有较大的影响。当均质温度低于 52℃时，均质后混合料黏度高，对凝冻不利，形体不良；而均质温度高于 70℃时，凝冻时膨胀率过大，也有损于形体。一般较合适的均质温度是 65～70℃。

（4）冷却与老化

①冷却　均质后的混合料的温度在 60℃以上。在此温度下，混合料中的脂肪粒容易分离，须将其迅速冷却至 0～5℃，然后输入老化缸（冷热缸）中进行老化。

②老化　老化是将经均质、冷却后的混合料置于老化缸中，在 2～4℃低温下使混合料进行物理成熟的过程，也称为成熟或熟化。其实质是脂肪、蛋白质和稳定剂的水合作用，稳定剂充分吸收水分使料液黏度增加。老化期间的物理变化可促进空气的混入，并使气泡稳定，从而使冰淇淋具有细致、均匀的空气泡，赋予冰淇淋细腻的质构，增加冰淇淋的融化阻力，提高冰淇淋的贮藏稳定性。

老化操作的参数主要为温度和时间。随着温度的降低，老化的时间将缩短。如在 2～4℃时，老化时间需 4 h；而在 0～1℃时，只需 2 h。若温度过高，如高于 6℃，则时间再长也难有良好的效果。混合料的组成成分与老化时间有一定关系，干物质越多，黏度越高，老化时间越短。一般说来，老化温度控制在 2～4℃，时间为 6～12 h。

为提高老化效率，也可将老化分两步进行。首先，将混合料冷却至 15～18℃，保温 2～3 h，此时混合料中的稳定剂得以水化；然后，将其冷却至 2～4℃，保温 3～4 h，这可大大加快老化速度，缩短老化时间。

（5）冰淇淋的凝冻

在冰淇淋生产中，凝冻过程是将混合料置于低温下，在强制搅拌下进行冰冻，使空气以极微小的气泡状态均匀分布于混合料中，使物料形成细微气泡密布、体积膨胀、凝结体组织疏松的过程，见图18-2。

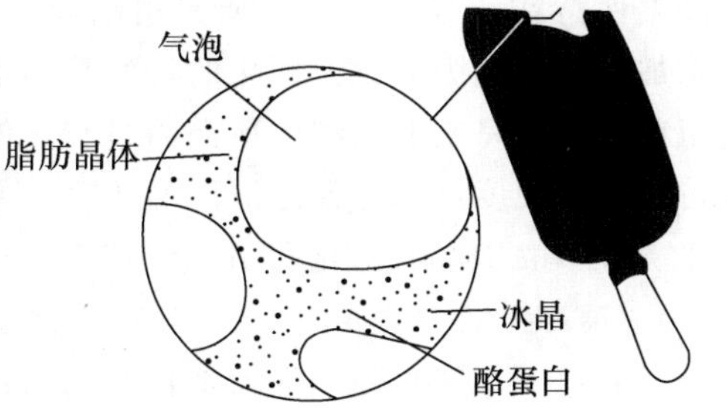

图 18-2　冰淇淋的结构

①凝冻目的　具体如下。

a. 使混合料更加均匀。经过均质后，还须添加香精、色素等，凝冻时由于搅拌器的不断搅拌，混合料中各组分进一步混合均匀。

b. 使冰淇淋组织更加细腻。凝冻是在－6～－2℃的低温下进行的，此时料液中的水分会结冰，但在搅拌作用下，水分只能形成 4～10 μm 的均匀小结晶，而使冰淇淋的组织细腻、形体优良、口感滑润。

c. 使冰淇淋获得合适的膨胀率。在凝冻时，由于不断搅拌及空气的逐渐混入，冰淇淋体积膨胀而获得优良的组织和形体，使产品柔润和松软，更加适口。

d. 使冰淇淋的稳定性提高。凝冻后，空气气泡均匀地分布于冰淇淋组织中，能阻止热传导，可使产品的抗融化作用增强。

e. 可加速硬化成型进程。由于搅拌凝冻是在低温下操作的，所以能使冰淇淋料液冻结成为具有一定硬度的凝结体，即呈凝冻状态。经包装后可较快硬化成型。

②凝冻的过程　冰淇淋料液的凝冻过程大体分为以下 3 个阶段。

a. 液态阶段。料液经过凝冻机凝冻搅拌一段时间（2～3 min）后，料液的温度从进料温度（4℃）降至 2℃。由于此时料液温度尚高，未达到使空气混入的条件，故称这个阶段为液态阶段。

b. 半固态阶段。继续将料液凝冻搅拌 2～3 min，此时料液的温度降至－2～－1℃，料液的黏度显著提高，使空气得以大量混入，料液开始变得浓厚而体积膨胀，这个阶段为半固态阶段。

c. 固态阶段。此阶段为料液即将形成软质冰淇淋的最后阶段。经过半固态阶段以后，继续凝冻搅拌料液 3～4 min，此时料液的温度已降至－6～－4℃。在温度降低的同时，空气继续混入，并不断地被料液层层包围。这时，冰淇淋料液内的空气含量已接近饱和，整个料液的体积不断膨胀。料液最终成为浓厚、体积膨大的固态物质，此阶段即是固态阶段。

③凝冻设备与操作　凝冻机是将混合料制成冰淇淋成品的关键设备，按生产方式分为间歇式和连续式两种。

a. 间歇式凝冻机。间歇式氨液凝冻机的基本组成部分有机座、带夹套的外包隔热层的圆形凝冻筒、装有刮刀的搅拌器、传动装置以及混合原料的贮槽等。其工作原理为：开启凝冻机的氨阀（盐水阀）后，氨不断地进入凝冻筒的夹套中进行循环，凝冻筒夹套内氨液的蒸发使凝冻圆筒内壁起霜；筒内混合原料受搅拌器外轴支架上的两把刮刀与搅拌器中轴 Y 形搅拌器的相向反复搅刮作用，在被冻结时，大量空气不断混入；同时，料液从 2～4℃冷冻至－6～－3℃，形成体积蓬松的冰淇淋。

b. 连续式凝冻机。连续式凝冻机（RPL-300型）主要由立式搅刮器、空气混合泵、料箱、制冷系统、电器控制系统等部分组成。其工作原理为：制冷系统将液体制冷剂输入凝冻筒的夹套内，冰淇淋料浆经由空气混合泵在空气混入后进入凝冻筒。动力由电动机产生，经皮带降速后，通过联轴器带动刮刀轴套旋转；刮刀轴上的刮刀在离心力的作用下，紧贴凝冻筒的内壁作回转运动，由进料口输入的料浆经冷冻冻结在筒体内壁上而形成的冰淇淋就连续被刮削下来。同时，新的料液又附在内壁上被凝结，随即又被刮削下来，周而复始、循环工作。刮削下来的冰淇淋半成品，经刮刀轴套上的许多圆孔进入轴套内，在偏心轴的作用下，冰淇淋被搅拌混合，使其质地均匀细腻。经搅拌混合的冰淇淋在压力差的作用下，不断挤向上端，并克服膨胀阀弹簧的压力，冲出膨胀阀阀门，即得冰淇淋成品（进入灌装头）。冰淇淋经膨胀阀后减压，其体积膨胀、质地疏松。

④冰淇淋的膨胀率　冰淇淋的膨胀率指冰淇淋混合原料在凝冻时，均匀混入许多细小的气泡，使制品体积增加的百分率。冰淇淋的膨胀率可用浮力法测定，即用冰淇淋膨胀率测定仪测量冰淇淋试样的体积，同时称取该冰淇淋试样的质量并用密度计

测定冰淇淋混合原料（融化后冰淇淋）的密度，以体积百分率计算膨胀率：

$$X=\frac{V-V_1}{V_1}\times100\%=\left(\frac{V}{m/\rho}-1\right)\times100\%$$

式中：V 为冰淇淋试样的体积，cm^3；m 为冰淇淋试样的混合原料质量，g；ρ 为冰淇淋试样的混合原料密度，g/cm^3；V_1 为冰淇淋试样的混合原料体积，cm^3。

冰淇淋膨胀率并非是越高越好，膨胀率过高，组织松软，缺乏持久性；过低则组织坚实，口感不良。各种冰淇淋都有相应的膨胀率要求，控制不当会降低冰淇淋的品质。影响冰淇淋膨胀率的因素主要有两个方面。

a. 原料方面。包括乳脂肪、非脂肪乳固体、糖、稳定剂、无机盐等。

乳脂肪：含量越高，混合料的黏度越大，有利于膨胀，但乳脂肪含量过高时，则效果反之。一般乳脂肪含量以 6%～12%为好。

非脂肪乳固体：含量高能提高膨胀率，一般为 10%。

糖：含量高则冰点降低，会降低膨胀率，一般以 13%～15%为宜。

稳定剂：适量的稳定剂能提高膨胀率，但用量过多则黏度过高，空气不易进入而降低膨胀率，一般不宜超过 0.5%。

无机盐：对膨胀率也有影响，如钠盐能提高膨胀率，而钙盐则会降低膨胀率。

b. 操作方面。包括均质、老化、杀菌、空气吸入量、凝冻压力等。

均质：均质适度能提高混合料黏度，空气易于进入，使膨胀率提高；均质过度则黏度高，空气难以进入，膨胀率反而下降。

老化：在混合料不冻结的情况下，老化温度越低，膨胀率越高。

杀菌：采用瞬间高温杀菌比低温巴氏杀菌法混合料变性少，膨胀率高。

空气吸入量：适当的吸入量有利于获得较佳的膨胀率，应注意控制。

凝冻压力：凝冻压力过高，则空气难以混入，膨胀率下降。

（6）成型灌装、硬化和贮藏

①成型灌装　凝冻后的冰淇淋必须立即成型灌装（和硬化），以满足贮藏和销售的需要。常见的有冰砖、纸杯、蛋筒、浇模成型、巧克力涂层冰淇淋、异形冰淇淋切割线等多种成型灌装机。

②硬化　将经成型灌装机灌装和包装后的冰淇淋迅速置于－25℃以下的温度，经过一定时间的速冻，品温保持在－18℃以下，使其组织状态固定、硬度增加的过程称为硬化。硬化的目的是固定冰淇淋的组织状态，完成形成细微冰晶的过程，使其组织保持适当的硬度，以保证冰淇淋的质量，便于销售与贮藏运输。速冻硬化可用速冻库（－25～－23℃）、速冻隧道（－40～－35℃）或盐水硬化设备（－35～－25℃）等。一般硬化时间为：速冻库 10～12 h、速冻隧道 30～50 min、盐水硬化设备 20～30 min。影响硬化的条件有包装容器的形状与大小、速冻室的温度与空气的循环状态、室内制品的位置以及冰淇淋的组成成分和膨胀率等因素。

③贮藏　在销售前，应将制品保存在低温冷藏库中，冷藏库的温度为－20℃，相对湿度为 85%～90%。贮藏库的温度不可忽高忽低，贮存中温度变化往往导致冰淇淋中冰的再结晶，使其质地粗糙。

18.3 雪糕

18.3.1 概念和种类

18.3.1.1 雪糕的概念

雪糕（ice cream bar）是以饮用水、乳品、食糖、食用油脂等为主要原料，添加适量增稠剂、香料，经混合、灭菌、均质或轻度凝冻、注模、冻结等工艺制成的冷冻产品。雪糕的总固形物、脂肪含量较冰淇淋低。

18.3.1.2 雪糕的种类

根据产品的组织状态分为清型雪糕、混合型雪糕和组合型雪糕，其理化指标见表 18-3。

表 18-3　雪糕的理化指标　　%

项　目	清型	混合型	组合型
总固形物	≥16	≥18	≥16
总糖（以蔗糖计）	≥14	≥14	≥14
脂肪	≥2	≥2	≥2

注：混合型、组合型产品指标均指主体部分。

（1）清型雪糕

不含颗粒或块状辅料的制品，如橘味雪糕。

（2）混合型雪糕

含有颗粒或块状辅料的制品，如葡萄干雪糕、菠萝雪糕等。

（3）组合型雪糕

与其他冷冻饮品或巧克力等组合而成的制品，如白巧克力雪糕、果汁冰雪糕等。

18.3.2　生产工艺及配方

18.3.2.1　工艺流程

雪糕的生产工艺流程同冰淇淋的工艺流程（图 18-1）。

18.3.2.2　生产配方

雪糕的配方见表 18-4。

表 18-4　雪糕的配方　kg

原料名称	类型			
	菠萝味	咖啡味	草莓味	可可味
砂糖	145	150	100	100
葡萄糖浆	—	—	50	60
蛋白糖	0.4	0.6	—	—
甜蜜素	—	—	0.5	0.5
鲜牛乳	—	320	—	—
全脂奶粉	30	—	30	20
乳清粉	40	38	—	—
人造奶油	35	—	—	—
棕榈油	—	30	15	20
可可粉	—	—	—	5
鸡蛋	20	20	—	—
淀粉	25	22	—	—
麦精	—	8	—	—
复合乳化稳定剂	—	—	3.5	3.0
明胶	2	2	—	—
CMC	2	2	—	—
可可香精	—	—	—	0.8
草莓香精	—	—	0.8	—
菠萝香精	1	—	—	—
水	699	405	785	790
红色素	—	—	0.02	—
栀子黄	0.3	—	—	—
焦糖色素	—	0.4	—	—
棕色素	—	—	—	0.02
速溶咖啡	—	2	—	—
草莓汁	—	—	15	—

注：表中数据指 1 000 kg 不同类型雪糕所需量。

18.3.2.3　工艺要点

生产雪糕时，原料配制、杀菌、冷却、均质、老化等操作技术与生产冰淇淋时基本相同。普通雪糕不须经过凝冻工序，直接经浇模、冻结、脱模、包装而成，膨化雪糕则须要凝冻工序。

（1）凝冻

生产雪糕时，凝冻机的清洗与消毒及凝冻操作与生产冰淇淋时大致相同，只是料液的加入量不同，一般占凝冻机容积的 50%～60%。膨化雪糕要进行轻度凝冻，膨胀率为 30%～50%，故要控制好凝冻时间，以调节凝冻程度。料液不能过于浓厚，否则会影响浇模质量。出料温度应控制在 −3℃ 左右。

（2）浇模

浇模之前必须对模盘、模盖和用于包装的扦子进行彻底清洗消毒，可用沸水煮沸或用蒸汽喷射消毒 10～15 min，确保卫生。浇模时应将模盘前后左右晃动，使模型内混合料分布均匀后，盖上带有扦子的模盖，将模盘轻轻放入冻结缸（槽）进行冻结。

（3）冻结

雪糕的冻结有直接冻结法和间接冻结法。直接冻结法即直接将模盘浸入盐水槽进行冻结，间接冻结法则采用速冻库与隧道式速冻。进行直接速冻时，先将冷冻盐水放入冻结槽至规定高度，开启冷却系统；开启搅拌器搅动盐水，待盐水温度降至 −28～−26℃时，放入模盘，注意要轻轻推入，以免盐水污染产品；待模盘内混合料全部冻结（10～12 min），方可将模盘取出。

（4）脱模

使冻结硬化的雪糕从模盘内脱下，较好的方法是将模盘进行瞬时加热，使紧贴模盘的物料融化，从而使雪糕从模具中脱出。可用烫盘槽加热模盘，其由内通蒸汽的蛇形管加热。脱模时，往烫盘槽内注入加热用的盐水，至规定高度后，开启蒸汽阀，将蒸汽通入蛇形管，控制烫盘槽温度在 50～60℃。将模盘置于烫盘槽中，轻轻晃动使其受热均匀，浸数秒钟后（以雪糕表面稍融为准），立即脱模。产品脱离模盘后，将其置于传送带上，然后进行包装。

18.4　雪泥

18.4.1　概念和种类

18.4.1.1　雪泥的概念

雪泥（ice frost）又称冰霜，是以饮用水、食糖等为主要原料，添加增稠剂、香料，经混合、灭菌、凝冻等工艺制成的一种松软冰雪状的冷冻饮品。它与冰淇淋的不同之处在于含油脂量极少，甚至不含油脂；糖含量较高，组织较冰淇淋粗糙。

18.4.1.2 雪泥的种类

雪泥按照其产品的组织状态分为清型雪泥、组合型雪泥两种，其理化指标见表 18-5。

表 18-5 雪泥的理化指标 %

项目	清型	组合型
总固形物	≥16.0	
总糖（以蔗糖计）	≥13.0	

注：组合型产品指标均指雪泥主体部分。

（1）清型雪泥

不含颗粒或块状辅料的制品，如橘子（橘味）雪泥、香蕉（香蕉味）雪泥等。

（2）组合型雪泥

与其他冷饮产品或巧克力、饼坯等组合而成的制品，主体雪泥所占比率不低于 50%，如冰淇淋雪泥、蛋糕雪泥、巧克力雪泥等。

18.4.2 生产工艺及配方

18.4.2.1 工艺流程

雪泥的生产工艺流程同冰淇淋的工艺流程（图 18-1）。

18.4.2.2 生产配方

雪泥的配方见表 18-6。

表 18-6 雪泥的配方 kg

原料名称	类型			
	香蕉味	柠檬味	可可牛奶味	草莓牛奶味
白砂糖	130	130	130	130
阿斯巴甜	0.10	0.15	0.20	0.20
全脂牛乳	—	—	200	—
全脂乳粉	—	—	—	22
柠檬汁	—	100	—	—
草莓酱	—	—	—	100
可可粉	—	—	10	—
玉米淀粉	15	15	12	15
马铃薯淀粉	—	15	—	15
小麦淀粉	15	—	15	—
麦精	—	—	5	—
麦芽糊精	—	—	—	5
明胶	1	1	1	1
CMC	0.5	0.5	0.5	0.5
奶油香精	—	—	0.8	—
草莓香精	—	—	—	0.6
香蕉香精	0.8	—	—	1.0
柠檬香精	—	1.0	—	—
红色素	—	—	—	0.02
栀子黄	—	—	—	—
焦糖色素	—	—	0.4	—
叶绿素	—	0.2	—	—
水	837	737	625	710

注：表中数据指 1 000 kg 不同类型雪泥所需量。

18.4.2.3 工艺要点

（1）配料

按规定配方及原料质量要求进行配料，配料的方法基本同冰淇淋。

（2）杀菌与添加色素

雪泥的杀菌温度为 80～85℃，保温时间为 10～15 min。经上述杀菌规程后，不仅可以保证混合料中淀粉的充分糊化与黏度增加，而且可以达到杀菌的目的。

添加色素时，应先将色素配制成 1 %～10%的溶液，在料液保温阶段徐徐加入，而不是直接将色素加入料液内。

（3）冷却与添加香精及果汁

杀菌保温后，用冷却设备将料液迅速冷却至 2～5℃。冷却温度越低，雪泥的凝冻时间越短，但料液的温度不能低于－2℃，否则会造成料液输送困难。冷却后，应及时在搅拌的前提下徐徐加入香精和经预杀菌的果汁。

（4）凝冻与加入果肉

雪泥的凝冻多采用间歇式凝冻机。凝冻操作与生产冰淇淋时相似。不同的是加入的料液要比冰淇淋的多，如第一次加入时为机容量的 80%，第二次以后为机容量的 70%，主要因为生产雪泥没有膨胀率的要求。料液一般经过 12～18 mim 凝冻搅拌即变为松软的冰雪状雪泥。如果生产果肉雪泥，要先对果肉进行杀菌处理，并将果肉冷却至 2～5℃，方可添加到凝冻机中。

（5）包装贮藏

凝冻后的雪泥通过冰淇淋灌注机或杯子灌装机

灌注，包装形式为冰砖或杯型。应将包装好的冰霜产品及时送至－21～－8℃的冷库内贮藏。

思考题

1. 分析比较冰淇淋、雪糕、雪泥的配方及工艺的异同点。

2. 冰淇淋、膨化雪糕对生产原料组成有何要求？

3. 影响冰淇淋、雪糕膨胀率的因素主要有哪些？

4. 确定乳品冷饮杀菌工艺条件的依据是什么？

5. 简要说明乳品冷饮均质的目的及方法。

6. 均质后的冰淇淋料液为何要进行老化？如何老化？

7. 生产雪糕时，如何进行浇模、脱模操作？

8. 分析比较冰淇淋、膨化雪糕和雪泥的凝冻操作工艺。

9. 进行凝冻、硬化操作对温度有何要求？为什么？

10. 冰淇淋、雪糕的生产工艺条件对其质量有何影响？

11. 冰淇淋发生收缩的原因是什么？如何控制？

12. 简述凝冻机的工作原理及主要操作。

第 19 章

其他乳制品加工

学习目的与要求

掌握乳蛋白制品的种类、生产工艺及功能特性；掌握乳活性肽的概念、种类及酪蛋白磷酸肽的生产流程；掌握干酪素的概念、种类及生产工艺；了解乳糖的生产工艺及质量要求等。

19.1　乳蛋白质制品

乳蛋白具有较高的生物价和消化率，且具有包括营养、理化、功能、工艺、生理保健等在内的许多令人关注的特性。与植物蛋白相比，乳蛋白的营养和功能特性优于大豆蛋白。乳蛋白产品风味柔和，在加工中性质稳定，不含毒素，其成分容易分离（如果必要），故而被广泛地应用于乳制品、乳饮料和保健食品中。自 20 世纪 60 年代以来，功能性的食品级酪蛋白和乳清蛋白的生产逐渐适应配制食品发展的要求。在饮料或谷类制品中添加乳蛋白制品可提高产品营养价值，可赋予产品特定的物理特性。乳蛋白在食品体系中的功能特性如表 19-1 所述。

表 19-1　乳蛋白在食品体系中的功能特性

功能特性	食品体系	功能特性	食品体系
溶解度	饮料	热稳定性	UHT 及二次灭菌、汤及调味料、奶油冻
乳化性	咖啡伴侣、奶油利口酒、沙拉调料、甜点	凝胶性	肉制品、奶油冻、干酪、酸乳
发泡性	牛乳冰淇淋搅和饮料、发泡性奶油甜点、蛋糕、蛋白酥皮	酸稳定性	酸性饮料、发酵饮料
持水性	面包、肉制品、奶油冻、汤、调味品、发酵食品		

19.1.1　原料

各种原料，包括脱脂乳、甜稀奶油酪乳和乳清都可用于制备乳蛋白。乳清是相对较便宜的原料，而且膜处理、离子交换及其他技术的应用使乳清的利用更方便。原料和加工处理不同使得乳蛋白产品的种类很多（图 19-1），蛋白质和其他成分的含量变化幅度很大。

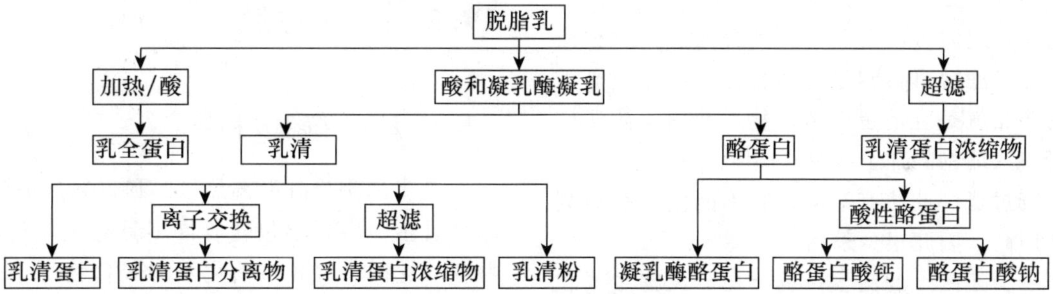

图 19-1　乳蛋白质制品种类

19.1.2　几种代表性乳蛋白质制品

19.1.2.1　酪蛋白

目前生产的酪蛋白种类很多。

（1）凝乳酶凝固酪蛋白

利用犊牛皱胃酶的凝乳作用从脱脂乳中分离出的酪蛋白，在相当高的温度下搅拌时会迅速脱水收缩。脱水的小凝块颗粒经离心或利用振动筛分离，用水清洗，挤压除水，然后在鼓式或带式干燥机中干燥。这样生产的产品由含杂质的酪蛋白酸钙-磷酸钙构成，它不溶于水且灰分含量高。

（2）酸凝固酪蛋白

通过加入乳酸、盐酸（常用）或硫酸酸化脱脂乳而制成。pH 为等电点时酪蛋白会沉淀。所用的温度相当关键，高温下形成大的团块，不易干燥；低温时沉淀的颗粒太细，不易分离。而且酸化的酪蛋白凝胶几乎没有脱水收缩作用，所形成的凝块主要由凝胶团块构成。此产品可通过溶于碱液中，然后再次沉淀而得到纯化。酸凝固酪蛋白不溶于水，且由于形成坚固的大块，所以它在碱液中的溶解度通常很小。

（3）酪蛋白酸盐

酸沉淀的酪蛋白溶于碱液，如 NaOH、KOH、NH_4OH、$Ca(OH)_2$、$Mg(OH)_2$，随后喷雾干燥而制成。酪蛋白酸钠是最常见的酪蛋白酸盐产品，而酪蛋白酸钾更符合营养的要求。这些产品高度溶于水，且只要加工过程中 pH 不高于 7 就无异味。

19.1.2.2 乳清蛋白制品

乳清是生产干酪或干酪素的副产品，是用酸、热或凝乳酶对牛乳进行凝乳处理时分离出的水质部分，是一种总固体含量在6.0%～6.5%的不透明的浅黄色液体。乳清中含有大量的乳糖、乳清蛋白和其他微量成分，乳清蛋白占总乳蛋白的20%。

(1) 乳清蛋白制品的种类

①乳清浓缩蛋白制品（WPC）系列

乳清浓缩蛋白制品系列包括WPC-34、50、60、75、80（数字代表制品的蛋白质的最低含量）。就WPC-34而言，它的理化指标已经十分接近脱脂乳粉的要求。生产上述制品的原理是将乳清中的非蛋白成分充分地、选择性地除去，依据去除程度得到不同蛋白含量的制品。

②乳清分离蛋白（WPI）

乳清分离蛋白特指蛋白质含量不低于90%的乳清蛋白制品。要求在WPC的基础上更充分地去除非蛋白组分。通常以离子交换技术与超滤技术相结合或超滤与微滤相结合制得。

(2) 乳清蛋白的生产

可采用以下方法生产乳清蛋白。

①超滤　超滤可使蛋白在得到分离的同时被浓缩。经稀释过滤后可得到较纯的蛋白，再经喷雾干燥得到的产品就是乳清蛋白浓缩物。利用超滤法生产乳清蛋白浓缩物的加工线见彩图8。

②凝胶过滤　此法有缺陷，它不能使产品得到浓缩，费用高，因此很少采用。

③离子交换法　此法生产的蛋白分离物主要包括α-乳球蛋白和β-乳球蛋白，这类产品称为乳清蛋白分离物，结合超滤浓缩可除去溶解的成分而获得高纯度产品。

④沉淀法　大多数乳清蛋白在低pH条件下可用羧甲基纤维素或六偏磷酸盐沉淀。这时，蛋白部分带正电荷，而沉淀剂带负电荷，因此这两种化合物可以结合，形成的乳清蛋白复合物（包含沉淀剂）在pH低于5时溶解性差。在中性pH时，用铁离子加多聚磷酸盐沉淀，也可形成复合物，所得产品溶解性差，灰分含量非常高。

喷雾干燥的乳清蛋白浓缩物溶解度高。β-乳球蛋白的性质决定着乳清蛋白浓缩物的性质。超滤法分离的乳清蛋白几乎不含非蛋白氮，而乳糖结晶化之后获得的脱盐乳清中20%～30%的氮是非蛋白氮。

19.1.2.3 乳白蛋白制品

加热酸化干酪乳清可使蛋白沉淀，经清洗和干燥后可制成乳白蛋白。它含有少量蛋白胨、酪蛋白巨肽和非蛋白氮。但乳糖含量高、干燥速度缓慢，易造成过度的美拉德反应。该产品不溶于水。

19.1.2.4 共沉物

乳蛋白质（除蛋白胨外）都能以不溶物的形式从酸化脱脂乳或酪乳中分离出来。该产品蛋白质易消化，富含钙，有很高的营养价值。共沉物的乳糖含量低，与乳白蛋白制品相比，形成的美拉德反应产物要少得多。

19.1.2.5 免疫球蛋白制品

免疫球蛋白制品主要存在于母牛分娩后3 d之内的初乳中，其含量为常乳的65～96倍。牛初乳经过脱脂等预处理后，再经冷冻干燥制得的初乳粉，是一种免疫球蛋白含量及活性较高的免疫球蛋白制品。

19.1.2.6 乳铁蛋白

乳铁蛋白是一种铁结合蛋白，存在于初乳和常乳中，但在初乳中的含量比在常乳中的高10倍以上。采用吸附法、离子交换法、亲和法及超滤法等均可以制得乳铁蛋白浓缩物。

19.2 乳活性肽

19.2.1 概念及种类

乳蛋白质约由80%酪蛋白和20%乳清蛋白组成，这些乳蛋白序列中包含着许多具有生物活性的肽类物质，它们在胃肠道消化水解或食物加工过程中被释放出来，从而发挥其生物学作用。现已证明，来源于乳蛋白的生理活性肽有类吗啡肽（opioid peptides）、免疫活性肽（immunopeptides）、降血压肽（antihypertensive peptides）、抗血栓肽（antithrobotic peptides）、酪蛋白磷酸肽（casein phosphopeptides，CPP）等。乳蛋白活性肽因其源于天然食物蛋白以及生理功能的多样性，在膳食补充剂、保健食品及医药等领域显示出良好的发展前景。

19.2.2 酪蛋白磷酸肽的制备

19.2.2.1 酪蛋白磷酸肽的概述

酪蛋白磷酸肽（casein phosphopeptides，CPP）是以牛乳酪蛋白为原料，经酶水解、分离、纯化而制得的含有磷酸丝氨酰的天然活性肽。在pH呈中性至弱碱性动物肠道内，CPP能阻止磷酸钙沉淀的产生，从而促进钙的吸收。同时，CPP可与铁、锌等矿物质元素形成可溶性络合物，在保护铁、锌方面有重要的意义。

CPP 来源于 α_{s1}-、α_{s2}-、β-酪蛋白分子中磷酸丝氨酸簇集的区域。目前从动物体内分离和体外蛋白酶水解得到的 CPP 主要有：α_{s1}(43～58)：4P，α_{s1}(59～79)：5P，α_{s2}(46～70)：4P，β(1～25)：4P，β（1～28)：4P，β(33～48)：1P 等。它们的共同特点是具有相同的核心结构：$\text{—}\underset{\substack{|\\ \text{P}}}{\text{Ser}}\text{—}\underset{\substack{|\\ \text{P}}}{\text{Ser}}\text{—}\underset{\substack{|\\ \text{P}}}{\text{Ser}}\text{—Glu—Glu—}$ 。有趣的是，核心结构的磷酸肽能因抵抗蛋白酶的攻击而免遭破坏。

19. 2. 2. 2　酪蛋白磷酸肽的制备

工业上以酪蛋白为原料，通过胰蛋白酶水解生成 CPP。由于水解液具有苦味，故需要采用分离和分解等方法先除去苦味成分，然后加入 Ca^{2+} 等金属离子和乙醇使 CPP 沉淀下来，最后采用离子交换凝胶色谱或膜分离等方法加以精制。CPP 的生产工艺流程如图 19-2 所示。

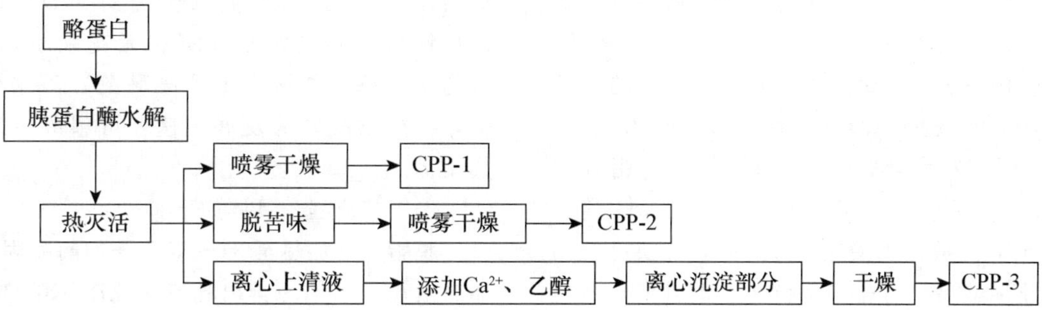

图 19-2　CPP 生产工艺流程

19. 3　干酪素

19. 3. 1　概念与种类

19. 3. 1. 1　概念

干酪素是以脱脂乳为原料，在皱胃酶或酸的作用下生成酪蛋白凝固物，经洗涤、脱水、粉碎、干燥生产出的物料。酪蛋白为干酪素的主要成分。

干酪素为白色或黄色、无臭味的粉状或颗粒状物料，在水中几乎不溶，也不溶于乙醇、乙醚或其他有机溶剂，而易溶于碱性溶液，如碳酸盐水溶液和 10％的四硼酸钠溶液。干酪素为非吸湿性物质，具有非结晶性和非吸湿性，相对密度为 1.25～1.31。

19. 3. 1. 2　种类

干酪素通常分为以下几种类型。

①酶凝干酪素　通过凝乳酶作用使酪蛋白形成凝块沉淀而提纯制成的干酪素。

②酸法干酪素　通过酸化脱脂乳至等电点（pH 4.6～4.7）而得。酸法生产又可分为加酸法和乳酸发酵法。加酸法生产的干酪素，又可分为盐酸干酪素、硫酸干酪素和醋酸干酪素。

③共沉淀物干酪素　在加酸（pH 4.6～5.3）或不加酸的情况下，添加 0.03％～0.20％的钙，加热至 90℃以上，使酪蛋白和乳清蛋白沉淀而得到的产品。通常使用氯化钙作为沉淀剂，这一复合沉淀物中含有乳清蛋白和钙。

④酪蛋白酸盐　酪蛋白和氢氧化钠等碱液作用，可获得相应的酪蛋白酸盐，其中以酪蛋白酸钠为代表。

以上前两种为主要类型，后两种为比较重要的商业化干酪素类型。

19. 3. 2　生产工艺

19. 3. 2. 1　酸法干酪素的生产

酸法干酪素的生产线见彩图 9。

(1) 加酸干酪素

在工业用的干酪素中，在加酸干酪素最为多见。其加工损失少，含脂率较低。在加酸法中，加硫酸生产的干酪素的灰分较高，质量较差。因此，以加盐酸最为普遍。

此外，在酸法干酪素的生产中，又以“颗粒制造法”最为优越。因为采用该种方法生产，酪蛋白形成小而均匀的颗粒，脂肪不易被包裹，故成品含脂率较低，而且粒状干酪素便于洗涤、压榨和干燥。酸法干酪素遇碱易溶，黏结力很强。此法排出的乳清，也很适合制造乳糖。

①工艺流程　具体如下。

脱脂乳→加热→加酸凝固→洗涤→脱水→粉

碎→干燥→粉碎、分级

②质量控制　将原料乳加热至32～33℃，分离得到脱脂乳，其含脂率应在0.05%以下。然后将脱脂乳加热至34～35℃。此时控制加热温度至关重要。温度过高，形成的颗粒较大；过低则形成的颗粒软而细，甚至不形成颗粒。因此，可将新鲜脱脂乳（酸度为16～18 °T）加热至35℃；而对于新鲜度较差的脱脂乳（酸度为22～24 °T），加热温度以34℃为宜。

加酸凝固是生产的又一关键步骤。所用的工业浓盐酸（30%～38%）应先用8～10倍的水稀释，然后在搅拌的情况下慢慢加入；或在凝乳罐的底部安装带有很多小孔的耐酸管，稀盐酸由孔内喷入。此法加入的盐酸呈雾状，这增加了其与脱脂乳的接触面积，且形成的颗粒小而均匀。当pH达到4.6～4.8时，应放慢加酸速度。此时，凝块已开始沉淀。停止加酸后，可排出大约1/2的乳清。然后再加酸至pH为4.2（乳清酸度）。此时，颗粒坚实，而颗粒间松散。排出乳清后，加入与原料脱脂乳等量的温水洗涤。再用冷水洗涤2次，然后用布过滤，用离心机或压榨机进行脱水，此时含水量为50%～60%。

脱水后的干酪素，用粉碎机粉碎成一定大小的颗粒，或置于孔径为0.95 mm（20目）的筛板上，用刮板使干酪素通过筛孔而粉碎。将粉碎的干酪素迅速干燥。干燥温度不应超过55℃，时间不应超过6 h。干燥后进行粉碎、分级。

此法的得率一般为2%～3%，但因牛乳酪蛋白含量不同而异。

（2）乳酸发酵干酪素

乳酸发酵法制造的干酪素溶解性较好，黏结力也较强。

①工艺流程　具体如下。

脱脂乳→发酵→加热→搅拌→排除乳清→洗涤→压榨→粉碎→干燥

②质量控制　采用此法生产干酪素时，对脱脂乳的要求较高。脱脂乳必须新鲜，不含抗生素等药物，含脂率应在0.03%以下。添加发酵剂的温度应控制在33～34℃，添加2%～4%的发酵剂。当酸度达到pH 4.6或乳酸度为0.45%～0.50%时，即可停止发酵。通常，如果发酵剂的活力高，几小时即可达到要求。在排出乳清时，要边搅拌边加热至50℃左右。然后，用冷水洗涤凝块，经压榨、粉碎、干燥即为成品。

采用这种方法生产干酪素时，发酵酸度的控制是关键。酸度过高或过低都会造成乳中成分的损失，导致产率较低。

19.3.2.2　酶法干酪素的生产

采用酶法生产干酪素时，酶先使酪蛋白转化为副酪蛋白，副酪蛋白在钙盐存在的情况下凝固，与钙离子形成网状结构而沉淀。酶干酪素的生产一般以皱胃酶为主，但因皱胃酶来源有限，价格昂贵，也可用动物性蛋白酶（如胃蛋白酶）、植物性蛋白酶（如木瓜酶和无花果蛋白酶）、微生物蛋白酶（如微小毛霉凝乳酶）等来代替。其中，微生物凝乳酶发展迅速，可望成为皱胃酶的代用品。

①工艺流程　具体如下。

脱脂乳→加热至34～35℃→加酶凝固→切碎→加热至55～60℃→排出乳清→洗涤→粉碎→干燥→成品

②质量控制　凝乳酶的加入量，因酶的种类、活力不同而异。生产中一般要求能在15～20 min凝固即可，其他操作同酸干酪素的生产。此法生产的干酪素，灰分含量在7.5%以下，脂肪含量在1.0%以下。

19.4　乳糖

乳糖是从乳清中分离出来而制得的产品，它是一种白色或浅黄色的结晶物，带有温和的甜味。乳糖可以是无水、带有一个分子结晶水或两者的混合物。

19.4.1　生产工艺

依据生产方式，可将乳糖分为粗制乳糖和精制乳糖。除此之外，还有乳糖水解制品，它是通过化学法或酶法水解乳糖而得到的一种产品。水解后的乳糖适合乳糖不耐症患者，甜度比乳糖高，功能特性也得到改变。乳糖的生产线见彩图10。

19.4.1.1　以干酪乳清为原料生产粗制乳糖

干酪乳清必须新鲜，其酸度应小于20°T。在化学组成上，干酪乳清应含干物质约6.5%，含乳糖约4.8%，含脂肪约0.4%，含灰分约0.5%。在干酪乳清的干物质中，乳糖的含量约占74%。

（1）乳清脱脂

干酪乳清中含0.4%左右的脂肪，因此须先进行脱脂处理。一般是把乳清加热至 35℃左右，经奶油分离机分离出残存的脂肪即可。

（2）乳清蛋白的分离

干酪乳清的滴定酸度为 14～20 °T，直接加热至 90～92℃，加入经发酵处理的酸乳清（150～200°T），使乳清酸度提高至 30～35°T；重新加热至 90℃，乳清蛋白凝固，静置，使乳清和蛋白质分离，也可用压滤机使其分离。沉淀出的蛋白质可用来加工食用乳白蛋白。

（3）乳清浓缩

将脱脂并除去蛋白质的乳清进行浓缩，以除去大部分水分。乳清的浓缩在真空浓缩罐中进行。将乳清浓缩 10～12 倍，使干物质含量达到 60%～70%，乳糖含量为 54%～55%。为防止乳糖焦化，浓缩温度不宜超过 70℃。浓缩终了时，70℃浓缩糖液的相对密度不应低于 1.380（40 波美度）。

（4）乳糖结晶

乳糖结晶是在浓缩糖液冷却后进行的。乳糖结晶可采用平锅式自然结晶法，或采用带夹层水冷却的结晶机中的强制结晶法。平锅式自然结晶法结晶时间不少于 30 h。结晶的最初阶段要进行搅拌，待温度下降至 30℃以后，可停止搅拌。强制结晶法可分为缓慢结晶和快速结晶两种，都是在带夹层的、可通入冷水冷却并装有搅拌器的结晶机中完成的。不同的是，快速结晶法的间歇搅拌次数要多于缓慢结晶法。

①缓慢结晶法　在 20 h 内，冷却至 20℃，然后在 30～35 h 内，逐渐冷却至 10～15℃。

②快速结晶法　在 5 h 内，冷却至 10℃，并在此温度下保持 10 h。已结晶好的糖液应具有良好而明显的结晶结构，呈黏稠状。结晶体应为 1～2 mm。

（5）脱除母液与乳糖的洗涤

乳糖结晶后，可利用离心脱水机将乳糖晶体与糖蜜分离。然后加入结晶糖量 30%的水洗涤乳糖，以除去残存的母液和大部分盐类。经洗涤脱水后的乳糖称为湿糖。湿糖的含水量在 15%以下。乳糖洗涤水的温度应低于 10℃。提高洗涤水的温度会导致乳糖的溶解，影响产量。

（6）乳糖干燥

乳糖干燥可在半沸腾床式干燥机或气流干燥机中进行。干燥机应有搅拌装置，干燥温度不应超过 80℃。干燥后乳糖的含水量不应超过 1.0%～1.5%，乳糖应呈乳黄色的分散状态。

（7）母液回收

母液所含乳糖量约为牛乳中乳糖总量的 1/3，并含有蛋白质和盐类。从母液中回收乳糖的简易方法是：以直接蒸汽将母液加热至沸腾，静置，使蛋白质、盐类等不纯物沉淀；吸取上层母液，在 70℃下浓缩母液，使相对密度达到 1.410～1.425（42～43 波美度）；然后进行结晶、洗涤、干燥。

粗制乳糖的成品率为牛乳总量的 3.0%～3.4%。

19.4.1.2　以加酸干酪素乳清生产粗制乳糖

以盐酸、硫酸为沉淀剂制取干酪素后的乳清，其脱脂过程已在牛乳分离成稀奶油和脱脂乳的过程中完成。盐酸、硫酸干酪素乳清的酸度较高（68～70 °T），且含有乳清蛋白。因此，必须进行中和处理，以除去乳清蛋白，获得纯净乳清。

生产中一般多以石灰作为乳清的中和剂。使用前，先用 3～4 倍的水将石灰调成石灰乳。乳清以直接蒸汽加热至 65～70℃，加入一定量的石灰乳，继续加热至 90℃，取样检查。检查时取少量乳清，加入溴百里酚蓝（BTB）指示剂数滴。若此时乳清呈黄绿色，则石灰乳加入量比较适宜；若出现黄色，则石灰乳加入量不足；若出现蓝色，则石灰乳加入量过多。石灰乳的加入量必须适当，乳清中的蛋白质才能充分凝结。如加入量不足，乳清蛋白不能充分凝结；如加入量过多，则凝结的乳清蛋白呈黑色凝块状，并使浓缩糖液变褐，影响产品质量。

乳清的浓缩、结晶、洗涤、干燥等工艺的要求均与干酪乳清制粗乳糖的要求相同。

19.4.2　质量控制

食用级乳糖质量应符合国家标准 GB 25595—2018。

19.4.2.1　乳糖感官品质要求

感官指标应符合表 19-2 的规定。

表 19-2　乳糖感官要求

项　目	要　求	检验方法
色泽	白色到浅黄色	取适量试样置于洁净的白色盘（瓷盘或同类容器）中，在自然光线下观察色泽和状态。嗅其气味，用温开水漱口，品其滋味
滋味、气味	微甜无异味	
状态	晶体或粉状晶体	

19.4.2.2　乳糖理化品质要求

理化指标应符合表 19-3 的规定。

表 19-3 乳糖理化指标 g/100 g

项 目	指 标	检验方法
乳糖（以干基计）	≥99.0	方法一：GB 5413.5—2010，计算按乳糖含量×100/(100－水分)； 方法二：计算法，(100－水分－灰分)/(100－水分)
水分	≤6.0	GB 5009.3—2016 卡尔·费休法
灰分	≤0.3	GB 5009.4—2016

思考题

1. 简述乳蛋白制品的种类和加工工艺。
2. 简述乳活性肽的概念及种类。
3. 简述干酪素的概念、种类及生产工艺。
4. 简述乳糖的工艺流程和质量要求。

第 3 篇

蛋与蛋制品

第 20 章

蛋的构造与化学组成

学习目的与要求

熟悉禽蛋的结构及蛋的生产与品质等内容，重点掌握蛋壳、蛋白、蛋黄的结构等内容。

20.1 蛋的构造

禽蛋在母禽生殖器官内形成。在母禽卵巢内形成的成熟卵子（卵黄、蛋黄），落入输卵管漏斗部，经过膨大部、峡部、子宫部，逐步形成蛋白（卵清）、蛋壳膜（蛋白膜及内蛋壳膜）、蛋壳和外蛋壳膜，最后通过阴道排出体外。禽蛋由蛋壳、蛋白和蛋黄三大部分组成，各部分有其不同形态结构和生理功能。蛋的结构如图 20-1 所示。

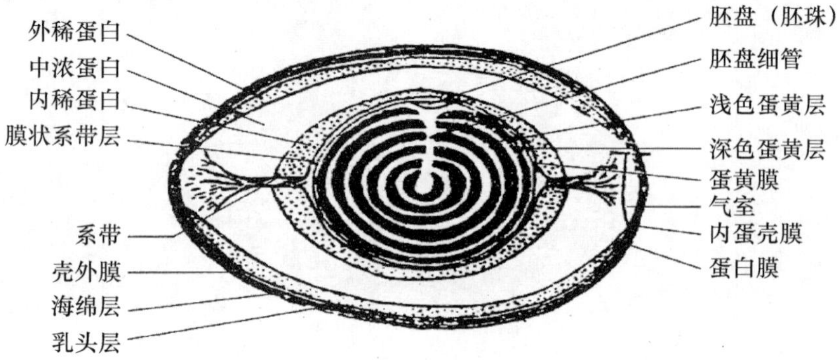

图 20-1 蛋的结构

20.1.1 蛋壳外膜

蛋壳形成后，在子宫的蠕动下，蛋被送入阴道并在 20～30 min 后排出体外。蛋经过阴道时，刺激黏液分泌腺分泌出一种胶质黏液，并涂布在蛋壳的表面，遇到外界冷空气它便立即凝结成膜，称为外蛋壳膜或壳外膜。其厚度为 0.005～0.010 mm，是一种无定形结构，无色，透明，具有光泽，紧贴在蛋壳上，赋予蛋表面一层肉眼不易见到的有光泽的薄膜。外蛋壳膜的作用主要是保护蛋，防止细菌和霉菌等微生物侵入，防止蛋内水分蒸发和 CO_2 逸出，对保证蛋的内在品质起有益的作用。蛋壳外膜用水洗或机械摩擦可脱落，而失去封闭气孔的保护作用。鸡蛋涂膜保鲜方法的原理就是采用人工方法重新赋予禽蛋“外蛋壳膜”，恢复乃至增强其作用。此方法对保持鸡蛋的新鲜度和延长货架期意义重大。

20.1.2 蛋壳

蛋壳又称石灰质硬蛋壳，是包裹在蛋白容物外面的一层硬壳，它使蛋具有固定形状并起着保护蛋白、蛋黄的作用，但质脆不耐碰或挤压。

20.1.2.1 蛋壳组成及结构

蛋壳主要由基质和间质方解石晶体两部分组成，二者的比例为 1∶50。基质由交错的蛋白质纤维和蛋白质团块构成，分为乳头层和海绵层。乳头层嵌在内蛋壳膜纤维网内，内蛋壳膜纤维与乳头核心（蛋白质团）连接。乳头核心位于蛋壳内表面 20 μm 深处，方解石晶体随机地累积在乳头层内，形成锥体。海绵层纤维（直径为 0.04 μm）与蛋壳表面平行，并与小囊（直径为 0.4 μm）连接。方解石晶体在里面堆积形成长轴，轴与轴之间形成孔洞，即气孔（图 20-2）。

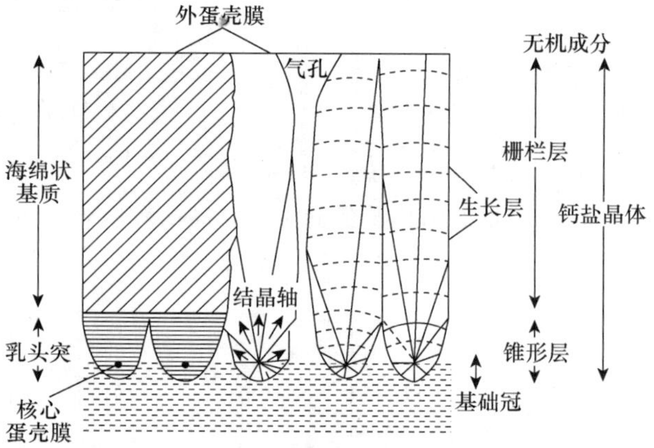

图 20-2 蛋壳的结构模拟

20.1.2.2 蛋壳厚度

蛋壳的厚度视禽蛋种类的不同而有所差异。一般地，鸡蛋壳最薄，鸭蛋壳较厚，鹅蛋壳最厚。同种禽蛋，由于品种、饲料等不同，蛋壳的厚度也有差别。例如，来航鸡蛋的蛋壳较薄，浦东鸡蛋的蛋壳较厚，白壳鸡蛋的蛋壳较薄，褐壳鸡蛋的蛋壳较厚。饲料充足且饲料中的钙质成分含量适宜时，蛋壳较厚；当饲料不足并缺乏钙质时，蛋壳较薄，甚至是软蛋壳。

就单个蛋而言，其壳的厚度也不一样。蛋的小头部分的壳厚，大头部分的壳相对薄一些。蛋壳厚度与蛋壳强度呈正相关。不同种类、不同品种、不同部位蛋壳厚度见表 20-1、表 20-2 和表 20-3。

表 20-1　不同种类商品蛋蛋壳厚度

种类	枚数/枚	厚度/mm		
		最小值	最大值	平均值
鸡 蛋	1 070	0.22	0.42	0.36
鸭 蛋	561	0.35	1.57	0.47
鹅 蛋	204	0.49	1.60	0.81

表 20-2　不同品种鸡蛋壳厚度　mm

品种	厚度	品种	厚度
吐鲁番鸡蛋	0.347 7	芦花鸡蛋	0.318 5
固始鸡蛋	0.338 1	新狼山鸡蛋	0.315 7
油鸡蛋	0.332 3	仙居鸡蛋	0.302 1
肖山鸡蛋	0.325 7	泰和鸡蛋	0.287 0
白来航鸡蛋	0.320 0		

表 20-3　各种禽蛋不同部位蛋壳厚度比较

种类	品种	枚数/枚	厚度/mm			
			大头	中央部	小头	平均值
鸭蛋	北京鸭	10	0.35±0.00	0.37±0.01	0.36±0.01	0.36±0.01
	国外品种 1	10	0.34±0.01	0.32±0.01	0.35±0.00	0.34±0.00
	国外品种 2	9	0.38±0.01	0.38±0.07	0.36±0.00	0.37±0.01
	国外品种 3	7	0.39±0.00	0.43±0.00	0.40±0.01	0.40±0.01
鸡蛋	洛岛红	10	0.30±0.06	0.33±0.01	0.34±0.01	0.33±0.01
	Tctonko	3	0.29±0.00	0.33±0.00	0.37±0.01	0.33±0.01
雉蛋	金雉	5	0.29±0.01	0.28±0.01	0.34±0.01	0.30±0.01
	银雉	2	0.42±0.00	0.40±0.00	0.43±0.00	0.42±0.00

20.1.2.3　蛋壳上的气孔

蛋壳上有许多肉眼看不见的、不规则、呈弯曲形状的细孔（7 000～17 000 个/枚），即气孔，其数量为 130 个/cm^2 左右。其分布是不均匀的，在蛋的钝端气孔较多，蛋的尖端气孔较少。其作用是沟通蛋的内外环境。空气可由气孔进入蛋内，蛋内水分和 CO_2 可由气孔排出，蛋久存后质量减轻即此原因。

气孔的大小也不一致，直径为 4～40 μm。鸡蛋的气孔小，鸭蛋和鹅蛋的气孔大。气孔使蛋壳具有透视性，故在灯光下可观察蛋内容物。

20.1.3　蛋壳内膜

在蛋壳内面、蛋白的外面有一层白色薄膜，叫蛋壳内膜，又称壳下膜，其厚度为 73～114 μm。蛋壳膜分内、外两层。内层叫蛋白膜，外层叫内蛋壳膜（或简称内壳膜）。内蛋壳膜紧贴着蛋壳，蛋白膜则附着在内蛋壳膜的内层。两层膜的结构大致相同，都是由长度和直径不同的角质蛋白纤维交织成网状结构。每根纤维都有一个纤维核心，并由一层多糖保护层包裹。该保护层的厚度为 0.10～0.17 μm。内蛋壳膜的厚度为 4.41～60.00 μm，共有 6 层纤维，纤维之间以任何方向随机相交。其纤维较粗，纤维核心直径为 0.681～0.871 μm。网状结构粗糙，网间空隙较大，微生物可以直接穿过内蛋壳膜进入蛋内。壳内膜网状结构见图 20-3。

图 20-3　壳内膜网状结构

蛋白膜的厚度为 12.9～17.3 μm。蛋白膜内有 3 层纤维，纤维之间垂直相交，纤维纹理较紧密、细致，透明并且有一定的弹性。网间空隙较小，微生物不能直接通过蛋白膜上的细孔进入蛋内。只有当其所分泌的酶将蛋白膜破坏后，微生物才能进入蛋内。

所有霉菌的孢子均不能透过这两层膜而进入蛋内，但其菌丝体可以自由穿过，并能引起蛋内发霉。总之，这两层膜的透过性比蛋壳小，对微生物均有阻止通过的作用，具有保护蛋内容物，使其不受微生物侵蚀的作用，并保护蛋白使其不流散。蛋壳内膜不溶于水、酸和盐类溶液，能透水透气。

20.1.4　气室

在蛋的钝端，由蛋白膜和蛋壳内膜分离形成气囊，称为气室。刚产下的蛋没有气室。当蛋接触空气，蛋内容物遇冷发生收缩，蛋的内部暂时形成一部分真空。此时，外界空气便由蛋壳气孔和蛋壳膜网孔进入蛋内，形成气室。气室里面贮存着一定的气体。由于钝端部分比尖端部分与空气接触面广，气孔分布较多、较大，外界空气由钝端进入蛋内的机会较多、速度较快，所以蛋的气室只在钝端形成。

根据 Meharliscu 的研究报道，禽蛋被排出体外 6～10 min 后便形成气室，早则 2 min，最迟 10 min。24 h 后气室的直径可达 1.3～1.5 cm。新鲜禽蛋的气室较小，随着存放时间的延长，水分不断散失，气室逐渐增大。所以，气室的大小与蛋的新鲜度有关，是评价和鉴别蛋的新鲜度的主要标志之一。

20.1.5 蛋白

蛋白也称为蛋清，位于蛋白膜的内层，是一种典型的胶体物质，约占禽蛋总质量的 60%。蛋白是白色透明的半流动体，并以不同浓度分层分布于蛋内。关于蛋白的分层，不同学者有不同的分法。日本千岛氏将蛋白由内向外分为 3 层：第 1 层为外层稀薄蛋白（外水样蛋白层），第 2 层为浓厚蛋白，第 3 层为内层稀薄蛋白（内水样蛋白层）。而绝大部分学者将蛋白的结构由外向内分为 4 层：第 1 层为外层稀薄蛋白，紧贴在蛋白膜上，占蛋白总体积的 23.2%；第 2 层为中层浓厚蛋白，占蛋白总体积的 57.3%；第 3 层为内层稀薄蛋白，占蛋白总体积的 16.8%；第 4 层为系带层浓蛋白，占蛋白总体积的 2.7%。新鲜禽蛋浓厚蛋白含量占蛋白总质量的 50%～60%，浓厚蛋白的含量与家禽的品种、年龄、产蛋季节、饲料和蛋贮存的时间、温度有密切关系，季节与鸡体大小对浓厚蛋白的影响见表 20-4。

表 20-4　不同季节和鸡体大小对鸡蛋浓厚蛋白的影响　%

类别	月份/月											
	1	2	3	4	5	6	7	8	9	10	11	12
大母鸡	56.5	56.0	55.5	54.5	53.5	52.3	52.5	55.0	58.0	60.0	57.0	56.7
小母鸡	52.4	51.3	50.0	48.5	47.4	47.3	47.6	48.3	49.1	50.0	53.7	53.2

浓厚蛋白、稀薄蛋白及系带的具体介绍，详见二维码 20-1。

二维码 20-1　浓厚蛋白、稀薄蛋白及系带

20.1.6 蛋黄

蛋黄由蛋黄膜、蛋黄内容物和胚盘 3 个部分组成。

20.1.6.1 蛋黄膜

蛋黄膜介于蛋清和蛋黄内容物之间，是一个透明的薄膜，共有 3 层。内层与外层由黏蛋白组成，中层由角蛋白组成。蛋黄膜电子显微结构观察如图 20-4。蛋黄膜的平均厚度为 16 μm，质量占蛋黄总质量的 2%～3%，富有弹性，起着保护蛋黄和胚盘的作用，防止蛋黄和蛋白混合。随着贮存时间的延长，蛋黄的体积会因蛋白中水分的渗入而逐渐增大，当超过原来体积的 19% 时，会导致蛋黄膜破裂，使蛋黄内容物外溢，形成散黄蛋。

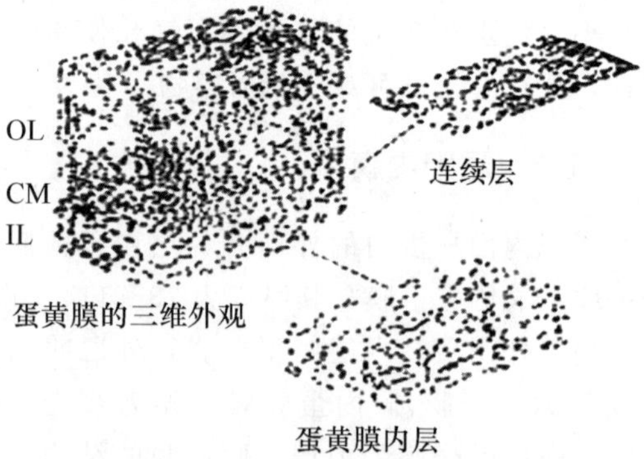

OL. 蛋黄膜外层；CM. 连续层；IL. 蛋黄膜内层

图 20-4　蛋黄膜电子显微结构观察

新鲜蛋的蛋黄膜有韧性和弹性，当蛋壳破碎时，内容物流出，蛋黄仍然完整不散，就是因为有这层膜的包裹。陈旧蛋的蛋黄膜韧性和弹性都很差，稍受振动，蛋黄就会发生破裂。所以，从蛋黄膜的紧张度，可以推知蛋的新鲜程度。

20.1.6.2　蛋黄内容物

蛋黄内容物是一种浓稠、不透明的半流动黄色乳状液体，由数层深浅不同的黄色蛋黄组成。蛋黄膜下首先为一层较薄的浅黄色蛋黄，接着为一层较厚的黄色蛋黄，再里面又是一层较薄的淡黄色蛋黄。蛋黄之所以呈现颜色深浅不同的轮状，是由于在形成蛋黄时，昼夜新陈代谢的节奏性不同。蛋黄色泽由 3 种色素组成，即叶黄素-二羟-α-胡萝卜素、β-胡萝卜素以及黄体素。前两者存在于蛋黄中的比例为 2∶1。

由于饲料中色素物质含量不同，蛋黄的颜色有橘红色、浅黄色或淡绿色。青饲料和黄色玉米均能增进蛋黄的色素，过量的亚麻油粕粉使蛋黄呈绿色。一般地，煮过的饲料失去着色力，而干燥的粉料营养成分高，是有效的着色饲料。

冬季所产蛋的蛋黄通常较淡，而夏季所产蛋的蛋黄色泽较为明显，这是由于母禽吃了青草。有些在夏季所产的蛋，其蛋黄带有淡绿色，叫作“紫黄蛋”，这是由于母禽吃了杂草。在鸡蛋中常可发现有这种颜色蛋黄的蛋。

20.1.6.3　胚盘

蛋黄表面有一颗乳白色的小点，未受精的呈圆形，叫胚珠；受精的呈多角形，叫胚盘（或胚胎），其直径为 2～3 mm。未受精的蛋耐贮藏。受精蛋很不稳定，当外界温度升至 25℃时，受精的胚盘就会发育。最初形成血环，随着温度的逐步升高而产生树枝形的血丝。“热伤蛋”即由此产生。胚胎是家禽的发源点，小雏就由此发育而成。在胚盘的下部，至蛋黄的中心，有一细长近似白色的部分，称为蛋黄芯。胚盘浮在蛋黄的表面，其原因是相对密度相对较小。

20.2　蛋的化学组成与特性

20.2.1　蛋的化学组成

20.2.1.1　蛋的一般化学组成

禽蛋的化学结构极为复杂，化学成分十分丰富。禽蛋中含有胚胎发育所必需的水分、蛋白质、脂肪、矿质元素、维生素及糖类等一切营养物质。禽蛋的化学组成主要取决于禽类的品种、年龄、蛋的大小、产蛋率和饲养条件等方面，主要受品种、饲料、产蛋期等多种因素的影响。不同禽蛋的化学成分组成如表 20-5 所示。

表 20-5　不同禽蛋的化学成分组成　　%

种类	水分	固形物	蛋白质	脂肪	灰分	碳水化合物
鸡全蛋	72.5	27.5	13.3	11.6	1.1	1.5
鸭全蛋	70.8	29.2	12.8	15.0	1.1	0.3
鹅全蛋	69.5	30.5	13.8	14.4	0.7	1.6
鹌鹑蛋	67.5	32.5	16.6	14.4	1.2	0.3
鸽蛋	76.8	23.2	13.4	8.7	1.1	0

20.2.1.2　蛋壳和蛋壳膜的化学成分

蛋壳的主要成分为无机物，占蛋壳的 96.8%。其中碳酸钙约占 93.0%，碳酸镁约占 1.0%，还有少量的磷酸钙和磷酸镁及色素（共计约占 2.8%）。在蛋壳中，有机物约占蛋壳总质量的 3.2%，主要为蛋白质。其中包括 16%的氮，3.5%的硫，一定量的水及 0.003%的脂质。禽蛋的种类不同，蛋壳的化学组成也各有差异（表 20-6）。

表 20-6　不同禽蛋蛋壳的化学成分　　%

种类	有机成分	碳酸钙	碳酸镁	磷酸钙及磷酸镁
鸡蛋壳	3.2	93.0	1.0	2.8
鸭蛋壳	4.3	94.4	0.5	0.8
鹅蛋壳	3.5	95.3	0.7	0.5

20.2.1.3　蛋白的化学成分

蛋清由外向内可分为 4 层：第 1 层为稀薄蛋白，贴附在蛋白膜上；第 2 层为浓厚蛋白；第 3 层为稀薄蛋白；第 4 层为系带浓厚蛋白。鲜鸡蛋内浓厚蛋白含量高，可占内部蛋白的 50%～60%。久存鸡蛋其浓厚蛋白逐渐变稀，稀薄蛋白变得更稀。蛋清的化学组成主要受品种、饲养管理等方面的影响。蛋清的一般化学成分如表 20-7 所示。

表 20-7　多次测定蛋清化学成分　　%

编号	成分				
	水分	蛋白质	脂肪	灰分	碳水化合物
1	86.65	11.65	0.10	0.80	0.80
2	85.50	12.87	0.25	0.77	0.61
3	85.61	12.77	0.25	0.70	0.67
4	88.20	11.20	0	0	0.60
5	86.20	12.30	0.20	0.70	0.60

（1）水分

水分是蛋清中的主要成分，一般蛋清中含水量为 85%～88%，其中少部分水与蛋白质结合，以结合水形式存在，大部分水以溶剂的形式存在。其水分含量主要因蛋白各层中有机物稠稀不同而有所差异：外稀薄层水分含量为 89.1%，浓厚层为 87.75%，内稀薄层为 88.35%，系带膜状层的水分含量为 82%。

(2) 蛋白质

蛋清中蛋白质的含量为 11%～13%，目前在蛋清中已经发现近 40 种蛋白质。简单蛋白类有卵白蛋白、卵球蛋白和卵伴白蛋白；糖蛋白类包括糖蛋白、类黏蛋白等。蛋清中含量较多的 12 种蛋白质及其主要特征如表 20-8 所示。

表 20-8 蛋清中蛋白质种类及性质

蛋白质类型	含量/%	等电点	相对分子质量	性质
卵白蛋白	54.0	4.5～4.8	45 000	属磷脂糖蛋白
卵伴白蛋白	12.0～13.0	6.05～6.60	70 000～78 000	与 Fe、Cu、Zn 络合，抑制细菌生长
卵类黏蛋白	11.0	3.9～4.3	28 000	抑制胰蛋白酶
卵抑制剂	0.1～1.5	5.1～5.2	44 000～49 000	抑制蛋白酶，包括胰蛋白酶和糜蛋白酶
卵黏蛋白	3.5	4.5～5.1	—	抗病毒的血凝集作用
溶菌酶	3.4～3.5	10.5～11.0	14 300～17 000	分裂 *β*-(1,4)-*D*-葡萄糖胺
卵糖蛋白	0.5～1.0	3.0	24 400	属糖蛋白
黄素蛋白	0.8	3.9～4.1	32 000～36 000	结合维生素 B_2
卵巨球蛋白	0.05	4.5～4.7	760 000～900 000	热抗性极强
卵球蛋白 G_2	4.0	5.5	36 000～45 000	发泡剂
卵球蛋白 G_3	4.0	5.8	36 000～45 000	发泡剂
抗生物素蛋白	0.05	9.5	53 000	结合维生素 B_2
无花果蛋白酶抑制剂	0.05	约 5.1	12 700	抑制蛋白酶，包括木瓜和无花果蛋白酶

(3) 碳水化合物

蛋清中的碳水化合物主要有两种存在状态，一种是与蛋白质结合，以结合态存在，在蛋白中占 0.5%，例如与卵黏蛋白和类黏蛋白结合的碳水化合物；另一种呈游离态，在蛋清中占 0.4%，游离糖中的 98%为葡萄糖，余下为果糖、甘露糖、阿拉伯糖、木糖和核糖。虽然蛋清中的碳水化合物的含量很少，但是在蛋品加工中，尤其是加工蛋白粉、蛋白片等产品中，对产品的色泽有很大的影响。

(4) 脂质

新鲜蛋清含极少量脂质，大约为 0.02%，其中中性脂质和复合脂质的组成比是 (6∶1)～(7∶1)。中性脂质中的主要成分为脂、游离脂肪酸，而复合脂质中主要成分为神经鞘磷脂和脑磷脂。

(5) 维生素及色素

蛋清中的维生素比蛋黄中略少，其主要种类有维生素 B_2 240～600 mg/100 g，维生素 C 0.21 mg/100 g，烟碱酸 5.2 mg/100 g。干燥的蛋清中还含有 0.11 mg/100 g 泛酸。蛋清中的色素极少，其中含有少量的维生素 B_2，因此干燥后的蛋清带有浅黄色。

(6) 无机成分

蛋清中的无机成分主要有 K、Na、Mg、Ca、Cl 等，其中以 K、Na、Cl 等含量较多，P、Ca 含量少于蛋黄。

(7) 蛋白中的酶

禽蛋之所以能发育成新的生命个体，是因为除了含有多种营养成分和化学成分外，还含有很多的酶类。蛋清中不仅含有蛋白分解酶、淀粉酶和溶菌酶等，而且还含有三丁酸甘油酶、肽酶、磷酸酶、过氧化氢酶等。

20.2.1.4 系带及蛋黄膜的化学成分

蛋黄膜是介于蛋清和蛋黄内容物之间的一种蛋白膜，可以防止蛋清和蛋黄中的大分子透过，但水分等小分子及离子可以透过，因此蛋黄膜可以一定程度地防止蛋黄与蛋白相混。蛋黄膜的含水量为 88%，其干物质中主要成分有 87%蛋白质，3%脂质，10%糖。其蛋白质属于糖蛋白，含 8.5%己糖、8.6%己糖胺、2.9%涎酸，还含有 N-乙酰己糖胺。蛋黄膜中脂质分为中性脂肪和复合脂质，其中中性脂质由三甘油酯、醇酯以及游离脂肪酸组成，而复合脂质主要成分为神经鞘磷脂。

20.2.1.5 蛋黄的化学成分

蛋黄中富含蛋白质、脂质、维生素和矿物质等多种营养物质，具有很高的营养价值（表 20-9、表 20-10、表 20-11），因此，蛋黄成分的开发利用一直以来都是国内外学者研究的热点。蛋黄中含有 50%

左右干物质，为蛋清中干物质的4倍。其组成非常复杂，除含有水分外，其余主要成分为蛋白质和脂肪，二者比例为1∶2。此外，蛋黄中还含有糖类、盐类、色素、维生素等。

表20-9　蛋黄的化学成分含量　%

种类	水分	脂肪	蛋白质	卵磷脂	脑磷脂	矿物质	葡萄糖及色素
鸡蛋	47.2～51.8	21.3～22.8	15.6～15.8	8.4～10.7	3.3	0.4～1.3	0.55
鸭蛋	45.8	32.6	16.8	—	2.7	1.2	—

表20-10　深色蛋黄层和浅色蛋黄层的化学组成　%

类别	水分	蛋白质	脂肪	磷脂	灰分
深黄色蛋黄层	45.5	15.04	25.20	11.15	0.44
浅黄色蛋黄层	89.7	4.6	2.39	1.13	0.62

表20-11　蛋黄的各种理化常数

项目	比重	熔点/℃	凝固点/℃	皂化值	酸价	折光率	碘价
结果	0.918	16～18	−7～−5	190.2	4.47	1.466/25	69.8～70.3

（1）脂质

蛋黄中的脂质通常是指蛋黄油，约占蛋黄总质量的30%，以甘油三酯为主的中性脂质约为65%，磷脂质约为30%，胆固醇约为4%。鸡蛋黄中的脂质含量为30%～33%，鸭蛋黄中约为36.2%，鹅蛋黄中约为32.9%。在利用各种有机溶剂萃取脂质的过程中，由于所采用的溶剂的种类和萃取的条件不同，所以被提取的脂质的数量和组成有很大的差异。但是其化学成分基本相同，主要包括真脂、磷脂和胆固醇三部分。

①真脂　蛋黄中的真正脂肪，是由不同的脂肪酸和甘油所组成的甘油三酯，在鸡蛋黄中约占脂质的62.3%。蛋黄真脂中各种脂肪酸含量为：油酸34.55%、十六碳烯酸12.26%、硬脂酸9.26%、花生四烯酸0.07%、软脂酸29.77%、亚油酸10.09%、十四碳酸2.05%。

②磷脂　磷脂由甘油、脂肪酸、磷酸、胆碱组成。蛋黄中约含有10%的磷脂，主要包括卵磷脂和脑磷脂两类，这两种磷脂占总磷脂含量的88%（表20-12）。蛋黄卵磷脂的理化常数为：酸价17.0～20.9，碘价64.6～68.2，皂化值197.5～210.9；颜色为白色至淡黄色。

表20-12　蛋黄磷脂的组成　%

成　　分	含　　量
磷脂酰胆碱（卵磷脂）	73.0
溶血磷脂胆碱	5.8
磷脂酰乙醇胺（脑磷脂）	15.0
溶血性磷脂酰乙醇胺	2.1
神经鞘磷脂	2.5
磷脂酰肌醇	0.6
缩醛磷脂	0.9

③胆固醇　胆固醇是一种脂类物质，广泛地存在于人体中，对维持人体健康有十分重要的作用。但人体自身合成量不能满足机体需要，通过膳食可以补充一些胆固醇。蛋黄中含有丰富的胆固醇，约占蛋黄中脂质总量的4.9%。值得注意的是，最新研究已经证明血清胆固醇和饮食中胆固醇摄入量没有直接关联，美国FDA也早在2015年取消了对每日胆固醇摄入量的限制。

另外，除胆固醇以外，蛋黄脂质的其他组分均受禽种和饲料组分变化的影响。因此，可通过增加饲料中相应组成的含量来制备富含相应组成的蛋黄油或蛋黄磷脂产品。而且，提取方法的不同，被提取出来的蛋黄油脂质的数量和组成也会有很大的差异，其相应的性质、功能和应用也各有不同。

（2）蛋白质

蛋黄中的蛋白质的生化功能几乎和蛋清中蛋白质的生化功能一样，其大多为磷蛋白和与脂肪结合而形成的脂蛋白。蛋黄中的蛋白质大部分是脂质蛋白质，包括低密度脂蛋白、卵黄球蛋白、卵黄高磷蛋白和高密度脂蛋白等。

①低密度脂蛋白　低密度脂蛋白是蛋黄中数量最多的蛋白质，占蛋黄总蛋白质的65%。低密度脂蛋白的脂质含量非常高，为30%～89%，因此，也称为卵黄脂蛋白。其中蛋白质含量约为11%，相对

密度较低，为0.89～0.98。而其中的脂质，74%为中性脂肪，26%是磷脂。

②卵黄球蛋白　约占蛋黄总固形物的10.6%，主要存在于蛋黄浆液中。其等电点为4.8～5.0，凝固点为60～70℃。电泳卵黄球蛋白可得到3种组分，即α、β、γ 3种卵黄球蛋白，在蛋黄中三者含量之比为2∶3∶5或2∶5∶3。

③卵黄高磷蛋白　占蛋黄中蛋白质总量的4%～10%，含有12%～13%的氮及9.7%～10%的磷，占蛋黄总磷量的80%，并含有6.5%的糖。相对分子质量为36 000～40 000。含有31%～54%的丝氨酸，其中94%～96%与磷酸根结合。卵黄高磷蛋白含有多个磷酸根，可与Ca^{2+}、Mg^{2+}、Mn^{2+}、Sr^{2+}、Co^{2+}、Fe^{2+}和Fe^{3+}等金属离子结合，还可以与细胞色素c、卵黄磷蛋白等大分子结合成复合体，因此，卵黄高磷蛋白在禽蛋中的生物功能是营养物质的运载体。

④高密度脂蛋白　高密度脂蛋白也称为卵黄磷蛋白，占蛋黄总蛋白质含量的16%，不溶于水，溶于中性盐、酸、碱的稀溶液，等电点为3.4～3.5，凝固点为60～70℃，相对分子质量为40 000。其脂质含量与低密度脂蛋白相比较少，为14.6%～22%，其大部分脂质存在于分子内部。

⑤核黄素结合蛋白　该蛋白占蛋黄中蛋白质总量的0.4%，与核黄素（维生素B_2）以1∶1形成复合体，在pH为3.8～8.5范围内稳定，在pH 3.0以下核黄素离解。相对分子质量为36 000，糖含量为12%。

（3）碳水化合物

蛋黄中的碳水化合物约占蛋黄总质量的0.2%～1.0%，以葡萄糖为主，也有少量的乳糖。碳水化合物主要以与蛋白质结合的形式存在，如葡萄糖与卵黄磷蛋白、卵黄球蛋白等结合，而半乳糖与磷脂结合。各类禽蛋黄的葡萄糖含量为：鸡蛋黄0.21%，鸭蛋黄0.23%，鹅蛋黄0.12%。

（4）蛋黄中的色素

蛋黄含有较多的色素，所以蛋黄呈黄色或橙黄色。其中大部分色素是脂溶性的，如胡萝卜素、叶黄素，水溶性色素主要以玉米黄色素为主。每100 g蛋黄中含有约0.3 mg叶黄素、0.031 mg玉米黄素和0.03 mg胡萝卜素。

（5）蛋黄中的酶

蛋黄中含有多种酶，蛋黄中的酶主要包括淀粉酶、三丁酸甘油酶、胆碱酯酶、蛋白酶、肽酶、磷酸酶、过氧化氢酶等。禽蛋在较高的温度下容易腐败变质，这与其中酶的活性增强有着密切的关系。因此，如何抑制蛋黄中各种酶的作用，延长鲜蛋的保质期是目前亟待解决的问题。

（6）蛋黄中的维生素

鲜蛋中维生素主要存在于蛋黄中，蛋黄中维生素不仅种类多，而且含量丰富，其中以维生素A、维生素E、维生素B_2、维生素B_6、泛酸为多。

（7）蛋黄中的灰分

蛋黄中含有1.0%～1.5%的矿物质。其中，磷最为丰富，占无机成分总量的60%以上；钙次之，占13%。蛋黄中还含有Fe、S、K、Na、Mg等。蛋黄中的Fe易被吸收，而且也是人体必需的无机成分，因此，蛋黄常作为婴儿早期的补充食品。

20.2.2　蛋的特性

20.2.2.1　禽蛋的营养特性

（1）禽蛋具有较高的热值

食品的热值是评定食品营养价值的基本指标。人体对食品的需要量通常用主要营养物质糖、蛋白质、脂肪所产生的热值来表示，因此热值对人体有非常重要的意义，是维持生命代谢的重要条件。禽蛋作为一种安全可靠的食品，具有较为丰富的营养物质以及较高的食物热值。禽蛋的营养价值已经被人们所认识，并且安全可靠，价格低廉，因此被人们称为21世纪维持人体生命的营养物质。禽蛋的热值主要由所含有的脂肪和蛋白质决定。蛋的热值低于猪肉、羊肉，高于牛肉、禽肉和乳类，其利用价值较高，应用范围更广。

（2）禽蛋富含营养价值较高的蛋白质

蛋类中的蛋白质含量较高，其中，鸡蛋中的蛋白质含量为11%～13%，鸭蛋中的蛋白质为12%～14%，鹅蛋中的为12%～15%。在日常食物中，谷类含蛋白质8%左右，豆类含30%～40%，蔬菜含1%～2%，肉类含16%～20%，鱼类含10%～12%，牛乳含3.0%，可见蛋类的蛋白质含量仅低于豆类和肉类，而高于其他食物，因此蛋类是蛋白质含量较高的食物。

禽蛋中的蛋白，以卵白蛋白为主，而蛋黄中同时含有丰富的卵黄高磷蛋白，它们都是完全蛋白质。禽蛋含有丰富的必需氨基酸，且比例适当，与人们的需要最为接近。由于鸡蛋中的蛋白质的营养价值相当于人奶的营养价值，所以通常将鸡蛋的蛋白质作为其他食物的参考蛋白。

蛋中各种蛋白质成分的具体情况见二维码 20-2。

二维码 20-2　蛋中各种蛋白质成分的具体情况

（3）禽蛋含有丰富的脂肪

蛋中含有 11%～15% 的脂肪，而脂肪中有 58%～62% 的不饱和脂肪酸，其中亚油酸含量丰富。此外，蛋中还富含磷脂和固醇类，其中磷脂（卵磷脂、脑磷脂和神经磷脂）对人体的生长发育非常重要，是体细胞及神经细胞不可缺少的物质。固醇是机体合成固醇类激素所需的重要成分。

（4）禽蛋含有丰富的矿物质和维生素

禽蛋含有 1%左右的灰分，其中钙、磷、铁等无机盐含量较高，85 g 可食部分含钙 55～71 mg、磷 210 mg、铁 2.7～3.2 mg。尤其蛋中铁相对其他食物含量高，易被吸收（利用率达 100%）。因此，蛋黄是婴儿、幼儿及贫血患者补充铁的良好食品。此外，蛋中还含有丰富的维生素 A、维生素 D 及维生素 B_1、维生素 B_2、烟酸等。

20.2.2.2　禽蛋的理化特性

（1）禽蛋的质量

鸡蛋的质量受品种、年龄、体重、饲养条件等因素的影响，一般平均为 52 g（32～65 g）。贮藏期间，蛋内水分通过蛋壳气孔不断向外蒸发，使鸡蛋的质量减轻。就同一个品种家禽所产的蛋看，初产者蛋小，而体质量大的产蛋也大。

（2）禽蛋壳的颜色和厚度

鸡蛋有白壳蛋和褐壳蛋，鸭蛋壳有白色和青色，鹅蛋壳有暗白色和浅蓝色。壳质坚实的蛋一般不易破碎，并能较久地保持其内部品质。鸡蛋壳的厚度一般不低于 0.33 mm，深色蛋壳的厚度高于白色的蛋壳，鸭蛋壳的平均厚度为 0.4 mm。蛋壳占整个鸡蛋质量的 10%～12%，由壳上膜、壳下膜和蛋壳 3 个部分组成。壳上膜又称胶质薄膜或外蛋壳膜，覆盖在蛋壳表面，由白色透明的胶质黏液干燥而成。壳下膜在蛋壳内层，由蛋壳膜（靠近蛋壳）和蛋白膜（靠近蛋白）组成。这两层膜都是由胶质蛋白纤维交织而成的，前者较粗糙，空隙大，后者紧密、细致，细菌不易侵入。蛋壳是一层石灰质硬壳，位于壳上膜和壳下膜之间。

（3）禽蛋的密度

鸡蛋的密度与蛋的新鲜程度有关。新鲜鸡蛋的密度为 1.08～1.09 g/cm^3，新鲜火鸡蛋的密度约为 1.085 g/cm^3；陈蛋的密度是 1.025～1.06 g/cm^3。通过测定蛋的密度，可以鉴定蛋的新鲜程度。鸡蛋各构成部分的密度不相同，蛋白的密度是 1.039～1.052 g/cm^3，蛋黄的密度为 1.028～1.029 g/cm^3。各层蛋白的密度也有差异，蛋壳的密度为 1.741～2.134 g/cm^3。

（4）禽蛋的 pH

由于蛋黄和蛋白的化学组成不同，其 pH 也不相同。新鲜蛋黄的 pH 为 6.32，蛋白的 pH 稍高些，蛋黄和蛋白混合后的 pH 约为 7.5。在贮藏期间，由于二氧化碳的不断逸出和蛋白的分解，鸡蛋蛋黄和蛋白的 pH 逐渐升高，贮藏 10 d 左右，蛋黄和蛋白混合后的 pH 可达 9.0～9.7。蛋黄在贮藏期间 pH 变化较缓慢。

（5）禽蛋的扩散和渗透性

蛋内容物并不是均匀一致的。蛋白分几层结构，蛋黄也有不同结构，这些结构的化学组成有差异。因此蛋在放置过程中，高浓度部分物质会向低浓度部分运动，这种扩散逐渐使蛋内各结构中所含物质均匀一致，如蛋白在贮存时蛋白层消失。

蛋还具有渗透性。在蛋黄与蛋白之间，隔着一层具有渗透性的蛋黄膜，其两侧所含的化学成分不同，特别是蛋黄中含有的钾、钠、氯等离子的盐类含量比蛋白相对高。因此，蛋黄为一个高浓度的盐液，这样蛋黄与蛋白之间形成了一定的压差。根据唐南平衡原理，在贮存期间，两者之间为了趋于平衡，蛋黄中的盐类便不断地渗透到蛋白中，而蛋白中的水分不断地渗透到蛋黄中。蛋的这种渗透性与蛋的质量有着密切关系，如散黄蛋，大部分是由于蛋白与蛋黄间渗透作用而引起的。这种渗透作用与蛋的存放时间、存放温度成正比。

另外，蛋的渗透作用还表现在蛋内容物与外界环境之间。它们中间隔有蛋壳部分，蛋壳上有气孔，壳下膜是一种半透膜，这一特点决定蛋内水分可以向外蒸发，二氧化碳可以逸出。同样，将蛋放置在高浓度物质中，物质也会向蛋内渗透，再制蛋加工就是利用了蛋的扩散性和渗透性原理。

(6) 蛋液的黏度

鸡蛋白中的稀薄蛋白是均匀的溶液，而浓厚蛋白具有不均匀的特殊结构，所以蛋白是一种不均匀的悬浊液。蛋黄也是悬浊液。新鲜鸡蛋蛋黄、蛋白的黏度不同，蛋白的黏度为0.003 5～0.010 5 Pa·s，蛋黄的黏度为0.11～0.25 Pa·s。

蛋白的黏度取决于蛋龄、温度、pH和切变速率，可见蛋白液是一种假塑性液体。蛋黄也是一种假塑性非牛顿流体，其切应力与切变速率之间呈非线性关系。但由于蛋黄中浆液基本上是牛顿流体，故蛋黄的假塑性是由其颗粒成分决定的。

(7) 蛋液的表面张力

表面张力是分子间吸引力的一种量度。在蛋液中存在大量蛋白质和磷脂，蛋白质和磷脂可以降低表面张力和界面张力，因此，蛋白和蛋黄的表面张力低于水的表面张力（7.2×10^{-2} N/m，25℃）。据前人研究，含有12.5%干物质的蛋白，在24℃、pH为7.8时，表面张力为4.94×10^{-2} N/m。另有一研究认为，鲜鸡蛋蛋白的表面张力为5.5×10^{-2}～6.5×10^{-2} N/m，蛋黄的为4.5×10^{-2}～5.5×10^{-2} N/m，两者混合后的表面张力为5.0×10^{-2}～5.5×10^{-2} N/m。

蛋液的表面张力受温度、pH、干物质含量及存放时间影响。温度高，干物质含量低，蛋存放时间长而蛋白分解，则表面张力下降。

(8) 禽蛋的热力学性质

鲜鸡蛋蛋白的加热凝固温度为62～64℃，平均为63℃；蛋黄的加热凝固温度为68～71.5℃，平均为69.5℃；混合蛋（蛋白、蛋黄混合后）的加热凝固温度为72～77℃，平均为74.2℃。蛋白的冻结点为−0.48～−0.41℃，平均为−0.45℃；蛋黄的冻结点为−0.617～−0.545℃，平均为−0.6℃。在冷藏鲜蛋时，应保持适宜的温度，以防冻裂蛋壳。

(9) 禽蛋的耐压度

禽蛋的耐压度是指禽蛋能最大限度承受的压力，单位为Pa（1 MPa=10^6 Pa）。禽蛋的耐压度与蛋的形状、大小、蛋壳厚度以及蛋壳的致密度有关。一般圆形蛋比长形蛋更耐压，蛋壳厚的耐压度相对也大。不同种类禽蛋的耐压度是不同的，一般地，鸡蛋的耐压度为0.4 Pa，鸭蛋的耐压度为0.6 Pa，鹅蛋的耐压度为1.1 Pa。鸵鸟蛋最耐压，其耐压度为5.5 Pa。

(10) 禽蛋的折光指数

折光指数用于产品检验。折光指数是反映蛋液是否纯正的特征指标之一，若该项指标超标，说明该商品中有掺杂，属于掺杂商品。

(11) 禽蛋的食用抗性

鸡蛋具有食用抗性，生鸡蛋蛋白含有抗生物素蛋白，会影响食物中生物素的吸收，使身体出现食欲不振、全身无力、肌肉疼痛、皮肤发炎、脱眉等症状。生鸡蛋中含有抗胰蛋白酶，它能影响人体对鸡蛋蛋白质的消化和吸收。未熟的鸡蛋中这两种物质没有被分解，因此影响蛋白质的消化、吸收。加热可促进生物素蛋白、抗胰蛋白酶的分解，促进蛋白质的消化和吸收。

20.2.2.3 禽蛋的功能特性

(1) 禽蛋的凝固性

凝固性是蛋白质的重要特性，当卵蛋白受热、盐、酸或碱及机械作用时，会发生凝固。禽蛋的凝固是一种卵蛋白质分子结构变化的结果。这一变化使蛋液变稠，由流体（溶胶）变成固体或半流体（凝胶）状态。

①蛋的热凝性　热凝固蛋白的可溶性部分主要含有单体，当凝胶或凝块没形成时，热处理蛋清的蛋白质可溶部分含有高分子量可溶性凝集物。蛋黄在65℃开始凝固，在70℃失去流动性，并随温度升高而变得坚硬。蛋的稀释使蛋白质浓度下降，引起热凝固点升高，甚至不发生凝固，并且凝固物的剪切力减弱。在蛋中添加盐类可以促进蛋的凝固，这是由于盐类能降低蛋白质分子间的排斥力。因此，蛋在盐水中受热，蛋凝固完全且易去壳。在蛋液中加糖，可使凝固温度升高，凝固物变软。

蛋的很多加工方法都利用了蛋的热凝固性，如煮蛋、炒蛋。但在蛋液加工中如巴氏杀菌过程中要防止热凝性。人们常在蛋液中加糖、表面活性剂。用琥珀酰基、碳化二亚胺和3,3-二甲基戊二酸酐修饰蛋白，可增加蛋白的热稳定性。用蛋白分解酶处理蛋，蛋受热后不形成坚硬凝固物。

②蛋的酸碱凝胶化　蛋在一定的pH下会发生凝固，众多学者研究了蛋白在碱、酸作用下的凝胶化现象，发现蛋白在pH<2.3或pH>12.0条件下会形成凝胶，在2.3<pH<12.0条件下则不发生凝胶化。这对以鸡蛋蛋白为原料的加工食品，如面包、糕点等酸性食品的加工有很重要的指导意义，对阐明中国松花蛋及糟蛋形成的酸碱凝固机理也是

有益的。许多学者对酸碱凝固机理进行了研究，发现蛋的碱性凝胶化是蛋白质分子的凝集所致，但也与蛋白质成分间相互作用有关。有人通过黏度测定发现蛋白中卵白蛋白和卵伴白蛋白均可单独用碱处理而凝固，而其他成分则不凝固。卵白蛋白或卵伴白蛋白与蛋清中其他蛋白在碱性条件下结合，可提高凝胶强度。这是由于卵白蛋白与卵伴白蛋白用碱处理时，其蛋白质的分子构型受碱作用而展开，然后再相互凝结成立体的网状结构，并吸水而形成透明凝胶。这种凝胶可发生自行液化，而酸性凝固的凝胶呈乳浊色，不会自行液化。蛋白碱性凝胶的形成时间及液化时间受 pH、温度及碱浓度影响。

③蛋黄的冷冻胶化　蛋黄在冷冻时黏度剧增，形成弹性胶体，解冻后也不能完全恢复蛋黄原有状态，这使冰蛋黄在食品中的应用受到很大限制。这种现象发生在蛋黄于－6℃以下冷冻或贮藏时，在一定温度范围内，温度越低，凝胶化速度越快。这是由于温度由冰点－0.58℃降至－6℃时，蛋黄中的水形成冰晶，未冻结层的盐浓度剧增，促进蛋白质盐析或变性，其中卵黄磷蛋白凝集。蛋黄的凝胶化与低密度脂蛋白有关，为了抑制蛋黄的冷冻凝胶化，可在冷冻前添加2%食盐或8%蔗糖、糖浆、甘油及磷酸盐类。用蛋白分解酶（以胃蛋白酶为好）、脂肪酶处理蛋黄也可抑制蛋黄冷冻凝胶化。机械处理如均质、胶体磨研磨可减少蛋黄黏度。

（2）蛋黄的乳化性

禽蛋的乳化性表现在蛋黄中，蛋黄具有优异的乳化性，它本身既是分散于水中的液体，又可作为高效乳化剂用于许多食品如蛋黄酱、蛋糕、面糊中。表面张力的减弱是乳浊液形成的第一步。

在蛋黄成分中，以磷脂质和卵黄球蛋白减弱的表面张力最显著，目前已知卵磷脂、胆固醇、脂蛋白与蛋白质均为蛋黄中具有乳化力的成分。蛋黄的乳化性受加工方法的影响，蛋黄经稀释其黏度降低，降低乳浊液的稳定性。向蛋黄中添加少量食盐、糖，可以提高乳化容量。酸能降低蛋黄的乳化力，但各种酸对其影响程度不同。强酸对其影响大，在 pH 5.6 时就会使其稳定性急剧下降，而弱酸则在 pH 4.0 以下才会对其乳化容量有显著的影响。

蛋黄经冷冻会发生胶化，解冻后使用时难与其他原料混合，用机械方法如均质、胶体磨研磨仍无法完全恢复其乳化容量。为此，在蛋黄冷冻前常添加糖、食盐等，以降低胶化。蛋黄经干燥处理其溶解度降低，这是由于干燥过程中随着水分的减少其脂质从脂蛋白中分离出来而存在于干燥蛋黄表面，所以严重损害其乳化性。干燥前加糖类，则分子中的—OH 替代脂蛋白的水，保护脂蛋白。干燥后加水，水可再将糖置换，恢复原来脂蛋白的水合状态。另外，贮藏蛋的乳化力下降，向蛋中添加磷脂并不能提高其乳化性，过量添加则会使乳化力下降。

（3）蛋清的起泡性

搅打蛋清时，空气进入蛋液中形成泡沫。在起泡过程中，气泡逐渐变小而数目增多，最后失去流动性，通过加热可使之固定。蛋清的这种特性在食品中如在糖饰、蛋糕中得到了应用。

据研究发现，除去卵球蛋白和卵黏蛋白的蛋清所需搅拌时间延长，而用其制成的蛋糕体积小，重新加回这两种蛋白质并不能恢复蛋糕的体积，这是分离过程中蛋白质受到损伤所致。而用卵球蛋白、卵黏蛋白和卵白蛋白混合物则可以获得用蛋清同样的效果。后人进一步证实卵球蛋白、卵伴白蛋白是起发泡作用的，而卵黏蛋白、溶菌酶则起稳定作用。

蛋清的发泡能力受许多加工因素影响，当蛋清被搅拌到相对密度为0.15～0.17时，泡沫既稳定又可使蛋糕体积较大。加工时延长搅打时间，可缩小蛋糕的体积。蛋白经加热（高于58℃）杀菌后，卵黏蛋白与溶菌酶形成的复合体会发生不可逆的变性，起泡所需时间延长，发泡力降低。为此，人们在加热前用柠檬三乙酯或磷酸三乙酯补偿热影响，另外，调整 pH 至 7.0 并增加金属盐如 Al^{3+} 等，以提高蛋白的热稳定性。蛋白的发泡性受酸、碱影响较大，在等电点或强酸、强碱条件下，蛋白质变性并凝集进而起泡力较大。

蛋在高温下贮藏，则蛋黄脂质会通过蛋黄膜渗透。在现代机械打蛋过程中，蛋清中可能混有0.01%～0.20%的蛋黄，少量脂类存在会降低蛋清的发泡力。添加脂肪酶等化学试剂，对于恢复被蛋黄污染的蛋清的发泡力很有效。另外，有研究表明，在蛋白中加入二甲基戊二酸酐可以保护蛋清使其不受损害，琥珀酰化蛋清可以改进其热稳定性和发泡力。

20.2.2.4　鲜蛋的贮运特性

（1）孵育性

新鲜禽蛋的存放温度以－1～0℃为宜，因为低温能抑制蛋内微生物和酶的活动，使鲜蛋的呼吸作用减慢，水分蒸发减少，有利于保持鲜蛋的营养价值和鲜度。当温度升高至10～20℃时，鲜蛋渐变；21～25℃时，胚胎开始发育；25～28℃时，发育加快，其原形和品质改变；37.5～39.5℃时，仅3～5 d内胚胎周围就出现树枝状血管。即使是未受精的蛋，气温过高也会引起其胚珠和蛋黄扩大。同时，高温还会造成蛋白变稀、水分蒸发、气室增大、质量减轻等。据测定，将一枚鲜蛋存放在9℃环境中，每昼夜质量减少1 mg；22℃时，质量减少10 mg；37℃时，质量减少50 mg。

（2）易潮性

潮湿是加快鲜蛋变性的又一重要因素。鸡蛋虽然有坚固的蛋壳保护，但是雨淋、水洗、受潮都会破坏蛋壳表面的胶质薄膜，造成气孔外露。此时，细菌容易进入蛋内并繁殖，加快蛋的腐败。因此，应将鸡蛋保存在通风、干燥的环境中。

（3）冻裂性

蛋既怕高温，又怕0℃以下的低温。当温度低于－2℃时，鲜蛋蛋壳易冻裂，蛋液渗出；－7℃时，蛋液开始冻结。因此，当气温过低时，必须做好蛋的保暖防冻工作。

（4）吸味性

鲜蛋能通过蛋壳的气孔不断进行呼吸，故当存放环境有异味时，蛋有吸收异味的特性。如果鲜蛋在收购、调运、贮藏过程中，与农药、化学药品、煤油、鱼、药材等有异味的物质或腐烂变质的动植物放在一起，就会带异味，影响食用及产品质量。因此，蛋品须存放在清洁、干净、无异味的环境中，以免影响鲜蛋的品质。

（5）易腐性

鲜蛋含有丰富的营养成分，是细菌最好的天然培养基。当鲜蛋受到禽粪、血污、蛋液及其他有机物污染时，细菌就会先在蛋壳表面生长繁殖，并逐步从气孔侵入蛋内。在适宜的温度下，细菌就会迅速繁殖，加速蛋的变质，甚至使其腐败。

（6）易碎性

挤压和碰撞极易使蛋壳破碎，造成裂纹、流清等，使之成为破损蛋或散黄蛋，这些均为劣质蛋。在日常生活中，蛋壳的破裂会造成蛋品销售量降低、贮存期缩短、蛋中的营养成分下降等一系列不良影响。因此，如何提高蛋壳的硬度，保护蛋壳免受损坏，是广大蛋品工作者需要关注的问题。

鉴于上述特性，鲜蛋必须存放在干燥、清洁、无异味、温度适宜、通气良好的地方，并要轻拿轻放，切忌碰撞，以防破损。

思考题

1. 禽蛋有哪些结构？每层结构有何特点？
2. 禽蛋的生产季节同蛋的品质有何关系？
3. 在蛋品贮藏与加工中，要利用哪些禽蛋结构的特点？
4. 蛋壳和蛋壳膜主要由哪些化学成分组成？
5. 组成蛋清、蛋黄的蛋白质成分各有哪些？这些蛋白质有哪些特点？在蛋品的实际加工中如何利用这些特点？
6. 禽蛋的营养特性有哪些？
7. 禽蛋为什么具有功能特性？在蛋品加工利用的实际工作中如何利用这些功能特性？
8. 禽蛋有哪些贮运特性？在实际工作中如何运用这些贮运特性？

第 21 章

蛋的品质鉴定

学习目的与要求

了解禽蛋的各种质量指标；掌握检验禽蛋品质的常用方法。

21.1 禽蛋的质量标准

21.1.1 质量要求

对于禽蛋的要求，主要根据禽蛋的质量指标来定，如蛋形指数在1.30～1.35、蛋重约58 g/枚、蛋壳强度为270～360 kPa、蛋黄指数大于0.30、哈夫单位大于30等。同时，也要求无破损、无裂纹。对于种蛋，还要求具备一定的孵化率等。对以上要求，有一定的分级标准，具体见以下质量指标。

21.1.2 质量指标

21.1.2.1 禽蛋的一般质量指标

(1) 蛋形指数

蛋形指数反映蛋的形状，指蛋的纵径与横径之比，或者用蛋的横径与纵径之比的百分率表示。蛋的形状有椭圆形、圆筒形、蚕豆形、球形等，甚至有的一端突出或凹陷。其中，椭圆形为正常形状，蛋形指数为1.30～1.35或72%～76%。其他形状的蛋，一般称为畸形蛋。形状不正常的蛋，其耐压程度是不同的，圆筒形蛋耐压程度最小，球形蛋耐压程度最大。

蛋的形状不影响食用，但关系到种用价值、孵化率和破蛋及裂纹蛋所占的比例，与蛋的种类、大小有密切关系（表21-1）。

表21-1 禽蛋大小与蛋形指数的关系

种　类	蛋重/g	蛋形指数
鸡蛋	30～40	1.10～1.20
	40～50	1.24～1.30
	50～60	1.28～1.36
鸭蛋	65～75	1.20～1.25
	75～85	1.20～1.25
	85～100	1.41～1.48
鹅蛋	150～170	1.25～1.31
	170～190	1.32～1.40
	190～210	1.37～1.54

(2) 蛋重

蛋重指包括蛋壳在内的蛋的质量。蛋重与家禽种类、品种、年龄、气候、饲料和蛋的贮藏时间有密切关系。鸡蛋的国际质量标准为58 g/枚。

(3) 蛋的密度

蛋的密度指单位体积的蛋重。蛋的密度与蛋的新鲜度有密切关系。禽蛋存放时间越长，蛋内水分蒸发越多，气室越大，内容物质量减轻，其密度变小，蛋就越不新鲜。鲜蛋的密度与蛋壳厚度有一定的相关性（表21-2）。

表21-2 蛋的密度与蛋壳厚度的关系

蛋的密度/(g/mL)	1.070	1.080	1.090
蛋壳厚度/mm	0.28～0.30	0.33～0.36	0.38～0.41

(4) 蛋的容积

蛋的容积指蛋具有的体积。蛋的容积与蛋壳厚度直接相关（表21-3）。

表21-3 蛋的容积与蛋壳厚度的关系

蛋的容积/cm^3	40	45	50	55	60
蛋壳厚度/mm	0.35	0.36	0.37	0.38	0.39

21.1.2.2 禽蛋的蛋壳质量指标

(1) 蛋壳状况

鲜蛋蛋壳应表面清洁、无粪便、无草屑、无污物。蛋壳应完整，无破损。蛋壳必须具有该品种所固有的色泽，用白、浅褐、褐、深褐、青色、花色等表示。蛋壳色泽与营养价值无关，但由于消费习惯不同而对商品价值有一定的影响，如亚洲人喜食褐壳蛋，而欧洲一些国家的人喜食白壳蛋。

(2) 蛋壳相对重

蛋壳相对重是指蛋壳重占整个蛋重的百分率。蛋壳重一般为蛋重的10%左右，最合适的蛋壳相对重为11%～12%。如果高于10%，则破损率很低；如果低于9%，则破损升高。

(3) 蛋壳厚度

蛋壳厚度有两种：一种是蛋壳实际厚度，即去掉壳膜后蛋壳的实际厚度，在0.3 mm左右；另一种是蛋壳的表观厚度，即没有去掉壳膜，这种厚度是蛋壳加壳膜的总厚度，在0.37 mm左右。蛋壳厚度受品种、气候、饲料等影响。蛋壳厚度与蛋破损率之间具有明显的相关性（表21-4），蛋壳厚度在0.35 mm以上时，蛋具有良好的可动性和长期保存的可能性，耐压性好，不易破损。

表21-4 蛋壳厚度与蛋破损率的关系

蛋壳厚度/mm	0.28	0.31	0.33	0.36	0.38
蛋破损率/%	45.5	21.8	12.3	6.8	4.9

（4）蛋壳强度

蛋壳强度是指蛋壳耐压强度的大小，即耐压度或压碎力，取决于蛋的形状、壳的厚度和均匀性。禽蛋在 3 MPa 下不破裂，并且纵轴的耐压性大于横轴，所以运输和贮藏禽蛋时，以竖放为佳。国际上要求蛋在竖放时能承受 270～360 kPa 压力，破蛋壳率不超过 1%为好。

（5）蛋壳密度

蛋壳密度又称为单位蛋壳表面积的质量，通常用 mg/cm^2 表示。蛋壳密度越小，破损率越高。当度为 45～46 mg/cm^2 时，几乎所有的蛋都会破；当密度达到 100 mg/cm^2 时，则破损率只有 4%左右。小蛋或刚产下不久的蛋，蛋壳密度较大，破损也少。

21.1.2.3　禽蛋的内部品质指标

（1）气室高度

透视最新鲜的蛋时，全蛋呈红黄色，蛋黄不显影，内容物不转动，气室高度在 3 mm 以内。透视产后约 14 d 内的蛋时，全蛋呈红黄色，蛋黄处颜色稍浓，内容物略转动，气室高度在 5 mm 以内。存放越久，水分蒸发越多，气室越大。气室过大者为陈旧蛋。

（2）蛋白指数

蛋白指数是指浓厚蛋白与稀薄蛋白的质量之比。新鲜蛋浓厚蛋白与稀薄蛋白之比为 6 ∶ 4 或 5 ∶ 5，浓厚蛋白越多则蛋越新鲜。

（3）蛋黄指数

蛋黄指数是指蛋黄高度与蛋黄直径的比值，反映蛋黄的品质和禽蛋的新鲜程度。新鲜蛋的蛋黄膜弹性大，蛋黄厚度高，直径小。随着存放时间的延长，蛋黄膜松弛，蛋黄平塌，高度下降，直径变大。正常新鲜蛋的蛋黄指数为 0.38～0.44，合格蛋的蛋黄指数为 0.30 以上。当蛋黄指数小于 0.25 时，蛋黄膜破裂，出现散黄现象，这是质量较差的陈旧蛋。

（4）哈夫单位

哈夫单位是根据蛋重和浓厚蛋白的高度，按一定公式计算出的指标。新鲜蛋的哈夫单位在 80 以上，随着存放时间的延长，蛋白质水解，浓厚蛋白变稀，蛋白高度下降，哈夫单位变小。试验表明，AA 级蛋在 37℃下保存 3 d 后即变为 C 级蛋。

美国农业部根据哈夫单位对禽蛋等级的划分见表 21-5。

表 21-5　美国农业部根据哈夫单位划分的禽蛋等级

哈夫单位	状态与用途
72 及以上（AA 级）	食用蛋：蛋白微扩散，蛋黄呈圆形，高高地在中间，浓厚蛋白多而围绕蛋黄，水样蛋白较少
71～55（A 级）	食用蛋：蛋白适当扩散，蛋黄呈圆形，浓厚蛋白较多，水样蛋白少
54～31（B 级）	加工蛋：蛋白有较大面积，蛋黄稍平，浓厚蛋白少，水样蛋白多
30 及以下（C 级）	仅部分供加工用：蛋白扩散极广，蛋黄扁平，几乎没有浓厚蛋白，仅见水样蛋白

（5）血斑和肉斑率

血斑和肉斑率指含血斑和肉斑的蛋数占总蛋数的比率。血斑是由于排卵时滤泡囊的血管破裂或输卵管出血，血附在蛋黄上而形成的，呈红色小点。肉斑是卵子进入输卵管时因黏膜上皮组织损伤脱落混入蛋白中而造成的，呈白色不规则形状。蛋中可能含有一个或更多的血斑和肉斑，直径超过 3.2 mm 的称为大血斑或大肉斑，小于 3.2 mm 的称为小血斑或小肉斑。血斑和肉斑的形成属于生理现象，不影响食用。有些国家进口鲜蛋要求无血斑和肉斑蛋。有些国家规定凡鸡蛋中含有血斑和肉斑的，不能列入 AA 级、A 级和 B 级，只能用作食品工业加工原料。

（6）蛋黄百分率

蛋黄百分率为蛋黄质量占蛋质量的百分率。蛋的大部分固形物、所有的维生素、微量元素、油脂等均在蛋黄内。蛋黄百分率越高，蛋的营养价值越高。据研究，蛋质量越大，蛋黄百分率越低。老的品种如褐色来航、新汉夏、浅花的蛋质量为 53.1～53.7 g，蛋黄百分率为 27.7%～30.1%；现代商品系褐壳蛋鸡 35 周龄蛋质量为 61.1 g，蛋黄百分率仅为 22.2%。

（7）蛋黄色泽

蛋黄色泽是指蛋黄颜色的深浅。国际上通常用罗氏（Roche）比色扇的 15 种不同黄色色调等级比色，要求出口鲜蛋和再制蛋的蛋黄色泽达到 8 级以上，还要统计每批蛋各色级的数量和百分比。饲料是影响蛋黄色泽的主要因素。

（8）内容物的气味和滋味

质量正常的蛋，打开后没有异味，有时有轻微腥味，这与饲料有关，可以食用。若有臭味，则是轻微腐败蛋。如果未打开便闻到蛋内容物分解的氨及硫化氢的臭气味，则是严重腐坏蛋。煮熟后，新鲜的蛋无异味，蛋白色白无味，蛋黄呈黄色并且具有蛋香味。

(9) 蛋白状况

质量正常的蛋，其蛋白状况是浓厚蛋白含量多，占全蛋的50%～60%，无色，透明，有时略带淡黄绿色。随着贮藏时间的延长，浓厚蛋白逐渐变稀。

(10) 系带状况

正常蛋的蛋黄两端紧贴着粗白有弹性的系带。系带变细并同蛋黄脱离甚至消失的蛋，属质量低劣的蛋。

21.2 蛋的品质鉴别方法

21.2.1 感官鉴别法

感官法主要通过看、听、触、闻等方法鉴别鲜蛋的质量。

21.2.1.1 视觉鉴定

视觉鉴定是指用肉眼观察蛋壳色泽、形状、清洁度以及蛋的大小、壳上膜的完整情况。新鲜蛋的蛋壳比较粗糙、表面干净、完整、坚实，附有一层霜状胶质薄膜。如果胶质膜脱落、不清洁、呈乌灰色或有霉点，则为陈蛋。对出口鲜蛋及原料蛋，通过视觉鉴定，应拣出不清洁蛋、蛋壳不完整蛋、畸形蛋、壳上膜脱落蛋，其他蛋按大小和颜色不同分开，以便进行光照鉴定和分级。

21.2.1.2 听觉鉴定

听觉鉴定是指通过听鲜蛋相互碰撞的声音进行鉴别。新鲜蛋发出的声音坚实，似碰击砖头的声音；裂纹蛋发音沙哑，有啪啦声；空头蛋的大头端有空洞声；钢壳蛋发音尖脆，有“叮叮”响声；贴皮蛋、臭蛋发声像敲瓦片声；用指甲竖立在蛋壳上敲击，有“吱吱”声的是雨淋蛋。振摇鲜蛋时，没有声响的为好蛋，有声响的是散黄蛋。

21.2.1.3 触觉鉴定

触觉鉴定是指将蛋拿在手中，新鲜蛋有“沉”的压手感觉。孵化过的蛋，外壳发滑，分量轻。霉蛋和贴皮蛋的外壳发涩。

21.2.1.4 嗅觉鉴定

新鲜鸡蛋没有气味，新鲜鸭蛋有轻微的鸭腥味。有特异气味的是异味污染蛋，有霉味的是霉蛋，有臭味的是坏蛋。

21.2.2 光照鉴别法

禽蛋具有透光性，在光线透视下，可以通过观察蛋壳、气室、蛋白、蛋黄、系带和胚胎的状况，鉴别蛋的品质。透视法通常采用手工照蛋和机械照蛋，有条件的可采用电子自动照蛋。

手工照蛋是指采用手工照蛋器，利用灯光进行鲜蛋的品质鉴定。各种照蛋器的结构如图21-1所示。

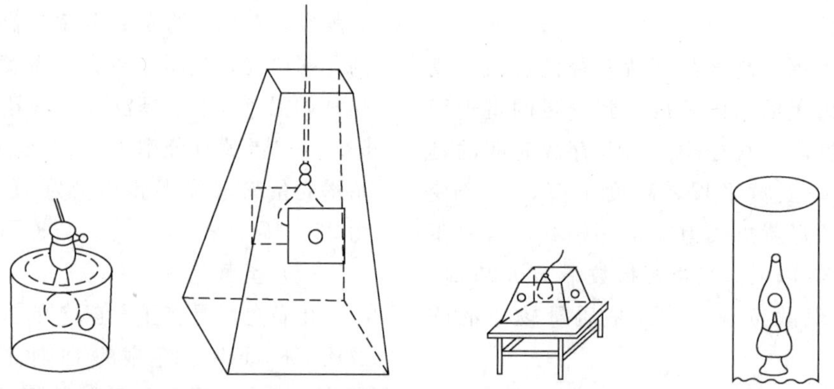

(a) 圆形单孔照蛋器　(b) 方形双孔照蛋器　(c) 方形三孔照蛋器　(d) 煤油灯照蛋器

图21-1 各种照蛋器示意图

不同品质的鲜蛋在灯光透视下表现出不同的特征，如表21-6所示。照蛋是指利用输送机械进行连续性人工照蛋，基本工艺流程是：上蛋→输送→吸风除草→输送→人工照蛋→下蛋斗→装箱→自动过秤。电子自动照蛋是指运用光学原理，采用光电元件识别不同品质鲜蛋的光谱特征和光通量变化情况，以机械手代替手工操作，以机械运输代替人力搬运，自动进行鲜蛋的鉴别。

表 21-6　鲜蛋的光照透视特征

类别	光照透视特征	产生原因	食用性
新鲜蛋	蛋壳无裂纹，蛋体全透光呈浅橘红色，蛋黄呈暗影，浮映于眼前，转蛋时蛋黄随之转动。蛋白无色，无斑点及斑块，气室很小	存放时间短	供食用
陈蛋	壳色转暗，透光性差，蛋黄呈明显阴影，气室大小不定，不流动	放置时间久	未变质者可食用
散黄蛋	蛋体呈雾状或暗红色，蛋黄形状不正常，气室大小不定，不流动	受振动后，蛋黄膜破裂，蛋白同蛋黄相混	未变质者可食用
贴皮蛋	在贴皮处能清晰见到蛋黄呈红色。气室大，或者蛋黄紧贴蛋壳不动，一面呈红色，一面呈白色，贴皮处呈深黄色，气室很大	贮藏时间太长且未加翻动	不能食用和加工
热伤蛋	气室较大，胚盘周围有小血圆点或黑丝、黑斑	未受精的蛋受热后胚盘膨胀增长	轻者可食用
霉蛋	蛋体周围有黑斑点	受潮或破裂后霉菌侵入	霉菌未进入蛋内，可食用
腐败蛋	全蛋不透光，蛋内呈水样弥漫状，分不清楚蛋黄、蛋白	蛋内细菌繁殖	不能食用
活仁蛋	气室位置不定，有气泡	气室移动	可食用

21.2.3　密度鉴别法

测定蛋密度的方法有多种，现介绍常用的两种。

21.2.3.1　普通方法

一般用 9 种不同密度的盐溶液，盐液密度从 1.060 到 1.100，每种相差 0.005。每 3 L 水中加盐量与盐液密度的关系见表 21-7。将待测鲜蛋依次放入密度由低到高的盐溶液内，蛋在哪一种密度的盐液中飘浮，此密度即为该蛋的密度。密度越大，蛋越新鲜，优质鲜蛋的密度为 1.080 以上。蛋密度与蛋壳破损率呈负相关，与蛋壳百分率呈正相关，即蛋密度越大，破损率越低，蛋壳百分率越高。

表 21-7　加盐量与盐液密度的关系

盐液密度/(g/mL)	加盐量/g	盐液密度/(g/mL)	加盐量/g
1.060	276	1.085	390
1.065	298	1.090	414
1.070	320	1.095	438
1.075	343	1.100	462
1.080	365		

21.2.3.2　商业方法

配制 3 种不同密度的盐水溶液（用密度计标定），分别是：①11%盐水溶液，密度为 1.081 g/mL；②10%盐水溶液，密度为 1.073 g/mL；③8%盐水溶液，密度为 1.059 g/mL。测定时，将鲜蛋依次放入密度从大到小的盐水溶液中，在密度 1.081 g/mL 盐水溶液中的下沉蛋为最新鲜蛋；在密度 1.073 g/mL 盐水溶液中的下沉蛋为一般新鲜蛋；在密度 1.059 g/mL 盐水溶液中的下沉蛋是介于鲜蛋与陈蛋之间的次鲜蛋，悬浮蛋是陈蛋，漂浮蛋是臭蛋或坏蛋。

21.2.4　荧光鉴别法

荧光检验的原理是用紫外光照射，通过观察蛋壳光谱的变化来鉴别蛋的鲜陈。新鲜的蛋的荧光强度弱，而越陈旧的蛋，荧光强度越强。

将鲜蛋放于盘中，在暗室中逐盘照射紫外灯。新鲜蛋呈现深红色荧光，并随蛋的存放时间延长逐渐减弱，即由深红色变为红色，再变为淡红色；存放 10～14 d 的蛋，则呈现紫色荧光，更陈的蛋则呈淡紫色。

另一种操作方法是使用紫外光线在暗室中照射鲜蛋。当紫外光线在暗室中照射鲜蛋时，鲜蛋的荧光因蛋的鲜陈程度不同而不同。新鲜蛋呈现深红色荧光，陈蛋呈现紫红色，甚至紫色荧光。日本多采用荧光法鉴别鲜蛋和陈蛋。

思考题

1. 禽蛋的各种质量指标的内容是什么？
2. 常见的禽蛋品质鉴定方法有哪些？

第 22 章

蛋的贮藏保鲜

学习目的与要求

了解禽蛋在贮运期间的品质变化规律以及腐败变质的机理、影响因素；掌握鲜蛋贮藏的消毒杀菌技术以及鲜蛋冷藏、涂膜、气调等贮藏方法的原理与管理要求；掌握洁蛋的生产工艺与技术。

22.1 蛋的贮藏保鲜原理

22.1.1 鲜蛋在贮藏过程中的变化

22.1.1.1 物理变化

禽蛋产出后，通过蛋壳上分布的大量气孔与外界环境进行物质交换，在环境的影响下，主要引起蛋内水分、氧气、二氧化碳含量的变化，进而引起禽蛋质量的变化。

新鲜禽蛋的蛋白透明、浓厚，系带粗白而富有弹性，蛋黄几乎是半球形，蛋黄指数在 0.40～0.44 之间。新鲜禽蛋含有大量的水分，约占蛋质量的 72.5%。不同的结构中水分含量不同。其中，蛋白水分占蛋白质量的 85.5%～88.2%，为蛋质量的 49.59%～51.16%；蛋黄水分占蛋黄质量的 47.2%～52.0%，为蛋质量的 14.40%～15.86%。在贮藏时，根据平衡原理，通过扩散、渗透，蛋白中的水分既要向蛋外逸出，又要向蛋黄渗入。环境湿度越高，蛋白水分通过气孔的逸散越慢，禽蛋质量减轻越多。环境温度的升高，可以加剧质量下降。同时，蛋白水分向蛋黄内渗透，使蛋黄含水量增加。温度的提高、贮藏时间的延长，可以使蛋黄水分越来越多。当蛋黄指数小于 0.25，或者蛋黄体积超过原来体积的 19%时，蛋黄膜因过度紧张而失去弹性，此时稍受振动，就会导致蛋黄膜破裂，蛋黄与蛋白互相混合而形成散黄蛋。与此同时，随着水分的不断消失，气室会不断增大，温度高则变化快，温度低则变化缓慢。

22.1.1.2 化学变化

新鲜禽蛋的蛋白的 pH 为 7.5～7.6，贮藏 10 d 左右后，其 pH 可以达到 9.0 以上。蛋黄的 pH 为 6.0～6.4，在贮藏过程中会逐渐上升而接近或达到中性。当禽蛋接近变质时，其 pH 有下降的趋势。当蛋白的 pH 降至 7.0 左右时，蛋尚可食用，若继续下降，则不宜食用。

随着贮藏时间的延长，由于禽蛋本身的呼吸及微生物的作用，蛋内营养物质不断转化和分解。蛋白中的浓厚蛋白逐渐减少，高度降低，而稀薄蛋白则不断增加，蛋白变稀。其中，浓厚蛋白中不溶性卵黏蛋白向可溶性卵黏蛋白转化，导致蛋白水样化；并且，蛋白中的卵白蛋白发生变性，转变为 *S*-卵白蛋白，转变数量与贮藏时间、温度呈正比；蛋白中的溶菌酶减少。蛋黄中的卵黄球蛋白和磷脂蛋白含量减少，而低磷脂蛋白的含量增加。微生物可将蛋白质分解成氨基酸，各种氨基酸经脱氨基、脱羧基、水解及氧化还原作用，生成多肽、有机酸、吲哚、氨、硫化氢、二氧化碳等，使蛋产生各种强烈的臭气。蛋黄中的脂肪在微生物产生的脂肪酶的作用下，被分解成甘油和脂肪酸，进而被分解成低分子的醛、酮、酸等具有刺激性气味的物质。蛋液中的糖类在微生物的作用下，被分解成有机酸、乙醇、二氧化碳、甲烷等。位于蛋黄两端的系带因受酶的作用而发生水解，逐渐变细，甚至完全消失，造成蛋黄移位，出现靠黄蛋和贴壳蛋。

22.1.1.3 生理学变化

当贮藏温度达到 25℃以上时，受精卵在胚胎周围产生网状血丝、血圈甚至血筋，成为胚胎发育蛋。未受精卵的胚胎也会出现膨大现象，成为热伤蛋。

22.1.1.4 微生物学变化

当产蛋母禽患病，生殖道被细菌感染或发生炎症；或者在禽蛋产出后，环境中的微生物污染蛋壳，通过气孔或裂纹侵入蛋内，都将导致禽蛋内出现微生物。蛋内常见的微生物有霉菌和各种细菌，如芽枝霉、青霉、曲霉、毛霉、葡萄球菌、大肠杆菌、枯草杆菌、变形杆菌以及沙门氏菌等。随着贮藏期的延长，各种微生物不断生长繁殖。霉菌使禽蛋产生霉斑、丝状物，散发浓烈的霉味和酸败气味；细菌则使蛋白变稀，系带液化断裂，蛋黄上浮而黏附于蛋壳上，蛋黄膜失去弹性而破裂，蛋白与蛋黄相混，色泽变黑，产生大量的硫化氢等臭味气体。

22.1.2 禽蛋贮藏保鲜的基本原则

为了增加禽蛋的保鲜效果，原则上要求对禽蛋进行杀菌消毒，清除禽蛋壳上污物，减少禽蛋表面初始菌的数量，增强贮运保鲜效果，延长禽蛋货架期。具体的杀菌消毒方法有以下几种。

22.1.2.1 过氧乙酸消毒法

过氧乙酸是一种高效广谱消毒杀菌剂，对细菌、真菌、病毒均有较好的杀灭效果。其分解产物是醋酸、过氧化氢、水和氧，均无毒、无害。

使用过氧乙酸溶液处理鲜蛋，有浸泡、喷雾和熏蒸 3 种方法。浸泡法即将鲜蛋直接浸泡在 0.10%～0.25%的过氧乙酸溶液池内，3～5 min 后捞出，晾干。喷雾法受均匀度的影响，只适用于小批量鲜蛋的处理。采用熏蒸法处理时，将13.5%以上的过氧乙酸放于搪瓷盆内，加热蒸发，保持室内的相对湿度在60%～80%，密封熏蒸1～2 h，即可达到良好的效果。过氧乙酸的剂量一般可按每立方米的空间用1～3 g计算。

过氧乙酸容易分解挥发，最好现用现配，将配置好的原液贮存于冰箱或冷库内。鲜蛋浸泡的时间依过氧乙酸的浓度而定，原则上浓度越高，浸泡时间越短，每批鲜蛋的浸泡时间在1～5 min之间。如果将过氧乙酸杀菌处理后的鲜蛋贮存在冷库中，保鲜期更长。

22.1.2.2 新洁尔灭消毒法

新洁尔灭为淡黄色胶状液体，易溶于水，其化学名称为十二烷基二甲基苄基溴化铵。其水溶液呈碱性，振摇时形成大量的泡沫，有较强的除污和消毒作用，能凝固蛋白质和破坏菌体的代谢过程。消毒鲜蛋时，用5%新洁尔灭原液，加50倍水。使用时忌与肥皂、碘、高锰酸钾和碱等配用。

22.1.2.3 漂白粉消毒法

选择通风良好的场所，将鲜蛋浸入含有1.5%活性氯的漂白粉溶液中，保持3 min，取出沥干。

22.1.2.4 碘消毒法

将鲜蛋置于0.1%碘溶液中，浸泡30～60 s，取出沥干后即可进行保存。浸泡鲜蛋次数达10次之后，溶液中碘含量降低。如需再用，可将每批蛋浸泡的时间延长至90 s或添加部分新配的碘溶液。

22.1.2.5 高锰酸钾消毒法

高锰酸钾为黑紫色结晶，有金属光泽，易溶于水。可用0.5%的高锰酸钾溶液消毒鲜蛋，浸泡1 min，取出沥干。

22.1.2.6 甲醛消毒法

甲醛为无色带有刺激性和挥发性的液体，能杀死蛋壳表面的细菌、病毒，且蒸发较快。消毒时将甲醛溶液与高锰酸钾混合，利用所挥发烟雾熏蒸消毒鲜蛋。具体方法是：将鲜蛋置于密闭条件较好的室内，关闭门窗，封贴缝隙；然后按室内每立方米空间加30 mL甲醛、15 g高锰酸钾的用量，将甲醛溶液倒入瓷缸或瓷盘等容器内；再将高锰酸钾徐徐加入甲醛溶液内，立即离开并迅速关闭房门，密闭熏蒸1 h左右。

22.1.2.7 巴氏消毒法

巴氏消毒法指将蛋浸入95～100℃沸水中，浸泡5～7 s后立即取出。采用该种方法可将蛋壳表面细菌杀死，并能使蛋在蛋壳内膜与蛋白处形成一层极薄的膜。这样既可防止细菌侵入，也可防止蛋内水分蒸发和二氧化碳逸出，减少蛋的干耗和延缓变质。

22.1.3 蛋的贮藏保鲜方法

22.1.3.1 冷藏法

鲜蛋的冷藏主要是利用低温条件，抑制鲜蛋的酶活动，降低新陈代谢，减少干耗率。同时，抑制微生物的生长及繁殖，减少生物性腐败的发生。在较长时间内保持鲜蛋的品质。

(1) 冷藏前的准备工作

①冷库消毒　鲜蛋入库前，库内应预先加以消毒和通风。目前多采用一定浓度的漂白粉溶液喷雾消毒和用乳酸熏蒸消毒，以消灭库内残存微生物。库内的垫木、码架等用具应在库外预先用热碱水刷洗，置于阳光下暴晒，然后入库。冷藏间必须清洁无异味，并设置防鼠设施。

②严格选蛋　送入冷藏库的蛋在入库前必须经过严格的外观检查和灯光透视，剔除破损蛋、污壳蛋和劣质蛋等不符合标准的降级蛋。

③合理包装　入库鲜蛋的包装要清洁、干燥、不吸潮、无异味，利于通风。

④鲜蛋预冷　选好的鲜蛋在冷藏前必须经过预冷，以使鲜蛋由常温状态逐渐降低至接近冷藏温度。预冷的目的是防止“蛋体结露”和突然降温造成蛋内容物收缩以及引起鲜蛋蛋白加快变稀、蛋黄膜韧性减弱。同时，微生物也容易随空气进入蛋内，使蛋逐渐变质。预冷应在专用冷却间内进行，采用微风速冷风机，使冷却间空气降温缓慢而均匀，一般空气流速为0.3～0.5 m/s；每1～2 h冷却间温度降低1℃，相对湿度为75%～85%。一般经20～40 h蛋温降至2～3℃，此时即可停止降温。结束预冷后，转入冷藏库。

(2) 入库后的冷藏管理

①码垛要求　为了使冷库内的温度、湿度均匀和改善库内的通风条件。蛋箱码垛应顺冷空气流向整齐排列，垛位距进风口、出风口宜远不宜近，垛距墙壁30 cm，垛间距为25 cm，箱间距为3～5 cm。木箱码垛高度为3～10层，垛高不能超过风道的进风口、出风口。每批鲜蛋进库时，应标明入库日期、数量、类别、产地。

②控制指标　冷藏库内温度、湿度的控制是取得良好的冷藏效果的关键。GB 2749—2015 规定鲜蛋冷藏温度为－1～0℃。与其对应的相对湿度，一般控制为85%～88%。为了防止库内不良气体影响鲜蛋品质，要定时换入新鲜空气。换气量一般是每昼夜2～4个库室容积，换气量过大会增加蛋的干耗及设备的能量损耗。

③质量检查　为了了解鲜蛋的冷藏效果，要求在冷藏期间定期检查鲜蛋质量。质量检查一般采取抽查法。对抽查的蛋样，采用灯光透视检查和目视检查法。抽查分为入库前抽查、冷藏期间抽查（每隔15～30 d抽查一次）、出库前抽查，其数量约为1%。抽查过程中发现质量较差的，可适当增加抽查数量。

（3）出库

在出库前，应该采取预升温措施，在特别设置的房间内，使蛋的温度慢慢升高。防止直接出库时，由于蛋温低，与外界热空气接触，温差过大，在蛋壳表面凝结水珠，形成“出汗蛋”。这既降低等级，又易感染微生物而引起变质。

22.1.3.2　气调法

气调法主要是指把鲜蛋贮藏在含一定浓度 CO_2、N_2 等气体的空间中，使蛋内自身形成的 CO_2 不易散发并降低 O_2 含量，从而抑制鲜蛋内的酶活性，减慢代谢速度，同时抑制微生物的生长，保持蛋的新鲜程度。实验证明，当气调法配合低温冷藏时，有较好的贮藏效果。CO_2 气调法的工艺方法是：根据贮藏鲜蛋数量，采用0.23 mm厚的聚氯乙烯薄膜制成塑料大帐；将贮藏的鲜蛋装箱，堆垛在冷库内，堆垛下铺设聚氯乙烯薄膜作为衬底；鲜蛋预冷2 d，使蛋温与库温基本一致，达到－1～5℃；用塑料大帐套上蛋垛，帐内放入布袋或尼龙袋盛装的硅胶粉（2.5 kg/袋，4袋/10 000 kg鲜蛋）、漂白粉（2.5 kg/袋，4袋/1 000 kg鲜蛋）；用烫塑器把塑料大帐与衬底塑料烫牢，采用真空泵抽气，使大帐紧贴蛋垛；检查无漏洞后，充入 CO_2 气体，保持大帐内 CO_2 浓度为20%～30%，库温为－1～5℃。贮藏半年后，贮藏蛋的新鲜度好、蛋白清晰、浓稀蛋白分明、蛋黄系数高、气室小、无异味，其中一、二类蛋比冷藏法降低干耗3%左右，三、四类蛋降低7%左右。

22.1.3.3　液浸法

浸泡法是选用适宜的溶液，将鲜蛋浸在其中，使其同空气隔绝，阻止鲜蛋中的水分向外蒸发，避免微生物污染，抑制蛋内 CO_2 逸出，保持鲜蛋品质的方法。浸泡溶液有石灰水、水玻璃、萘酚盐、苯甲酸合剂等，有的还采用混合浸液，常用的主要是前两种。

（1）石灰水浸泡法

采用石灰水浸泡时，石灰水的液面与空气中的 CO_2 反应能生成一层 $CaCO_3$ 硬质薄膜。

$$CaO + H_2O \rightarrow Ca(OH)_2 + \text{热量}$$

$$Ca(OH)_2 + CO_2 \rightarrow CaCO_3 \downarrow + H_2O$$

这层硬质薄膜使石灰水溶液不与空气相接触，避免微生物的侵入。生石灰溶液呈强碱性，具有消毒作用。石灰水与从鲜蛋中逸出的 CO_2 作用，生成的 $CaCO_3$ 沉积在蛋壳表面，堵塞鲜蛋的气孔，防止微生物侵入，抑制蛋内水分蒸发。同时，蛋内 CO_2 增加，抑制鲜蛋的呼吸和酶的活性，抑制浓厚蛋白变稀及蛋的pH下降。

具体做法是：选择优质的新鲜生石灰块与洁净清水，以3∶100的比例，加入干净的容器中，使石灰块充分溶解，静置澄清后，取出上清液备用；将经过检验合格的鲜蛋轻轻地放入盛有上清液的容器中，使其慢慢下沉，至液面高出蛋面15～20 cm为止。经2～3 d，液面上将形成硬质的 $CaCO_3$ 薄膜。在贮藏期内，控制室温在3～23℃，控制水温在1～20℃。定期检查，若发现石灰水溶液混浊、发绿、有臭味，应尽快处理，并及时捞出上浮蛋、破壳蛋、臭蛋，注意保持液面上的 $CaCO_3$ 薄膜完整。

（2）水玻璃浸泡法

水玻璃又称泡花碱，是硅酸钠（Na_2SiO_3）和硅酸钾（K_2SiO_3）的混合溶液，通常为白色，黏稠、透明、易溶于水，呈碱性反应。水玻璃遇水后生成偏硅酸或多聚硅酸胶体物质，能附在蛋壳表面，堵塞气孔，减弱蛋内呼吸作用和生化变化，阻止微生物侵入，抑制水分蒸发，达到保存鲜蛋的目的。

市售水玻璃的浓度有40、45、50、52、56波美度5种，鲜蛋贮藏大多采用3.5～4.0波美度的水玻璃溶液。因此，必须加入软水稀释原溶液，配制成符合要求的浓度，其加水稀释公式如下：

$$\text{加水量} = (\text{原水玻璃溶液浓度}/\text{要求配制溶液浓度}) - 1$$

例如，用40波美度的水玻璃溶液配制4.0波美度的溶液，其加水量为：(40/4)－1＝9，即在1 kg、40波美度的水玻璃溶液中加入9 kg软水，得到4.0波美度的水玻璃溶液。具体配制时，先用少量的水将原浓度水玻璃溶液全部溶解，再加入其余的水，搅拌均匀，用“波美氏”密度计进行浓度确认，过高或过低，可酌情加水或原浓度水玻璃溶液。

贮藏时，将检验合格、洗净、晾干的鲜蛋轻轻浸入水玻璃稀释液，液面高于蛋面10 cm左右，控制水玻璃溶液的温度在0～18℃，并及时剔除上浮蛋、裂壳蛋、臭蛋。采用此法，贮藏期可达4～5个月。食用前，用15 ～20℃温水将蛋壳表面的水玻璃洗去。

22.1.3.4 涂膜法

涂膜法是指在鲜蛋表面均匀地涂上一层薄膜，堵塞蛋壳气孔，阻止微生物的侵入，减少蛋内水分和CO_2的挥发，延缓蛋内的生化反应速度，达到较长时间保持鲜蛋品质和营养价值的方法。

鲜蛋涂膜剂必须具有成膜性好、透气性低、形成的膜质地致密、附着力强、吸湿性小、对人体无毒无害、无任何副作用、价格低、材料易得等特点。目前，水溶液涂料、乳化剂涂料和油质性涂料已被使用，如液体石蜡、植物油、动物油、凡士林、聚乙烯醇、聚苯乙烯、聚乙酰甘油一酯等。此外，还有微生物代谢的高分子材料，如出芽短梗孢糖等。值得注意的是，由于涂膜剂可能渗透到鲜蛋内部，给消费者的健康带来影响，不同的国家对同一种涂膜材料的规定是不同的。例如，美国允许使用液体石蜡涂膜，而日本禁止使用；油脂类涂膜中的不饱和脂质会产生低分子的过氧化物，向鸡蛋内部渗透，日本规定食品中的过氧化价不得超过30 mg/kg，而德国规定为10 mg/kg。因此，选择涂膜剂，一定要在法规允许的范围内进行。

常见的几种涂膜剂及其配方如下：

①100％医用液体石蜡。1 kg液蜡可供450 kg鲜蛋涂膜。

②熟猪油1 000 kg，灰黄霉素1.2 kg，维生素E 1 g，0.5％～1.0％过氧乙酸溶液适量。将新鲜猪油炼制成熟猪油，置于陶瓷容器内冷却至40～50℃时，加入灰黄霉素等辅料，充分搅拌均匀，可涂鲜蛋150 kg。

③医用凡士林500 g，硼酸10 g。将凡士林与硼酸混合，置于铝锅内加温溶解，搅拌均匀后，冷却至常温即可使用，可涂鲜蛋75 kg。

④5％聚乙烯醇。将聚乙烯醇放入冷水中浸泡2 h左右，水浴加热至聚乙烯醇全部溶化，冷却后即可涂膜。

涂膜法的工艺流程如下：

选蛋→清洗消毒→晾干→涂膜→晾干→包装→贮藏

采用涂膜法贮藏鲜蛋，必须通过严格检验，保证蛋的新鲜程度。涂膜前，要清洗消毒。涂膜方法可以采用浸泡法、喷涂法、人工涂膜、机械涂膜。涂膜后，为了防止蛋壳粘连，要求分散晾干，装入蛋托后再装箱。经涂膜处理的鲜蛋，可以在室温下贮藏。有条件时，也可以结合低温冷藏、气调贮藏，效果更好。

22.2 洁蛋生产

洁蛋是指禽蛋产出后，经过表面清洁、消毒、烘水、检验、分级、涂膜及包装等一系列处理后的蛋产品。洁蛋虽然经过一系列的工艺处理，但仍然属于鲜蛋类。洁蛋不仅品质安全可靠，而且具有较长的有效保质期，可直接上市销售。目前，许多发达国家规定禽蛋产出后必须经过处理，成为清洁蛋后才能上市销售。在北美、欧洲和日本，禽蛋的清洗消毒率已经达到了100％。美国、加拿大以及一些欧洲国家早在20世纪60年代，就开始进行鲜蛋的清洗、消毒、分级、包装。美国所有养鸡场生产的鸡蛋，必须送到洗蛋工厂进行处理。洗蛋厂有两种：一种是大型的，自动化程度较高，采用流水作业线；另一种是小型的，适合于家庭养鸡场。所有进入超市的鲜蛋，都须经过清洗、消毒，然后按一定的质量将蛋分为特级、大、中、小4个等级，并经过检测，符合卫生质量标准的才准许进入市场。其中，沙门氏菌的数量和血斑蛋、肉斑蛋、破损蛋的状况是重点检测内容。欧洲一些国家，在鸡蛋前期处理过程中，一部分直接在蛋鸡场使用农场包装机将鸡蛋装于蛋盘内包装，供应市场。另外的鸡蛋，由蛋鸡场送至专门的清洗、消毒、分级包装中心加工处理，然后销往各地超级市场。新加坡、马来西亚、韩国等国家的禽蛋清洗消毒比例也都高于70％。我国作为世界上最大的禽蛋生产国，食用鲜蛋的前期处理非常落后，包装洁蛋的生产基本处于空白状态。禽蛋产出后不进行卫生清洁处理，从鸡舍直接送到农贸市场或超市销售。由于禽类的生理特点，禽蛋经过禽的肠道散落在禽舍，是一个与禽粪便密切接触的过程。除了禽流感病毒可以寄宿在禽的粪便中外，沙门氏菌、禽大肠杆菌、李斯特菌、新城疫病毒等病菌，也都大量寄生在禽的肠道和粪便中。从禽养殖场收集的禽蛋是相当大的病菌载体，是名副其实的“脏蛋”。这些带有庞大致病菌群的禽蛋通过粗放的、不加任何处理的流通环节被广大消费者购买，其间车辆、周转箱、货架、手、食物、冰箱、家庭中的空气完全暴露在被禽粪便污染的环境中。尽管目前尚没有权威的调查统计数据表明这种禽蛋流通和消费模式给我国广大消费者带来多大的身体损伤和疾病的传播，但对比国外相对安全的流通和消费模式，这种损害将是一个异常惊人的数字。近年来，世界范围内不断发生禽流感疫情，世界卫生组织的研究表明，禽流感传播的主渠道是禽粪便和被病毒污染的羽毛。我国政府应该加强涉及禽类食品的卫生防疫工作，对禽类“脏蛋”上市这一卫生防疫薄弱环节给予高度重视，出台相关政策，强制推行“洁蛋工程”，以保障人民健康。

22.2.1　洁蛋的生产工艺

22.2.1.1　第一次检验

从养殖车间产下的鲜蛋，经过传送带送至鲜蛋处理车间，在传送的过程中进行第一次检验（专门的禽蛋加工厂有所不同），将异常蛋、血斑蛋、肉斑蛋、异物蛋、过大蛋、过小蛋、粘粪蛋以及破损蛋、裂纹蛋等剔除。

22.2.1.2　清洗与消毒

采用洗蛋机，配合一定的洗涤消毒液进行洗蛋作业。首先用清水清洗，以去除蛋壳表面的污物。所用清水必须符合生活饮用水卫生标准，水温以35～40℃为宜。大多采用含有效氯 0.1‰～0.2‰的消毒水或其他等效消毒剂，以杀灭沙门氏菌、大肠杆菌等致病菌。

鸡蛋的蛋壳有粪、泥或其他污物附着，而其污染程度与鸡的饲养方式有关。一般而言，平饲较笼饲容易污染，而且污染程度也较重。为消除蛋壳上的污染物，一般使用干擦与洗净两种方法。

(1) 干擦法

使用干粗布或刷子来擦拭蛋壳表面的污物，可人工将蛋个别擦拭。也可用机械擦拭，即以自动旋转刷迅速擦刷蛋壳表面，以除去污物。干擦法目前已为洗净法所取代。

(2) 洗净法

使用洗蛋机洗刷蛋壳上的污物。目前国内业者使用的洗蛋机有美式和日式两种。洗蛋机洗净鸡蛋的步骤如下：

①用真空吸蛋器将蛋吸起，放置于检蛋台上；

②照蛋检蛋；

③喷淋洗剂（液）后，再用柔软旋转刷擦刷洗净；

④打蜡；

⑤干燥；

⑥分级（依质量分级）；

⑦包装。

洗净用水须符合卫生，并注意水温及水质。当洗净水的温度低于蛋温时，气孔的毛细管现象或蛋内部的冷却收缩所引起的吸力，会使微生物随洗净水渗透入蛋内。洗净水的温度过高，则可能使蛋因热膨胀而破裂。因此，洗净水的温度以较蛋温高10℃为宜（一般约为 40℃）。

洗净水须含微生物少、不含杂质。杂分渗透进入蛋内，会促进微生物增殖，并且会与蛋白结合而使蛋白呈粉红色。

蛋经洗净后蛋壳上的角皮层会脱落，致使蛋的气孔呈无防御状态。因此，对洗净后的鸡蛋处理须相当注意。一般而言，洗净蛋再长期贮藏时，微生物较易侵入增殖，从而加速蛋腐败。

蛋洗净用液有酸、碱、洗涤剂、EDTA、杀菌剂等。这些溶液均容易渗透入蛋内，引起蛋风味变化及蛋品质劣变等。福尔马林、季铵盐、酒精等虽有杀菌效果，但蛋洗净杀菌后贮藏时的侵入菌数反而增加。蛋洗净后用含过锰酸钾的福尔马林熏蒸，或以稀醋酸浸渍，均有良好的效果。

一般的洗涤剂无法完全除去蛋壳上的微生物，若欲除去蛋壳上的微生物，可使用杀菌剂洗蛋或采用加热洗蛋法。加热洗蛋是指将蛋放在 57.5℃或65℃的水中加热，以 60℃加热 320 s 的热杀菌效果最好。若在 70℃以上加热，与蛋壳接触的蛋白会受热凝固，因此温度须在 65℃以下，而温度太低则无杀菌效果。蛋用加热杀菌处理，还可抑制贮藏后的某些变化，如内容物灰绿色化、酸败臭等。此外，使用油浴较水浴的加热效果差，因为二者的热传导度不同。加热杀菌对存在于蛋壳表面、气孔中或已通过蛋壳膜的微生物均有效果。

洗蛋杀菌剂种类繁多，目前较常用的洗蛋杀菌剂为次氯酸盐，其用量为0.1‰～0.2‰，尤以次氯酸钠最普遍使用。打蛋前使用这些杀菌剂杀菌，可防止蛋壳表面的微生物污染蛋内容物。使用水或表面活性剂洗蛋，在电子显微镜下可见蛋壳角皮层显著变化；而使用EDTA与碱液洗蛋，则会使蛋壳上的角皮层脱落。

22.2.1.3 烘水与保鲜处理

对经过清洗消毒的鲜蛋，须要用专用烘干机将蛋壳吹干，然后用白油（液蜡）或其他复合保鲜剂喷涂，使蛋壳表面形成一层保护膜，从而延长洁蛋保质期。保鲜剂必须天然、无毒、安全与卫生。

22.2.1.4 检验

此次为第二次检验，经过以上程序处理的鲜蛋，仍有可能破裂或未被洗干净，在分级之前要求将其选出。根据设备的档次，有人工挑选、机械检验与人工和机械检验相结合的方法。

22.2.1.5 分级或选蛋

分级处理主要根据消费者的需要或买方的需要进行分级。在国内主要按国家标准进行分级，出口时按要求进口国的标准分级。分级的方法主要有机械式和电子式两种。目前，国外先进国家的选蛋作业均采用自动识别机或计算机系统进行洁蛋分级。这种自动识别机可将洗蛋、干燥、检验、分级等项操作全部自动化。小型鸡蛋识别机的处理能力为3 000～4 000 枚/h，大型鸡蛋识别机的可达20 000～25 000 枚/h。一般鸡蛋识别机可将鸡蛋依质量分成6类，且可自动将鸡蛋装盒。某些选别机附有蛋重及数量计数器，可将选别后的各等级鸡蛋数目、价格等自动计算出来。

选蛋的目的在于将同等质量的鸡蛋装入盒中。因为质量选择是鸡蛋收集中的一项重要工作，故在国外均由蛋分级包装中心来完成此项工作。蛋分级包装中心可对洗净前后的蛋各照蛋检查一次，照蛋检查系统将50～70 枚蛋排列后，由下方透光检查。照蛋检查工作须由经特别训练的熟练人员担任。

22.2.1.6 喷码

采用打码机或喷码机在每枚蛋体或包装盒上进行无害化贴签或喷码标识（包括分类、商标和生产日期）。所用喷墨必须是食品级的。

22.2.1.7 包装

近年来，装蛋容器多为透明塑胶盒，国外有在蛋盒贴上各种不同颜色的标签的，以供消费者分辨不同级别的蛋。

蛋容器多以屑纸板、纤维板、纸板、纸浆板、塑胶等制成，其种类相当多。以这些材料制成的蛋容器种为内装，其有各种不同的形状，以有蛋座且有盖的容器较具缓冲力。蛋容器的制造材料的选择一般以含一定水分、缓冲力大且无粪臭、合乎卫生安全为原则。

鸡蛋内装后，通常再以纸箱等外装，然后再供运送。外装用容器多为纸或塑胶制箱，其强度必须符合规定。我国一般根据消费习惯和某地市场的情况进行食用鲜蛋的包装，使用专门的蛋盒、蛋盘、蛋盆、蛋箱等内包装，按一定的数量包装后，放入外包装的纸箱。

22.2.1.8 贮藏、运输与销售

对包装后的食用鲜蛋，应及时地送往销售卖场，或者放入冷藏库冷藏。所有经过处理的食用鲜蛋，都要在一定的保鲜时间内售完。

运送鸡蛋时，最重要的问题是路况（振动）、温度与湿度等。蛋在运送中受振动，会使质量减少及气室扩大。根据实验报告，在10℃下贮存60 d后，未受振动的蛋质量减少0.2 g，气室扩大1 mm以下；而在全振幅为5 mm、振动频率为600 次/min的振动条件下，其质量减少0.6 g，气室扩大4 mm以上。另外，鸡蛋的放置方向也会影响其受振动的耐力。鸡蛋受振动时，钝端朝上者较锐端朝上者更能维持其品质。

鸡蛋宜在低温下输送，故在炎热夏季须用冷藏车输送，而且在输送过程中须注意温度的变化，时冷时热最易加速蛋品质的劣变。另外，雨季蛋壳表面潮湿，微生物极易侵入蛋内而增殖。

22.2.2 洁蛋的生产设备

目前，国外蛋品加工业比较发达，有关的机械设备种类齐全，可以根据使用者的目的进行不同的机械组合，达到经济高效的目的。一般地，饲养规模小于10 000 只的小型蛋禽场，使用处理量为1 500～2 000 枚/h的小型洗蛋机和包装机。饲养规模在10 000 只以上的大型蛋禽场，建立食用鲜蛋处理中心，并根据其规模选择相应的机械设备。就处理量而言，一般为1 500～120 000 枚/h。世界上最大的处理设备是美国Diamond公司制造的设备，每小时可处理144 000 枚。美国、日本、法国、意大利、澳大利亚、加拿大、德国等国的鲜蛋自动处理程度和技术水平很高。主要的鸡蛋处理机械制造厂有荷兰 MOBA 公司、日本 NABEL 公司等。其中，MOBA 公司是全球著名的农业机械公司，总部在荷兰，在美国、英国等国设有分部，并在我国上海设有代理处。该公司的产品基本可以代表国际禽蛋（鲜壳蛋）加工处理技术的最高水平，普遍应用微机、传感器配合气动和机械系统，能够完成禽蛋清洗、干燥、表面涂油、裂缝检验、内部斑检验、自动分级（包括次蛋优选）和自动包装工作。产品规格多，系列化，应用遍布世界各地，适应性强，适用范围广。其主要特点有：①传动系统可使包装的所有禽蛋的端部指向同一方向；②具有独一无二的检测系统，只要操作两个按键，就可以探测蛋的裂纹、血迹和蛋壳上的污物，并按照设定的要求将其分成几个不同的部分；③系统可对探测到的具有裂纹的禽蛋进行优选处理；④传输装置可将禽蛋平稳地从滚筒上传输到分级装置上；⑤可对包装完备的蛋箱进行检查；⑥电磁裂缝控制可以探测出比头发丝还细的裂纹，以保证禽蛋加工质量；⑦在一层包装设备中，蛋被预选设定的程序按质量划分成 4 类或 5 类，并再度被分级。

我国蛋品加工业起步较迟，蛋品加工机械相对简单，尤其是鲜蛋处理系统、自动验蛋系统和蛋制品加工设备系统，基本没有形成规模。目前，蛋品科学工作者和禽蛋加工企业已经认识到加强蛋品工业设备研究的重要性，并加强了这方面的研究。如深圳振野蛋品智能设备股份有限公司、福州闽台农产品设备有限公司等公司，在参考国外发达国家和我国台湾地区蛋品设备的基础上，根据清洁蛋加工业者的实际情况生产出洁蛋生产一体机（图 22-1）。该设备具有的性能主要有：①采用光透检蛋装置挑选出不新鲜蛋和杂质蛋；②采用喷淋消毒装置对鲜蛋喷消毒液，以杀灭沙门氏菌、大肠杆菌等病菌；③采用清洗烘干装置除去蛋品表面的杂质和水分；④采用喷膜装置在清洁蛋表面喷白油等；⑤采用喷码装置，在处理过的清洁蛋表面喷上生产日期及批号；⑥采用电子分级，根据质量大小将清洁蛋分成 7 级，并统计各级数量。该设备结构简单，造价低，较适合我国清洁蛋加工业者使用，有很好的应用前景。

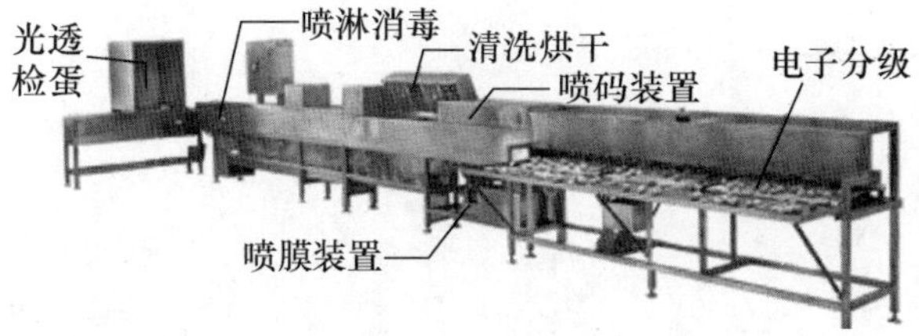

图 22-1　我国自行设计制造的洁蛋生产一体机

思考题

1. 禽蛋的贮运特性对鲜蛋的贮藏运输产生哪些影响？

2. 在贮藏运输过程中，禽蛋会发生哪些变化？各种变化产生的原因是什么？

3. 禽蛋包装运输的注意事项有哪些？

4. 禽蛋贮藏前，为什么要进行消毒杀菌处理？各种消毒杀菌技术的原理是什么？

5. 禽蛋贮藏的主要方法有哪些？各自的原理是什么？有哪些具体要求？

6. 根据蛋品贮藏保鲜发展的趋势，哪些蛋品贮藏保鲜方法有很好的发展前景？为什么？

7. 洁蛋加工工艺与设备有哪些？

第 23 章

蛋制品加工

学习目的与要求

掌握皮蛋加工及风味形成的基本原理；掌握咸蛋加工的基本原理、咸蛋加工的工艺技术及咸蛋的营养与质量要求；掌握影响冰蛋品质量的主要工序、冰蛋品的解冻及冰蛋品的分级标准。

23.1　概述

世界蛋品工业的发展已有百年的历史。目前，美国、日本、加拿大、意大利、澳大利亚、德国等发达国家的养禽业和蛋品加工业已形成现代化的大工业生产体系。各国的蛋品市场也大有改观，经过初级加工或深加工的半成品、再制品和精制品及以禽蛋为主要原料的新产品不断涌入市场。

由于文化传统、饮食习惯的不同，液体蛋、冰冻蛋、专用干燥蛋粉等成熟加工技术在欧美国家比较普及，并且都有上百年的发展历史。其中，蛋粉干燥技术是1865年的美国专利，蛋品冷冻技术发明于1890年，经过低温消毒的液体蛋加工技术1938年在欧洲就完全具备商品化生产的能力。液体鲜蛋是禽蛋打蛋去壳后，将蛋液经一定处理后包装冷冻，代替鲜蛋消费的产品。这一技术的出现有效地解决了鲜蛋易碎、难运输、难贮藏的问题。

国外的蛋制品加工程度也很高。国外发达的国家主要消费的是蛋制品。例如，美国蛋制品消费的比例占禽蛋品的60%。在日本，禽蛋加工产品的消费超过了40%，在欧洲，消费比例在25%～30%之间。

在蛋品加工方面，我国有其他国家没有的再制蛋品，如松花皮蛋、咸蛋和糟蛋等。长期以来，我国一直采用传统的生产方式和工艺，设备简陋，生产工艺无法控制，产品质量不稳定，其生产加工和消费均在逐步降低。为了使我国这一传统蛋制品重放光彩，必须采用现代化的生产工艺、技术和设备，将上千年不变的生产方式转变为现代化的生产，并逐步实现机械化、自动化控制，以提升传统蛋制品的生产水平。

23.2　几种蛋制品的生产工艺

23.2.1　皮蛋

皮蛋又叫松花蛋、彩蛋或变蛋等，有的还叫牛皮蛋，比较流行的叫法是皮蛋或松花蛋。这些名字皆来自民间，是根据皮蛋的产生特征或产品特点来命名的。皮蛋是我国劳动人民发明的、世界上独特的产品，具有特殊的风味和特点，是我国有名的传统产品之一。

23.2.1.1　皮蛋加工的基本原理

虽然皮蛋加工的方法与配方很多，但所用的材料基本相同，都是采用纯碱、生石灰、植物灰、黄泥、茶叶、食盐、氧化铅、水等几类物质。按比例混匀这些物质后，将鸭蛋放入其中，在一定的温度和时间内，使蛋内的蛋白和蛋黄发生一系列的变化而成为皮蛋。具体的理化变化见二维码 23-1。

二维码 23-1　皮蛋加工中的理化变化

皮蛋成熟的变化过程，可以归纳为以下 4 个阶段。

（1）蛋白与蛋黄的凝固

①凝固阶段　蛋白的凝固过程，首先经过蛋清稀化，然后蛋清逐渐变浓稠而凝固，即包括化清和凝固两个阶段。在这两个阶段中，起主要作用的物质是氢氧化钠。生石灰和水作用生成熟石灰，熟石灰与纯碱作用生成氢氧化钠。它们的化学反应过程如下：

$$CaO + H_2O \rightarrow Ca(OH)_2$$

$$Ca(OH)_2 + Na_2CO_3 \rightarrow 2NaOH + CaCO_3 \downarrow$$

$$Na_2O \cdot K_2O + 2H_2O \rightarrow 2NaOH + 2KOH$$

氢氧化钠是一种强碱性物质，在混合料液中，它能通过蛋壳渗入蛋内。料液中的氧化铅能促使碱液更快地渗入蛋内，使蛋内的蛋白质变性，发生液化。碱液逐步渗入，由蛋白渗向蛋黄，蛋白中碱的浓度逐渐降低。变性蛋白质分子继续凝聚，因有水的存在而成为凝胶状，并有弹性。同时，食盐中的钠离子，石灰中的钙离子，植物灰中的钾离子，茶叶中的单宁物质等，都会促使蛋内的蛋白质凝固和沉淀，使蛋黄凝固和收缩，从而发生皮蛋内容物的离壳现象。所以，加工质量比较好的松花皮蛋，一旦外壳破裂，皮蛋很容易剥落下来。蛋白和蛋黄的凝固速度与温度有关。温度高，碱性物质作用快，反之则慢。另外，加工皮蛋需要一定的时间。适宜的碱量是关键，如果加入的碱量过多，作用时间过长，会使蛋白质和胶原物质受到破坏，从而使已凝固的蛋白变为液体，这种变化称为“伤碱”。因此，在皮蛋加工中，要严格掌握碱的使用量，并根据温度掌握好时间。

凝固过程的调控主要涉及铅在传统皮蛋加工中的作用，详见二维码 23-2。目前正在用代替铅的其他无害元素进行工业化生产。

二维码 23-2　凝固过程的调控

（2）蛋白与蛋黄的呈色

①蛋白呈现褐色或茶色　蛋白变成褐色或茶色是蛋内微生物和酶发酵作用的结果。蛋白的变色过程，首先是鲜蛋在浸泡前，侵入蛋内的少量微生物和蛋内蛋白酶、胰蛋白酶、解脂酶及淀粉酶等发挥作用，使蛋白质发生一系列发生变化；其次是蛋白中的糖类发生变化。它以两种形态出现，一部分糖类与蛋白质结合，直接包含在蛋白质分子里；另一部分糖类在蛋白里并不与蛋白质结合，而是处于游离的状态。前者在卵白蛋白中占 2.7%（甘露糖），在卵伴白蛋白中占 2.8%（甘露糖与半乳糖），在卵黏蛋白中占 1.49%（甘露糖与半乳糖），在卵类黏蛋白中占 9.2%（甘露糖与半乳糖）；后者主要是葡萄糖，占整个蛋白的 0.41%。此外，还有部分游离的甘露糖和半乳糖。它们的羰基和氨基酸的氨基化合物及其混合物与碱性物质相遇，发生作用时，就会发生褐色化学反应（即美拉德反应），生成褐色或茶色物质，使蛋白呈现褐色或茶色。

②蛋黄呈现草绿色或墨绿色　蛋黄中的卵黄磷蛋白和卵黄球蛋白都是含硫较高的蛋白质。它们在强碱和水的作用下，分解产生胱氨酸和半胱氨酸，提供活跃的巯基（—SH）和二硫键（—S—S—）。这些活性基团与蛋黄中的色素和蛋内所含的金属离子铅、铁相结合，使蛋黄变成草绿色或墨绿色，有的变成黑褐色。蛋黄中含有的色素物质，在碱性条件下，受硫化氢的作用，会变成绿色；在酸性条件下，当硫化氢气体挥发后，就会褪色。溏心皮蛋出缸后，如果未及时包上料泥，或将皮蛋剥开，暴露于空气中时间较长，则暴露部位或整个蛋会变成“黄蛋”。这就说明，蛋黄色素是引起色变的内在因素。此外，红茶末中的色素也有着色作用，而且蛋黄本身的颜色就存在着深浅不一的状况。因此，在皮蛋色变过程中，常见的蛋黄色泽有墨绿、草绿、茶色、暗绿、橙红等，加上外层蛋白的红褐色或黑褐色，便形成五彩缤纷的“彩蛋”。

（3）松枝花纹的形成

经过一段时间成熟的皮蛋，食用时剥开皮蛋的壳，在蛋白和蛋黄的表层，有朵朵松枝针状的结晶花纹和彩环，称为“松花”。这种现象可以用李树青等提出的［$Mg(OH)_2$］水合晶体学说解释。详细情况见二维码 23-3。

二维码 23-3　松枝花纹的形成

（4）皮蛋风味的形成

禽蛋中的蛋白质在混合料液成分的作用下，分解产生氨基酸，氨基酸经氧化产生酮酸，酮酸具有辛辣味。蛋白质分解产生的氨基酸中含有数量较多的谷氨酸，谷氨酸同食盐作用，生成谷氨酸钠。谷氨酸钠是味精的主要成分，具有味精的鲜味。蛋黄中的蛋白质分解产生少量的氨和硫化氢，使蛋具有一种淡淡的臭味。食盐渗入蛋内产生咸味。茶叶成分具有香味。因此，各种气味、滋味的综合，使皮蛋具有一种鲜香、咸辣、清凉爽口的独特风味。

皮蛋之所以具有特殊的风味，主要是由于蛋在加工中发生了一系列生物化学变化，产生了多种复杂的风味成分。皮蛋风味成分主要在蛋变色和成熟两个阶段形成。采用气相色谱质谱联用技术对皮蛋中挥发性风味成分进行分析，研究表明，皮蛋在成熟之后新产生了 40 种挥发性风味物质，加上禽蛋原有的 19 种挥发性风味成分，共有这类化合物 59 种。在碱性条件下，部分蛋白质水解成多种带有风味活性的氨基酸。部分氨基酸再经氧化脱氨基而产生 NH_3 和酮酸，含硫氨基酸还可继续变化和分解而产生 H_2S。微量的 NH_3 和 H_2S 可使皮蛋别具风味，少量的酮酸具有特殊的辛辣风味。除此之外，食盐的咸味、茶叶的香味等也是构成皮蛋特有风味的重要因素。

23. 2. 1. 2　皮蛋的加工工艺

（1）皮蛋加工辅料及其选择

鲜蛋能变成皮蛋，是各种材料的相互配合所起作用的结果。所用材料的质量直接影响皮蛋的质量及其商品价值。因此，选用材料时，要按皮蛋加工要求的标准进行选择，以确保加工出的皮蛋符合卫生要求，有利于人体健康。常用的加工材料有以下几种。

①纯碱 纯碱的学名叫无水碳酸钠（Na_2CO_3），俗称食碱、碱粉、口碱等。纯碱是加工皮蛋的主要材料之一。其作用是使蛋内的蛋白和蛋黄发生胶性的凝固。为保证皮蛋的加工质量，选用纯碱时，应选购质纯色白的粉末状纯碱，含碳酸钠在96%以上，不能用吸潮后变色发黄的“老碱”。选购时，一次不要买得过多，以免变质。使用后，存放多余的纯碱时要密封防潮。购回后或配料前，最好检测纯碱的碳酸钠含量是否合乎质量要求。

②生石灰 生石灰的学名叫氧化钙，块状，白色，体轻，在水中能产生强烈的气泡，生成氢氧化钙（熟石灰）。在选购生石灰时，要选体轻、块大、无杂质，加水后能产生强烈气泡，并迅速由大块变成小块，直至成为白色粉末的生石灰。石灰的有效氧化钙的含量不得低于75%。不得使用掺有红色、蓝色杂质和含有硅、镁、铁、铝等氧化物的生石灰。购买生石灰时，要做到用多少买多少，不宜多购。这是因为生石灰容易吸潮变质，用不完的生石灰，应密封贮藏在干燥的地方。加工皮蛋时，使用的生石灰的量要适宜，这样才能使石灰与碳酸钠作用所产生的氢氧化钠达到所要求的浓度。如果使用石灰过多，不仅率浪费，还会妨碍皮蛋起缸，增加破损率，甚至使皮蛋产生苦味，有的蛋壳上还会残留石灰斑点；如果使用石灰过少，将会影响皮蛋中内容物的凝固。为此，生石灰的用量，以满足与碳酸钠作用生成的氢氧化钠的浓度达到4%～5%为宜。

③食盐 食盐的学名叫氯化钠，为白色结晶体，具有咸味，在空气中易吸收水分而潮解。当前市场上出售的食盐，有粗盐、细盐和精盐3种。生产皮蛋用的盐，在质量上要求含杂质少，氯化钠含量在96%以上，通常以海盐或再制盐为好。在加工皮蛋的混合料液中，一般要加入3%～4%的食盐。如果食盐加入过多，会减少蛋白的凝固，反而使蛋黄变硬；如果食盐加入过少，不能起到改变皮蛋风味的作用。

④茶叶 茶叶是一种含有营养成分的物质，还具有一定的药用价值。加工皮蛋使用茶叶，一是为了增加皮蛋的色素，二是可以增强皮蛋的风味，三是茶叶中的单宁能促使蛋白发生凝固作用。加工皮蛋，一般选用红茶末，因红茶中含有8%～25%茶单宁和1%～5%茶素（咖啡因），还含有茶精、茶色素、果胶、精油、糖、茶叶碱、可可碱等成分。这些成分能增加皮蛋的色泽，增强风味和促进蛋白的凝固。而绿茶中这些成分的含量比较少，故多使用红茶。严禁使用受潮或有霉味的茶叶。

⑤植物灰 植物灰中含有各种矿物质和芳香物质，这些物质能增进皮蛋的品质和改善其风味。灰中含量较多的物质有碳酸钠和碳酸钾。油桐籽壳灰的含碱量在10%左右，它与石灰水作用，同样可以产生氢氧化钠和氢氧化钙，使鲜蛋较快转化成皮蛋。此外，柏树枝柴灰中含有特殊的气味和芳香物质，用这种灰加工而成的皮蛋，别具风味。无论对何种植物灰，都要求质地纯净、粉粒大小均匀，不含有泥沙和其他杂质，也不得有异味。使用前，将灰过筛以除去杂质，然后倒入料液中混合，并搅拌均匀。植物灰的使用量，应根据植物树枝的种类决定。这是因为不同的树枝或籽壳烧成的灰，其含碱量是有区别的。

⑥水 按一定的比例和用量称取加工皮蛋所需的各种材料后，需要加水将它们调成糊状，它们才能发生化学反应。为保证皮蛋的质量和卫生，使用的水的质量要符合国家卫生标准。通常要求用沸水调制：一是能杀死水中的致病菌；二是能使混合物料更快地分解和发生反应，从而生成新的具有较强效力的料液，以加快对鲜蛋的化学作用，加快皮蛋的成熟。

为了便于准确投料和加工及保证皮蛋加工过程中成熟期的一致，对经挑选后的新鲜合格鸭蛋，还要按蛋的质量大小进行分级。原料蛋的分级标准见表23-1、表23-2。

表23-1 内销鸭皮蛋的原料蛋分级标准 kg

级别	每1000枚鸭蛋质量
特级	72.5以上
一级	65.0以上
二级	57.5以上
三级	52.5以上
四级	47.5以上

表23-2 出口鸭皮蛋原料蛋分级标准 kg

级别	每1000枚鸭蛋质量
一级	77.5以上
二级	72.5以上
三级	67.5以上
四级	62.5以上
五级	57.5以上

（2）皮蛋加工工艺要点

①料液的配制　我国各地加工松花皮蛋的配料标准均不一样，特别是生石灰的用量和所用的材料品种有很大的差异。

a. 配方。我国主要皮蛋加工地区的皮蛋配方中仍然有氧化铅，在具体加工过程中应去掉，以生产无铅松花皮蛋。湖南农业大学食品学院等院校研制的无铅加锌、铜营养皮蛋配方，生产周期快，松花多，产品质量优良，口感风味良好，具有很大的市场潜力。各地的配方标准应根据生产季节、气候等情况调整，以保证产品的质量。由于夏季的鸭蛋质量不及春、秋季节的质量高，蛋下缸后不久便有蛋黄上浮及变质现象发生。为此，应将生石灰与纯碱的用量适当加大，从而加速松花蛋的成熟度，缩短成熟期。

b. 熬料。首先将锅洗刷干净，然后按配料标准，将称量准确的茶叶、松柏枝、清水倒入锅中，加热煮沸。

c. 冲料。准备一个空缸（厚缸）或铁桶，先放入称好的生石灰、纯碱、食盐，后放入黄丹粉、草木灰，再将上述煮沸的料水（或汁液）趁沸倒入缸中。此时生石灰遇到汁液，即自行化开，同时释放热量。待缸中蒸发力渐弱后，用木棒不断地翻动以搅拌均匀。为保证料液的浓度，须按捞出的石块的质量补足生石灰。待到缸中的各种材料充分溶解化开后，使料液或料汤冷却静置，以备灌汤用，并用铁丝网捞出料液中不易溶化的生石灰块。

②鲜蛋装缸（或下缸）　装缸或下缸是指将经过感官鉴定、照蛋、敲蛋、分级等工序挑选出来的鲜蛋，分级或分批放入清洁的缸内。下缸前，应在缸底铺一层洁净的麦秸，以免最下层的鸭蛋直接与缸底相碰，再受到上层鸭蛋的压力而破碎。放蛋入缸时，应轻拿轻放，一层一层地平放，切忌直立放置，以免蛋黄偏于一端。装至距缸口 6～10 cm 处时，盖上花眼竹篦盖，并用碎砖瓦压住，以免灌汤以后，鸭蛋浮起来。

③灌料　鲜蛋装缸后，搅动经过冷却凉透的料液（或料汤），使其浓度均匀，按需要量缓慢地灌入缸内，直至鸭蛋全部被料液淹没为止。灌料时切忌猛倒，避免将蛋碰破和浪费料液。灌好料液后，静置鸭蛋，使其在料液中腌渍成熟。料液的温度随季节不同而异，在春、秋季节，料液的温度应在 15℃左右，冬季不应低于 20℃。料液温度过低，室温也低时，则部分蛋清发黄，有的部分发硬，蛋黄不呈溏心，并带有苦涩味；反之，料液温度过高，蛋清发软、粘壳，剥壳后蛋白不完整，甚至蛋黄发臭，使缸内大部分蛋的质量发生变化。因此，夏季料液的温度应在 20～22℃，保持在 25℃以下为好。

④技术管理与成熟　灌料后即进入腌制过程，一直到松花蛋成熟，这一阶段的技术管理工作与成品质量的关系十分密切。首先要严格控制室内（缸房）的温度，一般要求在 21～34℃之间。鸭蛋在料汤内腌制过程中，春、秋季节经过 7～10 d，夏季经过 3～4 d，冬季经过 5～7 d 的浸渍，蛋的内容物即开始发生变化。蛋白首先变稀，随后约经 3 d，蛋白逐渐凝固。此时可将室内温度提高至 25～27℃，以加速碱液和其他配料向蛋内渗透。待浸渍 15 d 左右，可将室温降至 16～18℃，以使配料缓缓地渗入蛋内。不同地区对室温的要求也有所不同，南方地区夏天缸房温度不应高于 30℃，冬天保持在 25℃左右。夏季可采取一些降温措施，冬天可采取适当的保暖办法。有条件的地方，可将缸房设在地下室内，冬暖夏凉，腌制松花蛋最为适宜。在腌制过程中，应注意勤观察、勤检查。

⑤出缸　一般情况下，鸭蛋入缸后，须经过料汤腌渍约 35 d，即可成熟而变成松花蛋，夏天需 30～35 d，冬天需 35～40 d。为了确切地知道皮蛋成熟与否，可在出缸前，在各缸中抽样检验，全部鸭蛋成熟，才可出缸。出缸时，先拿出上层的碎砖瓦和竹篦盖，后将成熟的鸭蛋捞出，将其置于另外的缸内，用冷开水冲洗，洗去附在鸭蛋表面的碱液和其他污物，装入竹篓内晾干。出缸时要注意轻拿轻放，不要碰损蛋壳，因蛋壳裂缝处，夏天易化水变臭，冬天易经风吹而发黄。冲洗蛋一定要坚持用冷开水和料液上清液，切忌沾生水。尽量避免料液粘手而引起皮肤溃烂。

⑥检验分级　对出缸后的松花蛋进行严格的检验和分级，是保证内销和出口松花蛋质量的一道重要工序。对成熟的松花蛋，可采取“一观、二掂、三摇、四照”的方法进行验质，前三种方法为感官鉴定法，后一种方法为照蛋法（灯光透视）。

a. 一观。观看蛋壳是否完整，壳色是否正常。通过肉眼观察，可将破损蛋、裂纹蛋、黑壳蛋及比较严重的黑色斑块蛋等次劣蛋剔除。

b. 二掂。取一枚松花蛋放在手上，向上轻抛

2～3次或数次，试其内容物有无弹性，即为掂蛋或称为手抛法鉴定蛋的质量。若有弹性并有沉甸甸的感觉，则为优质蛋；若无弹性感觉，则须要进一步用手摇法鉴别蛋的质量。

c. 三摇。此法是前法的补充，当用手抛法不能判定松花蛋的质量优劣时，再用手摇法。其具体操作是：用手捏住松花蛋的两端，在耳边上下、左右摇动2～3次或数次，听其有无水响声或撞击声。若无弹性，水响声大者，则为大溏头蛋；若微有弹性，只有一端有水荡声者，则为小溏头蛋；若用手摇时有水响声，破壳检验时蛋白、蛋黄呈液体状态的，则为水响蛋，即劣蛋。

d. 四照。当用上述感官鉴定法还难以判明成品质量的优劣时，可以采用照蛋法进行鉴定。在灯光下透视时，蛋内大部分或全部呈黑色（深褐色），小部分呈黄色或浅红色者为优质蛋；若大部分或全部呈黄褐色透明体，则为未成熟的蛋；若内部呈黑色暗影，并有水泡阴影来回转动，则为水响蛋；若一端呈深红色，且蛋白有部分粘贴在蛋壳上，则为粘壳蛋；若呈深红色部分有云状黑色溶液晃动，则为溏头蛋。

经过上述一系列鉴定方法鉴别出的优质蛋或正常合格蛋，按大小分级装篓，以备包泥或涂膜。其余各种类型的次劣蛋均须剔除。

⑦包泥滚糠（或涂膜）　包泥是用60%～70%的黄黏土与30%～40%的已腌渍过松花蛋的料汤，调和成糊状，以蛋能浮于浆面上为适宜。包泥时将蛋逐只用泥料包裹，每只需包泥68 g左右。为便于贮藏和防止包泥后的松花蛋互相粘连，包泥后将蛋放在稻壳上来回滚动，稻壳便均匀地粘到包泥上。每100枚蛋需稻壳0.5 kg左右。为使包泥合乎质量要求，必须选择无异味、无杂土的黄黏土，并用腌过松花蛋的原料汤将黄土调成糊状的泥料。所用稻壳或糠壳，要过筛除去杂质，并适当喷食盐水，以使糠壳颜色持久。但是这种传统的“包泥滚糠”方式存在不卫生、污染环境等弊端，极不适应当前国内外市场消费的需要。目前，采用松花皮蛋新型涂膜剂，不仅能够满足国内外市场消费的新要求，而且能够延长皮蛋的保存期，避免环境污染。

23.2.1.3　皮蛋加工新方法

皮蛋加工新方法包括无铅工艺皮蛋、清料法生产以及机械化生产。详见二维码23-4。

二维码23-4　皮蛋加工新方法

23.2.1.4　鹌鹑皮蛋加工

鹌鹑皮蛋加工详见二维码23-5。

二维码23-5　鹌鹑皮蛋加工

23.2.2　咸蛋

咸蛋又名盐蛋、腌蛋及味蛋，是指以鸭蛋为主要原料经腌制而成的再制蛋，为我国传统风味的蛋制品。全国各地均有生产，江苏、湖北、湖南、浙江、江西、福建、广东等省为主要产区，其中以江苏高邮的咸蛋最为著名。品质优良的咸鸭蛋具有鲜、细、嫩、松、沙、油六大特点，煮熟后切开断面，黄白分明，蛋白质地细嫩，蛋黄细沙，呈朱红色或橙黄色起油，周围有露水状油珠，中间无硬心，味道鲜美。用双黄蛋加工的咸蛋，色彩更美，风味别具一格。

23.2.2.1　咸蛋加工的原理

（1）食盐在腌制中的作用

咸蛋主要用食盐腌制而成。食盐有一定的防腐能力，可以抑制微生物的生长及延缓蛋内容物分解和变化的速度，所以咸蛋的保存期比较长。但食盐只能起到暂时的抑菌作用，减缓蛋的变质速度，当食盐的防腐力被破坏或不能继续发挥作用时，咸蛋会很快地腐败变质。所以，从咸蛋加工到成品销售，必须为食盐的防腐作用创造条件，否则不管何种成品或半成品，仍会在薄弱的环节中变坏。

食盐在水中溶解、扩散，对周围的溶质具有渗透作用。食盐之所以具有防腐能力，主要是产生渗透压的缘故。咸蛋的腌制过程，是食盐通过蛋壳及蛋壳膜向蛋内渗透和扩散的过程。在腌制过程中，食盐溶液产生很大的渗透压，使细菌细胞体的水分渗出，导致细菌细胞发生质壁分离，于是细菌不能再进行生命活动，甚至死亡。腌制时，食盐渗入蛋内，使蛋内的水分脱出，降低了蛋内水分含量，抑制了细菌的生命活动。同时，食盐可以降低蛋内蛋白酶的活性和减弱细菌产生蛋白酶的能力，从而延缓蛋的腐败变质速度。

腌制咸蛋时，食盐的作用主要表现在以下 6 个方面：脱水作用；降低微生物生存环境的水分活性；对微生物有生理毒害作用；抑制酶的活力；同蛋内蛋白质结合，从而产生风味物质；使蛋黄产生出油现象。

（2）鲜蛋在腌制中的变化

当将鲜蛋包以泥料或浸入食盐溶液中后，食盐通过气孔而渗入蛋内。其转移的速度除与盐溶液的浓度和温度呈正比外，还和盐的纯度以及腌渍方法等有关。采用盐泥和灰料混合物腌蛋的方法比用盐溶液浸渍法要慢一些，循环盐水浸渍的方法比一般的浸渍方法更快。食盐中所含的氯化钠越多，渗透的速度越快。盐中含有镁盐和钙盐较多时，会延缓食盐向蛋内的渗透速度，从而推迟蛋的成熟期。蛋中脂肪对食盐的渗透有相当大的阻力，所以含脂肪多的蛋比含脂肪少的蛋渗透得慢，这也是咸蛋蛋黄不咸的原因。蛋的品质对渗透速度也有影响，新鲜、蛋白浓稠的原料蛋成熟较快，蛋白较稀的成熟较慢。在加工过程中，温度越高，食盐向蛋内渗透越快，反之则慢。蛋内水分的渗出，是从蛋黄通过蛋白逐渐转移到盐水中，食盐则通过蛋白逐渐渗入蛋黄。食盐对蛋白和蛋黄的作用并不相同：对蛋白，可使其黏度逐渐降低而变稀；对蛋黄，可使其黏度逐渐增加而变稠、变硬。食盐对蛋白、蛋黄的作用变化情况见表 23-3 和表 23-4。

表 23-3　蛋腌制期间水分、食盐含量和黏度的变化

浸渍时间/d	水分含量/%		食盐含量（干物质中）/%		相对黏度（水 100，20℃）	
	蛋白	蛋黄	蛋白	蛋黄	蛋白	蛋黄
0	87.4	49.1	1.2	0.1	10	142
15	87.4	48.0	2.3	0.3	7	340
30	86.8	44.3	9.8	0.3	7	1 575
60	85.1	37.8	18.9	1.2	6	已凝固
90	74.2	26.0	21.4	2.9	3	已凝固

表 23-4　蛋腌制期间蛋的质量、pH、蛋黄含油量和含水量的变化

项　目	浸渍时间/d			
	0	10	20	30
蛋的质量/g	75.18±4.88	71.18±5.58	73.23±4.27	72.69±3.87
蛋白 pH	8.80±0.15	8.00±0.49	7.87±0.26	7.00±0.34
蛋黄 pH	6.10±0.31	6.09±0.37	5.62±0.61	5.77±0.28
蛋白含水量/%	87.61±2.94	85.83±1.03	85.59±0.59	85.20±0.64
蛋黄含水量/%	46.90±3.81	37.29±2.55	24.03±3.27	16.07±1.82
蛋黄含油量/%	35.01±4.17	42.92±5.81	42.57±3.48	47.74±4.68

从表 23-3 和表 23-4 可以看出，腌制的时间越长，蛋内容物的水分越少，而干物质中的食盐含量越多，蛋白中水分的减少程度比蛋黄中更显著。蛋内水分的减少以及蛋黄蛋白质在腌制过程中有某种程度的分解，使蛋黄内脂肪成分相对增加。因此，咸蛋蛋黄内的脂肪含量看起来要比鲜蛋多得多，使蛋黄出现“油、露、松、沙”的现象。

（3）咸蛋在腌制期间的变化

①水分含量　随着腌制时间的延长，蛋白含水量下降非常明显，蛋黄含水量下降不显著。因为蛋外食盐溶液的浓度大于蛋内，所以，蛋内水分的渗出是从蛋黄通过蛋白逐渐转移到盐水中的。腌制时间越长，蛋中食盐含量越多，咸蛋内的水分含量越低，而且蛋黄的脱水作用很明显。

②食盐含量　随着腌制时间的延长，蛋白中食盐含量显著增加，在蛋黄中因脂肪含量高而妨碍食盐的渗透性和扩散性，所以蛋黄中食盐含量增加不多。

③黏度和组织状态　咸蛋在腌制期间，随着食盐的渗入，蛋白的黏度变小，呈水样，而蛋黄的黏度增加，呈凝固状态。由此可知，食盐成分对蛋白和蛋黄的作用并不相同，其机理可能是：食盐渗入蛋内，钠离子与蛋白质的羧基等带负电的基团结合，而氯离子与蛋白质的氨基等带正电的基团结合，使蛋白质亲水基团减少，从而使被蛋白吸附的水游离。因游离水增多，蛋白的黏度变小，感官如

水一样。

④蛋黄的结构 蛋黄的基本结构由相互连接的多面体蛋黄球组成。原蛋黄是由大小为40～100 μm的多面体相互连接而成的，相邻的多面体之间没有交联作用，煮熟的蛋黄质地疏松的原因就在于此。蛋黄球被半透膜所包围，在低渗透压溶液中，它们膨胀破裂；在高渗溶液中收缩，表面膜以丝状形式展开，释放出颗粒蛋白。渗入蛋内的食盐对蛋黄蛋白质的凝集作用不明显，但食盐可使蛋黄球、蛋黄颗粒破裂，促进蛋黄凝胶化，提高凝胶的强度。同时，脱水作用使蛋黄球紧密地挤压在一起，正是这种状态下的蛋黄球形成了咸蛋黄所特有的沙状感，水分脱除越多，则蛋黄球挤压得越密实，蛋黄凝胶也就越硬。

⑤pH 咸蛋的pH与鲜蛋的pH显著不同。随着腌制时间的延长，蛋白pH逐渐下降，由碱性向中性发展，这可能是食盐的渗入破坏了蛋白中的溶菌酶等碱性蛋白质的结果，与蛋内碳酸气的排出也有关系。蛋黄的pH变化不明显，由开始的6.10至30 d后下降至5.77，变化缓慢。蛋黄的pH下降同脂肪的增加有关。

⑥蛋黄含油量 咸蛋在腌制过程中，蛋黄含油量上升较快，腌制10 d后更明显，以后则缓慢上升。蛋黄含油量的增加对咸蛋风味的形成有一定意义。

⑦质量变化 咸蛋在腌制期间，其质量略有下降，主要是由水分的损失造成的。

(4) 蛋在腌制过程中有关因素的控制

①食盐的纯度和浓度 食盐中有镁盐和钙盐等物质，镁盐和钙盐会影响食盐向蛋内渗透的速度，推迟咸蛋成熟的时间。此外，钙盐和镁盐具有苦味，且能与蛋中的化学成分发生化学反应，从而影响成品质量。当水溶液中Ca^{2+}和Mg^{2+}的含量达到0.15%～0.18%或在食盐中达到0.60%时，人们即可尝出苦味。因此，要求所用食盐纯度高，氯化钠含量越多越好。腌制咸蛋一般选用纯净的再制盐或海盐。

食盐用得越多，食盐浓度越大，食盐成分向蛋内渗入的速度越快，咸蛋的成熟越快，从而可以缩短腌制时间。腌制时，食盐的用量根据腌制目的、环境条件（气温）、腌制方法和消费者口味的不同而有所不同。腌制时气温低，用盐量可少些；气温高，用盐量应多些。既要防止蛋的腐败变质，又要使消费者不至于感到过咸。

②腌制方法 对于用盐泥或灰料混合腌制的方法，食盐成分渗入蛋内速度较慢，咸蛋的成熟较迟缓；对于用食盐水溶液浸渍的方法，食盐成分渗入蛋内速度较快，可缩短腌制时间；而对于用循环盐水浸渍的方法，食盐渗入蛋内速度更快。

③腌制期的温度 温度越高，食盐向蛋内渗透和扩散的速度越快，反之则慢。所以，夏季腌蛋成熟时间短，冬季腌蛋成熟时间长。但选用腌制温度时必须谨慎，这是因为温度越高，微生物生长越迅速，易使蛋变质。因此，咸蛋的腌制和贮存一般都在25℃以下进行。

④蛋内脂肪的含量 脂肪对食盐的渗透有相当大的阻碍作用，所以含脂肪多的蛋黄，食盐的渗入少，而脂肪含量甚微的蛋白，食盐的渗入量多又快。

⑤原料蛋的鲜度 鸭蛋新鲜，蛋白浓稠，食盐渗透和扩散缓慢，咸蛋的成熟也较慢；反之，鸭蛋质量差，蛋白稀薄，食盐渗透和扩散较快，咸蛋的成熟也较快。为了获得高质量的咸蛋，必须选用新鲜的鸭蛋，根据不同的腌制方法控制食盐的用量和浓度、环境温度及腌制时间。这些因素是互相联系和互相制约的，在生产中要根据具体情况灵活应用。

23.2.2.2 咸蛋的加工方法

加工咸蛋的原料主要为鸭蛋，有的地方也用鸡蛋或鹅蛋来加工，但以鸭蛋为最好，因鸭蛋蛋黄中的脂肪含量较多，产品风味最好。我国各地加工咸蛋所用的辅料及用量大同小异，但加工方法却较多。根据加工方法不同，可分为黄泥咸蛋、包泥咸蛋、滚灰咸蛋和盐水浸泡咸蛋等。

(1) 原料蛋和辅料的选择

①原料蛋的选择 加工咸蛋通常都选用鸭蛋，用鸡蛋来生产咸蛋也可以取得较好的效果。加工出口产品一般使用鲜鸭蛋为原料，这主要是因为鸭蛋中的脂肪含量较高，蛋黄中的色素含量也较多，用鸭蛋加工出的咸蛋，其蛋黄呈鲜艳油润的橘红色，成品的风味更佳。为了确保咸蛋的质量，用于加工的原料蛋必须经过严格的检验和挑选，剔除不符合加工要求的各种次劣蛋，然后根据蛋的质量分级。原料蛋的挑选和分级方法与皮蛋加工中蛋的选择和分级方法完全相同。

②辅助材料的选择 包括以下几种。

a. 食盐。它是加工咸蛋最主要的辅助材料。生产咸蛋时应选择色白、味咸、氯化钠含量高（96%以上）、无苦涩味的干燥产品。大批量生产时，应先测定食盐中氯化钠的含量和食盐的含水量，以便在加工中能正确掌握食盐的用量。

b. 草灰。当采用草灰法加工咸蛋时，草灰的作用是与食盐调成灰料，使其中的食盐能够长期、均匀地向蛋内渗透，同时可有效地阻止微生物向蛋内侵入，防止环境温度变化对蛋内容物产生不利的影响。除此以外，草灰还能明显地减少咸蛋的破损，使成品便于贮藏、长途运输和销售。国内加工咸蛋一般选用稻草灰，使用时应选择干燥、无霉变、无杂质、无异味、质地均匀细腻的产品。

c. 黄泥。除了可以使用草灰外，还可以采用黄泥，甚至可将草灰与黄泥混合使用。黄泥的作用与草灰相同。选用的黄泥应干燥、无杂质、无异味。另外，不能使用含腐殖质较多的泥土，因为这种泥土在加工时容易使蛋变质发臭。

d. 水。加工咸蛋一般直接使用清洁的自来水，但使用冷开水对于提高产品的质量最为有利。

（2）不同加工方法的工艺要点

咸蛋在我国各地均有大量生产，其加工也有多种方法，如草灰法、盐泥涂布法、盐水浸渍法、泥浸法、包泥法等。这些加工方法的原理相同，加工工艺相近，最常见的几种加工咸蛋的方法如下。

①草灰法　草灰法又分提浆裹灰法和灰料包蛋法两种。

提浆裹灰法的工艺要点如下。

a. 配料。生产咸蛋的配料标准在各地不尽相同。在不同季节生产，其配料的标准也应做适当调整（主要改变食盐的用量）。各地在不同季节加工咸蛋的配料比例见表23-5。

表23-5　加工咸蛋的配料比例

加工地区	加工季节	使用的辅助材料/%		
		草木灰	食盐	水
四川	11月至次年4月	25.0	8.0	12.5
	5—10月	22.5	7.5	13.0
湖北	11月至次年4月	15.0	4.25	12.5
	5—10月	19.5	3.75	12.5
北京	11月至次年4月	15.0	4.3～5.0	12.5
	5—10月	15.0	3.8～4.5	12.5
江苏	春季、秋季	20.0	6.0	18.0
浙江	春季、秋季	17.0～20.0	6.0～7.5	15.0～18.0

b. 打浆。在打浆之前，先将食盐倒入水中充分搅拌，使其溶解，然后将盐水全部转入打浆机（或搅拌机）内，再加入2/3用量的稻草灰进行搅拌。经10 min左右的搅拌后，草灰、食盐与水已混合均匀，这时将余下的草灰分2～3次加入并充分搅拌，搅拌均匀的灰浆呈不稀不稠的浓浆状。检验灰浆是否符合要求的方法是：将手指插入灰浆内，取出后手上的灰浆应呈黑色、发亮、不流、不起水、不成块、不成团下坠，放入盘内无起泡现象。制好灰浆后放置过夜，次日即可使用。

c. 提浆、裹灰。将选好的蛋放入灰浆中，手动翻转一次，使蛋壳表面均匀地粘上一层约2 mm厚的灰浆，然后将蛋置于干稻草灰中裹草灰，裹灰的厚度约为2 mm。裹灰的厚度要适宜，若太厚，会降低蛋壳外面灰浆中的水分，影响腌制成熟的时间；若裹灰太薄，易造成蛋间的粘连。裹灰后用手将灰料压实捏紧，使其表面平整、均匀一致。

d. 装缸（袋）密封。经裹灰、捏灰后的蛋应尽快装缸密封，生产量不大时，也可装入阻隔性良好的塑料袋中密封；然后转入成熟室内堆放。在装缸（袋）时，必须轻拿轻放，叠放应牢固、整齐，防止操作不当使蛋外的灰料脱落或将蛋碰裂而影响产品的质量。

e. 成熟与贮存。咸蛋的成熟期在夏季为20～30 d，在春、秋季节为40～50 d。咸蛋成熟后，应在25℃以下，相对湿度为85%～90%的库房中贮存，其贮存期一般为2～3个月。

灰料包蛋法的配料操作与提浆裹灰法的基本相同，只是加水量少一些。加工时先混合稻草灰和食盐，再加适量水并进行充分搅拌，使其混合均匀，使灰料成为干湿度适中的团块，然后将灰料直接包裹于蛋的外面。包好灰料以后将蛋置于缸（袋）中密封贮藏。

②盐泥涂布法　工艺要点如下。

a. 盐泥配方。鲜鸭蛋1000枚，食盐6.0～7.5 kg，干黄土6.5～8.5 kg，冷开水4.0～4.5 kg。

b. 加工过程。先将食盐放在容器内，加冷开水溶解，再加入经晒干、粉碎的黄土细粉，用木棒搅拌，使其成为糊糊状。泥浆浓稠程度的检验方法是：取一枚蛋放入泥浆中，若蛋一半沉入泥浆，一半浮于泥浆上面，则表示泥浆浓稠度合适。然后将挑选好的原料蛋放入泥浆中（每次3～5枚），使蛋壳粘满盐泥后，点数入缸或装箱。装满后，将剩余的泥料倒在蛋的上面，再加盖封口。夏季需25～30 d，春、秋季需30～40 d，就变成咸蛋。

③盐水浸渍法　这种方法具有用料少、操作简单、成熟时间短的优点。我国城乡居民普遍采用这种方法腌制咸蛋。

a. 盐水的配制。盐水配方（单位kg）：冷开水80，食盐20，花椒、白酒适量。用开水溶解食盐，再放入花椒，待冷却至室温后再加入白酒，即制得盐水。

b. 浸泡腌制。将鲜蛋放入干净的缸内并压实，慢慢地灌入盐水，使蛋完全浸没，然后加盖密封腌制20 d左右，即可成熟。浸泡腌制时间最多不能超过30 d，否则成品太咸且蛋壳上出现黑斑。用此法加工的咸蛋不宜久贮，否则容易腐败变质。浸泡法加工咸蛋，其优点是简便。用过的第一次盐水可留作第二次甚至于多次使用（但要追加食盐）。盐水的用量与腌蛋的品质有一定的关系。如用10%的盐水，所用的蛋平均质量为81.7 g，腌制后，每枚蛋的含盐量为1.245 g，全蛋含盐量为1.5%，除壳后含盐量为1.7%。用20%的盐水腌蛋，所用的蛋平均质量为80.7 g，每枚蛋的含盐量为4.075 g，全蛋含盐量为5.0%，除壳后含盐量为5.6%。用30%的盐水腌蛋，所用的蛋平均质量为81.2 g，每枚蛋的含盐量为5.136 g，全蛋含盐量为6.3%，除壳后含盐量为7.8%。以上鸭蛋的腌制时间均为40 d。试验结果表明，用20%的盐水来腌蛋最适宜，用10%的盐水腌的蛋滋味较淡。用盐水腌蛋，一个月以后，蛋壳上常生黑斑，用其他方法制成的咸蛋则无此缺点。

④真空包装熟咸蛋的生产方法　采用传统方法加工和贮存的咸蛋，其保质期短，食用不便，不符合现代消费者的需求，限制了咸蛋市场的开发。将传统方法腌制成熟的咸蛋，再经真空包装和高温杀菌，不仅提高了咸蛋的贮存性，方便了贮运和食用，而且提高了产品质量和产品的安全性。具体工艺要点如下。

a. 清洗。腌制成熟后，将咸蛋从腌制缸中捞出，用清水将咸蛋表面附着物清洗干净，并剔除裂纹蛋、硌窝蛋、变质蛋等次劣蛋。

b. 预煮。将清洗干净的咸蛋放入蒸煮锅内，加满清水，开动蒸汽，加热至95℃并维持5 min，然后出锅冷却。

c. 真空包装。把冷却至室温后的咸蛋套入透明的复合包装袋中，一袋1枚，然后放入真空包装机内，采用－0.09 MPa的真空度进行封口。封口时间和热封温度根据设备不同及袋质厚薄确定，以封好后用力拉不开为宜。

d. 高温杀菌。咸蛋的杀菌公式为（10－20－10）min/121℃。高温杀菌不仅可以使咸蛋达到商业灭菌的要求，提高咸蛋的贮存性，而且可以破坏蛋黄中的低密度脂蛋白的结构，使包裹在低密度脂蛋白中的脂肪游离出来，使咸蛋出油增加，品质改善。

e. 装盒、热封、装箱。将杀菌后的咸蛋置于外包装间，摊放至外袋干燥后，放入纸盒中。纸盒外套一层热缩塑料薄膜，经过热收缩后，装箱入库。

23.2.2.3　咸蛋的营养与质量要求

（1）咸蛋的营养成分

咸蛋的营养成分随着原料蛋的变化而变化，同时，也受配料标准、加工方法和贮藏条件的影响。

表23-6　100 g咸蛋和鸭蛋的营养成分含量

蛋别	可食部/%	能量/kJ	水分/%	蛋白质/%	脂肪/%	碳水化合物/%	灰分/%
咸蛋	88	795	61.3	12.7	12.7	6.3	7.0
鸭蛋	87	753	70.3	12.6	13.0	3.1	1.0

表23-7　100 g咸蛋和鸭蛋的维生素含量

蛋别	可食部/%	维生素A/μg	维生素B_1/mg	维生素B_2/mg	烟酸/mg	维生素E/mg
咸蛋	88	134	0.16	0.33	0.1	6.25
鸭蛋	87	261	0.17	0.35	0.2	4.98

表23-8　100 g咸蛋和鸭蛋的矿物质及微量元素含量

蛋别	可食部/%	钾/mg	钠/g	钙/mg	镁/mg	铁/mg	锰/mg	锌/mg	铜/mg	磷/mg	硒/μg
咸蛋	88	184	2.700	118	30	3.6	0.10	1.74	0.14	231	24.04
鸭蛋	87	135	0.106	62	13	2.9	0.04	1.67	0.11	226	15.68

从表 23-6、表 23-7 和表 23-8 可以看出，鲜鸭蛋加工成咸蛋后，其营养成分发生了变化。由于食盐的渗透作用，咸蛋的含水量降低，碳水化合物、矿物质（灰分）和微量元素含量有所增加，能量也有所上升，维生素 E 含量有所提高，维生素 A、维生素 B_1、维生素 B_2、烟酸等略有损失，蛋白质和脂肪含量变化较小。总的说来，咸蛋与新鲜鸭蛋相比，营养价值较接近。

（2）咸蛋的质量要求

①咸蛋的质量要求　咸蛋的质量要求包括蛋壳状况、气室大小、蛋白状况（色泽、有无斑点、细嫩程度）、蛋黄状况（色泽、是否起油）和滋味等。

a. 蛋壳。咸蛋蛋壳应完整、无裂纹、无破损、表面清洁。

b. 气室。高度应小于 7 mm。

c. 蛋白。蛋白纯白、无斑点、细嫩。

d. 蛋黄。色泽红黄，蛋黄变圆且黏度增加，煮熟后黄中起油或有油析出。

e. 滋味。咸味适中，无异味。

依据上述各项指标要求，可得咸蛋质量评分标准（以百分法计）（表 23-9）。

表 23-9　咸蛋质量评分标准

项目	标准	分数
蛋壳	无裂纹	20 分
气室	小	
蛋白	纯正、无斑点、细嫩	20 分
蛋黄	红黄色、松沙、出油	30 分
滋味	咸味适中、无异味	30 分

②咸蛋验收标准及方法

a. 抽样方法。对于出口咸蛋，采取抽样方法进行验收。1—5 月、9—12 月按每 100 件抽查 5%～7%，6—8 月按 100 件抽查 10%，每件取装数的 5%。抽检人员可根据到货的品质、包装、加工、贮存等情况，酌情增减抽检数量。

b. 质量验收。抽验时，不得存在红贴壳蛋、黑贴壳蛋、散黄蛋、臭蛋、泡花蛋（水泡蛋）、混黄蛋、黑黄蛋。

c. 重量验收。自抽检样品中每级任取 10 枚，鉴定其大小是否均匀。先称总质量，计算其是否符合分级标准。再挑出小蛋分别称重，检查其是否符合规定。平均每枚样品蛋的质量不得低于该等级规定的质量，但允许有不超过 10% 的邻级蛋。出口咸蛋质量分级标准见表 23-10。

表 23-10　出口咸蛋质量分级标准　kg

级别	每 1 000 枚质量	级别	每 1 000 枚质量
一级	≥77.5	四级	62.5～67.5
二级	72.5～77.5	五级	57.5～62.5
三级	67.5～72.5		

（3）次劣咸蛋产生的原因

在加工、贮存和运输过程中，时有次劣蛋产生。有些虽质量降低，但尚可食用，也有些因变质而失去食用价值。在灯光透视下，次劣咸蛋各有不同的特征。

①泡花蛋　透视时可看到内容物中有水泡花，泡花随蛋转动，煮熟后内容物呈蜂窝状，这种蛋称为泡花蛋，不影响食用。产生原因主要是：检验时，没有剔除水泡蛋；贮存过久，盐分渗入蛋内过多。预防措施有：不使鲜蛋受水湿、雨淋；检验时注意剔除水泡蛋；加工后不要贮存过久，成熟后马上上市销售。

②混黄蛋　透视时内容物模糊不清，颜色发暗，打开后可见蛋白为白色与淡黄色相混的粥状物，蛋黄的外部边缘呈淡白色，并发出腥臭味。这种蛋称为混黄蛋，初期可食用，后期不能食用。产生原因是原料蛋不新鲜，盐分不够，加工后存放过久。

③黑黄蛋　透视时蛋黄发黑，蛋白呈混浊的白色，这种蛋称为清水黑黄蛋；该蛋进一步变质，蛋黄和蛋白全部变黑，成为具有臭味的混水黑黄蛋。前者可以食用，有的人很喜欢吃，后者不能食用。产生原因是：加工咸蛋时，鲜蛋检验不严，没有剔除水湿蛋、热伤蛋；在腌制过程中温度过高；存放时温度过高，存放时间过久。防止的方法是：严格剔除鲜蛋中的次劣蛋；腌制时防止高温；成熟后不要久贮。

此外，还有红贴壳咸蛋、黑贴壳咸蛋、散黄蛋、臭蛋等，这些都是由原料蛋不新鲜造成的。

23.2.3　糟蛋

糟蛋是鲜鸭蛋经糟渍而成的再制品。它营养丰富，风味独特，是我国人民喜爱的食品和传统出口产品。糟蛋的加工主要有酿酒制糟、装坛糟制（发酵）等过程，其特殊的产品风味主要通过发酵环节产生。所以，糟蛋是一类典型的发酵型蛋制品。

根据加工方法的不同，糟蛋可分为生蛋糟蛋和熟蛋糟蛋；根据加工成的糟蛋是否包有蛋壳，可分为硬壳糟蛋和软壳糟蛋。硬壳糟蛋一般以生蛋糟渍，软壳糟蛋则有熟蛋糟渍和生蛋糟渍两种。在这些种类中，尤以生蛋糟渍的软壳糟蛋质量最好。我国著名的糟蛋有浙江省平湖市的平湖糟蛋和四川省宜宾市的叙府糟蛋。

23.2.3.1 糟蛋加工的原理

目前，人们尚未完全清楚鲜蛋经过糟制而成糟蛋的原理。一般认为，糯米在酿制过程中，受糖化菌的作用，淀粉分解成糖类，再经酵母菌发酵产生醇类（主要为乙醇）。一部分醇氧化转变为乙酸（醋酸），其与添加的食盐共同存在于酒糟中，通过渗透和扩散作用进入蛋内，使蛋发生一系列物理和生物化学的变化，从而使糟蛋具有显著的防腐作用。最主要的是酒糟中的乙醇和乙酸，它们可使蛋白和蛋黄中的蛋白质发生变性和凝固作用。实际上，制成的糟蛋的蛋白呈乳白色或酱黄色的胶冻状，蛋黄呈橘红色或橘黄色的半凝固、柔软状态。其原因是酒糟中的乙醇和乙酸含量不高，故不至于使蛋中的蛋白质发生完全变性和凝固。酒糟中的乙醇和糖类（主要是葡萄糖）渗入蛋内，使糟蛋带有醇香味和轻微的甜味。酒糟中的醇类和有机酸渗入蛋内后，经长时间相互作用，产生芳香的酯类，这是糟蛋具有特殊浓郁芳香气味的主要原因。其反应式如下：

$$RCOOH + R'OH \rightarrow RCOOR' + H_2O$$

酒糟中的乙酸具有侵蚀含有碳酸钙的蛋壳的作用，使蛋壳变软、溶化脱落成软壳蛋。乙酸具有这样的作用，其原因是蛋壳中的主要成分为碳酸钙，遇到乙酸后生成容易溶解的醋酸钙，所以蛋壳首先变薄、变软，然后慢慢与内蛋壳膜脱离而脱落，使乙醇等有机物更易渗入蛋内。其反应式如下：

$$CaCO_3 + 2CH_3COOH \rightarrow Ca(CH_3COO)_2 + H_2CO_3$$
$$H_2CO_3 \rightarrow H_2O + CO_2\uparrow$$

内蛋壳膜的主要化学成分是蛋白质，且其结构紧密，微量的乙酸对这层膜不产生破坏作用，所以，内蛋壳膜是完整无损的。

在糟渍过程中加入食盐，不仅可以赋予糟蛋咸味，增强其风味和适口性，还可增强其防腐能力，提高贮藏性。

在糟渍过程中，由于酒糟中乙醇含量较少，所用食盐也不多，所以糟蛋糟渍成熟时间长。但在乙醇和食盐长时间的作用下（4～6 个月），蛋中微生物的生长和繁殖受到抑制，特别是沙门氏菌，可以被灭活，因此生食糟蛋对人体无致病作用。

23.2.3.2 糟蛋的加工方法

（1）原料、辅料和用具

①鸭蛋　加工糟蛋对鸭蛋的挑选非常严格，取大弃小，选白壳弃青壳。要求 1 000 枚蛋的质量在 65 kg 以上，蛋要新鲜，品质优良，须经感官鉴定和灯光透视，剔除各种次劣蛋。

②糯米　糯米是酿糟的原料，它的质量直接影响酒糟的品质。因此应精选糯米，要求米粒丰满、整齐，颜色应心白、腹白（中心及腹部边缘白色不透明），无异味，杂质少，含淀粉多（糙米中含 70%）。若用脂肪和含氮物含量高的糯米为原料，酿制出来的酒糟质量差。

③酒药　又叫酒曲，是酿糟的菌种，内含根霉、毛霉、酵母菌及其他菌类，它们主要起发酵和糖化作用。加工平湖糟蛋时，酿糟可选用绍药和甜药。以选用色白质松，易于捏碎，具有特殊菌香味者为佳。

绍药有白药和黑药两种，酿糟使用白药。它是用早籼糙米，加入少量辣蓼草粉末，加入陈酒药，使根霉、酵母菌等微生物对其糖化、发酵而制成的。它是加工绍兴黄酒的酒药，用它酿成的酒糟，色黄、香气较浓、酒精含量高，但糟味较猛且带辣味，所以，不单一使用，还须用甜药搭配，混合酿糟，以减弱酒味和辣味，增加甜味。

甜药是用面粉或米粉，加入一丈红的茎、叶，再加入制曲菌种，以培养糖化菌而制成的。甜药色白，呈球形，用它酿成的酒糟，酒精含量低，性淡、味甜。如仅用甜药酿糟，其酒精含量过低，蛋白质难以凝固，所以，须同绍药配合使用。

④食盐　加工糟蛋所用的食盐，应洁白、纯净，符合卫生标准。

⑤水　酿糟用水，应无色透明、无味、无臭，必须符合饮用水卫生标准。

⑥红砂糖　加工叙府糟蛋时，需用红砂糖，应符合食糖卫生标准要求。

⑦用具　大缸（可盛 75 kg 米）、稻草盖（每只缸备 3 个）、草衣、淘米箩（可盛 20 kg 米）、蒸板灶、木蒸桶（桶底垫细竹片）、木盖、通饭棒、淋饭架、陶土罐（高与直径均为 33 cm）、竹匾、板刷、小竹片（长 13 cm，宽 3 cm，厚 0.7 cm）、三丁纸、牛皮纸、温度计和比重计等。

(2) 平湖糟蛋加工

糟蛋加工的季节性较强，是在三四月间至端午节。端午后天气渐热，不宜加工。加工糟蛋要掌握好3个环节，即酿酒制糟、选蛋击壳、装坛糟制。其工艺流程如图23-1所示。

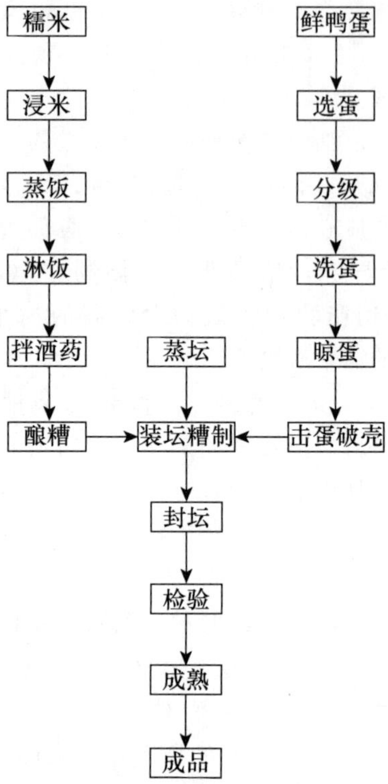

图 23-1 糟蛋的工艺流程

①酿酒制糟　包括以下几个步骤。

a. 浸米。糯米是酿酒制糟的原料，应按原料的要求精选。投料量以糟渍100枚蛋用糯米9.0～9.5 kg计算。先将所用糯米放在淘米箩内淘净，后放入缸内，加入冷水浸泡，目的是使糯米吸水膨胀，便于蒸煮糊化。浸泡时间以气温12℃浸泡24 h为计算依据。气温每上升2℃，可减少浸泡1 h；气温每下降2℃，须增加浸泡1 h。

b. 蒸饭。目的是促进淀粉糊化，改变其结构以利于糖化。将浸好的糯米从缸中捞出，用冷水冲洗一次，倒入蒸桶内（每桶倒入约37.5 kg米），铺平米面。在蒸饭前，先将锅内水烧开，再将蒸饭桶放在蒸板上，先不加盖，待蒸汽从锅内透过糯米上升后，再用木盖盖好。蒸10 min左右，将木盖拉开，用洗帚蘸热水散泼在米饭上，以使上层米饭蒸胀均匀，防止上层米饭因水分蒸发而使米粒水分不足，米粒不胀，出现僵饭。再将木盖盖好，蒸15 min后，揭开锅盖，用木棒搅拌一次，再蒸5 min，使米饭全部熟透。蒸饭的程度以出饭率为150%左右为宜。要求饭粒松、无白心，透而不烂、熟而不黏。

c. 淋饭。也称淋水，目的是使米饭迅速冷却，便于接种。将蒸好饭的蒸桶放于淋饭架上，用冷水浇淋，使米饭冷却。一般每桶饭用水75 kg，2～3 min内淋尽，使热饭的温度降低至28～30℃，以手摸不烫为宜，但也不能降得太低，以免影响菌种的生长和发育。

d. 拌酒药及酿糟。淋水后的饭，沥去水分，倒入缸中，撒上预先研成细末的酒药。酒药的用量以50 kg米出饭75 kg计算，加入白酒药165～215 g、甜酒药60～100 g。具体地，应根据气温的高低增减用药量，其计算方法如表23-11所示。

表 23-11　温度对拌酒药时白/甜酒药用量的影响

气温/℃	5～8	8～10	10～14	14～18	18～22	22～24	24～26
白酒药/g	215	200	190	185	180	170	165
甜酒药/g	100	95	85	80	70	65	60

加酒药后，将饭和酒药搅拌均匀，面上拍平、拍紧，表面再撒一层酒药，中间挖一个直径为30 cm的潭，上大下小，潭穴深入缸底，潭底不要留饭。缸体周围包上草席，缸口用干净草盖盖好，以便保温。经20～30 h，样品温度达到35℃，就可出酒酿。当潭内酒酿有3～4 cm深时，应将草盖用竹棒撑起12 cm高，以降低温度，防止酒糟热伤、发红、产生苦味。待满潭时，每隔6 h，将潭内酒酿用勺泼在糟面上，使糟充分酿制。经7 d后，把酒糟拌和灌入坛内，静置14 d，待变化完成，性质稳定时方可供制糟蛋用。品质优良的酒糟，色白、味香、带甜，乙醇含量为15%左右，波美表测量时为10波美度左右。

②选蛋击壳　包括以下3个步骤。

a. 选蛋。根据原料蛋的要求进行选蛋，通过感官鉴定和照蛋，剔除次劣蛋和小蛋，整理后粗分等级（每1 000枚蛋，特级不低于75 kg，一级不低于70 kg，二级不低于65 kg）。

b. 洗蛋。在糟制前1～2 d，用板刷逐枚清洗挑选好的蛋，除去蛋壳上的污物，再用清水漂洗，然后铺于竹匾上，置于通风阴凉处晾干。如有少许的水迹，可用干洁毛巾擦干。

c. 击蛋破壳。击蛋破壳是平湖糟蛋加工的特有工艺，是保证糟蛋软壳的主要措施。其目的是使醇、酸、糖等物质易于渗入蛋内，提早成熟，并使蛋壳易于脱落和蛋身膨大。击蛋时，将蛋放在左手掌上，右手拿竹片，对准蛋的纵侧，轻轻一击，使蛋壳产生纵向裂纹；然后将蛋转半周，仍用竹片照样击一下，使纵向裂纹延伸相连成一线。击蛋时，用力轻重要适当，保证壳破而膜不破，否则不能加工。

③装坛糟制　包括以下 4 个步骤。

a. 蒸坛。糟制前，检查所用的坛是否有破漏，用清水洗净后再进行蒸汽消毒。消毒时，将坛底朝上，并涂上石灰水，然后倒置在蒸坛用的带孔眼的木盖上，再放在锅上，加热锅里的水至沸腾，使蒸汽通过盖孔而冲入坛内加热杀菌。如发现坛底或坛壁有气泡或蒸汽透出，即是漏坛，不能使用，待坛底石灰水蒸干时，消毒即告完毕。然后将坛口朝上，使蒸汽外溢。冷却后叠起，坛与坛之间用两张三丁纸衬垫，最上层的坛，在三丁纸上用方砖压上，备用。

b. 落坛。取经过消毒的糟蛋坛，将酿制成熟的 4 kg 酒糟（底糟）铺于坛底，摊平后，随手放入已击破蛋壳的蛋，蛋的大头朝上，直插入糟内。蛋与蛋依次平放，间隙不宜太大，但也不要挤得过紧，以蛋四周均有糟，且能旋转自如为宜。排好第一层蛋后，再放 4 kg 酒糟（腰糟），同样将蛋放上，即为第二层蛋。一般第一层放 50 多枚，第二层放 60 多枚，每坛放两层共 120 枚。排满第二层蛋后，再用 9 kg 酒糟（面糟），摊平盖面，然后均匀地撒上 1.6～1.8 kg 食盐。

c. 封坛。目的是防止乙醇和乙酸挥发和细菌的侵入。蛋入糟后，取两张牛皮纸，刷上猪血，将坛口密封，先用竹箬包扎牛皮纸，再用草绳沿坛口扎紧。封好的坛，每 4 坛一叠，坛与坛间用三丁纸垫上（纸有吸湿能力）。排坛要稳，防止摇动，而使食盐下沉，然后用方砖压实每叠最上一口坛口。每坛均须标明日期、蛋数、级别，以便检验。

d. 成熟。糟蛋的成熟期为 4.5～5 个月。成熟过程一般在仓库里完成，所以应逐月抽样检查，以便控制糟蛋的质量。根据成熟的变化情况，来判别糟蛋的品质。

第 1 个月，蛋壳带蟹青色，击破裂缝已较明显，但蛋内容物与鲜蛋相仿。

第 2 个月，蛋壳裂缝扩大，蛋壳与壳下膜逐渐分离，蛋黄开始凝结，蛋白仍为液体状态。

第 3 个月，蛋壳与壳下膜完全分离，蛋黄全部凝结，蛋白开始凝结。

第 4 个月，蛋壳与壳下膜脱开 1/3，蛋黄呈微红色，蛋白呈乳白状。

第 5 个月，蛋壳大部分脱落，或虽有少部分附着，只要轻轻一剥即脱落。蛋白呈乳白胶冻状，蛋黄呈橘红色的半凝固状，此时蛋已糟渍成熟，可以投放至市场销售。

(3) 叙府糟蛋加工

叙府糟蛋加工用的原辅料、用具和制糟与平湖糟蛋大致相同，但其加工方法与平湖糟蛋有些不同。

①选蛋　洗蛋和击破蛋壳同平湖糟蛋加工。

②配料　将 150 枚鸭蛋加工成叙府糟蛋所需要的配料为：甜酒糟 7 kg，68°白酒 1 kg，红砂糖 1 kg，陈皮 25 g，食盐 1.5 kg，花椒 25 g。

③装坛　将以上配料混合均匀后（除陈皮、花椒外），将全量的 1/4 铺于坛底（坛要先清洗、消毒），将 40 枚击破壳的鸭蛋，大头向上，竖立在糟里。再加入约 1/4 甜糟，铺平后再以上述方式放入 70 枚鸭蛋，再加 1/4 甜糟，放入其余 40 枚鸭蛋，一坛共 150 枚。最后加入剩下的甜糟，铺平，用塑料布密封坛口，在室温下存放。

④翻坛去壳　将上述封坛的蛋放在室温下糟渍 3 个月左右，然后将蛋翻出，逐枚剥去蛋壳，切勿将内蛋壳膜剥破。这时的蛋成为无壳的软壳蛋。

⑤白酒浸泡　将剥去蛋壳的蛋逐枚放入缸内，倒入高度白酒（每 150 枚需 4 kg 左右），浸泡 1～2 d。这时蛋白与蛋黄全部凝固，不再流动。蛋壳膜稍膨胀而不破裂者为合格，如有破裂者，应作为次品处理。

⑥加料装坛　逐枚取出用白酒浸泡的蛋，装入容量为 150 枚蛋的坛内。装坛前，取原有的酒糟和配料，再加 1 kg 红糖、0.5 kg 食盐、25 g 陈皮、25 g 花椒、2 kg 熬糖（取 2 kg 红糖，加适量的水，煎成拉丝状，待冷后加入坛内），搅拌均匀。然后按以上装坛方法，一层糟一层蛋，最后加盖密封，保存于干燥阴凉的仓库内。

⑦再翻坛　贮存 3～4 个月后，必须再次翻坛，即将上层的蛋翻到下层，下层的蛋翻到上层，使整坛的糟蛋均匀糟渍。同时作一次质量检查，剔除次劣糟蛋。翻坛后的糟蛋，仍应浸渍在糟料内，加盖密封，贮于仓库内。从加工开始直至糟蛋成熟，需 10～12 个月。成熟后的糟蛋蛋质软嫩，蛋膜不破，

色泽红黄，气味芳香，既可直接销售，也可继续存放2～3年。

(4) 硬壳糟蛋加工

①配方　鸭蛋100枚，绍兴酒酒糟23 kg，食盐1.8 kg，黄酒4.5 kg（酒精度13°～15°），菜油50 mL。

②加工方法　将生糟放在缸内，用手压平，使糟不过松也不过紧实。然后用油纸封好，油纸上铺约5 cm厚的砻糠，再盖上稻草保温，使酒糟发酵20～30 d。待糟松软，再将糟分批翻入另一缸内，一边翻一边加入食盐、酒，拌匀捣烂后即可用来糟制鸭蛋。加工所用鸭蛋经挑选后，洗净晾干。加发酵成熟的酒糟落坛糟制，每一层糟放一层蛋。蛋与蛋的间隔以3 cm左右为度，不可挤压。蛋面盖糟，撒食盐100 g左右，再滴上50 mL菜油。坛口用牛皮纸封好，包上竹箬，贮放5～6个月，至蛋摇动时已不发出响声，则为成熟。硬壳糟蛋的加工期比平湖软壳糟蛋的要长，贮存期也较平湖软壳糟蛋的长。

(5) 熟蛋糟蛋加工

①配方　鸭蛋100枚，绍兴酒酒糟10 kg，食盐3 kg，醋0.2 kg。

②加工方法　将酒糟放在缸中，加入食盐和醋，充分搅拌，使混合均匀，以备糟蛋用。将挑选好的鸭蛋放在清水中洗净，再放入锅中，加入清水，以淹没蛋为度，将水煮沸，蛋煮5 min左右，至熟后捞出，放在冷水中冷却，然后剥去外壳，保留壳膜，逐枚埋入糟里。密封坛口，经40 d可糟透。

23.2.3.3　糟蛋的营养与质量要求

(1) 糟蛋的营养成分

糟蛋在形成过程中，由于醇、酸、糖和食盐的作用，与鲜鸭蛋比较，其水分含量明显下降，灰分、碳水化合物和氨基酸的含量增加。糟蛋的营养成分见表23-12。

表23-12　糟蛋的营养成分

成分	含量（以100 g可食部计）
水分/g	52.0
蛋白质/g	15.8
脂肪/g	13.1
碳水化合物/g	11.7
灰分/g	7.1

续表23-12

成分	含量（以100 g可食部计）
钙/mg	248
磷/mg	111
铁/mg	3.1
维生素A/IU	234
维生素B_1/mg	0.45
维生素B_2/mg	0.50
烟酸/mg	6.72

糟蛋中各种氨基酸的含量见表23-13。

表23-13　糟蛋中各种氨基酸的含量

氨基酸名称	氨基酸含量/%
天冬氨酸	0.87
苏氨酸	0.50
丝氨酸	0.67
谷氨酸	1.16
脯氨酸	0.23
甘氨酸	0.33
丙氨酸	0.50
胱氨酸	0.09
缬氨酸	0.57
甲硫氨酸	0.34
异亮氨酸	0.49
亮氨酸	0.81
酪氨酸	0.14
苯丙氨酸	0.61
赖氨酸	0.57
组氨酸	0.18
色氨酸	微量
精氨酸	0.16

(2) 糟蛋的质量要求

软壳糟蛋的质量要求如下。

①蛋壳　蛋壳与内蛋壳膜完全分离，蛋壳全部或大部分脱落，呈软壳蛋。蛋形完整，略膨胀饱满，不起纹，呈乳白色。

②蛋白　不流散，呈胶冻状，与蛋黄分清，呈乳白色。叙府糟蛋呈酱黄色，与蛋黄可融为一体。

③蛋黄　呈橘红或黄色的半凝固状，与蛋白可明显分清。叙府糟蛋呈酱黄色。

④气味与滋味　具有糯米酒糟所特有的浓郁的酒香和酯香味，略带甜味、咸味，无异味和酸辣味。

对已成熟的糟蛋，一般不再分级，因为鸭蛋在糟渍前已分好了等级，按糟渍前所分等级进行糟蛋的分级即可（每 1 000 枚糟蛋，特级为不低于 75 kg，一级为不低于 70 kg，二级为不低于 65 kg）。

（3）劣糟蛋产生的原因

劣糟蛋产生的原因详见二维码 23-6。

二维码 23-6　劣糟蛋产生的原因

（4）糟蛋加工技术的发展与创新

糟蛋目前应该革新与研究的主要内容有以下几个方面。

①缩短生产周期　在糟蛋加工生产中，仅成熟期就 4.5～5 个月，生产周期太长，往往占用生产资金较多，这使得资金周转太慢，生产成本变高。因此，必须要研究糟蛋的生产技术问题，以缩短糟蛋的生产时间。

②解决生产加工季节性强的问题　糟蛋加工的季节性较强，多数产品生产是在每年三四月至端午节这段时间。由于端午后天气渐热，不宜加工，所以必须要研究糟蛋加工的系列新技术与新方法，尽量做到全年能够生产。

③糟蛋发酵机理与微生物菌种以及微生态研究　糟蛋生产的实质是发酵过程，糟蛋属于发酵型产品。因此，必须要研究糟蛋的发酵与成熟机理、发酵过程中蛋白和蛋黄的系列变化、发酵与风味形成关系、风味成分物质与风味化学，开展糟蛋高效发酵的微生物菌种筛选、选育与诱变，同时还要进行糟蛋发酵时微生态状况与微生物区系及其消长规律等研究。

④糟蛋包装保鲜的研究　糟蛋是一类生产与产品形式都十分独特的产品，在现有新的形势下，必须要研究解决糟蛋的包装与保鲜技术问题。采用适宜的包装方式，结合有效的保鲜技术，延长糟蛋产品的货架期，提高产品生产的效率，是糟蛋生产的一个重要问题。

⑤不同风味与其他产品形式的研究　虽然糟蛋产品的风味受到消费者的喜爱，但产品的风味类型单一。没有能够适应不同消费地区人群的不同风味产品，使糟蛋的生产消费受到地域的限制。因此，要研究开发糟蛋的不同产品形式，以扩大消费群。

⑥糟蛋生产机械与设备　我国糟蛋的生产方式一直以来都是作坊式生产，机械化程度极低，但目前我国各类食品的生产均在朝机械化、自动控制化方向发展。因此，只有不断研发糟蛋生产的机械与设备，才能逐步改变糟蛋生产原始、落后的现状，提高糟蛋的生产效率，促进产品的质量稳定一致，使糟蛋这一传统产品适应新时代发展的需要。

23.2.4　蛋液和湿蛋制品

23.2.4.1　蛋液

由于蛋壳质量等多方面原因，鲜蛋不利于大批量贮存、运输，影响了其工业化消费。将鲜蛋蛋壳去掉，进一步进行低温杀菌、加盐、加糖、蛋黄蛋白分离、冷冻、浓缩等处理，从而形成的一系列液体状态蛋制品，称为液态蛋。液态蛋又称为液体蛋，有的简称为液蛋。液体蛋包括液态蛋白、液态蛋黄、液态全蛋和浓缩蛋液等几类。

液态蛋在使用时省去了打蛋及处理蛋壳的操作，因此在发达国家的食品工业及家庭中受到广泛欢迎。我国液态蛋加工业由于受历史的影响，基础比较薄弱，20 世纪 80 年代，北京、上海等地引用了一些先进蛋品加工设备，主要用于生产蛋液，不能称为生产真正意义上的液态蛋产品。最近几年来，我国真正意义上的液态蛋生产正在起步，相继建立了液态蛋生产加工厂。目前，国内许多企业看到了液态蛋在国内的巨大市场，纷纷开展市场调研，拟进行液态蛋的加工生产。

（1）液态蛋生产流程

液态蛋主要有液全蛋、液蛋白和液蛋黄 3 类。一般经过预处理，经打蛋后分为全蛋液、蛋黄液和蛋白液，然后再经冷藏、杀菌，加工成加糖或加盐的液态蛋制品。其预处理工艺一般为：

原料蛋的选择→蛋的整理→照蛋检查→洗蛋→蛋壳的杀菌→晾蛋

（2）液态蛋生产工艺

①原料蛋的预处理　加工液蛋制品都必须先取得半成品，即蛋液，再用蛋液加工成各种产品。将鲜蛋制成蛋液半成品前的选择、清洗、消毒的过程，称为鲜蛋的预处理。

a. 原料蛋的选择。原料蛋的质量直接影响半成品和成品的质量，必须选择清洁完整、无破碎的鲜蛋为原料。鲜蛋应符合国家规定的卫生标准。用于蛋液加工的原料蛋必须新鲜、可使用、蛋壳坚实、无脏物等附着，不适合的蛋包括黑蛋、霉蛋、酸蛋、绿色蛋、白蛋、粘壳蛋、异味蛋、胚胎发育蛋、血坏蛋、热伤蛋等。蛋的新鲜度对蛋液的细菌菌群、数量，化学、物理学性质及功能特性影响很大。若不新鲜，则打蛋后蛋白与蛋黄不易分开，使制成率及作业效率均降低，并使蛋白液中混有较多蛋黄或蛋黄液中混有较多的蛋白，由此制成的产品功能特性较差，微生物含量也较多。

b. 鲜蛋整理。鲜蛋从产地运到加工厂后，通常会因运输而有破损，并混有各种包装填充材料，如麦秸、稻草、稻壳等，蛋壳本身也会受到一定的污染。因此，必须做好清除填充物和破损蛋的工作，粗略选出适于加工的鲜蛋，并把蛋送到照蛋车间。

图 23-2 为鲜蛋自动装蛋设备，可实现成箱整理鲜蛋。

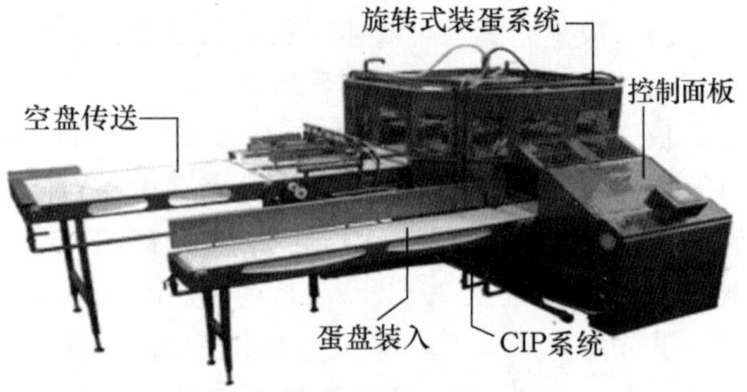

图 23-2　自动装蛋设备

c. 照蛋。在收购、保管、运输过程中，鲜蛋的内容物会发生不同程度的变化，为了能将变质的、不适于加工用的次劣蛋挑出来，对鲜蛋要进行照蛋检查。一般使用照蛋器逐枚检查，将散黄蛋、霉蛋、血圈蛋、热伤蛋、孵化蛋、腐败蛋等次劣蛋剔除。因此，通常在打蛋前先用照蛋器检查，发现有异常的蛋应除去。

d. 洗蛋。因产蛋过程和存放、运输等原因，鲜蛋蛋壳上粘有许多粪便、泥土和细菌，它们是打蛋厂微生物污染的主要来源。为防止蛋壳上的微生物进入蛋液内，通常在打蛋前将蛋壳洗净。洗蛋的方法有两种，即手工洗蛋法和机器洗蛋法。

手工洗蛋即将装有蛋的蛋篓或蛋箱放入洗蛋槽或洗蛋池中，槽或池的一端有进水孔，另一端有排水孔。洗蛋工手持刷子或布逐枚在流水中洗涤。这种方法洗得干净，破壳少，但生产效率低，长时间的冷水操作有害于工人身体健康。

机器洗蛋法是在洗蛋机中进行的，洗蛋机由进蛋水槽、适合放置蛋的凹槽传送带、棕刷、出蛋水槽、刷上喷水管、刷下贮水池等组成。洗蛋前，将进蛋水槽放满水，打开刷子上的喷水管，使水喷出而落于棕刷上，同时打开传送带和刷子转动开关，使其转动。然后将蛋移入进蛋槽，蛋随槽中的传送带移动，通过上下棕刷而得到洗刷，再随着传送带移到出蛋槽，用清水喷洗。机器洗蛋法生产能力大，改善了洗蛋工的生产条件，有利于工人身体健康，但破壳率较高。

不管采用何种洗蛋方法，蛋都不应在水中停留，以免污水浸入蛋内使蛋液被污染。另外，洁壳蛋和污壳蛋一定要分开清洗，污壳蛋最好用手工清洗。

e. 蛋壳的杀菌消毒。清洗后的蛋壳上仍可能有肠道致病菌，为了保证蛋液的质量，必须对蛋壳进行消毒，以使蛋壳表面细菌数减少到最低限度。

常见的蛋壳消毒方法有 3 种：漂白粉溶液消毒法、氢氧化钠消毒法、热水消毒法。详见二维码 23-7。

二维码 23-7　蛋壳消毒方法

f. 晾蛋。将经消毒冲洗后的鸡蛋送至晾蛋室晾干，其目的是防止打蛋时，水珠滴入内容物中将其污染，并减少蛋壳表面再次被污染的机会。晾干方法通常有自然晾干法、吹风晾干法、烘干法等。

②打蛋、去壳与过滤　无论何种蛋液制品，都要经过打蛋、去壳、过滤等工序。一般在洗蛋干燥后将其送到打蛋车间进行打蛋，并在此之前检查蛋的质量，剔出洗蛋过程中的破壳蛋。打蛋分人工打蛋和机械打蛋。打蛋方法有打全蛋和打分蛋之分。详见二维码 23-8。

二维码 23-8　打蛋、去壳与过滤

蛋内容物并非均匀一致的，为使所得到的蛋液组织均匀，要将打蛋后的蛋液混合，这一过程是通过搅拌实现的。蛋液过滤即除去碎蛋壳、蛋壳膜以及杂物的过程，同时可起到搅拌混合作用。搅拌过滤的方法因搅拌过滤的用具形式不同而有差异，常用的搅拌过滤器的介绍见二维码 23-8。

目前，蛋液的过滤多使用压送式过滤机，但是在欧洲也有使用离心分离机以除去系带、碎蛋壳的。由于蛋液在混合、过滤前后均须要冷却，而冷却会使蛋白与蛋黄因相对密度差而不均匀，故须要通过均质机或胶体磨，或添加食用乳化剂以使其均匀混合。须清洗、杀菌蛋液的混合机、过滤机，以免被微生物污染。

③蛋液的杀菌　原料蛋在洗蛋、打蛋去壳、蛋液混合、过滤处理过程中，均可能受微生物的污染，而且蛋经打蛋去壳后即失去了一部分防御机制，须经杀菌方可保证其卫生安全。蛋液的巴氏杀菌又称为巴氏消毒，是在蛋液营养成分不受损失的条件下，通过加热彻底消灭蛋液中的致病菌，最大限度地减少菌数的一种加工措施。蛋液巴氏杀菌设备有单槽式杀菌器和高温短时杀菌装置，目前以高温短时杀菌装置为主，配以就地清洗系统。蛋液巴氏杀菌装置和就地清洗系统模式图、杀菌装置实物见二维码 23-9。

二维码 23-9　蛋液的杀菌

杀菌后的蛋液须要根据使用目的迅速冷却，如供原工厂使用，可冷却至 15℃左右；若以冷却蛋或冷冻蛋形式出售，则须要迅速冷却至 2℃左右，然后再充填至适当容器中。根据 FAO 和 WHO 的建议，蛋液在杀菌后急速冷却至 5℃，可贮藏 24 h；若急速冷却至 7℃，则仅能贮藏 8 h。

经搅拌过滤的蛋液也要及时预冷，以达到防止蛋液中微生物生长繁殖的目的。预冷是在预冷罐中进行的。预冷罐内装有蛇形管，管内有流动着的制冷剂（−8℃的氯化钙水溶液），蛋液在管内冷却至 4℃左右即可。如不进行巴氏杀毒，可直接包装。

冷却在冷却器中进行，其种类和结构与杀菌器相同。

对于加盐或加糖液，须在充填前将蛋液移入搅拌器中，再加入一定量食盐（一般 10％左右）或砂糖（5％～10％），然后搅拌溶液。

蛋液容易起泡，可加入食盐或砂糖防止，并以配合使用真空搅拌器为宜。欧美各国在蛋液中加入甘油或丙二醇以维持其乳化力，并加入苯甲酸钠等化学药品以防腐。加盐或糖尽可能在杀菌前，以免制品再被污染，但加盐、糖会使蛋液黏度升高，使杀菌操作困难。

④填充、包装及输送　蛋液充填容器通常为可盛 12.5～20.0 kg 蛋液的方形或圆形马口铁罐，其内壁镀锌或衬聚乙烯袋。容器盖为广口，以方便充取。在充填前必须洗净、晾干容器罐。如衬聚乙烯袋，则冲入蛋液后应封口或用橡皮筋封紧后加罐盖。为了方便零用者，目前出现了用塑料袋包装或纸板包装的，一般可盛 2～4 kg。蛋液充填机如图 23-3 所示。

图 23-3　蛋液充填机

欧美的蛋液工厂多使用蛋液车或大型货柜来给用量大的加工厂运送蛋液。蛋液车备有冷却或保温槽，其内可以隔成小槽以便能同时运送蛋白蛋液、蛋黄蛋液及全蛋液。蛋液车槽可以保持蛋液最低温度为 0～2℃，一般运送蛋液温度应在 12.2℃以下，长途运送则应在 4℃以下。蛋液冷却或保温槽每日均须清洗、杀菌一次，以防止微生物污染。

（3）浓缩蛋液的生产

蛋液的水分含量高，容易腐败，因此仅能进行低温短时间贮藏。为使蛋液方便运输或延长其在常温下的贮藏时间，近年来出现所谓浓缩蛋液。浓缩蛋液主要分为两种：第一种，全蛋加糖或盐后浓缩，使其含水量减少及水分活性降低，从而可在室温或较低温度下运输贮藏；第二种，将蛋白水分除去一部分，以减少其包装、贮藏、运输费用。

浓缩蛋液的工艺流程为：

原料蛋→检验→预冷→洗净→干燥→照蛋检查→打蛋→全蛋或分离蛋液→过滤→加糖或加盐→低温→杀菌→浓缩→产品

①浓缩蛋白液的生产　蛋白含有 88％的水分和 12％的固形物，故若用浓缩方法将蛋白的部分水分除去，将节省其包装、贮藏及运输费用。目前，蛋

白的浓缩利用反渗透法或超过滤法，一般将蛋白浓缩至其固形物含量为原来的 2 倍。蛋液超滤浓缩设备如图 23-4 所示。

图 23-4 蛋液超滤浓缩设备

经浓缩的蛋白中的有些葡萄糖、灰分等低分子化合物与水一同透过膜而被除去。用反渗透法浓缩的蛋白，由于失去了钠，在加水还原时其起泡所需时间增加，泡沫容积小，用它所调制的蛋糕的容积也小。

②浓缩全蛋液、蛋黄液的生产　禽蛋有热凝固的特性，所以不能采用加热浓缩的方法，一般采用加糖浓缩方法。全蛋液在 60～70℃ 范围内开始凝固，而加糖后的全蛋液，其凝固温度随蔗糖添加量的增加而有很大的提高。当添加蔗糖的量为蛋液量的一半时，凝固温度为 85℃；添加蔗糖量与蛋液量相等时，凝固温度上升至 95℃。生产加糖浓缩蛋液时，不能使用葡萄糖、果糖或其与蔗糖的混合物，否则，制品在长期贮藏后颜色变黑。一般蔗糖添加量应高于 53.3%，低于 72.7%，最适宜量为 66.7%。

另一种是加盐浓缩全蛋液，其加工与加糖浓缩全蛋液的加工相同。一般地，加盐浓缩全蛋液的固形物含量为 50%，其中食盐含量为 9%。

此外，还有一种浓缩蛋液方法，是先用各种酶处理全蛋或蛋黄，然后添加砂糖或食盐，再浓缩，称为酶处理的加糖或盐浓缩蛋液。此种浓缩方法生产的蛋制品的蛋黄香味浓，加热不易凝固，黏度低，且富含氨基酸，可作为调味料，以供各种食品加工用。此产品在未开封前于常温下可贮藏 3 个月。

23.2.4.2 湿蛋品

湿蛋品是以蛋液为原料，加入不同的防腐剂而制成的蛋液制品。因其多为半流动状态，故称湿蛋品。在湿蛋品中加入防腐剂，可以抑制微生物的生长，保持蛋品的品质。在实际工作中，为了保证湿蛋品的保存效果，采用的防腐剂大多数是非食用的防腐剂。即使采用食品级的防腐剂，由于使用剂量较大，超出了食品添加剂的使用剂量，所以，湿蛋品大多不适宜于食用，只能应用于工业领域。但是，严格按相关食品生产标准使用和添加防腐剂的湿蛋品，也可以应用于食品工业。这主要根据湿蛋品本身生产的卫生要求和防腐剂的使用情况来决定。

目前，我国生产湿蛋品的数量相对较少，只少量生产新粉盐黄和老粉盐黄。但从湿蛋品在工业领域中的应用来看，湿蛋品具有广阔的发展前景。由于我国近几十年来都不太重视湿蛋品生产加工技术的研究，湿蛋品的应用开发很少。今后，随着我国对湿蛋品生产加工研究的增加，湿蛋品的应用范围会不断扩大，应用领域会越来越广。湿蛋品的种类，将会随着湿蛋品应用领域的不断扩大，越来越多。

我国生产的湿蛋品主要是以蛋黄液为原料的湿蛋黄，可分为无盐湿蛋黄（在蛋黄液中加入 1.5% 硼酸或 0.75% 苯甲酸钠）、有盐湿蛋黄（在蛋黄液中加入 1.5%～2.0% 硼酸及 10%～12% 精盐，或者加入 0.75% 苯甲酸钠及 10%～12% 精盐）和蜜湿蛋黄（在蛋黄液中加入 10% 优质甘油）3 种。另外，根据防腐剂使用的不同，有的将湿蛋黄分为新粉盐黄和老粉盐黄。新粉盐黄以苯甲酸钠为防腐剂，老粉盐黄则以硼酸为防腐剂。凡是按规定采用苯甲酸钠、甘油、食盐为辅料的湿蛋黄，既可以食用（调水后炒食或做汤），也可以应用于工业，如作为蛋黄酱的原料、用于提炼蛋黄油和制造人造奶油等。以硼酸为辅料制成的湿蛋黄，防腐力很强，多食或少量常食均可引起肾脏疾病，因此不能食用，只能应用在工业中，如作为皮革工业的抛光材料等。

(1) 湿蛋品加工工艺

无论是哪一种湿蛋黄或其他湿蛋品，其加工工艺步骤基本相同。一般有以下几个工艺步骤：

蛋黄液→搅拌过滤→加防腐剂→静置沉淀→装桶→成品

①搅拌过滤　搅拌过滤的目的是割破蛋黄膜，使蛋黄液均匀，色泽一致，除去系带、蛋黄膜、碎蛋壳等杂质。搅拌可用搅拌器进行，过滤可用离心

过滤器进行。也可用18、24、32目的铜丝筛过滤3次，以达到搅拌过滤的目的。过滤后的纯净蛋黄液，存于贮蛋液槽内。加工湿蛋黄的蛋黄液主要用鸡蛋黄，有的也用鸭蛋黄。

②加防腐剂 加入防腐剂的目的是抑制细菌的繁殖，防止产品腐败，延长产品的贮存时间。湿蛋制品可以使用单一的防腐剂，或者采用混合防腐剂，后者的使用效果好，持续时间长。常用的防腐剂有苯甲酸钠、硼酸、甘油、精盐等。防腐剂的添加量因配方不同而有所差别，具体如下。

新粉盐黄配方：纯蛋黄液100 kg，精盐8～10 kg，苯甲酸钠0.5～1.0 kg。

老粉盐黄配方：纯蛋黄液100 kg，精盐10～12 kg，硼酸1～2 kg。

蜜湿蛋黄配方：纯蛋黄液100 kg，优质甘油10 kg。

a. 添加防腐剂的方法。根据搅拌过滤后的蛋黄液的质量，计算防腐剂用量，同时可根据蛋液质量加入1%～4%的水。一边加一边搅拌，搅拌5～10 min，搅拌速度不能过快，以120 r/min为宜。过快会产生大量气泡，延长沉淀时间。

b. 湿蛋品中常用防腐剂的问题。从国家制定的有关法规来看，以上防腐剂的使用存在一定的问题。例如，《食品安全国家标准 食品添加剂使用标准》(GB 2760—2014）中规定，苯甲酸钠可以作为防腐剂，允许用于酱油、果汁、果酱（罐头除外)、蛋白饮料、风味饮料等食品，最大用量为1.0 g/kg，没有说明可用于湿蛋制品。用于加工新粉盐黄时，苯甲酸钠的添加量已达0.5%～1.0%，超过标准的5～10倍。因此，必须对湿蛋品中苯甲酸钠的使用量进行研究。不用或少用有毒性或不利于人体健康的防腐剂，应严格控制这类防腐剂的使用范围和使用量。

③静置、沉淀 加防腐剂后的蛋黄液应静置3～5 d，使泡沫消失，精盐溶解，杂质沉淀。蛋黄液与防腐剂完全混匀后，即可装桶。

④装桶 湿蛋制品是用长圆筒形木桶包装的。木桶材质为榆木、柞木，桶外围有5～6道铁箍，桶侧面中央部开一小孔，以便灌入湿蛋黄液。使用前，必须洗净、消毒木桶，然后用60～65℃的石蜡涂刷桶内壁。

蛋液静置、沉淀后，将上层泡沫除去，经28目筛过滤后，灌于木桶内。每桶装100 kg，用木塞塞住桶口，加封密闭后送入仓库保存。

⑤贮藏 湿蛋黄装在密封的木桶内，内部有防腐剂，因此，在普通的仓库中贮存即可。贮存时要求库温低于25℃，每隔10～15 d，将木桶翻滚一次。

(2) 湿蛋品的质量标准

我国湿蛋品质量标准见表23-14、表23-15。

表23-14 新粉盐黄质量标准

指标名称	规定
状态	均匀
色泽	橙黄
气味	正常
杂质	无
水分	52%
油量（三氯甲烷冷浸法）	26%
游离脂肪酸（以油酸计）	7%
氯化钠	6%～8%
苯甲酸钠	0.5%～1.0%
肠道致病菌（志贺氏菌属及沙门氏菌属）	不得存在，不得有微生物引起的腐败变质现象

表23-15 老粉盐黄质量标准

指标名称	规定
状态	均匀
色泽	橙黄
气味	正常
杂质	无
水分	52%
油量（三氯甲烷冷浸法）	25%
游离脂肪酸（以油酸计）	7%
氯化钠	8%～12%
硼酸	1%～2%
肠道致病菌（志贺氏菌属及沙门氏菌属）	不得存在，不得有微生物引起的腐败变质现象

由于湿蛋品可以应用于多个工业领域，也有的按食品要求生产的产品可以应用于食品领域，所以湿蛋品的质量标准根据应用情况不同而有所不同。有的时候还要根据用户的需要，提供不同质量要求的产品。因此，以上湿蛋品的质量标准仅供参考。

23.2.5 冰蛋制品

冰蛋制品又称为冰蛋品、冷冻蛋品，是蛋制品中的一大类，它是鲜蛋去壳后，所得的蛋液经一系列加工工艺，最后冷冻而成的蛋制品。由于蛋液的种类不同而分为冰全蛋（简称冰全），冰蛋黄（简称冰黄)，冰蛋白（简称冰白)。将鸡全蛋液经巴氏杀菌后加工而成的冰全蛋称为巴氏杀菌冰鸡全蛋。

在制作冰蛋过程中，常加入许多其他物质，如食盐、蔗糖等，以改善含蛋黄制品的胶化现象。此外，也有添加甘油、糖浆、食用胶、偏磷酸钠等的。冰蛋制品的加工方法相对简单，操作方便。在美国，用来制作蛋制品的总蛋液的 1/3 被用来制成冰蛋品，可见冰蛋制品在蛋制品中占有重要地位。在我国，随着冷藏业的发展，冰蛋制品的产量也有较大幅度的增加，冰蛋制品已是我国出口创汇的主要蛋制品，也是国内调节产蛋季节性的主要蛋制品。这可以满足食品工业，如制造面包、饼干、中西式点心、冰淇淋、糖果的需要，在产蛋淡季时投入市场，可弥补鲜蛋供应之不足。

23.2.5.1　冰蛋制品的加工

(1) 冰蛋制品加工工艺流程

冰蛋制品的加工工艺流程如图 23-5 所示。其前部分加工过程，即从原料蛋检查至杀菌结束完全与液蛋加工相同，后期加工过程包括包装、冻结。

(2) 冰蛋制品加工工艺要点

虽然冰蛋品可分为冰鸡全蛋、冰鸡蛋黄和冰鸡蛋白以及巴氏消毒冰鸡全蛋等，但是它们的加工方法基本相同。在此按加工程序，阐述冰蛋品的加工方法要点。

①搅拌与过滤　搅拌与过滤是冰蛋品加工的首要环节，目的是使蛋黄和蛋白得以混匀，以使冰蛋品的组织状态达到均匀。经过过滤，可以清除蛋液中的碎蛋壳、蛋壳膜、系带等杂物，以使冰蛋品的质量达到纯正。搅拌用具及其用途如表 23-16 所示。

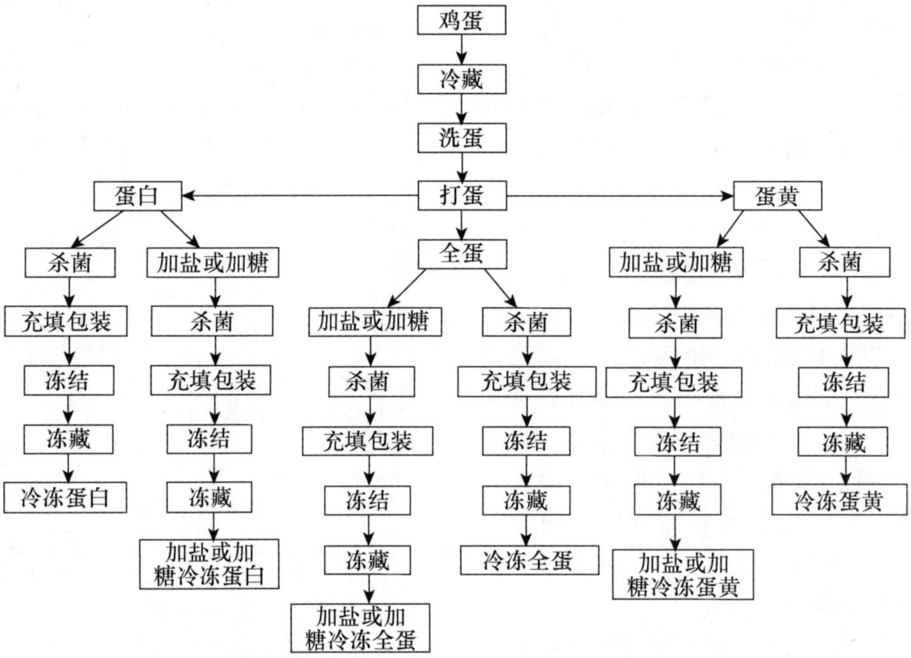

图 23-5　冰蛋制品的加工工艺流程

表 23-16　搅拌用具及其用途

用具名称	用　途
蛋液注入器	将蛋液注入过滤槽内
过滤槽	第一次过滤用
搅拌器	内有螺旋桨，以电动机带动，第二次过滤用
蛋液过滤箱	第三次过滤用
莲蓬头	最后一次过滤用
离心泵	将过滤箱内的蛋液抽出
离心机	过滤蛋黄液、蛋液及检查蛋壳内的蛋白液含量用

搅拌与过滤要经过四次自动连续不断的操作过程。输送带运来的合乎工艺要求的蛋液，先经注入器注入蛋液过滤槽，进行第一次过滤，可初步清除蛋壳、蛋液中的杂质并割破蛋黄。随即蛋液自动流入搅拌器内，进行第二次过滤。蛋液经螺旋桨搅拌后，蛋黄、蛋白混合均匀，而其中的蛋黄膜、系带、蛋壳膜等杂质，进行第三次过滤。最后由离心泵将蛋液抽至莲蓬头过滤装置中，进行第四次过滤，除去蛋液内所有杂质，纯净的蛋液经漏斗流入预冷罐内，进行冷却。

②预冷　经过搅拌与过滤已达到均匀纯净的蛋液，由蛋液泵打入预冷罐，在罐中降低温度，称为预冷。预冷的目的在于防止蛋液中微生物繁殖，加速冻结速度，缩短急冻时间。预冻原理是：蛋液由

泵打入预冷罐后，由于罐内装有盘旋管（或蛇形管），管内有-8℃氯化钙水不断循环，管冷却，蛋液温度随之下降，得以冷却。一般蛋液的温度达到4～10℃，便为预冷结束，即可从罐的开关处放出蛋液，进行装听。

③装听　装听又称为装桶或灌桶。装听的目的是便于速冻与冷藏。装听时，将经过消毒和称重的马口铁听（或内衬无毒塑料袋的纸板盒）放在秤上，听口（或盒口）对准盛有蛋液的预冷罐的输出管，打开开关，蛋液即流入听内。当达到规定的质量时，关闭开关，从秤上取下蛋听，随后加盖，用封盖机将听口封固，再送至急冻间进行急冻。对于内销冰蛋品的装听，优级冰蛋品须装入全新马口铁听内，净重分为20 kg、10 kg、5 kg三种规格，听口加盖涨紧；一、二级冰蛋品须用涂蜡纸、塑料袋（无毒的）或纸板盒包装，每块净重分为20 kg、10 kg、5 kg、2 kg、1 kg和0.5 kg等规格，包装应严密。

④急冻　装听后，将蛋液运送到急冻间，顺次排列在氨气排管上，进行急冻。放置蛋听时，听的一角应面向风扇（风扇直径为1.52 m），听与听之间要留有间隙，以利于冷气流通。冷冻间的前、中、后各部位须挂温度表一支，一般配有专人每2 h检查和记录一次，以便及时调节温度。冷冻间温度应保持在-20℃以下，使听内四角蛋液冻结均匀结实，以缩短急冻时间和防止听身膨胀。在-23℃条件下，经过72 h的急冻，蛋液温度可以降至-13℃以下，这时即可视为达到急冻要求，可将冰蛋经过包装转入冷藏库内冷藏。

⑤包装　对急冻好的冰蛋，在送入冷藏库前须进行包装，即在马口铁听外面加套涂有标志的纸箱，以便于运输和保管。

⑥蛋液的巴氏消毒　又称低温杀菌。国内外生产冰蛋品的实践已证明，蛋液采用巴氏低温消毒，杀菌效果良好。近年来，我国的大型蛋品加工厂已应用巴氏消毒法来生产冰鸡全蛋，且它已成为加工巴氏消毒冰鸡全蛋的主要工序。巴氏消毒一般采用自动控制的巴氏消毒机。该设备由片式热交换器、贮存罐、蛋液泵、温度自动控制器等部分组成，它们全部由不锈钢制成。其中主要部分为片式热交换器，这是由许多受热片组成的平板式热量交换器。向受热片的夹层通入调节成所需温度的热水，蛋液通过受热片后转入保持导管，3 min后再移入另一受热片夹层中。不同的是，这一夹层中为冷流动水，蛋液通过后便可冷却，然后流入贮存罐以便装听。冷流体与热流体在受热片的两边表面上形成薄膜流动，通过受热片进行换热，以达到预定的杀菌效果。一般蛋液在受热片的加热温度为64.5℃，经过3 min即可达到标准规定的杀菌效果，可使蛋液的细菌总数和大肠菌群大为降低，并可杀灭全部致病菌。

23.2.5.2　影响冰蛋品质量的主要工序

（1）蛋液的包装

将经巴氏杀菌后的蛋液或未经巴氏杀菌的蛋液冷却至4℃以下，即可包装。包装或装听的目的是便于冷冻和贮藏。美国多用13.62 kg容量的罐装冰蛋。我国多用马口铁罐，容量为5 kg、10 kg和20 kg三种，这对于冰蛋用量大的厂家比较适合，但对用量小的消费者则有很大不便。另外，用铁罐作包装材料，其开启也不方便。因此，现在许多冰蛋加工厂采用塑料袋或纸板盒包装。常见的冰蛋包装容器容量为1～3 kg，将蛋液充填入容器后立即密封，然后送至冷冻室。

充填前，应注意彻底清洗液蛋容器，然后充分灭菌，干燥后方可使用。充填时，防止污染和异物进入，并使液蛋不流于容器外侧，以免霉菌污染。如用铁罐，则罐内侧须有涂层或内衬聚乙烯袋。

（2）速冻和冷藏

应立刻将包装后的蛋液送至速冻车间。冷冻时，各包装容器，尤其采用铁听等大包装之间应留有一定的间隙，以有利于冷气流通，保证冰冻速度。

速冻车间的温度应保持在-20℃以下，在此温度下，速冻72 h即可结束，这时听内中心温度达-18～-15℃。冻结速度与蛋液种类和急冻温度有关。温度低，冻结得快。蛋液所含固体成分多，会生成冻结块。所以，在相同温度下，蛋黄完成冻结早，全蛋次之，蛋白液虽然较早开始冻结，但完成冻结最晚。

将全蛋液置于-10℃、-20℃和-30℃下，其冻结速度分别为0.2、0.7和4.0 cm/h。液蛋冻结后，第2 d解冻时的黏度变化为，冻结速度越快，其黏度越大。据报道，蛋冷冻在-6℃下则黏度增大，且冻结温度越低，冻结后其黏度越大。冷冻蛋经1～2个月贮藏后再解冻，其黏度与发泡性受贮藏温度的影响大，而受冻结速度影响较小。

16 kg规格容器袋的液蛋在-10℃冷冻库中冷

冻时，液蛋中心温度达－5℃需要10 h以上，冻结速度较慢，以致容器中心部分的蛋液易腐败。因此，液蛋须尽量在低温下冻结，冻结后再贮藏于稍高温度下。

全蛋的冻结点在－0.5℃左右，在冻结点以上温度，全蛋的比热容为3.7 J/(g·℃)，蛋白的为3.9 J/(g·℃)，蛋黄的为3.3 J/(g·℃)，加13%的糖或盐蛋黄的比热容为0.5 J/(g·℃)。在冻结点以下温度，全蛋、蛋白、蛋黄及加13%糖或盐蛋黄的潜热分别为246.6、292.6、183.9、167.2和146.3 J/(g·℃)。蛋的比热容与潜热可依下式算出：

比热容＝[含水量(%)＋0.5×固形物含量(%)]/100

潜热＝[含水量(%)/100]×[144－0.5×(32－冻结点)]×0.555

冰蛋在急冻时常出现胖听现象，听变形，甚至发生破听。为了避免这些现象的发生，急冻36 h后应进行翻听，使听的四角及听内壁冻结结实，然后由外向内冻结。

还有一种冰蛋的冻结方法是采用蛋液盘冻结，即将未经包装的蛋液灌入衬有硫酸纸或无毒塑料膜的蛋液盘内，进行急冻。然后分成小包装销售，或将急冻好的冰冻品送至冷库贮藏。冷藏库内的温度应保持在－18℃，且不宜上下波动，以此达到长期贮藏的目的。贮存冰蛋的冷库内不得同时存放有异味如腥味的产品。

23.2.5.3 冰蛋品的解冻

冰蛋制品属冻结食品，故在食用或作为食品工业原料使用前必须进行解冻，使其恢复冻结前的良好状态。急冻和冷藏不仅要达到一定要求，而且要有科学解冻方法和良好的卫生条件。解冻要求速度快，汁液流失少，解冻终止时的温度低，而表面和中心的温差小。这样既能使产品营养价值不受损失，又能使组织状态良好。

(1) 解冻方法

①常温解冻法　经常使用的方法。将冰蛋制品移出冷藏库，在常温清洁解冻室内进行自然解冻。此法虽然简便，但存在着解冻时间较长的缺点。

②低温解冻法　在5℃或10℃的低温下进行冻解，完成解冻所需时间分别为48 h、24 h。国外常采用此法。

③加温解冻法　将冰蛋制品置于30～50℃的保温室中进行解冻。加温解冻法解冻快，但必须严格控制温度，室内空气应流通。日本常用此法解冻加盐或加糖冰蛋。

④长流水解冻法　将装有冰蛋的容器置于清洁长流水中进行解冻。由于水比空气传热性能好，因此流水解冻的速度较常温解冻快，还可防止微生物的污染及繁殖。

⑤微波解冻　利用微波特点对冰蛋品进行解冻。冰蛋品采用此方法解冻，不会使蛋白发生变性，能保证蛋品的质量，而且解冻时间短。但微波解冻成本高，目前还不能普及。

在上述几种解冻方法中，以低温冻结或流水解冻较为适宜。解冻所需时间因冰蛋品的种类不同而有差异，如冰蛋黄所需解冻时间比冰蛋白短，加盐或加糖冰蛋由于其冰点下降解冻较快。同种产品采用不同解冻方法，产品需要的解冻时间也不一样。

在解冻过程中，细菌的污染和繁殖，也因冰蛋品的种类与解冻方法不同而有所不同。例如，在相同解冻条件下，蛋黄中的细菌总数增加比蛋白中的速度快。同一种冰蛋品，解冻速度越快，细菌数增加越少。

(2) 冷冻及解冻引起的蛋液性质变化

蛋液经冷冻会发生一些物理、化学变化，如可能会出现冰晶，含蛋黄制品会有凝胶形成等。这些变化在短期冻藏时较不明显，但在长期冷藏后则很明显。因此，制作冰蛋时，应采取一定措施来控制这些变化，使终产品的应用特性不受严重影响。

①蛋白性质的变化　蛋白经冷冻、解冻后，其浓厚蛋白所占比例减少（表23-17），黏度下降，以致外观呈水样。

表23-17　冷冻和解冻对浓厚蛋白比率的影响　%

供试蛋白	浓厚蛋白	稀蛋白
新鲜蛋白	58.4	41.6
冷冻、解冻蛋白	27.0	73.0

据国外研究报道，冰蛋贮藏10 d，蛋白中的巯基减少，这可能与蛋白稀薄化有关。而搅拌后的蛋清冻结时，容器内层附近蛋白有些浓厚化，中心形成云雾状团，这些变化可能与冰冻速度和加盐有关。以上变化仅是组织结构变化，对冰蛋清的食品特性没有影响。例如，蛋白在15℃冻藏6个月后，再供调制天使蛋糕时，蛋糕的容积、组织与香味等，均与用未冷藏或冷冻蛋白制得的相似。

②蛋黄性质的变化　当冷冻或贮藏蛋黄的温度低于 6℃时，蛋黄黏度增加而发生胶凝，最后失去流动性，即使搅拌也不分散。用机械处理时，蛋黄呈斑点状分散。用作其他食品配料时，这样的产品不易混合均匀。冷冻对蛋黄性质的影响见二维码 23-10。

二维码 23-10　冷冻对蛋黄性质的影响

③全蛋液性质的变化　全蛋液在冷冻时也存在凝胶化问题，尤其是在全蛋中蛋黄与蛋白保持原状下，经冷冻、解冻，其蛋黄呈汤圆状凝胶化，即使搅拌也不分散。如果蛋白和蛋黄混合，则会因蛋黄得到稀释而缓减冻结时凝胶化。

在－30～－10℃冻结并在－20～－10℃冷藏全蛋，其对焙烤食品的品质如蛋糕的组织、色调、滋气味等有一定影响，但这种现象在冰全蛋贮藏 3 个月时有所改善，继续冷藏则又下降。全蛋液冰冻后在－18℃下贮藏一个月时黏度最大。用冰全蛋制得的蛋黄酱比用鲜蛋液制得的更稳定。另外，相比鲜蛋液，冰全蛋的发泡力没有明显变化。

在冻结前添加砂糖、玉米糖浆、食盐，或用机械处理（如均质、胶体磨处理）使蛋白与蛋黄均匀混合，可减少全蛋液冰冻时凝胶的形成。向冷冻全蛋中添加脂肪甘油酯等乳化剂或蛋白质类起泡剂后，再用压力搅拌机使空气混入，如此可烘焙出具有理想外观与组织的蛋糕。

23.2.5.4　冰蛋的质量卫生指标

（1）冰蛋中的微生物

用于制作冰蛋的原料蛋中可能存在各种微生物。根据原料蛋的来源有所差异，多为产碱杆菌属、芽孢杆菌属、变形杆菌属、埃希氏杆菌属、黄杆菌属、假单胞菌属、沙门氏菌属等，冻结贮藏后菌数会有所下降，甚至有些菌属因对冷敏感而完全死亡。冰蛋蛋液经巴氏杀菌后可杀灭部分细菌，但仍会有芽孢杆菌属、黄杆菌属、变形杆菌属等残留。

（2）冰蛋在冷冻贮藏过程中细菌的变化

液蛋在冷冻及贮藏过程中总菌量略有减少，减少量与冷冻和贮藏温度呈正相关，见表 23-18。而蛋白中微生物减少量多于蛋黄或全蛋。

表 23-18　全蛋的冻结温度、冷藏温度与解冻后的菌数

细菌	冻结及冻藏温度	冻藏期间			
		冻结前	冻结次日	冻结 1 个月后	冻结 2 个月后
活菌数/（CFU/g）	－10℃	2.7×10^{5}	1.2×10^{5}	1.3×10^{5}	5.4×10^{4}
	－20℃		1.1×10^{5}	1.8×10^{5}	1.5×10^{5}
	－30～－10℃*		1.8×10^{5}	9.0×10^{4}	5.4×10^{4}
大肠菌群数/（CFU/g）	－10℃	-1.6×10^{5}	2.4×10^{3}	50	0
	－20℃		1.9×10^{3}	5.0×10^{2}	0
	－30～－10℃*		9.0×10^{3}	50	0

* －30℃冻结，－10℃贮藏。

微生物可在冰蛋中残留，并在贮藏过程中引起蛋的品质下降，甚至腐败。因此，制作冰蛋所用的原料蛋必须新鲜而且蛋壳洁净，在加工过程中应严格杀菌以防止微生物污染。

（3）冰蛋品的质量指标

质量指标是进行冰蛋品的鉴定、分级等的重要依据。冰蛋品的质量指标有状态和色泽、气味、杂质、水分含量、含油量、游离脂肪酸含量、细菌指标等。由于冰蛋品的用途及销售对象不同，对其质量的要求也各异。

①状态和色泽　各种冰蛋品均有其固有的冻结状态，对冰鸡全蛋、冰鸡蛋白、冰鸡蛋黄和巴氏消毒冰鸡全蛋均要求冻结坚洁均匀。质量正常的冰蛋品还应该有其固有的色泽。冰蛋品的色泽取决于蛋黄中所含有的色素，由于所含色素深浅不同，不同的冰蛋品成品色泽各异。例如，冰鸡全蛋和巴氏消毒冰鸡全蛋应为淡黄色，而冰鸡蛋黄应为黄色，冰鸡蛋白则应为微黄色。此外，冰蛋品的色泽还与加

工过程有关，如果打分蛋时，蛋黄液中混有蛋白液，则冰蛋黄的色泽变浅。因此，观察色泽可以评定冰蛋品的质量是否正常。

②气味　冰蛋品的气味是评定其成品新鲜程度的重要指标。因此，所有冰蛋品的气味必须正常。冰蛋品若带有异味是在加工或贮藏中形成的，如使用霉蛋加工成的冰蛋品带有霉味。冰蛋黄中有酸味则多是在贮藏中受温度、湿度的影响而使其中的脂肪酸败所造成的。

③杂质　冰蛋品中含有杂质，不但使其纯度降低，直接影响其食用价值，而且有些杂质不符合卫生要求，还会影响人体健康。因此，质量正常的冰蛋品均不得含有杂质。冰蛋品中的杂质，大部分是加工时过滤不好、卫生条件不良或设备不完善的结果。

④含水量　由于鲜蛋（冰蛋原料）的含水量受到许多因素的影响，如鸡的品种、产蛋季节、产蛋期、饲料等，而加工时使用的又常常是不同地区、不同产蛋期、不同品种鸡所产的鲜蛋，其成分含量有差异，含水量也随之有所不同。因此，我国内销或出口的冰蛋品的含水量均以最高含水量为准，如冰鸡全蛋最高不超过 76%，冰鸡蛋白最高不超过 88.5%，冰鸡蛋黄最高不超过 55%。如果成品中的含水量超过最高标准，则冰蛋在贮藏、运输过程中容易分解变质，使质量增加。所以，通过测定成品水分含量，也可以判断冰蛋品的质量状况。

⑤含油量　含油量又称脂肪含量。由于各种因素的影响，鲜蛋的含油量有很大的差别。制成的冰蛋品，甚至每批成品的含油量都不一样。因此，对冰蛋品的含油量很难规定固定的数字，通常在标准中规定冰蛋品的含油量以最低的含量为限。例如，冰鸡蛋黄的含油量（三氯甲烷冷浸出物）不低于 25%，冰鸡全蛋的含油量不低于 10%。若打分蛋时，蛋白液混入蛋黄液内，则冰蛋黄中的含油量下降。此外，成品中水分含量过高，会相应地降低含油量；反之，水分含量过低，含油量会提高。

⑥游离脂肪酸含量　游离脂肪酸含量又称脂肪酸度，即从脂肪中分解出来的游离脂肪酸和脂肪的比。脂肪酸度的高低可说明冰鸡全蛋和冰鸡蛋黄的新鲜程度。贮藏时间过长或温度过高及在空气的影响等条件下，蛋黄中的脂肪均会分解而产生游离脂肪酸，严重者能使脂肪发生酸败，从而使冰蛋品产生异味。可见，游离脂肪酸含量越高，脂肪酸度越大，成品质量越低劣。因此，游离脂肪酸含量或脂肪酸度也是衡量冰蛋品的重要指标之一。对于内销冰鸡全蛋，要求优级品的游离脂肪酸（以油酸计）不超过 4%，一级品不超过 5%，二级品不超过 6%。

⑦细菌指标　由于冰蛋品不经过高温灭菌处理过程，所以，加工过程中的卫生条件与成品中的含细菌量有密切关系。含菌量关系成品质量，细菌总数过多，往往会使成品被肠道致病菌（沙门氏菌属和志贺氏菌属）污染，若控制不住，将直接危害消费者的身体健康。因此，各种冰蛋品无论是内销，还是出口，国家对其细菌指标均有明确规定。例如，内销冰鸡全蛋细菌总数不超过 10^6CFU/g（GB 4789.2—2016），大肠菌群不超过 10^2CFU/g（GB 4789.3—2016，平板计数法），一律不得检出肠道致病菌。

（4）冰蛋品的分级标准

我国依据冰蛋品的状态、色泽、气味、杂质、水分含量、含油量、细菌总数、大肠菌群、肠道致病菌等指标状况对冰蛋品进行分级，对冰鸡全蛋、冰鸡蛋黄、冰鸡蛋白和巴氏消毒冰鸡全蛋的感官指标、理化指标、细菌指标等均做了明确的规定和要求。

①冰鸡全蛋分级标准　冰鸡全蛋的原料应达到下列要求：优级品应使用新鲜蛋、新鲜冷藏蛋；一级品允许使用消毒后的裂纹蛋、硌窝蛋、流清蛋、血圈蛋及外霉蛋；二级品允许使用裂纹蛋、硌窝蛋、血筋蛋、血环蛋、流清蛋、红贴壳蛋、轻度异味蛋（无臭味）、轻度黑贴壳蛋及散蛋黄。用石灰水、泡花碱等浸泡过的鸡蛋不得用于加工优级冰鸡全蛋。孵化蛋、黑腐蛋、绿色蛋白蛋、重度霉蛋、重度黑贴壳蛋、泻黄蛋等不得作为上述各级冰鸡全蛋的原料。不允许用鸭蛋、鹅蛋或其他禽蛋加工冰鸡全蛋。不同等级的冰鸡全蛋质量要求见表 23-19。

②冰鸡蛋黄质量标准　冰鸡蛋黄的原料应使用新鲜蛋、新鲜冷藏蛋。裂纹蛋、硌窝蛋、流清蛋、血圈蛋、血筋蛋、血环蛋、散黄蛋、霉蛋、红贴壳蛋、黑贴壳蛋、泻黄蛋、绿色蛋白蛋、黑腐蛋、孵化蛋、异味蛋等次劣蛋均不能用品加工冰鸡蛋黄。不允许用鸭蛋、鹅蛋或其他禽蛋加工冰鸡蛋黄。冰

表 23-19　冰鸡全蛋的分级标准

项目	指标名称	规定		
		优级品	一级品	二级品
感官指标	状态	坚洁均匀	坚洁均匀	坚洁均匀
	色泽	淡黄	淡黄	淡黄
	气味	正常	正常	略有异无异味
	杂质	无	无	无
理化指标	水分	≤76%	≤76%	≤76%
	含油量	≥10%	≥10%	≥10%
	游离脂肪酸	≤4%	≤5%	≤6%

鸡蛋黄的质量标准见表 23-20。

表 23-20　冰鸡蛋黄的质量标准

项目	指标名称	规定
感官指标	状态	坚洁均匀
	色泽	黄色
	气味	正常
	杂质	无
理化指标	水分	<55%
	含油量（三氯甲烷冷浸出物）	>25%
	游离脂肪酸（以油酸计）	<4%
细菌指标	细菌数	$<10^6$ CFU/g
	大肠杆菌数（最近似数）	$<10^2$ CFU/g
	肠道致病菌	不得检出

③冰鸡蛋白质量标准　加工冰鸡蛋白的原料应达到的要求与冰鸡蛋黄的要求相同，其质量标准见表 23-21。

表 23-21　冰鸡蛋白的质量标准

项目	指标名称	规定
感官指标	状态	坚洁均匀
	色泽	黄色
	气味	正常
	杂质	无
理化指标	水分	<88.5%
细菌指标	细菌数	$<10^6$ CFU/g
	大肠杆菌数（最近似数）	$<10^2$ CFU/g
	肠道致病菌	不得检出

④巴氏消毒冰鸡全蛋分级标准　巴氏消毒冰鸡全蛋的原料应达到下列要求：优级品应使用新鲜蛋、新鲜冷藏蛋；一级品允许使用裂纹蛋、硌窝蛋、小口流清蛋、轻度红贴壳蛋、血圈蛋、血筋蛋、血环蛋、壳霉蛋。散黄蛋、重度霉蛋、红贴壳蛋、黑贴壳蛋、绿色蛋白蛋、泻黄蛋、黑腐蛋、孵化蛋、异味蛋等次劣蛋均不能用于加工巴氏消毒的冰鸡全蛋。用石灰水、泡花碱等浸泡过的蛋不得用于加工巴氏消毒优级冰鸡全蛋。不允许用鸭蛋、鹅蛋或其他禽蛋加工巴氏消毒冰鸡全蛋。

23.2.6　干燥蛋制品

23.2.6.1　干燥蛋制品概述

干燥蛋制品又称干蛋制品，是人工条件下除去蛋液中水分或保留较低的水分后所制得的蛋制品。许多食品材料及食品都含有水，水分多的食品往往容易腐败变质。把食物中的水分除去，使之达到很低的水平，可以阻止微生物生长和减缓化学反应速度，从而使食品可以在常温下保藏。人类很早就利用干燥脱水来处理食物，如干燥谷物、果蔬、肉类和鱼类等。我国不少土特产如红枣、柿饼、葡萄干等都是经干制后得以长期保存的。

鸡蛋中含有大量的水分，全蛋约含 75%，蛋黄中约含 50%，蛋白中约含 88%。将含水量如此高的全蛋、蛋黄或蛋白冷藏或输送，不但不经济，而且易变质。干燥是贮藏蛋的很好方法，早在 20 世纪初我国就有干燥蛋品。当时从我国输往美国的干蛋白片，起泡性很好并且耐贮藏，令各国为之惊奇。据说各国经过长期研究，方知我国制造干蛋白片的秘诀是干燥前先用细菌发酵除去其中的葡萄糖。

干蛋制品具有成分均一，体积小，运输成本低，不易被细菌污染，配方易控制，可用于多种方便食品开发等优点。由于科学研究清楚了干蛋制品的化学特性、功能特性和微生物特性，近几年来干燥蛋制品工业有了很大发展，已成为蛋品加工的重要组成部分。

（1）干蛋制品的种类及用途

干蛋制品由于原料及加工方法不同，种类很多，用途也不一样。主要干蛋制品见表 23-22。

表 23-22　常见干燥蛋制品

品种	分类
干蛋白	干蛋白粉、蛋白片
干全蛋	普通干全蛋粉、除葡萄糖干全蛋粉、加糖干全蛋
干蛋黄	普通干蛋黄粉、除葡萄糖干蛋黄粉、加糖干蛋黄
特殊类型干蛋制品	炒蛋用混合蛋粉、煎鸡蛋粉、蛋汤用鸡蛋粉

①干蛋白　包括干蛋白粉和蛋白片。干蛋白粉是通过喷雾干燥而制成的粉状制品，主要作为制作天使蛋糕的原料。其种类、品质特性及用途见表23-23。蛋白片是通过浅盘干燥而制成的片状或粒状或将其磨成粉状的干蛋白制品。蛋白片须在水中浸一夜，使之还原后再使用。其使用方便、用途很多，涉及的领域有食品工业、纺织工业、皮革工业、造纸及印制工业等。

表 23-23　干蛋白粉的种类、品质特性及用途

种类	品质特性	用途
酶处理干蛋白	起泡性佳	蛋白酥皮、天使蛋糕等特别需要起泡性者
酵母菌除糖干蛋白	黏着性良，凝固性良，有起泡性	鱼丸等水产品、香肠等畜肉加工品
细菌除糖干蛋白	起泡性良	一般用
酵素除糖干蛋白	有起泡性	一般用
加起泡剂干蛋白	起泡性佳	与酵素处理蛋白相同，特别需要起泡性者
加盐干蛋白	有起泡性	改良面质

②普通干全蛋及蛋粉　包括普通干燥全蛋粉和干蛋黄粉、除葡萄糖干全蛋粉和干蛋黄粉。制作这些制品时，没有加入其他物质，未改变其特性，但可能除去糖分，或加入抗结块剂，如硅铝酸钠，以改进蛋粉的一些特性。此类全蛋及蛋黄制品，发泡力很差，但具有良好的黏着性、乳化性及凝固性，所以常用于制作夹心蛋糕、油炸圈饼（甜圈）及酥饼等。

③加糖干燥全蛋及蛋黄　包括加糖干全蛋和干蛋黄。在干燥前的杀菌阶段加入一定量的糖，使制品具有一定的功能特性，尤其是起泡性。该类型制品常用于糕饼工业，并适用于任何糕饼制品、冰淇淋、鸡蛋面条。还可从蛋黄粉中提炼出卵磷脂，供医药专业用；可提炼出蛋黄油，供制作油画和化妆品用。

④其他干蛋品　包括炒蛋用混合蛋粉、煎鸡蛋粉和蛋汤用鸡蛋粉等。这些产品是将蛋与其他食物成分如脱脂乳、酥烤油等混合后干燥，或加入碳酸钠粉调 pH 后喷雾干燥而成的制品。如美国研制的碎炒蛋粉，其固形物中全蛋含量为 51%、脱脂乳含量为 30%、植物油含量为 15%、食盐含量为 1.5%、水分含量为 2.5%。还有日本专利报道的蛋汤用速食蛋粉。

用来生产干蛋制品的原料主要是鸡蛋，鸭蛋、鹅蛋很少用。我国目前仅生产普通全蛋粉、普通蛋黄粉、蛋白片。根据蛋液是否杀菌又可分成巴氏杀菌干蛋品和非巴氏杀菌干蛋品。

（2）干蛋品的干燥特点

干蛋品按原料不同可分为全蛋粉、蛋白粉和蛋黄粉。蛋白粉不含脂肪，其他两种含有较高的乳化磷脂，这些磷脂与蛋黄中的蛋白质或其他成分结合在一起，因此干燥时应采取特殊的工艺。

干蛋品在食品工业中多作为其他食品的配料或经再加工才能食用，因此在干燥加工过程中应保持鲜蛋的原有特性，这些特性包括热凝固、打擦力、乳化力、颜色和风味。而这些特性对热和其他干燥条件非常敏感，因此，人们对蛋液的干燥条件及所采用的物理和化学方法进行了大量的研究。

在蛋的干燥过程中，水分蒸发速度取决于液体温度、周围条件、液体表面积等。表 23-24、表 23-25、表 23-26 分别列出了干全蛋、干蛋黄和干蛋白在各种相对湿度和温度条件下的平衡水分含量。可以看出，在同等温度、湿度条件下，三者的平衡水

表 23-24　不同湿度、温度条件下干全蛋平衡水分含量　%

相对湿度/%	温度/℃					
	10	21	32	43	60	77
10	2.7	2.6	2.4	2.0	1.8	1.4
20	3.9	3.7	3.4	3.2	2.6	2.0
30	5.1	4.8	4.4	4.0	3.4	2.8
40	6.4	6.0	5.6	5.2	4.2	3.4
50	7.4	7.0	6.6	6.2	5.4	4.6
60	9.0	8.6	8.2	7.8	7.0	5.6
70	10.7	10.5	10.2	9.6	8.6	6.8

表 23-25　不同湿度、温度条件下干蛋黄平衡水分含量　　%

相对湿度/%	温度/℃					
	10	21	32	43	60	77
10	1.6	1.5	1.4	1.3	1.1	0.8
20	2.5	2.4	2.2	2.0	1.7	1.3
30	3.1	2.9	2.7	2.4	2.1	1.7
40	3.7	3.5	3.3	3.0	2.5	2.0
50	4.3	4.1	3.9	3.6	3.1	2.7
60	5.6	5.0	4.7	4.5	4.1	3.3
70	6.9	6.7	6.6	6.3	5.6	4.4

分含量差别很大，以干蛋黄最少，干蛋白最多。研究者认为，这一结果与疏水的脂肪含量有关。

表 23-26　不同湿度、温度条件下干蛋白平衡水分含量　　%

相对湿度/%	温度/℃					
	10	21	32	43	60	77
10	5.6	5.4	5.0	4.1	3.7	2.9
20	6.8	6.5	6.0	5.6	4.6	3.5
30	8.4	8.0	7.3	6.6	5.6	4.6
40	10.5	9.9	9.2	8.6	6.9	5.6
50	11.8	11.1	10.6	9.9	8.6	7.4
60	14.6	13.0	12.2	11.8	10.6	8.5
70	18.0	17.6	17.2	16.5	14.4	11.4

23.2.6.2　干蛋制品的生产工艺

干蛋制品的加工工艺流程如图 23-6 所示，其制作过程如图 23-7 所示。

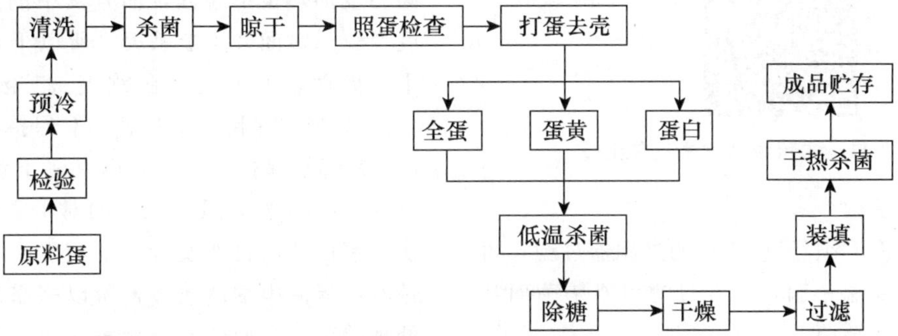

图 23-6　干蛋制品的工艺流程

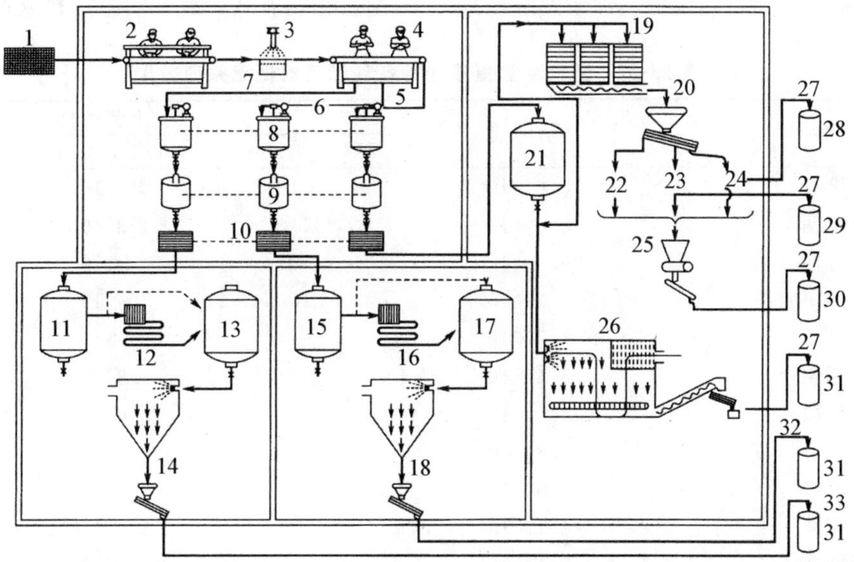

1. 蛋壳；2. 照蛋检查与分级；3. 洗蛋；4. 打蛋与分离；5. 蛋白；6. 蛋黄；7. 全蛋；8. 搅拌；9. 离心式过滤；10. 冷却；11. 全蛋贮槽；12，16. 低温杀菌；13. 全蛋浓缩；14. 全蛋喷雾干燥；15. 蛋黄贮槽；17. 蛋黄浓缩；18. 蛋黄喷雾干燥；19. 蛋黄浅盘干燥；20. 分级；21. 蛋白浓缩；22，30. 细粉；23，29. 颗粒；24. 薄片；25. 粉碎机；26. 蛋白喷雾干燥；27. 干燥蛋白；28. 片状；31. 喷雾粉末；32. 干燥蛋黄；33. 干燥全蛋

图 23-7　干蛋制品（未除糖制品）的制作过程

在整个加工过程中，蛋液的脱糖、杀菌及干燥这3道工序尤为重要。

（1）脱糖

蛋中含有游离葡萄糖，蛋黄中约有0.2%，蛋白中约有0.4%，全蛋中约有0.3%。如果直接干燥蛋液，在干燥后贮藏期间，葡萄糖的羰基与蛋白质的氨基之间会发生美拉德反应。另外，还会和蛋黄内磷脂（主要是卵磷脂）反应，使干燥后的产品出现褐变，溶解度下降，变味及质量降低。因此，在干燥前必须除去蛋液（尤其是蛋白液）中的葡萄糖，俗称脱糖。常用的脱糖方法有自然发酵、细菌发酵、酵母菌发酵、酶法脱糖、其他脱糖方法等，详见二维码23-11。

二维码23-11　常用脱糖方法及其比较

（2）蛋液的杀菌

经脱糖的蛋液，须经过40目的过滤器过滤，再移入杀菌装置中低温杀菌，或经过滤后不杀菌而在干燥后再予以干热杀菌。

①低温杀菌　蛋液脱糖后在60℃左右进行的杀菌叫低温杀菌。蛋白使用自然发酵、细菌发酵或酵母菌发酵脱糖时，其蛋液中微生物数量很多，低温杀菌效果不理想；而全蛋或蛋黄一般使用葡萄糖氧化酶脱糖法，其蛋液中菌数少，故可使用低温杀菌方法，若以干热杀菌，易使其脂肪氧化。在低温杀菌时，液蛋中的革兰阴性杆菌或酵母菌等较容易被杀死，而芽孢杆菌或球菌类在一般条件下难以被杀死。表23-27为全蛋、蛋白及蛋黄接种微生物后，低温杀菌的效果。

发酵脱糖后的蛋液杀菌条件同蛋液加工杀菌条件及要求相同，只不过经发酵数小时或数天后，细菌等增殖，杀菌更困难。

②干热处理　干热处理是利用蒸汽热、电热或瓦斯热源，将干燥后的制品放入密封室，保持50～70℃，经过一定时间而杀菌的方法。由于干蛋经较高温度加热也不凝固，而且其中的细菌须经较高温度及较长时间方可被杀灭，所以干蛋的杀菌多采用干热处理。干热处理在欧美被广泛使用，其实施方法有44℃保持3个月、55℃保持14 d、57℃保持7 d及63℃保持3 d等。也有将干蛋白在54℃下保持60 d的试验，其结果表明对干蛋白的特性没有损伤。蛋白使用自然发酵、细菌发酵或酵母菌发酵脱糖时，蛋液中细菌较多，所以多采用干燥后的干热处理杀菌。干燥全蛋与蛋黄用干热处理时，其脂肪易氧化而产生不良风味，由于其在液体状态下的杀菌也相当有效，故不实施干热杀菌。

表23-27　酵母除糖蛋液接种各种细菌对低温杀菌效果　CFU/mL

菌种		杀菌前	杀菌条件		
			56℃，4 min	60℃，4 min	64℃，4 min
蛋白	啤酒酵母	8.8×10^7	1.7×10^3	<10	
	粪链球菌	9.8×10^5	5.4×10^5	1.3×10^5	
	大肠杆菌	6.3×10^5	<10	<10	
	荧光假单胞菌	1.2×10^5	<10	<10	
全蛋	啤酒酵母	7.2×10^7		<10	<10
	粪链球菌	3.4×10^6		4.8×10^5	1.1×10^4
	大肠杆菌	3.0×10^5		<10	<10
	荧光假单胞菌	7.8×10^5		<10	<10
蛋黄	啤酒酵母	6.6×10^7		<10	<10
	粪链球菌	4.1×10^6		4.4×10^5	2.6×10^4
	大肠杆菌	3.1×10^4		<10	<10
	荧光假单胞菌	6.7×10^5		<10	<10

以不同方法干燥的蛋白，其干热杀菌的条件不同。浅盘式干燥的蛋白含水分稍多，与喷雾干燥蛋白相比，蛋白质容易变性，因此其干热杀菌时所用温度稍低，时间稍长。表23-28所示为喷雾干燥蛋白的干热处理效果，表23-29所示为浅盘式干燥蛋白（干蛋白片）的干热处理效果。由

此两表可知，干燥蛋白在干热处理时，由于其中细菌菌种存在差异，杀菌效果差异很大。例如，革兰阴性芽孢杆菌在干热处理时几乎都不能被杀死；干热处理杀死肠道球菌的速度很缓慢，而能较快地杀死革兰阴性菌，如大肠菌群、沙门氏菌等。干燥蛋白经干热杀菌后其 pH 会稍微降低，而起泡力则会增大，因此干热杀菌较适合于干燥蛋白。

表 23-28　细菌发酵喷雾干燥蛋白干热（64℃）处理效果

项目	处理时间/h			
	0	24	48	72
总菌数/（CFU/g）	4.1×10^7	1.9×10^3	5.0×10^2	2.0×10^2
大肠菌群/（CFU/g）	3.3×10^2	<10	<10	<10
肠球菌/（CFU/g）	2.2×10^2	2.0×10^2	1.4×10^2	80
沙门氏菌/（CFU/50 g）	—	—	—	—
起泡力/mm	135	138	141	142
pH	7.21	7.20	7.20	7.18

表 23-29　细菌发酵浅盘式干燥蛋白干热（50℃）处理效果

项目	处理时间/h			
	0	24	48	72
活菌数/（CFU/g）	1.6×10^3	5.2×10	4.0×10^3	8.6×10^2
大肠菌群/（CFU/g）	1.1×10^6	2.2×10^2	<10	<10
肠球菌/（CFU/g）	4.8×10^3	2.1×10^3	1.8×10^3	7.7×10^2
沙门氏菌/（CFU/50 g）	—	—	—	—
起泡力/mm	140	142	144	148
pH	6.98	6.94	6.93	6.87

（3）蛋液的干燥

蛋液经脱糖、杀菌后即进行干燥。目前，大部分的全蛋、蛋白及蛋黄均使用喷雾干燥，少部分蛋品使用真空干燥、浅盘式干燥和滚筒干燥等。

①喷雾干燥　目前，喷雾干燥是制作干蛋制品的主要方法。在机械力（压力或离心力）的作用下，雾化器将蛋液喷成高度分散的无数极细的雾状微粒（微粒直径为 10～50 μm），从而大大地扩大了蛋液的表面积，如以粒的直径为 24 μm 计，其比表面积高达 2 500 m^2/g。微粒与热风接触，进行热交换，加快了水分蒸发速度，使微细的雾滴瞬间干燥变成粉末，以球形颗粒状降落于干燥室底部。水蒸气被热风带走。全部干燥过程仅需 15～30 s 即可完成。此即为喷雾干燥法生产蛋粉的基本原理。

喷雾干燥法有以下特点：采用喷雾干燥法生产蛋粉，干燥速度快，因此蛋白质受热时间短，不会造成蛋白质变性；喷雾干燥对蛋液中的其他成分影响极微小；由于干燥快，受热低，加工成的蛋粉还原性能好，色正、味好；喷雾干燥在密闭条件下进行，成品粉粒小，不必粉碎，故可保证产品的卫生质量。采用喷雾干燥法生产蛋粉，可使生产机械化、自动化，具有连续性。

喷雾干燥机的构造示意如图 23-8 所示，喷雾干燥模式如图 23-9 所示。空气先经空气过滤机除尘后，加热至 121～132℃，然后通过送风机将其送入干燥室。加压泵使蛋液通过喷雾器而将其喷出，形成微细雾滴，当其遇到热空气时，其中所含水分在瞬间被蒸发，雾滴脱水而变成微细粒子，降至干燥室后再通过分离器，经过筛别机筛别、冷却后再包装。而热空气则经由排风机排出。

制作干燥蛋制品所需热空气量受各种因素影响，如整个喷雾干燥机的效率、吹入空气的温度、蛋液的温度、干燥器喷嘴大小、蛋品要求的水分含量等都会对其产生影响。通常 0.14 m^3/min 的空气，在 121℃、0.1 MPa 下可蒸发 0.454 kg 水。因此，如需每分钟蒸发 11.35 kg 水，则需 0.34 m^3/min 的热空气。

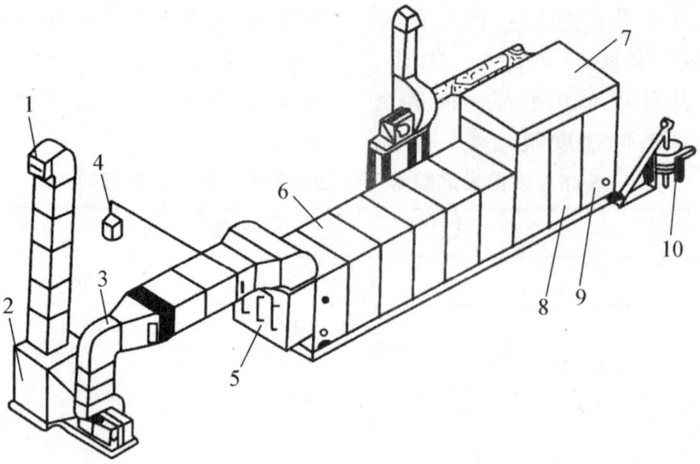

1. 空气吸入口；2. 空气过滤机；3. 空气加热机；4. 蛋液泵；5. 喷雾干燥器喷嘴；
6. 干燥室；7. 袋形过滤收集器；8. 集粉装置；9. 输送带；10. 振动器

图 23-8　箱式喷雾干燥机

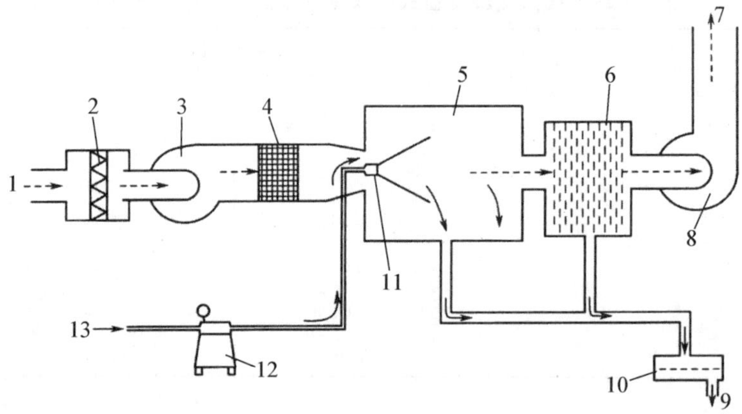

1. 空气进入；2. 滤气器；3. 风扇；4. 空气加热器；5. 干燥室；6. 粉末分离器；7. 空气排出；
8. 排气扇；9. 干蛋品；10. 筛别机；11. 喷雾器；12. 压缩泵；13. 蛋液送入

图 23-9　喷雾干燥模式

②冷冻干燥　用冷冻干燥所得的干燥全蛋或蛋黄，其溶解度高且溶解迅速，干燥臭少，起泡性及香味均佳。冷冻干燥制品的制作成本高，故以冷冻干燥制作的干燥蛋数量不多。英国与澳大利亚有较大规模的冷冻干燥蛋加工厂，其制品为干燥全蛋。图 23-10 所示是英国冷冻干燥蛋制造过程。

冷冻干燥易使蛋黄因低温而变性，故在 30～50℃下使蛋黄呈薄膜状再真空干燥时，所得制品的品质较佳。

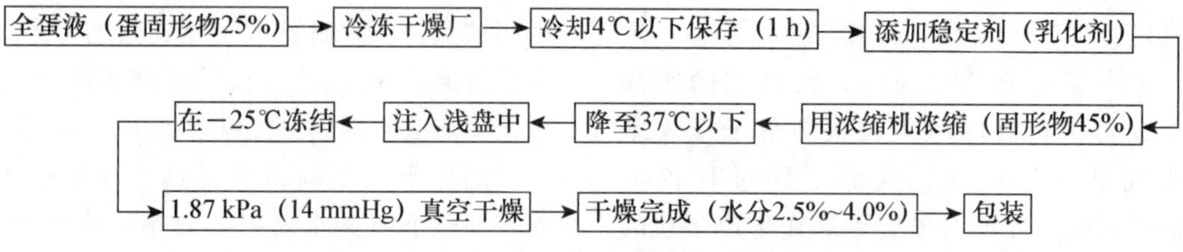

图 23-10　冷冻干燥蛋制造过程

③浅盘式干燥　以喷雾干燥制成的干燥蛋白，呈中空的球状粉，故加水使之还原时会产生大量的泡沫，且此泡沫经静置后也不消失。因此，这种喷雾干燥蛋白不作印染及印刷制版用，而通常使用薄片状或颗粒状干燥蛋白。

浅盘式干燥的操作是将蛋白脱糖后置于铝制或不锈钢制浅盘（长宽各为 0.5～1.0 m，深度为 2.0～7.0 cm），然后再将此浅盘移入箱式干燥室的架子上，用 54℃以下的热风长时间干燥即可。用 54℃热风干燥时，1.5 mm 厚的蛋白液需 3 h，3 mm 厚的蛋白液则需 20 h 才能完全干燥。干燥时从液面开始生成干燥蛋白皮膜，继而皮膜逐渐增厚。干燥至适当程度时，须将皮膜移入其他浅盘，当干燥至水分含量为 15%时，即可得薄片状浅黄色透明的制品。在制作过程中，薄片破碎后即生成更细的颗粒，此颗粒制品较易溶于水，故使用较为方便。可将浅盘式干燥蛋白磨成微细的粉末，与其他粉末材料混合使用。

浅盘式干燥法采用的加热方式有两种：一为炉式，二为水浴式。炉式是借热气的供应使蛋白的水分蒸发。水浴式则是借浅盘下流动的热水使蛋白的水分蒸发，并在蛋白表面以风扇送风干燥。其优点是在浅盘下流动的热水的温度容易控制，热效率高，优于炉式热风干燥。不论是使用炉式还是使用水浴式干燥，当蛋白被干燥成皮膜状的半干燥品时，均须移至棚布上，再以热风二次干燥。

④带状干燥　带状干燥是指将蛋白涂布于箱式干燥室内的铝制平带上，使其在热风中移动从而得以干燥。当蛋白干燥至一定厚度时，以刮刀刮离而成制品。

另一种形式的带状干燥称为起毛干燥或泡沫干燥，美国常用此种方式来制作干燥蛋白粉。泡沫干燥是指将蛋液打成固定的泡沫，然后涂布在连续的平带上，借热空气使其干燥。其改良法则为将泡沫涂于有孔的带上，热空气由下方喷出，以促进其干燥，其制成的颗粒再经粉碎而成制品。用此方法制成的成品的黏度适中，且易于加水还原成为蛋白液。

采用泡沫喷雾干燥前，须先用泵将二氧化碳、氮、空气等气体注入蛋液。采用此法制成的干燥全蛋以及蛋黄的溶解速度较快。若能使用喷雾干燥装置将泡沫喷雾干燥，则其干燥效果更好、效率将更高。

⑤滚筒干燥　滚筒干燥为将蛋液涂布在圆筒上而干燥的方法。采用带状干燥或滚筒干燥均可制成薄片状或颗粒状干燥蛋白，但所制成的干燥全蛋或蛋黄颜色、香味均较差，故多使用喷雾干燥法制作这两种产品。喷雾干燥可使蛋中的细菌一定程度的死亡，而其他干燥法并不能使细菌死亡，反而会因干燥，固形物浓缩，或在干燥过程中细菌增殖等而使细菌数增加。因此，在干燥前，必须先对蛋液进行杀菌处理。

23.2.7　蛋白片

蛋白片是指鲜鸡蛋的蛋白液经发酵、干燥等加工处理而制成的薄片状制品。其加工流程如图 23-11 所示。

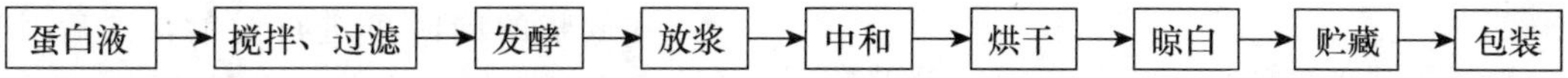

图 23-11　蛋白片加工流程

23.2.7.1　蛋白片的加工工艺要点

（1）蛋液搅拌与过滤

对打分蛋而得的蛋白液，在发酵前必须进行搅拌过滤，使浓蛋白与稀蛋白均匀混合，这样有利于发酵和缩短发酵时间。搅拌过滤还可除去碎蛋壳、蛋壳膜等杂质，使成品更加纯净。搅拌过滤的方法根据设备不同可有两种。

①搅拌混匀器混匀法　将蛋白液转入搅拌混匀器内，以 30 r/min 的速度进行搅拌。搅拌速度不能过快，过快会产生较多泡沫，影响出品率。搅拌时间决定蛋白液的质量。春、冬季蛋质量好，浓蛋白多，需搅 8～10 min；而夏、秋季节的蛋稀蛋白多，搅 3～5 min 即可。搅拌后的蛋白液可用铜丝筛过滤。筛孔的选择依蛋质而定，春、冬季的用 12～16 孔，夏、秋季的用 8～10 孔的筛过滤。未经搅拌的稀蛋白液，也须过滤，以除去蛋白液中的碎蛋壳和蛋壳膜等杂质。

②离心泵过滤器混匀法　用离心泵将鲜蛋液抽至过滤器，施加压力，使蛋白液通过过滤器上孔径为 2 mm 的过滤孔，从而使浓蛋白和稀蛋白均匀混合，同时除去杂质。压力的大小与蛋质有关。浓蛋白多的蛋白液所需压力要大，夏、秋季的蛋白液稀蛋白多，所需压力要小些。

（2）发酵

蛋白液的发酵是指在发酵细菌、酵母菌及酶制剂等的作用下，蛋白液中的糖分解。蛋白发酵的过程是复杂的生物化学变化过程，是干蛋白片加工的关键工序。正如前面所述，发酵的目的是除去蛋白中的糖分，俗称蛋白脱糖，防止其在干燥及贮藏过程中发生美拉德反应，使产品呈褐色。发酵可降低蛋白液的黏度，提高成品的打擦度、光泽度和透明度。由于发酵，一部分高分子量的蛋白质分解为低分子量的物质，增加了成品的水溶物含量。

①发酵用设备　用来发酵蛋白的传统设备可以是木桶或陶制缸。发酵室内设有蒸汽排放管、蒸汽开关，以调节发酵温度，桶的下端边缘处装有龙头。

②操作方法　发酵前将发酵桶彻底洗净，防止桶上有腐败细菌。特别注意要将桶缝中的污物除尽。洗净后，用蒸汽消毒 15 min 或者煮沸消毒 10 min，然后将桶排列在木架上备用。将搅拌过滤后的蛋白液倒入桶内，其量为桶容量的 75%。若装入过满，发酵过程中产生的泡沫会溢出桶外，造成损失。

在发酵成熟前，用圆铝盘将发酵液表面的上浮物轻轻舀出，放入桶内或缸内，另行处理。发酵蛋白液成熟所需要的时间，与发酵间的温度、蛋白液的浓稠度以及蛋白液污染的细菌数（或初始菌数）有关。发酵间的温度，应按产蛋季节和外界气温灵活掌握，以保持在 26～30℃之间为宜。温度高，发酵期短，但过高会使蛋白液发生腐败变质。一般当年 12 月至次年 3 月，外界气温低，蛋白液浓厚，蛋白液的温度也随之低，发酵成熟时间需 120～125 h；4—5 月和 9—11 月期间，约需 55 h；而 6—8 月气温较高，约需 30 h。发酵成熟后，转入过滤与中和工序。

③蛋白液发酵成熟度的鉴定　蛋白液发酵的好坏，直接影响成品的质量，因此，成熟的鉴定极为重要。鉴定应采用综合鉴定法，主要包括以下指标。

a. 泡沫。当蛋白液开始发酵时，蛋白液面上会出现大量泡沫。当蛋白液发酵成熟时，泡沫不再上升，反而开始下榻，表面裂开，裂开处有一层白色小泡沫。

b. 蛋白液的澄清度。用烧杯取蛋白液，再用玻璃试管从中取约 30 mL，将试管口塞紧后反复倒置，经 5～6 s 后，观察有无气泡上升。若无气泡上升，蛋白液呈澄清的半透明淡黄色，则已发酵成熟。

c. 滋味。取少量蛋白液，用已消毒的拇指和食指蘸蛋白液对摸，如果无黏滑性，嗅其气味有轻微的甘蔗汁味，口尝有酸甜味，无生蛋白味，即已成熟。

d. pH。在发酵过程中，蛋白液的 pH 随蛋白液中糖的分解、乳酸的增加而变化。发酵的最初 24 h，蛋白液的 pH 变化不明显，称为发酵缓慢期；随后，由于温度适宜细菌的大量生长和繁殖，蛋液 pH 变化较大，能达到 5.6 左右，称为对数期；发酵 49～96 h 时，由于酸度继续上升，抑制了某些细菌的繁殖，所以 pH 变化不大，称为稳定期或衰亡期。一般地，当蛋白液的 pH 达到 5.2～5.4 时即发酵充分。

e. 打擦度。用霍勃脱氏打擦度机测定。其方法是：取 284 mL 蛋白液和 146 mL 水，一起放入该机的紫铜锅内，以 2 号及 3 号转速各搅拌 1.5 min，然后削平泡沫，用米尺从中心插入，测量泡沫高度，高度在 16 cm 以上者为成熟结束。但同时要参考其他指标来确定。

（3）放浆

发酵成熟后，打开发酵桶下部边缘的龙头，放出发酵好的蛋白液，称为放浆。放浆分 3 次进行。第 1 次放出蛋白液全量的 75%，余下部分在澄清 3～6 h 后放第 2 次、第 3 次，每次放出 10%。最后剩下的 5% 为杂质及发酵产物，不能使用。第 1 次放出的浆为透明的淡黄色，质量最好。为了避免余下的蛋白液发酵时间长而颜色变暗赤色和有臭味，可在第 1 次放浆后，将发酵室温度降低至 12℃ 以下，以抑制杂菌生长繁殖，达到保证蛋白液继续澄清而无臭味的目的，并可降低次品率。

（4）中和

在放浆的同时可进行过滤，然后及时进行中和。蛋白发酵后，由于葡萄糖发酵产酸，蛋白液呈酸性，如果直接烘干则会产生大量气泡，有损成品的外观和透明度。在保存过程中，酸性成品的颜色会逐渐变深，其水溶物的含量逐渐减少，导致成品质量下降。因此，为了避免出现以上现象，蛋白液在烘干前必须进行中和。

中和蛋白时，先将蛋白液表面的泡沫用圆铝盘除去，然后加适量相对密度为 0.91 的纯净氨水，使发酵液呈中性或弱碱性（pH 为 7.0～8.4）后，进行烘干。生产中通过小样试验确定整批蛋白液所需氨水量。例如，取 10 mL 发酵成熟蛋白液，滴加 10% 氨水 0.4 mL，pH 达到 7.0，则 1 000 kg 蛋白液所需不稀释的原氨水量，按下列公式计算：

$$X=(L\times B\times 0.1)/A$$

式中：X 为整批蛋白液所需原氨水量；L 为整批蛋白液量；A 为取出的蛋白液量（小样）；B 为所需

10%氨水量。

在生产中也有采用相对密度为0.91的氨水，按每1 000 kg蛋白液加入2～3 kg的比例加入，一边加一边搅拌，使中和均匀，并用pH试纸测试，蛋白液的pH达到7.0～8.0即可。根据蛋白液pH的不同，若采用相对密度为0.98的氨水，每1 000 kg蛋白液需加氨水量见表23-30。加氨水时应一边加一边搅拌，速度不能过快，以防止产生大量泡沫。

表23-30 不同pH蛋白液所需氨水量 kg

发酵成熟蛋白液pH	每500 g需加氨水(相对密度为0.98)	发酵成熟蛋白液pH	每500 g需加氨水(相对密度为0.98)
5.2	3.7～4.02	5.4	2.085～2.65
5.3	2.488～3.24	5.5	1.84～2.46

(5) 烘干

在不使蛋白液凝固的前提下，利用适当的温度，在水浴中逐渐地除去蛋白液所含的水分，并将其烘制成透明的薄晶片，称为烘干，又称烘制。目前，日本、美国等国采用浅盘分批式干燥机进行烘干，将蛋白液置于深为1～7 cm，面积为0.5～1.0 m^2的浅盘中，用50～55℃的热风，在12～36 h内进行干燥。我国多采用传统的室内水流式烘干法即“水流白”工艺进行烘干。

①烘干设备及用品 主要包括水流烘架、烘盘、打泡沫板等。

a. 水流烘架。水流烘架是放置蛋白液烘盘用的。烘架全长约4 m，共6～7层，每层都设有水槽供放烘盘用。水槽用白铁板制成，槽深约20 cm。一端或中间处装有进水管，另一端装有出水管。热水由水泵送入进水管，然后注入水槽内循环流动，再由出水管流出，经水泵送回后再次加热使用。蛋白液在槽上的烘盘内受热而使水分逐渐蒸发。水槽与烘盘的排列见图23-12。水流架装置如图23-13所示。

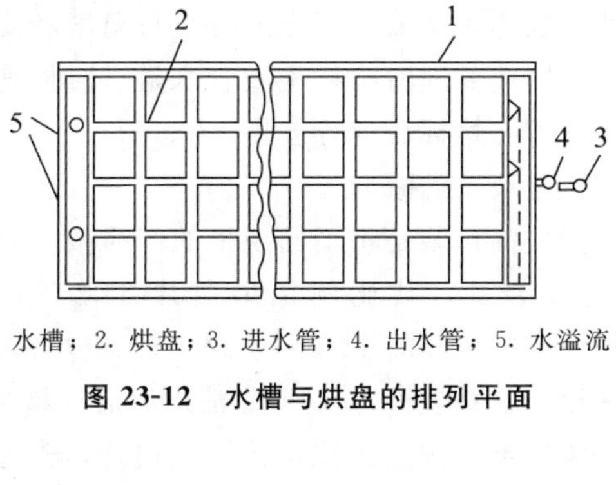

1. 水槽；2. 烘盘；3. 进水管；4. 出水管；5. 水溢流口

图23-12 水槽与烘盘的排列平面

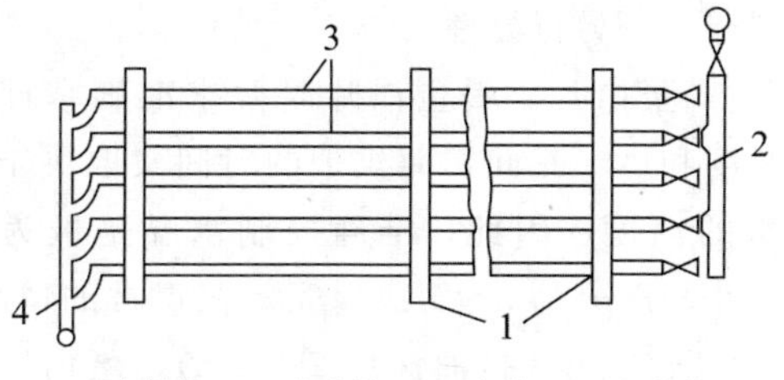

1. 水槽架；2. 进水管；3. 水槽；4. 出水管

图23-13 水流架装置

b. 烘盘。烘盘是铝制方形盘，边长为30 cm，深约5 cm，置于水流架上，供蛋白液蒸发水分用。

c. 打泡沫板。打泡沫板又称刮沫板，这是一种木制薄板，板宽与烘盘内径相同，用来除去烘制过程中所产生的泡沫。

d. 其他用具。除了上述设备以外，还有浇浆铝制勺、洁白凡士林、藤架等。

②烘干工艺 我国采用热流水浇盘烘干法烘制蛋白片，其工艺要点如下。

a. 浇浆前的准备工作。浇浆前提高水流温度至70℃，以达到烘烤灭菌的目的。然后降温，控制水温在54～56℃。再用消过毒的白布擦干烘盘，用白凡士林涂盘，此过程称为擦盘上油。涂油必须均匀、适量。过多则在烘制时上浮，产生油麻片的次品；过少则使揭片困难，破损多，片面无光，且多产碎屑，影响质量。

b. 浇浆。即用铝制勺将中和后的蛋白液浇于烘盘中。浇浆量根据不同水流温度及不同层次而有差异。按上述烘干盘的大小，每盘浇浆2 kg。由于烘盘位置和层次不同、水温不同，为了使清盘时间一致，对位于出水处和通风不良处的烘盘应当适量少浇浆，对进水口附近的烘盘可多浇浆。但各盘浇浆量相差不应多于50 g，浆液深度为2.5 cm左右。在上层或通风不良的烘盘内，应适当少浇一些浆液，这样才能使全部蛋白液的烘干时间趋于一致。否则，烘制时间相差太大，会导致揭蛋白片时间的不一致，而影响后续的工序。每层、每盘的浇浆量应尽可能均衡，浇的量要准确，浇浆时须防止浆液冲到压板条上或洒在盘外。

c. 除去水沫和油沫。在烘制过程中，由于蛋白液受热而产生泡沫，盘底的凡士林受热上浮于液面形成沫状油污。如果不除去这些水沫和油沫，则制得的蛋白片无论是光泽还是透明度均不好，因此必须用水沫板刮除泡沫。打水沫在浇浆后2 h即可进行，打油沫在浇浆后7～9 h进行。刮出的水沫或油沫分别存放，另行处理。

d. 揭蛋白片。揭蛋白片时要求准确掌握蛋白片的厚度和烘干时间，而烘干的时间又取决于烘干时热水的温度。因此，准确控制水温是极为重要的。揭片一般分为3～4次揭完。在正常的情况下，浇浆后11～13 h（打油沫后2～4 h），蛋白液表面逐渐地凝结成一层薄片，再过1～2 h，当薄片加厚约1 mm时，揭第一张蛋白片。揭片时，双手各持竹镊子，镊住蛋白片一端的两角，向上揭起，然后干面向上、湿面向下放在藤架上，使湿面黏附着的蛋白液流入烘盘内。待湿面稍干后，移到布棚上，湿面向外，搭成“人”字形进行晾白。第一次揭片后，经45～60 min即可进行第二次揭片。再经20～40 min，进行第三次揭片，一般可揭2次大片，余下揭得的为不完整的小片。揭完片状的蛋白片后，盘内剩下的蛋白液可继续干燥，干燥后将其转至镀锌铁盘内，送往晾白车间进行晾干。最后，用鬃刷刷净烘盘内及烘架上剩余的碎屑粉末，这部分质量差，可集中存放，另行处理。

e. 烘干时的水温的控制　烘干时的水温直接影响成品的颜色和透明度，甚至会使蛋白质出现凝固现象，降低水溶性物质的含量。烘制时水温过低，不仅会延长烘干时间，而且不能消灭肠道致病菌，使产品品质下降。因此，在烘干过程中，一般按下列方法严格控制水流温度和蛋白液的温度。

浇浆开始时，水流架的进水口温度应保持在56℃左右，出水口温度由于受凉浆的影响而降低，但逐渐升高。2 h内，出水口水温应保持在55℃。当浆液温度升高至51～52℃时，出水口处浆液温度为50～51℃。此时浆液为浅豆绿色澄清状。

浇浆后2～4 h，出水口处浆液温度上升至52℃，浆液色泽同前。

浇浆后4～6 h，应使出水口处的浆液温度提高至53～54℃，并保持到第一次揭片为止。这样的温度和时间还可达到杀菌的目的。

第一次揭片后，水温逐渐降低，先将进水口水温降至55℃，第二次揭片时，再下降1℃，第三次揭片时，水温可降至53℃。烘制过程不应超过22 h，烘干应在24 h内结束。

③烘干注意事项　水槽内的水面应高于蛋白液面。烘制过程不应超过22 h，烘干应在24 h内结束。对烘制车间的一切用具，使用前必须进行消毒。所用温度计必须经过校正，保证准确无误才能使用。烘干过程应有专人负责。每半小时进行一次记录。

(6) 晾白

烘干揭出的蛋白片仍含有24%的水分，因此须有一个继续晾干的过程，俗称晾白。晾白车间的四周装有蒸汽排管，以保持车间所需要的温度。车间内有晾白架，供放置布棚用。每个晾白架有6～7层，每层间距为33 cm。

具体地，将晾白室温度调至40～50℃，然后将大张蛋白片湿面向外搭成“人”字形，或湿面向上，平铺在布棚上进行晾干。4～5 h后，用手轻轻敲动布棚下方，若见蛋白片有瓦裂现象，即为晾干。此时，蛋白片的含水量为15%左右，取出后放于盘内，送至拣选车间。晾干时，根据蛋白片的干湿不同分别放置在距热源远或近的晾白架上。烘干后的碎屑用10×10孔的竹筛进行过筛，筛上的大块的碎片放于布棚上晾干，筛下的粉末可送包装车间。

(7) 拣选

将晾白后的蛋白送入拣选室，按不同规格、不同质量分别处理。

①拣大片　将大片蛋白捏成20 mm大小的小片，同时将厚片、潮块、含浆块、无光片等拣出，返回晾白车间，继续晾干，再次拣选。将优质小片送入贮藏车间进行贮藏，挑出的杂质分别存放。

②拣大屑　用孔径为2.5 mm的竹筛筛除清盘所得碎片中的碎屑，与筛上的晶粒分开存放。

③拣碎屑　用孔径为1 mm的铜筛筛除烘干和清盘所得碎屑中的粉末，拣出杂质，分别存放。

④次品再处理　用水溶解拣出的杂质、粉末等，过滤，再次烘干成片，作为次品处理。

(8) 焐藏

将不同规格的产品分别放在铝箱内，上面盖上白布，再将箱置于木架上，保持48～72 h，使成品水分蒸发或吸收，以达到水分平衡、均匀一致的目的，此过程称为焐藏。焐藏的时间与温度和湿度情况有关，因此要随时抽样检查含水量、打擦度和水溶物含量等，达标后进行包装。

(9) 包装及贮藏

干蛋白的包装是将不同规格的产品按一定的比例搭配包装的，其比例是蛋白片85.0%、晶粒1.0%～1.5%、碎屑13.5%～14.0%。包装用品是马口铁箱，铁箱规格为50 kg。消毒后的铁箱，晾干后衬上硫酸纸，按上述比例装入蛋白片，盖上纸和箱盖，即可焊封。然后再装入木箱，用钉固定，贴上商标。商标上应包括品名、规格、净重、工厂代号、批号、生产日期等信息。贮藏蛋白片用的仓库应清洁干燥、无异味、通风良好，库温在 24℃以下。

（10）桶头、桶底的处理

为了减少废品率，提高利用率，对蛋白液发酵过程中的上浮物（俗称桶头）、沉淀物（俗称桶底）以及加工过程中所得的泡沫和次碎屑等，均应适当处理和利用。

①桶头处理　在蛋白液发酵成熟和放浆前，必须将上浮物（泡沫、黏液等）舀出，放入缸内，搅拌均匀，静置使其澄清。放出澄清液，过滤，加氨水中和后，经烘干等一系列加工，制成产品，若质量好，可搭配成品包装。对余下的混合物，加适当的水，搅拌 10～15 min，经约 10 h 的沉淀，取出澄清的蛋白水溶液，经过滤、中和、烘制而成产品，若气味不好，则作为次品处理。

②桶底的处理　放出发酵蛋白液后，余下沉淀物为桶底，向其中加 1 倍水，搅匀后静置 12 h，取上清液加氨水中和，烘制成产品，优质者可搭配包装。自然放置，待泡沫消失后，过滤、中和、烘制而成产品。根据产品质量分别处理。对于次屑，可加 10 倍水，搅拌待溶，在低温下澄清，取出澄清液，烘制成次级成品。

23.2.7.2　干蛋白片的标准

干蛋白片的一般标准如表 23-31 所示。

表 23-31　干蛋白片的一般标准

项目	要求
状态	晶片及碎屑
色泽	浅黄
气味	正常
杂质	无
打擦度	泡沫高度不低于 14.6 cm
碎屑含量	不高于 20%
水分含量	不高于 16%
水溶物的含量	不低于 9.0%
酸度	不高于 1.2%（以乳酸计）
微生物	不得有由微生物引起的腐败和变质现象，不得有肠道致病菌

23.2.8　蛋粉

干蛋粉可分为全蛋粉、蛋黄粉和蛋白粉，是利用高温在短时间内，使蛋液中的大部分水分脱去而制成的含水量为 4.5%左右的粉状制品。目前，常用的脱水方法有离心式喷雾干燥法和喷射式喷雾干燥法两种，我国多用喷射式喷雾干燥法来生产蛋粉。

23.2.8.1　蛋粉加工工艺

（1）蛋粉加工工艺流程

蛋粉即以蛋液为原料，经干燥加工除去水分而制得的粉末。蛋粉种类很多，但基本的加工方法相似，其加工工艺流程如图 23-14 所示。

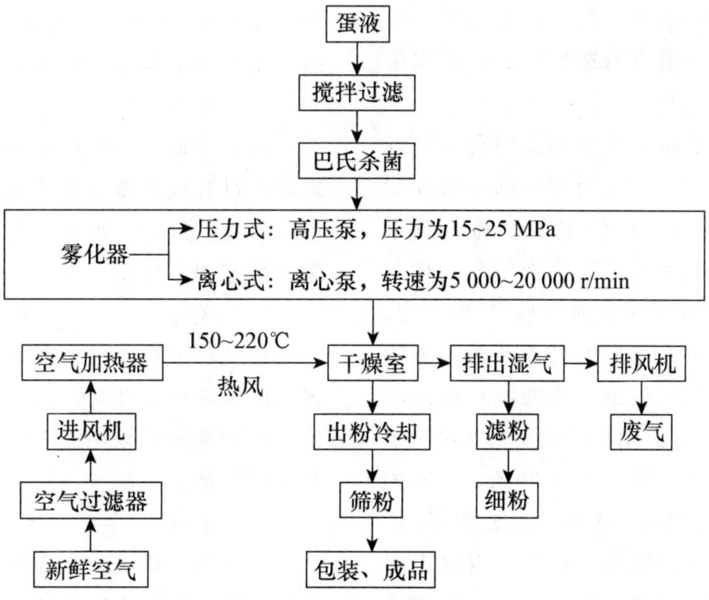

图 23-14　蛋粉加工工艺流程

（2）蛋粉加工工艺要点

①蛋液的搅拌、过滤　蛋液经搅拌、过滤可达到除去碎蛋壳、系带、蛋黄膜、蛋壳膜等物，使蛋液组织状态均匀的目的，否则容易堵塞喷雾器的喷孔和沟槽，有碍喷雾工作的正常进行，而且会造成产品水分含量不均。

搅拌过滤设备和方法与冰蛋生产相同。为了更有效地滤除杂质，除用机械过滤外，喷雾前再用细筛过滤，使加工得以顺利进行及提高成品质量。

②巴氏杀菌　巴氏杀菌方法同冰蛋加工。杀菌温度为64～65℃，时间为3 min，使杂菌和大肠杆菌基本被杀死。杀菌后立即贮存于贮蛋液槽内，并迅速进行喷雾干燥。若蛋液黏度大，可添加少量无菌水，充分搅拌均匀，再进行巴氏杀菌。

③喷雾干燥　喷雾干燥设备和方法见二维码23-12。

二维码 23-12　喷雾干燥设备和方法

④二次干燥　采用某些喷雾式干燥装置可进行二次干燥，以使产品水分降至最低限度。其方法为将制品堆积在热空气中，使水分再次蒸发。

⑤蛋粉造粒化　为了使干燥后的蛋粉速溶，须要将干燥的蛋粉富集。通常采用的方法是，先加水使蛋粉回潮，然后再予以干燥。为了使蛋白粉造粒化，可加入蔗糖或乳糖。蛋白粉造粒化后，在水中能迅速分散。

⑥筛粉、包装　从干燥装置中卸出的粉必须经晾凉后过筛。筛粉工序主要筛除蛋粉中的杂质和粗大颗粒，使成品均匀一致，目前主要用筛粉机进行。通常用马口铁箱包装蛋粉，装满蛋粉后，加盖焊封。包装操作必须做到无菌，具体操作要求为：检查铁箱，将其内外擦净，经85℃的干热消毒或用75%酒精消毒后才能使用；衬纸（硫酸纸）须经蒸汽消毒30 min或浸入75%酒精内消毒5 min，晾干备用；室内所有的工具须经蒸汽消毒30 min；室内空气用紫外线灯照射或用乳酸熏蒸。包装蛋粉时，选用净装50 kg蛋粉的马口铁箱，在铁箱内铺上衬纸，装满压平后，再盖上衬纸，加盖焊封，再用木箱包装，注明品名、净重及生产日期。

⑦干蛋粉的贮藏　应保持贮藏干蛋粉的仓库干燥，温度不宜超过24℃，最好贮存在0℃的冷风库中。蛋粉中含有维生素A，尤其蛋黄中含量更多，维生素在空气中易于氧化，经日光照射易被破坏。因此，应将蛋粉贮藏在暗处，否则会造成蛋粉维生素损失、颜色劣变和成品质量下降。同时，应严格控制仓库的相对湿度，一般不应超过70%。湿度大，蛋粉易吸潮，贮藏期会大大缩短。贮藏蛋粉的仓库不得同时存放其他有异味的产品，贮藏前应预先进行清洁消毒。贮藏蛋粉的垛下应加垫枕木，木箱之间以及木箱与墙壁之间应留有一定距离，垛与垛之间应留通风通道，使空气流通良好。

23.2.8.2　干燥和贮藏对产品品质的影响

理想的干燥蛋品应该是当其复水时，表现出的性质接近于相应的蛋液。蛋品在正常干燥条件下，营养损失变化很小，风味正常，即有应有的全部营养价值。干燥和贮藏主要对以下指标有影响。

（1）打擦度

起泡性是蛋清的重要功能特性，这种特性用打擦度来表示。搅拌蛋白液时，产生的泡沫具有稳定性。研究认为，泡沫内表面由折叠并延展的蛋白质构成，形成气体和液体的分界面。在干燥过程中，各种蛋白质受到不同程度的破坏，因而打擦度往往会降低。为了改进干蛋白制品的打擦度，可在干燥前加入一定量的化学添加剂，如盐类、糖类（蔗糖、玉米糖浆）、助打擦剂等。常用的助打擦剂有十二烷基硫酸钠、柠檬酸钠三乙酯、甘油三乙酸酯、多聚磷酸钠等，使用量为0.1%。

（2）凝固性

正常干燥应不使成品失去凝固特性，但如果干燥温度过高或贮藏条件不良，全蛋、蛋黄等则会失去溶解性。加糖（蔗糖、玉米糖浆）和盐可对蛋的凝固性起保护作用。

（3）风味

葡萄糖的存在是风味变化的重要原因。全蛋或蛋黄的风味稳定性可以通过加蔗糖和玉米糖浆来改善。贮藏期间可采用充气（如N_2、CO_2）或除氧包装保持产品的风味。

（4）色泽

在正常干燥或贮藏条件下，全蛋或蛋黄的色泽保持不变，但干燥时如果过热，色素易氧化而使蛋品色泽变浅。另外，没脱葡萄糖的蛋品，过热加工还会发生褐变。

（5）黏度

当干燥温度过高时，干蛋品复水后的黏度会迅速增加，并与温度呈正比。对于蛋黄的喷雾干燥，当出口温度为60℃时，复水后的黏度为3 Pa·s；当出口温度为107℃时，复水后的黏度高达8 Pa·s。

（6）微生物数量

巴氏杀菌干蛋品一般都经过了两次热处理。在干燥前对全蛋液进行巴氏杀菌，在干燥后对蛋白液进行巴氏杀菌，这样形成了间歇式杀菌，因此杀菌效果良好，能确保产品中微生物数量很低。为了保证产品中细菌数量少并且无致病菌，在不影响蛋品品质的前提下，可适当提高干燥温度，延长出粉时间。在生产中如发现细菌数高、大肠杆菌数太高或发现有致病菌如沙门氏菌，应采取干热灭菌法处理，以使产品质量合格。

23.2.8.3　速食鸡蛋粉的加工方法

为了适应社会需要，近年来人们用鸡蛋制造方便、即时的特殊食品，如煎鸡蛋、炒鸡蛋和鸡蛋汤用鸡蛋粉。下面介绍一种鸡蛋汤用蛋粉的加工方法。

（1）加工配方

首先制出全蛋粉和蛋白粉。将全蛋液或蛋白液混合均匀，经均质、脱糖，在正常条件下喷雾干燥，得到干燥全蛋粉或蛋白粉。按以下配方混合：全蛋粉14.0 kg，蛋白粉6.0 kg，碳酸氢钠0.43 kg，*D*-酒石酸钾0.97 kg，60目面包粉10.0 kg，调味料少许。将上述粉末混匀后，即得速食蛋粉。该混合粉不必先溶于水中调制，直接将其投入热水中，蛋粉便会迅速扩散，而且受热凝固，形成鸡蛋汤样的小块状。这种速食蛋粉对其成分有一定比例要求。

（2）加工要点

①全蛋粉和蛋白粉的用量　全蛋粉与蛋白粉的比例是（5～7）∶（3～5）。如果全蛋粉的添加量过多，则鸡蛋的热凝固作用差，制品在热水中几乎不能形成小块状；如果蛋白粉的添加量过多，则鸡蛋粉的热凝固作用强，制品在热水中凝固明显，但口感上无弹性。

②膨松剂的用量　膨松剂的用量是全蛋粉与蛋白粉混合物总量的1.5%～6.0%。添加量过少时，造成制品无松软的口感；添加量过多时，会产生许多气泡，而且出现膨松剂特有气味。常用的膨松剂有碳酸钠、碳酸氢铵、碳酸钠等，也可将碳酸钠与铵矾、氯化铵、葡萄糖酸内酯、酸性焦磷酸钙、*D*-酒石酸氢钾等加工成合成膨松剂。

③分散剂的用量　分散剂的用量是全蛋粉与蛋白粉总量的30%～80%。如果分散剂的添加量过多，速溶粉中的全蛋粉、蛋白粉会分别分散在热水中，凝固成小颗粒状，不能形成碎块状。当使用糖类、淀粉水解物等可溶性物质作分散剂时，这种现象尤为明显。如果多孔质粉末等不溶性物质的用量过大，则制品口感粗糙。如果分散剂的添加量过少，制品在热水中会形成疙瘩。常用的分散剂有乳糖、葡萄糖、蔗糖或淀粉水解生成物、面包粉、冻豆腐粉和组织状植物蛋白粉等多孔质粉末物质。

23.2.9　蛋品饮料及其他蛋制品

23.2.9.1　蛋白发酵饮料

蛋白是一种容易消化且氨基酸比例平衡的蛋白质胶体溶液，含有抗菌作用的成分，是生产功能性蛋白饮料很好的原料。但蛋白质受热后容易变性凝固，加之溶菌酶的杀菌、抑菌作用，给生产饮料带来很大困难。随着科学技术的进步，针对上述问题的研究取得了很大的进展，蛋白发酵饮料的出现即是很好的证明。

（1）加工方法

在鸡蛋蛋白中加入0.5%～10.0%蛋黄，或用皂土吸附法和其他抽提法除去蛋白中的溶菌酶，防止蛋白在杀菌过程中的热变性凝固，大大降低溶菌酶对乳酸菌的抑制作用。蛋黄的用量不能低于0.5%，否则处理效果不好。当蛋黄的用量大于10%时，由于蛋黄的比例增大，蛋白的特性将会失去，蛋白的作用也会降低。经上述处理的蛋白，可直接使用或加糖（蔗糖、葡萄糖或乳糖等）后使用。加糖量不得超过10%。然后将蛋白液置于50～60℃下加热20～30 min。为了彻底地杀菌，可采用间歇杀菌法。灭菌后，接种乳酸菌进行乳酸发酵。接种之前须用盐酸或有机酸等调节pH，以达到乳酸发酵最适宜的pH。

（2）加工实例

［例1］按表23-32的比例分别取蛋白、蛋黄，搅拌混合均匀后，分装在10个100 mL容量的无菌瓶中，每瓶装50 mL，于52～55℃水浴灭菌30 min后，置于室温下。第2 d再以同样方法进行加热灭菌，并用盐酸将pH调至6.8～7.0。然后接种乳酸菌，在最适宜的温度下培养18 h，即制成味道芳

香、酸味柔和的蛋白液饮料。常用乳酸菌发育的最适宜的温度如表 23-33 所示。

表 23-32　蛋白和蛋黄的配比　mL

蛋成分	编号				
	1	2	3	4	5
蛋白	99	98	97	95	90
蛋黄	1	2	3	5	10

表 23-33　常用乳酸菌发育最适温度

乳酸菌名称	发育最适温度/℃
乳酸链球菌	30～35
乳酪链球菌	30
柠檬串球菌	30
戊糖串球菌	30
丁二酮乳酸链球菌	30
嗜热链球菌	40～45
嗜热乳酸杆菌	40～45
保加利亚乳杆菌	40～45
干酪乳杆菌	40～45
嗜酸乳杆菌	40～45

［例 2］将蛋白液搅拌混合后，用10%皂土进行吸附处理，以除去所含溶菌酶，然后分装在 5 个 100 mL 容量的无菌瓶中，并按例 1 中所述方法进行灭菌处理。而后，分别接种乳酸菌，在最适宜的温度下发酵 18 h，即得芳香的、酸味柔和的发酵蛋白液饮料。其 pH 和活菌数见表 23-34。

表 23-34　发酵蛋白液饮料的 pH 和活菌数

乳酸菌用量	项目	
	pH	活菌数/(CFU/mL)
2%粪链球菌	5.20	4.1×10^{8}
2%嗜热链球菌	5.45	1.3×10^{8}
2%嗜酸链球菌	4.95	2.6×10^{8}
2%干酪乳杆菌	5.30	1.5×10^{8}
1.5%粪链球菌	5.05	2.0×10^{8}

［例 3］将蛋白液搅拌混合后，用皂土吸附法除去溶菌酶，分装在 3 个无菌瓶中。为了促进发酵正常进行，各加入 3%蔗糖、葡萄糖或乳糖，加热灭菌 30 min，灭菌 3 次，然后用酸调节 pH 至 6.8～7.0。接种 3%用脱脂乳培养基活化的粪链球菌种液，并于 37～40℃下培养 20 h，即得酸味柔和的蛋白液发酵饮料。其 pH 和活菌数见表 23-35。

表 23-35　加糖发酵蛋白液饮料的 pH 和活菌数

糖类	项目	
	pH	活菌数/(CFU/mL)
蔗糖	4.60	4.0×10^{8}
葡萄糖	4.40	3.2×10^{8}
乳糖	4.74	3.7×10^{8}

23.2.9.2　蛋乳发酵饮料

鸡蛋在受热时易变性，因此，鸡蛋在饮料方面的应用受到一定限制。但如果加入 50%以下的牛乳，于一定温度下灭菌一次或几次，再用乳酸菌进行发酵，就可制成无损于营养平衡又没有其他异味的蛋乳发酵饮料。所用鸡蛋液可以是全蛋液、蛋黄液，乳可用全脂乳、脱脂乳、炼乳、奶粉等。加乳量不应超过 50%，否则会失去蛋的特性。最好再加 5%～15%糖，可以是蔗糖、葡萄糖或乳糖等。根据需要，还可以加洋菜、色素、香料和稳定剂等。

将上述原料配成的混合液置于 50～80℃下，加热灭菌 10～40 min。为了灭菌彻底，须加热 2～3 次，杀菌后冷却至 30～40℃。用盐酸或有机酸调 pH 至 6.5～7.0，按常规法发酵即制成蛋乳饮料。如果此类饮料不经水稀释，则制品称为蛋酸乳酪。

(1) 鸡蛋乳发酵饮料

①原料　新鲜鸡蛋、牛奶、脱脂奶粉、糖（白砂糖或蔗糖）、乳酸菌（保加利亚乳杆菌和嗜热链球菌）、稳定剂、香精、饮用水。

②工艺流程　如图 23-15 所示。

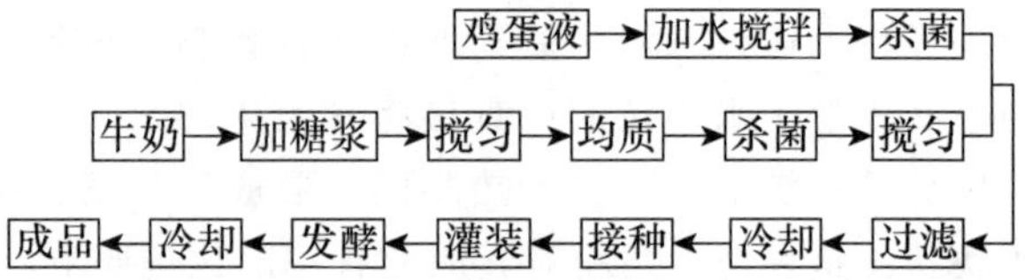

图 23-15　鸡蛋乳发酵饮料加工工艺流程

③加工方法　具体如下。

a. 糖浆的制备。取 3%酸性羧甲基纤维素与白砂糖干搅混匀，然后加 60～70℃ 热开水，溶解备用。

b. 蛋液的处理。将新鲜鸡蛋消毒后去壳，取其蛋液，充分搅拌均匀，加适量水，混匀，加热至 65～70℃，保温 20～30 min 以杀菌。

c. 牛奶混合液的处理。取 0.5%脱脂奶粉与白砂糖混匀，加适量水将其溶解成奶糖液。将 25%的脱脂奶加热至 50℃，然后将奶糖液和 CMC 糖浆加入热奶中，不断搅拌使其溶解，进行均质。均质后再加热至 90℃，保温 10 min 以杀菌，冷却至 70℃

备用。

d. 接种发酵。将蛋液和牛奶混合液混匀，搅匀过滤，冷却至 45℃左右后加 3%的发酵剂，拌匀后加盖，置于 40～45℃下发酵，3 h 后取出，冷却至 4℃，调其 pH 至 3.8～4.0。

(2) 鸡蛋多肽发酵乳饮料

①工艺流程　如图 23-16 所示。

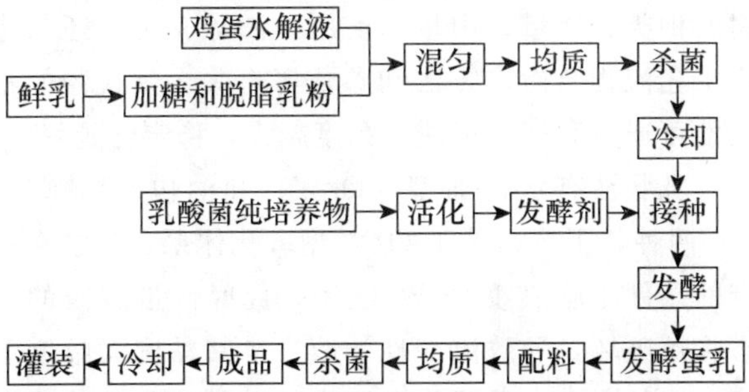

图 23-16　鸡蛋多肽发酵乳饮料加工工艺流程

②制作方法　将已发酵好的蛋乳酸奶稀释 2.5 倍，加入稳定剂、糖、酸，混匀，于 15～20 MPa 下均质。对于非活菌型的乳酸菌饮料，灌装后于 85℃下水浴 15～20 min（以提高成品的保质期），冷却后即为成品。饮料中糖和酸的用量分别为 12%、0.2%，按此糖酸比所调制的饮料酸甜可口，具有酸乳的香味。以羧甲基纤维素钠（CMC-Na）与海藻酸丙二醇酯（PGA）复配作为饮料的稳定剂，稳定效果比单独使用琼脂、CMC-Na 好。

(3) 蛋酸乳酪生产实例

［例 1］取鸡蛋全蛋液 5.6 份、甜炼乳 2 份和水 1.5 份，混匀后于 60～70℃水浴中加热 30 min，然后冷却至 40℃。接种 2%嗜酸乳杆菌和 1%保加利亚乳杆菌，混合均匀后装入无菌瓶中，于 37～40℃下发酵，即制成芳香、酸味柔和的酸乳酪。其 pH 为 4.2，活乳酸菌菌数为 3.2×10^{3} CFU/mL。

［例 2］取蛋白液 5 份、牛奶 4 份、蔗糖 1 份，再加 0.2%洋菜。混匀后于 65℃加热灭菌 30 min，然后冷却至 40℃，接种 1.5%粪链球菌和 1.5%保加利亚乳杆菌。混合均匀后，分装于无菌瓶内，于 37～40℃下发酵，即制成芳香、酸味柔和的酸乳酪饮料。

［例 3］取蛋黄液 5 份、脱脂奶粉 1 份、蔗糖 1 份、水 3 份，混合均匀后，于 80℃水浴加热灭菌 10 min，冷却至 40℃，接种 3%干酪乳杆菌，再分装至无菌瓶内，于 37～40℃下发酵，即制成淡黄色、芳香、酸味柔和的酸乳酪饮料。

23.2.9.3　蛋液冰食制品

(1) 加工方法

①原料　所用蛋液可以用全蛋液，也可以是蛋黄液、蛋白液等。可以用鲜生蛋液，也可以用冻结蛋液、浓缩蛋液、蛋粉等。可以直接使用，也可以适当地稀释后再使用。为了促进乳酸菌发酵，可适当添加乳、糖等。所用乳可以是脱脂乳、奶粉、炼乳，添加量在 50%以下；所加糖可以是蔗糖、乳糖、葡萄糖、果糖，添加量在 10%以下。

②工艺步骤　具体如下。

a. 搅拌。将蛋液或加乳、糖后的混合液搅拌均匀。

b. 加热杀菌。仅用蛋液，则加热温度为 50～60℃；若用蛋、乳和糖的混合液，可加热至 80℃。加热时间为 2～40 min，可进行一次或数次加热。高温短时加热可防止蛋白质凝固。若温度低，须延长加热时间才能达到杀菌效果。对于新鲜优质蛋液，加热一次即可；对于不新鲜的蛋液，则须进行 2～3 次间歇加热。

c. 冷却、调整 pH。将灭菌后的蛋液冷却至适宜发酵剂菌种生长的温度，然后用食用酸调节 pH 至中性。这一步不是必需的，如果蛋液本身就接近中性，则不必调整 pH。

d. 发酵。选择链球菌属或乳酸杆菌属中的一种或两种菌种，按常规方法发酵。链球菌属的菌有粪链球菌、嗜热链球菌、稀奶油链球菌、乳酸链球菌、丁二酮链球菌、干酪链球菌等，添加量为蛋液的 1%～5%。发酵条件依菌种不同而异，一般发酵温度为 30～40℃，时间为 6～24 h。在发酵蛋液中，可加入冰淇淋或冰果等原料，如牛奶、脱脂乳、浓缩乳、脱脂奶粉、全脂奶粉、奶油等乳制品，蔗糖、葡萄糖等甜味剂，明胶、海藻酸钠、蔗糖酯、甘油硬脂酸酯等稳定剂，以及香精、色素等。可将发酵蛋液和其他原料混合后再杀菌，也可将其他原料预先混合后杀菌，最后再混入发酵蛋液中。

(2) 加工实例

［例 1］将 10 kg 鸡蛋全蛋液搅拌均匀，在 60℃、30 min 条件下杀菌后，搅拌、冷却，加盐酸将 pH 调至 6.9，添加 300 g 嗜酸乳杆菌发酵剂，在 36～40℃条件下培养 16 h，制成发酵蛋液。按一定比例混合：发酵蛋液 18%，牛奶 35%，奶油 32%，白砂糖 14.5%，粉末明胶 0.5%。该混合液经均质机均质，再经 70℃加热 30 min，然后冷却、凝冻、硬化。

［例 2］按例 1 中方法制作果汁冰淇淋。配方是：脱脂乳 10%，蔗糖 15%，葡萄糖 10%，草棒果汁 15%，粉末果胶 0.3%，水 39.7%，发酵蛋液 10%。

［例 3］混合 5 kg 蛋黄液和 5 kg 脱脂乳，然后在 67℃下加热 20 min，24 h 后再进行一次加热。将预先活化的保加利亚乳杆菌和嗜热链球菌发酵剂以 2∶3 的比例混合后，取 500 g 发酵剂加入混合液中，在 39～40℃下培养 8 h，制成发酵乳蛋混合液。按例 1 中配比混合后均质，75℃、20 min 加热杀菌，冷却、凝冻、硬化，制得冰淇淋。

［例 4］鸡蛋慕斯的制作。配料：鸡蛋 3 枚，牛奶 1 杯，明胶 25 g，白砂糖 150 g，香兰素少量，清糖浆适量。用冷水浸泡明胶。将蛋清与蛋黄分离，然后将蛋黄置于容器中，加糖及香兰素，用小火加热，并不断搅拌，使糖溶化。将牛奶加热至沸腾，投入泡软的明胶，保温，使明胶充分熔化，然后倒入容器中，一边加热一边搅拌，过滤后用冷水冷却。将蛋清搅打成泡沫状，然后倒入上述溶液中，搅匀，放入冰箱中冷冻，冻后倒扣于碟中，浇上清糖浆即可。

23.2.9.4 蛋黄酱

蛋黄酱是西餐中常用的调味品，属调味沙司的一种，呈半固体状，也是世界上使用范围最广的调味料之一。随着方便食品的流行，人们对蛋黄酱的需求量日益增多。目前，我国蛋黄酱市场仍以进口为主，且种类不多，口味也不能满足不同人群的需要，所以开发生产适合我国民众口味的蛋黄酱制品很有必要。

（1）蛋黄酱的特点

①营养价值较高　世界各国生产的蛋黄酱主要是以蛋黄及食用植物油为原料，经添加若干种调味物质加工而成的一种乳化状半固体蛋制品。它含有人体必需的亚油酸、维生素 A、维生素 B、蛋白质及卵磷脂等成分，是一种营养价值较高的调味品。

②应用范围较广　优质的蛋黄酱为黄色，有适宜的黏度，有香味，无异味，乳化状态好。可以用来调配各种西式风味的沙拉冷菜，也可以涂在面包、馒头、三明治等的上面，或作为汤类的佐料。

③种类较多　最近几年出现了沙拉调味汁、乳化状调味汁、分离液状调味汁及固体蛋黄酱等多种蛋黄酱。

④能够抵抗微生物的破坏　蛋黄酱具有较低的 pH 和较高的脂肪含量，在很大程度上可以抵抗微生物的破坏。虽然酵母菌和霉菌的危害依旧存在，但在蛋黄酱中却很少发现其他微生物。

⑤易遭受化学方面的破坏　蛋黄酱很容易遭受化学方面的破坏，主要包括乳化液的破坏、脂类的氧化以及风味物质失去稳定性。

由于蛋黄酱是一种乳状液，所以其稳定性是决定产品质量的关键。蛋黄酱的稳定性与其所用原辅料的种类、质量、用量、使用方法等有关，还与生产工艺流程及操作方法和参数等有关。蛋黄酱的稳定性可通过黏度来反映，黏度越大，稳定性越好。

乳状液有水包油型（O/W）和油包水型（W/O）两种，蛋黄酱属于 O/W 型乳化体系。但它在一定的条件下会转变为 W/O 型，此时，蛋黄酱的状态将被破坏，导致流变性的改变，其黏度大幅度下降，在外观上，蛋黄酱由原来的黏稠均匀的体系变成稀薄的“蛋花汤”状。加工蛋黄酱时，是否能形成稳定的 O/W 型乳化体系是一个重要的问题，但这一过程受多种因素的影响。

（2）原辅料的选择

蛋黄酱生产所用原辅料种类很多，且不同配方所用的原辅料的种类也有较大的差异。各种原辅料的特性、用量、质量及使用方法等对蛋黄酱的品质、性状等有着重要的影响。蛋黄酱生产所用原辅料一般包括蛋黄、植物油、食醋、香料、食盐、糖等。

①蛋黄　蛋黄或全蛋本身就是一种天然乳化剂。使蛋黄具有乳化剂特性的物质主要是卵磷脂和胆甾醇，卵磷脂属 O/W 型乳化剂，而胆甾醇则属于 W/O 型乳化剂。实验证明，当卵磷脂∶胆甾醇＜8∶1 时，形成的是 W/O 型乳化体系，或使 O/W 型乳化体系转变为 W/O 型。卵磷脂易被氧化，因此，如果生产蛋黄酱所用原料蛋的新鲜程度较低，则不易形成稳定的 O/W 型乳化体系。此外，蛋黄中的类脂物质对产品的稳定性、风味、颜色也有重要影响。

②植物油　加工蛋黄酱所用的植物油一般以无色或浅色的油为好，要求其颜色清淡、气味正常、稳定性好，且硬脂含量不高于 0.125%。最常用的植物油是精制豆油，最好是橄榄油，也可以选用玉米油、米糠油、菜籽油、红花子油等。有些油品如棕榈油、花生油等，因富含饱和脂肪酸结构的甘油酯，低温时易固化，导致乳状液的不连续性，故不宜用于制作蛋黄酱。

③食醋　食醋在蛋黄酱中起到双重作用，不仅可作为保持剂以防止因微生物引起的腐败变质，而且在其添加量适当时可作为风味剂来改善制品的风味。蛋黄酱生产最常用的酸是食用醋酸，一般多用米醋、苹果醋、麦芽醋等酿造醋，其风味好，刺激性小。食用醋酸常含有乙醛、乙酸乙酯及其他微量成分，这些微量成分对食用醋酸及蛋黄酱的风味都有影响。为了改善蛋黄酱的风味，可以用柠檬酸、苹果酸、酸橙汁、柠檬汁等酸味剂代替部分食用醋酸，也可选用复合酸味剂，这些酸味剂能赋予蛋黄酱特殊的风味。

生产蛋黄酱时，在蛋黄和植物油的用量一定的情况下，添加食醋会使产品的黏度及稳定性大幅度降低，这可能与食醋的主要成分是水有关。但考虑到醋酸具有防腐及改善风味的作用，在蛋黄酱生产中多用适量食醋（或用其他有机酸和含酸较多的物料，如果汁），一般认为食醋的用量以使水相中醋酸含量为2%为宜，即食醋（含4.5%醋酸）用量为9.4%～10.8%。

④芥末　芥末是一种粉末乳化剂。一般认为蛋黄酱的乳化依靠的是卵磷脂和胆甾醇的作用，而其稳定性则主要取决于芥末。加入1%～2%的白芥末粉，即可维持体系稳定，且芥末粉越细，乳化稳定效率越高。在蛋黄、植物油和食醋用量一定的情况下，添加芥末粉可使产品的稳定性提高。考虑到芥末对产品风味有影响，一般将其用量控制在0.6%～1.2%之间。

⑤其他　糖和盐不仅是调味品，还能在一定程度上起到防腐和稳定产品性质的作用，但食盐用量偏高会使产品稳定性下降，以使水相中食盐含量为10%左右为宜。此外，在配料中适当添加明胶、果胶、琼脂等稳定剂，可使产品稳定性提高。生产用水最好是软水，硬水对产品的稳定性不利。

（3）蛋黄酱生产配方

①一般沙拉性调料蛋黄酱生产配方　具体配方为：蛋黄10.0%，植物油70.0%，芥末1.5%，食盐2.5%，食用白醋（含醋酸6.0%）16.0%。该配方产品呈淡黄色，较稀，可流动，口感细腻、滑爽，有较明显的酸味。其水分活度为0.879，pH为3.4。

②低脂肪、高黏度蛋黄酱生产配方　具体配方为：蛋黄25.0%，植物油55.0%，芥末1.0%，食盐2.0%，柠檬原汁12.0%，α-交联淀粉5.0%。该配方产品呈黄色，稍黏稠，具有柠檬特有的清香，酸味柔和，口感细滑，适宜用来做糕点夹心等。其水分活度为0.900，pH为4.7。

③高蛋白、高黏度蛋黄酱生产配方　具体配方为：蛋黄16.0%，植物油56.0%，脱脂乳粉18.0%，柠檬原汁10.0%。该配方产品呈淡黄色，质地均匀，表面光滑，酸味柔和，口感滑爽，有乳制品特有的芳香，适合用来做糕点等表面涂布。其水分活度为0.865，pH为5.5。

④其他几种常用配方　配方1：蛋黄9.2%，色拉油75.2%，食醋9.8%，食盐2.0%，糖2.4%，香辛料1.2%，味精0.2%。配方说明：油以精制色拉油为好，且玉米油比豆油更为理想；食醋以发酵醋最为理想，若使用醋精应控制其用量，通常以醋酸含量进行折算。配方2：蛋黄8.0%，食用油80.0%，食盐1.0%，白砂糖1.5%，香辛料2.0%，食醋3.0%，水4.5%。配方3：蛋黄10.0%，食用油72.0%，食盐1.5%，辣椒粉0.5%，食醋12.0%，水4.0%。配方4：蛋黄18.0%，食用油68.0%，食盐1.4%，辣椒粉0.9%，食醋9.4%，砂糖2.2%，白胡椒面0.1%。配方5：蛋黄500 g，精制生菜油2 500 mL，食盐55 g，芥末酱12 g，白胡椒面6 g，白糖120 g，醋精（30%）30 mL，味精6 g，维生素E 3～4 g，凉开水300 mL。

（4）蛋黄酱生产工艺

①工艺流程　如图23-17所示。

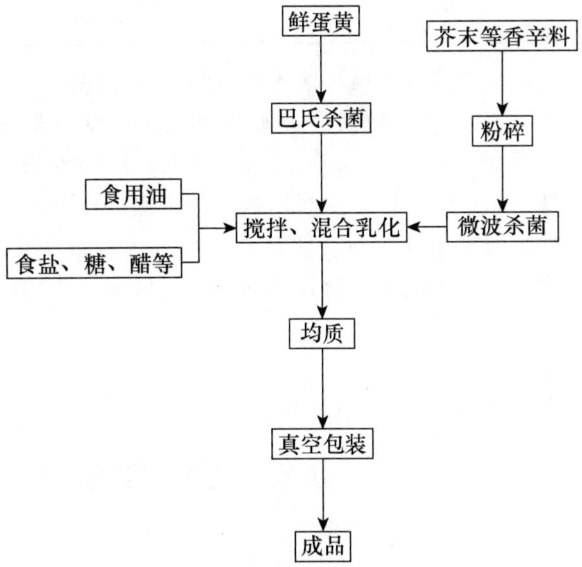

图 23-17　蛋黄酱加工工艺流程

②工艺要点　具体如下。

a. 蛋黄液的制备。将鲜鸡蛋先用清水洗涤干净，再用过氧乙酸及医用酒精消毒灭菌，然后用打分蛋器打蛋，并将分出的蛋黄投入搅拌锅内搅拌均匀。

b. 蛋黄液杀菌。对获得的蛋黄液进行杀菌处理，目前主要采用加热杀菌，在杀菌时应注意蛋黄是一种热敏性物料，受热易变性凝固。试验表明，当搅拌均匀后的蛋黄液被加热至65℃以上时，其黏度逐渐上升；当温度超过70℃时，出现蛋白质变性凝固现象。为了有效地杀灭致病菌，一般将蛋黄液置于60℃下保持3～5 min，冷却备用。

c. 辅料处理。将食盐、糖等水溶性辅料溶于食醋中，再在60℃下保持3～5 min，然后过滤，冷却备用。将芥末等香辛料磨成细末，再进行微波杀菌。

d. 搅拌、混合乳化。先将除植物油以外的辅料投入蛋黄液中，搅拌均匀。然后在不断搅拌下，缓慢加入植物油。随着植物油的加入，混合液的黏度增大，这时应调整搅拌速度，使加入的油尽快分散。搅拌时间对产品黏度的影响见表23-36。

表 23-36　搅拌时间对蛋黄酱产品黏度的影响

搅拌时间/min	黏度（峰面积）/(mPa·s)
0	28
5	43
10	62
15	157
16.5	12

在搅拌阶段，搅拌速度要均匀，且须沿着同一个方向搅拌。在初期，添加植物油的速度不能太快，否则不能形成O/W型的蛋黄酱。搅拌不当可降低产品的稳定性，适当加强搅拌可提高产品的稳定性，但搅拌过度则会使产品的黏度大幅度下降。因为对一个确定的乳化体系而言，机械搅拌作用的强度越大，分散油相的程度越高，内相的分散度越大。而内相的分散度越大，油珠的半径越小，这时的分散相与分散介质的密度差也越小，体系的稳定性提高。但油珠半径越小，也意味着油珠的表面积越大，表面能很高，这也是一种不稳定性因素。因此，当过度搅拌时，乳化体系的稳定性被破坏，出现破乳现象。

在乳化阶段，乳化温度应在15～20℃。乳化温度既不能太低，也不能太高。若温度过高，会使物料变得稀薄，不利于乳化；而当温度较低时，又会使产品出现品质降低现象。卵磷脂易被氧化，使O/W型乳化体系被破坏，因此，如果能够在缺氧或充氮条件下完成搅拌、混合乳化操作，能使产品有效贮藏期大为延长。

e. 均质。蛋黄酱是一种多成分的复杂体系，为了使产品组织均匀一致，质地细腻，用胶体磨进行均质处理是必不可缺的。

f. 包装。蛋黄酱属于一种多脂食品，为了防止其在贮藏期间氧化变质，宜采用不透光材料并用真空包装。

（5）蛋黄酱加工新技术

①植物甾醇油酸酯蛋黄酱加工技术　湖北工业大学的陈茂彬开发了由植物甾醇与油酸直接酯化合成植物甾醇油酸酯（PSO）加工蛋黄酱的技术。植物甾醇主要含有谷甾醇、豆甾醇、菜油甾醇、菜籽甾醇等多种成分，具有抑制人体对胆固醇的吸收等作用。2000年9月，美国食品与药物管理局通过了对植物甾醇的健康声明，此后，含植物甾醇的人造奶油和沙拉酱被列入功能性食品。植物甾醇的C-3位羟基是重要的活性基团，它可与羧酸化合形成植物甾醇酯。作为一种新型功能性食品基料，植物甾醇酯具有比游离植物甾醇更好的脂溶性和更高效的降胆甾醇的效果。

利用植物甾醇油酸酯加工蛋黄酱的工艺流程如图23-18所示，基工艺要点如下。

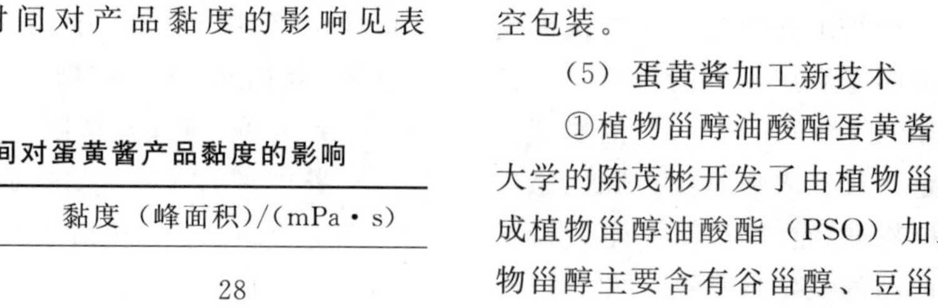

图 23-18　植物甾醇油酸酯蛋黄酱加工工艺流程

a. 植物甾醇油酸酯的添加量。植物甾醇油酸酯为黄色油状物质，可以将其直接添加到植物油中，用来制作蛋黄酱产品。根据植物甾醇酯的人体推荐摄入量（人体每天摄入 1.3 g 以上的植物甾醇酯即可达到降胆固醇的效果）确定的 PSO 添加量为 2.5%。加工中先将 PSO 溶解于大豆色拉油中，配制成 PSO 含量为 0.5%的油液备用。

b. 天然维生素 E 的添加量。蛋黄酱中大面积的油暴露在水相中，而且含有不溶解的氧。另外，混合过程有可能引入气泡。像所有含有脂肪的食品一样，蛋黄酱很容易因为脂肪中不饱和脂肪酸和多不饱和脂肪酸发生自动氧化而受到破坏。天然维生素 E 被公认为脂肪和含油食品首选的优良抗氧化剂，维生素 E 本身的酚氧基结构能够猝灭并能同单线态氧反应，保护不饱和脂质免受单线态氧损伤，还可以被超氧阴离子自由基和羟基自由基氧化，使不饱和油脂免受自由基进攻，从而抑制油脂的自动氧化。天然维生素 E 的添加量为 0.5%，采用与 PSO 一样先溶解于大豆色拉油中的添加方式，配制成天然维生素 E 含量为 0.7%的植物油液备用。

c. 植物油的选择及其添加量。用于蛋黄酱生产的植物油必须是经过充分精制的色拉油。在蛋黄酱的乳化体系中，油量的多少、油滴的大小及油滴的分散情况都会影响蛋黄酱的品质。如果蛋黄酱中植物油含量少，脂肪含量太少，稠度和黏度变小，会使乳化的油滴粒径变大，导致水相分离。适当增加油含量可以提高蛋黄酱的稳定性，但油含量过大时，由水溶性成分构成的外相所占的比例就很小，会使乳化液由 O/W 型转变成 W/O 型，导致蛋黄酱乳化体系不稳定，油水会很快分离。一般都是通过正交实验以确定植物油的最佳用量，若选用大豆色拉油，其最佳用量为 74%。

d. 食醋的添加量。在蛋黄酱的生产配方中，酸的用量要保证蛋黄酱外相（水相）中总酸量（以醋酸计）不低于 25%，才能起到防止蛋黄酱腐败变质的作用。由正交实验结果可知，食醋（含 4.5% 醋酸）的用量为 9%左右。

c. 食盐、白糖、香辛料等辅料的添加量。除上述几种主要原料外，为使蛋黄酱风味多样化及增强风味，还须要添加其他调味料。一般地，白砂糖的添加量为 1.5%，精盐的添加量为 15.0%。香辛料虽然加入得少，但香辛料对风味和特色的影响很大。香辛料主要包括芥末、白胡椒粉、姜粉、香兰素等，总添加量为 1.0%左右。

②固体蛋黄酱加工技术　普通蛋黄酱为高黏度的糊状物，有流动性，使其包装及应用均受到一定的限制。为此，日本开发出了固体蛋黄酱，其硬度类似于奶酪，不需要特殊的包装材料，用纸包装即可，而且可以加工成粉末，撒在各种食品上食用，扩大了蛋黄酱的适用范围。固体蛋黄酱的制作首先是以蛋黄、色拉油、酿造醋为主要原料，经添加葡萄糖或果糖、香辛料而制成蛋黄酱主体；另将葛粉与明胶按 2∶1 的比例混合，加水调成葛粉明胶液，其含量为 10%～20%；再将蛋黄主体与葛粉明胶液混合，搅拌后即成固体蛋黄酱。将这种蛋黄酱粉碎，可制成粉末蛋黄酱。葛粉与明胶具有加热熔化的特性，将这种蛋黄酱加热至 60℃ 以上时，其会变软。

固体蛋黄酱加工实例如下：

将蛋黄 20 份、色拉油 20 份、酿造醋 15 份、8%葡萄糖溶液 4 份、香辛料 1.5 份、增稠剂 9 份混合，搅拌后成为蛋黄酱主体。另将葛粉 2 份和明胶 1 份混合，调成含量为 15%的葛粉明胶液。再将 1 份葛粉明胶液与 12 份蛋黄酱主体混合，搅拌后即成蛋黄酱成品。

(6) 影响蛋黄酱产品稳定性的因素

影响蛋黄酱产品稳定性的因素见二维码 23-13。

二维码 23-13　影响蛋黄酱产品稳定性的因素

23.2.9.5　熟蛋制品

熟蛋制品是指通过一系列加工以后，已经熟制、可供消费者直接食用的一类蛋制品。这类蛋制品具有独特的风味和食用方便，既可以供人们休闲时食用，也可以作为餐桌菜肴，还可以作为其他食品加工的原料或辅料。随着我国食品加工业的发展，方便蛋制品在我国得到了很快的发展，生产和消费量越来越大，种类也越来越多，目前有的已形成我国著名食品品牌。

(1) 卤蛋

卤蛋由于各种卤料不同而有各种名称。用五香卤料加工的叫五香卤蛋，用桂花等卤料加工的叫桂花卤蛋，用鸡肉或猪肉卤汁加工的叫肉汁卤蛋，卤蛋再经熏烤的叫熏卤蛋。卤蛋经过高温加工，卤汁渗入蛋内，增进了蛋的风味。五香卤蛋常用的辅料有白糖、八角、桂皮、丁香、汾酒、甘草、酱油等。卤蛋的加工方法较简单，先将鲜蛋置于冷水中加热煮熟，剥去蛋壳后放进配制好的卤料中卤制。蛋入卤锅后，用小火卤制 30 min，使卤汁慢慢地渗入蛋内即可。卤蛋的包装容器要清洁卫生，防止污染。由于卤蛋营养丰富，容易被细菌污染，故当天加工的卤蛋应尽快销售和食用。

①鸡卤蛋的制作　鸡卤蛋是以新鲜鸡蛋为原料，经煮制、烘烤等一系列工艺而制成的一种色泽棕黑，蛋白柔韧，蛋黄油、沙、香，且较耐贮存的风味食品。

鸡卤蛋的配方为：酱油 260 g，白糖 360 g，食盐 36 g，黄酒 18 g，桂皮 30 g，小茴香 30 g，生姜 4 g，水 2 kg，原料蛋 30 枚。其加工工艺流程如图 23-19 所示。

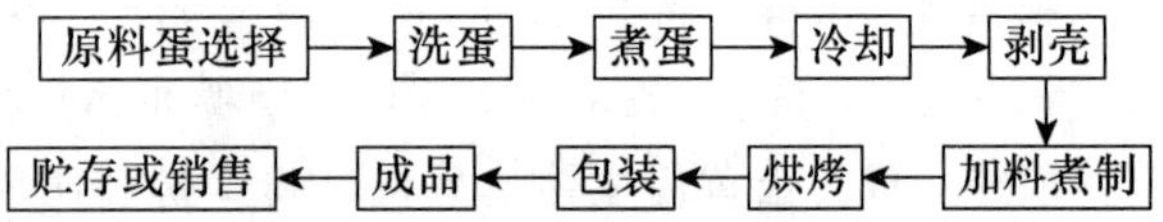

图 23-19　鸡卤蛋的加工工艺流程

原料蛋选择、入锅煮蛋、冷却去壳等工艺与卤蛋的加工相同。具体地，将去壳后的原料蛋放入锅内，再加入按照配方称好的水、食盐、白糖、黄酒等各种调味品。所用香料以纱布包好后（注意不要外露）放入锅内，以免其在煮制过程中污染蛋体。用小火煮开后，将火关闭，并在原锅中浸泡数小时，待蛋体呈棕红色时，将其取出、晾干。将浸泡、晾干后的蛋置于烘房或烤箱内进行烘烤，直至其蛋白柔韧，蛋黄油、沙、香时为止。将烘烤过的蛋取出，并逐枚涂以少许芝麻香油，以使成品蛋具有良好的光泽。最后，用不同规格的塑料袋将蛋包装、密封，贮存或销售。

②鹌鹑卤蛋的制作　与鸡卤蛋加工工艺相似，仅有很小的区别。加工时应选用新鲜良好、形体完整的鹌鹑蛋，以及食盐、绵白糖、酱油、茶叶、香辛料。

具体地，用流动的清水把蛋壳表面上的污泥及杂物清洗干净，晾干待用。将清洗后的蛋放入 50℃ 左右的淡盐水中加热，微沸时开始计时，5 min 后捞出，冷却。在预煮时可加适量食盐，以利于剥壳及保证其完整性。用纱布包好香辛料，放入水中，用文火煮沸，加入糖、盐等调味料，再次煮沸至酱红色。卤煮时间以 3～5 h 为宜，在卤煮过程中须控制火力，以卤汁不沸出煮制锅为准。以烘烤温度为 45～55℃、烘烤时间为 4～6 h 为宜，并适时翻转，使烘烤均匀，色泽一致。

（2）鸡蛋干

鸡蛋干是以鸡蛋为主要原料，经过多种调味料卤制、真空包装、灭菌等工艺制成的一种方便风味蛋制品，其营养丰富、口感独特、携带方便，已成为家庭餐桌和户外出行的方便小吃之一。目前，对鸡蛋干的研究主要集中在卤制配方和工艺优化上，对预处理关键技术以及主要加工工艺对产品品质影响的研究较少，也鲜见关于鸡蛋干产品品质和风味物质的研究。

①鸡蛋干的加工流程　鸡蛋干的加工工艺流程如图 23-20 所示。

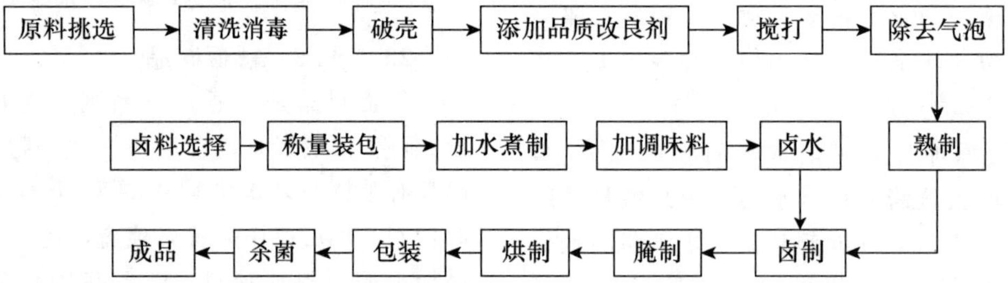

图 23-20　鸡蛋干加工工艺流程

②鸡蛋干的加工工艺要点　具体如下。

a. 原料挑选。原料鸡蛋要新鲜，蛋壳完整无裂纹。破壳后，鸡蛋蛋黄居中，轮廓清晰，有韧性，蛋白黏稠、透明，浓稀蛋白清晰可辨。

b. 清洗消毒。将鸡蛋放入清水中，先用毛刷清除表面污物，再用流水冲洗，以最大限度地减少微生物污染。

c. 添加品质改良剂。往原料中加入品质改良剂，以改善产品质构等品质。

d. 除去气泡。利用过滤及真空处理等手段除去蛋液内的气泡，以免其在加工过程中影响产品品质。

e. 熟制。将蛋液倒入模具中熟制，要注意控制熟制时间及温度，避免因熟制时间过长造成产品外观形态的破坏。

f. 卤制。将多种香辛卤料称量装包，投入沸水中煮制一段时间，再加入食盐、蔗糖、酱油、味精，调匀。煮沸后，将鸡蛋干加入卤汁中，再卤制一段时间。

g. 腌制。将鸡蛋干浸泡在 4℃卤汁中，其间须保证卤水完全没过蛋干，使其风味更佳。

h. 烘制。将鸡蛋干从卤汁中取出，于恒温烘箱中烘制若干时间，然后取出，冷却至室温。

i. 真空包装。将单块鸡蛋干置于真空包装袋中，在真空度 0.1 MPa 下密封。要求包装袋热封平整，没有明显褶皱，无漏气。

j. 杀菌。对包装好的鸡蛋干进行杀菌，然后冷却至室温，擦除包装上水分后即得成品。

（3）蛋松

蛋松是鲜蛋液经油炸后再经炒制而成的疏松脱水蛋制品。因油的渗入及水分大量蒸发，蛋松的营养价值远比鲜蛋高。蛋松的含水量较低，微生物不易繁殖，比较耐贮藏，而且体积小、质量小、便于携带。

①蛋松的品质特点　蛋松色泽金黄油亮，丝松质软，味鲜香嫩，营养丰富，容易被消化，保质期长。蛋松是年老体弱者和婴幼儿的最佳食品，也是游人和野外工作者随身携带的方便食品。

②蛋松的加工　蛋松的加工以新鲜的鸡蛋或鸭蛋为原料，其配方有许多种，常见的加工配方如表 23-37 所示。

表 23-37　蛋松加工配方　　kg

配方序号	鲜蛋液	食油	精盐	食糖	黄酒	味精
1	50	7.5	1.35	3.75	2.50	0.05
2	50	4.0	5.00	5.00	1.00	0.10
3	50	适量	2.50	2.50	1.75	0.05
4	50	适量	0.50	2.00	2.00	0.05

注：表中数值是指加工 100 kg 鲜蛋的用料；食油可用植物油或猪油。

蛋松的加工工艺流程如图 23-21 所示。

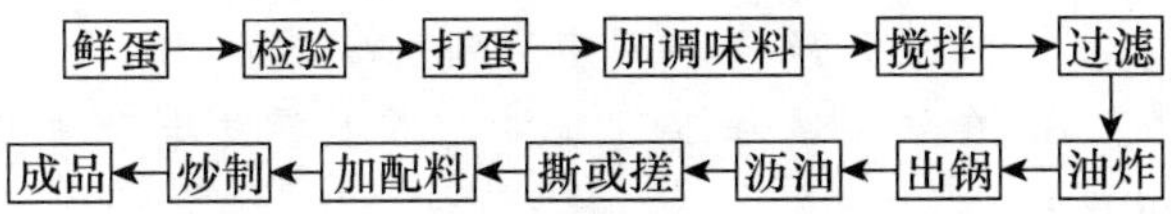

图 23-21　蛋松加工工艺流程

具体地，取新鲜鸡蛋或鸭蛋（5 kg），去壳后放在容器中，充分搅拌成蛋液；用纱布或米筛过滤蛋液，在滤出的蛋液中加入精盐（0.4 kg）和黄酒（0.2 kg），并搅拌均匀；把油倒入锅内，烧开，然后使调匀的蛋液通过滤蛋器或筛子，成为丝条状的蛋液流入油锅中，经油煎即成蛋丝；将煎成的蛋丝立即捞出，沥油；将沥油后的蛋丝倒入另一只炒锅内，再放入糖和味精，调拌均匀后再炒制。炒制时，宜采用文火。

（4）蛋肠

蛋肠是以鸡蛋为主要原料，适当添加其他配料，仿照灌肠工艺，经灌制、漂洗、蒸煮、冷却等工序加工而成的一种蛋制品。蛋肠具有营养丰富、味美鲜香、食用方便、易于贮存等特点。以下介绍几种常见的人们较喜欢的蛋肠的加工方法。

①蛋清肠的加工　蛋清肠具有清香味美、鲜脆利口、蛋白质含量高、食之不腻等特点，深受人们喜爱。其原料配方为：瘦猪肉 100 kg，蛋清 10 kg，白糖 1.5 kg，胡椒面 100 g，味精 100 g，精盐 2 kg，面粉 3 kg，淀粉 3 kg，硝酸钠 50 g。

蛋清肠的制作步骤如下：a. 去除猪的前、后腿部的筋腱，然后将肉切成长 7～8 cm、宽 2～3 cm 的小块。按配料标准将盐、硝酸钠掺拌均匀，撒在肉面上，充分拌匀后放在 1～5℃冷库中，腌制 3～5 d。b. 用 1.3～1.5 mm 漏眼的绞肉机将腌制好的肉绞碎，按配料标准加入蛋清、调味料、面粉、淀粉和适量的水，充分搅拌。c. 使用羊套管灌肠，肠内如有气泡，用针刺放气，然后把口扎紧。d. 将灌制好的肠吊挂，推入 65～80℃的烘房，烘烤 90 min，至肠外表面干燥，呈深核桃纹状，手摸无初湿感觉时即可。e. 将烘烤后的肠放入 90℃的清水中，煮 70 min 左右，用手捏肠，感到肠体挺硬、富有弹性时即可出锅。f. 将煮制的肠放入熏炉中进行熏制，炉温保持在 70～80℃之间，时间为 40～50 min，待肠熏至浅棕色时即可出炉。

②复合蛋菜肠的加工　制作复合蛋菜肠选用富含维生素 A 的胡萝卜粉，富含铁、钙的菠菜粉，富含纤维素的芹菜粉、并以南瓜粉作为蔬菜填充物，以改善蛋肠品质结构。

复合蛋菜肠的工艺流程如图 23-22 所示。

复合蛋菜肠的制作步骤如下：a. 选择无破损、无异味、新鲜度高的鸡蛋。b. 将原料蛋清理干净，打到搅打锅中，以 60～80 r/min 的搅拌速度搅打，6～7 min 后加入食盐，继续搅至蛋液均匀，在打好的蛋液中加入几滴植物油，静置待用，全过程大约

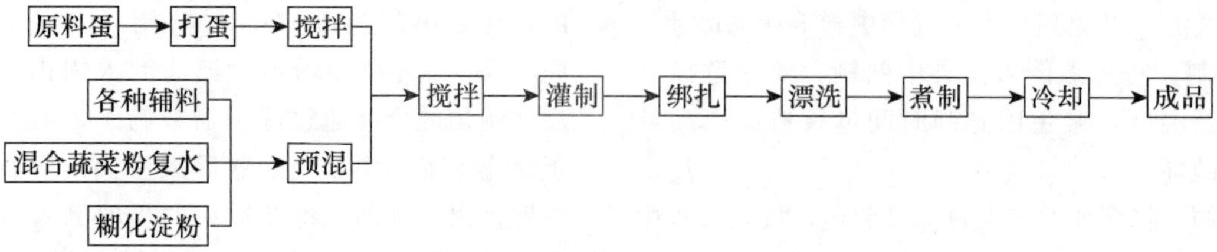

图 23-22　复合蛋菜肠加工工艺流程

15 min。c. 蔬菜粉按 1∶10 的比例复水，搅拌均匀。d. 准确称量淀粉后，取总淀粉质量 40%的淀粉加入烧杯中，加入淀粉质量 5 倍的水，充分搅拌，使其成为淀粉悬浊液，然后将烧杯放在电炉上一边加热一边搅拌，加热至 70℃，停止加热，继续搅拌，直到淀粉变为较稠的糊状为止。e. 将糊化后的淀粉稍微放凉，趁微热将蛋液加入，搅拌均匀，再将复水的蔬菜粉、其他辅料及余下的淀粉一并加入混合液中，搅拌均匀。f. 将搅拌均匀的混合料液静置至无气泡，用漏斗代替灌装机进行灌制，每根蛋菜肠长 15 cm。g. 将灌好的肠放在温水中漂洗，除去附着在肠衣上的污物。h. 将清洗好的蛋肠放入 78～85℃水浴锅中，煮制 25～30 min，当蛋肠的中心温度达到 72℃即可出锅。i. 将煮制好的蛋肠从锅中捞出，并排挂在预先清洗好的竹竿上，放在阴凉通风处冷却至蛋肠表面呈干燥状。

③鸡蛋素食肠的加工　利用鸡蛋蛋白质受热后蛋白变性而形成蛋白质凝胶体的特性，研究开发以鸡蛋为原料的鸡蛋素食肠，是科学地增加鸡蛋食用方法的有益尝试。鸡蛋素食肠的原料包括鸡蛋、绿豆淀粉、葡萄糖酸-γ-内酯、卡拉胶、氯化钙、复合磷酸盐等。

鸡蛋素食肠的加工工艺流程如图 23-23 所示

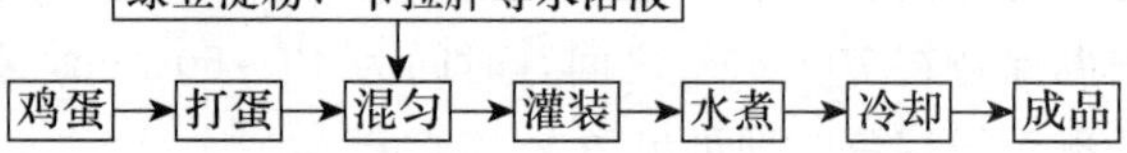

图 23-23　鸡蛋素食肠加工工艺流程

具体地，将蛋液与其他原料混匀，在搅拌时应尽量避免气泡的产生。然后，灌入直径为 50 mm 的收缩肠衣内，放入 90～95℃水中，煮制 30 min 左右，冷却后即为成品。

（5）醉蛋

醉蛋是以新鲜鸡蛋或鸭蛋为原料，经煮熟、破壳，然后再以白酒浸泡而成的一种熟蛋制品。优质醉蛋成品切开后蛋白红白色相间且醇香扑鼻，食之味道鲜香并略带酒味。醉蛋的配方为：优质酱油 5 kg，大曲酒 5 kg，原料蛋（鲜鸡蛋、鸭蛋均可）10 kg。

醉蛋的其中之一加工方法是：a. 将选择好的原料蛋洗净、入锅煮熟，击破蛋壳，使之成为裂纹蛋（必须注意保持壳膜的完整）。b. 按配方称取酱油和白酒，混合均匀。c. 将破壳蛋及混合好的料液倒入清洁的坛内，使蛋能够完全浸渍于混合料液之中，然后密封坛口，3 d 后即可取出食用。若暂不食用，也可在原坛内继续浸渍，而且浸渍时间越长，其味道越香。d. 浸泡液经调整后可留下继续使用。

醉蛋的另一种加工方法是：a. 将原料蛋置于冷水锅内煮沸 2～3 min，使之成为半熟状态。b. 往装蛋用的容器内倒入开水（开水用量以能将蛋淹没为度），并加入少量的花椒、八角及适量的食盐，待其冷却后，再加入适量的大曲酒，使料液具有酒香味时即可。c. 将击碎蛋壳的原料蛋放入料液中密封、贮存，一般 6～7 d 即能成熟、食用。

思考题

1. 在皮蛋的加工过程中，为什么蛋白与蛋黄会发生凝固？

2. 在传统的皮蛋加工中，为什么要使用含铅化合物？目前哪些物质能够取代铅的作用？为什么？

3. 为什么会出现松枝花纹及皮蛋特有的风味？

4. 对皮蛋加工的原辅料有何要求？

5. 皮蛋加工的基本工艺步骤有哪些？每道工序的操作要点是什么？

6. 目前皮蛋加工的机械化程度有哪些提高？出现了哪些新型的机械？

7. 食盐在咸蛋加工中有哪些作用？

8. 在咸蛋的加工过程中，蛋主要发生了哪些变化？

9. 为什么咸蛋黄会泛油起沙？

10. 3 种咸蛋加工方法各有何特点？

11. 如何加工和保存咸蛋黄？

12. 对咸蛋质量有何要求？

13. 常见的蛋壳消毒方法有哪些？

14. 打蛋的卫生管理要求有哪些？

15. 蛋液的过滤方法及注意事项有哪些？

16. 试述蛋液的杀菌方法。

17. 蛋液生产工艺流程有哪些？

18. 简述液蛋制品的种类与应用情况。

19. 何为湿蛋品？湿蛋品的加工步骤有哪些？

20. 湿蛋品中的防腐剂的主要种类是什么？目前有何发展趋势？

21. 冰蛋品加工主要包括哪些步骤？哪些工序会影响冰蛋品的质量？

22. 冰蛋品的解冻方法有哪些？冰蛋品冷冻与解冻将引起蛋液性质的什么变化？

23. 冰蛋品的质量指标有哪些？

24. 在干蛋制品加工中，为什么要进行脱糖？脱糖的方法和原理是什么？

25. 在生产干蛋白时，如何鉴定蛋白液的发酵是否成熟？

26. 简述蛋白片的加工工艺及操作要点。

27. 简述蛋粉的加工工艺、质量控制途径及原理。

28. 请写出生产蛋白发酵饮料时常用的几种乳酸菌的名称，并简要说明它们的最适发育温度。

29. 蛋黄酱具有哪些特点？目前在全世界其生产情况如何？

30. 蛋黄酱的生产包括哪些工艺步骤？组成配方的主要原料是什么？

31. 目前蛋黄酱的加工有哪些新技术？

第 24 章

蛋的功能性成分的提取与利用

学习目的与要求

了解溶菌酶的性质，掌握蛋清溶菌酶的提取、溶菌酶的活力测定方法及溶菌酶在食品中的应用；掌握蛋黄免疫球蛋白的制备方法；了解蛋黄卵磷脂的作用，掌握蛋黄卵磷脂的几种提取方法；熟悉蛋清寡肽的功能特性，掌握蛋清寡肽的制备。

24.1　蛋清中的溶菌酶

24.1.1　溶菌酶的基本性质

（1）溶菌酶的理化性质

溶菌酶又称作胞壁质酶或 N-胞壁质聚糖水解酶，它是一种碱性蛋白酶，易溶于水，不溶于普通有机溶剂，略有甜味。溶菌酶广泛存在于许多动物组织分泌物、蛋清、微生物及一些植物如卷心菜、木瓜、萝卜、芜菁等中。

溶菌酶的化学性质非常稳定，在 pH 1.2～11.3 范围内其结构几乎不变。溶菌酶在酸性条件下遇热较稳定，如在 pH 4.5 下，100℃加热 30 min 后溶菌酶的活力仍维持稳定。而在碱性条件下，其热稳定性较差。经高温处理时，其活力降低。在 37℃时，溶菌酶的生物学活性可保持 6 h，当温度较低时可保持更长时间。

不同来源溶菌酶的性质见二维码 24-1。

二维码 24-1　不同来源溶菌酶的性质

（2）溶菌酶的抑菌特性

蛋清溶菌酶主要对革兰阳性菌敏感。某些革兰阴性菌对溶菌酶有较好抵抗性的原因主要是细胞壁中含有大量 6-*D*-二乙酰胞壁酸，该物质能抑制溶菌酶的活性，而且革兰阴性菌的细胞壁中的肽聚糖含量很少且都被其他一些膜类物质覆盖，溶菌酶很难进入革兰阴性菌细胞壁的肽聚糖层。很多病原微生物为革兰阴性菌，如典型的大肠杆菌，溶菌酶对大肠杆菌的抑制作用非常弱，这就限制了溶菌酶在食品防腐中的广泛应用。溶菌酶对一些酵母菌也有抑制作用，原因是一些酵母菌的细胞表面含有溶菌酶可分解的成分——几丁质。

24.1.2　蛋清溶菌酶的提取

工业上生产溶菌酶，主要是从蛋清中提取的。从蛋清中提取溶菌酶的方法有直接结晶法、离子交换法、亲和层析法、反胶束萃取法、超滤法等。

（1）结晶法

结晶法是提取溶菌酶的一种传统方法，又称等电点盐析法。溶菌酶是一种盐溶性蛋白质，而蛋清中其他蛋白质的等电点都处在酸性条件下。利用这一特点，在蛋清中加入一定量的氯化物、碘化物或碳酸盐等盐类，并调节 pH 至 9.5～10.0，降低温度，溶菌酶会以结晶形式慢慢析出，而大多数蛋白质仍存留于溶液中。结晶体经过滤后再溶于酸性水溶液中，许多杂质蛋白形成沉淀从而析出，而溶菌酶则存留于溶液中。过滤后将滤液 pH 调至溶菌酶的等电点，静置结晶，便得到溶菌酶晶体。可利用重结晶的方法将此结晶体反复精制，直至达到所需要的纯度为止。此方法的缺点是使蛋清含盐量高，蛋清的功能特性受到破坏，不能再被利用，造成浪费。

（2）离子交换法

离子交换法是利用离子交换剂与溶液中的离子之间所发生的交换反应来进行分离的，分离效果较好，广泛应用于微量组分的富集。鸡蛋清中的溶菌酶是一种碱性蛋白质，最适宜的 pH 为 6.5，因此可选择弱酸型阳离子交换树脂进行分离，然后用氯化钠或硫酸钠溶液洗脱，达到分离的目的。该方法具有快速、简单、经济，并能实现大规模自动化连续生产的特点。目前国内外已用于溶菌酶分离纯化的离子交换剂主要有 724、732 弱酸型阳离子交换树脂，D903、D201 大孔离子交换树脂，CM-纤维素，磷酸纤维素，DEA-纤维素，羧甲基琼脂糖等。

（3）亲和色谱法

亲和色谱法是利用蛋白质和酶的生物学特异性，即蛋白质或酶与其配体之间所具有的专一性亲和力而设计的色谱技术。在酶-底物复合物形成后，再在一定的条件下分离复合物，便得到纯净的酶，因为是特异性的结合，所以得到的酶纯度好、活力高。制备溶菌酶所用的吸附剂主要有几丁质及其衍生物（如几丁质包埋纤维素、羧甲基几丁质等）、壳聚糖等。将这些吸附剂固定在一定载体上或直接作为柱材，利用溶菌酶和底物之间的专一性结合，将溶菌酶从蛋清中分离出来，再进行洗脱即得到溶菌酶。该法生产的溶菌酶纯度高，但是所用的亲和吸附剂的成本也高。

（4）反胶束萃取法

反胶束是指分散于连续有机溶剂介质中的包含水分子内核（“水池”）的表面活性剂的聚集体，与正常胶束有明显区别。反胶束中表面活性剂的极性部分在胶束内形成极性内核，而非极性链处于有机溶剂中，胶束中央为“水池”。反胶束溶液包括两相，一相是含有极少量表面活性剂和有机溶剂的水相，另一相为以有机溶剂为连续相的反胶束体。萃取时，待萃取的蛋白液以水相形式与反胶束体接触，使蛋白最大限度地转入反胶束体（萃取），而后含有蛋白的反胶束与另一个水相接触，通过调节pH、离子强度等回收蛋白质（反萃取）。反胶束萃取法提取溶菌酶即利用溶菌酶分子量小和等电点高于蛋清中其他蛋白质的特点，调节蛋清溶液的pH至微碱性，便溶菌酶带正电荷，这样溶菌酶就可以选择性地进入阴离子表面活性剂形成的反胶束中，从而与其他蛋白分离。该法萃取率高，但须加入有机溶剂和表面活性剂，易造成剩余蛋白的污染。

（5）超滤法

超滤是以压力为推动力，利用不同孔径超滤膜对液体进行分离的物理分离过程。蛋清溶菌酶是小分子物质，并与蛋清中其他相对分子质量高的蛋白质存在着静电作用力，以结合态存在。采用不同的前处理工艺，降低溶菌酶与其他蛋清蛋白之间的作用力，使溶菌酶处于解离状态后，便可采用超滤的方法对蛋清溶菌酶进行分离和提取。

24.1.3 溶菌酶的活力测定

溶菌酶按其所作用的微生物不同可分为两大类，即细菌细胞壁溶菌酶和真菌细胞壁溶菌酶。目前，国内外报道的检测溶菌酶的方法有10余种，由于方法条件各异，各家报道的结果差异很大。目前国内较为常用的测定方法有比浊法、琼脂板扩散法、比色法、高效液相色谱法以及琼脂糖火箭电泳法。

（1）各种测定方法

①比浊法　将酶液和底物（溶菌小球菌）悬液分别置于25℃水浴中，保温10～15 min，吸取2.8 mL底物悬液，置于1 cm比色杯中比色测定OD_{450}，此时为零时读数。然后加入0.2 mL酶液，迅速摇匀，从加入酶液起计时，每隔1 min测定一次OD_{450}，共测3次。酶活力单位定义为每分钟OD_{450}下降0.001为一个活力单位（25℃、pH 6.2）。每毫克酶活力单位（U/mg）=（ΔOD_{450}/min）×10^6/样品的质量（μg）。

②琼脂板扩散法　这是借鉴抗生素的纸片琼脂平板扩散法测定生物效价的原理而建立起来的一种新的简便易行的溶菌酶活力测定方法。将酶样定量滴在一定规格的圆形小纸片上，再将小纸片置于混有试验菌的琼脂平板上，样品在平板上以浓度为推动力扩散而产生相应大小的抑菌圈，通过测量抑菌圈的直径可以定量溶菌酶的活力。

③比色法　将微球菌与等量艳红染料混合，同时加入一定量的1.25 mol/L NaOH，搅拌一定时间，让染料渗入细胞壁，然后洗除多余的染料。裂解的程度（颜色的深浅）与溶菌酶的含量呈正比。

④琼脂糖火箭电泳法　该方法将酶学方法和电泳技术结合，其原理是溶菌酶在电场中泳动，在通过含有作用底物的凝胶时与溶壁微球菌发生水解作用，形成透明的溶菌峰。根据峰值与溶菌酶浓度的对数呈正比的关系，可求得样品中溶菌酶的含量。

（2）各种测定方法的优点

比浊法对单个样品测定速度快。琼脂板扩散法测定溶菌酶活性的结果与比浊法的测定结果基本一致。与比浊法相比，琼脂板扩散法具有以下优点：重复测定数据离散程度小、变异率低、准确度高；一次可检测样品数量大，减少了批次检测造成的系统误差；在标准曲线范围内，可测酶浓度跨度大。实验结果表明，采用琼脂板扩散法测定溶菌酶活力，5种酶浓度的测量值的变异系数均小于5%，且标准差和变异系数都小于比浊法，说明采用琼脂板扩散法更稳定、准确，误差更小。这是由于琼脂板扩散法是标准品与样品同时测定，从而排除了比浊法在温度和时间控制方面的微小差别以及仪器本身的随时偏差，而且用比浊法还须将酶液稀释到合适的倍数，这一点也不好把握。

采用比色测定法测定，线性关系良好，随反应时间的延长，吸收度不断提高。在10～15 min时，反应曲线的线性关系最好。

琼脂糖火箭电泳法具有简便、快速、稳定性好、灵敏度高、结果准确可靠等优点，且由于电场的存在，以电泳代替了自由扩散，测定时间大为缩短。扩散法需24 h扩散，而电泳法在本实验条件下只需90 min，其操作步骤也较比浊法简便，受影响因素更少。

（3）影响溶菌酶活力的因素

①热和化学物质　溶菌酶在酸性条件下是稳定的，100℃短时加热，溶菌酶的活性仅有很小的活性损失，但在碱性条件下，却是不稳定的。溶菌酶

可以通过二硫键聚合，180℃时聚合和降解同时进行。当高于 200℃时发生断裂和重组，聚合和降解变得更加剧烈。溶菌酶的热稳定性与水密切相关。其外侧的非极性氨基酸残基对变性无重要影响，从外侧极性氨基酸游离出来的水在起始变性过程中起重要作用。因为水进入内部肽-肽键中，可使蛋白质膨胀和伸展。

糖、聚烯烃、NaCl 均能增加溶菌酶的稳定性。盐溶液的存在对溶菌酶的活性是十分必要的。在低盐浓度时，溶菌酶的活性与离子强度密切相关；在高盐浓度时，溶菌酶的活性受到抑制。阳离子的价态越高，其抑制作用越强。另外，具有—COOH 和—SH_3OH 的多糖对溶菌酶的活性有抑制作用。

②加工和贮藏中的化学反应　蛋白质和过氧化的脂类作用对食品的贮藏有着重要影响。自由基使不饱和脂肪酸过氧化，产生 H_2O_2，导致产品的损坏。这类反应的一个特征是使产品的溶解性下降。溶菌酶和过氧化甲基亚油酸盐一起培养，导致蛋白质溶解度的下降和增加了溶解部分的分子量。这是因为在溶菌酶中产生了游离基。这表明溶菌酶的游离基浓度随水活度的上升而下降，可能是因为基团的重构和交换。

③络合作用　溶菌酶与许多物质形成络合物，导致其失活。等量蛋清和蛋黄混合，其溶菌酶无活性。脱水整蛋仅保留部分溶菌酶活性。蛋黄在 pH 为 6.2 的磷酸盐缓冲液中，其溶菌酶失活。观察发现，蛋黄污染的蛋清仅有 2 个离子交换峰，而不是无污染的 3 个峰。对整蛋进行色谱分离时无溶菌酶，其抑制机理主要是在溶菌酶和蛋黄化合物间形成静电相互作用的络合物。

24.1.4　溶菌酶的应用

溶菌酶广泛存在于动物组织和分泌物中，但尤以鸡蛋清中最丰富。鸡蛋清中溶菌酶的含量占蛋白总量的 3.4%～3.5%，特别是蛋清外层稀液中溶菌酶含量较高。溶菌酶主要应用于食品工业及医药、生物领域。

（1）溶菌酶在食品工业中的应用

溶菌酶作为食品防腐剂在日本研究较多，且有许多专利。用溶菌酶溶液处理新鲜蔬菜、水果、鱼、肉等，可以起到防腐的作用；用溶菌酶与食盐水溶液处理蚝、虾及其他海洋食品，并在冷藏条件下贮藏，可起到保鲜的作用。鱼糕、糕点、酒类、新鲜水产品等也可用溶菌酶来处理。1992 年，FAO/WTO 的食品添加剂协会已经认定溶菌酶在食品中应用是安全的。

溶菌酶是婴儿生长发育必不可少的抗菌蛋白，溶菌酶对杀死肠道腐败球菌有特殊作用。溶菌酶能够增强 γ-球蛋白等的免疫功能，提高婴儿的抗感染能力，特别是对早产婴儿有防止体重减轻，预防消化器官疾病，增进体重等功效。所以，溶菌酶是婴儿食品的良好添加剂。

溶菌酶是双歧杆菌的增殖因子，它直接或间接促进婴儿肠道双歧乳杆菌的增殖，促进婴儿胃肠道内乳酪蛋白形成微细凝乳，有利于婴儿消化吸收。

（2）溶菌酶在医药临床领域中的应用

溶菌酶能参与人体的多糖代谢，因此能加速黏膜组织的修复，并具有抗感染、抗细菌、抗病毒的作用。溶菌酶的多种药理作用在于它能与血液中引起炎症的某些细菌或病毒结合，抑制或削弱它们的作用；它能分解黏蛋白，降低脓液或痰液的黏度，使之变稀而排出；它能与血液中的抗凝因子结合，具有止血作用；还能提高抗生素和其他药物的医疗效果。所以，可将溶菌酶制成消炎药，与抗生素配合治疗多种黏膜炎症，消除坏死黏膜，促进组织再生，同时起到止血和生血的作用。

（3）溶菌酶在生物工程领域中的应用

由于溶菌酶具有破坏细胞壁结构的作用，用溶菌酶溶解菌体或细胞壁可获得细胞内容物（如原生质体等），用于细胞融合或原生质体转化，可以达到育种或生产蛋白质的目的。因此，溶菌酶是基因工程、细胞工程中细胞融合操作中必不可少的工具酶。

24.2　蛋黄免疫球蛋白

24.2.1　免疫球蛋白概述

母鸡受免疫刺激后，产生免疫反应，在输卵管内蛋黄成熟期，血液中免疫球蛋白 IgG 可被选择性地转移到蛋黄中。鸡蛋蛋黄中特异性存在着 IgG，由于其物理化学性质、免疫学性质等方面与哺乳动物 IgG 存在一定差异，且是蛋黄中唯一的免疫球蛋白类，所以在比较免疫学领域将从鸡蛋黄中获得的抗体称为蛋黄免疫球蛋白（IgY）。

IgY 在分类上仍属于 IgG 型免疫球蛋白，它是一种 7 S 免疫球蛋白，该蛋白质分子质量约为 180 ku，由两条轻链和两条重链组成（2 H＋2 L），其中轻链（L）的相对分子质量约为 22 000，重链（H）的相对分子质量约为 67 000。IgY 的含氮量为 14.8％。

24.2.2 IgY 的性质

（1）稳定性好

IgY 的酸碱稳定性较好。在 pH 低于 4 时，部分 IgY 失活；在 pH 为 4～12 时，活性几乎不受影响；在 pH 高于 12 时，迅速失活。

在室温条件下，IgY 的活性可保持 6 个月；在 4℃下贮存 6～7 年，活性下降仅在 5％以内；在 65℃时，IgY 的活性仍可保持 24 h 以上；70℃加热 90 min 后，IgY 的活性下降；高于 80℃，大部分 IgY 丧失结合活性。而且，在 400 MPa 高压下和温度低于 60℃时处理 IgY 溶液 30 min，IgY 仍有活性，这表明 IgY 有较好的抗高压性能。冷冻及冷冻干燥对其活性也无影响。IgY 具有很好的耐反复冻融的特性，即使经过 5 次反复冻融，其抗原结合活性也几乎未受损失。以铝塑复合袋真空包装，于室温下存放两年后，其活性下降不到 10％。

IgY 对胃蛋白酶具有良好的抵抗能力。IgY 对胰蛋白酶非常敏感，经 1 h 酶解处理，IgY 的结合活性完全丧失。

（2）具有较高的抗体活性

IgY 的结构虽然和 IgG 不同，但它仍具有免疫活性，且抗体活性很高，50 ng/mL 含量即有特异性活性。

（3）不同于 IgG 的一些自身特点

IgY 在与抗原结合之外的其他功能上，具有一些不同于哺乳类动物 IgG 的生物学特性。IgY 不会活化标本中的补体系统，不能与哺乳类的补体结合或者结合能力很弱。类风湿因子可与哺乳类 IgG 的 Fc 段结合，但不能与 IgY 结合。金黄色葡萄球菌蛋白 A 或 G 可与哺乳类 IgG 结合，但不能与 IgY 结合。

24.2.3 免疫球蛋白的提取

免疫球蛋白资源的开发一直备受关注，近几十年，各国学者开始研究从蛋黄中提取免疫球蛋白 IgY。蛋黄作为免疫球蛋白提取材料的优点是：母鸡易于饲养，费用不高，收集鸡蛋方便，无须采集动物血液，也不需要宰杀动物，成本低，易规模化生产；产生有效免疫反应所需抗原量小，尤其是高度保守的哺乳动物蛋白质对种系发生学上距离较远的禽类通常有较强的免疫原性，且安全性高。这使鸡蛋成为提取免疫球蛋白的最佳资源，鸡蛋黄 IgY 的开发已日益受到重视。

制备 IgY 须先对母鸡进行免疫，使蛋黄中的免疫球蛋白含量提高，然后经提取、纯化及冷冻干燥而成。

（1）母鸡免疫

已经证实，蛋黄抗体是由血液转移入蛋黄液的 IgG 类抗体。所以，鸡蛋黄抗体可以由相应抗原免疫鸡制得，对母鸡用不同的抗体，可产生作用不同的 IgY。关于鸡的免疫的详细介绍见二维码 24-2。

二维码 24-2　鸡的免疫

一般地，选择健康产卵母鸡，先隔离一周饲养，然后进行免疫。免疫方法可选皮下、皮内、肌肉、静脉、腹股沟或通过口服等。免疫抗原有多种，近年来国外已制备多种不同抗原的 IgY，包括人和动物疾病的病原体以及细胞、激素、各种蛋白等。一般免疫 3～4 次，免疫后 7～10 d，鸡蛋中就产生了抗体，随后 IgY 含量逐渐增加，最后达到高峰，以后又缓慢下降。如要维持高产量，每隔一个月再强化免疫一次，IgY 又会产生一个高峰。

（2）IgY 的提取和纯化

人们已经认识到蛋黄是抗体生产的一种重要来源，但首先要找出有效、经济、简便的提取方法，才能使 IgY 的应用成为可能。在鸡蛋黄中，几乎所有脂肪都与蛋白质相结合而以脂蛋白的形式存在，不溶于水，只有蛋黄球蛋白（α-蛋黄球蛋白、β-蛋黄球蛋白、γ-蛋黄球蛋白）是水溶性的。IgY 以活性蛋白的形式存在，分离纯化 IgY 的关键在于如何有效除去蛋黄中高含量的脂类，然后从水溶性的蛋白质中分离 IgY。

至今已建立了很多较为高效而经济的 IgY 分离提纯方法。它们大多以聚乙烯乙二醇法、葡聚糖硫酸钠盐法、聚乙二醇/冷乙醇法、水稀释法、硫酸铵或硫酸钠法等方法进行初步纯化，进一步提纯可用提纯蛋白质的其他方法。常见的有凝胶过滤、DEAE-纤维素阴离子交换柱色谱和亲和色谱等方法，通常将其中几种方法结合使用，也有用同一种方法而使用不同分离条件进行分离的。

①水稀释法　简单的水稀释法可用于蛋黄液中亲水性部分和疏水性部分的分离，即将蛋黄液稀释一定倍数，调节溶液 pH，混匀静置后离心分离或长时间静置分离。该法易操作，几乎不使用化学试剂，生产成本低，适于规模化生产，但由于 IgY 被稀释，给后期提纯增加了一定困难。

②脂蛋白凝聚剂法　脂蛋白凝聚剂包括聚乙烯乙二醇、葡聚糖硫酸钠盐、酪蛋白钠盐、聚丙烯树脂和一些食品增稠剂，如卡拉胶、黄原胶等。这类物质能有效沉积蛋黄脂质与脂蛋白，但通常还要超速离心分离。研究表明，在聚乙烯乙二醇分步沉淀法基础上提出的冷乙醇沉淀分级分离的方法，更适合于大规模制备 IgY。

③乙醇-CO_2 超临界脱脂法　先用乙醇将蛋黄粉中大部分磷脂质除去，然后用超临界 CO_2 将中性脂肪和残留的乙醇等同时除去。采用该法，IgY 活性没有损失，制得的含抗体的蛋白混合物处于干燥状态，易保存，而且可将蛋黄中与色、香、味有关的蛋黄脂类完全去除，适于批量制备 IgY 浓缩蛋白粉末（IgY 纯度约 10%）。

④重复冻融脱脂法　利用蛋黄脂质在低离子强度和中性 pH 条件下的凝集作用，将蛋黄水溶液反复进行冷冻和解冻，以加速脂质的凝聚作用，之后进行离心分离。此法回收率不高（50%以上），但较经济。

⑤有机溶剂脱脂法　用预冷至－20℃的有机溶剂，如乙醇等与蛋黄液混匀，反复多次浸提其中脂类物质。采用该法所制得的 IgY 的纯度高，回收率高，但有机溶剂用量大，成本高，不适于规模化生产。另外，如果预冷不够，有机溶剂会使 IgY 部分变性。

⑥海藻酸钠提取法　较氯仿法和聚乙烯乙二醇法所用试剂量少，且试剂基本无毒性。采用低浓度海藻酸钠将蛋黄原液中的卵磷脂类除去，所以这些卵磷脂类中不含有毒物质，可以用来提取卵磷脂等生化药品或试剂。

24.2.4　IgY 的应用

IgY 具有凝集、吞噬和中和细菌及毒素，增强机体的免疫等作用。抗特定病原菌的 IgY 可能直接黏附于病原菌的细胞壁上，通过破坏病原菌细胞的完整性抑制病原菌的生长。IgY 又可黏附于细菌的菌毛上，使细菌不能黏附于肠道内膜细胞上，而大肠杆菌、沙门氏菌等首先需要黏附于动物肠道内膜细胞上才能增殖、产生毒素、感染动物。IgY 也可能在肠道内被消化酶降解为结合片段，这些片段含有抗体末端的小肽，这些小肽被肠道吸收进入血液后与特定病原菌的黏附因子结合，使病原菌不能黏附易感细胞而失去致病性，从而可对非肠道病原菌具有抑制作用。

（1）用于保健食品

近年来，大量的研究证实 IgY 具有免疫保护作用，并将 IgY 当作功能性食品成分单独使用或添加到食品中。通过口服特异性抗体 IgY，达到口腔及消化道感染性疾病的预防与辅助治疗的目的，尤其对那些不能产生主动免疫应答的个体，如新生儿、有获得性免疫缺乏症的儿童，以及由于化学治疗、营养失调或老年化引起免疫功能下降的儿童或老人等，在食品中添加免疫抗体显得尤为重要。

（2）用于免疫学诊断和医药制剂

IgY 最初的应用领域主要在免疫学诊断和医药两方面。一方面应用于病毒的诊断、特定分子的测定、食品掺假及残留分析、测定复杂分子的结构和功能等；另一方面作为医药制剂。例如，用轮状病毒的抗体所产生的 IgY，预防小鼠轮状病毒感染；IgY 对预防婴幼儿的肠道疾病（腹泻）有显著疗效；用抗变异链球菌（一种致龋齿病原）抗体产生的 IgY 预防龋齿；由肠道有害梭状芽孢杆菌所制得的 IgY 和由肠道腐败菌产气荚膜腐败菌（梭状芽孢杆菌或产气荚膜梭状芽孢杆菌）所产生的 IgY，有利于双歧杆菌等有益菌的生长；用绿脓杆菌抗原所得的 IgY，具有抗绿脓杆菌的免疫特异性，对烧伤后的绿脓杆菌的肠源感染有防治作用。

随着科技的进步和蛋品科学研究的深入，从蛋黄中提取免疫球蛋白用于药品、食品领域，其前景甚为广阔。

24.3　胆固醇

长期以来，人们担心摄取蛋黄中的胆固醇会导致人体血清胆固醇水平升高，但正确认识蛋黄中的胆固醇的作用，适当地食用鸡蛋，对增强体质具有实际意义。鸡蛋是一种价廉物美、营养丰富，对健康大有裨益的食品。

24.3.1 蛋中胆固醇的含量

蛋黄脂类中含有约4%的胆固醇及其脂类，每克蛋黄中的胆固醇为12.9～14.8 mg，以19 g蛋黄为基数计算，每个蛋黄中含胆固醇245～281 mg，蛋黄中的胆固醇平均含量为258 mg。另外，蛋中胆固醇含量因试验用的鸡种不同或鸡所采食的饲粮组成成分不同，测得的结果不太一致，如每100 g褐壳、白壳与绿壳蛋中分别含胆固醇303 mg、338 mg及359 mg。近年来测定的含量比过去的低，可能与鸡产蛋数的提高或饲料成分变化有关。

24.3.2 胆固醇与人体健康的关系

最早有人用胆固醇饲喂老鼠，发现老鼠体内有斑块形成，从而引起对胆固醇的争论，但增加未氧化胆固醇的摄入量后，发现并无此结果。但仍然有一些人认为蛋黄中胆固醇含量较高，会促进动脉粥样硬化，能导致冠心病和脑血管硬化等疾病。在动脉粥样硬化心脏病患者的动脉较厚的内壁上发现有脂肪和胆固醇，造成了一些人对鸡蛋的畏惧。

1997年，英格兰医学杂志的一份研究报告指出，人体中高半胱氨酸含量偏高与冠状动脉疾病死亡率之间存在十分密切的联系，高半胱氨酸过高似会导致血小板凝结和血管壁开始破裂，年纪较大的患者长期受到这种损害，可能使动脉结痂和变厚，从而为循环中的胆固醇提供变稠和积聚的场所。没有高半胱氨酸对血管的损害和动脉的变厚，循环中的胆固醇也就无处积聚。由此可见，不能将动脉粥样硬化心脏病的起因归罪于胆固醇。

24.3.3 蛋黄中胆固醇与血清胆固醇的关系

许多学者研究了摄取蛋中胆固醇对人体血清胆固醇的影响。有人将一群人分为两组，一组人接受不吃鸡蛋的膳食，另一组每人每天吃含有两个鸡蛋的膳食。经数周后，两组人均未出现血清胆固醇的变化。研究表明，成年男子每天吃4个鸡蛋（膳食中胆固醇总摄取量为1 400 mg），血浆胆固醇并未升高。很多试验表明，摄取高或较高水平的蛋黄胆固醇并未相应地提高人体血清中的胆固醇，两者之间无正相关关系。事实上，摄取高水平的蛋中胆固醇并未使血清胆固醇显著上升，不会导致心脑血管病发病率的上升。

二维码 24-3 人体中胆固醇的合成与调节及胆固醇摄入量

24.3.4 蛋黄中胆固醇的提取

人体内的胆固醇大部分是自身合成的，一部分来自食物，胆固醇的某些代谢产物，如类甾醇和类甾烷酮有致癌作用，因此脱除蛋中胆固醇具有重要意义。研究人员研究了多种提取方法，以去除蛋黄中大部分胆固醇，并适量保留部分胆固醇，同时保证蛋制品具有原蛋黄的营养价值和功能性质，概括起来有物理方法、化学方法、生物化学方法及遗传育种技术等。

（1）有机溶剂抽提法

有机溶剂抽提法是根据蛋黄中脂质（包括胆固醇在内）与其他组分在有机溶剂中溶解度的不同而进行分离的一种方法。关键是溶剂的选择，通常采用的溶剂有正己烷、异丙醇、丙酮、石油醚、甲醇等。无论采用哪一种溶剂来萃取蛋黄胆固醇，只有在蛋黄的功能特性不受影响的情况下才行，否则就没有实用性。可以用单一溶剂，也可以用混合溶剂。从彻底去除胆固醇的角度来看，使用混合溶剂的效果比较好，但混合溶剂的回收较复杂。

有机溶剂抽提法能在一定程度上提取蛋黄中的胆固醇，但有其缺点。首先，消费者不希望在产品中残留任何有机溶剂，而提取有机溶剂的工艺较为复杂；其次，在低温下提取效果不好；另外，有机溶剂不能选择性地提取胆固醇，会混有一定量的卵磷脂，严重影响剩余蛋黄的功能特性。

（2）超临界 CO_2 萃取法

超临界 CO_2 萃取分离是利用超临界 CO_2 的溶解能力与其密度的关系，即利用压力和温度对超临界 CO_2 溶解能力的影响而进行的。在超临界状态下，将超临界 CO_2 与待分离的物质接触，使其有选择性地把极性大小、沸点高低和分子量大小不同的成分依次萃取出来。当然，对应各压力范围所得到的萃取物不可能是单一的，但可以通过控制条件得到最佳比例的混合成分，然后借助减压、升温的方法使超临界流体变成普通气体，被萃取物质则完全或基本析出，从而达到分离提纯的目的。超临界 CO_2 萃取过程是由萃取和分离组合而成的。

随着萃取温度、压力的升高，蛋黄中的蛋黄总脂质含量下降，胆固醇含量也明显降低。选用 30.6 MPa、45℃的条件萃取，既可以脱去胆固醇，又基本上不破坏蛋黄酱的乳化稳定性。萃取时间也是影响蛋黄粉中脂肪和胆固醇脱除的主要因素。随着萃取时间的延长，胆固醇的脱除率会大大增加。

超临界流体技术在低胆固醇、低脂肪蛋黄粉的生产上有良好的前景。美国已于 1996 年开发出了具有低脂、低胆固醇特点的蛋黄基料。就是在鲜蛋液状蛋黄中加少量山梨糖醇，干燥脱水，经超临界 CO_2 萃取除去脂肪与胆固醇，卵磷脂留在产品中。1 份该蛋黄基料加 3 份水，得到的液状蛋黄与相当量的蛋清混合，还原成的再制蛋液与鲜蛋液相比，其乳化性有所提高。

(3) 微胶囊脱除技术

食品中胆固醇的微胶囊脱除技术建立在天然高分子壁材物质对胆固醇分子有特殊选择性的基础上，经过最优化条件下的实验探索，形成相对稳定的包埋复合物，然后利用高分离手段，使复合物脱离原承载体系，从而形成其他方法所难以达到的高脱除效率。

用微胶囊法脱除蛋黄中的胆固醇成分，其壁材物质可选用 β-环状糊精 (β-CD)，它是由 7 个葡萄糖残基以 α-1,4 糖苷键连接构成的环状化合物。β-CD 中心有一个空穴，在亲和力的作用下，可以与分子规格相匹配的疏水性客体分子或客体分子的疏水基团形成稳定的超分子包结化合物。此包合物既不溶于水，也不溶于油脂。由于胆固醇属于这样的非极性疏水化合物，并且分子结构与 β-CD 的疏水空腔相适应，所以作为壁材物质的 β-CD 对具有芯材特性的胆固醇分子具有一定的亲和作用，从而产生最佳包埋效果，形成紧密的复合物，在低温下形成沉淀。

(4) 生物方法

人们很早就发现许多微生物具有转化胆固醇的能力，已知具有转化胆固醇能力的微生物有杆菌属 (*Bacillus*)、节细菌 (*Arthrobacter*)、短杆菌 (*Brevibacterium*)、棒状杆菌 (*Corynebacterium*)、分枝杆菌 (*Mycobacterium*)、诺卡菌 (*Nocardia*)、假单胞菌 (*Pseudomonas*)、沙雷菌 (*Serratia*)、链霉菌 (*Streptomyces*) 等，因为这些微生物中的胆固醇氧化酶具有氧化降解胆固醇的能力。有人对含有胆固醇降解酶的菌株进行筛选和培育，选育出了胆固醇降解酶活性较高的微生物菌株，培养该微生物并进行发酵，将其发酵液的上清液用于蛋黄胆固醇降解，取得很好的降解效果。从奶油中分离得到的红球菌也可降低蛋黄中的胆固醇，将蛋黄添加到红球菌的培养基中一起进行培养，结果显示，该菌可降低 70% 的蛋黄胆固醇。

当直接利用微生物降低蛋黄中的胆固醇时，微生物发酵液中胆固醇氧化酶浓度、纯度的不确定性以及发酵液中多酶体系复杂性，可能会使胆固醇氧化降解的时间延长，更有可能会产生许多复杂的转化产物。因此，最好将微生物发酵液中的胆固醇氧化酶分离纯化后再对蛋黄胆固醇进行转化应用。分离纯化的胆固醇氧化酶可以迅速降低蛋黄中的胆固醇。另外，磷脂酶可以促进胆固醇氧化酶转化胆固醇。采用酶法降低蛋黄中的胆固醇可大大提高胆固醇的转化效率，且转化产物相对单一。胆固醇的主要转化产物为胆甾-4-烯-3-酮，该产物具有辅助降血脂、降低减肥程度的功效，是名贵中药蛤蟆油的主要成分之一。因此，该方法不仅能经济有效地降低胆固醇含量，还能产生具有特殊功用的功能性成分，其应用前景十分广阔。

(5) 其他方法

美国的一个专利将食盐、食用酸、水及油形成混合物，加入蛋黄中，油与蛋黄的比例为 (2.4∶1) ～ (1∶1)，水∶盐∶油＝0.3∶0.14∶0.03 或 0.7∶0.45∶0.056，然后剧烈摇晃并离心分离成上下两层，上层含胆固醇与油，下层含蛋黄与水。而德国的一个专利则在设定的温度和压力下，将一种流态食用级脂类压进干蛋内部，以部分取代干蛋制品中的天然脂质（包括胆固醇）。

采用阴离子型螯合剂与稀释蛋黄中脂蛋白形成复合物而沉淀，然后分离沉淀，脂质和胆固醇就从含脂蛋白的沉淀中分离出去，这种蛋制品基本不含胆固醇。

24.4　其他功能性成分

24.4.1　蛋清寡肽

通过酶解蛋清中的多种蛋白质，可以生成具有 2～9 个氨基酸残基的小肽，这种肽称为蛋清寡肽。

由于蛋清寡肽具有较多的功能特性，同时机体对寡肽的吸收速度比对游离的氨基酸快，吸收效率高，并且具有操作简单、生产成本低等特点，因而备受广大蛋品科学工作者的青睐。国外对于蛋清寡肽的研究起步较早，有许多国家已经将蛋清寡肽的研究应用于实际生产中，并获得了较高的收益。

24.4.1.1 蛋清寡肽的功能特性

蛋清寡肽的功能特性见二维码 24-4。

二维码 24-4 蛋清寡肽的功能特性

24.4.1.2 蛋清寡肽的制备

目前，制备蛋清寡肽混合物主要采用酶法。

（1）工艺流程

原料预处理的工作流程如下：

原料鸡蛋→洗蛋、消毒→打分蛋→搅匀→稀释至底物质量分数为 4%→变性水解→离心取上清液→水解液

水解生产的工作流程如图 24-1 所示。

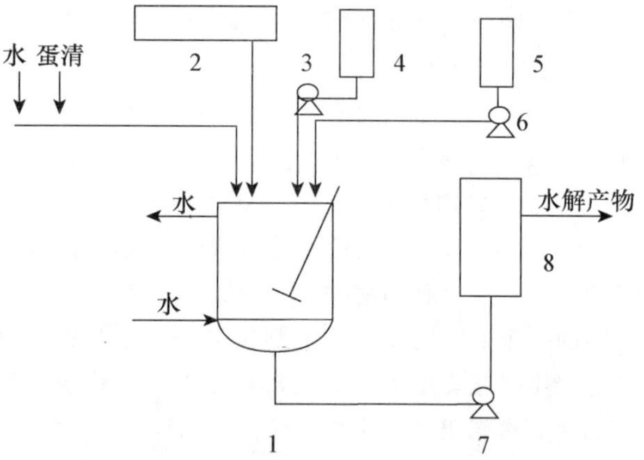

1. 水解反应器；2. pH、温度测定控制装置；3，6，7. 泵；4. 碱液罐；5. 酸液罐；8. 离心机

图 24-1 水解生产的工作流程

（2）操作要点

（1）水解条件的确定

①水解温度和时间的确定 以加热变性后的一定浓度的 10 kg 蛋清作为底物，按照试验设计调节至所需温度，加入一定量的酶进行水解，水解时间为所设计时间。在水解过程中不断搅拌，并不断加入适当浓度的氢氧化钠溶液，以维持 pH 在规定的范围内。

②蛋清蛋白质水解底物浓度的确定 将原蛋清进行稀释，在水解反应器中以 700 r/min 搅拌均匀，变性处理后观察搅拌效果，然后在 68.5℃、pH 8.21 条件下进行水解，测氮的回收率并比较其差异。

③蛋清蛋白质水解变性条件的确定 扩大试验为模拟连续操作，即稀释、变性、水解在同一容器中进行，因此变性过程是一个连续的升温过程。当容器内稀释蛋清温度达到 60℃时，开始出现变性现象，此时开始计时，在 15 min、20 min、25 min 3 个时间点进行变性试验，然后将变性后的蛋清的温度调至水解温度，再进行水解，测定氮的回收率，选出适宜的变性条件。

试验表明，蛋清蛋白质在枯草杆菌碱性蛋白酶的作用下，在 68.5℃、pH 8.21，水解时间为 140 min 的条件下，水解效果较好。进行生产设计时，须注意搅拌器类型的选择，pH 的控制和一些辅助设备的配置。

（2）水解终止

水解结束后，加入 6 mol/L 盐酸调节 pH 至 4.5。碱性蛋白酶在 pH 为 4 时，50℃ 以上加热 30 min 便可失活。为防止蛋白质对酶的保护作用，将灭活温度提高至 60℃，然后迅速冷却至室温，置于离心机中，以 4 000 r/min 离心 30 min，取上清液，记录总质量（g）和总体积（mL）。

（3）脱盐

在酶水解过程中，要不断加入氢氧化钠溶液来维持反应所需 pH。在反应终止时，则要加入盐酸以调节水解液 pH 至蛋清蛋白质的等电点，导致水解物中粗盐分含量（主要为氯化钠）占固形物的 20%左右。

盐分的脱除有多种方法，如离子交换、超滤、电渗析等物理、化学方法。超滤和电渗析可以有效脱除大分子化合物中的盐分，但对蛋白质水解物来说，采用超滤或渗析技术处理会造成一些低肽分子的损失，影响氮的回收率。通常采用离子交换法脱除蛋白水解液中的盐分，在经过离子交换树脂后，大部分盐分被交换除去，使水解液中残留盐分与蛋白质的含量不超过生理需要量。营养学要求人每天摄入 50 g 优质蛋白质、5 g 盐，依此计算，食品中盐分与蛋白质含量之比不应超过 1∶10。因此水解液通过树脂时的流速是离子交换树脂脱盐的一个重要指标。

（4）脱异味

在水解过程中，肽键断裂，一些巯基化合物被释放出来，使水解物具有异味，影响产品品质。异味的浓淡程度与温度相关，温度越高，异味越大。当温度高于 50℃时，异味明显；当温度低于 20℃时，异味不明显。

去除异味有许多方法，如使用活性炭选择性分离，苹果酸等有机酸及果胶、麦芽糊精的包埋等。考虑到活性炭处理会造成蛋白质的损失，通常选用 β-环状糊精对异味物质进行包埋。

24.4.2　蛋黄油

24.4.2.1　蛋黄油的特性

蛋黄油主要含有蛋黄油脂（甘油三酸酯和磷脂），其脂肪酸中不饱和脂肪酸的比例超过 60%，其中油酸、亚油酸、棕榈油酸含量较高，此外，还含有少量的亚麻酸、花生四烯酸、二十二碳四烯酸和二十二碳六烯酸（二十碳以上主要是磷脂所结合的）。蛋黄油脂相对其他动植物油脂而言，主要特征是富含卵磷脂和不饱和脂肪酸。因此，蛋黄油具有许多引人瞩目的功能特性以及由此产生的广泛应用。蛋黄油可作食品乳化剂，可用于制造肥皂，可用于治疗溃疡及风湿等，也可应用于油画工业。

24.4.2.2　蛋黄油的提取方法

（1）蒸馏法

蒸馏法为我国民间制备蛋黄油的传统方法。其制备步骤是：将鸡蛋煮熟，然后去壳取蛋黄，置于锅内用文火加热，待水分蒸发后再用武火，在 280℃左右即可熬出蛋黄油，再过滤，装瓶备用即可。此法操作简便，但是出油率非常低，且不能利用其他蛋黄成分。

（2）有机溶剂法

有机溶剂法提取蛋黄油是工业上普遍采用的，它是根据蛋黄油不溶于水，却能溶于有机溶剂（如乙醇、三氯甲烷、乙醚、苯等）的性质而进行分离的方法。但是由于溶剂的种类和萃取的条件不同，被提取出来的脂质数量和组成也有很大的差异。国外多采用混合溶剂法制备，例如采用正己烷-异丙醇，一般提取率为 75%，产品质量较高，但是混合溶剂相对单一溶剂而言残留更多，并具有一定的毒性。国内多采用乙醇制备，一般提取率为 70%，其中磷脂质含量较前者高，质量较好，但同样会有溶剂残留。另外，副产品蛋白块变性严重。

有机溶剂法提取蛋黄油主要包括冷浸法和热浸法两种。

①冷浸法提取蛋黄油　包括以下 4 个步骤。

a. 原料处理。将变质蛋放入搪瓷盘内，于 50℃的烘房内烘干，磨成粉末备用。

b. 浸出脂肪。将原料粉放于缸中，加入 2～3 倍的三氯甲烷，使原料粉全部浸泡于溶剂中，在室温下浸泡 2～3 h，然后过滤。对残渣用三氯甲烷进行多次浸洗、过滤，然后将滤液合并于第一次滤液中，将残渣放入绢绸内压榨，取出全部溶剂。

c. 蒸馏浓缩。将滤液置于 62～64℃的水浴上加热（用乙醚时，蒸馏水温度为 35℃；若用酒精，蒸馏水温度为 78℃），回收三氯甲烷（可重复使用），脂肪则滞留于瓶底。

d. 烘干去水。将蒸馏浓缩后的蛋黄油倒入瓷盘内，在 100℃下（或 70～75℃的真空箱内）烘 3～4 h，使其含水率不超过 1%，即制得蛋黄油成品。

②热浸法提取蛋黄油　将原料包在滤纸套筒内，再放入油浸器内，取适量的三氯甲烷倒入油浸器的烧瓶内，置于水浴锅上，加热至 64℃左右，循环 30～40 次（溶剂的循环频率为 4～6 次/h），即可将原料中的蛋黄油抽尽。回收溶剂，继续将存有浸油的蛋黄油置于水浴锅上，蒸发剩余溶剂，再放入烘箱内烘除水分，即得纯蛋黄油。

（3）超临界 CO_2 萃取法

超临界 CO_2 萃取法是一种较为流行的高新萃取技术，其原理是在一定压力和温度下，CO_2 变成超临界流体后作为溶剂将油从原料中浸出，然后改变压力和温度使 CO_2 变为气态，从而使油滞留下来，达到萃取的目的。采用这项技术制备蛋黄油脂质，蛋黄磷脂质是主要产品，蛋黄油（甘油三酸酯和胆固醇）是副产品。

24.4.3　涎酸

涎酸又称为唾液酸，是神经氨酸的涎基诱导体的总称，广泛存在于除植物之外的生物体中。其中，神经氨酸的 5-乙酰化合物为 N-乙酰神经氨酸（Neu5Ac），该物质广泛存在于自然界，其分子式为 $C_{11}H_{19}NO_9$，分子量为 309.28，熔点为 185～187℃，含有羧基，其等电点约为 2.6。涎酸在生物体内有游离型和结合型两种形式，后者是以糖苷结合的涎酸低聚糖形态存在。涎酸的生化作用在于合成含有涎酸的复合糖质以及涎酸诱导体酶等。利用此特性，可将涎酸应用于医药品等中，例如可作为抗炎症成分等。涎酸在生物体内较少以游离的状态存在，多以与各种糖蛋白质和糖脂质结合的形式存在，因此可显示出糖蛋白和糖脂质的性质。

24.4.3.1 涎酸低聚糖的生理功能

经研究表明，涎酸低聚糖具有许多生理功能，最主要的是在生物体内的防御机制中起较重要的作用。将脱脂蛋黄经蛋白酶分解得到溶液，再用超滤技术处理，分离得到涎酸低聚糖组分，再经离子交换树脂精制处理，可得到中性糖组分、涎酸低聚糖组分和涎酸低聚糖多肽。

母乳中含有高浓度的低聚糖，其涎酸含量也较高。母乳中的涎酸与复合糖链的结合具有较重要的生物学意义，经大量研究发现，其与婴儿的发育以及感染防御机制具有较大的关系。此外，最新研究显示涎酸还具有抑制引起下痢原因的病毒感染的作用。

涎酸低聚糖经口摄取至排泄，大约为 24 h，在机体内 58.7%左右被吸收。其在消化管内的滞留时间较长，从而对轮状病毒的抑制时间也较长。此外，一部分的涎酸可移至脑内，可见其与脑的发育也有关系。

实验证明，涎酸对大脑的发育与智力的提高具有明显的促进作用，涎酸还具有抑制血压升高的功效。据世界卫生组织统计，全世界每年约有 1.5 亿儿童患有轮状病毒引起的幼儿疾病。涎酸对于轮状病毒具有明显的抑制作用，若能够对游离的涎酸进行微胶囊造粒技术处理，以达到缓释的目的，相信其效果会更好。

24.4.3.2 涎酸的制备

鸡蛋是丰富的涎酸源，鸡蛋中各部分的涎酸含量为：蛋壳 0.004%，蛋壳膜 0.07%，蛋白 0.1%，蛋黄 0.19%，蛋黄膜 1.8%，系带 2.4%。可见系带及蛋黄膜中的涎酸含量较高。鸡蛋中的涎酸主要为 Neu5Ac，因此鸡蛋蛋黄可作为 Neu5Ac 的制备原料。

目前，国内外的涎酸制备主要采用日本太阳化学株式会社的生产方法，将脱脂的蛋黄加酸进行水解，游离出涎酸，之后经中和、过滤、脱盐，再用离子交换树脂进行精制，可得到纯度为 97%以上的涎酸（Neu5Ac）。以蛋黄为涎酸的原料的制备方法已确立，特别是系带和蛋黄膜得到广泛应用，大大促进了涎酸的生产，降低了涎酸生产的成本。

24.4.4 蛋壳的利用

鸡蛋壳主要由无机物组成，占整个蛋壳的 94%～97%。有机物占蛋壳的 3%～6%。无机物主要为 $CaCO_3$（占 93%），其次为少量的 $MgCO_3$（约占 1%），及 $Ca_3(PO_4)_2$、$Mg_3(PO_4)_2$。有机物中主要为蛋白质，属于非胶原态蛋白，其中约有 16%的氮和 3.5%的硫。还有多糖类及原卟啉色素等，其中的多糖类约有 35%，为 4-硫酸软骨素和硫酸软骨素。蛋壳中的原卟啉是近似于血液中的正铁血红素的原卟啉，它是决定蛋壳颜色的主要色素物质。由蛋壳的组成成分可见，蛋壳是一种理想的天然钙源，可利用价值很高。因此，有必要加大对蛋壳的综合利用，采用高新技术和现代化设备，综合开发系列蛋壳产品，把“废品”蛋壳变成新产品。

24.4.4.1 利用蛋壳制备溶菌酶

利用蛋壳可以提取生物制剂溶菌酶。以蛋壳、氯化钠、盐酸、聚丙烯酸、磷酸钙、氯化钙为原料，将蛋壳洗净、晾干，粉碎成粉末备用。取备用蛋壳粉，加入等量的氯化钠，调节 pH 为弱碱性，用水溶解并加热至 40℃，保温搅拌 1 h，趁热过滤。在滤渣中加入氯化钠，按上述方法再抽提两次。合并 3 次抽提滤液，一边搅拌一边调节 pH 至弱碱性，用水溶解并加热至 80℃，保温搅拌 1 h，冷却至室温。离心分离，取出清液，用氢氧化钠调节 pH 至弱碱性，在不断搅拌下加入总液量 10%的聚丙烯酸，用碳酸钠调节 pH 至弱碱性，静置。在不断搅拌下用盐酸和氯化钠调节 pH 至弱酸性，离心分离，清液用于回收聚丙烯酸沉淀。用氢氧化钠调节 pH 至弱碱性，离心分离，收集沉淀。加入等量的氯化钠溶液，静置 12 h，滤取晶体，抽干，再用氢氧化钠重结晶一次，过滤，抽干，于 60℃真空干燥，即得溶菌酶成品。

24.4.4.2 利用蛋壳制备有机钙

利用蛋壳制备有机钙详见二维码 24-5。

二维码 24-5 利用蛋壳制备有机钙

24.4.4.3　蛋壳粉的加工与利用

蛋壳粉的加工与利用详见二维码 24-6。

二维码 24-6　蛋壳粉的加工与利用

24.4.5　蛋壳膜的加工与利用

蛋壳膜的加工与利用详见二维码 24-7。

二维码 24-7　蛋壳膜的加工与利用

思考题

1. 解释下列名词：反胶束萃取法、免疫球蛋白、胆固醇的微胶囊脱除技术。

2. 简述溶菌酶的基本性质和溶菌酶在食品工业中的主要应用。

3. 蛋清中溶菌酶的提取方法有几种？说明溶菌酶活力测定的方法及各自的优缺点。

4. 免疫球蛋白的分离提取方法有哪些？

5. 试述胆固醇与人体健康之间的关系。胆固醇的提取方法有哪几种？

6. 蛋黄卵磷脂有哪些作用？蛋黄卵磷脂的提取方法有几种？

7. 蛋清寡肽有哪些功能特性？简述蛋清寡肽的制备程序。

8. 简述蛋壳中主要成分及其含量。

参考文献

[1] 陈历俊．乳品科学与技术．北京：中国轻工业出版社，2007.
[2] 董丽，刘登勇，谭阳，等．肉制品食用品质评价方法研究进展．肉类研究，2014，28 (4)：32-37.
[3] 浮吟梅，吴晓彤．肉制品加工技术．北京：化学工业出版社，2008.
[4] 葛长荣．肉与肉制品工艺学．北京：中国轻工业出版社，2005.
[5] 郭本恒．功能性乳制品．北京：中国轻工业出版社，2001.
[6] 郭本恒．乳制品生产工艺与配方．北京：化学工业出版社，2007.
[7] 郝教敏．肉制品贮藏与加工．北京：中国社会出版社，2008.
[8] 蒋小锋，李芳，任雯雯，等．菠萝蛋白酶结合滚揉嫩化马肉工艺的优化．食品研究与开发，2016，37 (4)：92-96.
[9] 孔保华，韩建春．肉品科学与技术．北京：中国轻工业出版社，2014.
[10] 孔保华，李晓东．乳品科学与技术．北京：科学出版社，2005.
[11] 孔保华，李晓东．畜产品加工储藏新技术．北京：科学出版社，2007.
[12] 李凤林，崔福顺．乳及发酵乳制品工艺学．北京：中国轻工业出版社，2007.
[13] 李洪军．食品工厂设计．北京：中国农业出版社，2019.
[14] 李晓东．乳品工艺学．北京：科学出版社，2011.
[15] 刘蒙佳，周强，林海虹．三种天然香辛液对冷却肉保鲜效果的研究．肉类工业，2013 (11)：43-48.
[16] 马美湖．蛋与蛋制品加工学．北京：中国农业出版社，2013.
[17] 马美湖．动物性食品加工学．北京：中国轻工业出版社，2004.
[18] 马美湖．禽蛋制品生产技术．北京：中国轻工业出版社，2003.
[19] 牛力，陈景宜，黄明，等．不同冻藏温度和时间对鸡胸肉食用品质的影响．南京农业大学学报，2012，35 (4)：115-120.
[20] 乔晓玲．肉类制品精深加工实用技术与质量管理．北京：中国纺织出版社，2009.
[21] 王建．乳制品加工技术．北京：中国社会出版社，2009.
[22] 徐宝才，孙建清，周辉，等．原料肉组成对低温乳化香肠质构特性的影响及其配方优化．南京农业大学学报，2011，34 (4)：111-116.
[23] 闫海鹏，吴菊清，李美琳，等．不同种类肉肌原纤维蛋白乳化及理化特性的研究．南京农业大学学报，2013，36 (6)：100-104.
[24] 杨贞耐．乳品加工新技术．北京：中国农业出版社，2013.
[25] 岳喜庆．畜产食品加工学．北京：中国轻工业出版社，2014.
[26] 张柏林．畜产品加工学．北京：化学工业出版社，2008.
[27] 张和平，张列兵．现代乳品工业手册．2 版．北京：中国轻工业出版社，2012.
[28] 张兰威．乳与乳制品工艺学．北京：中国农业出版社，2006.
[29] 赵新淮，于国萍，张永忠，等．食品化学．北京：科学出版社，2007.
[30] 中国养殖业可持续发展战略研究项目组．中国养殖业可持续发展战略研究：养殖产品加工与食品安全卷．北京：中国农业出版社，2013.
[31] 周凤超，张腾霄，郭丽，等．香辛料提取物清除亚硝酸盐及阻断亚硝胺合成的比较研究．食品工业，

2015，36（3）：182-185.
[32] 周光宏．肉品加工学．北京：中国农业出版社，2008.
[33] 周光宏，张兰威，李洪军，等．畜产食品加工学．北京：中国农业大学出版社，2002.
[34] 周永昌．蛋与蛋制品工艺学．北京：中国农业出版社，1995.
[35] 朱维军．肉品加工技术．北京：高等教育出版社，2007.
[36] 朱维军．肉品加工技术．北京：高等教育出版社，2007.
[37] GARG V，MENDIRATTA S K. Studies on ernderization and priparation of enrobed pork chunks in microwave oven. Meat Science，2006，74（4）：718-726.
[38] GUO M R. 功能性食品学．于国萍，程建军，译．北京：中国轻工业出版社，2011.
[39] LOPEZ-GOMEZ A，BARBOSA-CANOVAS G V. Food Plant Design（食品工厂设计）. 李洪军，尚永彪，贺稚非，等译．北京：中国农业出版社，2010.
[40] LAWRIE R A，LEDWARD D A. Lawrie's 肉品科学. 7 版．周光宏，译. 北京：中国农业大学出版社，2009.
[41] STADELMAN W J，COTTERILL O J. Egg Science and Technology 4th ed. New York：Food Products Press，1995.
[42] ZORBA O，KURT S. Optimization of emulsion characteristics of beef，chicken and turkey meat mixtures in model system using mixture design. Meat Science，2006，73（4）：611-618.
[43] ZORBA O，KURT S，GENCCELEP H. The effects of different levels of skim milk powder and whey powder on apparent yield stress and density of different meat emulsions. Food Hydrocolloids，2005，19（1）：149-155.